# 環境史事典

## トピックス 1927-2006

日外アソシエーツ編集部編

# A Cyclopedic Chronological Table of Environmental Affairs

## 1927 – 2006

Compiled by
Nichigai Associates, Inc.

©2007 by Nichigai Associates, Inc.
Printed in Japan

本書はディジタルデータでご利用いただくことができます。詳細はお問い合わせください。

●編集担当● 尾崎 稔／城谷 浩
装 丁：浅海 亜矢子

## 刊行にあたって

　我々は時として、遠い将来の事を自分には関係のないこととして見て見ぬふりをすることがある。普段の生活においては、せいぜい数年先のことを考えるのが精一杯といったところかもしれない。だが地球環境問題における10年というのは、ほんの一瞬に過ぎない。

　本書は、昭和・平成の80年間にわたる環境問題に関するトピックを年月日順に掲載した記録事典である。本書が対象にした時代は、地球という尺度でみると極めて短期間で近代化・工業化がピークを迎え、その過程で人為的な原因による急激な環境破壊・健康被害が数多く発生した。この80年間は、それらへの対応に追われてきた時代という側面がある。ただその一方で、温暖化やオゾンホール拡大など、目に見えにくい地球自然環境の変化もゆっくりと、しかし着実に進行している。ところがこれに対しては、例えばアメリカが京都議定書の批准を拒否したことに象徴されるように、危機感を全人類的に共有するまでには至っていないというのが実際のところだろう。

　人間は反省・学習する動物と言われるが、一面、同じ失敗を繰り返す愚かな生き物でもある。公害や自然破壊、乱獲や原発事故など、本書を眺めると同じような出来事が繰り返し発生しているのがわかる。失敗を繰り返さないために我々にできる一番大切なことは、過去の失敗の歴史から学ぶことである。本書を見た利用者の明日からの生活に、何か一つでも良い変化の兆しが起きれば望外の喜びであり、本書刊行の意義は達成されたといえよう。

　我々にとって本当に怖ろしいのは、目に見えるわかりやすい環境破壊よりも、目に見えない、しかし地球全体に関わる変化かもしれない。なぜなら地球はたった一つしかなく、かけがえのないものだから。

　　2007年5月

　　　　　　　　　　　　　　　　　　　　　　　日外アソシエーツ

# 目　次

凡　例 ……………………………………… (6)

環境史事典 ― トピックス1927-2006

　本　文 ……………………………………… 1
　キーワード索引 …………………………… 547
　地域別索引 ………………………………… 591

# 凡　例

## 1．本書の内容
　　本書は、環境問題に関わる出来事を年月日順に掲載した記録事典である。

## 2．収録対象
(1) 気候変動・生態系など地球自然環境の問題、公害・薬害・化学物質など人為的な問題、環境問題に関わる条約・議定書・法令、結果として環境破壊に結びついた事故・災害、核実験や原発・代替エネルギーなど政治・経済と関わる問題など、騒音・悪臭といった身近なテーマからオゾン層破壊・地球温暖化といった全地球的なテーマまで、環境問題に関する出来事を幅広く収録した。
(2) 主に日本の出来事を中心に収録したが、環境問題の歴史を知る上で重要なトピックや、日本でも大きく報道されたり、日本に少なからず影響が及んだりしたものは、海外の出来事でも収録対象とした。
(3) 収録対象期間は、1927年（昭和2年）から2006年（平成18年）までの80年間、収録項目は5,000件である。

## 3．排　列
(1) 各項目を年月日順に排列した。
(2) 長期にわたる事件、会議、出来事などは、原則として始まりの年月日を基準にして排列した。ただしその途中に重要な出来事があった場合、個別の記事を独立させたものもある。
(3) 特定の日付を持たない項目や発生日が不明の項目は各月の末尾に、月日とも確定しがたいものは「この年」「この頃」として各年の末尾に置いた。

## 4．記載事項
(1) 各項目は、日付、内容を簡潔に示した見出し（太字）、該当地域、本文記事で構成した。
(2) 該当地域のうち、日本全体に関わるものは「日本」、特定の国に関わらないものは「世界」と記した。

## 5．キーワード索引
(1) 環境問題を知る上で重要な100のキーワードを見出しとし、関連する主な本文記事を引けるようにした索引である。
(2) 100のキーワードは、中扉の後に「キーワード一覧」として掲げた。
(3) 各キーワード見出しの下は年月日順に排列し、年月日と本文記事の冒頭部を示した。

## 6．地域別索引
(1) 特定地域に関わる本文記事を、都道府県名や国・地域名から引けるようにした索引である。
(2) ただし、法令の公布など日本全体に関わるもの、国際会議など世界全体に関わるものは割愛した。
(3) 地域名は、中扉の後に「地域名一覧」として掲げた。
(4) 各地域名見出しの下は年月日順に排列し、年月日と本文記事の見出し部を示した。

# 1927年
(昭和2年)

- **5.28　動物愛護週間**（東京市）　日本人道会提唱の動物愛護週間が開始された（～6月3日）。また、これにちなんで優秀な馬・飼い主などの表彰式が宮城前広場で行われた。

- **7.9　ラジオ騒音訴訟**（東京市）　本郷で下宿屋を営む女将2人が、近くのラジオがうるさくて学生が居つかない、と東京地裁にラジオ騒音訴訟を起こした。

- **7.19　大気汚染調査**（東京市）　東京市衛生試験所が、東京上空のばいじん降下物・イオウ酸化物を測定する大規模な空気汚染調査を行った。

- **9.8　ごみ収集スト**（東京市）　東京市清掃従業員の労働争議で、12カ条の要求が拒絶されたため、ストに突入。ごみ収集ができなくなり、東京市から各区役所へ、町会ごとにごみ収集を行うよう通牒が出された。

- **この年　神岡鉱山で再び煙害**（岐阜県神岡町）　三井神岡鉱山で「全泥優先浮遊選鉱法」が導入された。同法を用いると選鉱能力が向上する一方、微粉化された鉱石が排出・拡散されやすくなり、廃滓の流出量も増加する。このため、岐阜県神岡町で鉛精錬による煙害が再燃した。

- **この年　ごみ焼却**（愛知県名古屋市）　名古屋市で、ごみを全量焼却とする方針が市長により公表された。

- **この年　ばい煙防止調査委員会**（大阪市）　大阪市で、官民の専門家で構成された「ばい煙防止調査委員会」が設置された。ばい煙被害・無縁燃料使用・ばい煙防止取締りなどについて各種調査・活動を行うもので、浮遊ばいじん測定もこの年から定期的に実際されるようになった。

# 1928年
(昭和3年)

- 4.13 水質汚濁防止協議会（日本） 農林省内で水質汚濁防止協議会が開かれた。翌14日、水産物保護のため水質保護法を制定すべきと決議。
- 6.23 荒田川汚水（岐阜県） 長良川支流・荒田川の汚水問題で、地元の水利組合が京大教授の指導に基づいて、各繊維工場に技術的にも具体的な防止策を指示して実施させることが決められた。被害者側が主導権をもって企業に公害防止対策を実施させた先例となった。
- 9.20～ ばい煙防止（大阪市） 大阪で、日本初の試みとなる「大空中浄化運動週間」が、大阪都市協会主催で官民一体となって開催された（～28日）。大阪市では明治末期から工場のばい煙が問題となっており、ロンドンの「霧の都」をしのぐ視界の悪さから「煙の都」と呼ばれていたが、この運動で「白都市（ホワイトシティ）」を目指した。以後「ばい煙防止週間」と改称され、数年に渡って毎年実施された。
- この年 フロン合成（アメリカ） トーマス・ミッジリー・ジュニア（アメリカ）が世界初のフロン合成に成功した。1930年代にはゼネラルモーターズ（GM）が合成開発を行い、デュポン社が冷蔵庫の触媒として初めて製品化した。

# 1929年
(昭和4年)

- 6.27 サマータイム（日本） 鳩山一郎内閣書記官長が、事務次官会議でサマータイムの7月実施を提案した。
- 7月 ごみ焼却（神奈川県横浜市） 横浜市で、本格的発電設備（1万2000kW）が付属した日本初のごみ焼却施設である滝頭塵芥処理所が操業を開始した。

10月　騒音測定（大阪市）　大阪市で市長直轄の噪音防止委員会が設置され、翌年に大阪で騒音測定が開始された。

11.18　ばい煙防止（東京市）　東京市衛生試験所で日本初の「空気の衛生展覧会」が開催され、ばい煙汚染に対する関心が高まった（〜22日）。

12月　荒田川汚水（岐阜県）　長良川支流・荒田川の汚水問題で、地元の水利組合臨時委員会が、東京帝国大農学部に水質の分析を依頼した。

この年　鉱害防止（日本）　「鉱業警察規則」が公布された。

この年　PCB製造開始（アメリカ・ヨーロッパ）　ポリ塩化ビフェニール（PCB）の製造がアメリカで開始された。1930年代にはヨーロッパでも製造が開始された。


# 1930年
### （昭和5年）

1.14　国立公園調査会（日本）　国立公園調査会が内務省に設置された。

5.19　ごみ焼却とし尿処分（日本）　「汚物掃除法」の一部改正により、ごみの焼却とし尿収集処分が市町村に義務づけられた。

12.14　厳島国立公園（広島県）　「厳島国立公園建設期成同盟」の発会式が広島で行われた。

この年　廃水ばい煙（神奈川県川崎市）　煙害と廃水に関して、鈴木商店（現・味の素）と川崎大師農事改良実行組合の間で、1935年までの補償金協定が締結された。

# 1931年
(昭和6年)

- 4.1 **国立公園法（日本）**　「国立公園法」公布（10月1日施行）。外国人観光客誘致による外貨獲得を目的とし、1915年のアメリカ国立公園局設置を機に始まった国立公園選定の動きが法制化された。
- 8月 **干ばつで地割れ（茨城県）**　茨城県で干ばつのため約2.0km$^2$の地域に地割れが生じた。
- この年 **風致地区指定（東京市・京都市）**　東京と京都で風致地区が指定された。風致地区は旧都市計画法に基づく都市緑地保存制度。

# 1932年
(昭和7年)

- 2月 **味の素に汚水除去要求（神奈川県川崎市）**　多摩川河口近くの川崎大師地区と対岸の羽田・大森などの漁民代表が、鈴木商店（現・味の素）に対して汚水排除施設の設置を要求した。また、多摩川で漁民らが船によるデモを行った。
- 6.3 **初のばい煙防止規則（大阪市・堺市・岸和田市）**　大阪府が、日本初の公的な大気汚染防止施策「ばい煙防止規則」を公布（10月1日施行）。大阪市、堺市、岸和田市に適用された。
- 10.8 **国立公園候補（日本各地）**　阿寒、日光、日本アルプス、瀬戸内海、阿蘇ほか12ヵ所が初の国立公園候補地となった。
- この年 **神岡鉱山鉱毒（富山県）**　神通川の水質・底質・神岡鉱山の排水・被害農地の土壌などの調査が富山県により行われた。亜鉛による高濃度汚染が確認され、県は三井鉱山に鉱害防止設備の設置を要請した。

この年～　工場汚水排出（宮崎県延岡市）　この年から約10年間にわたり、宮崎県延岡市の旭ベンベルグが工場汚水を排出した。

# 1933年
## （昭和8年）

3月　ごみ処理（東京市）　日本初の粉砕処理工場である東京市深川塵芥処理工場の第2・第3工場が完成した。操業開始後に周辺地域でばい煙問題が発生した。

6.5～　野鳥の声初中継（長野県戸隠山麓）　長野放送局は、6月5日・6日の2日間、朝5時40分から20分間、戸隠山麓で集音した野鳥の声を全国に放送した。マイクの集音能力の向上により、初の野鳥の声の放送が実現した。

7.25　史上最高気温（山形市）　山形市で最高気温40.8℃を記録。2007年までの史上最高気温となる。

7月　ごみの分別収集開始（東京市）　東京市で雑芥（燃えるごみ）と厨芥（台所の生ごみ）に分けての分別収集が開始された。収集された生ごみは深川の発酵施設で堆肥にし、農家に払い下げた。翌1934年度には分別収集実施は42万戸、収集した生ごみは1日平均263tに達した。

8月　ばい煙防止規則（京都府）　京都府で「ばい煙防止規則」が制定された。1934年1月施行。

10月　赤潮発生（九州地方）　有明海で大規模な赤潮が発生し、佐賀県特産の牡蠣をはじめ魚介類が壊滅的な被害を受けた。

この年　土呂久鉱山で鉱毒死（宮崎県）　土呂久鉱山付近で、2年間で住民一家7人中5人が次々と死亡した。

# 1934年
## （昭和9年）

- 1.16 **人造羊毛工場による水質汚濁**（愛知県三河湾）　人造羊毛工場建設による水質汚濁について、三河湾の漁民が豊橋市に抗議文を提出した。

- 3.16 **国立公園第1次指定**（瀬戸内海・九州地方）　国立公園法に基づき、瀬戸内海・雲仙・霧島の3公園が日本初の国立公園に指定された。

- 5.14 **沈澱池決壊**（秋田県）　秋田県にある吉野鉱山の鉱滓沈澱池が決壊した。

- 5月 **ごみリサイクル**（神奈川県横浜市）　横浜市の磯子塵芥処理場で、ごみを原料とする製紙実験が行われた。

- 6.4 **工場汚水で抗議**（東京湾）　工場汚水の改善を求め、羽田漁業組合が味の素に抗議した。

- 6月〜 **干ばつで農作物被害**（各地）　6月から8月にかけて、関東、近畿、四国、九州の各地方で数十年ぶりという干ばつが発生し、農作物に被害があいついだ。

- 7.1 **騒音対策**（東京市）　東京市で、警視庁による自動車騒音取り締まりが開始された。自動車の電気警笛、十字路の信号ベルが廃止され、交通混乱を招いた。11月、騒音防止を盛り込んだ「改正自動車取締令」が政府により実施された。

- 7月〜 **北日本で冷害**（北日本各地）　7月から8月にかけて、北海道や東北、関東の各地方および長野県で低温状態が続き、農作物が壊滅的な被害を受けた。

- 9.30 **長蔵小屋新館**（尾瀬）　尾瀬沼畔に長蔵小屋新館が竣工。自然林の中の150人収容の山小屋で10月1日に営業を開始した。

- 11.13 **ばい煙防止**（東京市）　13〜15日、東京で「第1回ばい煙防止デー」が東京工場協会・警視庁主催で実施された。東京では初の試みで、リンゲルマン濃度3以下が目標とされた。

| | | |
|---|---|---|
| 11.13 | | ばい煙防止デー（東京市）　東京で初の「ばい煙防止デー」が実施され、リンゲルマン濃度3以下が目標とされた（～15日。東京工場協会・警視庁主催）。 |
| 12.4 | | 国立公園第2次指定（北海道・栃木県・中部地方・九州地方）　国立公園法に基づく第2次指定として、阿寒、大雪山、日光、中部山岳、阿蘇の5公園が国立公園に指定された。 |
| この年 | | 海洋汚染（静岡県田子ノ浦）　静岡県田子ノ浦で富士地区の製紙会社の工場排水による汚染が問題となる。 |

# 1935年
（昭和10年）

| | | |
|---|---|---|
| 1月 | | 染色業者による灌漑水汚染（岐阜県）　岐阜県宮田用水の奥村井筋用水路で、染色業者の汚水廃棄による灌漑水汚染が発覚した。 |
| 7月 | | 冷害で農作物被害（栃木県・広島県）　栃木、広島両県の各地で冷害による農作物の被害があいついだ。 |
| 9月 | | 水俣で日本窒素アセトアルデヒド工場稼働（熊本県水俣市）　日本窒素水俣工場で第4期アセトアルデヒド工場が稼働を開始した。 |
| この年 | | ばい煙対策（神奈川県川崎市）　鈴木商店（現・味の素）が、ガス被害対策のため石釜をエスサン釜に変更した。 |
| この年 | | 土呂久鉱山大規模化（宮崎県）　宮崎県の土呂久鉱山を中島飛行機の系列会社が買収、操業が大規模化した。 |
| この年～ | | 地盤沈下（大阪市）　この年から1940年にかけて、大阪市西部の地盤沈下が激化した。 |

# 1936年
（昭和11年）

- 2.1 国立公園第3次指定（青森県・神奈川県・山梨県・静岡県・奈良県・和歌山県・鳥取県）　国立公園法に基づく第3次指定として、十和田、富士箱根、吉野熊野、大山の4公園が国立公園に指定され、戦前最後の国立公園指定となった。

- 4月 ばい煙防止規則（兵庫県）　兵庫県で「ばい煙防止規則」が制定された。

- 7.10 国立公園切手（日本）　富士箱根の国立公園指定を記念して、初の国立公園切手記念切手（日本初のグラビア印刷）が逓信省から発行された。

- 7月 鉱毒汚染（鳥取県岩美町）　鳥取県岩美町の鉱毒汚染が深刻化し、8日に知事らが実地調査をおこなった。

- 7月 陥没多発（山口県宇部市）　炭鉱で有名な山口県宇部市で地面の陥没があいつぎ、住民を不安に陥れた。

- 11.20 尾去沢鉱山沈澱池決壊（秋田県尾去沢町）　午前4時25分、秋田県鹿角郡尾去沢町の鉱山毒水沈澱池の堤防が増水のため決壊、付近の部落が流されてきた泥に埋没し、住民2800人のほとんどが押し流され、午後1時までに死者250人、負傷者数百人、行方不明者多数、流失家屋313戸の被害となった。

- 12.7 工場有毒液流出（静岡県沼津市）　静岡県沼津市の人絹工場から有毒液が流失し、周辺地区で騒ぎになった。

## 1937年
### （昭和12年）

- 2月　**安中精練所で被害**（群馬県安中町）　群馬県安中に日本亜鉛（現・東邦亜鉛）の安中精練所が設立された。6月の操業開始直後から、付近一帯で桑畑や草木が白く変色して枯れる被害が出た。

- 6月　**多摩川で魚大量死**（東京府・川崎市）　多摩川下流（東京と川崎市の境）の六郷橋付近で魚が大量死する事件が続発した。

- 6月　**国際捕鯨取締条約**（世界）　ロンドンで「国際捕鯨取締協定」が採択された。1946年、同協定を発展させた「国際捕鯨取締条約」が締結された。

- 7月　**干ばつ被害**（鹿児島県）　鹿児島県で干ばつが発生し、約49.6km$^2$の田畑で作付ができなくなった。

- 8月　**干ばつ被害**（茨城県）　茨城県の各地で干ばつにより陸稲などの農作物が被害を受けた。

## 1938年
### （昭和13年）

- 3.19　**安中鉱害で陳情**（群馬県安中町・高崎市）　群馬県安中町の農民らが、日本亜鉛による硫酸ガス・亜硝酸ガス・硫酸ミストなどの煙害と工場廃水による稲被害を県に訴え、煙害防止対策などの実施を陳情した。6月7日、大雨のため鉱滓処理場の沈殿槽が決壊し、大量の鉱毒水が高崎市まで流出した。

- 3月　**アスベスト（石綿）でじん肺症状**（日本）　石綿工場従事者151人中45人にじん肺、もしくはその疑いのある症状が確認されたことが発表された。

5.14 日本軍の毒ガス（中国山東省）　中国山東省における日本軍の毒ガス使用に対する非難決議案が、国際連盟で採択された。

6.14 国際捕鯨会議（世界）　国際捕鯨会議がロンドンで開催され、日本が初参加した。

6.18 ビル建築現場陥没（東京市麹町区）　午後2時5分頃、東京市麹町区有楽町にある糖業協会ビルの建築現場で、地面約992m$^2$が突然陥没し、10名が重軽傷を負った。

7.12 北陸線貨物列車塩素ガス漏出（富山県高岡市）　北陸線の貨物列車が高岡駅構内に停車した際、塩素ガスが漏れ、付近にいた25名が中毒にかかった。

8.29 神岡鉱山防毒既成同盟会（富山県）　富山県神通川流域で、「神岡鉱山防毒既成同盟会」が周辺の町村長・農会長・水利組合・水産組合などにより設立された。

9.20 国立公園（日本）　国立公園における金属資源開発の認可が決定した。

この年　工場ガス噴出（神奈川県川崎市）　春、川崎市にある日本鋼管扇町分工場で、ガスタンクから圧縮ガスが噴出し、従業員30名が中毒症状を起こした。

この年　DDTの殺虫効果発見（世界）　ポール・ミューラー（スイス）がDDT（ジクロロ・ジフェニール・トリクロロエタン）の殺虫剤効果を発見した。ドイツでDDTの合成製造が開始され、第2次世界大戦中にはマラリア退治剤として使用された。

# 1939年
(昭和14年)

2月　干ばつ被害（高知県）　高知県で干ばつが発生し、13日、県電気局では昼間の送電を中止した。

3.24 鉱害無過失賠償責任（日本）　鉱害無過失賠償責任を導入する「鉱業法」の一部改正が行われた。これにより、故意・過失に関わらず害の発生者が責任を負うことになった。

6月　油井掘削現場原油噴出（秋田県小出村）　秋田県小出村の油井掘削現場で原油が噴出、2時間のうちに約360.8kℓの原油が流失した。

6月〜　西日本で干ばつ（各地）　6月から10月にかけて、西日本のほぼ全域で干ばつが発生し、6月11日から長崎市が、16日から佐世保市が、7月22日から神戸市が、8月1日から西宮市が、それぞれ時間給水を実施（ほか松江、呉の両市や福岡市も同）。兵庫県では約29.8km$^2$の地域で田植えができなくなり、8月30日、日本発送電会社が京阪神地区の一部で送電を中止、その後も送電時間や送電区域、送電量の制限を継続し、有明海で養殖貝が大量死した。

この年　ごみ焼却リサイクル（東京市）　東京市で、自区域内処理と100%焼却をごみ処理の基本とする「塵芥処理計画」が制定された。これを受けて、深川塵芥処理工場でコンポストやパルプなどが製品化された。

# 1940年
（昭和15年）

5.20 給水制限（長崎市）　長崎市で干ばつの影響から給水制限が実施された。同市では昨年から慢性的な水不足が続き、4月18日にようやく制限が撤廃されたばかりだった。

6月　干ばつ被害（茨城県・神奈川県）　茨城、神奈川の両県で干ばつが発生し、神奈川県だけでも約29.8km$^2$の地域が被害を受けた。

## 1941年
### （昭和16年）

7月　**ごみ回収**（日本）　「汚物掃除法施行規則」が一部改正され、ごみの分別（可燃・不燃・厨房ごみの3種）が開始された。また、厚生省通達「塵芥減量に関する件」が出された。

9月　**ごみリサイクル**（兵庫県神戸市）　神戸市で一部ごみの堆肥化が開始された。

10.1　**鉱滓沈澱池決壊**（宮崎県）　宮崎県の見立鉱山で台風のため鉱滓沈澱池が決壊し、17名が死傷した。

10.8　**赤潮発生**（九州地方・佐賀県）　有明海で赤潮が発生し、佐賀県産の牡蠣など魚介類が深刻な被害を受けた。

10月　**冷害で農作物被害**（青森県）　青森県で冷害による農作物の被害があいついだ。

11月　**河川汚染**（北海道石狩川）　北海道・石狩川で、パルプ工場や酒造の廃水による汚染のため、水田約1万haで被害が発生した。

この年　**割り箸節約運動**（日本）　外出時に箸を持参し、使い捨ての飲食店の割り箸を節約しようという運動が行われた。1941年6月には木材統制法が制定され、木材の消費を減らすことが目的だった。そば屋の出前でも割り箸は姿を消していった。

## 1942年
### （昭和17年）

1月　**多摩川で工場廃水汚染**（東京府・神奈川県）　多摩川の工場廃水汚染の状況が「想像以上に著しい」と発表された。

10.7　日本軽金属工場有毒煙排出（静岡県蒲原町）　静岡県蒲原町の日本軽金属工場が有毒物質を含んだ煙を排出し、周辺地区で水稲や桑などの枯死があいついだ。

この年　自然保護（世界）　「自然保護及び野生生物保存の条約」が欧米諸国により調印された。

# 1943年
（昭和18年）

2.15〜　ごみ減量運動（東京市）　28日まで東京市は、食品の完全利用と厨芥（生ごみ）減量の徹底を図るため「食品むだなし運動」を実施した。15日には厨芥車に職員が同行して町を巡回し、主婦を指導した。

6月　ごみ回収（神奈川県横浜市）　横浜市でごみ収集作業の一部が町内会に移管された。

7月　公害対策（東京都）　東京で警視庁令「工場公害災害取締規則」が発令された。

10月　ごみリサイクル（日本）　日本資源回生報国会が、ごみからタドンをつくる方法を公表した。

この頃　光化学スモッグ（アメリカ）　自動車の発展・普及に伴い、1943年頃からロサンゼルスで光化学スモッグの発生が報告されるようになった。

# 1944年
（昭和19年）

7.17　国立公園事務停止（日本）　国立公園の事務が一時停止された。

8月　ごみ焼却（大阪市）　大阪市で、ごみ焼却が休止された。

この年　**イタイイタイ病**（富山県・岐阜県）　三井神岡鉱山でカドミウムの生産が開始された。

# 1945年
（昭和20年）

7.16　**初の核実験**（アメリカ）　ニューメキシコ州アラモゴードで、最初の原子爆弾実験が成功した。

8.6　**広島被爆**（広島市）　午前8時15分、米軍機（B29）エノラ・ゲイ号から投下されたウラニウム型原子爆弾（リトルボーイ）が広島市の上空580mで炸裂、熱線と爆風により市内の建物の90％が一瞬にして全焼、全壊した。また、爆心地から500m以内にいた人たちのほとんどがその日のうちに死亡し、2km以内の人の8割が2週間以内に死亡した。数km離れた地点でも、高度の放射線を浴びた人は2週間前後で容態が急変し、下痢、脱毛、紫斑を含む出血、白血球の減少などの放射線障害が現れた。初期の症状が回復した人も、内臓や骨髄に浸透した放射線の影響で、強度の疲労感、めまい、白血病、肝臓障害、がんなどの原爆症の症状に長く苦しんだ。原爆の犠牲者は投下から4カ月たった12月末までに死者15万9000人、5年後の1950年には死者24万7000人に達した。

8.9　**長崎被爆**（長崎市）　午前11時2分、米軍機（B29）ボックス・カー号から投下されたプルトニウム型原子爆弾（ファットマン）が長崎市上空500mで炸裂、市内の約38％を破壊、約27万人が被曝、うち7万4000人が早期に死亡、12月までに死者は8万人に達した。当初、原爆投下の目標は小倉市であったが、天候不順のため第二目標の長崎に変更された。広島と同じく、被爆者は戦後も長く原爆症に苦しんだ。

9.20　**京大原爆調査隊員被曝**（京都府）　原子爆弾の実態調査に加わっていた京都大学の関係者が、放射線被曝により死亡した。

9月　**ごみ収集・処理の再開**（日本）　9月末、「公衆衛生ニ関スル件」が占領軍により発布され、翌年からごみ収集・処理が再開された（東京は4月、大阪は6月、横浜は10月から）。

12.9　原爆症を指摘（広島県・長崎県）　九州大学医学部の桝屋冨一教授は、回復・復興に向かうように思われた被爆者について「白血病があらたな脅威として取り上げられなくてはならない」と指摘した。広島や長崎では被爆直後には救護所が設置されたが、戦時災害法によって2カ月後には閉鎖され、戦後に原爆症で苦しむ被爆者の救済は立ち遅れていた。

この年　ごみ焼却中止（東京市）　東京市で、灯火管制の一環としてごみの露天焼却が中止された。

この年　三井神岡鉱山で鉱廃滓流出（富山県・岐阜県）　三井神岡鉱山の鹿関谷堆積場が豪雨のため決壊し、鉱廃滓40万m$^3$が流出した。

# 1946年
（昭和21年）

1.24　ビキニ環礁が核実験場に（マーシャル諸島ビキニ環礁・アメリカ）　ビキニ環礁がアメリカの核実験場に選定された。

2.7　国立公園事務移管（日本）　衛生局保健課に国立公園事務が移管された。

2月　水俣湾へ工場廃水排出（熊本県水俣市）　日本窒素肥料水俣工場が、アセトアルデヒド・酢酸工場の廃水を無処理のまま水俣湾へ排出し始めた。

3月　DDT製造開始（日本）　日本国内でDDTの製造が開始された。1948年からは、DDT5％粉剤の製造が開始された。

3月　神通川流域の奇病（富山県）　富山県婦中町の萩野昇医師が、神通川流域の奇病（後にイタイイタイ病と命名）患者を診察、原因究明の研究を開始した。

8.6　南氷洋で捕鯨再開（日本・南氷洋）　南氷洋での日本の捕鯨が再開された。

11.20　伊勢志摩国立公園（三重県）　伊勢志摩国立公園が指定された。

11月　昭電の赤水（新潟県）　新潟県阿賀野川が赤く濁り、不漁が続いた。昭和電工の廃水が原因とされ「昭電の赤水」と呼ばれた。

12月　国際捕鯨取締条約（世界）　ワシントンで「国際捕鯨取締条約」が16ヵ国により締結された。鯨資源の保護と捕鯨業の健全な育成を目的とするものだが、当初から加盟国には非捕鯨国が多かった。発効は1948年で、日本は1951年に加入した。


# 1947年
### （昭和22年）

3.11　鳥類保護連盟（日本）　日本鳥類保護連盟が設立された。

3.20　国立公園中央委員会（日本）　国立公園中央委員会が設置された。

4.1　ばい煙で住宅火災（山口県徳山市）　徳山市福川町で火災があり、家屋117戸を全焼、住民ら5名が負傷した。原因は蒸気機関車のばい煙。

4.10　愛鳥週間（日本）　現在に続く愛鳥週間（5月10～16日）の前身行事「バード・デイのつどい」（日本鳥類保護連盟主催）が行われた。この当時は1日だけの行事だった。

4.18　ばい煙で大火（青森市）　青森市の大野地区で火災があり、家屋325戸を全焼、13戸を半焼した。原因は蒸気機関車のばい煙。

4.18　ばい煙で大火（秋田県和田町）　秋田県和田町で火災があり、家屋144戸を全焼、1名が死亡、1名が負傷した。原因は蒸気機関車のばい煙。

7月　神通川流域のリューマチ様疾患（富山県）　金沢大学・長沢太郎らにより、神通川流域農村に多発するリューマチ様疾患に関する報告が行われた。特に女性に多発し、骨軟化症などの症状が出ていた。

12.24　食品衛生法公布（日本）　飲食に関わる衛生上の安全を図る「食品衛生法」が公布され、食品・添加物、器具・容器包装、表示・広告、販売・営業許可・監視、食中毒の届け出・対策、おもちゃの規制、保健所や食品衛生監視員の業務などが定められた。

この頃〜　地盤沈下（東京都江東区ほか）　東京都の隅田川東岸地域で地盤沈下が続き、1949年までの2年間で5cmの沈下を記録した（1949年9月19日発表）。

# 1948年
（昭和23年）

2.14　国立公園部設置（日本）　国立公園部が公衆衛生局に設置された。

3月　地盤沈下（大阪府）　大阪府で地盤沈下対策のため「土木工事取締条例」が制定された。1959年4月廃止。

5.2　サマータイム（日本）　サマータイムの全国一斉実施。9月の第2土曜日まで実施されたが、日本の生活習慣に合わず1952年4月に廃止が決定した。

6月　神通川鉱害対策協議会（富山県）　富山県神通川流域で鉱毒による農作物被害が発生したことを受け、神通川鉱害対策協議会が結成された。

7.1　農薬取締法公布（日本）　「農薬取締法」が公布された。農薬の安全規制に関する法律で、薬効・薬害試験・慢性毒性・発癌性などの毒性試験等により登録されたものだけが輸入・製造・販売を許される。8月1日施行。

7.10　温泉法公布（日本）　「温泉法」が公布された（8月10日施行）。

9.30　環境衛生（日本）　環境衛生監視員設置要綱が決定した。

11.4〜　ジフテリア予防接種禍（京都市）　京都市内で、ジフテリアの予防接種による副作用患者が続出。15日までに527名が発熱などの症状を訴え、重症の68名が死亡した。原因はワクチン製造工程の欠陥。

11.11〜　ジフテリア予防接種禍（島根県御津村）　島根県御津村で、ジフテリア予防接種による副作用患者が続出。25日までに248名が発熱などの症状を訴え、重症の18名が死亡した。原因は京都市の場合と同じくワクチン製造工程の欠陥。

この年　強力除草剤（日本）　除草剤2,4-Dの除草効果が確認された。強力すぎるため、誤用防止から実用化は延期された。

この年　DDT農薬登録（日本）　DDT(2,4,5-T)が殺虫剤として農薬登録された。

この年　水質汚濁防止委員会を設置（日本）　経済安定本部により、日本における水質保全の嚆矢とされる水質汚濁防止委員会が設置された。

この年　国際捕鯨委員会設立（世界）　国際捕鯨委員会（IWC、本部ケンブリッジ）が設置された。年1回委員会を開催してクジラ捕獲数を調整するもの。

# 1949年
（昭和24年）

2.9　国立公園に対する覚書（日本）　18～20程度の国立公園を目標に、GHQ顧問・リッチーの国立公園に対する覚書が受理された。

2.15　吉野熊野国立公園（和歌山県）　吉野熊野国立公園に、潮岬地域が追加編入した。

5.16　鉱山保安法公布（日本）　「鉱山保安法」が公布され、これに伴い「鉱業警察規則」が廃止された。

5.16　支笏洞爺国立公園（北海道）　支笏洞爺国立公園が指定された。

5.21　新宿御苑が一般公開（東京都新宿区）　新宿御苑が国民庭園として一般に公開（入場料あり）された。

5.31　国民公園が厚生省所管に（東京都・京都市）　皇居外苑、新宿御苑、京都御苑が厚生省所管となり、国民公園として一般に開放された（現在は環境省が管理）。

8.13　工場公害防止条例制定（東京都）　東京都で、全国初となる「工場公害防止条例」が制定された。騒音・振動・爆発・有臭有毒ガスなどの工場公害を規制するもの。

8.27　屋外広告物条例制定（東京都）　東京都で「屋外広告物条例」が制定された。

9.7　上信越高原国立公園（群馬県・長野県・新潟県）　上信越高原国立公園が指定された。

9月　DDT工場従業員に肝機能障害（日本）　DDT工場従業員の軽度の肝機能障害が報告された。

9月　安中鉱害（群馬県安中町）　群馬県安中の東邦亜鉛安中精錬所で、亜鉛精錬とカドミウム精錬作業が再開された。これに対し、「東邦亜鉛鉱害対策委員会連合会」が1市3町5村の鉱毒被害農民により結成された。

10月　日本窒素肥料が塩化ビニル生産再開（熊本県水俣市）　日本窒素肥料水俣工場で塩化ビニル生産が再開された。

この年　ソ連も核実験（ソ連）　ソ連が初めての原爆実験に成功し、アメリカによる核兵器の独占が崩れた。

この年　ダイオキシン（アメリカ）　アメリカ・ウェストバージニア州のモンサント社の2,4,5-T工場で、従業員250人余がダイオキシンに被災する災害が発生した。


# 1950年
（昭和25年）

1月　新日本窒素肥料（新日窒）再発足（日本）　日本窒素肥料が新日本窒素肥料（のちにチッソ）として再発足した。

1月　安中鉱害汚染サンプル分析（群馬県）　東邦亜鉛鉱害対策委員長（群馬県岩野谷村）が、汚染土壌と水のサンプル分析を東大へ依頼した。同大農学部での分析により大量の重金属含有が判明したが、東大は結果の公表を拒否した。

2.16 昭和石油川崎製油所原油流出火災（神奈川県川崎市）　川崎港に臨む昭和石油川崎製油所から原油が同港内に流出、発火し、近くの艀など船舶23隻が全半焼、沈没した。

4.11 東邦亜鉛工場拡張認可（群馬県）　東邦亜鉛による焙焼炉・硫酸工場新設のための工場拡張建築許可申請書が群馬県知事により認可された。これに対し、住民らによる反対運動が翌年にかけて行われた。

5.10 愛鳥週間（日本）　この年から「バード・デイのつどい」は「愛鳥週間」になり、毎年5月10〜16日に行われるようになった。中心行事は「全国野鳥保護のつどい」で、1961年以降行われている。

5.18 瀬戸内海国立公園（瀬戸内海）　瀬戸内海国立公園の公園区域が拡張された。

5.26 国土総合開発法公布（日本）　「国土総合開発法」が公布された。国土の総合的利用・開発・保全、あわせて社会福祉の向上に資することを目的とするもの。6月1日施行。

5.30 文化財保護法公布（日本）　「文化財保護法」が公布された。前年の法隆寺金堂壁画焼失を契機に制定されたもので、国宝・重要文化財・史跡・名勝・天然記念物・特別史跡名勝天然記念物を指定する。

5.31 狩猟法・鳥獣保護区制度（日本）　「狩猟法」が一部改正された。鳥獣保護区制度の新設、キジとヤマドリの販売禁止・飼養許可制度、鳥獣の輸出入の適法捕獲証明制度の設置など、自然保護のための制度も採り入れられた。7月29日施行。

6月 合成樹脂食器の衛生試験（日本）　「合成樹脂食器の衛生試験法」が厚生省により制定された。前年に起きたユリア樹脂食器のホルムアルデヒド検出問題を契機とするもの。

7.10 秩父多摩国立公園（埼玉県・東京都）　秩父多摩国立公園が指定された。

7.24 琵琶湖国定公園（滋賀県琵琶湖）　琵琶湖国定公園が指定された。

7.27 佐渡弥彦国定公園（新潟県佐渡島）　佐渡弥彦国定公園が指定された。

7.29 耶馬日田英彦山国定公園（大分県）　耶馬日田英彦山国定公園が指定された。

8.25 事業所公害防止条例（大阪府）　大阪府で「事業所公害防止条例」および「同施行規則」が制定され、排出ガス規制として、亜硫酸ガスの最高許容濃度10ppm、窒素酸化物最高値0.5ppmなどが定められた。また、大阪府事業場公害審査委員会が設置された。

9.5 磐梯朝日国立公園（山形県・福島県・新潟県）　磐梯朝日国立公園が指定された。

9.22 日光国立公園（栃木県）　日光国立公園が拡張され、那須、塩原、鬼怒川地区が追加編入した。

この年～ 被爆者肺癌死亡率激増（広島県）　この年から1957年5月にかけて広島県衛生部が実施した、悪性腫瘍による死亡者の統計的調査の結果、広島市の肺癌による死亡率（人口10万人当たりの死亡者数）が50年1.4、54年3.3、55年4.5（全国平均2.9）、56年7.3（同3.5）と約5.2倍に激増しており、全国平均と比較しても異常な高率であることがわかった（57年8月8日、公衆衛生院発表）。特に70歳から79歳までの年齢層の死亡率は全国平均の4.6倍で、原爆の放射能および放射性塵埃の影響ではないかと見られる。

この頃 光化学スモッグ（アメリカ）　1950年代初め、A.ハーゲン・スミット（アメリカ）が、1940年代から問題になっていたロサンゼルスの大気汚染を、自動車排ガスが太陽光で化学変化したことによる汚染とみなし、光化学スモッグと命名した。

# 1951年
（昭和26年）

1.27 核実験実施（アメリカ）　アメリカがネバダ州で核実験を実施した。

4.21 国際捕鯨取締条約（日本）　「国際捕鯨取締条約」に日本が加入し、即日、日本で条約が発効した。

5.1 四エチル鉛危害防止（日本）　「四エチル鉛危害防止規則」が制定された。

5.10　文化財保護法の指定基準（日本）　文化庁が「文化財保護法」に基づき、国宝・重要文化財・特別史跡名勝天然記念物・史跡名勝天然記念物の指定基準を告示した。

5.16　世界保健機関に加盟（日本）　日本が世界保健機関（WHO）に加盟した。

6月　ばい煙対策委員会条例（宇部市・尼崎市）　宇部市で「ばい煙対策委員会条例」が制定された。また、尼崎市では防煙対策の専門委員会が設置された。

7.26　森林法公布（日本）　新しい「森林法」が公布された。荒廃した森林の復元と木材資源の確保を目的とし、森林施策、全国森林計画、営林・保安林などについて規定するもの。7月31日施行。

9.28　東邦亜鉛工場拡張・柳瀬川下流で被害（群馬県高崎市）　東邦亜鉛の工場が拡張された。硫酸工場で出た鉱毒水を柳瀬川に放流したため、下流の高崎市豊岡地区の養鯉業者で被害が発生した。また、市内の河川での魚類浮上について、高崎保健所が東邦亜鉛によるものと認定し、市民に浮上魚を食べないよう警告した。

11.19　民間初の原子炉（イギリス）　イギリスのハーウェルで民間初の原子炉使用が開始された。

12.29　原子力発電（アメリカ）　アイダホ州アーコの国立原子炉試験場で、アメリカが小規模な原子力発電を行った。

この年　事業場公害防止条例（神奈川県）　神奈川県で、経済との調和条項を含む「事業場公害防止条例」が制定された。

この年　土呂久鉱山で商号変更（宮崎県）　土呂久の鉱山所有者の商号が、中島産業から中島鉱山株式会社へと変更された。

# 1952年
(昭和27年)

- **3.29** 特別天然記念物(日本)　タンチョウが特別天然記念物(動物)に指定された。

- **3.29** 特別天然記念物(日本)　オオサンショウウオが特別天然記念物(動物)に指定された。

- **3.29** 特別天然記念物(北海道阿寒町)　阿寒湖のマリモが特別天然記念物(植物)に指定された。

- **3.29** 特別天然記念物(北海道北広島市)　野幌原始林が特別天然記念物(植物)に指定された。

- **3.29** 特別天然記念物(北海道様似町)　アポイ岳高山植物群落が特別天然記念物(植物)に指定された。

- **3.29** 特別天然記念物(青森県平内町)　小湊のハクチョウおよびその渡来地が特別天然記念物(動物)に指定された。

- **3.29** 特別天然記念物(栃木県足尾町)　コウシンソウ自生地が特別天然記念物(植物)に指定された。

- **3.29** 特別天然記念物(さいたま市桜区)　田島ケ原サクラソウ自生地が特別天然記念物(植物)に指定された。

- **3.29** 特別天然記念物(東京都大島町)　大島のサクラ株が特別天然記念物(植物)に指定された。

- **3.29** 特別天然記念物(中部地方)　白馬連山高山植物帯が特別天然記念物(植物)に指定された。

- **3.29** 特別天然記念物(新潟県)　トキが特別天然記念物(動物)に指定された。

- **3.29** 特別天然記念物(富山市・滑川市・魚津市)　ホタルイカ群遊海面が特別天然記念物(動物)に指定された。

3.29　特別天然記念物（静岡県富士宮市）　狩宿の下馬ザクラが特別天然記念物（植物）に指定された。

3.29　特別天然記念物（滋賀県山東町）　長岡のゲンジボタルおよびその発生地が特別天然記念物（動物）に指定された。

3.29　特別天然記念物（鳥取県大山町）　大山のダイセンキャラボク純林が特別天然記念物（植物）に指定された。

3.29　特別天然記念物（高知県）　土佐のオナガドリが特別天然記念物（動物）に指定された。

3.29　特別天然記念物（高知市天神町・筆山町・塩屋崎町）　高知市のミカドアゲハおよびその生息地が特別天然記念物（動物）に指定された。

3.29　特別天然記念物（高知県大豊町）　杉の大スギが特別天然記念物（植物）に指定された。

3.29　特別天然記念物（福岡県嘉穂町・甘木市）　古処山ツゲ原始林が特別天然記念物（植物）に指定された。

3.29　特別天然記念物（熊本県菊鹿町）　相良のアイラトビカズラが特別天然記念物（植物）に指定された。

3.29　特別天然記念物（宮崎市）　青島亜熱帯性植物群落が特別天然記念物（植物）に指定された。

3.29　特別天然記念物（宮崎県串間市）　都井岬ソテツ自生地が特別天然記念物（植物）に指定された。

3.29　特別天然記念物（宮崎市）　内海のヤッコソウ発生地が特別天然記念物（植物）に指定された。

3.29　特別天然記念物（鹿児島県出水市・高尾野町・野田町）　鹿児島県のツルおよびその渡来地が特別天然記念物（動物）に指定された。

3.29　特別天然記念物（鹿児島県喜入町）　喜入のリュウキュウコウガイ産地が特別天然記念物（植物）に指定された。

3.29　特別天然記念物（鹿児島県蒲生町）　蒲生のクスが特別天然記念物（植物）に指定された。

3.29　特別天然記念物（鹿児島県山川町・坊津町・佐多町・内之浦町）　鹿児島県のソテツ自生地が特別天然記念物（植物）に指定された。

3.29　特別天然記念物（鹿児島県上屋久町・屋久町）　屋久島スギ原始林が特別天然記念物（植物）に指定された。

7.5　ヒドラジッド投与患者死亡（静岡県磐田市）　静岡県磐田市で結核治療用の新薬ヒドラジッドを不正投与された患者が死亡し、問題になった。

9.26　都市騒音防止協議会（東京都）　都市騒音防止に関する協議会が初の委員会を東京・市政会館で開いた。都市騒音防止デーの実施などが決まった。

10.15　騒音防止デー（東京都）　東京都と都市騒音防止協会の協力により、初の「騒音防止デー」が3日間にわたり開催された（～17日）。この頃、都民室公聴部には、宣伝放送、パチンコ、町工場、都電、ラジオなどの都市騒音の苦情が多く寄せられていた。

12.5～　ロンドン・スモッグ事件（イギリス）　ロンドンで最悪のスモッグが発生。例年の冬に比べ、呼吸器・循環器系の死者が数千人も多くなり大問題となった。

12.12　輸入黄変米陸揚げ（兵庫県神戸市）　貨物船大烈丸が神戸港に陸揚げしたビルマ産米6000tを検査したところ、肝臓や腎臓に影響を及ぼす有毒な黄変粒が大量に混じっていることがわかり、国立衛生研究所が分析に乗り出した。

12.27　特別天然記念物（長野県）　上高地が特別天然記念物（天然保護区域）に指定された。

12.28　輸入黄変米陸揚げ（静岡県清水市）　貨物船シドニー丸が清水港に陸揚げしたタイ産輸入米3170tの検査で、有毒黄変粒の大量混入が判明。以後、輸入米への黄変粒の混在が長期間続き、1954年7月には、黄変米の処理に困った政府が配給米への最高2.5%混入を実施しようとして、専門家や世論の非難を浴びた。

12月　三井金属神岡鉱山で農作物補償（富山県・岐阜県）　三井金属鉱業神岡鉱業所が、流域7町村の稲の鉱毒被害に対し「増産奨励費」として農作物補償300万円を支払った。以後、毎年250～300万円を補償。

なお、この年神岡鉱業から三井金属鉱業株式会社に社名変更されている。

この年　**特別天然記念物**（富山市）　薬師岳の圏谷群が特別天然記念物（地質・鉱物）に指定された。

この年　**水俣で貝類死滅**（熊本県水俣市）　水俣市百間港の内湾で貝類が死滅状態になった。

# 1953年
（昭和28年）

3月　**防音新型車両**（関東地方）　東武鉄道の新型車両が登場。モーターを台枠に取り付け、車軸にかかる重量を軽減することで、騒音を抑え、スピードアップを図った。浅草‐日光間のロマンスカーとして使われた。

4.1　**国立公園管理員**（日本）　初の国立公園管理員が配属された。

5月　**水俣病患者続出**（熊本県水俣市周辺）　水俣市出月で、5歳11ヵ月の少女が原因不明の脳障害と診断される（少女はのち、政府の水俣病公式認定患者第1号となる）。この頃から、熊本県水俣市周辺の住民に中枢神経系疾患と見られる患者が続出し、1960年末の時点で84名が発病、うち33名が死亡した。熊本大学医学部などによる調査・研究の結果、原因は水俣湾で捕れた魚介類を食べたことによる、有機水銀化合物中毒と確認された。

7月　**ユリア樹脂製食器**（京都府）　京都でユリア樹脂製食器の着色料溶出が判明した。

8月～　**東日本で冷害**（各地）　8月中旬から9月上旬にかけて、岐阜県以北の北海道、東北、関東、北陸、甲信越の24都道府県で異常低温による冷害が発生し、水稲や野菜類などの農作物に被害があいついだ。

9.1　**阿蘇国立公園**（大分県）　阿蘇国立公園に由布、鶴見、高崎山地域が追加編入した。

12.8　原子力国際管理を提案（世界）　国連総会でアイゼンハワー大統領が原子力の国際管理を提案した。

# 1954年
（昭和29年）

1.9　騒音防止条例（東京都）　街頭広告放送などの一般騒音増加に対し、東京都が「騒音防止条例」を公布した。

3.1　第5福竜丸被曝（マーシャル諸島ビキニ環礁）　午前4時12分頃、マーシャル諸島北端にあるビキニ環礁の東北東約148kmの海上で、静岡県焼津市の中型マグロ漁船第5福竜丸（156t）が、米国の水爆実験による放射性物質を含む死の灰を浴び、久保山愛吉無線長（9月23日死亡）ら乗組員23名全員が被曝。帰国後、漁獲物のマグロやサンマなどからも強い放射能が検出され、埋立て廃棄処分を受けた。その後も、同海域付近で漁獲した放射能汚染魚の廃棄処分が長期にわたって続いた。

3.6　放射能灰（奈良県吉田郡）　奈良県吉田郡で50カウント前後の放射性物質を含む黄色がかった灰が降った（4月2日に200ppmの放射能を検出）。

3.13　放射能灰（愛知県渥美郡）　愛知県渥美郡の伊良湖岬で、50カウント前後の放射性物質を含む黄色がかった灰が降り、東京大学で分析した結果、核分裂生成物が検出された。

4.2　放射能雪（北海道）　北海道に3.2ℓ当たり52カウントの人工放射能を含む雪が降った。また8日にも札幌市に微弱な放射能を含む降雪があった。ソ連の原水爆実験が原因と見られた。

4.14　事業所公害防止条例（大阪府）　大阪府で旧条例を全面改正した「事業所公害防止条例」が制定された。

4.22　清掃法公布（日本）　「清掃法」が公布された。これに伴い「汚物掃除法」は廃止となった。

4月～　安中鉱害（群馬県安中町・高崎市）　4月から6月にかけて、群馬県安中地区で硫酸ガスにより大麦・小麦・桑園などに被害が出た。また、高崎地区の養魚池では鯉の大量死が発生した。

5.13～　放射能雨（各地）　5月13日から8月1日にかけて、全国各地で高数値の放射能を含む雨が降り、5月16日に京都市で8万6760カウント、大阪市で2127カウント、広島市で2357カウント、鹿児島市で1万5000カウント、17日に東京で3万2000カウント、18日に名古屋市で4555カウント、21日に仙台市で1200カウント、金沢市で2100カウント、静岡市で1万9500カウント、6月2日に弘前市で8000カウントを記録。山形や新潟、甲府などの各市でも同様の放射能雨が観測された。

5.20　飲料用天水放射能汚染（東京都大島）　伊豆大島で採取した飲料用天水から1ℓ当たり95カウントという高数値の放射能が検出され、厚生省原爆症調査研究協議会の食品衛生部会は人体への悪影響が懸念される、と指摘した。

5月　燈台関係者被曝（松山市・鹿児島県佐多町）　愛媛県松山市の釣島燈台と鹿児島県佐多町の佐多岬燈台で、関係者に放射能症患者が発生。原因は、これらの燈台で飲料用に使っていた天水に、ビキニ環礁で行われた水爆実験の放射能が混入したためと見られる。

5月～　緑茶・野菜類放射能汚染（東京都・静岡県）　5月15日に九州で採取した緑茶から10g当たり24カウント、21日に静岡県で採取した緑茶から10g当たり75カウントという高数値の人工放射能を検出。以後5、6月に採取した煎茶7種類から10カウントないし32カウント、8月末に東京都で採取したキュウリの茎葉の風乾物から10g当たり84カウント、ナスの茎葉の風乾物から79カウント、山東菜（白菜の一種）やシソ、ミツバ、唐ヂサなどの葉菜類からも10数カウントから50カウント前後の放射能を検出した。

6.2　原発による送電（ソ連）　ソ連が世界初の原子力発電による送電を開始した。

6月～　異常低温（八戸市・盛岡市）　6月から7月にかけて、青森県八戸市や盛岡市の周辺地域で、平年を最低で3.4度下回る異常低温を記録した。原因は、ビキニ環礁における原水爆実験の浮遊物の影響で地表の日照量が減ったことと、水滴凝結作用で雲量や雨量が増加したためと見られる。

| | | |
|---|---|---|
| 7.19 | **ツバメ減少**（日本） | ツバメ飛来が全国的に前年より3割減少していることが判明、林野庁はパラチオンのかかった虫を食べたためとの推測を発表した。この年は農薬中毒に関する報告事例が増加した。 |
| 9.18〜 | **放射能雨**（北日本各地） | 9月18日から23日にかけて、東北地方と日本海の沿岸部で高数値の放射性物質を含む雨が降り、20日に新潟市で1840カウント、弘前市で2100カウント、22日に仙台市で3万8300カウント、23日に山形市で11万6000カウントを記録した。原因は、ソ連による北氷洋での原爆実験の影響と見られる。 |
| 9月 | **稲の放射能汚染**（関東地方・新潟県） | 放射能被害調査関係科学者の会で、関東地方各地の稲から放射性物質を検出したという報告があった。また、29日にも新潟大学で、早生種の米から放射性物質を検出したという発表が行われた。 |
| 10月〜 | **放射能雨**（各地） | 10月末から11月初めにかけて、日本海側の各地で高数値の放射性物質を含む雨が降り、弘前・山形・新潟・金沢などの各市で1万カウントを記録、東京や鹿児島市などの雨からも人工放射能が検出された。 |
| 11.11 | **放射能雪**（青森県） | 青森県に降った初雪から3600カウントの人工放射能が検出された。 |
| 12.4 | **原子力の平和利用**（世界） | 原子力の平和利用が国連総会で決議された。 |
| 12.23 | **騒音防止条例**（京都市） | 「京都市騒音防止条例」が制定された。 |
| この年 | **猫の狂死**（熊本県水俣市） | 中枢神経障害の患者発生が続発する水俣湾周辺で、猫の狂死も相次いだ。 |
| この年 | **土呂久鉱山で亜ヒ酸製造再開**（宮崎県） | 土呂久鉱山で亜ヒ酸製造が本格的に再開された。これに対し、鉱毒被害者の会である「和合会」は強硬な反対を表明した。 |

# 1955年
(昭和30年)

1.17　スモッグ多発（東京都）　都内でスモッグが多発した。

2.1　騒音防止条例（兵庫県尼崎市）　「尼崎市騒音防止条例」が施行された。

2.15　特別天然記念物（日本）　ライチョウが特別天然記念物（動物）に指定された。

2.15　特別天然記念物（日本）　ニホンカモシカが特別天然記念物（動物）に指定された。

2.15　特別天然記念物（奈良市）　春日山原生林が特別天然記念物（植物）に指定された。

2.15　特別天然記念物（周南市・下松市）　八代のツルおよびその渡来地が特別天然記念物（動物）に指定された。

3.5　放射能雪（東京都）　東京都に降った雪を分析した結果、3日後の8日になって強い放射性物質が検出された。

3.15　富士箱根伊豆国立公園（静岡県）　富士箱根国立公園に伊豆地区が追加編入し、富士箱根伊豆国立公園に改称した。

3.16　西海国立公園（長崎県）　西海国立公園が指定された。

3.20　捕鯨オリンピック（日本）　南極海の捕鯨オリンピックで、日本が過去最高の捕獲記録を出した。

4.1　伊豆七島国定公園・足摺国定公園（東京都・高知県）　伊豆七島、足摺が国定公園に指定された。

4.1　公害防止条例・騒音防止条例（福岡県）　福岡県で「公害防止条例」および「騒音防止条例」が施行された。

4.16　安部鉱業所佐世保炭鉱ボタ山崩壊（長崎県佐世保市）　午後5時頃、長崎県佐世保市黒髪町の安部鉱業所佐世保炭鉱の本坑上で、大雨に

よりボタ山（鉱滓の堆積物。高さ40m、長さ200m、幅30m）が突然崩れ、関係者や家族126名と共同住宅6棟とが埋没。17日午前2時頃には、さらに住宅4棟と事務所とがボタの下敷きになり、合計73名が死亡、家屋10棟が埋没、50世帯が家を失った。

5.2　**陸中海岸国立公園**（岩手県・宮城県）　陸中海岸国立公園が指定された。

5月　**イタイイタイ病**（富山県）　萩野昇・河野稔医師の連名により、富山県神通川流域のイタイイタイ病についての学会発表が行われた。

6.1　**若狭湾国定公園・日南海岸国定公園**（福井県・宮崎県）　若狭湾、日南海岸が国定公園に指定された。

6.18　**原子力利用調査会**（日本）　原子力利用調査会が発足した。

6.20　**山陰海岸国定公園・天草国定公園**（鳥取県・島根県・熊本県）　山陰海岸、天草が国定公園に指定された。

6月〜　**森永ヒ素ミルク中毒発生**（西日本各地）　6月下旬から西日本を中心に、人工栄養の乳児多数に下痢、発熱、嘔吐、皮膚の色素沈着の奇病が相次いだ。8月24日、岡山大学医学部の浜本教授が森永MF印粉乳からヒ素を検出したと発表。森永乳業徳島工場の製造工程で第二燐酸ソーダ（中和剤）に含まれるヒ素がMF印粉ミルクに混入していたことが判明した。29日に徳島県衛生部は、同工場を食品衛生法違反で告発した。製品回収や患者の早期発見に努めたが、1956年6月9日までに全国で129名が死亡、1万2170名の患者が確認された。

7.1　**白山国定公園**（石川県）　白山国定公園が指定された。

7.2　**原子炉輸出**（スイス）　スイスにアメリカの輸出原子炉第1号が到着した。

8.8　**原子力平和利用**（世界）　原子力平和利用国際会議議長に、インドのバーバー博士が選出された。

8.13　**特別天然記念物**（山形県羽黒町）　羽黒山のスギ並木が特別天然記念物（植物）に指定された。

8.22　**特別天然記念物**（埼玉県春日部市）　牛島のフジが特別天然記念物（植物）に指定された。

- 8.22 特別天然記念物（香川県土庄町）　宝生院のシンパクが特別天然記念物（植物）に指定された。
- 8.22 特別天然記念物（福岡県新宮町・久山町）　立花山クスノキ原始林が特別天然記念物（植物）に指定された。
- 8月 農薬取締法改正（日本）　パラチオンを「特定毒物」に指定する「農薬取締法」一部改正が行われた。なお、パラチオンは1956年をピークに86人（厚生省薬務課調べ）の中毒死者を出し、1971年に使用禁止とされた。
- 9.1 錦江湾国定公園（鹿児島県）　錦江湾国定公園が指定された。
- 9.18 森永ヒ素ミルク中毒（各地）　「森永ヒ素ミルク被災者同盟全国協議会」が結成されたが、補償交渉は難航。その後、被害者と家族は1970年代まで闘い続けることになる。
- 9月 新日窒の廃水路変更（熊本県水俣市）　新日本窒素肥料水俣工場の廃水路が、百間港から水俣河口へ変更された。
- 10.1 ばい煙防止条例（東京都）　東京都が「ばい煙防止条例」を制定し、排出基準の遵守を義務づけた。
- 11.1 北長門海岸国定公園など指定（山口県・愛媛県）　北長門海岸、秋吉台、石槌が国定公園に指定された。
- 11.14 原子力協定（日本・アメリカ）　日米原子力協定がワシントンで調印された。
- 11.26 公害許容基準（日本）　日本公衆衛生協会が公害許容基準について答申した。
- 12.19 原子力基本法・原子力委員会設置法（日本）　「原子力基本法」「原子力委員会設置法」が公布された（1956年1月1日施行）。
- この年 スモン病（日本）　この頃から全国各地で散発的に下肢の痺れ、脱力、歩行困難などの奇病（のちのスモン病）患者が発生するようになった。
- この年 大気汚染深刻化（千葉市）　千葉市の大気汚染が深刻化した。
- この年 ばい煙深刻化（神奈川県川崎市）　川崎市でばい煙・油煙被害が深刻化した。

環境史事典　　　　　　　　　　　　　　　　　　　　　　　　　　1956年（昭和31年）

この年　　イタイイタイ病（富山県・岐阜県）　三井神岡鉱業所の佐保堆積場が決壊し、大量の鉱毒汚水が水田に流入、神通川下流域に大きな被害が発生した。

この年〜　地盤沈下（新潟市）　1955年以降、新潟市の地盤沈下の速度が急激に上昇。市街地では1898年から1926までの29年間に16cm、1927年から1955年までの29年間に41cmだったのが、1956年から1957年までの2年間だけで48cm沈下し、県と市による対策協議会が結成されるなど、波紋が広がった。原因は天然ガスの採掘や地盤自体の弱さにあると見られる。

この頃　　ウラン鉱採掘作業員被曝（福島県）　9月6日に行われた通商産業省地質調査所の発表によると、福島県内にあるウラン鉱の採掘現場で働いていた作業員が被曝していたことが判明した。


# 1956年
## （昭和31年）

1.1　　原子力委員会（日本）　「原子力委員会設置法」に基づき、原子力委員会が設置された。

3.1　　日本原子力産業会議（日本）　日本原子力産業会議が発足した。

4.16〜　放射能雨（各地）　4月16日から17日にかけて、全国各地に高濃度のストロンチウム90を含む雨が降り、気象庁測候課への報告によれば北海道稚内市で1ℓ当たり毎分3万6000カウント、東京都で2万5400カウント、新潟市で78万5400カウント、鹿児島市で5万7000カウントを記録したほか、静岡大学化学教室が静岡市で同1万3500カウント、兵庫県衛生研究所が神戸市で7130カウント、島根大学物理学教室が松江市で3万7000カウントの放射能を観測、検出した。原因は15日以降に実施された核爆発実験とみられる。

4.20　　都市公園法（日本）　都市の公園の設置と管理を規定した「都市公園法」が公布された。9月11日「同施行令」公布、10月15日同法施行。

- 5.1 瀬戸内海国立公園（瀬戸内海）　瀬戸内海国立公園の区域が拡張された。

- 5.1 水俣病公式発見（熊本県水俣市）　原因不明の中枢神経疾患が多発しているとして、水俣市の新日本窒素附属病院が4人の患者を水俣保健所に報告。同保健所がこれを公表し、水俣病の公式発見となった。5月28日には水俣奇病対策委員会が結成され、治療と原因の追及を開始した。

- 5.1 瀬戸内海国立公園（大分県）　阿蘇国立公園の高崎山地域が、瀬戸内海国立公園に編入された。

- 5.4 原子力3法（日本）　「日本原子力研究所法」「核原料物質開発促進臨時措置法」「核燃料公社法」（原子力3法）が公布された。8月10日には原子燃料公社が設立された。

- 5.4 民間の原子力工場（アメリカ）　民間の原子力工場設立をアメリカ原子力委員会が許可した。

- 5.23 原発運転開始（イギリス）　イギリス原子力公社が、原子力発電炉第1号（コールダーホール型）の運転開始を発表した。

- 5.28 異常微気圧振動観測（各地）　全国各地の気象台や測候所で異常微気圧振動が観測された。中央気象台の発表によれば、ビキニ環礁付近で午前3時頃に発生したものと見られる。

- 6.1 玄海国定公園（九州地方）　玄海国定公園が指定された。

- 6.11 工業用水法（日本）　地下水保全、地盤沈下防止を目的とした「工業用水法」が公布・施行された。6月10日公布の「同施行令」で対象地域を指定した。

- 6.15 原子力研究所設立（茨城県東海村）　茨城県東海村に原子力研究所が設立された。

- 6.21 放射能雨（東北地方・日本海沿岸）　東北地方と日本海沿岸の各地で強い放射能を含む雨が降り、石川県輪島市では1万9000カウントを記録した。

- 6月〜 40年ぶりの冷害（北海道）　6月中旬から9月上旬にかけて、北海道は平年よりも気温が1度から5度前後も低い状態が続く40年ぶりの冷害に見舞われ、農作物などが大きな被害を受けた。

| 7.10 | 十和田八幡平国立公園（東北地方）　十和田国立公園に八幡平地域が追加指定され、十和田八幡平国立公園に改称した。
| 7.10 | 上信越高原国立公園（長野県）　上信越高原国立公園に、妙高戸隠地区が追加編入した。
| 7.11 | 異常微気圧振動観測（各地）　ビキニ環礁での核実験による爆発の影響で、全国の気象台や測候所で5月28日に続き、最大0.6mbの異常微気圧振動が観測された。
| 7.19 | 特別天然記念物（兵庫県）　コウノトリが特別天然記念物（動物）に指定された。
| 7.19 | 特別天然記念物（徳島県三加茂町）　加茂の大クスが特別天然記念物（植物）に指定された。
| 7.19 | 特別天然記念物（鹿児島県志布志町）　枇榔島亜熱帯性植物群落が特別天然記念物（植物）に指定された。
| 7.20 | 雲仙天草国定公園（長崎県・熊本県）　雲仙国立公園に天草地区国定公園が区域編入し、雲仙天草国立公園に改称した。
| 8.4 | アジア初の原子炉（インド）　アジア初の原子炉運転が、ボンベイ近郊で開始された。
| 8.24 | 水俣病医学研究（熊本県）　熊本県により、熊本大に水俣病医学研究班が設置された。8月29日、熊本・新日本窒素肥料附属病院の細川院長により、水俣病に関する最初の医学報告書（30例の疫学・臨床について記載）が作成された。
| 8月 | 河川で悪臭（東京都）　東京都中心部の各河川で悪臭が問題化した。
| 9.20 | 国際原子力機関（IAEA）設立（世界）　国際原子力機関（IAEA）の創立総会が、ニューヨークで開催された。
| 9月 | 低温と日照不足（北海道）　北海道は夏以降低温と日照不足による冷害に見舞われ、稲などの農作物に大きな被害が出た。
| 9月 | 安中鉱害被害者同盟（群馬県高崎市）　群馬県高崎市鼻高・豊岡・乗附・石原・寺尾・根小屋の各町の住民により、被害者同盟が結成された。

- 10.1　屋外広告物条例制定（大阪市）　大阪市で「屋外広告物条例」が制定された。
- 10.17　商用原子力発電（イギリス）　世界初の商用原子力発電所の運転が、イギリスで開始された。
- 10.30　農薬りんご（東京都千代田区）　東京の神田青果市場で農薬りんごが発見された。11月8日、東京都衛生局は「人体に危険はない」と検査結果を公表。
- 10.31　特別天然記念物（日光市・今市市）　日光杉並木街道附並木寄進碑が特別天然記念物（植物）に指定された。
- 12.19　放射能観測（各地）　大気中の放射能観測で、13万5000カウントという高い数値の放射能が観測された。
- 12月　水質汚濁防止（日本）　「漁場水質汚濁防止法案」の国会提出が見送られた。

# 1957年
(昭和32年)

- 1月　干ばつで自衛艦が水補給（東京都利島村）　伊豆諸島の利島村で干ばつが発生、26日には自衛艦わかばが同島への水補給のため寄港した。
- 1月　水俣病の原因研究（熊本県水俣市）　熊本大学の水俣病研究班が「水俣病の原因は重金属、それも新日窒の排水に関係がある」と発表した。2月、同研究班は水俣湾内の漁獲禁止が必要と警告した。
- 2.20　欧州原子力共同体（ヨーロッパ）　西欧6ヵ国首脳会談で、欧州原子力共同体と欧州共同市場の設置が決定した。
- 3.14　東邦亜鉛工場増築（群馬県安中町）　群馬県安中地区農民が、県知事らに東邦亜鉛の銅電解工場増築反対を陳情した。陳情は受け入れられず、4月に工場が操業を開始した。

| | | |
|---|---|---|
| 3.21〜 | ばい煙で山林火災（和歌山県日置川町） | 午後3時頃、和歌山県日置川町の紀勢西線のトンネル付近から出火、山林約10.7haを全焼して23日午前9時30分頃、鎮火した。列車のばい煙が原因と見られる。 |

- 4.1 **騒音防止条例（広島県）** 広島県で「騒音防止条例」が制定された。

- 4.1 **郊外でも水俣病多発が確認（熊本県水俣市）** 水俣市郊外の漁農村部落でも、鉱物性金属に汚染された魚介類の多量摂食によるものと推定される脳炎症状に似た奇病多発が確認された。

- 4.4 **猫にも水俣病発症（熊本県水俣市）** 水俣保険所での猫発症実験で、猫に水俣病発症が確認された。翌月には新日窒附属病院で猫への重金属投与実験が開始された。

- 4月〜 **各種放射性同位元素検出（各地）** 4月から9月にかけて、文部省研究班をはじめ、群馬・新潟・静岡・京都・立教の各大学が、粉乳などの製品や血液、自然界の物質などを観測・分析した結果、数万カウントという高濃度のストロンチウム90やセシウム137、プルトニウム139、トリウム231などの放射性同位元素が検出され、9月18日には群馬大学でセシウム137は精米後も減衰しない、と発表された。

- 5.16 **核実験抗議デモ（日本・イギリス）** 全学連がイギリス大使館に対し、クリスマス島の核実験に抗議するデモを行った。

- 5月 **地下水4価エチル鉛汚染（福岡市）** 福岡市南部の地下水が有毒の4価エチル鉛に汚染されていることがわかり、自衛隊の給水車が汚染地域に出動、飲料水を供給した。原因は、付近の防空壕に貯蔵したまま放置してあった、戦時中の4価エチル鉛とガソリンの混合燃料が溶け出したためと見られる。

- 6.1 **自然公園法公布・国立公園法廃止（日本）** 「自然公園法」が公布され（10月1日施行）、「国立公園法」は廃止となった。

- 6.15 **水道法公布（日本）** 水道の管理・運営、水質基準、水道事業などを定めた「水道法」が公布された。12月12日「同施行令」公布、12月14日「同施行規則」発布。

- 6.16 **世界平和評議会総会で核実験停止の呼びかけ（世界）** 世界平和評議会総会がコロンボで開催され、核実験即時無条件停止の呼びかけと軍縮宣言が採択された。

- 6.19 特別天然記念物（岩手県大迫町・川井村・遠野市）　早池峰山及び薬師岳の高山帯・森林植物群落が特別天然記念物（植物）に指定された。
- 6.19 特別天然記念物（石川県白山市）　岩間の噴泉塔群が特別天然記念物（地質・鉱物）に指定された。
- 6.29 地盤沈下（日本）　設置許可の申請・規定や指定地名などの詳細を規定する「工業用水法施行規則」が公布された。7月10日施行され、「工業用水法」に基づき、四日市市域が地盤沈下防止の規制地区に指定された。
- 7.2 特別天然記念物（岐阜県白鳥町・郡上市）　石徹白のスギが特別天然記念物（植物）に指定された。
- 7.11 国際科学者会議が核実験中止を要請（世界）　国際科学者会議がカナダのパグウォッシュで開催され、核実験の中止を要請する声明が発表された。
- 8.27 日本初の原子の火（茨城県東海村）　東海村で、原子力研究所の研究用原子炉に日本初の原子の火が灯った。
- 9.9 サリドマイド剤を厚生省承認（日本）　サリドマイド剤イソミンの国内製造が厚生省により承認された。
- 9.11 特別天然記念物（山形県東根市）　東根の大ケヤキが特別天然記念物（植物）に指定された。
- 9.23 核実験停止決議案（日本）　核実験停止決議案を日本が国連に提出した。
- 9月 冷害で無収穫（高知県）　高知県で低温状態の日が続いたために冷害が発生。水田約31.7haが無収穫となり、関係者は対策に追われた。
- 10.1 自然公園法施行（日本）　「自然公園法」「自然公園法施行令」が施行された。
- 11.1 日本原子力発電会社（日本）　日本原子力発電会社が設立された。
- 11.6 核実験停止決議案否決（世界）　日本の提出した核実験停止決議案が、国連政治委員会で否決された。

12.1　イタイイタイ病の原因発表（富山県）　富山県医学会で萩野昇医師が、三井金属神岡鉱業所の排水がイタイイタイ病の原因であることを発表した。

12.5　原子力砕氷船進水（ソ連）　ソ連の原子力砕氷船・レーニン号が進水した。

12月　夢の島埋立て開始（東京都）　東京で夢の島埋立てが開始された。

この年　特別天然記念物（北海道壮瞥町）　昭和新山が特別天然記念物（地質・鉱物）に指定された。

この年　大気汚染実態調査（神奈川県）　神奈川県で、1957年を第1年度とする大気汚染実態調査が開始された。

この年〜　イワシ不漁（高知県宿毛市）　この年から翌年にかけて、高知県の宿毛湾の周辺海域でイワシの不漁が続いた。原因は、広島県の火薬取扱業者が同湾に多量の弾薬を投棄したことと関係があるのではないかと見られ、投棄物の環境への悪影響が懸念された。

この頃　自衛隊員放射線障害（北海道旭川市）　北海道旭川市の陸上自衛隊で、通信隊員14名に放射能の影響とみられる白血球の減少症状が発生、同第二管区総監部衛生課で調べたところ、同隊の飲料用の雨水貯蔵タンク内の沈澱物からストロンチウム90が検出された（1958年3月8日・保健衛生学会北部分会で発表）。

# 1958年
（昭和33年）

1.1　欧州原子力共同体設立（ヨーロッパ）　欧州経済共同体（EEC）、欧州原子力共同体（EURATOM）が発足した。

1.13　核実験停止嘆願書（世界）　世界の著名科学者44ヵ国9236人が署名し、核実験停止嘆願書を国連に提出した。

1.20　サリドマイド剤発売（日本）　大日本製薬が、サリドマイド薬害の原因となった「イソミン」を発売した。

- 1.22 放射能雪（各地）　日本海側に放射能を含む雪が降り、秋田市で1ℓにつき毎分3120カウント（秋田気象台調べ）、新潟市で8713カウント（新潟大学調べ）、鳥取県米子市で3万1900カウント（米子測候所調べ）の放射能を検出した。

- 1月～ 放射能雨（東京都）　1月から2月にかけて、東京都に放射能を含む雨が降り、東京大学放射化学研究室の分析で、この雨からウラン238が検出された。日本では同物質が雨水から検出されたのは初めて。ソ連による水爆実験の影響と見られる（4月3日・日本化学会で発表）。

- 2.7 胎児性水俣病（熊本県水俣市）　水俣の細川一・新日窒附属病院長が、脳性小児麻痺様の患者を初めて診察、後に胎児性水俣病と判明した。春にはマックアルパイン医師（イギリス）が水俣で患者を診察し、有機水銀中毒に似ていることを発表した。

- 2月～ 52年ぶりの大干ばつ（各地）　2月から7月にかけて、山形県で積算雨量40mm（平年180mm）を、山梨県で地元気象台の開設以来の最少雨量を記録するなど、全国各地で平年の20％から80％前後という52年ぶりの干ばつが発生。このため信濃川流域や筑後平野などをはじめ青森、秋田、新潟など13道県を中心に水稲の植付不能や枯死、塩害など農作物の被害があいつぎ、東京都で多摩川の水源の枯渇により最終的に1日当たり2時間給水に追い込まれたほか、ウンカの異常発生や利根川の減水による海水逆流などが続いた。

- 3.1～ 騒音追放（東京都・大阪府）　3月1日から大阪市、5月～6月に東京都で、街を静かにする運動が行われた。自動車の普及で都市の交通騒音が深刻化したためで、排気音とクラクションが規制対象とされた。運動の結果、警笛回数が8割減るなど大きな成果があった。

- 3.3～ 放射能雨（島根県松江市付近）　3月3日から10日にかけて、松江市付近に放射能を含む雨が降り、島根大学放射能研究室の分析では1ℓ当たり4万672カウントの放射能が検出された。

- 3.7 放射能雪（新潟県長岡市付近）　新潟県長岡市付近に放射能を含む雪が降り、新潟大学工学部の分析では1ℓ当たり毎分2万892カウントの放射能が検出された。

- 3.10 放射能塵（東京都付近）　立教大学理学部が電気集塵機と濾紙を使って別々に落下塵を集め分析したところによると、東京都付近では前者

の方法で空気3500m$^3$につき1000カウントの、後者の方法で同500m$^3$につき500カウントの放射能が検出された。

3.14 原子力委員会設置（インド）　インド政府が原子力委員会の設置を発表した。

3.18 放射能雨（各地）　全国各地で放射能雨が降り、気象庁測候課の測定では東京都で1万4900カウント、大阪府で2万4000カウントをそれぞれ記録した。

3.25〜 放射能雨（大阪府）　3月25日から26日にかけて、大阪府に放射能を含む雨が降り、大阪市立大学医学部生物物理学教室の分析で、1ℓ当たり4万6000カウントの放射能が測定された。

3.31 一方的核実験中止宣言（ソ連）　核実験の一方的中止をソ連が発表した。

4.4 核武装反対運動の大行進（イギリス）　イギリスで、核武装反対運動の大行進（オルダーマストンからロンドンまで）が始まった。この大行進は1963年まで毎年行われた。

4.6 本州製紙江戸川事件（東京都江戸川区）　東京都江戸川区の製紙工場から黒濁水が流出した。5月、漁協が魚介類死滅と千葉県に報告、東京湾の漁民が工場に抗議した。6月、都知事が都工場公害防止条例に基づき汚水関係部門の一時操業停止を命令した。

4.10 三河湾国定公園・金剛生駒国定公園（愛知県・奈良県）　三河湾、金剛生駒が国定公園に指定された。

4.24 下水道法公布（日本）　「下水道法」が公布された（1976年、1987年改正）。

5月 フィルム工場廃液排出（神奈川県）　神奈川県で、フィルム工場の廃液が付近の河川に排出され、アユ漁が深刻な被害を受けた。

6.10 本州製紙江戸川事件で抗議（東京都江戸川区）　千葉県浦安町の漁業関係者約900名が、東京都江戸川区東篠崎の本州製紙江戸川工場からの汚水排出に怒り、同工場に乱入した際、同社員や警官隊と衝突し、200名余りが重軽傷を負った。

7.1 網走国定公園・大沼国定公園（北海道）　網走、大沼が国定公園に指定された。

- 7.9〜 放射能雨（各地）　この日から翌日にかけて、全国各地で核実験の影響によると見られる放射能雨が降り、鳥取県米子市で4万カウント、高知市で7万カウント、福岡市で6万7000カウントをそれぞれ記録した。

- 7.10 騒音防止条例（長崎県）　長崎県で「騒音防止条例」が制定された。

- 7.21 観測測量船拓洋・さつま被曝（南太平洋）　海上保安庁の観測測量船拓洋から、被曝により乗組員の白血球数が減少したとの報告が届いたため翌日、同庁は拓洋と僚船さつまとに帰国を指示、両船は8月7日、東京に帰港した（拓洋の乗組員のうち首席機関士が翌年8月3日、急性骨髄性白血病で死亡）。

- 8.1 南房総国定公園（千葉県）　南房総国定公園が指定された。

- 8.10 核実験の影響（世界）　核実験の悪影響を示す報告書を国連が発表した。

- 8.15 水俣湾漁獲操業停止（熊本県水俣市）　水俣市議会で水俣湾一帯の漁獲・食用自粛が決議され、8月21日には熊本県から水俣湾漁獲操業厳禁の通達が出された。

- 8.22 1年間の核実験停止（アメリカ）　10月以後1年間核実験を停止することをアメリカが発表した。

- 8.27 たんちょうづる自然公園（北海道釧路市）　北海道釧路市に、全国から募った基金で工事が行われた「たんちょうづる自然公園」が完成。おとりの5羽が放された。

- 9.30 核実験再開（ソ連）　ソ連が核実験を再開した。

- 10.13 放射能雨（北海道稚内市付近）　北海道稚内市付近に降った雨から、1ℓにつき毎分4万9000カウントの放射能が検出された。

- 10.18 騒音防止条例（熊本県）　熊本県で「騒音防止条例」が制定された。

- 10.24 放射能雨（東京都）　東京地方に降った雨から、気象庁の分析で1ℓにつき毎分4万6960カウントの放射能が検出された。原因は、北極圏で行ったソ連の核実験と見られる。

- 10.31 核実験停止3国会議（アメリカ・イギリス・ソ連）　核実験停止に関する米英ソ3国会議がジュネーブで開催された。

12.25 **水質2法公布**（日本） 公共用水の水質保全と工場排水の水質を規制する「公共用水域の水質の保全に関する法律（水質保全法）」ならびに「工場排水等の規制に関する法律（工場排水規正法）」、いわゆる水質2法が公布された。水質汚染対策の原点であり、国レベルで初の公害対策法だが、「産業の相互協和条項」が入っている点で後の公害対策法とは異なる。汚濁の恐れのある地域を指定して水質（排水）基準を定めるもので、1959年6月施行され、1962年4月に江戸川水域、1963年1月に淀川水域などが指定された。

この年 **中性合成洗剤が商品化**（各地） 水に溶かして使う中性の合成洗剤が商品化された。石鹸よりも洗浄力が強いため、食器洗いだけでなく、野菜や果物の最近洗浄にも効果的、と宣伝されたが、のち1961年には人体への有害性が指摘され、安全性が問われた。

# 1959年
（昭和34年）

1.16 **スモッグ深刻化**（東京都） 東京で濃いスモッグが発生した。都心では視界が600mまで低下し、羽田空港では一時離着陸を中止した。この頃から、工場のばい煙、自動車の排気ガス、ビル暖房などにより、東京のスモッグが深刻な問題となった。

2.12 **厚生省に水俣病特別部会**（日本） 水俣病特別部会が厚生省食品衛生調査会に設置された。

2.17 **噴火で自然破壊**（宮崎県・鹿児島県） 午後2時頃、宮崎・鹿児島県境の霧島山新燃岳（1420m）が45年ぶりに爆発。噴煙は高度3000mに達し、宮崎県都城・小林両市などに火山灰が降り、高原町の開拓地の農作物や、鹿児島県の天然記念物ミヤマキリシマの群落などに壊滅的な被害が出た。

3.3 **水郷国定公園**（茨城県） 水郷国定公園が指定された。

3.26 **水俣病発病が相次ぐ**（熊本県水俣市） 水俣市八幡の患者が水俣病と断定された。以後、水俣川河口付近で発病者が相次いだ。

5.18　ウミネコ被害（青森県八戸市）　農林省は、青森県八戸市で水稲に被害を与えたとして、蕪島の天然記念物ウミネコの射殺を許可した。

5.22　原子力協定（アメリカ・カナダ）　アメリカとカナダが原子力協定に調印した。

6.6　青酸カリウム溶液流出（埼玉県飯能市）　埼玉県飯能市の三善工業の自転車メッキ工場から10万人分の致死量に当たる業務用青酸カリウム溶液が名栗川に流出し、東京都青梅市の万年橋付近でアユ15万尾が死ぬなど、多摩川流域の魚介類に大きな被害が出たが、人体への影響はなかった。原因は工場の機械のパイプが外れたため。

6.19　青酸ソーダ流出（東京都杉並区）　東京都杉並区宮前の武蔵野化学研究所で、青酸ソーダが下水道に流出する事故があったが、警察へ連絡後、放水を続けて青酸を薄める処置をとったため被害は出なかった。

6.20　田沢工業秩父鉱業所生石灰溶出（埼玉県秩父市）　夕方、埼玉県秩父市上影森の田沢工業秩父鉱業所で、雨のため農薬原料用の生石灰が溶融して付近の荒川へ流れ出し、この影響でアユなど11万尾が死んだ。

7.1　原水爆基地化反対（沖縄県）　琉球立法院で、祖国復帰、原水爆基地化反対、主席公選が決議された。

7.6　大谷石採石場落盤（栃木県宇都宮市）　朝、宇都宮市大谷町の大谷石採石場で落盤が発生し、作業員12名のうち9名が一時生き埋めになり、3名が死亡、6名が重軽傷を負った。

7.21　国立公園大会（栃木県日光市）　第1回国立公園大会が、日光国立公園光徳地区で7月22日まで開催された。

7.21　水俣病は水銀が原因（熊本県水俣市）　新日窒附属病院でネコ400号実験が行われ、塩化ビニルやアセトアルデヒド廃水を直接投与した結果、3ヵ月後にけいれんや失調など水俣病発症が確認された。22日、熊本大学水俣病総合研究班の報告会で、水銀が原因であると結論された。これが全国紙などで報道され、水俣病が広く知られるようになる。

7.21　初の原子力商船進水（アメリカ）　アメリカで初の原子力商船「サヴァンナ号」が進水した。

- 8.12 鹿児島県側でも水俣病発生（鹿児島県出水市）　この日、出水市でネコ発症が公式に記録されるなど、この頃から鹿児島県側でも水俣病が発生した。

- 10.6 厚生省も有機水銀説を断定（熊本県水俣市）　この頃、水俣病の原因について各学会・企業で諸説（水銀説の他、爆薬説やアミン中毒説などもあり）が発表されたが、厚生省食品衛生調査合同委員会で水俣食中毒部会の中間報告で、有機水銀説が発表された。10月21日、通産省が新日本窒素肥料に対し、水俣河口への排水を中止し百間港に戻すこと、浄化装置を年内に完備することを指示、同社は11月にアセチレン発生装置への逆送を開始した。11月、厚生省が水俣病の原因を水俣湾周辺の魚介類に蓄積された有機水銀化合物と断定、有機水銀説が公式に確認された。

- 11.2 新日窒水俣工場で漁民と警官隊衝突（熊本県水俣市）　水俣病の原因である新日本窒素水俣工場の廃液排出に怒った、熊本県水俣市周辺の漁業関係者1500名が同工場に乱入して警官隊と衝突し、双方の140名が重軽傷を負った。

- 11.8 日本原子力研究所放射性物質汚染（茨城県東海村）　茨城県東海村にある日本原子力研究所の1号炉で、放射性物質による汚染が発生した。

- 11.12 水俣病の原因を有機水銀と答申（日本）　食品衛生調査会が、水俣病の原因は有機水銀化合物であると答申した。

- 11月 ベンゼン禁止（日本）　ベンゼンを含有するゴムのりの製造を禁止する省令が出された。

- 12.23 ガス漏れ中毒（東京都墨田区）　東京都墨田区で地下埋設管からガスが漏れ、付近の住民20名以上が重いガス中毒にかかった。

- 12.25 水俣病患者診査協議会（日本）　厚生省により、熊本県衛生部を主管とする水俣病患者診査協議会が設置された。

- 12.30 水俣病見舞金契約（熊本県水俣市）　水俣病患者互助会が見舞金契約に調印した。

- 12月 南極条約採択（世界）　ワシントンで開催された関係13ヵ国の会議で「南極条約」が採択された。1961年12月、南極で活動する26ヵ国の批准により発効。

この年　地盤沈下防止条例（大阪市）　大阪市で「地盤沈下防止条例」が制定された。

# 1960年
（昭和35年）

1.9　水俣病対策（日本）　経済企画庁（主管）、通産省、厚生省、水産庁と研究者で構成される「水俣病総合調査研究連絡協議会」が発足した。

2.13　サハラ砂漠で核実験（フランス）　アルジェリア領サハラ砂漠で、フランスが第1回の核実験を実施した。この後サハラ砂漠とフランス領ポリネシアで米ソに次ぐ200回を超える核実験を繰り返すことになる。なお、当時フランスは地下核実験の技術は持っていなかった。

2月　異常乾燥（東京都）　東京地方の降水量は9mmと31年ぶりの少なさ（平年77mmの12%弱）で、乾燥した状態が続いた。このため、21日午後には武蔵野地区で風速13m前後の強風により砂あらしが起こったほか、各地で火災や井戸の枯渇、農作物などの被害が相次いだ。

2月　土呂久煙害報道（宮崎県）　新聞で、木草の枯死や牛の不妊化多数など、土呂久地区の煙害実態が報道された。

3.3　排ガス検査（東京都）　東京都が都心の自動車排ガス検査を開始、7～16日に都内30ヵ所で空気汚染調査を実施した。

3.25　水俣病原因研究（熊本県）　熊本大水俣病研究班が疫学・分析・臨床的研究により有機水銀を水俣病の原因物質として根拠づけた。また、水俣病の病像を病理・臨床的に確立した。

3.27　核実験共同声明（アメリカ・イギリス）　アメリカのアイゼンハワー大統領とイギリスのマクミラン首相が、ワシントンで核実験についての共同声明を発表した。

4.17　缶ジュース人気（日本）　缶ジュースの需要が増大し、水産会社も新たに参入して販売合戦に、と新聞で報じられた。飲み終わって気軽に捨てられることから人気を呼んだが、のちに空き缶公害が問題となる。

- 5.10 大谷石採石場落盤（栃木県宇都宮市）　宇都宮市大谷町の採石場で広さ4000m²にわたる落盤が発生。作業員3名が一時生き埋めになり、2名は35時間後に救出されたが、残りの1名が死亡した。

- 5.28 トキが国際保護鳥に（世界）　アジアで初となる第12回国際鳥類保護会議が5月23日から東京で開催され、28日、トキが国際保護鳥に指定された。国際保護鳥は、同会議が国際自然保護連合の依頼を受け、1949年、絶滅の危機にある鳥類13種をリストアップしたもの。

- 6月 博多湾で赤潮（福岡市）　博多湾で赤潮が発生、赤貝などに被害が出た。

- 7.5 公害防止条例（新潟県）　新潟県で「公害防止条例」が制定された。

- 7月 イタイイタイ病実地調査（富山県・岐阜県）　吉岡金市博士による三井神岡鉱山、精錬工場、廃滓処理場の実地調査で、神通川の水から亜鉛、鉛、カドミウムが大量に検出された。

- 7月 水俣沿岸で操業自粛（熊本県水俣市）　水俣市漁協が沿岸1000m以内の漁獲禁止区域を設置、操業を自粛した。

- 7月〜 干ばつ被害（佐賀・長崎県・大分県）　7月から8月にかけて、佐賀、長崎、大分の3県で干ばつが発生し、水稲が枯死するなど3万ha以上の地域で農作物の被害が出た。

- 9.24 世界初の原子力空母（アメリカ）　アメリカ海軍の世界初の原子力空母「エンタープライズ」が進水した。

- 9.29 水俣の貝から有機水銀結晶体（熊本県水俣市）　熊本大水俣病研究班が水俣湾産の貝から有機水銀化合物の結晶体を抽出したと発表した。10月、入鹿山且朗・熊大教授が新日窒水俣工場アセトアルデヒド酢酸設備内の水銀スラッジを採取した。

- 10.3 公害防止調査会設置（日本）　厚生省が新たに設置した公害防止調査会の第1回総会が開かれ、深刻化する都市公害の実態を報告し、対策を協議した。

- 10.17 四日市市公害対策委員会（三重県四日市市）　三重県四日市で、市長の諮問機関である「四日市市公害対策委員会」の初会合が開催された。

11.15〜 ばい煙防止運動（東京都）　この日から東京都首都整備局都市公害部が、都心のスモッグを減らすべく「ばい煙防止運動」を実施した（12月14日まで）。

12.18 原爆開発情報（アメリカ・イスラエル）　アメリカのマッコーン原子力委員長が、イスラエルの原爆開発に関する情報入手を発表した。

12月 公害防止条例（神奈川県川崎市）　川崎市で「公害防止条例」が公布・施行された。

この年 特別天然記念物（尾瀬）　尾瀬が特別天然記念物（天然保護区域）に指定された。

この年 漁業消滅（大阪市）　大阪市で、淀川の一部を除き漁業・河川漁業が消滅した。

# 1961年
（昭和36年）

3.21 胎児性水俣病（熊本県水俣市）　胎児性水俣病患者の存在が確認された。

3.25 都市の地盤沈下（日本）　国土地理院により、大都市の地盤沈下の原因を工業用水くみ上げなどの人為的なものと指摘する「地盤沈下調査中間報告」が発表された。

4月 伊勢湾で異臭魚（三重県四日市市）　三重県立大教授らにより、伊勢湾の異臭魚は四日市市の石油化学コンビナートが原因と報告された。

5月 水島でも異臭魚（岡山県倉敷市）　四日市市の石油化学コンビナートに続き、操業が開始された岡山県倉敷市水島コンビナートでも異臭魚問題が発生した。

6.24 カドミウム中毒を学会発表（富山県）　荻野医師・吉岡博士が、公衆衛生学会で「神通川流域のイタイイタイ病はカドミウムを原因とする公害である」と発表した。

- 7.23〜 夢の島でごみ自然発火（東京都江東区）　午後0時50分頃から、東京都江東区にある廃棄物埋立地・夢の島の北側でごみが自然発火した。東京水上消防署の消防艇3隻が消火作業を続けたが2週間にわたって燃え続け、総面積の約40％に当たる4万m²を全焼した。

- 7月　井戸水汚染（大阪府能勢村）　大阪府能勢村でペンタクロルフェノール（PCP）による井戸水汚染が発覚した。

- 8.7　水俣工場の工程に水銀化合物（熊本県水俣市）　新日本窒素肥料水俣工場技術部がアルデヒド工程の精ドレーン中にアルキル水銀の化合物が存在することを確認し、12月には精ドレーンからメチル水銀の結晶体を抽出した。

- 8.9　新日本窒素工場爆発（熊本県水俣市）　熊本県水俣市の新日本窒素水俣工場でタンクが爆発し、3名が死亡、9名が行方不明になった。

- 8月　田子ノ浦にヘドロ（静岡県富士市）　静岡県第6次総合開発計画がスタートし、田子ノ浦にヘドロが堆積し始めた。

- 9.1　核実験再開（ソ連）　ソ連が核実験再開。これに対し日本政府・日本社会党が抗議を行ったが、日本共産党はソ連を支持した。

- 9.15　核実験再開（アメリカ）　核実験の再開をケネディ大統領が発表。ネバダ州で核実験が実施された。

- 10.4　公害防止条例（静岡県）　静岡県で「公害防止条例」が制定された。

- 10.16　放射能塵降下（新潟県長岡市付近）　新潟県長岡市付近に放射性物質を含む塵が降り、新潟大学の測定で22万7000カウントの放射能を記録した。

- 10.25　核実験禁止決議（日本）　核実験の禁止が衆議院で決議された。翌々日には参議院でも決議。

- 10.27　放射能雨（各地）　北海道など全国各地に放射能雨が降り、北海道室蘭市で8万5400カウント、同函館市で1万4600カウント、水戸市で2万202カウント、鳥取県米子市で8万200カウントの放射能を検出。汚染源は23日のソ連による核爆発実験とみられる。

- 11.5　放射能雨（福岡市付近）　福岡市付近に雨が降り、内閣の放射能対策本部による定量観測の結果、1cc当たり1820マイクロキュリーの放射能が検出された。

11.26 西ドイツでサリドマイド禁止（西ドイツ）　西ドイツで過去5年間に数千人の奇形児が誕生しており、レンツ博士がサリドマイド剤が原因と警告。西ドイツでは即座に販売禁止措置をとり、他のヨーロッパ諸国でも相次いで製造禁止となった。日本でも、1960年から61年にかけて全国で同様の症例が多発していたが、1962年になって一般に知られるようになり大騒ぎとなった。

12.11 ビキニ被曝死（日本・マーシャル諸島ビキニ環礁）　ビキニ環礁の核実験で被曝した「第五拓新丸」元乗務員が、急性骨髄性白血病で死亡した。

12.12 自然公園審議会答申（日本）　国立公園の体系整備について、自然公園審議会が答申した。

この年 四日市ぜんそく（三重県四日市市）　この夏、四日市コンビナートが本格的な操業を開始、燃料が石油から重油へ切り替えられた。それに伴い磯津地区でぜんそく様患者が相次ぎ、10月には同地区で、コンビナートから排出されたイオウ酸化物が高濃度のまま風で地表に叩きつけられる「疾風汚染（ダウン・ドラフト）」が発生した。

この頃 航空自衛隊基地騒音（宮崎県新富町）　宮崎県新富町の航空自衛隊新田原基地の周辺地域でジェット機の離着陸などによる騒音が発生した（1965年2月末から5月にかけて、同基地に比較的近い39戸が防衛庁からの補償を受けて集団移転）。


# 1962年
(昭和37年)

1.12 スモッグ（東京都）　東京で濃いスモッグが発生、視界200mに低下した。

1.24 合成洗剤有毒説（日本）　東京医科歯科大学の柳沢文徳教授ら9名が、お茶の水学会例会で、合成洗剤の毒性を指摘する論文を発表した。

1.29　核実験停止会議が一時決裂（アメリカ・イギリス・ソ連）　353回目の会議で米英ソ3国核実験停止会議が一時決裂した。

2.8　日本鋼管工場濃硫酸噴出（神奈川県横浜市神奈川区）　横浜市神奈川区恵比須町の日本鋼管子安肥料製造所で、濃硫酸循環タンクへの送気試験中にガス状の濃硫酸が飛散し、近くにいた20名が重軽傷を負った。

2月～　異常渇水（東京都）　2月から5月にかけて、東京都は異常渇水となり、都は2月10日から南部各区の4万4000戸を、4月16日から16区の55万5000戸を、5月7日から17区60万戸を対象に給水制限を実施、5月1日から240校で給食を中止するなどの緊急対策を行なった。30%を超える節減は76日間続き、その後も強化と緩和をくり返しながら、夜間を中心に翌年末まで給水制限が続いた。同地域の渇水は、急激な人口増加に比べて水資源の確保が遅れたのが間接的な原因と見られる。

3月　廃水にメチル水銀を確認（熊本県水俣市）　新日本窒素肥料水俣技術部がアセトアルデヒド製造工程の廃水中にメチル水銀を確認した。政府はこれにより水俣病の原因がほぼ確定したとして、原因究明を打ち切った。

4.19　特別天然記念物（日本）　アホウドリが特別天然記念物（動物）に指定された。

4.25　核実験再開（アメリカ・太平洋）　アメリカが太平洋上で核実験を再開した。

4.29　『那須の植物』（日本）　昭和天皇の著書『那須の植物』が、61歳の誕生日のこの日、三省堂から発売される。

6.2　ばい煙規制法（日本）　「ばい煙の排出の規制等に関する法律（ばい煙規制法）」公布（12月1日一部施行、1963年9月1日全面施行）。「環境保全は経済発展と両立する範囲」の調和条項付きながらも、国レベルで初の大気汚染防止法となった。

6.2　公害防止条例（埼玉県）　埼玉県で「公害防止条例」が制定された。

6.5　特別天然記念物（羽咋市・輪島市）　石川県教育委員会は、国際保護鳥のトキの生息地である、羽咋市と輪島市山林を、2年間の期限で特別天然記念物に仮指定した。

6月　PCP琵琶湖流入（滋賀県）　6月末、滋賀県の各地で農業関係者が除草剤ペンタクロルフェノール（PCP）を水田に散布したため、同剤が琵琶湖に流れ込み、コイやフナ、真珠貝などに被害が出た（1963年6月1日に県独自で使用禁止を指示。1968年10月1日に厚生省が汚染調査を実施）。

6月　レイチェル・カーソン『沈黙の春』（アメリカ）　レイチェル・カーソンが雑誌『ニューヨーカー』に"Silent Spring"（邦題『沈黙の春』）の抜粋を掲載、9月には単行本を刊行し大反響。DDTなど農薬や化学物質による汚染を告発したもので、化学物質汚染についての古典とされる。

7.21　サリドマイド薬害（日本）　北海道大学小児科学教室の梶井正講師によるサリドマイド系睡眠薬の調査で、母親7人中5人が妊娠中にサリドマイド剤を飲んでいた事実が確認された。8月に新聞で報道され、サリドマイド禍が一般に知られるようになった。なお、既に大日本製薬は5月下旬以降新たな出荷を自粛していた。

8.5　原水禁世界大会（日本）　第8回原水爆禁止世界大会が東京で開催され、ソ連の核実験に抗議する社会党と総評の緊急動議で紛糾した。

8.16　四日市公害検診（三重県四日市市）　三重県立医大附属塩浜病院で、公的機関による初の公害検診となる、公害病患者の毎木曜日無料診療が開始された。

8月　干ばつ被害多発（岩手県・福島県・群馬県）　岩手県久慈市および九戸・二戸郡と福島、群馬の各県で、記録的な無降雨状態が続き、陸稲などの農作物に干ばつによる被害が多発した。

9.13　サリドマイド製品回収（日本）　大日本製薬がサリドマイド系睡眠薬「イソミン」剤の回収を決定、同社を含む4社がサリドマイド製剤薬品の販売停止・回収を開始した。厚生省は前年11月に発せられた西ドイツ・レンツ博士による危険性警告の10ヵ月後に初めて回収を公告した。

10.11　イタイイタイ病対策連絡協議会（富山県）　イタイイタイ病の原因調査機関「イタイイタイ病対策連絡協議会」が富山県・富山市・婦人町・上市町・八尾町の各保健所により結成された。

- 11.9 琵琶湖国定公園（滋賀県琵琶湖）　琵琶湖国定公園が全面的に変更された。

- 11.12 白山国立公園（石川県）　白山国定公園が国立公園に昇格指定された。また、初の国民休暇村建設地10ヵ所が決定された。

- 11月〜 異常渇水（滋賀県）　11月から1963年2月にかけて、滋賀県の琵琶湖で異常渇水が発生した。

- 12.16〜 スモッグ発生（各地）　16日から18日にかけて、東京都をはじめ太平洋側の各地に工場の排出するばい煙や煤塵、廃ガス、乗用車の排気ガスなどによる高濃度のスモッグが発生、スモッグから許容量を超える有毒物質が検出された。

- この年 蚊大量発生（東京都）　この冬、東京都で蚊が地下鉄建設現場の水たまりや家庭用浄化槽などから大量発生し、都では殺虫剤を配布するなど対策に追われた。

- この年 多摩川の水質汚濁（東京都調布市）　多摩川（東京都調布堰）の水質汚染がBOD（生物化学的酸素要求量）5.0ppmと、水道源水としての限界に達した。

- この年 サリドマイド薬害（ヨーロッパ）　西ドイツのサリドマイド特別委員会がグリューネンタール社のコンテルガン剤と奇形の関係を全面的に断定、サリドマイド系睡眠薬禍による被害者がヨーロッパを中心に世界各地で訴訟を開始した。

- この頃〜 大気汚染（各地）　都市部など全国各地でばい煙などによる大気汚染が顕在化し、1965年頃からは一酸化炭素などの汚染物質による児童らの健康への影響が深刻化。65年6月に岡山県倉敷市水島の複数の工場が排出した高濃度の亜硫酸ガスにより周辺地区の住民多数がぜんそくにかかり、同市福田町付近の約130haの畑で特産の藺草が枯れ、66年頃に北九州市八幡区の城山小学校で毎月1m$^2$当たり約80gの煤塵により全校児童750名の多くが鼻炎や慢性扁桃腺炎、副鼻腔炎にかかった。東京都では同年12月から67年3月までにスモッグ注意報の季節別発令回数が過去最高の8回を記録し、67年1月24日に大田区の糀谷保健所前で0.63ppmという高濃度の亜硫酸ガスが検出され、スモッグ警報が6時間続くなど汚染が進み、大田、江東区などの小、中学校94校で被害が発生。この頃から全国各地で工場や自動車から排

出される煤塵や鉛、亜硫酸ガスなどの硫黄酸化物、二酸化窒素などの窒素酸化物、一酸化炭素による汚染が発生し、ばい煙規制法（62年12月施行）による指定から緑地帯の設置などの対策が実施された。

# 1963年
（昭和38年）

1.9 原潜寄港の申し入れ（日本・アメリカ）　アメリカ政府が、原子力潜水艦日本寄港の申し入れを行った。

1月 放射性物質降下（各地）　全国各地に米国やソ連の核実験による放射性物質が大量に降り、放射能対策指標の第1段階を超えるレベルになったが、その後は増減をくり返しながら徐々に少なくなった。

2.20 水俣病原因物質を正式発表（熊本県水俣市）　熊本大学水俣病研究班が、水俣病の原因物質が新日窒素工場の排水のメチル水銀化合物であることを正式発表した。

2.21 日本原子力研究所で爆発（茨城県東海村）　午後7時頃、茨城県東海村の日本原子力研究所東海研究所の使用済みウラン再処理試験室内で、ポリブチルフォスフェート（PBP）のケロシン溶液が爆発し、同室の窓ガラス数十枚が壊れ、天井の一部が焼けた。爆発時に、使用済み核燃料のうち低カウントのウラン235がごく少量流出したが、負傷者などはなかった。

3.25 原潜寄港に声明相次ぐ（日本）　原子力潜水艦寄港の安全性確認を要求し、湯川秀樹らの研究グループが声明を発表した。また27日には原子力科学者154人による反対声明が発表された。

4.1 公害防止条例（千葉県）　千葉県で「公害防止条例」が制定された。

4.1 羽田空港で深夜ジェット機発着禁止（東京都大田区）　閣議決定に基づき、羽田空港で午後11時から翌午前6時までのジェット機発着禁止が実施された。

4.10 大山隠岐国立公園（鳥取県・島根県）　隠岐島、三瓶山等が大山国立公園に追加編入し、大山隠岐国立公園に改称した。

4.30〜 西日本で長雨被害（各地）　この日から6月にかけて、四国、九州地方を中心に関東地方以西の各地に雨が長期間降り、島根、岡山、香川、広島、山口、愛媛、長崎、熊本、大分県などで麦が、高知県で特産のスイカをはじめ水稲1万1000tや麦1万3000t、野菜類1万7600tなどが、鹿児島県で特産の菜種が栽培面積の87%、麦が同65%でそれぞれ収穫不能になった。

4月〜 南西諸島で干ばつ（鹿児島県・沖縄）　4月から6月にかけて、南西諸島で深刻な干ばつが発生。沖縄では月別に4月38.6mm（平年158mm）、5月14.8mm（同236.3mm）の雨量を記録、特産の砂糖キビやパイナップルなどの農産物が収穫不能になり、飲料水の不足も起こった。

5.19 スモッグ（北九州市・福岡市）　北九州市で濃いスモッグが発生、20日には福岡市でも濃霧が発生した。

5.22 東京重機工場青酸化合物流出（東京都調布市）　東京都調布市の東京重機工場で、作業中に青酸ソーダ200kgと青酸銅150kgが近くを流れている野川へ流出し、下流の多摩川で魚が浮き、都では周辺の井戸の使用制限や水質検査、緊急給水などの対策に追われた。

5.27 四日市公害（三重県四日市市）　四日市市の石油化学会社が排出したばい煙により、周辺約2km四方の住宅に被害が発生した。この年、被害区域でさまざまな抗議運動が行われた。

5月 殺虫剤の有害性（アメリカ）　J.F.ケネディ大統領の諮問機関「科学調査委員会」により、殺虫剤の有害性に関する報告書『Use of Pesticides』が作成された。前年刊行された『沈黙の春』（レイチェル・カーソン）に続いて農薬による汚染を告発する内容だったため、農薬業界を巻き込む大論争が発生した。

6.15 イタイイタイ病研究（富山県）　神通川流域のイタイイタイ病研究会が富山県と金沢大学により設置された。また、厚生省・文部省にも研究班が発足した。

7.4 特別天然記念物（鹿児島県）　アマミノクロウサギが特別天然記念物（動物）に指定された。

7.5 捕鯨割当削減（日本）　第15回国際捕鯨委員会年次会議がロンドンで開催され、日本は捕鯨割当削減によって深刻な影響を受けた。

7.12 ばい煙規制法改正（日本）　「ばい煙の排出の規則等に関する法律の一部改正法」公布（9月1日施行）。京浜、阪神、北九州地区を第1次指定地域とし、排出基準が告示された。

7.15 山陰海岸国立公園（鳥取県・島根県）　山陰海岸国定公園が国立公園に指定された。

7.15 核実験停止会議（アメリカ・イギリス・ソ連）　米英ソ核実験停止会議がモスクワで開催された。

7.24 ニセコ積丹小樽海岸国定公園など指定（北海道・秋田県・山形県・中国地方）　ニセコ積丹小樽海岸、鳥海、比婆道後帝釈が国定公園に指定された。

7.25 部分的核実験禁止条約（アメリカ・イギリス・ソ連・フランス・中国）　部分的核実験禁止条約に米英ソが仮調印した。この条約は地下を対象に含んでおらず、この後3国は地下核実験に走ることになった。一方、当時既に核兵器開発をしていたものの地下核実験の技術までは保有していなかったフランスと中国は、相次いで条約に反対・不参加を表明して、大気圏内の核実験を継続することになる。

8.8 蔵王国定公園（宮城県・山形県）　蔵王国定公園が指定された。

8.14 部分的核実験禁止条約（日本）　部分的核実験禁止条約に日本が調印した。

8.17 原子力船（日本）　日本原子力船開発事業団が設立された。

8.22 原発実験炉が臨界に（茨城県東海村）　日本原子力研究所東海研究所の原発実験炉が臨界に達した。

8月〜 冷害・イモチ病発生（東北地方）　8月から9月にかけて、東北地方で、岩手・宮城・秋田県を中心に稲に分蘖期の日照不足および登熟期の低温、イモチ病の発生などによる被害が発生した。

9.1 ばい煙規制法（日本）　水質2法に続いて3番目の公害防止関係法となる「ばい煙の排出の規制等に関する法律（ばい煙規制法）」が全面施行された。同法に基づき厚生省が東京・大阪・北九州など10都市をばい煙排出規制地域に指定、濃度規制が実施された。

9.2 日本原子力研究所ガス噴出（茨城県東海村）　夜、茨城県東海村の日本原子力研究所東海研究所で、バンデグラフ粒子加速装置のボル

トが緩んで、静電気の絶縁物である窒素と炭酸ガスが噴出したが、放射能漏れや負傷者はなかった。

9月 　油臭発生（岡山県倉敷市）　岡山県水島地区の高梁川河口付近で油臭のためアサリ採取が禁止された。油臭魚発生海域は次第に広がり、11月には倉敷保健所の調査の結果、旧高梁川廃川地に位置する井戸22のうち20に工場廃水が浸透し飲用不可能なことが判明した。

10.15 　ばい煙防止条例改正（東京都）　東京都で「ばい煙防止条例」が全面改正された。12月18日には、東京都都市公害部が通産省・厚生省によるスモッグ対策関連通達には不備が多いとして、具体的な規制方法の早急な決定を要求した。

11月～ 　スモッグ（日本）　11月以降、スモッグ関連の記事が急増した。

12.18 　イタイイタイ病の原因（富山県）　吉岡金市・同朋大教授が、三井神岡鉱山のカドミウムがイタイイタイ病の原因であるとする鉱毒被害調査結果を発表した。

12.19 　清掃工場に反対・籠城（東京都）　東京都の清掃工場に反対し、煙突の上に男が84時間籠城した。

12.22 　青酸化合物流出（東京都・神奈川県）　青酸化合物が多摩川に流出した。

12月 　異常渇水（滋賀県琵琶湖）　滋賀県の琵琶湖が異常渇水にみまわれ、14日には水位がマイナス51cmを記録、湖岸付近の水域で魚介類に被害が出た。

この年 　鳥獣保護法公布（日本）　「狩猟法」を改称した「鳥獣保護及狩猟ニ関スル法律（鳥獣保護法）」が公布された。

この頃～ 　地盤沈下（関東地方）　東京都の江東地区などで地下水の過剰使用により地盤沈下の発生地域が拡大し、1968年の水準点の測量では21.2km$^2$の地域で年間10cm以上の沈下がみられ、江戸川区小島で年間24cm、同区葛西の海岸付近で20cm余り、荒川河口付近と江東区亀戸で22cm、常磐線沿線の足立区綾瀬と葛飾区亀有で14cm、板橋区成増付近で11cmなどの沈下をそれぞれ記録。69年頃からは近隣の埼玉県南東部や千葉市轟、東寺山町、千葉県船橋市東町、同県浦安町などで地盤沈下が急激に進み、毎年10cmから24cm前後の沈下に

より小学校の校舎崩壊などの被害が発生した（1971年6月8日、南関東地盤沈下調査会が同地域の地下水枯渇と関東地方北部の沈下発生について予測を発表。16日、都が井戸の新設を全面禁止）。

# 1964年
（昭和39年）

1.6〜 **異常渇水**（東京都）　東京都が小河内水系の26万戸で給水制限を再開した。この年は7月から9月末にかけて同地域で異常渇水が発生。都は7月9日に第2次給水制限（節水率25％）を、21日に第3次制限（同35％）を実施し、昼間で約15万戸、夜間で26万戸がそれぞれ断水したが、多摩川水系や各貯水池などの水不足は深刻化し、8月6日の第4次制限（同45％）で1日当たり9時間給水の実施後、自衛隊も緊急給水に出動した。

1月　**スモッグ対策費**（日本）　気象庁が予算要求したスモッグ対策費が、大蔵省により全額削られた。

2.10　**産業公害防止対策**（日本）　通産省が、ばい煙・排水を規制する産業公害防止対策を発表した。

3.3　**飛騨木曽川国定公園・剣山国定公園**（岐阜県・徳島県）　飛騨木曽川、剣山が国定公園に指定された。

3.5　**公害防止対策連絡協議会**（日本）　公害防止政策の一元的推進のため、「公害防止対策連絡協議会」の設置が決定した。

3.16　**霧島屋久国立公園**（鹿児島県）　金江湾、屋久島地域が霧島国立公園に追加編入し、霧島屋久国立公園に改称した。

3.26　**特別天然記念物**（富山県）　黒部峡谷（附猿飛）ならびに奥鐘山が特別天然記念物（天然保護区域）に指定された。

3.27　**石油コンビナート誘致反対派住民騒擾**（静岡県沼津市）　静岡県沼津市で、漁業関係者ら住民約2000名が出席して行なわれた石油コンビナート誘致計画の反対集会が紛糾し、出席していた同市議会議長らが負傷した。

3.28 動力試験用原子炉蒸気噴出（茨城県東海村）　午後7時50分頃、茨城県東海村の動力試験用原子炉（JPDR、米国製）で、運転習熟訓練中に制御棒出入部分の合成ゴム製パッキングが破損し、同炉内の蒸気が噴出。蒸気1cc当たりにごく微量の放射能（国際放射線防護委員会の勧告許容量の10万分の1前後）が含まれていたため、同炉は10月26日まで運転を休み、点検をおこなった。

3月　公害対策連絡会議（日本）　閣議決定により政府内に「公害対策連絡会議」が設置された。

4.1　公害対策（日本）　公害課が厚生省環境衛生局に設置された。

4.1　公害防止条例（愛知県）　愛知県で「公害防止条例」が制定された。

4.5　ダム建設（熊本県）　熊本県が下筌ダム建設予定地の収用を決定し、反対派住民による「蜂ノ巣城」紛争に発展した。

4.14　レイチェル・カーソン死去（アメリカ）　「沈黙の春」でDDTの生物体内蓄積を指摘したアメリカの環境問題研究家・レイチェル・カーソンが、癌のため56歳で死去した。

4月〜　長雨で農作物に被害（宮崎県・鹿児島県）　4月から5月にかけて、宮崎、鹿児島県に雨が長期間降り、日照時間の不足や高湿度により、麦や菜種、野菜類など、農作物の被害があいついだ。

5.1　四日市がばい煙規制地域に（三重県四日市市）　黒川公害調査団の報告結果を受け、四日市市が「ばい煙規制法」に基づくばい煙規制地域に指定された。

5.15　部分的核実験禁止条約（日本）　部分的核実験禁止条約を衆議院が承認した。

5.18　日光杉並木伐採計画（栃木県）　栃木県の道路拡張のために打ち出された杉並木伐採計画に対し、日光東照宮は、杉並木の中で最も知られた名木の太郎杉に、伐採反対の垂れ幕を掲げた。12月17日、小山建設相は「道路拡張のために太郎杉伐採はやむを得ない」と参議院で答弁した。

5月　水俣湾漁獲禁止を一時解除（熊本県水俣市）　水俣市漁業協会が、水俣病が終息したと判断し、水俣湾内での漁獲禁止を全面解除した。

1973年、熊本大水俣病研究班が危険が残っていると発表したのを受け、再び禁止された。

5月～　有機水銀中毒（新潟水俣病、第2水俣病）（新潟県）　5月末から翌年7月にかけて、新潟県の阿賀野川下流域の住民27名が手足のしびれや視野狭窄、難聴、軽度の神経系障害などにかかり、5名が死亡。認定患者数は1970年末までに47名で、6名が死亡、ほかに10名が要観察、約50名が妊娠規制の対象になった。新潟大学医学部では原因を工場廃液に含まれる有機水銀と特定したのに対して通商産業省や企業側は否定的な見解を示したが、厚生省と科学技術庁は汚染源を同県鹿瀬町の昭和電工鹿瀬工場のアセトアルデヒド製造工程と発表。患者は全員、同川産の魚介類を常食していた。

6.1　知床国立公園・南アルプス国立公園など指定（北海道・山梨県・長野県・徳島県・高知県）　知床、南アルプスが国立公園に指定され、八ケ岳中信高原、室戸阿南海岸が国定公園に指定された。

6.13　干拓地堤防沈下（長崎県諫早市）　午前2時頃、長崎県諫早市白原町の白浜干拓地で堤防が沈下、有明海から水が流れ込んで同堤防が約180mにわたって崩れ、水田50ha前後が冠水した。

6.23　ダム建設（熊本県小国町）　熊本県小国町の下筌ダム建設反対派拠点「蜂ノ巣城」が、強制撤去で落城した。

6.25　先天性水俣病（熊本県水俣市）　水俣地区に集団発生した先天性・外因性脳症を「先天性水俣病」とする原田正純・熊本大精神神経科教授の論文が医学誌に掲載された。

6月　公害対策（日本）　総理府により、関連各省庁で構成される「公害対策推進道路会議」が設置された。

7.1　国立公園局に（日本）　厚生省設置法が改正され、国立公園部が局に格上げされた。

7.7　富士箱根伊豆国定公園（東京都）　富士箱根伊豆国立公園に、伊豆七島国定公園が編入した。

7.13　公害対策（日本）　新産業都市建設基本計画の策定にあたり、公害対策など住民福祉の考慮を厚生省が通達した。

7月　異常渇水（大阪府狭山町）　大阪府狭山町で貯水池が干上がり、約1か月間給水が停止した。

7月～　冷害・霜害（北海道）　7月から8月にかけて、北海道空知、上川、十勝地方を中心に各地が冷害に見舞われ、9月末には霜害も起きた。このため道内の農家15万4400戸（総数の約75％）の水田約20万haと畑約56万haに被害があいついだほか、冷害にともない道内各地で住民8名が死亡、27名が負傷、3名が行方不明、住宅13棟が全壊、22棟が半壊、222棟が破損、4棟が全焼、1棟が流失、747棟が床上浸水、3280棟が床下浸水、住宅以外の113棟が被災、田畑1786haが流失または埋没、2万9817haが冠水、道路207か所と堤防35か所が損壊、橋梁68か所が流失、44か所で山崩れが発生、鉄道20か所と通信施設3627か所が被災、船舶16隻が沈没、4隻が流失、74隻が破損、無発動機船6隻が被災、3761名（799世帯）が被災し、農業関係者の自殺もあいついだ。

8.11　原子力発電所建設反対派住民負傷（三重県度会郡）　三重県度会郡で、同郡紀勢町・南島町の漁業関係者約600名が中部電力の原子力発電所建設計画の反対集会で2名が負傷した。

8月　干ばつで自衛隊に給水要請（佐賀県）　下旬、佐賀県西部が干ばつに見舞われ、武生、多久市は飲料水確保のため自衛隊に給水を緊急要請した。

8月～　40日間の干ばつ（山口県）　8月から9月にかけて、山口県で40日間にわたり干ばつが発生したが、後に天候が回復し、水稲などの農作物の被害も軽微だった。

9.14　富山化学工業工場液体塩素流出（富山市）　夜、富山市下奥井の富山化学工業富山工場から45分前後にわたって液体塩素（約158m$^3$）が流出し、塩素ガスにより同工場周辺の住民45名が重傷、486名が軽傷を負い、約1万名が被害を訴えた。原因はガス管の破損。

9.20　船舶事故で海洋汚染（愛知県常滑市沖）　午後4時35分頃、愛知県常滑市の南西約10kmの沖合で、大阪市の日化汽船のタンカー日化丸（339t）が英国の貨物船イースタンタケ号（1万1222t）と衝突、沈没し、同船から化学製品の溶剤キシロールが海面に流出、乗組員9名が死亡した。原因はイースタンタケ号が追越す際に操船を誤ったため。

| | | |
|---|---|---|
| 9月〜 | | 異常渇水（長崎市）　9月から翌年4月にかけて、長崎市で異常渇水が続いた。 |
| 10.5 | | 公害対策（日本）　通産省が、産業構造審議会産業公害部会に公害地域の拡大を報告した。 |
| 11.26 | | 東海製鉄工場溶鉄漏出（愛知県上野町）　午後0時40分頃、愛知県上野町の東海製鉄の転炉工場で、休憩時間中に運搬機が傾斜して溶鉄がこぼれ、詰所にいた作業員ら5名が即死、3名が重軽傷を負った。 |
| 12.1 | | 澱粉製造工場汚水排出（宮崎市）　宮崎市で澱粉製造工場の排出した廃液が同市の上水道沈澱池に流れ込み、給水が一時停止したほか、魚介類が死ぬなどの被害が発生した。 |
| 12.10 | | サリドマイド薬害訴訟（京都市）　京都市のサリドマイド禍被害児と両親が損害賠償を求め、国と大日本製薬を京都地裁に提訴した。 |
| 12.18 | | 公害対策（日本）　厚生省により、新産業都市の建設に伴う公害防止対策に関する要綱が策定・通達された。 |
| この年〜 | | 砂利採取場周辺水質汚濁（京都府綴喜郡）　年初から、京都府井手、城陽町などの山砂利採取場の周辺地域で、砂利を洗った後の泥水が水田に流れ込んで田植えができなくなるなどの被害が起きた。 |
| | この頃 | 合成洗剤汚染（各地）　大都市を中心に全国各地で、家庭排水に混じったアルキルベンゼンスルフォン酸塩（ABS）系の合成洗剤により、上水道の汚染や下水処理施設の機能低下が起きた（1969年11月6日に厚生省が各社に製造停止を指示）。 |
| | この頃 | 工場・都営地下鉄建設現場周辺騒音被害（東京都）　東京都の工場や都営地下鉄建設現場などの周辺にある住宅地域で騒音被害が発生した。 |

# 1965年
(昭和40年)

1.1 新日窒からチッソへ（日本）　新日本窒素肥料株式会社がチッソ株式会社に社名変更した。

1.10 昭和電工で一部稼働停止（新潟県東蒲原郡）　昭和電工鹿瀬工場で、アセチレン法によるアセトアルデヒド製造設備の稼働が停止された。

1.16 公害対策（日本）　公害防止事業団の設立、公害防止審議会の設置、ばい煙規制を内容とする公害対策構想を、厚生大臣が表明した。

1.18 新潟水俣病（新潟県）　椿忠雄・東京大脳研究所助教授が新潟で原因不明の患者を診察し、有機水銀中毒症を疑い調査を開始した。

1.21 放射能観測（各地）　全国各地で平時の数十倍という高数値の放射能が観測、検出された。米国原子力委員会の報告によれば、原因はソ連の地下核実験。

1月 四日市で高煙突化（三重県四日市市）　厚生省・通産省による調査団（黒川調査団）の勧告を受けて、四日市昭和石油が130mの高煙突を建設するなど四日市コンビナート地区で高煙突化が始まり、1971年までに95m以上の煙突が40本以上建設された。また翌月18日には四日市市公害関係医療審査会が発足した。

2.5 東京都スモッグ発生（東京都）　東京都でスモッグが発生し、全域に初のスモッグ注意報が発令された。

3.14 天然記念物（沖縄県西表島）　動物作家・戸川幸夫が西表島から持ち帰った標本について、日本哺乳動物学会が新種のヤマネコと鑑定し、「西表山猫（イリオモテヤマネコ）」と命名。生きた化石として、のち1977年特別天然記念物に指定された。

3.25 祖母傾国定公園・丹沢大山国定公園（大分県・宮崎県・神奈川県）　祖母傾、丹沢大山が国定公園に指定された。

3月　公害対策（日本）　「産業公害対策特別委員会」が衆参両院に設置され、国会での本格的な公害問題論議が開始された。

4月　異常渇水（長崎市）　長崎市で異常渇水が発生、19日間に及ぶ1日当たり1.5時間給水の実施前後にも、1日当たり6時間給水が長期間続いた。

4月〜　北日本で冷害（東北地方）　4月から6月にかけて、北海道や宮城、秋田、山形、千葉県が冷害に見舞われ、稲の苗の生育不良や枯死などをはじめ農作物に被害があいついだ。

4月〜　異常低温（岩手県和賀郡）　4月から6月にかけて、岩手県和賀、湯田町と沢内村で異常低温が続き、同地域の雪解けが5月中旬まで遅れた。このため同県と関係機関は異常気象対策協議会を設けて農村出身者の帰農、援農休暇を認めるなどの緊急対策を実施し、陸上自衛隊も6月上旬、のべ1440名の隊員を現地に送った。

5.12　特別天然記念物（日本）　ニホンカワウソが特別天然記念物（動物）に指定された。

5.20　田子ノ浦ヘドロ浚渫工事で中毒（静岡県富士市）　田子ノ浦港のヘドロ浚渫工事中、大量の硫化水素が噴出して中毒者が発生した。

5.20　四日市ぜんそくは「公害病」（三重県四日市市）　四日市市で国に先駆けて独自の公害認定制度が発足、公的機関で初めて「公害病」の言葉が使われた。同制度は同市医師会の提案によるもので、ぜんそく患者の医療費を市費・県費補助・企業寄付で捻出する。

5.23　船舶事故で原油流出（北海道室蘭市）　朝、北海道室蘭市で、原油を満載したノルウェーのタンカーハイムバルト号（5万8200t）が、日本石油精製室蘭精油所の岸壁に到着する直前に室蘭通船のタグボート港隆丸（7t）とコンクリート製の岸壁に続けて衝突。このためハイムバルト号から流出した原油が引火、爆発し、同船など12隻が全焼または沈没、乗組員13名が死亡、3名が重傷、5名が軽傷を負い、積荷の原油約3万8000kℓが649時間燃え続けた。原因は水先案内人の誘導ミス。

5.31　新潟水俣病（新潟県）　阿賀野川下流域における水俣病類似患者の散発を、新潟大学の椿・植木両教授が新潟県衛生部に報告した。翌月12日には有機水銀中毒患者の発生が公表された。

| | | |
|---|---|---|
| 5月 | 白ろう病認定（日本） | チェーンソーの振動障害を原因とする白ろう病が、労働省により職業病に認定された。 |
| 6.1 | 公害対策（日本） | 「公害防止事業団法」（現・環境事業団法）が公布された（10月1日施行）。 |
| 6.14 | 新潟水俣病（新潟市） | 阿賀野川流域の水俣病類似有機水銀中毒で2人が死亡していることを重視し、新潟県と新潟大学が新潟県水銀中毒研究本部を設置。第1次調査団を新潟市に派遣した。 |
| 6.16 | 工場廃液排出（岡山県倉敷市） | 岡山県倉敷市水島の工場が操業時に青酸化合物を含む廃液を海に排出し、同市呼松港や児島市高島の海岸付近に大量の魚が浮いた。 |
| 6月 | 亜硫酸ガス（千葉市） | 千葉市市原五井の工場に隣接する住宅地で、ケヤキの葉が一晩で落ち、住民が喉の痛みを訴えた。農林省の調査により亜硫酸ガス（$SO_2$）が原因と判明した。 |
| 6月〜 | 夢の島に大量のハエ（東京都江東区） | 6月から7月にかけて、東京都江東区の廃棄物埋立地夢の島でハエが大量発生し、同埋立地に隣接する南砂町付近で被害が続出。都では重油類を撒いてごみを燃やしたり、殺虫剤を散布したり、土をかぶせたりする緊急対策を実施した。 |
| 7.1 | 新潟水俣病（新潟県） | 新潟県で発生した有機水銀中毒に関する厚生省専門家検討会が、工場排水に含まれるアルキル水銀で汚染された魚・貝を食したことが原因と結論した。これを受け、12日に新潟県衛生部が阿賀野川下流の魚の販売を禁止した。また、7月初めから14日にかけて、細川一・元新日本窒素肥料附属病院長と宇井純・東大工学部助手らが現地調査を行い、水俣病との共通性を確認した。 |
| 7.10 | 利尻礼文国定公園（北海道） | 利尻礼文国定公園が指定された。 |
| 7.18 | 廃水汚染（日本） | 通産省が全国70余の工場に対し、水銀処理に関して水銀回収装置をつけるなど無害化してから排水するよう指示した。 |
| 7.20 | 動力炉・核燃料開発事業団（日本） | 動力炉・核燃料開発事業団が発足した。1998年、核燃料サイクル開発機構に改組された。 |

8.9　公害対策（日本）　通産省により「産業公害面からする産業立地適性化要綱」が策定された。

8.25　湿原立入禁止を提言（尾瀬）　文化庁文化財保護委員会と群馬・福島・新潟の3県合同による、尾瀬保存対策調査が終了し、1966年以降の湿原立ち入り禁止を提言した。

9.8　新潟水俣病（新潟県）　厚生省委託の新潟県水銀中毒事件特別研究班が発足した。また、厚生省が、国立衛生試験所が昭和電工鹿瀬工場の排水溝付近の泥から高濃度の水銀を検出したことを発表した。

9月　公害審議会設置（日本）　公害対策行政の施策内容の諮問機関として、公害審議会が厚生省に設置された。

9月　異常低温で冷害（九州地方）　九州地方で異常低温が続き、同地方の山間部で稲などの農作物に被害が出た。

9月〜　夢の島ネズミ大量発生（東京都江東区）　9月から11月にかけて、東京都江東区の廃棄物埋立地夢の島で巨大ネズミ約2万匹が発生し、都では同埋立地に22万個の毒入りだんごを置く緊急対策を実施した。

10.22　イタイイタイ病の原因（富山県）　日本公衆衛生学会で、小林純・岡山大教授と富山の萩野昇医師により、上流鉱山の廃液がイタイイタイ病の原因であると発表された。

10.22　事業場公害防止条例（大阪府）　大阪府で、生活環境保全と産業との調和条項を含む改正「事業場公害防止条例」が制定された。

10月　集団白血病（岐阜県白川町）　翌年10月までに、岐阜県白川町で住民6名が白血病にかかり、全員が死亡した。白血病の発生率は人口10万名当たり2.6名だが、同町での発生率は通常の約14.4倍だった。

11.10　日本初の営業用発電（茨城県東海村）　東海村の日本原子力発電会社東海発電所が、日本初の営業用発電に成功した。

11.26　原子力空母日本寄港（日本・アメリカ）　将来における原子力空母日本寄港の必要性について、アメリカから日本政府に非公式連絡があった。

11月　郡山市渋抜き柿メチル水銀汚染（福島県郡山市）　福島県郡山市で果実組合の関係者が柿の渋抜き作業に有毒のメチル水銀を使用後、全

国に出荷したが、18日に横浜市で販売直前に回収された(22日に同組合長を、24日に薬品を販売した武蔵野化学社長をそれぞれ逮捕)。

**12.23** 新潟水俣病(新潟県) 「阿賀野川有機水銀被災者の会」が新潟水俣病患者と家族により結成され、後に「新潟水俣病被害者の会」と改称された。

この年 スーパー林道(日本) 従来の林道の概念を超え、産業道路・生活道路・観光道路の性格を併せ持つ、スーパー林道「農免特定林道」が開設された。翌1966年、「特定森林地域開発林道」と改称。

この年 公害防止条例(宮城県・長野県・兵庫県) 長野県(3月31日)、兵庫県(4月1日)、宮城県(10月20日)で「公害防止条例」が制定された。

この年 養殖海苔赤腐れ病発生(九州地方) 有明海沿岸域で養殖海苔に異常高温による赤腐れ病が発生、福岡県で約1億7000万枚(総数の約22%)佐賀県で約1億930万枚(総数の19.2%)、熊本県で全体の約63%にそれぞれ被害があった。

この年〜 石槌スカイライン建設現場土砂排出(愛媛県面河村) この年から1970年8月までにかけて、愛媛県面河村の石槌スカイライン建設現場で削った土砂を景勝地の面河渓谷に捨てた結果、付近の原生林が折れたり、同渓谷が埋没したりした。同スカイラインは観光開発用の有料道路。

この頃 太陽熱温水器(各地) 太陽熱温水器の新製品の発売が相次ぎ、農村を中心に広く普及した。水道の水圧を利用し、屋根上に置かれた温水器に水をためる汲め置き方式が多かった。

この頃〜 有機燐系農薬障害(各地) 長野県佐久市とその周辺地域で、4歳から16歳前後の幼少年らに農薬、特に有機燐剤が原因とみられる視力低下や視野狭窄、視神経異常、肝機能低下、運動障害などが集団発生。続いて東京都や大阪府、九州地方など各地で視覚関係の同じ症状が確認され、患者数は1970年までに約1000名になった(1970年10月10日、東京大学付属病院が報告)。

# 1966年
（昭和41年）

2.14 原子力空母寄港承認（日本・アメリカ）　安全性の確認を条件にアメリカ原子力空母の寄港を認めると、佐藤首相が答弁した。

3.9 水銀系農薬（日本）　白木博次東大教授らが、衆議院科学技術振興特別委員会で水銀農薬使用禁止を訴えた。

3.24 新潟水俣病（新潟県）　阿賀野川流域の有機水銀中毒事件特別研究班が、汚染源として流域工場排水がきわめて疑わしいとする中間結論を発表した。

3.29 し尿処理場建設反対派住民騒擾（奈良県大和高田市）　奈良県大和高田市の住民百数十名が葛城清掃組合協議会による共同し尿処理場の建設に抗議して市役所に押しかけ、20名が負傷した。

4月～ 北日本で冷害（北海道・東北地方）　4月頃から9月末にかけて、北海道、東北地方で長雨や日照不足による異常低温が長期間続き、上川地方北部の稲や十勝地方の豆類をはじめ北海道だけで14万4700戸の田畑64万ha（耕作面積の約80％）に被害が出た。作物別の被災面積および収穫減量は北海道と青森県北東部で水陸稲35万ha（38万7000t）、麦1万ha（1万6000t）、馬鈴薯4万2000ha（22万6000t）、雑穀および豆類17万9000ha（14万2000t）、野菜2万3000ha（10万3000t）、果樹1000ha（4000t）などとなった。

5.6 非水銀系農薬（日本）　農林省が非水銀系農薬の使用促進を通達した。

5.11 放射性物質検出（東京都・新潟県）　東京都や新潟県など各地で放射性の巨大粒子が検出された。原因は中国による水素爆弾実験。

5.29～ 米海軍原子力潜水艦寄港反対派・警官隊衝突（神奈川県横須賀市）　5月29日夜から6月3日にかけて、神奈川県横須賀市で、全日本学生自治会総連合の関係者ら多数が米海軍の原子力潜水艦スヌークの寄港反対デモを実施して基地周辺で機動隊と衝突し、124名が重軽傷を負った。

- 5.30　原子力潜水艦初寄港（横須賀市・アメリカ）　横須賀にアメリカの原子力潜水艦スターク号が初寄港した。
- 6.14　新潟水俣病（新潟県）　新潟大医学部と新潟県保健所により、阿賀野川下流第1次戸別訪問調査（一斉検診）が開始された。この結果、30人以上の頭髪から300ppm以上の水銀が検出された。
- 7.2　地上核実験を開始（仏領ポリネシア・フランス）　仏領ポリネシアのムルロア環礁で、フランスが地上核実験を開始した。
- 8.4　公害対策（日本）　公害審議会が、公害に関する無過失責任を強調する中間報告を厚生大臣に答申した。
- 8.16　日照権推進（東京都）　東京都人権擁護委員会連合会が日照権専門委員会を新設し、「太陽の光を受ける権利を守る運動」を推進することになった。
- 8.17　ユリア樹脂製食器（日本）　主婦連が、熱湯を注いだユリア樹脂製食器の93％からホルマリン溶出との実験結果を公表、厚生省に販売禁止を要望した。27日、通産省が緊急措置ならびに基本対策を関連業者団体に勧告した。
- 8月　ごみ・し尿事業者向けガイドライン（日本）　公害審議会下水清掃部会により、ごみ・し尿事業者向けガイドラインが作成された。
- 8月〜　淡水魚の大量死（岡山県倉敷市）　8月から9月にかけて、倉敷市内で工場排水が原因と思われる淡水魚の大量死が発生した。
- 9.1　排出ガス規制（日本）　一酸化炭素濃度を3％以下とする新型車の排出ガス規制が実施された。
- 9.7　公害対策基本法（日本）　自治省が、発生責任の明確化などを内容とする公害対策基本法制定についての意見書を提出した。
- 9.9　新潟水俣病（新潟県）　新潟水俣病に関して、厚生省特別研究班が、昭和電工鹿瀬工場の排水口で採取した水苔からメチル水銀を検出したと発表した。11月22日、昭和電工が農薬が原因とする反論書を厚生省に提出した。
- 10.1　公害防止事業団（日本）　公害防止事業団が設立された。

10.3 有毒蒲鉾（三重県・広島県）　三重県と広島県産の蒲鉾に有毒物質が含まれていることがわかり、東京都は翌4日、製品の販売禁止並びに廃棄を指示した。

10.7 環境基準（日本）　環境基準の改定、公害防止計画の策定、公害被害者の救済など、公害に関する基本施策を公害審議会が答申した。

10.8 地熱発電（岩手県八幡平市）　東化工が松川地熱発電所を完成し、日本初の地熱発電による送電が開始された。

10.15 大気汚染規制法（アメリカ）　「大気汚染規制法」がアメリカで制定された。

10.27 公害対策（日本）　産業公害対策のあり方について、産業構造審議会が答申した。

11.24 公害対策基本法（日本）　公害対策基本法案を厚生省が作成した。

この年 非水銀農薬へ（日本）　厚生省により、有機水銀系農薬から非水銀農薬への切り替え3ヵ年計画が策定された。

この年 公害防止条例（福島県・茨城県・栃木県・千葉県・和歌山県・岡山県・熊本県）　福島県（4月1日）、栃木県（4月1日）、岡山県（10月1日）、熊本県（10月1日）、和歌山県（10月15日）、千葉県（10月21日）、茨城県（12月10日）で「公害防止条例」が制定された。

# 1967年
（昭和42年）

2.12 船舶事故で原油流出（神奈川県川崎市沖）　川崎港入り口の川崎信号所付近で、原油を満載して東南アジアから戻ったタンカー第15永進丸が別の船と衝突して船体左舷を破損、乗組員に死傷者はなかったが、原油300kℓが流出したため同港は一時閉鎖された。

2.13 富士製鉄製銑工場鉱滓流出（北海道室蘭市）　北海道室蘭市の富士製鉄室蘭製銑工場で高炉の栓が外れて鉱滓が流出し、1名が死亡、3名が負傷した。

2.22 公害対策基本法(日本)　公害対策推進連絡会議が、公害対策基本法案要綱を作成した。

3.18 海洋汚染(流出)(イギリス・フランス)　アメリカの大型タンカー「トリー・キャニオン号」がドーバー海峡で座礁事故。大量の石油流出により、漁業・生態系に甚大な被害が出た。

3.20 陶磁製食器に鉛・カドミウム混入(東京都)　東京都内で販売されている中華用小匙など愛知・岐阜県産の陶磁製食器6種類から、有毒物の鉛やカドミウムが検出され、この日、東京都衛生局が製造元4社を厳重注意、該当製品を販売停止とした。

3.23 高野竜神国定公園(和歌山県)　高野竜神国定公園が指定された。

4.5 イタイイタイ病の原因(富山県)　岡山大の小林教授が、三井金属神岡鉱業所の廃水がイタイイタイ病の原因であると発表した。

4.7 新潟水俣病(新潟県)　厚生省特別研究班の疫学研究班が、阿賀野川流域の有機水銀中毒事件について最終結論を発表。原因はメチル水銀に汚染された川魚摂取による水銀中毒、汚染源は昭和電工鹿瀬工場であるとし、「第2の水俣病」が公的に確認された。

4.24 タンカー二重衝突(兵庫県神戸市沖)　神戸港第3区の石油貯蔵施設付近で、タンカー3隻が二重衝突、乗組員に死傷者はなかったが、積荷のジェット機用燃料(43t)の一部が海面に流出し、神戸海上保安部の巡視艇など4隻が乳化剤を投入して炎上を食いとめた。

5.16 公害対策基本法(日本)　公害対策基本法案が閣議決定した。

5.26 重油流出(兵庫県神戸市沖)　神戸港内で、小型タンカー(251t)と関西汽船の客船が衝突し、タンカーが破損、傾斜して重油約20klが海面に流出、客船は前部に亀裂を生じたが、双方の乗組員や乗客に死傷者はなかった。

5月～ 30年ぶりの渇水・干害(千葉県・神奈川県・福島県)　5月末から7月初めにかけて、千葉、神奈川県で、30年ぶりという異常渇水による飲料水不足が続き、神奈川県の相模湖や津久井湖で湖底が現われ、千葉県の利根川流域で塩干害による農作物などの被害が発生し、両県は5月29日に給水制限を開始、7月1日に42.5%の給水制限を実施した(11日に制限完全撤廃)。同時期、福島県で干ばつが発生し、約1万2000haで田植ができなくなった。

6.12　**新潟水俣病訴訟**（新潟県）　熊本水俣病訴訟に先駆けて、日本初の本格的な公害病裁判となる新潟水俣病第1次第1陣提訴が行われた。

6.14　**イタイイタイ病で補償要求**（富山県）　富山県のイタイイタイ病対策協議会代表が三井金属神岡鉱業所を初訪問、遺族補償および治療費全額負担を要求した。

6.20　**公害対策**（日本）　公害部が厚生省環境衛生局に設置された。

6.21　**公害対策**（日本）　社会保障制度審議会が、公害行政一元化に関する意見書を提出した。

6.21　**下水道整備緊急措置法**（日本）　「下水道整備緊急措置法」が公布された。

6月　**イタイイタイ病調査研究班**（富山県）　神通川流域のイタイイタイ病調査研究班（厚生省イタイイタイ病調査研究班）が、厚生省の委託により日本公衆衛生協会で発足した。

7月～　**少雨による干害**（西日本各地）　10月上旬にかけて、近畿地方以西で極端な少雨による干害が発生し、愛媛県で87日間の無降雨、9月には長崎市で2mm、大分市と熊本市で5mm、宮崎県延岡市で13mmという少雨を記録。滋賀県の琵琶湖で水位が16年ぶりにマイナス60cmになって魚介類や養殖真珠に被害が発生、瀬田川の南郷洗堰を5年ぶりに全面閉鎖し、高松市で44日連続での給水制限を実施、うち30日間は一般家庭への給水も夜間5時間に制限し、香川県の小豆島では海を隔てた西隣の岡山県玉野市から緊急給水を受け、北九州市で通算55日間、6時間から12時間に及ぶ夜間給水制限を実施したのをはじめ、佐賀県武雄市で30日間完全断水し、福岡県田川市や同県筑紫野、宇美町、熊本県牛深市、宮崎県高岡町なども類似の状況に陥った。このため愛媛県でミカンの木の枯死や落葉が発生し、大分県北部で異常高温によりハマグリや沿岸魚介類がほぼ全滅したのをはじめ、広島、山口、愛媛、福岡、佐賀、長崎、熊本、大分県など17県でのべ54万4000haの水陸稲やサツマイモ、野菜類、果樹、桑などの作物に深刻な被害が発生、合計で167万4000tの収穫減となった。

8.3　**公害対策基本法**（日本）　「公害対策基本法」の公布・施行。公害の定義として、典型7公害：大気汚染、水質汚濁、騒音、振動、地盤沈下、悪臭、土壌汚染（1970年に追加）を挙げる。1993年、その内容を発展的に継承する「環境基本法」の成立により廃止となった。

8.30 新潟水俣病（新潟県）　阿賀野川流域有機水銀中毒事件の原因は昭和電工の工場廃水であると、食品衛生調査会が答申した。

9.1 ぜんそく（三重県四日市市）　四日市ぜんそく患者ら9人が、石油コンビナート企業6社を相手に慰謝料請求を提訴。日本初の本格的な大気汚染訴訟となった。

9.7 原子力空母寄港申し入れ（日本・アメリカ）　アメリカ代理大使から外務省に、原子力空母エンタープライズ号日本寄港の申し入れがあった。

10.7 環境基準（日本）　大気汚染・水質汚濁・騒音環境基準の設定、公害防止地域の指定、被害救済などを内容とする「公害に関する基本施策について」の第1次答申を、公害審議会が厚相に提出した。

10.17 鉛中毒死（兵庫県）　兵庫県の港湾で、タンカーぼすとん丸の清掃を担当していた新日東工業の作業員8名が、薬剤に含まれる四エチル鉛の中毒にかかり、死亡した。

10.26 日照権訴訟（東京都）　二階増築により日照権を侵害されたとして提訴した訴訟で、東京高裁は原告の主張を認め、増築者に賠償金の支払いを命じた。日照権が認められた初の判例となる。

11.1 干拓地へ入植開始（秋田県八郎潟）　八郎潟干拓地への入植が開始された。

11.2 尾瀬を守る計画（尾瀬）　厚生省が関係官庁と自治体との話し合いに基づき、尾瀬地区の環境保護のための「尾瀬を守る計画」を策定した。

11.18 日本原子力発電発電所火災（茨城県東海村）　午前11時20分、茨城県東海村の日本原子力発電東海発電所で、熱交換器関係のガス循環器の定期検査中に、飛び散った軸受けの潤滑油が発火し、同工務課の係員1名が死亡、2名が火傷を負った。発表によれば放射能漏れなどはなかった。

11.28 四日市ぜんそく（三重県四日市市）　大気汚染研究全国協議会が横浜で開催され、四日市市の大気汚染地区のぜんそく罹患率が非汚染地区に比べて3倍であることが発表された。

11月　安中鉱害（群馬県安中市）　群馬県安中の東邦亜鉛で超高圧線の架設工事が行われた。これに対し、送電線設置・工場拡張に反対する住民により「反対期成同盟」が結成された。

12.4　土呂久鉱山閉山（宮崎県）　土呂久鉱山が閉山した。1970年、同鉱山の鉱業権が中島鉱山から住友金属鉱山へ譲渡された。

12.7　イタイイタイ病は鉱毒（富山県）　厚生省イタイイタイ病研究班が、神通川と神岡の廃液溝からカドミウムを検出。イタイイタイ病の原因は三井金属神岡鉱業所の鉱毒であると中間報告した。

12.11　明治の森高尾国定公園・明治の森箕面国定公園（東京都・大阪府）　東京の「明治の森高尾国定公園」と大阪の「明治の森箕面国定公園」が、明治100年記念事業として国定公園に指定された。

12.27　特別天然記念物（千葉県天津小湊町）　鯛の浦タイ生息地が特別天然記念物（動物）に指定された。

この年　大気汚染（日本）　公害対策審議会大気部会に「イオウ酸化物（$SO_X$）の環境基準に関する専門委員会」が設置された。

この年　薬害防止対策（日本）　厚生省によりクロロキンが「劇薬」に指定された。またサリドマイド禍などの反省から、医薬品を作用が緩和な「軽医療」とそうでないものに2大別する「医薬品の製造承認等に関する基本方針について」が同省より通達された。

この年　公害防止条例（青森県・三重県・徳島県）　青森県（3月24日）、三重県（7月11日）、徳島県（12月26日）で「公害防止条例」が制定された。

この年　スーパー林道着工（山梨県・長野県）　南アルプス・スーパー林道が、森林開発以外も目的として着工された（のち1972年、自然保護問題のため工事は一時中断された）。

この年　赤潮発生（徳島県付近）　徳島県付近の海域で赤潮が発生し、魚介類の被害があいついだ。

この年　アジェンダ21（世界）　国連海洋法総会でパルドー・マルタ国連大使が、沿岸国の排他的管轄権が及ばない海底と資源を人類の共有財産として国際的に管理・開発するよう提案した。1992年、「アジェンダ21」の海洋の項にこの理念が反映された。

この頃〜　住友金属工業製鉄所微鉄粉排出（和歌山市）　和歌山市の住友金属工業和歌山製鉄所が微鉄粉を排出し、周辺の住民多数が眼に微鉄粉が突き刺さって治療を受けた。1970年6月の県公害対策課の調査によれば、同製鉄所周辺での粉じんの総量は1か月間で1m$^2$当たり38.84gになった。

# 1968年
（昭和43年）

2.26　日米原子力協力協定・ウラン供給（日本・アメリカ）　日米原子力協力協定の調印により、アメリカからのウラン供給が確保された。

2月〜　小矢部川メチル水銀汚染（富山県）　2月から6月にかけて厚生省の環境汚染調査で、富山県小矢部、高岡市など小矢部川の流域で魚から最高1.57ppmのメチル水銀が検出された。富山県が地域住民に魚類捕獲の自粛を呼びかけ、漁業協同組合が漁獲を取りやめた（3月6日に厚生省発表。毛髪検査では異常がなく、7月から出漁再開）。

3.9　イタイイタイ病損害賠償訴訟（富山県）　三井金属鉱業を相手どり、イタイイタイ病患者・遺族ら28人が富山地裁に損害賠償訴訟を提起した。

3.27　イタイイタイ病原因最終報告（富山県）　イタイイタイ病研究班最終報告。富山県神通川流域のイタイイタイ病の原因は、三井金属神岡鉱業所と関連施設から排出されたカドミウムが主体であると結論した。

3.30　公害対策（日本）　「公害防止事業団法の一部改正法」が公布された。

3月　カネミ油症（各地）　この頃、カネミ油症の被害者に最初の自覚症状が現れ始めた。6月には通院者が増加し、8月には米ぬか油が原因と疑われるようになった。

3月　足尾鉱毒で水質基準を設定（栃木県足尾町）　渡良瀬川の水質基準が定められた。1958年の足尾銅山源五郎沢崩れの鉱毒問題を契機と

するもので、鉱山廃水の銅濃度1.5ppm、渡良瀬川の銅の水質基準を0.06ppmとしたが、後に栃木県の上乗せ条例により鉱山廃水1.3ppmに改められた。

4.25 東名高速道路騒音・事故多発（神奈川県横浜市港北区ほか）　東名高速道路が東京都世田谷区用賀、神奈川県厚木市間で部分開通（約35km）し、横浜市港北区長津田など沿線各地で昼夜とも85ホン前後という騒音が発生。同区間では開通後の2時間で11名が速度超過による接触などで重軽傷を負った。

5.1 越前加賀海岸国定公園・能登半島国定公園（石川県・福井県）　越前加賀海岸、能登半島が国定公園に指定された。

5.2〜 原潜から放射能検出（長崎県佐世保市）　アメリカの原子力潜水艦ソードフィッシュが長崎県佐世保に入港した（11日まで）。5月6日に平均値の10〜20倍に達する放射能を検出したが、5月9日に科学技術庁が放射能汚染と即断できないとの見解を表明した。

5.8 イタイイタイ病を公害病認定（富山県）　厚生省が富山県のイタイイタイ病を公害病に認定した。

5.15 公害対策全国連絡会議（日本）　水俣病、新潟水俣病、イタイイタイ病、四日市ゼンソク患者らと総評・中央社保協が、公害対策全国連絡会議を結成した。

5.21 原子力潜水艦沈没事故（アメリカ）　アメリカの原子力潜水艦・スコーピオン号が消息を絶ち、半年後に大西洋アゾレス諸島沖の海底で発見された。核兵器と原子炉を搭載したままの沈没事故。

5月 大牟田川メチル水銀汚染（福岡県大牟田市）　福岡県大牟田市の大牟田川でメチル水銀が検出された。

6.8 重油流出（静岡県下田町沖）　静岡県下田町の約17km沖合で、フィリピンの貨物船ホセアバドサントス号（1万15t）が濃霧によりタンカー霧島丸（5万7706t）と衝突、沈没した。乗組員に死傷者はなかったが、3日後に船内から燃料の重油が流出し、浦賀水道付近の海域が汚染された。

6.10 大気汚染防止法（日本）　「大気汚染防止法」が公布された（12月1日施行）。

6.10 騒音規制法（日本）　「騒音規制法」が公布された（12月1日施行）。

6.20〜 石原産業工場硫酸排出（石原産業事件）（三重県四日市市）　三重県四日市市の石原産業四日市工場が硫酸処理施設のない状態で第2工場を増設、操業を開始し、硫酸を含む廃液をチタン製造工程から四日市港へ無処理のまま排出した（12月に四日市海上保安部が摘発、検挙）。

7.3 日本原子力研究所材料試験炉漏水（茨城県東海村）　茨城県東海村の日本原子力研究所東海研究所の材料試験炉で、放射能を帯びた金属材料を炉内から研究室へ送る第1水路に水漏れのあることがわかり、同炉が運転を休止した。

7.12 日本原子力研究所制御室火災（茨城県東海村）　午前2時54分、茨城県東海村の日本原子力研究所東海研究所の第2号研究炉で制御室内の操作盤から出火し、部屋の一部と隣にあった変電盤が燃えた。原因は火元の配線の過熱で、同炉に影響はなかった。

7.15 亜硫酸ガス（日本）　生活環境審議会が二酸化イオウ（亜硫酸ガス、$SO_2$）濃度の許容限度について、1時間値0.1ppm・1日平均0.05ppm・緩和条件付きと答申した。しかし業界団体などが答申内容に反対し、12月の「大気汚染防止法」施行までに環境基準を設定することが出来なかった。

7.22 下北半島国定公園など指定（青森県・長崎県・三重県・東北地方）　下北半島、壱岐対馬、鈴鹿、栗駒が国定公園に指定された。

7月〜 桃・ブドウ病冷害（山梨県）　7月から8月にかけて、山梨県で台風4号や10号などの影響による雨が長期間続き、桃の灰星病やブドウの玉割れなど果樹をはじめ、水稲にも冷害による被害が発生した。

7月〜 放射性物質汚染（沖縄那覇市）　沖縄那覇市で米海軍港付近の水や海底泥、魚介類などが原子力潜水艦の排出したとみられる放射性物質のコバルト60に汚染された（7月2日に米国・琉球の合同調査で検出後、8月5日判定。6日に原子力潜水艦寄港・汚染問題調査委員会も確認）。

9.20 1960年以降も廃液排出（熊本県水俣市）　熊本県知事が、チッソ水俣工場のアセトアルデヒド廃液が1960年以降も排出されていた事実を認めた。

9.26　水俣病と新潟水俣病を公害病認定（熊本県・新潟県）　厚生省が、水俣病と新潟水俣病を企業責任による公害病として正式に認定した。

9.28　新潟水俣病裁判で証言（新潟県）　公判で松田心一・女子栄養短期大教授（厚生省阿賀野川特別調査班疫学班主任）が、昭和電工鹿瀬工場廃水中のメチル水銀化合物を原因とする第2の水俣病と証言した。

9月　メチル水銀汚染（大分県別府市）　大分県別府、大分市の別府湾でメチル水銀が検出された。

9月～　カネミ油集団中毒（カネミ油症）（西日本各地）　9月中旬から翌年初めにかけて、福岡県など西日本の22府県を中心にカネミ倉庫製の米ぬか油による中毒が集団発生し、届出患者数は1万3000名を超えた。10月14日に九大、久留米大等による研究班が発足し、16日には福岡県衛生部が米ぬか油販売停止を指示し、厚生省が同油の販売停止を全国に通達した。

10.18　公害対策（日本）　公害紛争処理・被害者救済制度について、中央公害対策審議会が総務長官に意見書を提出した。

10.29　環境基準（日本）　現状では大気汚染防止法の環境基準実現は不可能として、経団連が意見書を提出した。

11.1　カネミ油症（日本）　九州大学の油症研究班が米ぬか油からPCBを検出し、製造現場では有機塩素剤を発見。4日には、カネミ油症の原因が有機塩素系のPCBを含む米ぬか油であることを正式に発表した。16日には同剤の混入経路が油の精製工程における脱臭塔内のステンレス製管にできた腐食穴であることも確認された。

11.1　イタイイタイ病の公害病認定（日本）　イタイイタイ病が政府により公害病と認定された。

11.29　カネミ油症・刑事訴訟（福岡県北九州市）　北九州市が食品衛生法違反でカネミ倉庫と社長を小倉署に告発した。また翌月11日、油症被害者の会が同社を告訴した。

11.30　大気汚染防止法（日本）　有害物質や発生施設を規定する「大気汚染防止法施行令」が公布された。

11月　ばい煙排出企業を拒否（千葉県・東京都・神奈川県）　東京都・千葉県・神奈川県が、亜硫酸ガス排出企業の東京湾沿岸への進出を原則拒否する方針を表明した。

12.3　亜硫酸ガス（東京都）　美濃部東京都知事が、都の指導基準より甘く現状への対処に不十分として、1日施行された「大気汚染防止法」の亜硫酸ガス排出基準を引き上げるよう政府に申し入れた。

12.5　富浦丸・アディジャヤンティ号衝突（東京湾）　東京湾口の浦賀水道で、川崎から出港した貨物船富浦丸（1万19t）が、シンガポールから千葉港に向かうインド船籍のタンカーアディジャヤンティ号（2万418t）と衝突、富浦丸が船首を、タンカーは左舷中央を損壊し、タンカーから流出した燃料の重油により千葉県産の海苔などに壊滅的な被害が発生した。

12.17　メチル水銀（日本）　メチル水銀の排出に係る水質保全地域の指定と水質基準設定について、水質審議会が経済企画庁長官に答申した。

この年　神通川水銀汚染（富山市）　富山市の神通川で魚の体内から高濃度（水俣湾や阿賀野川の汚染時の約10分の1）の水銀を検出。同流域に鉱山や工場など水銀関係施設のないところから原因は不明だが、含有濃度はウグイで平均1.22ppm、検査総数のうち40％が1ppm以上をそれぞれ記録した（1969年8月に厚生省が魚類調査の結果を発表）。

この年　長良川河口堰（岐阜県）　長良川河口堰の建設計画が閣議決定された。

この年　芳野川水銀汚染（奈良県宇陀郡）　奈良県菟田野、榛原町の芳野川で魚の体内から高濃度（水俣湾や阿賀野川の汚染時の約10分の1）の水銀を検出。原因は同流域にある水銀鉱とみられ、含有濃度はフナやカワムツなどで平均1.31ppm、検査総数のうち80％が1ppm以上、最低値も0.6ppmをそれぞれ記録した（1969年8月に厚生省が魚類調査の結果を発表）。

この年　擬似水俣病集団発生（徳島県）　徳島県で、農業関係者61名に農薬の長期使用が原因とみられる水俣病の類似症状が現われた（12月1日、徳島大学付属病院が地域調査で発見）。

この頃〜　米空軍横田基地周辺騒音（東京都北多摩郡）　東京都瑞穂、福生町にある米空軍横田基地の周辺地域（約46km$^2$）に住む約2万4000世帯

が、所属機の離着陸により昼夜平均104ホン、最高119ホンの騒音の影響を受けた（1968年9月9日から21日にかけて都公害研究所が調査実施）。

# 1969年
（昭和44年）

1.10 天竜奥三河国定公園など指定（中部地方・中国地方）　天竜奥三河、西中国山地が国定公園に指定された。

1.14 原子力空母爆発事故（アメリカ）　ホノルル沖でのアメリカ原子力空母エンタープライズ爆発事故で、26人が死亡した。

1月　『苦海浄土』（日本）　水俣病をテーマとするルポルタージュ文学形式で書かれた石牟礼道子著『苦海浄土―わが水俣病』が刊行され、公害文学として大きな反響を呼んだ。作者の石牟礼道子は熊本県生まれの作家で、この作品は代表作となった。翌1970年に第1回大宅壮一賞に決まるが、3月25日受賞を辞退。

2.1 カネミ油症訴訟（福岡県）　福岡県の被害者らが、カネミ倉庫とPCB製造者の鐘淵化学工業に対する損害賠償請求を提訴した。

2.3 カネミ油症の原因はPCB（日本）　農林省畜産局が、PCBがカネミ油症の原因であることを確認する通達を出した。

2.11～ スモッグ発生（東京都）　11日から14日にかけて、東京都で高濃度の亜硫酸ガスによるスモッグが発生し、初のスモッグ注意報が発令された。

2.12 亜硫酸ガスの環境基準（日本）　大気汚染防止のための亜硫酸ガスの環境基準が閣議決定し、公害対策基本法に基づく環境基準第1号となった。

2.26 イオウ酸化物の排出基準（神奈川県横浜市）　東京都に続いて横浜市が、国のイオウ酸化物排出基準が低すぎ、公害対策の妨げになるとして政府に抗議した。

3.27　カドミウム汚染（日本）　初のカドミウム汚染調査結果を厚生省が発表し、安中市ほか3ヵ所が要観察地に指定された。

3.29　東京電力発電所建設反対派住民・警官隊衝突（静岡県富士市）　午前0時過ぎ、静岡県富士市の公害反対市民協議会や周辺地域に住む農漁業の関係者ら数百名が東京電力の火力発電所建設計画と市議会の誘致案に反対して同議場を占拠、機動隊と衝突し、うち数名が負傷した。

3月　騒音規制地域（三重県四日市市）　四日市地域が騒音規制法に基づく規制地域に指定された。また、三重県公害防止条例に基づく騒音・振動・ガス・粉じん・臭気の規制も開始された。

4.1　公害対策（東京都）　東京都公害研究所が発足した。

4.10　妙義荒船佐久高原国定公園など指定（群馬県・長野県・兵庫県・鳥取県・岡山県）　妙義荒船佐久高原、氷ノ山後山那岐山が国定公園に指定された。

4.11　日本原子力研究所プルトニウム飛散（茨城県東海村）　茨城県東海村の日本原子力研究所東海研究所でプルトニウム70mgの入ったポリエチレン製の瓶が破損し、硝酸とケロシンの混合溶液が研究室内に飛散。このため同室内の空気1cm$^3$当たり100億分の1から100億分の5キュリーの比較的弱い放射能汚染が発生したが、5月末までに除去作業は終わった。

4.23　安中鉱害（群馬県安中市）　安中市でイタイイタイ病様の患者数人が発見されたと群馬県が発表した。また、県衛研が東邦亜鉛安中製錬所周辺の大気から1m$^3$当たり最高0.38マイクログラムに達する高濃度のカドミウムを検出した。5月6日、「安中鉱害対策被害者協議会」が結成された。

4.30　公害対策（日本）　公害防止計画案を厚生省が発表した。

4月～　異常低温で冷害（北海道）　4月から10月にかけて、北海道で異常低温状態が続き、水稲などの農作物に被害があいついだ。

5.7～　北九州市スモッグ発生（福岡県北九州市）　7日から10日にかけて、北九州市でスモッグが発生し、8日から3日間連続で初の警報が発令された。

5.23 公害白書（日本）　初の「公害白書」発表。千葉県千葉・市原、三重県四日市、岡山県水島の3地域に対し、公害防止計画の基本方針が示された。

5.27 公害防止協定書（三重県四日市市）　三重県知事立会いの下、四日市市長と第3コンビナート進出各企業の間で公害防止協定書が締結された。

5月 スモッグ（福岡市）　福岡市で初のスモッグが観測された。

6.12 原子力船「むつ」（東京都）　日本初の原子力船「むつ」の進水式が、東京で行われた。

6.14 水俣病で損害賠償請求訴訟（熊本県水俣市）　熊本水俣病患者家庭互助会の訴訟派が、チッソを相手取り損害賠償請求訴訟を提起した。

6.16 木曽川重金属汚染（愛知県犬山市付近）　木曽川で工場廃液や家庭排水、農薬に含まれる亜鉛やカドミウムなど重金属類による水質汚染が発生し、同川中流の愛知県犬山市付近でアユ多数が浮いた。

6.20 中性洗剤で奇形（日本）　日本先天異常学会で、妊娠中のネズミに中性洗剤を投与したところ4割に奇形が生まれたとの実験結果が発表された。

6.28 安中・行政訴訟（群馬県安中市）　群馬県の東邦亜鉛安中製錬所の施設変更認可申請に関し、安中の住民らが行政不服審査請求を申請した。

6月 小学校汚水給水（千葉県館山市）　千葉県館山市で小学校の上水道に汚水が供給された（17日に発表）。

6月 片瀬江の島海岸汚染（神奈川県藤沢市）　神奈川県藤沢市の片瀬江の島海岸などで家庭および工場排水や産業廃棄物の不法投棄による汚染が発生。6月末に厚生省が同海岸などを遊泳不適と発表し、関係各県は塩素滅菌機や水質保全パトロール班の設置をはじめとする対策を実施した。

7.2 公害防止条例（東京都）　「東京都公害防止条例」が公布された（1970年4月1日施行）。

- 7.4 昭和電工フッ化水素汚染（千葉県市原市）　千葉県市原市八幡海岸通の昭和電工が工場からフッ化水素を排出し、街路樹の葉が枯れるなどの汚染が発生した（24日に県公害課が結論）。

- 7.10 DDT認可の一時中止（日本）　DDT、ベンゼンヘキサクロライド（BHC）新規認可の一時中止を厚生省が決定した。

- 7.10 ヘリコプター農薬誤散布（埼玉県狭山市）　埼玉県狭山市で、農薬散布作業中のヘリコプターが誤って小学生多数の上に農薬を撒き、児童59名が中毒にかかった。

- 7.29 大気汚染防止法（日本）　前年施行された「大気汚染防止法」に基づき、イオウ酸化物（$SO_X$）の排出量を1時間値0.1ppm・1日平均値0.05ppmとする環境基準が定められた。

- 7月～ カネミ油症で患者死亡（日本）　9月にかけて、カネミ油症患者が相次いで死亡した。九州大での病理解剖の結果、副腎皮質のかなりの委縮が確認され、PCPが原因との疑いが強まった。また、患者である母親の母乳を飲んだ乳幼児の皮膚や爪が黒色化、成長期児童の身長・体重の発育の遅れ、成人も含めた抜け毛の増加・息ぎれ・めまいなどの症状も確認された。

- 7月～ 廃鉱ヒ素流出（宮崎県高城町）　7月上旬、宮崎県高城町四家のアンチモン旧鉱山の精錬不純物廃棄場の堤防が大雨で崩壊し、復旧作業の始まるまでの4か月間、高濃度のヒ素（飲用水の許容量の約26倍）を含む不純物が穴水川へ流れ込んだ。後に県が水質検査の結果を発表しなかったことが問題になった。

- 7月～ 川内川汚染（鹿児島県川内市）　鹿児島県川内市の川内川で捕獲魚に原因不明の皮膚や尾鰭の腐乱が発生し、流域の漁業関係者にも手足のかゆみや擬似皮膚炎の症状が現われ、県は川内市からの委託を受けて原因調査を始めた。

- 8.15 海洋汚染（三重県四日市市）　数ヵ月にわたり塩酸を海に垂れ流していた工場が、港則法違反・水産資源保護違反で四日市海上保安部に摘発された。三重県が同社を毒物及び劇物取締法と三重県公害防止条例違反で告発した。

- 8月 毒ガス投棄（広島県竹原市）　広島県竹原市の大久野島に毒ガスが無許可投棄された（25日に住民が通報）。

8月～　福寿製薬工場メチル水銀汚染（富山県）　1970年4月にかけて、富山県大山町の福寿製薬が工場から高濃度のメチル水銀を含む廃液を神通川支流の熊野川に排出し、下流域で採れたウグイから6.08ppmのメチル水銀が検出された（1970年4月20日に発表後、県が関係資料を隠していたことが問題になった）。

9.16　カドミウム汚染（日本）　「カドミウムによる汚染防止のための暫定基準対策」を厚生省が都道府県に通達した。

9月　排ガス規制強化（日本）　新型自動車の排ガス規制が、一酸化炭素濃度2.5％以下に強化された。

9月　浜川メチル水銀汚染（宮崎県延岡市）　宮崎県延岡市の浜川でメチル水銀が検出された。

10.5　日本石油基地原油流出（鹿児島県喜入町）　鹿児島県喜入町の日本石油基地喜入基地から原油が鹿児島湾に流れ出し、隣接の指宿市の岩本漁港の沖合をはじめ同基地周辺の海域でボラなどの魚介類に被害があいついだ。

10.8　乳児集団種痘量誤認（愛知県知立町）　愛知県知立町で、集団種痘を行なった際に、医師が誤って2倍量を接種し、乳児117名に高熱や下痢、発疹などの症状が発生した。

10.28～　多摩川青酸化合物汚染（東京都）　多摩川で工場排水に含まれる猛毒の青酸化合物による水質汚染が発生し、東京都水道局が取水を一時停止。多摩川では、10月から翌70年9月までに魚が前後10回にわたって浮いた。

11.3～　アユの大量死（静岡県）　静岡県狩野川下流で、工場排水中のシアン化合物が原因と思われるアユの大量死が発生した。

11.8　原研で被曝事故（茨城県東海村）　茨城県の日本原子力研究所東海で、職員が放射性水銀を吸い込む被曝事故が発生した。

11.12　大気汚染公害認定（神奈川県川崎市）　川崎市が、大気汚染による公害認定を市独自に行い、医療費を市で負担する方針を決定した。

11.14　食品農薬（日本）　農林省食品衛生調査会が、残留農薬の許容基準を厚生省に答申した。基準適用は12食品の8農薬。

| | | |
|---|---|---|
| 11.26 | 公害被害者全国大会（日本） | 公害被害者全国大会が初めて開催された。|

11月～　多摩川汚染（東京都）　11月末から12月初めにかけて、多摩川と同支流で家庭用洗剤に使われる陰イオン系界面活性剤（ABS）や工業用および医療用消毒剤などに使われるフェノール（石炭酸）によるとみられる水質汚染が断続的に3回発生し、コイやフナ多数が死亡した。

12.4　核実験停止決議（世界）　全ての核実験の停止決議が、国連総会政治委員会で採択された。

12.15　公害健康被害救済法（日本）　公害の被害に対する医療補償を定める「公害に係る健康被害の救済に関する特別措置法」が公布された。治療関係費の一部を一時金として給付するもので、費用は産業界と政府が折半。1970年2月1日施行、新法公布により1973年に廃止。

12.15　大阪空港騒音訴訟（大阪府・兵庫県）　大阪空港の騒音に悩む周辺住民が、航空機の夜間離着陸禁止と損害賠償を求め、大阪地裁に国を提訴した。本訴訟を第1次とし、第5次訴訟まで行われた。

12.17　新潟水俣病（日本）　厚生省「公害の影響による疾病の指定に関する検討委員会」が、特異な発生経過や国内外で通用していることなどから熊本県水俣の水銀中毒を「水俣病」、新潟の水銀中毒を病気としてはこれと同じものであるとして「新潟水俣病」と正式に病名を定義した。

12.20　公害対策（日本）　厚生省が、水俣市・四日市など6ヵ所を公害病対象地域に指定した。

12.29　放射性物質飛来（東北地方）　東北地方に中国の核爆発実験によるとみられる放射能を含む灰が飛来した（同日検出）。

12月　DDT製造禁止（日本）　DDTの製造を禁止する通達が出され、殺虫剤パラチオンの製造が中止された。

12月～　異常乾燥発生（埼玉県・東京都・大阪府）　12月から翌年1月にかけて、埼玉県や東京都、大阪府などに記録的な無降雨状態が続き、各地で異常乾燥による火災が多発した（東京都では1970年1月30日に雨が降った）。

この年　サリチル酸汚染（各地）　食品添加物のサリチル酸の長期間摂取が腎臓障害をもたらすことがわかり、10月28日に国税庁が日本酒造組合中央会に使用自粛を要請し、同組合も11月6日に使用自粛を決定。同剤は当時、防腐剤として日本酒に使用されていた。

この年　食品添加物チクロ（各地）　食品添加物サイクラミン酸ナトリウムまたはカルシウム（通称チクロ）の発癌性が問題になり、10月22日に食品製造業者の各関係団体は使用停止を決定。1週間後に厚生省も使用禁止と期限付き回収を指示したが、1970年1月に一部製品に対する回収期限の延長を決めたため消費者団体の批判を浴びた。チクロは当時、缶詰や清涼飲料水などの食品および医薬品に使われていた人工甘味料で、砂糖と比較して甘味が5、60倍強い。

この年　日本アエロジル工場塩酸排出（三重県四日市市）　三重県四日市市の日本アエロジル四日市工場が四日市港へ多量の塩酸を排出していることがわかった（8月15日に四日市海上保安部が摘発）。

この年　被爆者二世白血病連続死（広島市ほか）　広島市牛田町松風園団地在住の被爆者二世で広島女学院ゲーンズ幼稚園児（5歳）が急性骨髄性白血病により死亡したのをはじめ、この年には被爆者二世3名が同病で死亡した。

この年　高知パルプ工場亜硫酸ガス排出（高知市）　高知市旭町の高知パルプ工業の工場が0.197ppmという高濃度の亜硫酸ガスを排出していることがわかった（9月3日に県が測定結果を発表後、会社は設備改善を実施。国による硫黄酸化物の基準値は0.05ppm）。

この年　酸性雨で国際協力（世界）　経済協力開発機構（OECD）により、酸性雨問題に関する国際協力が提起された。

この年〜　ベンゼンヘキサクロライド汚染（各地）　有機塩素系農薬および殺虫剤のBHCによる食品汚染が深刻化し、特に分解しにくいベータBHCの体内蓄積による肝機能障害などの危険が指摘された。12月、厚生省や高知県衛生研究所などが牛乳から国際許容量を超える高濃度のBHCを検出後、12月10日に日本ベンゼンヘキサクロライド工業会が同剤とDDTの製造停止を決定し、1970年1月28日に農林省は両剤の乳牛飼料への使用禁止を通達したが、BHCは3月に長崎県産の牛乳から、5月に愛知県産の牛乳や静岡県産の茶から、10月に鳥取県産の二十世紀梨からそれぞれ高濃度で検出され（愛知県は検出後、飼

料への稲藁使用を禁止。鳥取県も両剤の使用禁止と買上げを実施)、7月から9月にかけて東京都や大阪府などの大気から微量ながら検出されたのに続き、松山市付近の河川で釣ったオイカワの魚肉に最高0.866ppm、内臓に3.3ppm、愛媛県西条市郊外で捕獲した雀の内臓に最高0.12ppmの体内濃縮を確認、12月や71年5月には母乳や牛乳、タバコから両剤が検出された(1970年10月16日、日本農村医学会で母乳から有機塩素系の残留農薬を検出と発表)。同時期には鳥取県産のキュウリから有機塩素系殺虫剤のディルドリンが、高知県で過去にドリン系農薬を使っていたタバコの後作地で栽培、収穫したキュウリから、長崎県産のジャガイモからそれぞれ残留農薬が検出された。

この年〜　**着色・漂白剤使用野菜汚染**(各地)　亜硫酸系や塩素系、燐酸系漂白剤によるゴボウやサトイモ、レンコン、モヤシなどの漂白済み野菜の有害性が問題になり、7月に厚生省は亜硫酸系漂白剤による野菜の着色や漂白を禁止、11月7日に同剤製造元7社も使用停止を決定したが、翌70年2月に着色したジャガイモが出回るなど違反が続いた。

この頃　**林業労働者白ろう病発生**(各地)　全国各地の林業労働者にチェーンソー使用時の振動による白ろう病が発生し、患者総数は1969年までに約3700名になった(12月、林野庁と全林野労働組合が労働協定を締結)。

この頃　**カドミウム汚染**(岩手県北上川流域)　岩手県の北上川流域で、旧鉱山の廃液によると見られるカドミウム汚染が表面化した(1970年3月、通商産業省が鉱山の全面閉鎖を決定)。

この頃　**三菱金属鉱業カドミウム汚染**(宮城県鶯沢町)　宮城県鶯沢町の三菱金属鉱業細倉鉱業所の精錬過程で出る高濃度のカドミウムを含む排水や排煙による汚染が確認された(3月27日、厚生省が二迫川および鉛川流域を要観察地域に指定)。

この頃　**日本窒素工場粉じん被害**(福島県いわき市)　福島県いわき市で、市内にある日本窒素小名浜工場が排出する粉じんの被害が周辺地域に及ぶようになった(1970年6月4日、同工場と地元の公害対策連合委員会の間で全国初の公害防止協定を締結)。

この頃　**山梨飼肥料工場悪臭発生**(山梨県塩山市)　山梨県塩山市の山梨飼肥料工場の周辺地域で原料の牛および馬の内臓や鶏の羽による悪臭が問題化。1968年6月以降、同工場は県の黙認のもとに無許可操業を

続けていた（1969年9月21日に市が操業継続の是非を問う住民投票を実施後、70年10月20日に県が同社を買収して公社設立）。

この頃　**大気汚染（山口県南陽町）**　山口県南陽町野村開作の住民350名（68世帯）が原因不明の刺激性ガスによる異常を訴えた（1969年8月、町と東洋曹達など周辺地域の企業8社が同地区の全家屋の集団移転および買収と跡地の緩衝緑地化を計画）。

この頃　**パルプ工場廃液汚染（大分県佐伯湾）**　大分県佐伯市で、市内にある興人パルプ佐伯工場が繊維屑などを含む廃液を佐伯湾に流し、同湾産の魚介類に被害が出た（1970年5月、経済企画庁水質審議会が現地を視察）。

この頃　**蔵内金属工場カドミウム汚染（大分県大野郡）**　大分県緒方町の蔵内金属豊栄鉱業所が高濃度のカドミウムを含む廃液を奥嶽川に排出、同流域産の米を汚染した（1969年5月、厚生省が奥嶽川流域を要観察地域に指定）。

# 1970年
（昭和45年）

1.3　**水道悪臭発生（東京都）**　東京都の利根川水系の上水道水に悪臭が発生、住民約100万世帯に被害が及び、都水道局は朝霞浄水場の機能を停止させた。同局の調査によれば、原因は利根川上流にある群馬県の工場が廃液を排出したためとみられる。

1.12　**BHC・DDTの使用規制（日本）**　農林省が牧草・飼料作物畜舎へのBHCおよびDDTの使用を規制する「有機塩素系殺虫剤の使用について」を通達した。

1.19　**インド初の原発（インド）**　インドで、初の原子力発電所が完成した。

1.20　**粉じんの環境基準（日本）**　厚生省生活環境審議会公害部会に「浮遊粉じんに係る環境基準専門委員会」が設置された。

1.26 公害防止計画（日本）　公害対策基本法に基づき、5地域が公害防止計画の適用地域に指定された。

1月　環境教書（アメリカ）　アメリカで「国家環境政策法（NEPA）」に初めて環境影響評価（アセスメント）の概念が盛り込まれた。また、ニクソン大統領と連邦議会が環境教書を世界に発信した。

2.1　四日市ぜんそくで医療費給付開始（三重県四日市市）　1969年制定の「公害に係る健康被害の救済に関する特別措置法」が施行された。2月、同法に基づき四日市地域の公害病患者に対する医療費などの給付が開始された。

2.12　土呂久川でヒ素検出（宮崎県）　宮崎県が実施した休廃止鉱山公害総点検で、土呂久川から飲料水基準の2倍に達するヒ素が検出された。

2.18　安中鉱害（群馬県安中市）　通産省が、カドミウム汚染が発生した群馬県安中市の東邦亜鉛安中精錬所の拡張工事認可を撤回した。

2.18　東京大学付属病院患者水銀中毒死（東京都文京区）　東京都文京区本郷の東京大学付属病院小児科で血漿8000ccの注射を受けた少年が、同血漿に混入した有機水銀系の防腐剤による中毒で死亡した（25日、北海道と東京都が有機水銀入り種馬鈴薯の出荷者を告発）。

2.20　電子レンジで電磁波（日本）　国産の電子レンジの約6割は作動時に有害な電磁波を発生させることが確認された。

2.20　一酸化炭素の環境基準（日本）　1969年のイオウ酸化物に続き、公害対策基本法に基づく環境基準第2号となる「一酸化炭素（CO）の環境基準」が閣議決定された。

2.20　排ガス汚染（東京都新宿区）　東京都新宿区の牛込柳町交差点が、排気ガス汚染「東京一」と報道された。

3.7　日本原子力研究所放射能汚染（茨城県東海村）　茨城県東海村の日本原子力研究所東海研究所の施設内で放射能汚染が発生した（17日に定期検査で発見）。

3.7　新潟水俣病（新潟市）　新潟市の女児（4歳）が、胎児性水俣病に認定された。

3.9　公害対策（東京都）　公害問題国際シンポジウムが東京で開催された。

3.9〜 農薬会社ほか青酸化合物・カドミウム連続廃棄・排出（栃木県）　3月9日に宇都宮市の農薬会社が有毒物を西鬼怒川の河原に無許可投棄したのをはじめ、8月頃まで栃木県の各地でメッキ工場が青酸化合物やカドミウムを含む廃液を近くの河川や農業用水路に排出した。

3.26 地下核実験（アメリカ）　アメリカが、ネバダ州で大規模な地下核実験（TNT換算100万t）を実施した。

3.31 有機水銀系農薬を禁止（日本）　種子消毒用を除き、有機水銀系農薬の使用が禁止された。

3月 日本鉱業工場鉱滓流出（山形県南陽市）　山形県南陽市の日本鉱業吉野鉱業所で鉱滓処理用の鉄管が破損、高濃度のカドミウムを含む鉱滓が近くの吉野川に流れ込んで同市の上水道の水源などを汚染した。

3月 商業用軽水炉（福井県敦賀市）　福井県敦賀市に商業用軽水炉の草分けとなる「原発1号機」が設置された。

3月 河川汚濁（奈良県）　奈良県の大和川流域の23工場が廃液を同川に排出した（同月に県が該当工場に施設改善警告）。

4.1 公害防止条例（東京都）　東京都で全国初の施行規則を盛り込んだ「公害防止条例」が施行された。

4.4 水銀配合石鹸を回収（日本）　水銀殺菌剤配合石鹸の回収を厚生省が指示した。

4.21 BHC汚染（日本）　厚生省がBHCによる牛乳汚染を認め、農林省に汚染飼料使用禁止等を要求した。

4.21 環境基準（日本）　「水質汚濁に係る環境基準」が閣議決定した。

5.14 安中・刑事訴訟（群馬県前橋市）　前橋地裁が東邦亜鉛安中製錬所の無許可増設に対し、地検求刑を上回る罰金判決を言い渡した。鉱山保安法事件で公害での刑事責任判決は初めて。

5.15 南太平洋で核実験（フランス・南太平洋）　南太平洋でフランスの核実験が行われた。

5.16 自然公園法改正（日本）　「自然公園法改正法」が公布され、海中公園地区制度が設けられた。

5.21　排気ガス（東京都新宿区）　排気ガス滞留による慢性鉛中毒患者（牛込柳町住民）の発生を、東京文京医療生協医師団が確認した。

5.21　河山鉱山廃水流出（山口県美川町）　山口県美川町の日本鉱業河山鉱業所の坑内から鉱廃水が錦川へ流出し、下流域でアユなどの魚介類に被害が発生、同県岩国市で飲料用水の錦川からの供給を停止した。

5.27　水俣病で一部患者が補償交渉妥結（熊本県水俣市）　水俣病患者家庭互助会の一任派が、チッソとの補償交渉で和解妥結した。

5.28　お茶からDDT検出（静岡県）　静岡県のお茶から許容量の10倍以上に達するDDTが検出された。

5.30　大気汚染防止法（日本）　大気汚染防止法政令の排出規制対象として、鉛が追加された。

5月　日本鉱業カドミウム汚染（富山県黒部市）　富山県黒部市の日本鉱業三日市精錬所が高濃度のカドミウムを含む煙や亜鉛精錬廃液を排出し、周辺の田の土壌から53.2ppm、住宅の屋根の塵から1670ppmのカドミウムが検出され、住民に腎臓障害が発生した（人体摂取量が多く、21日に厚生省が要観察地域に指定）。

5月　工場重金属汚染（岡山県総社市）　岡山県総社市の工場が重金属を含む廃液を排出し、周辺地区の農作物に汚染による被害が発生した。

5月　住友化学工業工場フッ素ガス排出（愛媛県新居浜市）　愛媛県新居浜市の住友化学工業新居浜工場のアルミニウム精錬工場がフッ素化合物のガスを排出し、周辺の麦畑など（350ha）に被害があいついだ。

6.1　公害紛争処理法（日本）　「公害紛争処理法」が公布された（11月1日施行）。

6.2　長良川汚染（岐阜県関市）　岐阜県関市の長良川で工場廃液によるとみられる汚染でアユ多数（約10t）が死に、名物の小瀬鵜飼が中止になるなどの影響があった。

6.3　公害対策（日本）　公害対策連絡会議が設置された。

6.3　排ガス無鉛化のガソリン規制（日本）　通産省により、ハイオクタンガソリンの鉛を7月までに半減し、普通ガソリンは5年以内に無鉛化するガソリン規制が定められた。

6.5　産業廃棄物（日本）　清掃体制広域化、科学処理の新技術等について、生活環境審議会都市産業廃棄物分科会が中間報告を行った。

6.6　廃水鉱毒（福岡県大牟田市）　大牟田川河口海域の海苔から高濃度のカドミウム・亜鉛・鉛が検出され、1959年ごろから発生していた海苔の病気は工場廃水中のフェノールによるものと判明した。

6.7　狩野川青酸化合物汚染（静岡県田方郡）　静岡県田方郡の狩野川でアユ約30万匹が浮き、内臓から0.392ppmの青酸化合物が検出された。

6.10　水質鉱毒ばい煙（日本）　鉱山の排煙・排水に基準を設定する「水質保全法」および「鉱山保安法規則」改正が公布・施行された。6月25日、全ての指定水域に8項目の排水基準が追加された。

6.12　公害対策（日本）　公害行政の一元化を、内閣総理大臣が指示した。

6.12　広瀬川青酸化合物汚染（群馬県）　群馬県前橋、伊勢崎市を流れる広瀬川で魚が多数浮き、体内から0.208ppmの青酸化合物が検出された。

6.15　森永ヒ素ミルク中毒（日本）　森永ヒ素ミルク事件の森永側弁護団が、粉ミルクに原因があることを初めて認めた。

6.16　トラック積載塩素ガス噴出（栃木県小山市）　栃木県小山市の国道4号線で塩素ガス積載トラックから同ガスが噴出し、住民ら75名が中毒にかかり、家畜が死亡した。

6.17　公害追放都市宣言（大分県臼杵市）　臼杵市が全国で初めて「公害追放都市」を宣言。大阪のセメント工場誘致に反対する市民の請願を採択した。

6.28　光化学スモッグ（千葉県木更津市）　木更津市付近の東京湾沿岸域で、原因不明の大気汚染物質により小学生1500人が目やのどの痛み、吐き気などを訴えた。後に光化学スモッグと判明した。

6月　井之頭自然文化園鳥類大気汚染死（東京都武蔵野市）　6月頃、東京都武蔵野市御殿山の井之頭自然文化園で相当数の野鳥が死亡。原因は大気汚染によるとみられる。

6月　トリクロロエチレン（東京都）　東京で下水道工事作業員がトリクロロエチレンによる中毒症状を発症した。

6月　水源汚染（長野県岡谷市）　長野県岡谷市で、上水道の水源が有害物質に汚染された（4日に検出後、県が指導強化）。

6月　メチル水銀汚染（愛知県名古屋市）　名古屋市の名古屋港がメチル水銀に汚染された（同月に検出）。

6月　酸性雨発生（大阪市）　大阪市にpH3.3という高濃度の酸性雨が降り、朝顔などの植物が枯死した。

7.7　カドミウム汚染（日本）　白米のカドミウム汚染許容量基準を厚生省が発表した。

7.7　米にカドミウム安全基準（日本）　厚生省により、玄米1ppm未満・精白米0.9ppm未満とする米に含まれる「カドミウム濃度の安全基準」が設定された。

7.14　産業廃棄物（日本）　「都市・産業廃棄物に係る処理処分の体系および方法の確立について」の第1次答申を、生活環境審議会が提出した。

7.17　田子ノ浦ヘドロ浚渫工事で中毒（静岡県富士市）　静岡県富士市の田子ノ浦港でヘドロ浚渫現場の作業員11名がヘドロから出た硫化水素ガスによる中毒にかかった。

7.18　光化学スモッグ発生（埼玉県・東京都）　午後、東京都にオキシダント（過酸化物）による光化学スモッグが発生し、同1時17分頃に杉並区堀ノ内の東京立正高等学校で運動場にいたソフトボール部員ら女子生徒40数名が眼や喉の刺激、吐き気、呼吸困難などの症状で病院に運ばれたのをはじめ、世田谷区や三鷹、国立、埼玉県川口市などで住民ら約6000名が類似の症状を訴えた。都公害研究所によれば、硫酸ミストとの複合汚染とみられる。

7.23　徳島県光化学スモッグ発生（徳島県）　徳島県に光化学スモッグが発生、児童1000名が特有の症状を訴えた。

7.23～　光化学スモッグ発生（東京都）　7月23日から27日にかけて、東京都区部の西部付近に比較的高濃度の光化学スモッグが発生し、26日には都内に初の光化学スモッグ警報が発令された。27日から東京都では光化学スモッグ注意警戒発令体制が開始され、8月10日には0.15ppm以上で注意報、0.3ppm以上で警報を発する光化学スモッグ予報制度が始まった。

7.26 カドミウム汚染（日本）　厚生省が、米のカドミウム汚染暫定許容基準を決定した（玄米1ppm、精白米0.9ppm）。

7.28 公害対策（日本）　内閣に中央公害対策本部を設置することが閣議決定した。

8.3 多核弾頭ミサイル（アメリカ）　アメリカの原子力潜水艦が、ポセイドン・ミサイル（多核弾頭ミサイル）の水中発射実験に成功した。

8.4 公害対策基本法（日本）　公害対策基本法の全面改正が、公害対策関係閣僚会議で決定した。

8.5 光化学スモッグ（東京都・神奈川県）　東京都町田市および川崎市と周辺地域に光化学スモッグが発生、住民ら1万4000名が特有の症状を訴えた。

8.8 東海鋼業工場鉱滓流出（福岡県北九州市若松区）　北九州市若松区安瀬の東海鋼業若松工場で鉱滓除去用の容器がクレーンから脱落、入っていた鉱滓が降りかかり、作業員7名が死亡した。

8.9 ヘドロ抗議集会（静岡県富士市）　田子ノ浦ヘドロ公害に抗議する住民が、静岡県田子ノ浦港で集会を開いた。また11日には富士市公害対策市民協会など18団体が製紙会社4社と知事を告発した。

8.10 環境白書（アメリカ）　ニクソン大統領が、初の環境白書を議会に提出した。

8.17 BHCとDDTは稲作使用禁止（日本）　農林省がBHCとDDTの稲作への使用禁止を各都道府県に通達した。10月20日、BHC、DDT、ドリン系剤の稲作への全面使用禁止が決定された。

8.19 ごみ河川海洋（日本）　通産省が全国の産業廃棄物の実態調査結果を発表した。前処理されたのは3割で、4割は河川・海洋に投棄されていることが明らかにされた。

8.21 燧灘ヘドロ汚染（川之江市・伊予三島市・香川県）　香川、愛媛県の燧灘で愛媛県川之江、伊予三島市にある108の製紙工場の排出する廃液や繊維滓によるヘドロが台風10号の影響で浮きあがり、汚染源の両市や香川県観音寺市、詫間、仁尾、大野原、豊浜各町付近の海域で養殖ハマチ2万匹や車エビ8万匹などが死滅した（9月30日に沿岸漁業関係者が海上デモを実施）。

8.23　安中鉱害（群馬県）　群馬県が東邦亜鉛安中精錬所の真下に位置する水田11.2haを汚染田に指定し、稲の抜き取りを開始した。被害補償として農家37戸に対し反当たり10俵と5000円が支給された。

8.27　ヘドロで魚が大量死（愛媛県）　瀬戸内海（愛媛県川之江・伊予三島沖）で、ヘドロを原因とする魚の大量死が発生した。

9.5　カドミウム汚染（東京都・神奈川県）　横浜海上保安部が、東京湾における基準を上回る鉛・カドミウムの検出を発表した。

9.12　酸性雨発生（東京都）　東京都に酸性雨が降り、港区赤坂の住宅地で朝顔の花弁の脱色などが確認された。

9.20　カドミウム汚染で抗議（長崎県）　カドミウム汚染に抗議する有明海の漁民が、三井三池精錬所正門前に汚染された赤貝を撒いた。

9.22　マスキー法（アメリカ）　大気汚染防止法案（マスキー法案）が、アメリカ上院で可決した。

9.23　金属粉汚染（神奈川県川崎市）　川崎市小田の住宅地に4時間前後にわたって金色の金属粉が降った。同地区は石灰およびセメント工場、製鉄所などの排出する粉じんの常習地。

9.26　公害防止条例（三重県）　三重県議会で県公害防止条例改正が議決され、経済との調和条項が削除された。

9.30　大気汚染環境基準（日本）　厚生省生活環境審議会公害部会に「鉛に係る環境基準専門委員会」が設置された。続いて10月13日、同「窒素酸化物等に係る環境基準専門委員会」が設置された。

9.30〜　珪酸粉汚染（大阪府堺市）　9月30日から10月1日にかけて、大阪府堺市に珪酸製の断熱保温材のような白い粉じんが降り続き、住民多数に眼の痛みや呼吸困難などの症状がみられた。

9月〜　ヘドロで健康被害（日本）　9月から10月にかけて、ヘドロから発生する硫化水素ガスにより、住民が吐き気・頭痛・喉の痛みなどを訴えた。調査の結果、ヘドロから労働衛生安全規則許容限度の30倍もの硫化水素ガスの他、水銀・カドミウムも検出された。

9月〜　赤潮発生（愛知県・三重県）　9月から11月にかけて、伊勢湾と三河湾で工場や家庭からの排水により赤潮が異常発生。このため愛知

県美浜、南知多町の海岸付近で魚約10万匹が、三重県鈴鹿市から松阪市にかけての海岸付近でカレイやコチなどがそれぞれ浮き、同桑名市の沖合でハマグリが、伊勢市の沖合でアサリがそれぞれ50%から60%前後が死滅するなど、両湾の沿岸域で魚介類の被害があいついだ。

10.8 　公害対策（東京都千代田区）　公害絶滅全国漁民総決起大会が千代田区神田で開催された。

10.12 　「公害原論」開講（東京都）　東京大学工学部の宇井純助手が、市民向けに夜間の公開自主講座「公害原論」を開講。以後1985年まで約300回の講義を重ねた。

10.15 　カドミウム汚染（日本）　玄米のカドミウム含有を1.0ppm未満とする米の規格基準を厚生省が設定した。

10.15 　光化学スモッグ発生（東京都）　東京都に高濃度の光化学スモッグが発生。千代田区大手町の気象庁では、亜硫酸ガスと水分が反応した硫酸ミスト（霧）により観測機材に使われていた真鍮製の部品の腐食が進み、新型の器械が突然作動しなくなった。

10.24 　光化学スモッグ発生（東京都）　東京都に高濃度の光化学スモッグが発生した。

10.26 　自然保護条例（北海道）　北海道で、都道府県で初となる「自然保護条例」が制定された。

10.29 　米のカドミウム安全基準（東京都）　東京都で、米に含まれるカドミウムを0.4ppm以下とする、国の環境基準より厳しい安全基準が設定された。

10月 　酸性雨発生（大阪市）　大阪市に酸性雨が降り、校舎の屋上に取り付けてある鉄製の手すりや金網が腐食するなど被害があいついだ。

10月～ 　多摩川カドミウム汚染（東京都・神奈川県）　10月末から11月にかけて、東京都・神奈川県境を流れる多摩川で高濃度のカドミウムが検出された。

11.1 　中央公害審査委員会（日本）　政府の公害紛争処理機関として、総理府に中央公害審査委員会が設置された。

11.1 廃水汚染（日本）　取り締り権限を国から都道府県知事に委任する改正「工場排水規制法」が施行された。

11.6 田子ノ浦ヘドロ住民訴訟（静岡県富士市）　静岡県富士市市民らが、ヘドロ浚渫費は汚染元が負担するべきで県費を使ったのは地方自治体法違反として、静岡地裁に県知事・大昭和製紙などを提訴した。

11.10 排ガス一斉点検（東京都）　初の自動車排ガス一斉点検が都内で実施された。

11.12 川崎の公害病で初めて患者死亡（神奈川県川崎市）　20代公害病患者が、川崎市で初めて死亡した。

11.16 カネミ油症訴訟（日本）　カネミ倉庫、鐘淵化学工業、国や自治体の責任を法的に問う全国統一第1陣提訴が福岡地裁小倉支部で行われた。

11.17 アスベスト（石綿）で肺がん多発（日本）　アスベスト（石綿）工場労働者に肺がんが多発していることが発表された。

11.17 メッキ工場青酸流出（神奈川県横浜市緑区）　横浜市緑区のメッキ工場から青酸約1万ℓが鶴見川に流出し、市公害センターが同流域の井戸水の飲用禁止など警戒態勢を指示した。

11.19 公害罪法案（日本）　公害罪法案に対し、経団連ほか3団体が反対を表明した。

11.20 カドミウム中毒（日本）　全国鉱金工業連合会役員会でカドミウムメッキの原則中止が決定された。

11.22 日本野鳥の会（岐阜県多治見市）　多治見市で、日本野鳥の会がかすみ網の実態調査を行った。

11.24 公害国会（日本）　「公害国会」と呼ばれる第64回臨時国会召集。公害対策基本法の改正ほか、14関係法案が可決成立した。

11.28 チッソ株主総会が紛糾（日本）　水俣病の責任を問う1株株主が参加し、チッソ株主総会が紛糾した。

11.28 美浜原発営業運転（福井県）　美浜原子力発電所で1号機の営業運転が開始された。

11.28　カドミウム汚染（岐阜県吉城郡）　三井金属鉱業神岡鉱業所のある岐阜県吉城郡の町内10ヵ所でとれた玄米全てからカドミウムが検出されるなど、郡内のほぼ全域でカドミウム汚染が進んでいることが判明した。

11.29　公害メーデー（日本）　全国82万人が参加し、初の公害メーデー（総評・公害被害者団体共催）が行われた。

11月　カドミウム汚染（北海道札幌市）　札幌市石山付近の飲料水がカドミウムに汚染されていることがわかった。

11月　缶入りリボンジュース錫混入（東京都ほか）　缶入りリボンジュースに高濃度の錫が混入していることがわかった（検出後の9日、東京都が製品の販売停止を指示）。

12.8　土呂久被害者が人権相談（宮崎県）　宮崎県土呂久鉱害被害住民が法務局の人権相談へ訴え出た。これを受け、12月14日に法務局高千穂支局が鉱山跡を調査した。

12.9　海洋汚染（世界）　海洋汚染50ヵ国会議がローマで開催された。

12.16～　大気汚染注意報（大阪府）　この日から大阪で3日連続59時間の大気汚染注意報が出され、初の警報も発令された。

12.25　公害関係14法（日本）　公害対策基本法改正法ほか、公害関係14法が公布された。

12.25　自然公園法改正（日本）　「自然公園法改正法」公布。自然環境保護に関する国等の責務、清潔保持、指定湖沼への排水規制等が規定された。

12.26　枯葉剤の使用期限（アメリカ・ベトナム）　アメリカが「ベトナム戦争における枯葉剤の使用は翌春まで」と発表した。

12.28　愛知高原国定公園など指定（愛知県・岐阜県・三重県・奈良県）　愛知高原、揖斐関ヶ原養老、室生赤目青山、大和青垣が国定公園に指定された。

12月　公害防止協定（日本）　1970年末時点で、累計30都道府県100市町と企業574社の間で公害防止協定が締結された。

| | | |
|---|---|---|
| 12月 | 道路公害（日本）　大気汚染・騒音・振動といった自動車による交通公害に関する規定を盛り込む「道路交通法」改正が行われた。 |
| この年 | 排気ガスで鉛汚染（各地）　宮城県塩竈市の国道45号線や宇都宮市の中心部、東京都北区上十条の姥ヶ橋交差点、川崎市、横浜市磯子区根岸町の国道1号線の付近など全国各地で、排気ガスに含まれる鉛により厚生省の暫定許容値を超える大気汚染が発生し、住民の血液への高濃度の鉛蓄積などが確認された（5月から8月にかけて、宮城県公害課および栃木県立地公害課、東京都、横浜市公害センターが調査、発表）。 |
| この年 | 畜産物抗生物質残留（各地）　牛や豚、鶏などの家畜の肉や卵、牛乳にストレプトマイシンなどの抗生物質が残っていることがわかった。抗生物質は家畜用の餌に混ぜて成長促進剤や予防及び治療薬に使われ、残留肉や卵を食べると、特異体質の人はショック状態に陥る危険があり、通常でも病気に対して抗生物質が効かなくなるために問題となった（東京都衛生局が11月2日に市販牛乳の5.7％、原乳の1％から、1971年1月26日に牛、豚肉からそれぞれ抗生物質を検出、販売禁止を指示）。 |
| この年 | 住友金属鉱山工場カドミウム汚染（北海道光和村）　北海道光和村の住友金属鉱山国富精錬所が高濃度のカドミウムを含む煙や廃液を排出、周辺の水田を汚染した。 |
| この年 | 志村化工工場重金属汚染（北海道伊達町）　北海道伊達町の志村化工室蘭工場が鉄や亜鉛などの重金属を含む廃液を排出、近くの河川を汚染した（1970年8月14日、道が改善勧告）。 |
| この年 | 明治製作所カドミウム汚染（北海道白糠町）　北海道白糠町の明治製作所道東工場が基準値の16倍前後に当たるカドミウムを含む廃液を排出、周辺水域を汚染した（1970年11月5日、道がカドミウムメッキの操業停止と公害防除施設の整備を指示）。 |
| この年 | ラサ工業工場カドミウム汚染（岩手県宮古市）　岩手県宮古市のラサ工業宮古工場が高濃度のカドミウムを含む廃液を排出、周辺の田畑や宮古湾などを汚染し、玄米から3ppm、同湾産の緑牡蠣から1ppm前後のカドミウムが検出された。 |
| この年 | 工場廃液汚染被害（岩手県釜石湾）　岩手県釜石市内の工場が廃液を釜石湾に流し、同湾産の魚介類に汚染によると見られる被害が出た。 |

この年　カドミウム汚染（秋田県小坂町）　秋田県小坂町の小坂川流域で、カドミウムによる汚染が問題となった（後に県が土止め工事や沈澱池建設などの流出防止対策を実施）。

この年　銅イオン汚染（秋田県能代市）　秋田県能代市浅内の海岸で、銅イオンによる汚染被害が発生した。

この年　青酸化合物汚染（福島県いわき市）　福島県いわき市の小名浜港付近の海域で青酸化合物による汚染が発生し、8月21日に同港付近で漁業関係者の使う生き餌が青酸化合物により全滅。ほかにもひれのないカレイが捕獲されたり、同市勿来の近くでアワビ多数が奇病にかかったりしているのも確認された。

この年　日曹金属工場カドミウム汚染（福島県磐梯町）　福島県磐梯町の日曹金属会津精錬所が高濃度のカドミウムを含む煙や廃液を排出、周辺の田で汚染が発生し、住民健康調査でイタイイタイ病の擬似患者1名をはじめ、高齢の女性10名余りに指関節の屈曲症状が確認された（厚生省が要観察地域に指定）。

この年　カドミウム汚染（福島県いわき市）　福島県いわき市小名浜で非鉄金属精錬工場の排煙に含まれるカドミウムによる汚染が発生した（7月初め、東京教育大学助手が発表）。

この年　排気ガスで鉛汚染（東京都新宿区）　東京都新宿区牛込柳町の交差点付近で乗用車のハイオクタンガソリンに含まれる鉛による汚染が発生し、住民62名のうち13名に血液100cc当たり許容値（60ガンマ）を超える最高138マイクログラムの鉛が蓄積されていることがわかった（5月26日から都が特別調査開始、6月2日に住民検診実施、7月17日に牛込柳町と同程度の汚染地域として大田区の環状7号線および第1京浜国道付近など7か所を確認）。同交差点はラッシュ時の渋滞が1km前後になり、周辺地区と比較して地形が低く、排気ガスの拡散が遅い。

この年　アスベスト（石綿）汚染（東京都文京区）　東京都文京区本郷3丁目の大気から微量のアスベスト（石綿）が検出された（11月21日、都衛生研究所が発表）。石綿は建築や耐熱、絶縁材として普及しているが、発ガン性が指摘されている。

この年　青酸汚染（神奈川県横浜市）　横浜市の井戸33か所から高濃度の青酸が検出された（11月20日に公表）。

この年　日本電工工場マンガン粉排出（石川県金沢市）　金沢市の日本電工金沢工場がマンガン粉じんを排出し、周辺の住民多数に肺炎など肺機能の障害がみられた（3月、徳島大学医学部が発表）。

この年　北陸鉱山カドミウム汚染（石川県小松市）　石川県小松市の北陸鉱山が高濃度のカドミウムを含む廃液を排出、近くの農業用水や梯川、手取川流域産の米を汚染した（5月19日から出荷中止）。

この年　中竜鉱山カドミウム汚染（福井県和泉村）　福井県和泉村の中竜鉱業所が高濃度のカドミウムを含む廃液を大納川に排出、九頭竜川支流の同川流域を汚染した（5月に検出）。

この年　浜名湖青酸汚染（静岡県）　静岡県の浜名湖で1ppmという高濃度の青酸が検出された（8月25日に公表）。

この年　アイセロ化学工場硫酸化合物汚染（愛知県名古屋市北区）　名古屋市北区福徳町のアイセロ化学名古屋工場がセロファン製造工程から出る二硫化炭素や硫化水素を排出、周辺地域を汚染した（10月に工場が閉鎖決定）。

この年　伊勢湾カドミウム汚染（三重県桑名市付近）　三重県桑名市付近の伊勢湾産のハマグリやアサリなどから高濃度のカドミウムが検出された。

この年　住友金属鉱山工場カドミウム汚染（兵庫県播磨町）　兵庫県播磨町の住友金属鉱山ISP播磨工場が高濃度のカドミウムを含む廃液を排出、周辺地区の水田を汚染した。

この年　鉛再生工場汚染（奈良県田原本町）　奈良県田原本町の鉛再生工場が有毒物を含む煙を排出、周辺地域を汚染した（9月22日、同町の買収により工場は操業停止）。

この年　和歌川汚染（和歌山市）　和歌山市内を南北に流れる和歌川で生物化学的酸素要求量（BOD）が300ppm以上を記録、下流にある同市和歌浦の海苔養殖場でも汚染が深刻化した（9月30日、養殖関係の和歌川漁業協同組合が休漁決定）。

この年　ヒ素汚染（島根県津和野町）　島根県津和野町の笹ヶ谷鉱山付近の井戸水から環境基準を超えるヒ素が検出された（県は周辺住民の健康診断を実施）。

この年　カドミウム汚染（広島県豊田郡）　広島県安芸津、安浦町付近の海域産の生牡蠣から高濃度のカドミウムが検出された。

この年　新町川・神田瀬川・今切川汚染（徳島市）　徳島市内を流れる新町川や神田瀬川、今切川で水質汚濁が深刻化し、河口付近の養殖海苔が壊滅的な状態に陥ったのをはじめ魚介類などに被害があいついだ。

この年　工場廃液汚染被害（高知県仁淀川流域）　高知県内を流れる仁淀川が工場廃液で汚染され、下流の地域で被害が出た。

この年　井戸水汚染（高知市）　高知市内で井戸水が汚染され、検査の結果、全体の約半数が飲用不適格となった。

この年　三井金属鉱業工場カドミウム汚染（九州地方）　福岡県大牟田市の三井金属鉱業三池精錬所が高濃度のカドミウムを含む廃液を大牟田川に排出し、同川でヘドロによる汚染が深刻化。大牟田川の流れ込む有明海でも同海産の海苔や赤貝缶詰から高濃度のカドミウムが検出された（7月に県衛生研究所と佐賀大学が、8月に久留米大学がそれぞれ調査。10月から福岡、佐賀、長崎、熊本4県合同の汚染調査開始。1971年2月、厚生省が要観察地域に指定）。

この年　洞海湾青酸化合物・カドミウム汚染（福岡県北九州市）　北九州市の洞海湾で三菱化成や新日鉄化学など11工場の排出する廃液に含まれる高濃度の青酸化合物や90ppm前後のカドミウムによる汚染が発生した（5月30日に経済企画庁と福岡県が調査結果発表）。

この年　諫早湾カドミウム汚染（長崎県諫早市）　長崎県諫早市で諫早湾産の海苔から厚生省の許容値を超える3.1ppmのカドミウムが検出された（9月に調査実施）。

この年　パルプ・骨粉製造工場悪臭被害（大分市）　大分市鶴崎のパルプ工場や同市南部の骨粉製造工場の周辺地区で、悪臭による被害が深刻化した。

この年　プランクトン異常発生（大分県別府湾）　大分県別府市の別府湾でプランクトンが異常発生し、同湾産の魚介類に被害が出た。

この年　マグロ缶詰・冷凍メカジキ水銀汚染（アメリカ）　米国への輸出食料品のうちマグロ缶詰や冷凍メカジキが安全基準（0.5ppm）を超える0.75ppmという高濃度の水銀に汚染された（12月3日、ニューヨー

ク大学教授が検出結果を米国食品医薬局に報告後、同局は輸入禁止を指示)。

この頃　カドミウム汚染（青森県八戸市）　青森県八戸市で、市内にある八戸製錬会社の工場から排出された廃液によると見られるカドミウム汚染が問題となった（6月、八戸市衛生組合連合会が住民調査を実施）。

この頃　古河鉱業ヒ素排出（栃木県・群馬県）　栃木県足尾町の古河鉱業足尾銅山が高濃度のヒ素を含む廃液を渡良瀬川に排出。同川の汚泥から最高162ppmのヒ素が検出されたため、下流域の群馬県桐生市の上水道への影響などが懸念された（10月6日調査）。

この頃　東京国際空港騒音被害（千葉県木更津市）　千葉県木更津市で東京国際空港への着陸態勢に入る航空機による騒音被害が深刻化した。

この頃　米空軍横田基地周辺騒音被害（東京都）　東京都立川、福生、武蔵村山の各市および瑞穂、羽村町など米空軍横田基地の滑走路付近の約50km$^2$の地域で、離着陸時の軍用機による騒音被害が深刻化した（7月11日、C5A型輸送機の着陸時に113ホンを記録。都公害研究所の調査では、離着陸ごとに20秒から50秒前後の長さで70ホンから最高104ホンを記録）。

この頃　工場廃液汚染（神奈川県鶴見川）　東京都と神奈川県を流れる鶴見川が、流域の町田市、横浜市、川崎市内の工場から流れ出す廃液で汚染されていることがわかった。

この頃　田子ノ浦港ヘドロ汚染（静岡県富士市）　静岡県富士市の田子ノ浦港で大昭和製紙などの紙パルプ関係工場の排出する繊維屑や廃液によるヘドロ汚染が深刻化し、港湾の機能が損なわれ、高濃度のカドミウムのほかに水銀も0.05ppm検出された。汚染海域は隣接の沼津市から由比町までの南北10km余り、東西13km前後に広がり、同港沖合のサクラエビの漁場が影響を受け、沼津市内浦でハマチの稚魚1万匹以上が死ぬなど、悪臭に加えて漁業関係の被害も相次いだ。

この頃　大阪国際空港騒音被害（兵庫県川西市）　大阪国際空港の離着陸路に当たる兵庫県川西市久代の住民多数に航空機の騒音による難聴や高血圧などの患者が発生した（1969年12月に提訴）。

この頃　汚染被害（岡山県児島湾）　岡山市や倉敷市などの紙パルプ工場から排出される廃液で児島湾が汚染され、同湾産の魚介類に被害の出

ていることがわかった（10月、漁業関係の代表が県に汚染対策の実施を要請）。

# 1971年
（昭和46年）

1.6 カドミウム汚染（富山県婦中町・山梨県）　富山県婦負郡婦中町の農家の保有米から基準を超えるカドミウムが検出された。2月9日、山梨県で1970年度産米から最高0.776ppmのカドミウムが検出された。

1.8 環境庁設置（日本）　政府が「環境庁」設置を決定した。

1.12 公害追放運動（アメリカ）　消費者運動で著名なアメリカの社会運動家・ラルフ・ネーダーが、公害追放運動のため来日した。

1.13 環境省設置（フランス）　フランスで環境省が設置された。

1.20 公害教育（日本）　文部省が、公害教育を重視した小・中学校学習指導要領改正を行った。

1月 公害対策（東京都）　東京都で「都民を公害から防衛する計画」が制定された。

1月〜 異常乾燥（関東地方）　1月下旬から2月中旬にかけて、関東地方で無降雨、無降雪状態が21日間続き、各地で異常乾燥による火災が頻発。また、3月から4月にかけても、同地方をはじめ全国各地で異常乾燥と火災が発生し、3月19日には宇都宮市で最小湿度9％を記録した。

2.27 有機塩素系農薬を土中処分（日本）　農林省が「有機塩素系農薬の野菜畑での使用禁止・飼料用作物への使用禁止」「未使用の有機塩素系農薬5種、DDT、BHC、アルドリン、ディルドリン、エンドリンを土中へ埋めて処分する」などを地方農政局・関係農業機関に通達した。後に土中へ埋めた化学物質の有害性が問題となった。

2月 フェノール汚染（岐阜県）　岐阜県の工場多数が比較的高濃度のフェノールなどを含む廃液を長良川などへ排出したことから、各流域で調査したところ、魚介類が汚染されていることがわかった。

2月　ヘドロ投棄了承（静岡県富士市）　静岡県田子ノ浦ヘドロ投棄反対同盟が富士川河川敷への投棄を了承した。4月に投棄が開始され、付近の中学生約290人が喉の痛みを訴えた。

2月　ラムサール条約（世界）　国際水禽・湿地調査局（IWRB）の提唱により、イラン・ラムサールで水鳥が生育する湿地の保護を目的とする会議が開催され、「特に水鳥の生息地として国際的に重要な湿地に関する条約（ラムサール条約）」が採択された。1975年2月発効。

3.15　豊隆丸乗組員ガス中毒死（高知県土佐清水市沖）　産業廃棄物運搬船豊隆丸が高知県土佐清水市の足摺岬の沖合で積荷の日東化学大竹工場（広島県大竹市）の廃液を投棄する際、船長ら乗組員3名がガス中毒にかかり、死亡した。

3.19　DDT・BHC使用禁止（日本）　DDTの全面使用禁止、BHCの花への使用禁止および水源・酪農地での使用禁止などが閣議決定された。

3.26　福島原発運転開始（福島県）　福島原子力発電所で1号機が運転を開始した。

3.26　赤潮異常発生（山口県）　山口県徳山市の徳山湾付近の海域で赤潮が異常発生し、同海域の魚介類に被害があいついだ（科学技術庁が工場排水の影響を指摘）。

3月　PCB感圧紙製造中止（日本）　通産省が十条製紙・富士写真フイルム・神崎製紙に対しPCB感圧紙の製造中止を指示した。

3月　硫酸銅汚染（鳥取県若桜町）　鳥取県若桜町で井戸水が硫酸銅を含む廃液に汚染され、常飲者のうち母親の体内蓄積が進んだ結果、乳児（9か月）が母乳により中毒死した。

3月〜　南西諸島で干ばつ（鹿児島県・沖縄県）　3月頃から9月初めにかけて、沖縄の全域で無降雨状態が続き、宮古、石垣両島を中心に鹿児島県の南西諸島と沖縄とで深刻な干ばつが発生。6月からは植物の枯死が続き、7月中旬の台風18号による塩害以後はパイナップルを除いて緑が消え、牛が飲料水や飼料不足により餓死するなど、12時間から36時間に及ぶ給水停止による被害があいつぎ、住民多数が出稼ぎを余儀なくされた。

4.5　カドミウム汚染（日本）　カドミウム公害拡大の調査結果を、厚生省・農林省・通産省が発表した。

4.22 再審査で水俣病認定（熊本県）　熊本県公害被害者認定審査会の再審査により、31名が水俣病患者に認定された。

4.23 特別天然記念物（北海道）　大雪山が特別天然記念物（天然保護区域）に指定された。

4.25 立山黒部アルペンルート（富山県・長野県）　北アルプスの立山トンネル（全長3559m）が開通し、全長86kmにおよぶ立山黒部アルペンルートが全通した。有料道路はマイカー通行不可、ロープウェイは途中に支柱なし、トンネル内にトロリーバス使用、など北アルプスの自然環境保全に配慮したもの。

4月　湖沼上水悪臭（滋賀県琵琶湖）　京都大学理学部と京都市水道局が、家庭で使われる合成洗剤が琵琶湖から取水する水道水の悪臭の原因であるとする研究報告を行った。

4月〜　東日本全域で冷害（北海道・東北地方・関東地方）　4月末から5月上旬にかけて、北海道で季節外れの雪が降るなど全国的に低温状態が続き、東北、関東地方などの14道府県で晩霜害による冷害が発生。さらに、7月から9月にかけても、北海道を中心に各地で低気圧や台風23、25号の通過などにより比較的雨が多く、日照不足や早霜により平年よりも7度から10度低い記録的な気温が続き、米67万4000t、雑穀および豆類6万8100t、飼料作物318万9000tをはじめ、蔬菜類などを加えて447万8000tの収穫減になり、147万6000haの田畑に被害が発生した（5月24日に農林省が災害対策本部を設置し、8月23日に北海道が冷害発生を宣言）。

5.1　DDTの農薬登録失効（日本）　農水相により、DDTの農薬登録が消滅（失効）とされた。

5.4〜　クロム汚染（岐阜県）　4日から25日にかけて、岐阜市で住宅の井戸水から高濃度のクロムが検出され、相前後して岐阜県関、美濃加茂市でもクロムによる地下水の汚染が明らかになった（県公害対策事務局が発生源とみられるメッキ工場の排水処理施設の総点検を実施）。

5.10　公害対策法（日本）　公害防止事業の費用負担を定めた「公害防止事業費事業者負担法施行令」が公布された。26日には、地方公共団体の公害防止対策事業費の国の負担・助成割合を定める「公害の防

止に関する事業に係る国の財政上の特別措置に関する法律」が公布された。

5.12 光化学スモッグ発生（東京都）　東京都にこの年初の光化学スモッグが発生し、250名が特有の症状を訴えた。

5.25 環境基準（日本）　騒音に係る環境基準が閣議決定した。

5.26 警備員・水俣病関係者衝突（東京都）　東京都でチッソ株主総会の開催時に、特別防衛保障の派遣した警備員が出席した水俣病患者ら関係者を負傷させた。

5.31 環境庁設置法（日本）　「環境庁設置法」が公布された。

5.31 有機塩素系殺虫剤の製造中止（日本）　有機塩素系殺虫剤の製造中止を厚生省が指示した。

5.31 母乳からBHC・DDT検出（日本）　厚生省が母乳の農薬汚染の実態調査結果を発表、最高1.2ppmのベータBHCなど、BHCとDDTが検出されたことが明らかになった。また同月、島根県の主婦の母乳からドリン剤0.043ppmが検出された。

5.31 騒音規制法改正（日本）　自動車騒音、街頭の宣伝活動、深夜営業の騒音を規制する「騒音に係る環境基準」を定めた改正「騒音規制法」が公布された。工場・事業場・建設現場の騒音に対しては指定地域が拡大されたが、航空・鉄道騒音は適用除外となった。7月1日施行。

5月 廃油汚染（北海道）　北海道の南東北緯38度から42度、東経145度から163度にかけての海域で廃油がボールの大きさに固まって浮遊、拡散し、海面付近が1m$^2$当たり3mgの濃度で汚染されていることが、道立釧路水産試験場によるサンマの産卵場調査でわかった。同海域は千島海流（親潮）と日本海流（黒潮）の出会うところで、原因は本州南岸の臨海工業地帯の工場やタンカーなどの排油類。

5月 土呂久鉱害の再検証（宮崎県）　宮崎県土呂久で鉱害問題の再検証が開始され、被害証明の署名が集められ法務局へ提出された。9月、岩戸小教諭による調査が開始された。11月13日、宮崎県教研集会で土呂久の鉱害が告発され、西日本新聞で報道された。11月28日、宮崎県による土呂久住民の一斉検診が実施された。

- **6.1** 悪臭防止法（日本）　「悪臭防止法」が公布された（1972年5月31日施行）。
- **6.3** 光化学スモッグ被害（千葉県木更津市）　木更津市などで、光化学スモッグ広域同時発生による初の被害が出た。
- **6.4** 牛乳の農薬残留基準（日本）　厚生省により、ベータBHC0.2ppm、DDT0.05ppm、ディルドリン0.005ppmとする市販牛乳の農薬残留許容基準が定められた。
- **6.10** 公害対策（日本）　「特定工場における公害防止組織の整備に関する法律」が公布された。
- **6.11** 河川からカドミウム検出（福岡市）　福岡市内の2河川で基準を上回るカドミウムが検出された。
- **6.15** 魚が大量死（静岡市）　静岡県清水港周辺で魚が大量死した。
- **6.17** 水質汚濁防止法（日本）　カドミウムとその化合物、有機リン化合物、ヒ素とその化合物、シアン化合物、PCB、鉛とその化合物、水銀とその化合物、六価クロム化合物を特定有害物質に指定する「水質汚濁防止法施行令」が公布された。6月24日施行。
- **6.21** 排水基準（日本）　全国全ての事業者に濃度規制が適用される「排水基準を定める総理府令」が定められた。対象となるのは、カドミウム・シアン・有機リン・鉛・六価クロム・ヒ素・総水銀・アルキル水銀の各化合物、PCB・トリクロロエチレン・テトラクロロエチレンの有害物質、BOD・COD・SS（水中浮遊物）量・窒素・リン。
- **6.24** 土壌汚染防止（日本）　カドミウム、銅、ヒ素とそれぞれの化合物を特定有害物質と規定し、汚染対策地域の指定要件を定めた「農用地の土壌の汚染防止等に関する法律（土壌汚染防止法）施行令」が公布・施行された。
- **6.28** 光化学スモッグ発生（東京都）　東京都で光化学スモッグが発生し、約2万名が眼や喉の痛みなどの症状を訴えた。都によれば、この年に光化学スモッグ注意報は33回発令され、届出被害者数は約2万8000名になった。

- 6.30 イタイイタイ病で原告勝訴（富山県）　イタイイタイ病第一次訴訟で、富山地裁が原告患者側勝訴の一審判決。主因をカドミウムと認定し、三井金属鉱業に慰謝料の支払を命じた。

- 6月 土壌汚染防止（千葉県）　千葉県で、都道府県で初となる「残土条例」が制定された。建設残土・開発行為・埋め立てなどを対象に、重金属・有機塩素化合物25種について許容範囲を定めた「環境基本法・土壌環境基準」を適用するもの。

- 7.1 環境庁発足（日本）　公害・環境問題に取り組む新官庁「環境庁」が発足した。

- 7.1 公害犯罪処罰（日本）　有害物質排出などを犯罪とし、故意犯・過失犯それぞれの法定刑を定める「人の健康に係る公害犯罪の処罰に関する法律（公害犯罪処理法）」が施行された。

- 7.7 公害対策（日本）　公害に係る健康被害救済に関する特別措置法の認定についての環境事務次官通知が出された。

- 7.7 水俣病認定で県の棄却処分取消（熊本県）　水俣病認定申請の棄却処分に対する行政不服審査請求で、環境庁長官が初裁決。熊本県の棄却処分を取消した。

- 7.13 日本原子力研究所廃棄物発火（茨城県東海村）　朝、茨城県東海村の日本原子力研究所東海研究所の放射性廃棄物処理施設でコバルト60やセシウム、セリウムなど液体の放射性同位元素を入れたポリエチレン製の25ℓ容器が破裂、瓶内の燃料が発火し、容器と廃棄物が焼け（全体の約30％）、壁の一部が焦げたほか、同施設内で空気1cm$^3$当たり2ピコキューリーのトリチウムと、床面積100cm$^2$当たり20dpm（毎分崩壊数）の放射能によるごく弱い汚染が発生した。原因は作業員が容器の蓋をはずすのを忘れたため。

- 7.14 安中鉱害訴訟（群馬県安中市）　群馬県安中市でカドミウム被害を受けた300世帯が、東邦亜鉛に対して損害賠償を請求する訴訟を起こした。

- 7.15 日本原子力発電所放射能漏出（茨城県東海村）　茨城県東海村の日本原子力発電東海発電所で制御棒を炉内から保管孔への移送作業中、放射能が漏れ、発電課の当直係員ら3名が法定許容量（3か月間に3レ

ム）を超える9.42レムから2.98レムの放射線を浴びた（21日に科学技術庁が公表）。

- **7.15** 自然保護（瀬戸内海） 沿岸の11府県知事と大阪・神戸・北九州の3市長が参加して、初の瀬戸内海環境保全対策知事・市長会議が開催された。

- **7.20** 臼杵漁業権訴訟（日本） 臼杵漁業権訴訟で埋立てを取り消す1審判決が下され、埋立て行政訴訟で原告が勝利する稀な事例となった。

- **7.27** 自動車道建設中止（尾瀬） 尾瀬自動車道路の工事中止が閣議了解された。

- **7.28〜** 光化学スモッグ被害（愛知県名古屋市） 昼、名古屋市の中心部で光化学スモッグが発生し、郵便の集配担当者や外勤警察官らのべ91名が眼の痛みなど特有の症状を訴えたのをはじめ、同29、30日にも被害届が寄せられた。同県の要綱に定められた注意報発令値以下で被害があったため、スモッグ対策の甘さが指摘された（以後、スモッグ情報を出すなど県が対策を改善）。

- **7月〜** 地盤沈下浸水（石川県七尾市） 石川県七尾市で地盤沈下により地面が海面よりも低くなり、住宅多数が海水の逆流で浸水するなどの被害が発生した。

- **7月〜** 大気汚染（岡山県倉敷市） 7月から8月にかけて、岡山県倉敷市の水島臨海工業地帯の周辺地区でサトイモやネギ、ショウガなどの野菜類に被害が発生。県の調査によれば、同工業地帯の工場の排煙と因果関係が強いとみられる（10月に県や市などが倉敷地区農作物被害対策協議会を設立）。

- **8.8** 光化学スモッグ発生（東京都） 東京都に高濃度の光化学スモッグが発生し、杉並区で女子高校生4名が特有の症状を訴えて入院した。

- **8.9** 光化学スモッグ連続発生（大阪府） 7月頃から9月頃にかけて、大阪府の各地で光化学スモッグがあいついで発生、8月9日には大阪初の光化学スモッグ注意報が発令された。

- **8.21** 尾瀬の自然を守る会（尾瀬） 「尾瀬の自然を守る会」が設立された。

- 8.27 自動車道建設中止(尾瀬) 大石武一環境庁長官が、尾瀬の自動車道の建設中止を閣議で訴え、了承された。

- 8.27 光化学スモッグ発生(大阪府高石市) 大阪府高石市に高濃度の光化学スモッグが発生し、高石中学校や羽衣学園の生徒40名が特有の症状を訴え、うち10名が入院した。

- 8.29〜 一ッ瀬川水質汚濁(宮崎県西都市) 宮崎県西都市の一ッ瀬川で台風23号の通過以降、水質汚濁が続き、流域産の魚介類に被害が発生した。県の調査によれば、汚染源は同川上流にある九州電力一ッ瀬ダムであった。1972年10月に九州電力がダム取水口の改善計画を提示する。

- 8月 高濃度オキシダントを観測(茨城県筑波山) この夏、茨城県の筑波山中で光化学スモッグ注意報発令基準を上回る高濃度のオキシダントが観測された。

- 8月 赤潮発生(山口県下関市沖) 山口県下関市の沖合の響灘で赤潮が発生し、魚介類に被害があいついだ(漁業関係者が福岡県と北九州市に補償を請求)。赤潮は、栄養塩類を豊富に含む工場廃液や生活排水が海に流れ込み、プランクトンが異常繁殖するために起こると指摘されている。

- 8月〜 石油貯蔵基地悪臭被害(青森市) 青森市沖館の石油貯蔵基地の周辺地域で悪臭が深刻化し、8月24日と26日に実施された市健康診断では住民91名のうち2名に肝機能障害、6名に吐き気などの症状が発見された。

- 8月〜 光化学スモッグ(大阪府) この年8月に発生して以来、光化学スモッグは年ごとに注意報などの発令回数がふえ、1973年度には予報48回、注意報26回、警報1回が発令され、被害者は3000名を越えた。74年10月末までで、予報、注意報はそれぞれ48、26回、被害者は774名。

- 9.10 水俣病報道写真(熊本県水俣市) アメリカの写真家ユージン・スミスが、水俣病の実態を記録するため、この日から1974年まで水俣に滞在する。その成果は写真集「ミナマタ」に結実し、水俣病を世界に知らせる役割を果たした。

- 9.14 中央公害対策審議会(日本) 中央公害対策審議会が設置された。

9.14 **光化学スモッグ被害**（三重県四日市市）　午前11時頃から午後1時頃にかけて、三重県四日市市のほぼ全域でコンビナートの排出する窒素酸化物による新型の光化学スモッグが発生し、住民約2000名が眼の痛みなど特有の症状を訴えた（10月16日に県公害センターが原因と汚染源を断定）。

9.17 **公害対策**（日本）　第3次地域（鹿島地域ほか5地域）の公害防止計画策定を、内閣総理大臣が指示した。

9.18 **自動車排出ガス**（日本）　自動車排出ガス許容限度の長期設定方策について、環境庁長官が中央公害対策審議会に諮問した。

9.18 **カップヌードル**（日本）　日清食品がカップヌードルを発売。使い捨ての発泡スチロール製のカップに入った麺と具に熱湯を注ぐだけで食べられる手軽な食品として大人気を呼んだ。カップ麺は即席ラーメンの半数以上を占める国民食に普及したが、使い捨て容器はごみ問題も招いた。

9.27 **国立公園等の日米会議**（日本・アメリカ）　「天然資源の開発利用に関する日米会議（UJNR）第5回国立公園等管理専門部会」が、東京等で10月9日まで開催された。

9.28 **ごみ戦争**（東京都）　美濃部都知事が「ごみ戦争」を宣言。廃棄物埋立地に近い江東区では「ごみ公害」（ごみ運搬車の自動車公害、ごみによる悪臭・ハエの発生など）が深刻化した。

9.29 **新潟水俣病**（新潟県）　新潟水俣病訴訟で、新潟地裁が原告・患者側勝訴の判決を下し、昭和電工に損害賠償の支払いを命じた。

10.6 **水俣病患者認定**（熊本県）　熊本県知事が、5日に行われた同県水俣病認定審査会の答申に基づき、8月7日の環境庁裁決で処分を取り消された16人を水俣病患者と認定した。

10.8 **粉じんからシアン検出**（茨城県鹿嶋市）　公害問題調査団が茨城県鹿島臨海工業地帯の粉じんからシアンが検出されたことを発表した。

10.19 **イタイイタイ病の治療費負担**（富山県）　富山市など1市2町と汚染源企業の間で、イタイイタイ病患者の治療費負担として預託金4000万円を提供することで合意が成立した。

10.29 　地下駐車場ガス噴出（宮城県仙台市）　午前、仙台市本町の第2オフィスビルの地下駐車場で消火設備から炭酸ガスが突然噴出し、利用客のうち1名が死亡、3名が重軽傷を負った。

11.7 　海洋汚染（愛媛県北条市沖）　タンカー第3宝栄丸（136t）が岡山県倉敷市の水島港から広島県の大竹港へ向かう際、愛媛県北条市の沖合で座礁し、船体を破損。乗組員に死傷者はなかったが、積荷のアセトンシアンヒドリン176kgのうち4kg分が船底の亀裂から流出し、魚介類等が死ぬなどの被害が発生した。

11.8 　公害対策（世界）　東京、ニューヨーク、シカゴ、ロンドンの各都市公害担当者による公害問題国際都市会議が、東京で11月11日まで開催された。

11.15 　スモッグ（日本）　スモッグ対策の初会合となる「光化学による大気汚染連絡会議」が開催された。

11.16～ 　太平洋側異常乾燥（各地）　11月16日から12月15日にかけて、関東地方以西の太平洋側で無降雨、無降雪状態が続き、各地で異常乾燥が発生した。

11.24 　ごみ戦争（東京都）　美濃部知事が「ごみ戦争」宣言をした東京都で、ごみ戦争対策本部が設置された。廃棄物埋立地に近い江東区では他区から持ち込まれる大量のごみによる悪臭などの生活環境悪化が問題化する一方、杉並区では清掃工場建設に反対する住民運動が起こっていた。

11.30 　BHC国内全面禁止（日本）　BHC剤の国内販売・使用が全面的に禁止された。

11.30 　公害対策（日本）　国立公害研究所設立準備委員会が発足した。

11.30 　ジュリアナ号座礁（新潟市）　リベリア船籍のタンカージュリアナ号（1万9124t）が新潟市日和山の海岸付近から北北西の強風に流され、新潟港西防波堤の燈台付近で座礁。乗組員47名は全員救助されたが、船体は両断して積荷のペルシャ湾産原油2万1742kℓのうち7196kℓが流出、現場付近の海域を汚染した（12月2日に船長を逮捕）。

12.1 　亜硫酸ガス（神奈川県横浜市）　横浜市で日本一厳しい二酸化イオウ（亜硫酸ガス、$SO_2$）規制が実施された。

12.2　全域が公害病指定地域（東京都）　東京都が、国とは別に1972年から東京全域を公害病指定地域に指定することを決定した。

12.4　柴原浄水場塩素ガス漏出（大阪府豊中市）　夜、大阪府豊中市宮山町の市営柴原浄水場で殺菌用の塩素ガスがボンベから突然噴出、現場周辺の直径約5kmの区域に拡散し、住民3名が重症の、217名が軽症のガス中毒にかかったのをはじめ、約2000世帯が緊急避難した。原因は係員の操作ミス。

12.7　ビキニ水爆実験の被曝調査（マーシャル諸島ビキニ環礁）　原水禁がビキニ水爆実験被曝調査団をミクロネシアに派遣した。

12.10　農薬取締法施行令改正・BHC禁止（日本）　「農薬取締法施行令」の一部改正、政令公布。BHC剤の使用が全面的に禁止された。

12.17　水俣病被害補償の座り込み（日本）　水俣病患者と支援者らによる被害補償に関する座り込みがチッソ本社前で約1年半に渡り続けられ、年末には越年座り込みが行われた。

12.25　大気汚染防止法（日本）　「大気汚染防止法施行令」の一部改正、政令公布。「大気汚染防止法施行規則」の一部改正、総理府令公布。硫黄酸化物の第4次規制が設置された。

12.28　環境基準（日本）　環境庁が水質汚濁に係る環境基準を告示した。

12.28　航空機騒音（日本）　環境保全上緊急を要する航空機騒音対策について、環境庁長官が運輸大臣に勧告した。

12月　廃油汚染（千葉県木更津市）　千葉県木更津市の海岸付近に廃重油が漂着し、特産の養殖海苔柵に深刻な被害があった（1972年12月に地元の漁業関係者が提訴）。

この年　公害防止条例（福島県・茨城県・千葉県・神奈川県・静岡県・愛知県・岐阜県・三重県・大阪府）　静岡県（2月）、大阪府（3月11日）、神奈川県（「良好な環境の確保に関する条例」3月12日）、愛知県（4月2日）、福島県（「生活環境保全条例」7月20日）、千葉県（「環境保全条例」7月21日）、岐阜県（「生活環境の確保に関する基本条例（10月15日）、茨城県（「環境の整龍保全に関する基本条例」10月18日）、三重県（10月22日）で「公害防止条例」が制定された。

この年　**地下水多数枯渇**（茨城県）　茨城県の各地で地下水の枯渇があいついだ。

この年　**ライチョウ大腸菌汚染**（富山県立山町）　富山県立山町付近の地域でライチョウ多数が大腸菌に汚染されていることがわかった。原因は立山へ登る観光客の捨てた残飯をライチョウが食べたためとみられる（10月20日に県衛生研究所が40羽の検便を実施、7羽から検出し、うち4羽に下痢症状を確認）。

この年　**カドミウム汚染**（岐阜県明方村）　岐阜県明方村で住民の採取尿から最高21ガンマ（要観察地域指定条件の濃度の約2.3倍に相当）のカドミウムが検出された。

この年　**地下水塩水化**（静岡県）　静岡県富士、浜松市や周辺地域で塩水化など急激な工業開発による地下水の異常が発生した（7月13日から県が3地域で地下水の採取規制を実施）。

この年　**赤潮発生**（山口県徳山市）　山口県徳山市の徳山湾で赤潮が発生し、魚介類に被害があいついだ（3月、工場排水をおもな原因とする研究報告の発表後、漁業関係者が関連工場に補償を要求）。

この年　**カドミウム汚染**（山口県下関市）　山口県下関市の彦島地域の工場が高濃度のカドミウムを含む廃液を排出し、西山港付近の海底でヘドロから321.4ppmのカドミウムが検出された。

この年　**ヘドロ汚染**（香川県・愛媛県）　愛媛県川之江、伊予三島市の製紙工場72社の排出する廃液や繊維滓によるヘドロが燧灘付近の海底に堆積し、隣接の香川県観音寺市や詫間、仁尾、大野原、豊浜町の沖合で魚介類に対する被害が深刻化した（香川県漁業組合連合会が中央公害審査委員会に調停を申請し、1972年10月17日に愛媛県紙パルプ工業会と補償支払いで和解）。

この年〜　**水質汚濁**（茨城県霞ヶ浦）　秋、茨城県の霞ヶ浦で鹿島臨海工業地帯へ工場用水を供給するため貯水池化作業の開始後、現場周辺の土浦、石岡市および行方、新治、稲敷郡で水質汚濁による養殖コイの酸素欠乏死などがあいついだ。

この頃　**大昭和パルプ工場悪臭被害**（宮城県亘理町）　宮城県亘理町の大昭和パルプ岩沼工場が悪臭をともなう煙を排出し、同工場周辺の住民に被害が発生した（10月14日に地元住民が提訴）。

この頃　鉄興社工場フッ素排出（宮城県）　宮城県石巻市の鉄興社石巻工場がフッ素を含む煙を排出し、同工場周辺の石巻市と西隣の矢本町とで農作物などに被害が発生した（1月17日に補償解決）。

この頃　十條製紙工場煤塵排出（宮城県石巻市）　宮城県石巻市の十條製紙石巻工場が煤塵を排出し、同工場周辺の農作物などに被害が発生した（10月25日に補償解決）。

この頃　ジークライト化学工業工場煙排出（山形県高畠町）　山形県高畠町のジークライト化学工業高畠工場が有害物質を含む煙を排出し、同工場周辺の住民に被害が発生した（10月に補償解決）。

この頃　磐梯吾妻スカイライン排気ガス汚染（福島県）　福島市と西隣の福島県猪苗代町を結ぶ磐梯吾妻スカイラインで通行車両の排気ガスによる市街地並みの汚染が深刻化し、道路沿いの樹木が枯死するなどの被害が発生した（8月に福島大学助教授による測定調査で確認）。

この頃　湯ノ湖水質汚濁（栃木県日光市）　栃木県日光市の湯ノ湖で現場周辺の温泉旅館や住宅から流れ込む生活排水による水質汚濁が深刻化した（10月26日に県などが本格的な汚染実態調査を開始）。

この頃　ヘドロ汚染（栃木県宇都宮市）　宇都宮市を流れる田川で上流域の製紙工場などの排出する繊維屑や廃液によるヘドロ汚染が深刻化し、1972年2月からは同市大曽町の大泉橋から簗瀬町までの2.85kmで河床に堆積したヘドロや土砂（推定約7万m$^3$）の浚渫が実施された。

この頃　原市団地騒音被害（埼玉県上尾市）　埼玉県上尾市の日本住宅公団原市団地で敷地内を貫通する県道による騒音が深刻化し、道路沿いの15棟に住む460世帯が被害を訴えた（5月21日に付近の団地への移転決定。7月12日と13日に122世帯の転居希望を受付）。

この頃　地盤沈下（千葉県成東町）　千葉県成東町付近で天然ガスの過剰採取による地盤沈下が発生した。

この頃　青酸汚染（神奈川県）　神奈川県相模原、大和、藤沢市を流れる境川が工場廃液に含まれる最高48ppmの青酸に汚染された（1月27日に検出）。

この頃　日本原子力発電所放射能汚染（福井県敦賀市）　福井県敦賀市の日本原子力発電敦賀発電所で放射性同位元素のコバルト60を含む廃水

を排出し、排水口付近の海域でムラサキガイに1kg当たり数十ピコキュリーの軽微な汚染が発生。科学技術庁の見解によれば、ムラサキガイは一般に食用にされず、常食しても数値的に危険のないことから、住民の健康への影響はないとみられる（1月25日に水産庁が検出結果を発表）。

この頃　**青酸汚染**（静岡県）　静岡県で井戸水などが比較的高濃度の青酸に汚染された（1月27日に検出）。

この頃　**カドミウム汚染**（大阪府・兵庫県）　大阪府と兵庫県を流れる猪名川が高濃度のカドミウムに汚染されていることがわかった（ヘドロからの検出発表）。

この頃　**三菱金属鉱業カドミウム排出**（兵庫県生野町）　兵庫県生野町の三菱金属鉱業生野鉱業所が高濃度のカドミウムを含む廃液を排出し、同鉱業所の周辺地域で汚染が発生した（1972年3月3日にイタイイタイ病発見者の医師荻野昇が発表。県は、集団健康調査と陽性反応のあった13名の再検査を実施、患者発生を全面的に否定する見解を発表したが、76年2月1日に環境庁研究部会が影響を認定）。

この頃　**し尿投棄による海洋汚染**（瀬戸内海）　瀬戸内海でし尿投棄による汚染が深刻化した（海洋汚染防止法により投棄禁止。広島市などは1972年9月以降、指定海域への外洋投棄に切換え）。

この頃　**三菱電機工場カドミウム汚染**（広島県福山市）　広島県福山市の三菱電機福山製作所が高濃度のカドミウムを含む廃棄物を排出し、周辺地域を汚染した（1月9日に県が同工場と公害防止協定を締結）。

この頃　**日本化薬工場水質汚濁**（広島県福山市）　広島県福山市入船町の日本化薬福山染料工場が有害物質を含む排水を流し、周辺水域を汚染した（10月12日に県が同工場の計画した濾過施設などの建設禁止を命令）。

この頃　**水質汚濁**（山口県防府市）　山口県防府市の三田尻湾で環境基準を上回る水質汚濁が発生した（排水規制の実施後も解消せず）。

この頃　**水質汚濁**（山口県岩国市沖）　山口県岩国市の沖合で環境基準を上回る水質汚濁が発生し、魚介類に被害があいついだ（排水規制の実施後も解消せず）。

この頃　大気汚染・水質汚濁（香川県坂出市）　香川県坂出市の番の州工業地帯で工場多数が操業を開始してばい煙や廃液などを排出、現場周辺の海陸で大気汚染や水質汚濁が発生した。

この頃　大気汚染・水質汚濁（香川県高松市）　高松市で繊維工場がばい煙や廃液などを排出し、周辺地域で大気汚染や水質汚濁が発生した。

この頃　高知パルプ工場廃液排出（高知市）　高知市旭町の高知パルプ工業の工場が高濃度の硫化水素を含む廃液（日平均約1万4000t）を江ノ口川に排出し、下流の国鉄高知駅前の付近などで汚染が深刻化。このため工場周辺の住民多数が頭痛や咽喉の痛みなどを訴え、繊維滓の混じったヘドロにより浦戸湾付近の魚介類が死滅した（6月9日未明、浦戸湾を守る会の関係者が生コンクリートを流し込んで同工場の排水管を封鎖。1972年5月31日に工場閉鎖）。高知県によれば、廃液の生化学的酸素要求量（BOD）は最高2084ppmだった。

この頃　水質汚濁・騒音被害（沖縄県）　沖縄でタールなどの廃棄物による沿岸域や那覇市の久茂地川および安里川、安謝川などの水質汚濁や米国企業ガルフ石油の原油漏れによる魚介類の汚染、米軍基地や町工場の騒音などが深刻化した。

この頃〜　船舶廃油汚染（各地）　東京湾や伊勢湾、瀬戸内海、南西諸島など全国各地の沿岸付近の海域を中心にタンカーを含む船舶多数の投棄した廃油がボール状またはタール状に固まり、海水浴場が閉鎖されたり魚介類が異臭を放ったりするなど汚染が深刻化した（1972年7月25日に海上保安庁が汚染実態を公表）。

この頃〜　PCB汚染（各地）　ポリ塩化ビフェニール（PCB）による海水魚や淡水魚、肉類、乳製品などの食品および包装用容器や新聞紙、ちり紙などの雑貨用品、母乳などの汚染が深刻化。4月7日に愛媛大学助教授が東京湾、瀬戸内海産のセイゴ、カレイ、ハゼなどから最高120ppm、5月5日に京都市衛生研究所主幹が琵琶湖産の魚から10ppmから20ppm、12月23日に同研究所が住民から比較的高濃度のPCB、1972年2月22日に東京都衛生研究所が51種類の物品から最高19.10ppm、3月16日に大阪府公衆衛生研究所が被験者15名の母乳から同0.7ppm、4月17日に滋賀県が草津市矢倉の日本コンデンサ草津工場の周辺で栽培された玄米から同1.33ppm、宮城県衛生部が仙台、石巻両湾産のカレイから0.7ppm、5月9日に新潟県衛生研究所が古谷製菓の飴の包装紙から最高413ppm、6月12日に島根県が宍道湖産の

シジミから同12ppmのPCBをそれぞれ検出と発表。12月21日に政府の汚染対策推進会議も全国実態調査の結果を発表したが、73年2月17日に広島県で特産の養殖牡蠣から最高4.95ppm、6月にも山口県岩国市の東洋紡績岩国工場の沖合で捕獲された魚介類から許容値を超えるPCBがそれぞれ検出され、県が地元漁業関係者ら4500名の健康調査を実施するなど、各地で残留汚染の影響が続いている（72年3月に通商産業省が電化製品や産業用機械への使用禁止を通達し、製造元の鐘淵化学工業や三菱モンサント化成なども生産停止および回収を発表）。PCBは有機塩素系化合物で、不燃性や絶縁性に優れ、熱媒体や潤滑油、塗料、感圧紙、変圧器、蓄電器などの用途に広く使われていたが、カネミ油症事件で毒性や体内蓄積性が認められ、68年以降ほとんどの領域で使用されなくなっていた。

この頃〜　**鉛・水銀汚染**（山形県酒田市）　山形県酒田市の酒田港内の大浜運河などに約9万tのヘドロが堆積、港湾付近の海底の泥が許容値を超える最高1万4199.4ppmの鉛や同175ppmの水銀、高濃度のヒ素などに汚染された（2月に運輸省が検出し、8月に環境庁も全国の河川や湖沼、海域などの汚染実態点検で発表。1973年6月13日にヘドロの存在を発表）。

この頃〜　**魚介類が水銀汚染**（山形県）　山形県鶴岡、酒田市などを流れる赤川で工場廃液に含まれる高濃度の水銀により流域の魚介類が汚染された（6月29日に厚生省が環境汚染総点検で発表し、流域産の魚介類の摂取制限を要請）。

この頃〜　**大気汚染・水質汚濁・騒音被害**（茨城県鹿島郡）　鹿島臨海工業地帯の工場多数が操業開始とともに青酸を含む廃液や煙などを排出し、現場周辺の茨城県鹿島、神栖、波崎町の海陸で大気汚染や水質汚濁、騒音、悪臭などによる被害が発生。1972年1月には鹿島町福祉協議会から医療費を減免されていた公害認定患者がぜんそくで死亡し、県当局も鹿島町三浜および神栖町奥野谷浜の住民の集団移転計画を認めた。

この頃〜　**水銀汚染**（福井県）　福井県武生、鯖江市などを流れ、福井市で九頭竜川と合流する日野川で工場廃液に含まれる高濃度の水銀により流域の魚介類が汚染された（6月29日に厚生省が環境汚染総点検で発表し、流域産の魚介類の摂取制限を要請）。

この頃～　衣浦湾汚染（愛知県）　愛知県半田、碧南市などに囲まれた衣浦湾で工場廃液に含まれる許容値を超えるカドミウムや鉛、総水銀による汚染が深刻化し、住民の健康などへの影響が懸念された（8月に環境庁が全国の河川や湖沼、海域などの汚染実態点検の結果として発表）。

この頃～　水質汚染（大阪府）　大阪府門真、四条畷、大東市を流れる寝屋川で流域の工場廃液に含まれる許容値を超える青酸や鉛による汚染が深刻化し、住民の健康などへの影響が懸念された（8月に環境庁が全国の河川や湖沼、海域などの汚染実態点検の結果として発表）。

この頃～　魚介類が水銀汚染（山口県徳山市）　山口県徳山市の徳山湾で工場廃液に含まれる高濃度の水銀により湾内の魚介類が汚染され、住民の健康への影響も懸念された（6月29日に厚生省が環境汚染総点検で発表し、海域産の魚介類の採取および摂取制限を要請）。

この頃～　水質汚染（福岡県大牟田市）　福岡県大牟田市の五月橋付近の大牟田川で流域の工場廃液に含まれる許容値を超える青酸やカドミウム、六価クロム、ヒ素、鉛、総水銀による汚染が深刻化し、住民の健康などへの影響が懸念された（1971年8月と72年7月に環境庁が全国の河川や湖沼、海域などの汚染実態点検の結果として発表）。

この頃～　ヒ素汚染（福岡県北九州市若松区）　北九州市若松区の洞海湾で湾岸の工場の廃液に含まれる高濃度のヒ素による汚染が深刻化した（1971年8月と72年7月に環境庁が全国の河川や湖沼、海域などの汚染実態点検の結果として発表）。

この頃～　博多湾汚染（福岡市）　福岡市の博多湾で急激な住民増加にともなう生活排水による汚染が深刻化した。

# 1972年
（昭和47年）

1.11　大気汚染基準（日本）　「大気の汚染に係る環境基準」に浮遊粒子状物質の環境基準が追加された。

1.14 ノーカーボン紙・塗料でPCB禁止（日本）　通産省により、PCBをノーカーボン紙や塗料に使うことが禁止された。

1.16～ 旧土呂久鉱山ヒ素汚染（宮崎県高千穂町）　宮崎県高千穂町で住友金属鉱山旧土呂久鉱業所の廃坑周辺地区の住民が無水亜砒酸による慢性ヒ素中毒にかかり、うち101名（平均39歳）が死亡、74名が呼吸器系疾患などに悩まされていることがわかった（1月16日に地元の小学校教諭が発表、県は休廃坑を総点検し、焼窯や廃鉱石の埋戻しなどの汚染防止対策を実施。8月に労働省が元作業員1名の労働災害補償を、1973年1月24日に環境庁が同地域のヒ素中毒症を公害病にそれぞれ認定。75年12月27日に被害者が損害賠償を求めて提訴）。

1.25 公害対策（東京都）　東京都で、都内全域の中学生以下の公害患者の医療費を都費で負担することが決定された。

1.27 長官が水俣視察（熊本県水俣市）　大石環境庁長官が水俣を視察した。

1.31 健康被害救済（日本）　「公害に係る健康被害の救済に関する特別措置法施行令」の一部改正、政令公布。横浜市ほか3地域が救済法指定地域に指定された。

2.4 「環境権」の概念（神奈川県川崎市）　川崎市で「環境権」の概念を持ち込む新公害防止条例案がまとめられた。

2.5 カネミ油症・母乳からPCB検出（日本）　カネミ油症治療研究会で、福岡県の主婦の母乳からの初めてのPCB検出が発表された。最高濃度は0.7ppmで、これまで最高とされてきた西ドイツの0.103ppmを大きく上回った。3月、大阪府公衆衛生研究所と京都市衛生研究所が母乳からのPCB検出を報告した。

2.22 水産物にPCB汚染（東京都）　東京都衛生研究所の調査により、東京湾の魚をはじめ、身近なものにまでPCB汚染が広がっていることが明らかになった。

2月 ごみ処理（香川県）　香川県で、産廃業者に対し豊島での中間処理施設設置が許可された。

2月 『成長の限界』（世界）　ローマクラブが地球資源の有限性に関する第1回報告書『成長の限界』を発表した。同報告書はアメリカ・マサチューセッツ工科大の研究グループにより作成された。

3.2　公害防止条例に日照権も（東京都）　東京都で、都公害防止条例に日照権条項が盛り込まれた。

3.4　日米渡り鳥等保護条約（日本・アメリカ）　「日米渡り鳥等保護条約」が東京で調印された。

3.4　イタイイタイ病補償要求（富山県）　富山県が三井金属鉱業に対し、神通川流域のカドミウム汚染の補償として約3000万円を要求した。3月30日、両者が環境保全等に関する基本協定に、次いでカドミウム汚染米対策でも覚書に調印した。

3.16　廃棄物の海洋処分（日本）　海洋において処分する廃棄物の排水海域および排出方法に関する基準について、中央公害対策審議会が答申した。

3.16〜　母乳のPCB汚染度（日本）　厚生省がPCB汚染母乳対策委員会を設置し、0.7ppm程度の汚染母乳を飲ませても問題はないと発表した。3月17日、大石環境庁長官が、母乳は避けた方が良い、全国的な汚染度調査を行い対策を立てるべきと発言した。

3.29　大気汚染防止法施行令一部改正（日本）　「大気汚染防止法施行令」の一部改正、政令公布。ディーゼル黒煙による汚染防止のため、排出ガス規制に粒子状物質が追加された。

3.29　ディーゼル黒煙・アイドリングの排出規制（日本）　ディーゼル車の黒煙規制、ガソリン（LPG）車のアイドリング時一酸化炭素規制強化、燃料蒸発による炭化水素規制など、自動車の排出ガス量許容限度が一部改正された。

3.31　足尾鉱毒で調停申請（日本）　中央公害審査委員会に足尾鉱毒根絶期成同盟が調停を申請した。

3.31　5水域に環境基準（各地）　琵琶湖など5水域に対し「水質汚濁防止法」に基づく環境基準が設定された。

3.31　足尾農作物減収補償調停（群馬県）　群馬県毛里田地区住民らが過去20年間の農作物被害について、中央公害審査委員会に調停を申請した。1974年に調整が成立。

4.1　公園内の特定民有地買上げ制度（日本）　国立・国定公園内の特定民有地買上げ制度が導入され、交付公債による土地の買上げが促進された。

4.1　渡り鳥標識調査（日本）　本格的な渡り鳥標識調査が開始された。

4.3　工業用水法（日本）　「工業用水法施行令」「建築物用地下水の採取の規制に関する法律施行令」の一部改正、政令公布。地下水採取規制地域として、首都圏南部（東京・千葉の一部）が指定された。

4.11　光化学スモッグ発生（関東地方）　関東地方の南部で光化学スモッグが発生した。

4.19　日本原子力研究所放射性廃液流出（茨城県東海村）　茨城県東海村の日本原子力発電東海研究所で高放射性物質取扱施設（通称ホットラボ）の廃液約0.7tが、同施設と廃棄物処理場を結ぶ排水管の付属弁から流出し、現場付近のコンクリート舗装路面や土壌を汚染した。廃液にはセシウム137をはじめ、1cm$^3$当たり約0.008マイクロキュリー（人体摂取許容濃度の10倍）の放射性物質が含まれていた（流出後に現場周辺の立入禁止と汚染路面や土壌の洗浄、除去などの対策を実施）。

4.26　化学物質（日本）　1957年に制定されたPCB不燃性絶縁油に関する「JIS規定」の削除が決定された。

4.29　光化学スモッグ発生（関東地方）　東京都と千葉、神奈川県とで光化学スモッグが発生。神奈川県の見解によれば、発生原因はアクロレインおよび硝酸メチルで、同県では最低20％の燃料削減など排出工場に対する規制を実施した。

4月〜　牛乳大腸菌群汚染（岐阜県）　1973年3月にかけて、岐阜県の牛乳製造企業32社のうち14社の製品が大腸菌群に汚染されていることがわかった（73年3月下旬に保健所の調査結果が明らかになり、県衛生部が再検査や零細企業への合併指導などの対策を実施）。

5.8　健康被害救済（日本）　「公害に係る健康被害の救済に関する特別措置法施行令」の一部改正、政令公布。医療手当が増額された。

5.9　菓子包装紙インクからPCB（新潟県）　新潟県衛生研が菓子包装紙からPCBを検出、原因はインクと判明した。

5.10 愛鳥週間（日本）　環境庁設置後、初めての「愛鳥週間」(5月10～16日)。東京明治神宮で行われた中心行事「全国野鳥保護のつどい」は環境庁も共催に加わり（この年以降）環境庁長官も出席した。

5.12 クスミ電機工場爆発（神奈川県厚木市）　神奈川県厚木市戸室のクスミ電機工場でエチルアルコールを加熱していたところ、鋼鉄製の円筒容器から同液が漏れて爆発し、6名が重軽傷を負った。使用容器は無許可および無検査品だった。

5.12～ 光化学スモッグ被害（東京都練馬区・世田谷区）　東京都練馬区の石神井南中学校で授業のため教室内にいた男女生徒111名が頭や眼、咽喉の痛みなど光化学スモッグ特有の症状を訴え、うち女子8名が手足の痙攣などの重症に陥って緊急入院した。都教育庁によれば、同校での被害は7月20日までに20回、被害生徒数はのべ1136名になった（5月28日に都職員が実地検証。8月17日に環境庁と都、警視庁が同校周辺で立体調査を実施）。世田谷区の太子堂中学校でも6月7日から7月19日までに、のべ707名の生徒が類似の症状を訴えた。都教育庁によれば、1972年の公立学校の被害児童および生徒数は小学校の1536名(41校)や中学校の2987名(43校)を含め、のべ4712名(99校)になった。

5.15 西表国定公園など指定（沖縄県）　西表、沖縄海岸、沖縄戦跡の3琉球政府立公園が、沖縄の日本復帰に伴い西表国立公園、沖縄海岸国定公園、沖縄戦跡国定公園となった。

5.17 悪臭規制方針（日本）　悪臭物質の指定及び悪臭規制基準の範囲の設定等に関する基本的方針について、中央公害対策審議会が答申した。

5.20 大久野島毒ガス噴出（広島県竹原市）　広島県竹原市忠海町の沖合にある大久野島の国民休暇村海水浴場造成現場で旧陸軍の埋めたイペリットとみられる糜爛性ガスが地面から噴出し、作業員6、7名が負傷、後遺症も発生した。同島には敗戦前、旧陸軍の毒ガス製造工場があった（環境庁や防衛庁などが現場付近を発掘調査し、毒ガス不検出と発表）。

5.25～ 光化学スモッグ連続発生（東京都）　5月25日から30日にかけて、東京都で光化学スモッグが連続発生し、住民ら多数が眼や咽喉の痛みなどを訴えた。

5.26　環境白書（日本）　閣議了承を得て、初の「環境白書」が発表された。

5.30　公害対策（日本）　第4次地域（富士地域ほか5地域）の公害防止計画策定を、内閣総理大臣が指示した。

5月〜　光化学スモッグ発生（茨城県・栃木県）　5月頃から8月頃にかけて、茨城県南西部と栃木県で光化学スモッグが発生した。

5月〜　光化学スモッグ発生（三重県四日市市付近）　5月頃から8月頃にかけて、三重県四日市市付近で光化学スモッグが発生した。

5月〜　光化学スモッグ発生（山口県）　5月頃から8月頃にかけて、山口県岩国、防府市で光化学スモッグが発生した。

6.1　特殊鳥類（日本）　「特殊鳥類の譲渡等の規制に関する法律」が公布された。

6.1　光化学スモッグ被害（大阪府）　大阪府の10市で光化学スモッグが発生し、教職員や児童、生徒ら517名が眼や咽喉の痛みなどの症状を訴えた。大阪府ではこの年、光化学スモッグにより住民らのべ約1600名が被害を訴えた。

6.3　公害等調整委員会（日本）　「公害等調整委員会設置法」が公布され、同法附則により「公害紛争処理法」の一部が改正された。

6.3　光化学スモッグ発生（愛知県名古屋市）　名古屋市で光化学スモッグが発生した。

6.5　カネミ油症（日本）　カネミ油症の母親の母乳を与えることで乳児性油症になることが発表された。

6.5　光化学スモッグ（日本）　環境庁が暫定的な光化学スモッグ対策として、事前の自動車通行制限、工場などの燃料制限などを都道府県知事に通達した。

6.5　国連人間環境会議（世界）　国連による初めての環境会議となる人間環境会議が、114ヵ国が参加してストックホルムで開催された（〜19日）。越境汚染防止の義務の明示、スウェーデンによる酸性雨環境影響の報告、日本水俣病の被害者らによる公害報告などが行われ、「人間環境宣言（ストックホルム宣言）」や「環境国際行動計画」が採択

され、6月5日を「世界環境デー」とすることや「商業捕鯨10年禁止」が決議された。

6.6 環境アセスメント（日本）　日本初の環境アセスメント施策となる「各種公共事業等に係る環境保全対策について」が閣議了解された。建設事業実施前に環境影響に対しての調査・予測・評価などを行い、環境保全への適正措置を図るもの。

6.6 高濃度二酸化イオウ検出（茨城県鹿嶋市）　茨城県鹿島臨海工業地帯で、大気汚染防止法で規定された緊急措置基準0.2ppmを超える高濃度の二酸化イオウが検出された。

6.6 光化学スモッグ発生（埼玉県・東京都）　埼玉県南部と東京都とで光化学スモッグが発生し、埼玉県で児童や生徒を含め住民ら約1800名が、東京都で約900名がそれぞれ眼や咽喉の痛みなど特有の症状を訴えた。

6.8 労働安全衛生法（日本）　職業病を回避し快適な職場環境を形成するための「労働安全衛生法」が公布された。有害物質などの中毒・危害防止基準の確立、責任体制の明確化を図るもの。10月1日施行。

6.9 公害対策（日本）　「公害の無過失賠償責任」法案が国会で可決された。

6.11 『日本列島改造論』（日本）　田中角栄通産相が工業再配置により過疎・過密問題の同時解決を図ることができると説く『日本列島改造論』を発表した。9月、最初の同計画として青森県むつ小川原の開発が閣議で口頭了解された。これに対し、全国知事会で美濃部都知事らが環境問題への配慮を要請した。

6.15 琵琶湖総合開発特別措置法（日本）　「琵琶湖総合開発特別措置法」が公布された。

6.15 海洋汚染（日本）　「海洋汚染防止法施行令」の一部改正、政令公布。廃棄物の海洋投入処分の基準が設定された。

6.15 都市公園（日本）　「都市公園等整備緊急措置法」が公布された。

6.15 関西電力発電所放射能漏出（福井県美浜町）　福井県美浜町の関西電力美浜原子力発電所で1号炉（加圧水型軽水炉、出力34万kW）の蒸気発生器の付属管に微細な亀裂が発生、比較的高数値の放射性物質

を含む1次水が2次水系へ漏出、同炉の運転を停止した（12月9日に最大出力の約90％で運転再開）。

6.15 湖沼保全（滋賀県琵琶湖）　琵琶湖の保全と水源利用の両立を図る「琵琶湖総合開発特別措置法」が公布・施行された。

6.15 捕鯨禁止決議（世界）　国連人間環境会議で、10年間商業捕鯨を禁止する決議が採択された。

6.19 光化学スモッグ（日本）　事務次官等会議申合せにより、光化学スモッグ対策推進会議が設置された。

6.22 自然環境（日本）　「自然環境保全法」が公布された（1973年4月12日施行）。

6.22 公害無過失責任法（日本）　「大気汚染防止法及び水質汚濁防止法の一部を改正する法律」公布（10月1日施行）。「公害無過失賠償責任規定」が導入され、人の健康被害が生じた場合の事業者の無過失損害賠償責任を定めた。これにより、公害裁判における被告の「故意・過失」立証が不要となった。

6.23 廃棄物処理（日本）　「廃棄物処理施設整備緊急措置法」が公布され、同日施行された。

6.26 イリジウム被曝（大分市）　大分市一ノ洲の九州石油大分製油所構内で配管検査をしていた日本非破壊検査会社が、検査に使った放射性同位元素イリジウム192を紛失、これに触れた大分製油所の従業員4名が手などに放射線による皮膚炎障害を受けていた（1974年6月発覚）。紛失していたイリジウムは74年6月10日に従業員のロッカーから発見された。

6.27 日照権を最高裁認定（日本）　日照権、通風権が最高裁で初めて認められた。

6.30 光化学スモッグ被害（愛知県）　名古屋市の南隣にある愛知県東海、大府両市で光化学スモッグが発生し、小中学校の児童や生徒ら多数が眼や咽喉の痛みなど特有の症状を訴えた（県環境部は光化学スモッグ緊急時対策の対象地域を広げ、従来の名古屋、東海市のほかに大府、知多、常滑市の追加を決定）。

1972年（昭和47年）

6月 赤潮発生（山口県下関市沖） 山口県下関市の沖合の響灘で赤潮が発生し、魚介類に被害があいついだ（県議会が9月、響灘汚染問題対策特別委員会を設けて調査を開始）。赤潮の発生際には、対岸の北九州市若松区で響灘の埋立てによる工業用地や産業廃棄物処分場の造成計画があり、山口県漁業組合連合会が汚染悪化を懸念して反対していた。

7.1 ディーゼル黒煙規制（日本） ディーゼル車の黒煙規制が実施された。

7.1 公害等調整委員会（日本） 中央公害審査委員会と土地調整委員会に代わる機関として公害等調整委員会が発足した。9月30日には「公害紛争の処理手続等に関する規則」が公布・施行され、法律的判断のための「公害紛争裁定制度」が導入された。

7.1 ごみ持ち帰り運動（尾瀬） 「尾瀬ごみ持ち帰り運動」が開始された。

7.1 国立公園管理事務所（中部地方・沖縄県） 中部山岳国立公園管理事務所、西表国立公園管理事務所が設置された。

7.3 グランドフェア号・コラチア号衝突（愛知県渥美町） 午後8時20分頃、リベリアの貨物船グランドフェア号（7079t）が愛知県渥美町の伊良湖燈台の沖合でオランダのタンカーコラチア号と衝突し、沈没。同船の燃料油が流出し現場付近の海面を汚染した。

7.6 環境保全条例（富山県） 富山県で「自然環境保全条例」が制定された。

7.14 PCB排出基準（日本） 環境庁が、排水中のPCB暫定指導指針と排出基準を設定した。

7.15 光化学スモッグ（日本） 光化学スモッグの暫定対策と基本対策が、光化学スモッグ対策推進会議で決定した。

7.24 四日市ぜんそく（三重県津市） 津地裁四日市支部が、四日市ぜんそく訴訟で原告住民側勝訴の判決を下した。

7.27 伊達火力発電所環境権訴訟（北海道伊達市） 「環境権」を主張して、北海道電力伊達火力発電所の建設差し止め請求第1次訴訟が提訴された（住民による初の環境権訴訟）。

7.29～　光化学スモッグ発生（東京都）　29日から8月5日にかけて、東京都で光化学スモッグが発生し、7日間続けて同注意報が発令された。

7月　光化学スモッグ被害（兵庫県神戸市）　7月末、神戸市で光化学スモッグが発生し、丘陵跡の造成地にある高倉中学校で生徒113名が眼や咽喉の痛みなど特有の症状を訴えた。

7月　光化学スモッグ発生（奈良県）　7月末、奈良県で同県初の光化学スモッグが発生した（発生後、県公害課は注意報発令に備えて職員の常駐態勢などを採用）。

7月～　観光客自然破壊（山形県酒田市）　7月から8月にかけて、山形県酒田市の飛島で夏休みの観光客ら約4000名が訪れ、神社境内や海岸などでキャンプを楽しんだ後、設営地の付近にごみを遺棄したり、落書きを残したりして自然や景観を破壊した。飛島はウミネコの繁殖地として有名。

7月～　赤潮発生（鳴門市・香川県）　9月にかけて、香川県志度町付近および対岸の小豆島周辺から徳島県鳴門市に至る海域で工場の廃液による赤潮が発生し、養殖ハマチ約700万匹が全滅するなど魚介類に深刻な被害があった（1975年1月23日、地元の養殖漁業者が工場排水差止めと損害賠償を求めて提訴）。

8.4　自然公園大会（日本）　「国立公園大会」から改称し、第14回自然公園大会が大山隠岐国立公園で8月5日まで開催された。

8.9　イタイイタイ病訴訟の名古屋高裁判決（日本）　イタイイタイ病訴訟で、名古屋高裁が控訴審判決。三井金属鉱業側の控訴を棄却し、患者側の勝訴が確定した。

8.14　PCB許容基準（日本）　厚生省食品衛生調査会PCB特別部会が、内海もの魚介類3ppm・遠洋もの0.5ppmなどとする食品中のPCB許容基準に関する答申を提出した。8月24日には、同省から都道府県知事・政令市長宛にPCBの暫定食品規制が通達された。

8.14　宮入鍍金工業所廃液排出（東京都世田谷区）　東京都世田谷区の宮入鍍金工業所が廃液を水道管に逆流させた（発生後に公害処罰法の全国初の適用を受け、同工場と従業員が書類送検されたが、汚染の程度が比較的軽いという理由で1973年12月10日、不起訴処分と決定）。

8.16 森永ヒ素ミルク中毒恒久救済（日本）　1955年の森永ヒ素ミルク中毒事件について森永乳業が発生責任を認め、被害者の恒久救済を受諾した。

8.21 四日市ぜんそくで工場が排出削減を確約（三重県四日市市）　四日市石油コンビナートの54工場が、四日市公害訴訟判決に基づきイオウ酸化物の排出量削減を確約、住民などの工場立ち入り権を認める契約書に仮調印した。この年、各企業が資金を提供して補償に備える四日市公害対策協力財団が設立された。

8.23 公害病認定患者の医療費負担（千葉市）　京葉臨海工業地帯の大手企業30社が、千葉市の公害病認定患者の医療関係費用の90％を負担することを決めた。

8.29 安中鉱害（群馬県）　安中市のカドミウム汚染地区の土壌改良事業について、群馬県が「公害防止事業費用負担法」を初めて適用し、事業費の75％4億7000万円を東邦亜鉛に要求する方針を決めた。1971年5月10日施行。

8月 養殖ハマチからPCB検出（静岡県沼津市）　沼津市で養殖ハマチの奇形魚から最高11ppmのPCBが検出された。

9.12 魚大量死（愛媛県）　愛媛県新居浜、西条市の燧灘で魚多数が死んだ。原因は両市の製紙工場などの排出した廃液やヘドロによる酸素欠乏とみられる。

9.19 マスキー法・低公害車（日本）　本田技研工業が、世界に先駆けて米国マスキー法の排出ガス規制値をクリアするCVCC方式エンジンを開発した。

9.21 土壌汚染（日本）　銅およびその化合物に係る農用地土壌汚染対策地域の指定要件について、中央公害対策審議会が答申した。

9.27 公害防止条例（神奈川県川崎市）　川崎市で「公害防止条例」が施行された。

9.28 水質汚濁（日本）　「水質汚濁防止法施行令」一部改正、政令公布（10月1日施行）。

9.30 公害紛争裁定制度（日本）　「公害紛争の処理手続等に関する規則」が公布・施行され、公害紛争裁定制度が発足した。

| | | |
|---|---|---|
| 9月 | 日本原子力発電発電所放射能漏出（福井県敦賀市） 福井県敦賀市の日本原子力発電敦賀原子力発電所（沸騰水型）で1080キュリーのヨード131（保安許容値の50％）が燃料棒から炉水へ漏れた。原因は燃料集合体の欠陥（26日の第3回定期検査で発見後、12月1日に運転再開）。|

9月 　鉱滓運搬船沈没（山口県豊北町）　山口県徳山市の日本化学工業徳山工場のチャーター運搬船が同県豊北町の沖合で沈没し、積荷の六価クロムを含む鉱滓が現場付近の海域を汚染。事故後、同工場が無許可で有毒鉱滓の海洋投棄を続けていたことがわかり、操業を自主的に停止した。

10.5 　自動車排出ガスの設定方針（日本）　自動車排出ガス量許容限度の設定方針が告示された。

10.16 　小笠原国立公園など指定（東京都・北九州市）　小笠原国立公園、北九州国定公園が指定された。

10.17 　土壌汚染（日本）　「農用地土壌汚染防止法施行令」の一部改正、政令公布・施行。銅とその化合物を「特定有害物質」に指定し、基準が設定された。

10.18 　低公害車（日本）　東洋工業が低公害車1号ルーチェAPなどの新型車を発売した。同車はアメリカのマスキー法対策として開発されたもの。

10.18 　環境保全に関する条例（福岡県）　福岡県で「環境保全に関する条例」が制定された。

11.1 　鳥獣保護区（日本）　30ヵ所の国設鳥獣保護区が増設され、区域も拡大された。

11.1 　中学生以下の公害病初認定（東京都）　東京都で中学生以下の公害病の初認定が開始された。11月14日に中学生以下の子供496人が呼吸器系疾患の公害病と認定され、12月15日には児童1324人が公害病患者と認定されるなど、認定総計は2935人に達した。

11.10 　足摺宇和海国立公園（愛媛県・高知県）　足摺国定公園に宇和海地域が追加編入。国立公園に指定され、足摺宇和海国立公園と改称した。

1972年（昭和47年）

**11.13** 海洋投棄規制条約（世界）　海洋投棄規制国際条約がロンドンで採択され、79ヵ国が調印した。

**11.24** 特殊鳥類（日本）　「特殊鳥類の譲渡等の規制に関する法律施行令」が公布され、タンチョウなど28種が特殊鳥類に指定された。

**11.27** 原油流出（和歌山県下津町）　英国のタンカーが和歌山県下津町の沖合で岸壁に激突し、送油管を損壊して積荷の原油が流出、現場付近の海面を汚染した。

**11.30** 大気汚染防止法（日本）　「大気汚染防止法施行令」の一部改正、政令公布・施行。季節による燃料使用基準を定め、都市部のイオウ酸化物規制を強化した。

**11月** 世界遺産条約（世界）　ユネスコ総会がパリで開催され、「世界の文化遺産及び自然遺産の保護に関する条約（世界遺産条約）」が採択された。1975年発効。

**12.13** 公害対策（日本）　「環境保全長期ビジョン中間報告」を中央公害対策審議会企画部会が発表した。

**12.15** 世界環境デー（世界）　第27回国連総会で国連人間環境会議に関する決議が採択され、6月5日を「世界環境デー」と定めた。

**12.18** スモッグ発生（東京都）　東京都に濃いスモッグが発生し、スモッグ注意報が発令された。

**12.19** 公害対策（日本）　第2次地域（東京地域ほか7地域）と第3次地域（鹿島地域ほか5地域）の公害防止計画を、内閣総理大臣が承認した。

**12.20** 新幹線鉄道騒音（日本）　環境保全上緊急を要する新幹線鉄道騒音対策について、環境庁長官が運輸大臣に勧告した。

**12.21** 母乳PCB汚染の全国調査（日本）　PCB汚染対策推進会議が、母乳の汚染に関する全国実態調査を行った。

**この年** 家庭用浄水器（各地）　家庭用浄水器の販売台数がこの年100万台とピークに達した。その後80年代までは一時減少した。

**この年** 水質汚染（岩手県）　北上川水系を中心に岩手県の河川多数で鉱山廃液や農薬散布の影響によるとみられる汚染が発生し、被採取魚4万

匹のうち253匹に尾鰭や背骨の歪曲などが確認された（5月から6月にかけて県公害、漁政両課が28の漁業協同組合で実態調査）。

この年　**カドミウム汚染**（宮城県栗原郡）　宮城県栗駒町尾松および築館町富野で、二迫川上流の同県鶯沢町の三菱金属鉱業細倉鉱業所から排出された高濃度のカドミウムを含む廃液により、両地区の産米が汚染された（10月に最高0.82ppmのカドミウムを検出後、県が出荷前の検査態勢を強化）。

この年　**カドミウム汚染**（東京都品川区）　東京都品川区の立会川で流域の工場の廃液に含まれる高濃度のカドミウムによる汚染が深刻化した（7月29日に環境庁が全国の河川および湖沼、海域の汚染実態調査の結果として発表）。

この年　**青酸化合物・カドミウム・六価クロム汚染**（神奈川県横浜市）　横浜市保土ヶ谷および西区を流れる帷子川で流域の工場の廃液に含まれる高濃度の青酸化合物やカドミウム、六価クロムによる汚染が深刻化した（7月29日に環境庁が全国の河川および湖沼、海域の汚染実態調査の結果として発表）。

この年　**青酸化合物汚染**（神奈川県横浜市）　横浜市の山王川で流域の工場の廃液に含まれる高濃度の青酸化合物による汚染が深刻化した（7月29日に環境庁が全国の河川および湖沼、海域の汚染実態調査の結果として発表）。

この年　**製紙工場排出物投棄**（山梨県身延町）　静岡県富士市の製紙工場がPCBを含む排出物を山梨県身延町光子沢の山林に無許可で違法投棄し、現場付近の汚染が懸念された（9月に山梨県公衆衛生課が投棄を確認し撤去を指示）。

この年　**千曲川カドミウム汚染**（長野県）　長野県の千曲川で流域の工場の廃液に含まれる高濃度のカドミウムによる汚染が深刻化した（7月29日に環境庁が全国の河川および湖沼、海域の汚染実態調査の結果として発表）。

この年　**光学機器工場カドミウム排出**（長野県中野市）　長野県中野市で光学機器工場がカドミウムを含む廃液を排出し、同工場周辺の21haの産米が1ppmを超えるカドミウムに汚染された（1973年5月に検出後、県公害対策審議会を経て11月、県と市が汚染地域の田の土地改良作業を開始）。

この年　六価クロム汚染（愛知県名古屋市）　名古屋市の荒子川で流域の工場の廃液に含まれる高濃度の六価クロムによる汚染が深刻化した（7月29日に環境庁が全国の河川および湖沼、海域の汚染実態調査の結果として発表）。

この年　青酸化合物汚染（大阪府）　大阪府八尾および東大阪、大東市を南北に流れる恩智川で流域の工場の廃液に含まれる高濃度の青酸化合物による汚染が深刻化した（7月29日に環境庁が全国の河川および湖沼、海域の汚染実態調査の結果として発表）。

この年　ヒ素汚染（大阪府）　大阪府河内長野および富田林、羽曳野、柏原市を南北に流れる石川で流域の工場の廃液に含まれる高濃度のヒ素による汚染が深刻化した（7月29日に環境庁が全国の河川および湖沼、海域の汚染実態調査の結果として発表）。

この年　バナナセンター青酸化合物汚染（兵庫県神戸市）　神戸市の神戸バナナセンターが2512ppmの青酸化合物を含む廃液を神戸港へ排出し、周辺海域に汚染が発生した（6月に確認）。同センターは市の管理企業。

この年　六価クロム汚染（兵庫県神戸市）　神戸市の高橋川で流域の工場の廃液に含まれる高濃度の六価クロムによる汚染が深刻化した（7月29日に環境庁が全国の河川および湖沼、海域の汚染実態調査の結果として発表）。

この年〜　旧松尾鉱山ヒ素汚染（岩手県松尾村）　岩手県松尾村の旧松尾鉱山で露天式の採掘場跡からヒ素を含む強酸性の廃液が北上川へ流れ込み、岩手大学の調査によれば、盛岡市の四十四田ダムで沈澱物から最高1390ppmのヒ素を検出、流域で魚多数に尾鰭や背骨の歪曲などが相次いだ（5月から建設省が中和剤を投入、通商産業省が採掘場跡の埋め戻しなどの応急対策を実施）。松尾鉱山は1971年の操業停止後、72年4月に倒産し、汚染防止対策などがおこなわれなくなっていた。

この年〜　中央卸売市場職員水銀汚染（東京都中央区）　東京都中央区築地の都中央卸売市場に勤務し、マグロを常食する職員21名の毛髪に3.39ppmから25.62ppmの水銀が蓄積されていることがわかった（8月22日に都衛生局と新潟大学医学部の合同調査で検出）。8月24日、都は入荷魚介類の本格的な汚染実態調査を決定し、1973年6月21日に

マグロやカジキの約80％から水銀を検出と発表、常食者の健康への影響が懸念された（73年6月24日、厚生省が水銀汚染対策として魚の食べかた規制を発表、魚商業協同組合など関係団体が抗議し、同省は規制を緩和）。

この年～　**日本軽金属工場フッ素排出**（新潟市）　新潟市の日本軽金属工場がフッ素化合物を含む煙を排出し、工場風辺の住民の健康への影響が懸念された（新潟大学医学部が疫学的調査を継続）。

この年～　**三菱化成工場フッ素排出**（新潟県上越市）　新潟県上越市の三菱化成工場がフッ素化合物を含む煙を排出し、工場風辺の住民の健康への影響が懸念された（新潟大学医学部が疫学的調査を継続）。

この頃　**クロロキン系腎臓病治療薬障害**（各地）　全国各地で腎臓病の患者多数に治療薬クロロキンの長期間服用による網膜症などの視覚障害が発生した（75年12月22日および77年6月28日、被害者の遺族や家族らが厚生省と製造企業、担当医師に損害賠償を求めて提訴）。クロロキンは本来、マラリアの治療薬で、腎炎やリューマチなどの代謝異常疾患にも使われる合成剤。

この頃　**ストレプトマイシン系治療薬障害**（各地）　全国各地で結核の患者多数に治療薬ストレプトマイシンの副作用によるめまいや難聴などの障害が発生した（78年9月25日に東京地方裁判所が損害賠償の請求および製造元3社の責任を認定）。

この頃　**旧銅山廃液汚染**（鳥取県岩美町）　鳥取県岩美町荒金の旧銅山が坑口から50ppmの銅を含む廃液（日平均1500t）を排出、小田川流域などの水田約200haの稲が汚染された（72年に県が沈澱式および水流式併用による排水処理施設の建設開始）。

この頃　**光化学スモッグ発生**（愛媛県）　愛媛県でも光化学スモッグが多発した。

この頃　**赤潮発生**（愛媛県付近）　愛媛県付近の海域で赤潮が発生し、魚介類に深刻な被害があった。

この頃　**大気汚染・水質汚濁**（大分県佐伯市）　大分県佐伯市の興人佐伯支社工場が煙や廃液を排出し、周辺地域に大気汚染や水質汚濁の被害が発生した（5月と6月、公害追放市民会議などが企業側を告発、勝訴）。

- この頃　小野田セメント工場粉じん排出（大分県津久見市）　大分県津久見市の小野田セメント津久見工場が大量の粉じんを排出した（6月24日に大分県と津久見市、工場が公害防止協定を締結）。
- この頃〜　フタル酸エステル汚染（各地）　プラスチックの可塑剤に使われる有機化合物フタル酸エステルが各地で血液や臓器、魚介類、空気、水、土壌などから検出され、形態異常や突発性の呼吸困難（通称ショック肺）など人体や自然環境への影響が懸念された。
- この頃〜　大気汚染公害病（愛知県）　名古屋市南、港区および南隣の愛知県東海市の臨海工業地帯付近で大気汚染が深刻化し、1973年11月30日までに住民1493名が気管支ぜんそくなど公害病患者に認定された（72年2月に名古屋市が公害地域を指定して医療救済制度を実施。県も同じ時期、両市とともに財団法人県公害被害者救済協会を設立）。
- この頃〜　西淀川公害訴訟（大阪市西淀川区）　大阪市西淀川区で住民多数が阪神高速道路を利用する車両の排気ガスや工場の排出するばい煙などにより肺や気管支など呼吸器系の疾患にかかった（1978年4月、患者112名が国と阪神高速道路公団、関係企業に汚染物質の排出差止めを求めて提訴）。
- この頃〜　旧松尾鉱山ヒ素汚染（宮崎県木城村）　宮崎県木城村の日本鉱業旧松尾鉱山に勤務していた元作業員多数が亜砒酸などによる慢性ヒ素中毒にかかっていることがわかった（8月、うち5名に労働災害補償を認定。県は休廃坑の総点検後、焼窯や廃鉱石の埋戻しなど汚染防止対策を実施）。
- この頃〜　鉱滓投棄・排出（鹿児島県）　鹿児島県の沿岸海域付近で鉱滓類の投棄または排出による汚染が深刻化した。

# 1973年
（昭和48年）

1.10　タンカー事故（香川県沖）　タンカーが香川県の沖合で事故を起こし、重油が流出、現場付近の海域で魚介類や特産の養殖海苔に被害があった。

1.11 米軍弾薬処理場催涙ガス漏出（沖縄県）　沖縄県の米軍弾薬処理場で保管してあった催涙ガスが施設外へ漏れ、付近の小、中学校が授業を一時中断した。

1.29 公害被害救済（日本）　「公害に係る健康被害の救済に関する特別措置法施行令」一部改正が政令公布され、名古屋市・東海・豊中・北九州の4地域が大気汚染指定疾病「大気ぜんそく」の患者認定対象指定地域に追加され、宮崎県土呂久地区の慢性ヒ素中毒が公害病に認定された。

1月 公害健康被害補償法（日本）　四日市公害訴訟の地裁判決を契機として「公害健康被害補償法（現・公害健康被害の補償等に関する法律）」が国会で成立した。

2.1 海洋汚染（日本）　「廃棄物処理法施行令」「海洋汚染防止法施行令」の一部改正、政令公布（3月1日施行）。シアン化合物を含む廃棄物の処理基準が設定された。

2.13 産業廃棄物関連法令（日本）　産業廃棄物の海洋投棄基準、有害物の判定基準などを物質ごとに規定する総理府令「金属等を含む産業廃棄物に係る判定」が通達された。2月17日、総理府令で定められた物質の検定方法を設定した「産業廃棄物に含まれる金属等の検定方法」が環境庁により告示された。3月1日施行。

2.16 飼料用石油たんぱく（日本）　飼料用石油たんぱくの安全宣言を受けて消費者らが1月29日に起こした禁止申し立てに対し、厚生省が飼料用石油たんぱくは食品衛生法の対象外であると回答した。

2.24 イタイイタイ病補償で合意（富山県）　三井金属鉱業神岡鉱業所からのカドミウム排出について被害農民らの補償要求が認められ、両者が合意書に調印した。

2.26 航空自衛隊基地燃料流出（岐阜県各務原市）　岐阜県各務原市の航空自衛隊基地でジェット燃料が貯蔵施設から排水路へ流れて引火し、現場付近の住宅3軒が全焼した。

2月 廃油汚染（島根県）　島根県松江、平田市付近の島根半島に廃油が漂着、養殖漁業に深刻な被害が発生した。

2月 養殖牡蠣カドミウム汚染（広島県竹原市付近）　広島県竹原市にある2つの精錬所がカドミウムを含む廃液を海へ排出し、付近の海域で

養殖牡蠣が汚染されていることがわかった(18日に汚染を確認、出荷停止を実施。9月3日に広島牡蠣衛生対策協議会が汚染源について報告し、10日に両精錬所が見舞金の支払いを決定)。

3.1 　公害研修所(日本)　公害研修所が設置された。

3.1 　六価クロム鉱滓で埋め立て(千葉県市川市)　市川市で、六価クロム3000ppmを含有する鉱滓が埋め立てに使われていたことが判明した。

3.3 　ワシントン条約(世界)　「絶滅のおそれのある野生動植物の種の国際取引に関する条約(ワシントン条約)」が、ワシントンで採択された。

3.4 　クロロキン薬害訴訟(日本)　クロロキン薬害被害者らが住友化学工業・科研薬化工・小野薬品工業・吉冨製薬の4社に対して損害賠償を求める訴訟を起こした。1975年12月22日、全国統一第1次提訴が行われた。

3.14 　鉱毒農産物(山形県)　山形県議会で、1970年山形産玄米に11ppm以上のカドミウムが含まれていたことが社会党の追求で判明した。

3.20 　水俣病第一次訴訟の熊本地裁判決(熊本県)　熊本地裁が水俣病第一次訴訟の一審判決。原告側が勝訴し、総額約9億3000万の損害賠償命令が下った。

3.27 　自然保護条例(岡山県)　岡山県で「県土保全条例」が制定された。

3.31 　環境基準(日本)　北上川など15水系が、公共用水域の水質汚濁に係る環境基準の水域類型に指定された。

3.31 　自然環境(日本)　「自然環境保全審議会令」「自然環境保全法施行令」が公布された。

3.31 　騒音スモッグ(東京都)　東京都の環状7号線で、自動車騒音と光化学スモッグの防止を目的とする全国初の大規模な交通規制が開始された。

3月 　関西電力原子力発電所放射能漏出(福井県美浜町)　福井県美浜町の関西電力美浜原子力発電所で1号炉の蒸気発生器の細管が破損し、放射能を含む蒸気が漏れた(3月から8月まで運転を停止して修理実施)。

- 4.1 自然環境保全基礎調査（日本）　「緑の国勢調査」と呼ばれる自然環境保全基礎調査が開始された。
- 4.5 健康被害救済（日本）　公害に係る健康被害損害賠償補償制度について、中央公害対策審議会が答申した。
- 4.5 光化学スモッグ（日本）　光化学スモッグ対策推進会議が、1973年度の光化学スモッグ対策を決定した。
- 4.10 森永ヒ素ミルク中毒民事訴訟（日本）　第2次提訴。「森永ミルク中毒のこどもを守る会」が損害賠償を求め、森永乳業と国を大阪地裁に提訴した（第2次提訴）。
- 4.12 自然環境（日本）　「自然環境保全法」が施行され、自然環境保全審議会が発足した。
- 4.13 光化学スモッグ（神奈川県）　神奈川県が、光化学スモッグ発生時に大手工場の操業時間を20％短縮することを決定した。
- 4.14 東京電力原子力発電所廃液漏出（福島県双葉町）　福島県双葉町の東京電力福島原子力発電所で1号機の定期検査をおこなっていたところ、施設から放射能を含む廃液が漏れた（8月19日に復旧）。
- 4.17 健康被害救済（日本）　「公害に係る健康被害の救済に関する特別措置法施行令」の一部改正、政令公布。医療手当が増額された。
- 4.19 江戸川六価クロム事件（東京都江東区）　東京都が地下鉄工事用地として購入した江東区の日本化学工場跡地の地中から、六価クロム高濃度汚染の鉱滓が発見された。
- 4.27 チッソと水俣病新認定患者の調停成立（日本）　公害等調整委員会により、チッソと水俣病新認定患者の調停が成立した。
- 4.30 ワシントン条約（世界）　「絶滅のおそれのある野生動植物の種の国際取引に関する条約（ワシントン条約）」の署名が、ワシントンで行われた。
- 4月 食用油ビフェニール混入（千葉県市原市）　千葉県市原市八幡海岸通の千葉ニッコーの製造工程で有害なビフェニールが食用油に混入し、会社側も汚染を知りながら出荷した（4月10日に県衛生部が検査後に、発表。厚生省と県が翌日、製造元に無期限操業停止を命令）。ビフェニールは炭化水素に属し、伝熱媒体などに使われる。

4月～　天然ガス噴出（新潟県中条町）　新潟県中条町山王および高畑地区で住宅の庭や井戸、田畑から天然ガスが激しく噴出し続け、農作物の被害が深刻化したほか、住民の生活への影響も懸念された。原因は、現地付近で天然ガスの採掘調査のために試掘をおこなったためとみられる。

5.1　光化学スモッグ（日本）　光化学スモッグ対策の一環として中古車の排ガス規制が実施された。

5.7　水質汚濁防止法施行令改正（日本）　「水質汚濁防止法施行令」の一部改正、政令公布。水質規制行政の政令市が追加指定された。

5.7　河川で水銀やシアンが検出（東京都）　東京都公害局が、「検出されないこと」と規定されている水銀やシアンが多摩川など7河川で検出されたと発表した。

5.8　大気の汚染に係る環境基準（日本）　「大気の汚染に係る環境基準」が設定され、二酸化イオウ・浮遊粒子状物質・一酸化炭素・二酸化窒素・光化学オキシダントの環境基準が定められた。

5.8　男鹿国定公園など指定（秋田県・福島県・新潟県）　男鹿、越後三山只見が国定公園に指定された。

5.10　住友化学工業工場ガス流出（大分市）　大分市鶴崎の住友化学工業大分製造所で、農薬パプチオンタール貯留タンクから刺激性の有毒ガスが流出、工場周辺の住民は緊急避難したが、うち多数が急性咽頭炎などの症状を訴えた（事故後、県が企業側を告発）。

5.22　東京ごみ戦争（東京都江東区・杉並区）　東京ごみ戦争で、江東区が杉並区からのごみの搬入を実力阻止。東京都は23区内に13の清掃工場建設を計画するが、杉並区で建設反対運動が起こった。24日、美濃部都知事は江東区民に「ごみ公害」を謝罪して実力阻止の中止を求め、また杉並区民にも都議会で理解を求めた。

5.31　光化学スモッグ被害（栃木県）　栃木県佐野、栃木、小山市で光化学スモッグが発生し、小、中学校で体育の授業などのため校庭に出ていた児童や生徒約800名が眼や咽喉の痛みなど特有の症状を訴えた。光化学スモッグによる被害は同県で初めて。

6.4　低公害車（日本）　運輸省が低公害車第1号に東洋工業ルーチェAP2を指定した。これにより同車購入者は自動車所得税と物品税の軽減

特典を受けられることになった。また12月には本田技研がCVCC方式エンジン搭載の低公害車ホンダ・シビックCVCCを発表した。

6.4　魚介類PCB汚染調査（各地）　水産庁が魚介類PCB汚染調査の結果を公表、播磨灘・岩国市・関川など8県9水域が危険水域と判明した。

6.5　環境週間（日本）　第1回環境週間が6月11日まで実施された。

6.6　ヘドロ輸送管破裂（静岡県富士市）　静岡県富士市の田子ノ浦港のヘドロ浚渫現場付近で第3次除去作業用の輸送管が破裂、ヘドロが近くの住宅地に流れ込み、住民25世帯と田畑1.5haに被害があった。

6.11　PCB環境汚染調査（東京都）　東京都がPCB環境汚染調査を行い、東京湾の魚貝類から暫定規定値以上のPCBが検出された。

6.12　水銀等汚染対策推進会議（日本）　閣議口頭了解を得て、水銀等汚染対策推進会議が設置された。

6.20〜　記録的少雨による干ばつ（島根県）　島根県東部で記録的な少雨による干ばつが深刻化し、この日から松江市は第1次給水制限を開始。松江市は、7月も12mm（平年の約5％）の雨しか降らなかったため、25日から第3次制限（1日2時間給水）を実施し、8月13日から同市と隣接の市町にある23社への工業用水の供給を全面停止した。制限は11月1日に解除されたが、渇水地域の農作物にも被害があった。

6.21　築地のマグロから水銀（東京都中央区）　築地中央卸売市場のマグロ等から水銀が検出された。

6.21　新潟水俣病（新潟県）　新潟水俣病で、昭和電工と患者団体の補償協定が成立した。

6.25　原子力発電所廃液漏出（福島県双葉町）　福島県双葉町の東京電力福島原子力発電所で1号炉（沸騰水型、出力46万kW）の廃液貯蔵施設から中程度の放射能を含む廃液3.8m$^3$が漏出、うち0.2m$^3$が屋外に流れて地面に染み込み、調査により1cm$^2$当たり5500ピコキュリーの放射能が土壌から検出された。原因は関係者の不注意。

6.28　酸性雨被害（山梨県上野原町）　午後6時頃、山梨県上野原町に硫酸ミストが原因とみられる酸性雨が降り、帰宅しようとしていた上野原中学校の生徒73名を含む住民約120名が眼の刺激痛などの症状を

訴えた（発生後、県公害課が製造工程や燃料で塩酸や重油などを使用している地元企業を調査）。

6.30　水質汚染（日本）　水銀を含む底質の暫定除去基準・調査方法の設定について、中央公害対策審議会が答申した。

6.30　光化学スモッグ被害（静岡県）　静岡県浜松、磐田市をはじめ23市町村で同県初の光化学スモッグが発生し、住民8244名が眼や咽喉の痛みなどの症状を訴えた。以後、8月13日までに6回オキシダント濃度が0.15ppmを超え、注意報が発令された（発生後、県は燃料に使用される重油の節減を工場に要請し、観測態勢の強化や実態調査などを開始）。

6月　ポリ塩化ビフェニール廃液排出（福井県敦賀市）　福井県敦賀市の東洋紡績敦賀工場が基準値の約37倍のPCBを含む廃液を敦賀湾へ排出し、現場付近のボラやスズキなどの魚介類が汚染された（県や漁業関係者からの要求で、企業側がPCBの使用停止とヘドロの除去、補償を実施）。工場内でも廃液排出の際、従業員が高濃度のPCBによる慢性中毒症（労働省が11月に認定）にかかり、国立療養所敦賀病院に入院、継続的な治療を受けるなど汚染が深刻化した。

6月　水銀ヘドロ汚染（山口県徳山湾）　山口県にて徳山曹達（徳山市）と東洋曹達工業（新南陽市）が徳山湾に508tもの水銀を流していたことが発覚した。

6月〜　十条製紙工場廃液排出（秋田市）　6月末から7月上旬にかけて、秋田市の十条製紙秋田工場がパルプ廃液を雄物川へ排出していたところ、秋田湾の男鹿半島沿いの海域に濃褐色の混濁が発生し、男鹿市の船川港漁業協同組合の漁船が操業できなくなった（7月9日からの84時間、同工場が全面的に操業停止）。

6月〜　光化学スモッグ被害（東京都）　6月から9月にかけて、東京都で光化学スモッグが発生、注意報がのべ45回発令され、届出分だけで住民らのべ4035名が眼や咽喉の痛みなど特有の症状を訴え、うち1名が入院した。

6月〜　光化学スモッグ発生（愛媛県新居浜市）　6月から8月にかけて、愛媛県新居浜市で光化学スモッグがあいついで発生、注意報が7月4日から10日までの7日連続をはじめ計24回発令され、オキシダント濃度も6月28日に最高0.251ppmを記録した。

7.1　国立公園管理事務所（近畿地方・山陰地方）　吉野熊野国立公園管理事務所、大山隠岐国立公園管理事務所が設置された。

7.3　公害対策（日本）　内閣総理大臣が、第5次地域（苫小牧地域ほか10地域）の公害防止計画策定指示と、第1次地域（千葉・市原地域ほか3地域）の計画見直し指示を行った。

7.6　公害対策（日本）　公害被害危機突破全国漁民総決起大会が東京で開催され、経団連等にデモを行った。

7.6　自然保護条例（三重県）　三重県で「自然環境保全条例」が制定された。

7.7　出光石油化学工場爆発（山口県徳山市）　午後10時13分、山口県徳山市宮前町の出光石油化学徳山工場でエチレン製造工程のアセチレン水添塔が爆発、4日間にわたって炎上し、工場を全焼、1名が死亡した。原因はバルブの誤操作。

7.9　水俣病補償交渉で合意調印（熊本県）　水俣病補償交渉で、チッソと患者団体の合意が成立し、保障協定に調印した。

7.11　関西電力原子力発電所燃料棒破損（福井県美浜町）　福井県美浜町の関西電力美浜原子力発電所で2号炉の燃料棒が折れ、8月28日と9月8日にも同炉で故障が続いた（9月15日から運転を停止して検査実施）。後に、企業側が燃料棒の破損を故意に隠していたことがわかり（1976年12月7日に発表）、論議を呼んだ。

7.13　東北本線貨物列車濃硝酸漏出（宮城県松島町）　東北本線の貨物列車が松島駅構内で待機していたおり、三菱化成工業の危険物輸送用30tタンク車から積荷の濃硝酸が漏れたが、乗務員らに死傷者はなかった（漏出後、国鉄が塩酸や硝酸、硫酸など腐食性の強い危険物用タンク車4300両の緊急総点検を63企業と実施し、一般用タンク車の所有主にもバルブなどの点検を要請）。

7.13　太郎杉伐採訴訟（栃木県日光）　国道拡幅にともなう日光の太郎杉伐採計画差し止めをめぐる訴訟で、東京高裁が差し止めを認める判決を言い渡した。この問題は、1967年2月15日、建設省が日光東照宮の異議申し立てを棄却し、日光東照宮が差し止めを求めて提訴、裁判で争われることとなったもの。1968年4月9日、1審の宇都宮地裁は建設省の事業認定を取り消し、伐採を禁止する判決だった。この日

2審の東京高裁は1審判決を支持、27日に建設省が上告を断念し、伐採中止が決まった。

7.18 **酸性雨被害**（山梨県上野原町）　山梨県上野原町に硫酸ミストが原因とみられる酸性雨が降り、雨滴の水素イオン濃度（pH）は3.6を記録した。同町に酸性雨の降ったのは6月28日に続いて2回目。

7.18 **港を封鎖・チッソ操業不能**（熊本県水俣市）　水俣漁協が水俣市の百間港とチッソ専用港の梅戸港を封鎖し、チッソ水俣工場が操業停止となった。

7.19 **ガソリン流出**（千葉県白浜町）　タンカー興山丸（998t）が千葉県白浜町の野島崎の沖合で新造貨物船エバーパイオニア（1万2500t）と衝突、積荷のガソリン650kℓが流出し、現場付近の海域を汚染した。

7.19 **イタイイタイ病で治療協定**（富山県）　三井金属鉱業とイタイイタイ病患者が治療協定に調印した。

7.20 **重油流出**（香川県坂出市沖）　午後、貨物船が香川県坂出市の沖合でタンカー竜進丸（4200t）の側面に衝突、竜進丸から積荷の重油538kℓが流出し、現場付近の海域の魚介類や特産の養殖海苔に被害があった（高松海上保安部がオイルフェンスや中和剤などによる汚染防止対策を実施）。

7.21 **核実験実施**（仏領ポリネシア・フランス）　ムルロア環礁でフランスが核実験を実施した。

7.23 **酸性雨被害**（山梨県上野原町）　山梨県上野原町に硫酸ミストが原因とみられる酸性雨が降り、雨滴の水素イオン濃度（pH）は4.4を記録した。同町に酸性雨の降ったのは6月28日、7月18日に続いて3回目。

7.31 **健康被害救済**（日本）　「公害に係る健康被害の救済に関する特別措置法施行令」の一部改正、政令公布。救済法の指定地域として堺市、大牟田市が指定された。

7月～ **地盤凝固剤汚染**（茨城県）　茨城県牛久町の県営霞ヶ浦常南流域下水道建設現場で下水管を埋設する際、珪酸ナトリウム（通称水ガラス）系および尿素系の地盤凝固剤を含む溶液を染み込ませたところ、現場付近の井戸水が乳白色や茶褐色に濁り、井戸水を飲料用などに使い続けた住民多数が手足のしびれや耳鳴りなどの症状を訴え、1975

年1月には南隣の竜ヶ崎市在住の1名が再生不良性貧血症で死亡(76年3月26日、地元の住民8名が県と建設業者9社に損害賠償を求めて水戸地方裁判所土浦支部に提訴)。地盤凝固剤には、ほかにフッ素系やアクリル酸アミド系など数種類がある。

8.2 大気汚染防止法施行令一部改正(日本)　「大気汚染防止法施行令」の一部改正、政令公布。固定発生源として、大型燃焼施設がばい煙発生施設に指定された。また、「大気汚染防止法施行規則」一部改正の総理府令が公布され、窒素酸化物の固定発生源に対する第1次規制が設置された。

8.12 住友化学工業工場火災(大分市)　大分市鶴崎の住友化学工業大分製造所で火災があり、敷地内の施設のうち農薬倉庫など($5000m^2$)を全焼、火元に貯蔵してあった農薬スミチオン粉剤から有毒ガスが発生し、工場周辺の住民約1000名が緊急避難、うち約200名が眼や咽喉の痛みなどを訴えた(9月29日に県警察が書類送検)。同工場は5月10日にも有毒ガスを流出していた。

8.17〜 光化学スモッグ発生(宮城県)　宮城県塩竈、多賀城市と隣接の利府、七ヶ浜町とで光化学スモッグが発生し、東北地方初の注意報が出たのに続き、18日と22日にも同注意報が発令された。

8.20 日本原子力研究所員被曝(茨城県東海村)　茨城県東海村の日本原子力研究所東海研究所国産1号炉で解体修理した重水ポンプ組立ての際、所員2名と下請け作業員4名が産業用や医療用の放射線源として使われるコバルト60などを含む浮遊粉じんを吸い込み、31ミリレムから120ミリレムで被曝した。原因は同ポンプの管理不徹底と作業時の不注意。

8.21 豊前火発環境権訴訟(福岡県・大分県)　福岡・大分両県の住民らが、豊前火力発電所の建設差し止めを求める訴訟を提起した。

8.27 原発反対で提訴(愛媛県松山市)　伊方原子力発電所の設置反対住民が、国に対して設置取消し・工事中止を求めて松山地裁に提訴した。

8.28 関西電力原子力発電所故障(福井県美浜町)　福井県美浜町の関西電力美浜原子力発電所の2号炉で冷却用水ポンプの電気回路が故障し、発電を停止。2号炉は、9月の定期点検でも燃料集合体の一部に歪みのあることがわかり、運転を休んで交換を実施した。

8月〜　光化学スモッグ被害（大阪府・兵庫県）　8月から10月にかけて、大阪府と兵庫県とで光化学スモッグがあいついで発生し、住民のうち大阪府で3000名以上、兵庫県で985名がそれぞれ眼や咽喉の痛みなどの症状を訴えたほか、8月11日には大阪府でオキシダント濃度が0.3ppmを超え、同府初の光化学スモッグ警報が発令された。

9.1　自然公園法一部改正（日本）　「自然公園法」「自然環境保全法」の一部改正、公布（10月1日施行）。普通地域の保護規制が強化された。

9.20　公有水面（日本）　「公有水面埋立法」の一部改正、公布。埋立免許基準に環境保全への配慮が明記された。

9月　中国電力発電所制御棒欠陥（島根県鹿島町）　島根県鹿島町の中国電力島根原子力発電所で97本の制御棒のうち36本が中性子吸収管の上下逆になったまま運転に使用された（22日までに通商産業省と県が確認）。

9月　光化学スモッグ発生（香川県）　香川県中部で光化学スモッグが発生した。原因は同県坂出市の番ノ州工業地区にある工場の排煙で、6月に同県初の光化学スモッグ注意報が発令されていた。

9月〜　鴨中毒死（各地）　9月上旬から、東京都葛飾区の中川付近の沼地で60羽から70羽の鴨があいついで衰弱して倒れ、死亡したのに続き、茨城、千葉、新潟、愛知県でそれぞれ30羽から150羽が類似の症状により死亡した。都公害局と都経済局の実験によれば、原因は餌に含まれていたとみられるボツリヌス菌による中毒死（9月26日に確認）。

10.2　環境保全臨時措置法（瀬戸内海）　「瀬戸内海環境保全臨時措置法」が公布された（11月2日施行）。

10.5　健康被害救済（日本）　「公害健康被害補償法」が公布された（1974年9月1日施行）。

10.5〜　幼児大腿四頭筋拘縮（短縮）症発生（山梨県）　山梨県鰍沢、増穂町などに住む2歳から5歳未満の幼児多数が歩行障害にかかっていることがわかった。県中央病院によれば、障害は大腿四頭筋拘縮（短縮）症によるもので、患者数は12月末までに129名となった（1976年12月27日、患者および家族492名が国や担当医師らに損害賠償を求めて提訴）。同症の特徴は大腿直筋が繊維化、瘢痕化して伸縮性が失われ、膝関節が曲がらなくなったり曲がりにくくなったりすることで、

原因は患者が生後2、3か月から2歳頃までに大腿部へ打たれた解熱剤などの注射による副作用。

10.10 渡り鳥等保護条約（日本・ソ連）　「日ソ渡り鳥等保護条約」がモスクワで調印された。

10.12 環境保全条例（愛媛県）　愛媛県で「環境保全条例」が制定された。

10.16 化学物質（日本）　「化学物質の審査及び製造等の規制に関する法律」が公布された（同日一部施行、1974年4月16日施行）。

10.18 環境破壊で道路工事計画中止（日本）　1971年頃から環境破壊の観点から道路工事に反対する意見が増加、10月18日に大雪山縦貫道路が計画中止となった。11月には北沢峠の国立公園第一種特別地域の部分1.6kmの正規計画区間の工事が中止となり、1979年12月にルートを変更して完成した。

10.26 自然環境（日本）　「自然環境保全基本方針」が閣議決定した。

10.31 タンカー事故（香川県沖）　タンカーが香川県の沖合で事故を起こし、重油が流出、現場付近の海域の魚介類や特産の養殖海苔に被害が発生し、沿岸漁業の関係者も事故後10日以上操業を休んだ。

11.1 産業廃棄物（日本）　厚生大臣の私的諮問機関「産業廃棄物処理問題懇談会」が発足した。

11.9 環境保全（日本）　原生自然環境保全地域・保全事業などを定義し、事務的手続きを定める「自然環境保全法施行規則」が公布・施行された。

12.1 石油不足対策で省エネ（日本）　石油不足対策のため「省資源・省エネルギー」推奨方針に転換すると、田中首相が演説した。

12.6 振動公害（日本）　振動公害に係る法規制を行うに当たっての基本的考え方について、中央公害対策審議会が答申した。

12.14 サリドマイド薬害訴訟（日本）　サリドマイド薬害訴訟について、製薬会社が原告側に和解を申し入れた。12月23日、因果関係と責任を認め被害者に謝罪し、損害賠償や被害児への福祉政策実施の用意があることを表明した。

12.18 公害対策（日本）　第4次地域（富士地域ほか6地域）の公害防止計画を、内閣総理大臣が承認した。

12.27 環境基準（日本）　「航空機騒音の環境基準」が告示された。

12月～ 異常気象（各地）　11月中旬には日本上空に真冬並みの寒気が到来し、12月から翌年1月にかけて日本海側の地方では雪が降り続いた。太平洋側では毎日晴れて異常乾燥が続き、各地で無降水継続日数の記録を書き換えた。とくに、大分と延岡では1973年11月10日から74年1月20日までの72日間、東京、前橋、宇都宮、浜松等では73年11月11日から71日間も「雨なし」であった。東京での従来の記録が53日間であったので大幅な更新となり、異常気象ぶりをうかがわせた。このため、太平洋側の各地は火事、水不足、農作物の不調と高値などに悩まされた。一方北日本や日本海側地方は38.1（63年1月）豪雪以来の大雪に見舞われ、2月上旬をピークに山間部は5mから6mの積雪となった。秋田県117cm、横手259cm、大曲221cmなど、秋田県かでは従来の記録を大幅に更新する豪雪となり、雪崩、家屋倒壊などで10数人が死亡、国鉄ダイヤは大混乱し被害が続出した。

この年 王子製紙工場ヒ素排出（北海道苫小牧市）　北海道苫小牧市の王子製紙苫小牧工場がヒ素を含む廃液を排出し、工場周辺の住民の健康への影響などが懸念された（5月に排出確認）。

この年 カドミウム汚染（秋田県）　秋田県の各地でカドミウムによる稲などの汚染が再び深刻化し、小坂町細越の4.81ppm、西仙北町杉沢および柳沢の1.64ppmをはじめ県南東部の平鹿郡などで高濃度のカドミウムが産米から検出され、最終的に計2400haの水田の汚染が確認された。原因は異常渇水で土壌の酸性化が進んだためとみられる。

この年 井戸水から高濃度シアン（千葉市）　千葉市内の民家の井戸水から、水道水の水質基準で検出されてはならないことになっているシアンが高濃度で検出された。付近の工場内にカーバイドガスが野積みにされており、その浸出水が原因と判明した。

この年 ごみ回収（町田市・三鷹市）　町田市と三鷹市で、メーカーに空き缶回収を義務づける「空き缶条例」が制定された。

この年 旧鉱山カドミウム汚染（石川県小松市）　石川県小松市で日本鉱業（後に北陸鉱山へ経営移譲）の旧鉱山の廃坑口からカドミウムを含む

鉱水が梯川へ流れ込み、同流域の740haの産米から最高1.64ppmのカドミウムが検出されるなど、汚染が再び深刻化した。原因は、蓄積されたカドミウムが稲に異常渇水で吸収されやすくなったためとみられる（検出直後、地元の農業関係者が国および両企業に汚染対策を要求）。

- この年 長良川河口堰（岐阜県）　岐阜県の漁民が長良川河口堰の建設差し止めを求めて訴訟を起こした。補償交渉の進展もあり、後に訴訟が取り下げられた。

- この年 光化学スモッグ被害（奈良県）　奈良県で光化学スモッグが7回にわたって発生し、住民らのべ26名が眼や咽喉の痛みなど特有の症状を訴えた。

- この年 光化学スモッグ被害（岡山県倉敷市）　岡山県倉敷市水島の臨海工業地区付近で光化学スモッグが発生し、住民2470名が眼や咽喉の痛みなどの症状を訴えた。

- この年 早明浦ダム建設現場付近水質汚濁（高知県土佐町）　高知県土佐町田井にある水資源開発公団の早明浦ダム建設現場の付近で、掘削土砂などにより吉野川が濁った。

- この年 国連環境計画（世界）　国連環境計画（UNEP、本部はケニア・ナイロビ）が発足した。

- この頃 ポリ塩化トリフェニール汚染（各地）　ポリ塩化トリフェニール（PCT）がアイスクリームやキャンディーの包装紙から最高132ppm検出され、体内蓄積による摂取者の健康への影響が懸念された（3月7日、厚生省と新潟県衛生研究所が体脂肪や母乳から検出）。PCTは、PCBの使用が禁止されてから印刷用インクや塗料、プラスチック熱媒体など幅広い用途に使われるようになったが、PCBに組成が極めて近く、実験の結果、類似の急性毒性のあることも指摘されていた。

- この頃 サッカリン汚染（各地）　合成甘味料のサッカリンを含む食品などの過剰摂取による健康への影響が懸念された（厚生省は、4月28日に少数の例外を除いて使用禁止を告示したが、12月18日に撤回。1975年5月13日に食品衛生調査会が使用制限の緩和を決定）。サッカリンには諸糖の約500倍の甘味があり、医薬品や食品などに使われ、国際的な摂取許容限度（体重1kgにつき日に5mg未満）に従えば無害とされる。

この頃　水銀汚染（北海道・青森県）　千島や北海道、青森県八戸市などの沖合で捕獲されたメヌケが暫定値（総水銀0.4ppm）を超える高濃度の水銀に汚染されていることがわかった（8月に東京都が検出、青森県は緊急調査と出荷規制を実施）。10月の厚生省の判定によれば、メヌケの水銀はマグロのそれと同じく自然蓄積による（11日に水銀規制からメヌケなど深海魚6種類を除外と通達）。

この頃　十条製紙工場水銀排出（宮城県石巻市）　宮城県石巻市の十条製紙石巻工場が県や市、隣接の矢本町と結んだ公害防止協定を無視して高濃度の水銀を含む廃液を排出し、工場付近の水域を汚染した（県が7月4日に警告、8月9日に再警告と施設改善を命令）。

この頃　休廃止鉱山水銀・カドミウム流出（山形県南陽市）　山形県南陽市の休廃止鉱山から高濃度の水銀やカドミウムを含む廃液が流出し、周辺地域の田畑などを汚染した。

この頃　呉羽化学工場従業員水銀汚染（福島県いわき市）　福島県いわき市の呉羽化学錦工場の電解部門で複数の従業員の毛髪に最高917.3ppm（通常値の約200倍）の水銀が蓄積されていることがわかった（6月下旬、秋田大学医学部公衆衛生学教室の調査で検出。同月末から県が魚介類の汚染実態調査や住民の毛髪検査などを実施）。

この頃　炭鉱粉じん排出（栃木県葛生町）　栃木県葛生町の炭鉱が粉じんを排出した。

この頃　住友セメント工場従業員クロム汚染（栃木県栃木市）　栃木県栃木市の住友セメント栃木工場で従業員が重金属のクロムによりぜんそくなど呼吸器系の疾患にかかった（3月に労働省が職業病と認定）。クロムはセメントの成分のひとつ銅カラミに含まれている。

この頃　工場水銀排出（千葉県市原市）　千葉県市原市五井海岸の旭硝子千葉工場と同市五井南海岸の千葉塩素化学、日本塩化ビニールが製造工程で使用した水銀を含む廃液を東京湾へ排出し続け、魚介類を汚染した（8月8日から地元の漁業関係者が海上封鎖を実施したのに対し、工場側は隔膜法への変更を決定、補償問題なども解決して10日、封鎖を解除）。

この頃　東京国際空港付近窒素酸化物汚染（東京都大田区）　東京都大田区の大森第一中学校など東京国際空港の周辺地域が最高0.13ppmの窒

素酸化物に汚染された(7月3日に都公害研究所が予備調査の結果を発表)。

この頃　清掃工場カドミウム・鉛・塩化水素・窒素酸化物排出(東京都)　東京都世田谷区の世田谷および千歳清掃工場と江戸川区の江戸川清掃工場が規制値を超える0.21ppmから0.59ppmのカドミウムを、北区の北清掃工場が規制値を超える1.34ppmの鉛をそれぞれ含む廃液を排出。さらに、世田谷および江戸川清掃工場と練馬区の石神井清掃工場が高濃度の塩化水素と窒素酸化物を含む煙を排出し、周辺地域の環境への影響が懸念された(2月に汚染を確認)。原因は廃棄物に混じっているプラスチックやゴム類の割合が高くなったためとみられ、都も4月からプラスチックの分別収集を始めるなどの対策を実施した。

この頃　炭化水素汚染(東京都)　東京都新宿区市谷柳町(通称牛込柳町)と世田谷区玉川台とで乗用車の排気ガスに含まれる高濃度の3・4ベンゾピレンなど炭化水素化合物による汚染が発生。このため、市谷柳町では過去12年間に交差点から半径200mの地域内の住民85名が肺癌などさまざまな種類の癌により死亡していたのをはじめ、肺気腫や気管支ぜんそくなど呼吸器系疾患による死亡率が比較的高い(都内の他地区の約3倍)ことがわかった(11月8日に玉川保健所長が都衛生局学会で発表。10月から都が住民検診と化合物の濃度測定を実施)。間接的な原因は、両汚染地域の交差点付近での渋滞の激化とみられる。

この頃　粉じん(ベンツピレン)汚染(東京都)　東京都大田区の糀谷保健所で浮遊粉じん1g当たり最高132.6マイクログラムの3・4ベンゾピレンを検出したのをはじめ、世田谷、大田、荒川、江東区で粉じんや窒素酸化物、硫黄酸化物などによる大気汚染が深刻化し、住民の健康への影響が懸念された(1月から3月にかけて労働省労働衛生研究所と都公害研究所が各区の測定点で濃度調査を実施、検出)。3・4ベンゾピレンは、芳香族炭化水素のひとつで発癌性があり、排気ガスや排煙、薫製食品などにごくわずかに含まれている。

この頃　工場水銀排出(神奈川県川崎市川崎区)　川崎市川崎区の味の素川崎工場と昭和電工川崎工場、セントラル化学工場が高濃度の水銀を含む廃液を排出し、工場付近の水域を汚染した(7月に発表)。

この頃　日本カーバイド工業工場水銀排出（富山県魚津市）　富山県魚津市の日本カーバイド工業魚津工場が高濃度の水銀を含む廃液を排出し、未回収の水銀70tと所在不明の同80tによる残留汚染が発生した（6月に県が調査、確認）。

この頃　日本合成化学工場水銀排出（岐阜県大垣市）　岐阜県大垣市の日本合成化学大垣工場が水銀を含む廃液を水門川へ排出し、同川の河床から最高180ppm、捕獲されたフナから最高0.257ppmの水銀が検出された（この年県が検出、流域住民の健康調査を実施し、影響のないことを確認）。

この頃　旧銅山鉱滓流出（静岡県南伊豆町）　静岡県南伊豆町付近で旧銅山の廃坑から許容値を超える銅を含む鉱滓が流出し、付近の田畑などが汚染されたほか、住民の健康への影響も懸念された。

この頃　工場カドミウム排出（愛知県刈谷市）　愛知県刈谷市の自動車関連工場が高濃度のカドミウムを含む廃液を排出、工場周辺の田畑や農作物を汚染した（10月、県公害対策審議会が汚染田畑138.2haの客土による土地改良実施を決定）。

この頃　簡易水道フッ素・マンガン汚染（愛知県犬山市）　愛知県犬山市で組合経営の池野西部簡易水道に7.8ppmのフッ素（許容値の10倍弱）と1.6ppmのマンガン（同前の5倍弱）が溶け込み、汚染水を使用していた児童ら多数が斑状歯になった（2月に組合による水質検査の不正などが明らかになり、同水道は一時使用禁止）。原因は水源地付近の地層に含まれるフッ素やマンガンが自然に染み込んだためと組合の管理不徹底。

この頃　海洋汚染（和歌山県下津町）　和歌山県下津町の埋立地にある富士興産原油貯蔵基地の周辺海域で汚染が発生した（1974年1月30日、地元住民497名が県および下津町、富士興産、大崎漁業協同組合に関連施設の撤去と原状回復を求めて提訴）。

この頃　旭鍍金工場六価クロム排出（鳥取市）　鳥取市の旭鍍金工場が六価クロムを含む廃液を山白川へ排出し、下流域が許容値の約17倍の六価クロムに汚染された（10月に発表後、県が同工場に施設改善を命令）。

この頃　倉敷メッキ工業所青酸排出（鳥取県米子市）　鳥取県米子市の倉敷メッキ工業所が青酸を含む廃液を旧加茂川へ排出し、下流域が高濃

度の青酸に汚染された（10月に発表後、県が同工場に施設改善を命令）。

- この頃 **工場水銀排出**（岡山県倉敷市） 岡山県倉敷市の水島臨海工業地帯にある関東電気化学水島工場や住友化学工業岡山工場など5工場が水銀を含む廃液やヘドロを排出し、東へ約25km離れた同県東児町に住む老齢の漁業関係者と妻が擬似水俣病の症状を訴えたほか、水島湾付近の海域の魚介類が汚染された（6月に県漁業協同組合連合会の関係者が海上封鎖を実施。工場側は補償解決までの自主的な操業停止を決定し、封鎖解除後に漁業関係者および鮮魚商に補償）。

- この頃 **水質汚濁**（広島県） 広島県大竹市や呉市の広湾付近の海域で水質汚濁が発生した。

- この頃 **工場水銀排出**（山口県徳山市） 山口県徳山市の徳山曹達および東洋曹達工業の工場が水銀を含む廃液を徳山湾へ排出し、合計508tの水銀がヘドロなどの状態で海底に残った（6月から県が汚染調査を続け、地元漁業関係者ら6700名の検診を実施し、8月に山口大学医学部が精密検査で、隣接の新南陽市に住む母親と娘を擬似水俣病と判定）。

- この頃 **悪臭被害**（徳島県） 徳島県の牧場や養豚、養鶏場など畜産関係施設の付近で住民が悪臭による被害を訴えた。

- この頃 **東亜合成工場水銀排出**（香川県坂出市） 香川県坂出市の東亜合成坂出工場が水銀やPCBを含む廃液を排出し、周辺海域の魚介類が汚染された（7月から8月にかけての約1か月間、同工場が地元漁業関係者の要求で操業休止）。

- この頃 **使用済みビニール投棄**（高知県南国市付近） 高知県南国市付近の海域に使用済みビニールが投棄され、魚介類に被害があった（1974年5月23日、高知地方裁判所が国および県、市に地元の浜改田漁業協同組合への損害賠償の支払いを命令）。

- この頃 **地盤沈下**（佐賀県） 佐賀県の有明海沿岸域で地下水の採取過剰による地盤沈下が発生し、県は汲み上げ規制などの対策を実施した。

- この頃 **斃獣処理施設悪臭被害**（宮崎県） 宮崎県の斃獣処理施設の付近で住民が悪臭による被害を訴えた。

1973年（昭和48年）　　　　　　　　　　　　　　　　　　　　　環境史事典

この頃　　**製紙工場ポリ塩化ビフェニール排出**（宮崎県西都市）　宮崎県西都市の製紙工場が高濃度のPCBを含む廃液を一ッ瀬川へ排出し、流域の魚介類が汚染された。原因は同工場が再生ちり紙の原料にPCBを含むノーカーボン紙を使ったため、県や延岡市、大分市などの保管していたノーカーボン紙が廃棄処分前に原料として流れていたことがわかり、問題になった（検出後、県がフナなどの漁獲禁止および工場側に補償や施設改善などを命令）。

この頃　　**製紙工場悪臭被害**（鹿児島県）　鹿児島県川内、出水市の製紙工場が悪臭を含む煙を排出し、同工場周辺の住民らが被害を訴えた（1974年3月までに県が両市を悪臭防止法の規制地域に指定）。

この頃　　**米海軍補給基地カドミウム・鉛排出**（沖縄県浦添市）　沖縄県浦添市の米合衆国海軍牧港補給基地が許容値の数倍に当たる高濃度のカドミウムや鉛を含む廃液を排出し、同基地排水口付近の海域を汚染した（5月に県と浦添市との調査で検出）。

この頃〜　**新幹線工事で水異変**（群馬県）　群馬県渋川町、北群馬郡で、地下水枯渇による水不足や温泉の湧出、鉄砲水による農家の床下浸水などの水異変が続発。原因は上越新幹線榛名、中山トンネル工事。

この頃〜　**大気汚染防止法**（富山県）　富山、高岡市および周辺地域で工場の排出するばい煙などによる大気汚染が深刻化し、富山県の調査によれば、富山市で59名、高岡市で9名、魚津市で1名、大島町で5名、大門町で1名の慢性気管支炎または気管支ぜんそくの患者が発生した。

この頃〜　**飼育鳥獣し尿投棄**（静岡県・鳥取県・宮崎県）　静岡、鳥取、宮崎県など各地で養豚場や養鶏場などの関係者多数が飼育鳥獣のし尿を河川へ投棄し、宮崎県では大淀川を中心に汚染が深刻化した。

この頃〜　**大気汚染**（兵庫県尼崎市）　兵庫県尼崎市の南東部にある臨海工業地区の周辺で大気汚染が深刻化し、11月30日までに住民3236名が公害病患者に認定され、60名が死亡した。

この頃〜　**大気汚染**（岡山県倉敷市）　岡山県倉敷市水島の臨海工業地区付近で大気汚染が深刻化し、1973年までに住民607名が公害病患者に認定されたのをはじめ、野菜や果樹、藺草などの作物にも被害があいついだ。

この頃〜　有明海水銀汚染（第3水俣病）（九州地方）　有明海周辺の福岡、佐賀、長崎、熊本県で高濃度の水銀による魚介類などの汚染が深刻化し、汚染魚を多く食べていた地元漁業関係者らの健康への影響が懸念された。原因は福岡県大牟田市の三井東圧化学大牟田工場と熊本県宇土市の日本合成化学熊本工場が有機水銀を含む廃液を長期間排出したため（5月22日、熊本大学研究班が熊本県有明町の住民8名に水俣病の擬似症状を認め、ほかに宇土市で過去2名が死亡していたことを県に報告。8月17日、環境庁水銀汚染調査検討委員会は擬似患者2名の症状と水銀との因果関係を否定）。

この頃〜　大気汚染（福岡県北九州市）　北九州市の洞海湾周辺の地域（48km$^2$）で大気汚染が深刻化し、12月31日までに住民637名がぜんそくなどの公害病患者に認定され、6名が死亡した。

# 1974年
（昭和49年）

1.29　原潜放射能測定データ捏造問題（日本）　衆議院予算委員会で、日本分析化学研究所の原潜放射能測定データ捏造問題について共産党・不破書記局長が追及した。

1.31　大気汚染防止法（日本）　「大気汚染防止法」の一部改正について、中央公害対策審議会が答申した。

1月　水俣湾入口に仕切網（熊本県）　熊本県が、水銀汚染魚の拡大防止のため、水俣湾入り口に最長時4404mの仕切り網を設置した。

2.6　渡り鳥等保護協定（日本・オーストラリア）　「日豪渡り鳥等保護協定」が東京で調印された。

2.15　日豊海岸国定公園など指定（大分県・宮崎県・鹿児島県・滋賀県）　日豊海岸、奄美群島が国定公園に指定され、琵琶湖国定公園の区域が変更された。

2.25 新潟空港騒音訴訟（新潟県）　「新潟空港公害対策協議会」が航空会社に対する路線免許処分の取り消し、ジェット機の増便差し止めなどを求め、運輸大臣に対する行政訴訟を新潟地裁に提起した。

2.27 大阪国際空港公害訴訟（大阪府）　大阪国際空港訴訟で、大阪地裁が第一審判決。深夜の飛行禁止・損害賠償支払の判決が下るが、環境権の適用は認められなかった。28日、原告住民が日航と全日空を訪れ、判決で認められなかった「午後9時以降の減便」の約束を取り付けた。

2月　土壌汚染（秋田県増田町）　東京都の調査で秋田県平鹿郡増田町農協が出荷した米から3.04ppmのカドミウム汚染米が出た。また、10月には県内22市町村4750haで行われたカドミ米調査で、1895検体中、汚染米98検体、準汚染米371検体が見つかった。

2月〜　原発事故（福井県）　福井県の関西電力美浜、日本原電敦賀の両原子力発電所で事故が相次いだ。2月に美浜2号機タービンからの蒸気漏れ、5月に敦賀で燃料集合体からヨウ素漏れ、7月は美浜1号機の蒸気発生器から放射能漏れ。美浜1号機は、科学技術庁から根本的な改善を指示された。また、事故のたびに発電所は県への通報義務を怠りがちだった。

3.15 国立公害研究所（日本）　筑波学園都市に国立公害研究所が発足した。

3.18 土壌汚染（群馬県渡良瀬川流域）　群馬県は流域計359.8haをカドミウム土壌汚染に加え、新たに銅土壌汚染対策地域に指定した。

3.22 公海汚染防止条約（世界）　世界初の多国間公海汚染防止条約に、バルト海沿岸の7ヵ国（ソ連、西ドイツ、スウェーデンなど）が調印した。

3.25 国立公園内の自動車利用（日本）　環境庁が「国立公園内における自動車利用適正化要綱」を制定し、自然環境保全審議会が27日に同要綱を了承。国立公園の自家用車乗り入れ規制が決定した。

3.26 大気汚染防止法（日本）　「大気汚染防止法施行令」の一部改正、政令公布により、季節による燃料使用規制が強化された。また「大気汚染防止法施行規則」一部改正の総理府令公布で、硫黄酸化物の第6次規制が設置された。

3.26 出光興産製油所硫化水素噴出（千葉県市原市）　千葉県市原市姉崎海岸の出光興産千葉製油所でタンクから硫化水素が噴出し、従業員1名が死亡、5名が中毒にかかった。

3.27 航空機騒音法（日本）　空港周辺整備機構の設置や民家の防音工事について初めて規定する「航空機騒音法」「航空機騒音法施行規則」改正が公布された。3月28日には「周辺整備空港指令」が発布・施行され、大阪空港と福岡空港が特定飛行場に指定された。

3.30 名古屋新幹線公害訴訟（愛知県）　名古屋市の新幹線沿線民が、名古屋地裁に名古屋新幹線公害訴訟を提訴した。

3月 ぜんそく患者急増（各地）　3月末現在、東京との8特別区や千葉市南部臨界地域などの11地域と、旧救済法から引き継いだ12地域のうち、川崎、大阪、尼崎の3市の地域拡大で、大気系の公害病認定患者数は1万3574名に達していた。

3月 日本原子力発電発電所作業員被曝（福井県敦賀市）　福井県敦賀市の日本原子力発電敦賀発電所で作業員数名が許容値を超える放射線を浴びた（3月18日に公明党の議員が参議院予算委員会で追及）。

3月 地盤凝固剤汚染（広島県）　広島県の建設現場で地盤凝固剤を含む溶液を注入したところ、現場付近の土壌や地下水に溶液が染み込み、井戸水を飲料水などに使っていた住民ら多数が神経系の中毒症にかかった（3月に汚染実態を報告）。

3月 地盤凝固剤汚染（福岡県新宮町）　福岡県粕屋郡新宮町の下水道工事現場で、アクリル・アマイト系の地盤凝固剤が井戸水に流入、水を飲んだ5名が幻覚、歩行障害などを起こした。アクリル・アマイト系凝固剤は各地で使用されており、規則がなかった。この事件を契機に建設省はアクリル・アマイト系凝結剤の使用を禁止した。

4.1 自然公園法施行規則一部改正（日本）　「自然公園法施行規則」の一部改正、公布。特別地域の地種区分が定められた。

4.8 光化学スモッグ（日本）　光化学スモッグ対策推進会議が、1979年度の光化学スモッグ対策を発表した。

4.11 健康被害救済（日本）　「公害に係る健康被害の救済に関する特別措置法施行令」の一部改正、政令公布。支給制限が緩和された。

4.11 光化学スモッグ発生（東京都）　東京都で光化学スモッグが発生した。

4.17 水質汚濁（日本）　「水質汚濁防止法施行令」の一部改正、政令公布。政令市が追加指定された。

4.23 環境基準（日本）　公共用水域の水質汚濁に係る環境基準、および水銀の環境基準等について、中央公害対策審議会が答申した。

4.26 タンカー衝突事故で原油流出（愛媛県沖）　キプロスのタンカーと日本貨物船の衝突事故が愛媛県沖で発生し、原油が流出した。

4.30 日本アエロジル工場塩素漏出（三重県四日市市）　午後3時頃、三重県四日市市の日本アエロジル四日市工場で、塩酸製造プラントから塩素が漏れ約10Km$^2$に拡散、工場周辺の住民ら約1万2000名が眼や咽喉に刺激性の痛みを訴えたほかに、中毒者6名となった（12月26日に津地方検察庁が公害罪を適用、起訴）。

4月〜 光化学スモッグ被害（関東地方・静岡県）　4月から8月にかけて、埼玉県を除く関東地方の各都県と静岡県とで光化学スモッグが発生、特に8月上旬には注意報の発令が続き、公害防止協議会などの植物影響調査によれば、被験植物のうち小豆とキャベツを除き、水陸稲や里芋、大豆、トウモロコシ、タバコ、蔬菜類、花類など19種類への影響も確認された。

4月〜 光化学スモッグ被害（大阪府・兵庫県）　4月から8月にかけて、大阪府と兵庫県とで光化学スモッグが発生、特に6月末までに13回を記録した。

4月〜 光化学スモッグ発生（奈良県）　この月から翌年3月にかけて、奈良県で光化学スモッグが3回発生した。

5.4 笹ヶ谷公害病（島根県津和野町）　島根県鹿足郡津和野町の旧笹ヶ谷鉱山周辺地区の住民健康被害を検討していた環境庁のヒ素による健康被害検討委員会は、慢性ヒ素中毒症と認定した。5月段階で認定患者数は5名。ぜんそく、水俣病、イタイイタイ病につぐ第4の公害病といわれた慢性ヒ素中毒症による地域指定は、宮崎県高千穂町の登呂久鉱山周辺地区（1973年2月指定）に次いで2番目。

5.10 足尾鉱毒で調停成立（日本）　足尾鉱毒事件の調停案が公害等調査委員会から提示され、翌11日調停成立。100年にわたる公害の歴史上初の和解が成立した。

5.13 イリジウム被曝事故（岡山県）　岡山県警と水島署は、日本非破壊検査会社（本社、東京）の水島出張所を捜査するとともに元現場責任者を逮捕した。警察の調べでは、同社は、1971年に法律で禁じられている18歳未満の少年5名にイリジウム192などを取り扱わせていた。このため少年の中には素手で扱ったりしたため、脱毛やツメが変形するなどの症状が出ていた。さらに今度は同社が大分市内の石油会社内でイリジウム192を72年6月に紛失したことを届け出た。このため、大分労務局は常時出入りしていた約70名に健康調査するように指示した結果、7名に被曝していることがわかった。

5.17 公害対策（日本・アメリカ）　第3回日米公害閣僚会議が東京で5月20日まで開催され、環境庁長官が出席した。

5.18 光化学スモッグ（東京都）　中部から東北地方にかけて各地で30度を越える真夏並みの異常高温となり、東京都では光化学スモッグ警報が発令された。

5.18 地下核実験（インド）　タール砂漠でインドが地下核実験を実施した。

5.19 自然環境保全基礎調査（日本）　自然環境保全基礎調査に関する中間報告がなされた。

5.20 ディーゼル黒煙規制（日本）　自動車排出ガス量の許容限度一部改正により、ディーゼル車の一酸化炭素・炭化水素・窒素酸化物の1974年度規制、使用過程のガソリン（LPG）乗用車・バスの炭化水素規制、使用過程のディーゼル車の黒煙規制が定められた。

5月　カドミウム障害（秋田県小坂町）　重金属汚染が問題になっている秋田県小坂町の住民に、カドミウムによると見られる慢性じん障害患者が7名いることが、東北大学付属病院第2内科の研究グループによる調査で明らかになった。これに加え、県保健対策懇談会、秋田市中通病院公害委員会からの報告により、計17名（うち2名死亡）の患者がみつかった。

5月　地盤沈下（愛知県）　国土地理院も加わっている東海3県地盤沈下調査会が、愛知県濃尾平野南西部の地盤沈下の激化を報告した。それによると、1年間に最大21.3cmの沈下を示したところもあり、海抜ゼロメートル以下の地帯は243Km$^2$にも及んで最低は海抜マイナス1.8m。さらに沈下現象は西三河南部の幡豆地区でも出てきた。

5月　低温被害（中国地方）　前半は上空に寒気が入り、また移動性高気圧が北に偏って通過したため、全国的に気温は低く雨が少なかった。特に2日の朝、山陰地方は5月としては記録的な低温となり、島根県では果樹などの凍霜害で約3億6000万円の被害が出た。

5月～　排煙公害（越県公害）（岡山県）　5月から8月にかけて、岡山県笠岡市は隣接の福山臨界工業地帯、玉野市は対岸の香川県直島町にある精錬所から流れてくる排煙公害に悩まされた。光化学オキシダントの注意報は笠岡市で8回、玉野市で5回発令され、目や喉に異常を訴えた人は笠岡市で279名、玉野市で181名にのぼった。

6.1　総量規制（日本）　「大気汚染防止法」の一部改正、公布。イオウ酸化物に総量規制が導入された。

6.3　被曝事故（千葉市・福井県）　放射線医学総合研究所（千葉市）でも医療用にフランスから導入したサイクロトロンで、6月3日に研究員が手の指に3万レムから4万レムの放射線を浴びた。関西電力美浜原子力発電所でもアルバイトの6名の岡山大生が、東北大原子核理学研究施設でも中性子回折実験中にも研究員6名が放射線を浴びたことが明らかにされた。

6.4　公害対策（日本）　第6次地域（室蘭地域ほか10地域）の公害防止計画策定を、内閣総理大臣が指示した。

6.4　自然保護（日本）　自然保護憲章制定国民会議が開催され、自然保護憲章を制定した。

6.7　「第3水俣病」問題（九州地方）　熊本大学第二次水俣病研究班が指摘した有明海の「第3水俣病」問題で、環境庁の水銀汚染調査検討委員会健康調査分科会が、現時点で水俣病と診断可能な患者はいないとの判断を発表した。

6.10　水質汚染（日本）　底質の処理、処分等に関する暫定方針の策定について、中央公害対策審議会が答申した。

6.11 健康被害救済（日本）　「公害健康被害補償法」の一部改正、公布・施行。大気汚染被害補償の必要費用を、公害健康被害補償協会を通して交付する「自動車重量税収引当方式」が規定された。

6.11 公害紛争処理法（日本）　公害等調整委員会や都道府県公害審査会による斡旋を可能とする「公害紛争処理法」改正が公布され、調停・仲裁・裁定に関する手続きや苦情処理体制が定められた。

6.18 地下水採取規制（日本）　地下水採取規制地域の指定等について、中央公害対策審議会が答申した。

6.25 自然開発（日本）　「国土利用計画法」が公布された。

6.27 公害対策（日本）　環境影響評価運用上の指針を、中央公害対策審議会が中間報告した。

6.27 生活環境（日本）　「防衛施設周辺の生活環境の整備等に関する法律」が公布・施行された。

6.28 放射線医学総合研究所員被曝（千葉市）　千葉市の科学技術庁放射線医学総合研究所で医療用サイクロトロン管理課員が許容値の150倍から200倍の陽子線を浴び、右手指を負傷していたことがわかった。

6月 母乳PCB（各地）　厚生省が1973年夏に実施したPCBによる母乳汚染疫学調査の結果を発表。PCBの生産禁止後1年以上たっているにもかかわらず、母乳中のPCB濃度は最高値、平均ともに生産禁止直後に実施した第一回調査とほとんど変わらず、依然PCB汚染が去っていないことがはっきりした。高濃度汚染母乳の割合はわずかに減ってきたものの、食品からの許容量を越える汚染母乳は全体の28%に達していた。汚染度では、西高東低の傾向がはっきりでており、瀬戸内海付近の汚染が依然としてひどいことが裏付けられた。

6月 ヘドロ汲み上げ・移動（静岡県富士市）　静岡県田子ノ浦で、港湾ヘドロの汲み上げと河川敷への移動が一段落した。

6月 光化学スモッグ被害（兵庫県）　兵庫県で光化学スモッグが発生し、のべ4172名が眼や咽喉の痛みなど特有の症状を訴えた。

6月 カドミウム汚染（山口県美弥市）　山口県美弥市伊佐、大嶺地区から、環境庁の言う準汚染米に当たる0.4ppm以上のカドミウムを含んだ玄米が4点検出されたと名古屋大理学部災害研究会が発表し大問

題となった。山口県も1974年9月、同地区の米と土のカドミウム汚染の綿密な調査を行った。

6月 九州石油増設現場従業員被曝（大分市） 大分市の九州石油大分製油所の増設現場で従業員7名が被曝、潰瘍や皮膚炎などにかかった。原因は検査を担当した日本非破壊検査が現場付近で放射性物質のイリジウム192を紛失したまま、紛失を隠し続けたため。

7.3～ 酸性雨で目に痛み（関東地方） 3日から4日にかけて関東で降った霧雨のため、目が痛いという訴えが相次ぎ、被害者は2日間で2000名を越えた。東京都公害局の調べで、この雨の中に平常より異常に多い硫黄化合物が含まれていたことがわかった。空気中の硫黄酸化物などが雨に溶けたもので、3.0ppmから22.6ppmの範囲で含まれており、酸性度はPH3.0から4.0。これで、梅雨時には、晴れると光化学スモッグ、降ると酸性雨となってしまった。

7.3～ 酸性雨で被害者3万人（栃木県） 午後、栃木県南部から中央部にかけてPH2から3の酸性雨により3万人ちかい被害者が出た。17日、18日にも同様の被害が出た。因果関係についての確証は得られなかった。

7.4 健康被害救済（日本） 「公害に係る健康被害の救済に関する特別措置法施行令」の一部改正、政令公布。島根県笹ヶ谷地区が慢性ヒ素中毒症の救済対象地区に指定された。

7.11 関西電力発電所放射能漏出（福井県美浜町） 福井県美浜町の関西電力美浜原子力発電所で1号炉（加圧水型）の蒸気発生器から放射能が漏れた。問題の蒸気発生器からの放射能漏れが5回続いたため、関西電力は修復不能と結論、2基のうち1基を交換した。

7.12 公害対策（日本） 田中首相の政治姿勢を批判して、三木副総理・環境庁長官が辞任した。

7.12 「第三水俣病」問題（日本） 水銀汚染調査検討委員会健康調査分科会が、第三水俣病の調査結果を発表した。

7.17 秋田組合病院放射性同位体投棄（秋田市） 秋田市土崎の県厚生団体連合会秋田組合病院で使用済みのヨード131や金198など医療用の放射性同位体（ラジオアイソトープ）を敷地内に埋め、違法投棄した。

7.17 関西電力発電所放射能漏出（福井県美浜町）　以前から事故が続いていた関西電力美浜原子力発電所1号機は、7月17日に、また蒸気発生器の細管から冷却水が漏れた。細管に小さな穴があいていたもので、運転を中止した。これで1号機の停止は5回目にもなる。

7.20 神田川氾濫（東京都）　午前、東京都東部の山の手地区に局地的な大雨が降り、同9時からの3時間に88mm、特に10時からの1時間に51mmの雨量を記録、神田川の氾濫により家屋1200棟が浸水するなどの被害があった。

7.31 ヒ素中毒（島根県）　島根県は県公害被害者認定審査会の報告に基づき、鹿足郡津和野町、旧笹ヶ谷鉱山のヒ素中毒患者16名全員を正式に公害病患者として認定。

7月　PCB汚染（長野県）　長野県が実施した天竜川、犀川の魚介類調査で、最高19ppmのPCBが検出された。その後、10月までの調査がまとめられた結果、上伊那郡辰野町の天竜川から最高59ppm、犀川から最高7ppmが検出されている。

7月～　大腿四頭筋短縮症集団発生（富山県上市町）　富山県中新川郡上市町で大腿四頭筋短縮症が集団発生していることが患者の親たちの訴えで分かった。12月までの調査で、県下で256名、そのうち186名が同町に集中していた。

8.12 健康被害救済（日本）　公害健康被害補償法の実施に係る重要事項として、給付・賦課徴収に関する事項について中央公害対策審議会が答申した。

8.13 産業廃棄物（日本）　産業廃棄物対策の中間報告を、産業廃棄物懇談会が作成した。

8.22 合成洗剤（日本）　発癌性が疑われる合成洗剤AF2の禁止を厚生省が決定した。

8.26 強度の酸性雨（佐賀県）　佐賀県で強度の酸性雨が観測された。

8.27 イタイイタイ病で土壌汚染対策地域指定（富山県）　富山県神通川左岸のカドミウム汚染地など647haが土壌汚染対策地域に指定された。

8.28　健康被害救済（日本）　公害健康被害補償法の実施に係る重要事項（心身状態の障害度評価基準、診療方針、診療報酬など）について、中央公害対策審議会が答申した。

8.28　ピアノ騒音で殺人（神奈川県平塚市）　ピアノの騒音に怒った男が、平塚市で母子3人を殺害する事件があった。

8.31　公害健康被害補償法（日本）　環境庁が、公害健康被害補償法の規定に基づく障害補償・遺族補償標準給付基礎月額を告示した。

8月　大腿四頭筋短縮症患者多数発見（福井県今立町）　1971年春までに福井県今立郡今立町を中心に48名見つかっていた患者が、1974年8月に行われた短縮症全国連絡協議会医師団による自主検診で、新たに25名追加された。

9.1　健康被害救済（日本）　「公害健康被害補償法」が施行された。

9.1　原子力船「むつ」放射線漏出（北太平洋）　日本原子力船研究開発事業団の実験船「むつ」（約8350t）が北部太平洋で出力上昇試験を開始後、船内に比較的強い放射線が漏れた。事業団および放射線遮蔽技術検討委員会の発表によれば、原因は鋼鉄製遮蔽板の設計および製造上の欠陥。むつは8月26日早朝、陸奥湾にある青森県むつ市大湊の母港から地元漁業関係者らの抗議を無視して出港し、2日後に現場付近の海域で臨界実験を実施、成功した矢先だった（9月5日に漁業関係者らが放射能汚染の危険を訴えて帰港阻止を決議。10月14日に政府と地元が母港撤去協定に合意後、むつは50日ぶりに帰港し、原子炉を封印。1978年7月21日に政府と長崎県、佐世保市が修理の際、封印を解かない条件で協定を結び、むつは10月16日に佐世保へ入港）。

9.2　カドミウム汚染米（日本）　1ppm以上のカドミウムを含有する玄米が1973年度に19県36地域で発見されたことが、環境庁により発表された。9月、政府倉庫に蓄積されたカドミウム汚染米が過去6年分で5万8000tに達し、今秋約1万tが追加されることが明らかになった。

9.10　水質汚濁防止法（日本）　旅館等の水質汚濁防止法の規制対象事業場等の追加について、中央公害対策審議会が答申した。

9.19　渡り鳥保護（日本・アメリカ）　「日米渡り鳥等保護条約」が批准された。

9.20　水俣病認定申請で裁決（日本）　水俣病認定申請に係る不作為の行政不服審査請求に対し、環境庁長官が一部請求人の請求を認める最初の裁決を下した。

9.20　利尻礼文サロベツ国立公園（北海道）　利尻礼文の国定公園が、サロベツ原野を含めて利尻礼文サロベツ国立公園に昇格指定された。

9.21　上越新幹線トンネル建設現場付近地下水枯渇（群馬県北群馬郡）　群馬県伊香保、吉岡町および榛東、小野上、子持村の上越新幹線トンネル建設現場付近の地域で簡易水道の水源や住宅の井戸水などが枯渇した（発生直後、地元5町村が日本鉄道建設公団に迷惑料支払いを要求）。

9.26　カドミウム汚染公害（宮城県古川町）　ササニシキの本場宮城県古川町新堀流域に、カドミウム汚染米のあることが県の調べで明らかになった。汚染源は弱電の部品製造をしている東北アルプス会社古川工場。

9.30　環境基準（日本）　「水質汚濁に係る環境基準」の一部改正で、総水銀、アルキル水銀に新基準値が設定された。

9月　水銀汚染（各地）　環境庁が行った水銀汚染の全国調査結果がまとまり、水銀汚染列島の実態が明らかになった。この調査結果はこう濃度の水銀汚染の疑いのある水俣湾、徳山湾など、問題の9水域を除いている。これによると、新潟県直江津海域と鹿児島湾奥部の5種類の魚から、厚生省の暫定許容基準（総水銀0.4ppm、メチル水銀0.3ppm）を上回る水銀が検出された。総水銀平均で、直江津海域では最高0.62ppm、最低でも0.41ppm、鹿児島湾奥部では最高1.16ppm、最低0.98ppm。また、川魚では、北海道の渚滑川、常呂川、無加川、山形県の赤川、三重県の櫛田川、名張川、奈良県の芳野川、宇陀川、長崎県の川櫛川の9河川でとれた10魚種で暫定許容基準を越える水銀を検出した。最も汚染がひどいのは芳野川のカワムツで、総水銀の最高が2.00ppm（平均138ppm）。海、川底の泥からも、神奈川・京浜運河など20水域からヘドロ暫定除去基準（水銀濃度10ppmから40ppm）を上回る水銀がでた。東大阪市の加納井路が最悪で、最高1560ppm、平均531ppmであった。

9月　PCB汚染（各地）　環境庁はPCB汚染全国調査結果（20水域）を発表した。これによると、東京、多摩川河口など6都県8水域から厚生省

の暫定許容基準(3ppm)を上回る汚染魚が見つかった。とくに、多摩川河口と岐阜県の長良川、長野県の犀川、天竜川は、検体の20％以上が許容基準値を越え、最高は天竜川のウグイで19ppmであった。ヘドロからも、徳島、吉永用水路386ppmを最高に、徳島、静岡、名古屋の3県下計6水域から100ppmを上回る高濃度のPCBが検出された。50ppmから99ppmの汚染水域は8水域。これで漁獲規制水域も、9ヶ所から13ヶ所にふえた。さらに、ヘドロから10ppmを越えるPCBが検出された長野・犀川や琵琶湖、兵庫・高砂港など、全国51ヶ所の水域がヘドロ除去対策を迫られることとなった。

9月 土壌汚染（各地） 環境庁がまとめた1973年度の調査結果によると、土壌汚染防止法で対策地域の指定要件（玄米中のカドミウム1ppm以上）の水田は19都府県36地域にのぼり、同じく対策地域の指定要件（土壌中の銅125ppm以上）の地域は12県14ヶ所に達した。これで、新しく休耕や土の入れ替えなどを迫られる地域は60ヶ所になった。また、銅では、島根県八束地域の809.5ppmを筆頭に、秋田県鹿角地域、宮崎県三ヶ所鉱山周辺、兵庫県有賀鉱山周辺、和歌山県那智川流域から480ppm以上の高濃度汚染が検出された。そのほか、三重県勢和村の丹生鉱山の周辺の土壌から全国最高の67ppmの水銀が、滋賀県草津市の日本コンデンサ周辺から全国一の59ppmのPCB汚染がそれぞれ出ている。

9月 航空機騒音（東京都大田区） 東京都公害研究所による東京国際空港周辺の航空機騒音調査（1973年実施）の結果が発表され、約750世帯が少なくとも防音工事を必要とする重度の被害を受けていることがわかった。騒音のピーク値は、滑走路のはしからモノレール軌道に沿って約2Kmまでが100ホン（国電のガード下並み）、4、5Kmまでが90ホンというすさまじさであった。

9月 関西電力発電所燃料棒歪曲（福井県美浜町） 福井県美浜町の関西電力美浜原子力発電所で2号炉の燃料棒が曲がった。

10.1 公害健康被害補償法（日本） 「公害健康被害補償法の規定による公害診療報酬の額の算定方法の一部を改正する件」を環境庁が告示した。

10.13 サリドマイド薬害訴訟（日本） 全国サリドマイド訴訟統一原告団と国・製薬会社との間で和解成立、以後各地裁でも和解が成立した。

10月、救済センター「いしずえ」が発足し、12月に厚生省が設立を認可した。

10.14 『複合汚染』（日本）　作家の有吉佐和子が『朝日新聞』に小説「複合汚染」の連載を開始した。この作品は、農地は化学肥料、農作物は農薬、加工品は防腐剤などの化学物質に汚染され、これらが複合し相乗作用により予期できない汚染を引き起こす危険を指摘したもの。連載中から反響を呼び、現代文明の危機を示す語として流行語にもなった。翌1975年には新潮社から単行本とて刊行され、ベストセラーとなる。

10.22 飲料水ヒ素汚染（宮城県本吉郡）　本吉郡の旧宮城鉱山から流れでた環境基準を上回るヒ素を飲み続けていた同町寺要害地区の住民約60名が健康調査を受けた。

10.23 東京電力発電所放射能漏出（福島県双葉町）　福島県双葉町の東京電力福島原子力発電所で1号炉（沸騰水型）の営業運転を始めた直後、同炉の再循環バイパス管の溶接部分に腐食によるひび割れが発生し、放射能が冷却水に漏れた。

10.23 中部電力発電所放射能漏出（静岡県浜岡町）　静岡県の中部電力浜岡原子力発電所1号炉で超音波テストの結果、循環水バイパスパイプに2ヶ所影が見つかった。当原発は1974年8月に試運転を始めたばかりであったが、試運転を2、3ヶ月中止すると発表された。

10.25 工場青酸流出（埼玉県川越市）　埼玉県川越市の工場から青酸が入間川へ流れ込み、埼玉県と東京都が同川下流での水道用水の採取を中止した。

10月 大腿四頭筋短縮症（山梨県南巨摩郡）　山梨県南巨摩郡鰍沢町と増穂町を中心に多数発見されていた膝が曲がらず歩行困難な幼児のうち428名が患者と診断され、37名が手術を受けた。さらに、全国各地でも次々と患者が見つかっている。

10月 水俣病認定患者（熊本県）　10月現在、熊本県における水俣病認定患者は2600名を超えていた。

11.11 日本原子力発電発電所配管亀裂（福井県敦賀市）　福井県美浜町の日本原子力発電敦賀発電所で再循環バイパス管の溶接部分に腐食によるひび割れが発生した。

11.12 水質汚濁（日本）　「水質汚濁防止法施行令」の一部改正、政令公布。規制対象事業場に旅館等が追加された。

11.14 杉並清掃工場問題和解（東京都杉並区）　東京都の杉並清掃工場建設問題で、都と地主側の間で用地の9割について和解が成立した。11月25日、地元住民の反対期成同盟とも和解が成立、清掃工場の管理運営に住民参加の原則が採り入れられた。また清掃工場の排出ガスや粉じんを抑えるべく、高さ160mの煙突や排水中の重金属の除去施設などの最新設備が設けられることになった。同工場は1978年4月に着工し、1983年1月から本格操業を開始した。

11.22 水質汚染調査（各地）　環境庁は全国の21在日米軍施設区域の環境調査を行い、そのうち沖縄の米軍海兵隊基地など10施設区域の調査結果をとりまとめ中間発表した。それによると、水質関係では各基地のし尿処理施設からの排水の多くが、水質汚濁防止法などに定めるBOD（生物化学的酸素要求量）と大腸菌群数の基準を上回っていた。とくに、沖縄のキャンプシールズ、キャンプヘーグなどの米海兵隊施設区域からの排水が、沖縄中南部における水道水源として重要な比謝川の周辺の公共用水域に流入し、水質が悪化していた。一方、大気関係では米海兵隊岩国基地のボイラー19施設のうち10施設が硫黄酸化物の排出基準値を上回っており、米海軍佐世保基地もボイラー15施設のうち環境基準をほぼ見たしているのは7施設だけであった。

11.25 健康被害救済（日本）　公害健康被害補償法の実施に係る重要事項について、地域指定要件等を中央公害対策審議会が答申した。

11.27 総量規制（日本）　「大気汚染防止法施行令」の一部改正、政令公布。11地域が硫黄酸化物の総量規制地域に指定された。

11.29 地盤沈下（日本）　地盤沈下の予防対策について、中央公害対策審議会が答申した。

11.29 PCB基準を答申（日本）　PCBに係る水質の環境基準、排水基準及び底質の暫定除去基準並びにその分析方法の設定について、中央公害対策審議会が答申した。

11.30 健康被害救済（日本）　「公害健康被害補償法施行令」の一部改正、政令公布。東京都など7地域が公健法指定地域に指定された。

11.30 総量規制（日本）　「大気汚染防止法施行規則」の一部改正、総理府令公布。硫黄酸化物の総量規制制度導入に伴う技術細目が定められた。

11月 汚染者負担原則（世界）　経済協力開発機構（OECD）が、加盟国に環境アセスメントの取り入れを勧告する「化学物質の環境上の潜在的影響評価に関する勧告」を発表した。さらに「越境汚染原則勧告」「環境政策宣言」「汚染者負担原則の実施勧告」を相次いで発表した。

12.2 公害対策（日本）　第1回環境保全、公害防止研究発表会が12月3日まで開催された。

12.2 排ガス規制で大幅後退方針（日本）　自動車排出ガス昭和51年度規制について、環境庁が業界の主張を大幅に取り入れた基本方針を決定した。12月27日、中央公害対策審議会大気部会が、同規制について業界の意見を受け入れて大幅に後退した内容の答申を環境庁に提出した。

12.2 原子炉異常（福井県敦賀市）　米国で沸騰水型炉に欠陥がみつかったことから、日本原子力発電会社敦賀発電所で原子炉の調査をしたところ、再循環系バイパス管の溶接部分に溶接不良によるすき間ができていることを発見したと発表した。欠陥部分を取り換えるために約半月炉を停止した。

12.16 国連環境計画（日本）　日本が国連環境計画管理理事会理事国に再選された。

12.18 三菱石油製油所重油流出（岡山県倉敷市）　水島臨海工業地帯にある岡山県倉敷市の三菱石油水島製油所で貯蔵用タンクが壊れ、C重油約4万3000kℓが流出、そのうち2割前後が海に流れ出たものと見られ、これまでの最大の汚染事故となった。流出した重油は備讃瀬戸全面に広がり、さらに一部は鳴門海峡を通って紀伊水道に抜けた。汚染された海域は養殖が盛んで、"漁業の宝庫"とも言われてきたが岡山、香川、徳島、兵庫の各県での漁業被害額は100億円を越えた。拡散した重油以外に、海底に沈殿した重油及び中和剤による2次災害も心配されている。（29日に陸上自衛隊が兵庫、岡山、香川、徳島県へ出動し、回収作業を実施。1975年1月30日に企業側が汚染海域の県漁業協同組合連合会と補償合意）。原因はタンクの設計および建設上の欠陥。

12.20 食品汚染（東京都）　市販洋菓子の半数以上が細菌に汚染されていると、東京都衛生局が発表した。

12.26 日本アエロジル塩素事件・刑事（日本）　日本アエロジル四日市工場で起きた塩素流出事故で、同社と製造関係従業員が、1971年7月の法施行以降初めて公害罪法で起訴された。

12.27 公害対策（日本）　第5次地域（苫小牧地域ほか10地域）の公害防止計画を、内閣総理大臣が承認した。

12.27 自動車排出ガス（日本）　1976年度の自動車排出ガス規制について、中央公害対策審議会が答申した。

12月 騒音公害（各地）　総理府公害等調整委員会は騒音に関する調査を発表した。それによると、1973年度の公害苦情8万6777件のうち33％の2万8632件が騒音・振動に関するものであった。とくに大都市では、大型トラックなど自動車の騒音や振動に対する苦情が激しくなっている。

12月 北九州ぜんそく（福岡県北九州市）　12月末までで、北九州ぜんそくの国と市独自分合わせた認定患者は930名（うち14名死亡）となった。

12月～ 地盤凝固剤汚染（東京都小金井市）　東京都小金井市の仙川地下分水路建設現場で導水管（直径2.8m、総延長約2km）を埋設する際、珪酸ナトリウム（通称水ガラス）系の地盤凝固剤を含む溶液を注入したところ、現場付近の土壌や地下水に溶液が染み込み、井戸水を飲料水や入浴などに使っていた住民多数が湿疹やかゆみなどの皮膚症や神経系の中毒症にかかり、1976年10月に溶血性貧血症の入院患者1名が脳溢血で死亡（発生後、建設省がフッ素系凝固剤の使用禁止を指示。76年2月23日、地元の住民7名が分水路の建設差止めと汚染土壌の撤去の仮処分を東京地方裁判所八王子支部に請求したが、77年7月に却下）。地盤凝固剤には、ほかに尿素系やアクリル酸アミド系など数種類がある。

この年 カドミウム汚染米（各地）　環境庁がまとめた1973年の調査結果によると、カドミウム汚染米は富山県神通川流域の5.20ppmを最高に、秋田県鹿角地域、群馬県碓氷川地域、栃木県小山地域、秋田県柳沢地域から3ppmを越える汚染米が出た。さらに、1974年産米におけるカドミウム汚染の最もひどかった地域は秋田県であり、県の細密調

査（22市町村、4700ha）によると、汚染地区は930ha、汚染米（1ppm以上）1万6700俵、準汚染米6万6000俵にのぼり、73年度の2倍強に増えた。

この年　**2・3・アクリル酸アミド汚染（AF2）使用禁止**（各地）　2・3・アクリル酸アミド（商標名AF2）や類似薬剤のフラゾドリンなどによる、培養細胞の染色体異常、人間の胎児細胞の変異、奇形の発生などの報告が相次いだ。AF2は強い抗菌作用があり、防腐剤・殺菌剤としてハムやソーセージ、豆腐などに使われていたが、6月、神戸大・杉山武敏教授らがほ乳動物（ラット）の染色体異常を誘発しやすいこと、8月には国立衛生試験所池田良雄博士らがマウスで発ガン性のあることを立証し、厚生省はAF2の使用を全面禁止した。

この年　**東北アルプス工場カドミウム排出**（宮城県古川市）　宮城県古川市の東北アルプス古川工場が高濃度のカドミウムを含む廃液を新堀川へ排出し、同市と隣接する小牛田町とで流域の水田124haから収穫したササニシキに汚染が発生した（10月9日、県議会の生活環境警察および農林水産連合委員会で企業側が汚染源は工場であることを認め、18日には県が分離調整区域を設定）。

この年　**水銀汚染**（新潟県）　新潟県の調査で、関川河口中心に直江津海域の魚から、基準を超える総水銀を検出、8月5種の魚の漁獲・販売を規制。1975年10月には、関川水系3工場が6000万円の漁業補償を決めた。

この年　**低温と長雨による冷害**（山梨県）　山梨県は昨年（1973年）に比べ低温と長雨にたたられて、水稲などが冷害の被害を受けた。

この年　**カドミウム汚染**（岐阜県本巣町）　岐阜県本巣郡本巣町山口の住友セメント工場岐阜工場周辺の水田から収穫した米から最高1.89ppmのカドミウムが検出された。

この年　**製紙カス処理問題**（静岡県富士市）　5月まで行われた第三次ヘドロ処理で、田子ノ浦水域のヘドロ汚染は一息ついたが、富士市の60工場の製紙カスの共同処理場建設が遅れ、捨て場に困った業者が夜間、市内の空き地や公園に捨て去る事件が相次いでいる。

この年　**公害病認定患者増加**（兵庫県尼崎市）　兵庫県尼崎市の大気汚染による公害病認定患者は3600名を越え死亡者も100名を突破。

この年　騒音公害（兵庫県）　兵庫県国道43号の騒音被害が深刻化した。

この年　DDT汚染（鳥取県郡家町）　鳥取県衛生研究所が県内36農協、果実農協のうち20組合から20世紀ナシ各1検体の残留農薬検査をしたところ、八頭郡郡家町大坪地区でとれた1検体から、食品衛生法の許容標準0.2ppmの6倍近い1.18ppmのDDTを検出。使用禁止になっているDDT塗付袋をある農家が3本のナシの木に使用したため、県はその木に残っている987個を廃棄処分にしたが、出荷済みの汚染ナシ22.5kgは回収不能。

この年　光化学スモッグ（香川県）　瀬戸内海でも比較的きれいな空を誇っていた香川県も光化学スモッグ注意報が相次いだ。

この年　トリ貝が大量死（川之江市・伊予三島市・香川県）　春、香川県の愛媛県境、三豊沖海域でトリ貝が大量死した。同海域を主漁場にしている三豊漁連は、この原因を愛媛県川之江、伊予三島両市沖の製紙ヘドロが、臨界工業地帯造成に伴ってかき回された2次公害として、両市役所に補償を求めた。ところが、両市側が応じないため、1974年5月10日、トリ貝の死骸をトラックに積んで押しかけ庁舎内にまき散らすという刑事事件に発展した。また、トリ貝をさわった漁師の手がかぶれるなどの騒ぎもあり、この事件は環境庁もまじえての越境公害紛争となっている。

この年　地盤沈下（佐賀県）　1974年までの17年間に、有明海沿いの穀倉地帯、佐賀、白石両平野では地下水汲み上げを主な原因とした地盤沈下が進んだ。杵島郡江北町で116cm、佐賀市で56cm地盤沈下した。

この年　水銀汚染（鹿児島県）　鹿児島県の鹿児島湾でタチウオなど魚介類が暫定値を超える高濃度の水銀に汚染された（1975年4月4日に環境庁と県が汚染源を桜島の海底噴気と結論。77年7月に汚染魚10種類の出荷規制を実施）。

この年　オゾン層破壊説（アメリカ）　カリフォルニア大のシャーウッド・ローランドとマリオ・モリーナ博士らがフロンガスによるオゾン層破壊説を発表した。

この年　ワールド・ウォッチ研究所（アメリカ）　レスター・ブラウン博士（アメリカ）らにより、環境問題に関する研究を行うNGO「ワールド・ウォッチ研究所（WWI、本部ワシントン）」が設立された。

この頃　ニトロフラン系飼料汚染（各地）　鶏の配合飼料に含まれるニトロフラン系添加物による消費者の健康への影響が懸念された（6月10日に農林省が配合使用禁止を指示）。

この頃　地盤沈下（宮城県仙台市）　仙台市の仙台湾周辺の工業地域などで地下水の過剰採取による地盤沈下が深刻化した（7月20日、宮城県が同市苦竹地区を地盤沈下地域に指定）。

この頃　東京電力発電所関係者被曝（福島県双葉町）　福島県双葉町の東京電力福島第1原子力発電所の1号炉で放射線防護対策の不備により、作業を1週間から10日続けた関係者の白血球数が約50％減少することがわかった（定期検査で発見）。

この頃　地盤沈下（愛知県）　愛知県の各地で地下水の過剰採取による地盤沈下が深刻化した（県が5cmを超える地域の地下水の採取規制を実施）。

この頃　日本工業検査高校生被曝（大阪市）　大阪市の日本工業検査大阪営業所が高等学校の生徒数名をアルバイトに雇い、生徒が許容値を超える放射線を浴びた（1978年2月24日、大阪地方裁判所が企業に慰謝料などの支払いを命令）。

この頃　新日本製鉄工場退職者肺癌多発（福岡県北九州市八幡区）　北九州市八幡区の新日本製鉄八幡製鉄所コークス工場の退職者多数が肺癌にかかった（1月10日に発表）。

この頃　海洋汚染（沖縄県金武湾）　1972年の沖縄復帰前後から、これまで公害とは無縁と思われていた沖縄でも公害が目立ち始めた。CTS基地に運び込むタンカーの原油流出、海洋博関連工事で土砂が海に流出、珊瑚礁の青い海を赤土色に染めるなどの水質汚染が起こっている。

この頃〜　新幹線騒音・振動被害（名古屋市・羽島市・大垣市）　名古屋市南、緑区や岐阜県羽島、大垣市などで東海道・山陽新幹線の沿線地域の住民多数が騒音や振動による頭痛や難聴、心理的圧迫感などの症状を訴えた（名古屋市在住の被害者は2月3日に原告団を結成し、3月30日に騒音および振動の差止めと損害賠償を求めて提訴。2月21日から動力車労働組合地方本部が訴訟支援のため減速運転を開始）。

# 1975年
(昭和50年)

1.1 **ディーゼル黒煙規制**(日本) 使用過程のガソリン(LPG)乗用車・バスの炭化水素、使用過程のディーゼル車の黒煙規制が実施された。

1.5 **自然環境**(日本) 環境庁が、自然環境保全法に基づく「自然環境保全調査(緑の国勢調査)」の結果を発表。乱開発により、純粋自然は国土の2割しかないことが明らかにされた。

1.8 **関西電力発電所放射能漏出**(福井県美浜町) 福井県美浜町の関西電力美浜原子力発電所で2号炉の1次冷却水が2次冷却水に混入、放射能が漏れ、同炉は運転を緊急停止した。

1.13 **環境庁に保護事業移管**(日本) 国立・国定公園の特別保護地区、特別地域、海中公園地区内の天然記念物保護増殖事業が、文化庁から環境庁に移管された。

2.3 **PCBを健康項目に追加**(日本) 「水質汚濁に係る環境基準」の一部改正で、PCBが健康項目に追加された。

2.22 **自動車排ガス規制**(日本) 環境庁と運輸省が「自動車排出ガス量の許容限度」を一部改正し、1976年度の自動車排ガス規制基準を発表した。窒素酸化物($NO_X$)の排出許容限度は、重量1t級以下の小型乗用車が走行1km当たり0.84g以下、1t級以上の大型乗用が1.2g以下。新型乗用車は1976年4月1日、継続生産車は1977年3月1日、中古トラック炭化水素規制には同年6月1日から実施された。

2.28 **廃油ボール漂着**(沖縄県) 沖縄本島周辺の離島の油汚染調査を発表。伊平屋島、平安座島、宮城島、渡嘉敷島など太平洋側、東支那海側を問わず各島に廃油ボールが漂着、とくに北部の伊平屋島付近がひどかった。

3.5 **日本原子力発電発電所破損**(福井県敦賀市) 福井県敦賀市の日本原子力発電敦賀発電所で原子炉(沸騰水型)の非常用炉心冷却装置(ECCS)の炉心スプレー配管の溶接部分がひび割れ、破損した。

- 3.9 東京電力発電所放射能漏出（福井県敦賀市）　福井県敦賀市の東京電力福島原子力発電所で2号炉(沸騰水型)の給水ポンプの接続部分と原子炉冷却剤浄化系ポンプ軸封部とで放射能を含む冷却水が漏れた。

- 3.10〜 新幹線騒音・振動被害（岡山県・広島県・山口県）　岡山、広島、山口県で山陽新幹線岡山・博多駅間の開業後、通過地区の住民が騒音や振動による被害を訴えた。

- 3.11 健康被害救済（日本）　「公害健康被害補償法施行令」の一部改正、政令公布。1975年度の賦課料率が決定した。

- 3.11 土壌汚染（日本）　ヒ素とその化合物に係る農用地土壌汚染対策地域の指定要件について、中央公害対策審議会が答申した。

- 3.14 熊本水俣病刑事訴訟（日本）　水俣病患者と遺族らが、水俣病発生公表当時の元チッソ社長と工場幹部ら3人を殺人罪および傷害罪で熊本県警に告発した。

- 3.18 公害対策（日本）　有機ハロゲン化合物含有廃棄物の海洋投入処分等に関する基準設定の基本的考え方について、中央公害対策審議会が答申した。

- 3.28 自然環境（日本）　原生自然環境保全地域と自然環境保全地域の指定について、自然環境保全審議会が答申した。

- 3.31 津軽国定公園（青森県）　津軽国定公園が指定された。

- 3月 異常低温（各地）　2月下旬から3月初めに、北海道で平年より7度から10度低い異常低温が続き、尾岱沼が全面結氷し、白鳥18羽が餓死した。彼岸の連休は日本付近を深い気圧の谷が通過し、各地に記録的大雨が降った。この大雨で北日本では融雪が進み、増水による被害、山岳では17名が死亡した。

- 3月 太陽熱温水器（各地）　燃料費の高騰で太陽熱温水器が人気を呼び、1974年度の販売台数は前年比2.5倍となったことがわかった。

- 4.1 排ガス規制（日本）　運輸省が、自動車排気ガスの昭和50年度規制を実施。継続生産車には12月1日から適用された。

- 4.4 土壌汚染（日本）　「農用地土壌汚染防止法施行令」の一部改正、政令公布・施行。ヒ素とその化合物を「特定有害物質」に指定し、ヒ素土壌汚染対策・地域の指定要件を定めた。

4.4　水質汚濁（日本）　「水質汚濁防止法施行令」の一部改正、政令公布。政令市が追加指定された。

4.8　光化学スモッグ（日本）　今後の光化学スモッグ対策の方向を、光化学スモッグ対策推進会議が発表した。

4.9〜　光化学スモッグ（各地）　東京で光化学スモッグ注意報の第1号が出されたのを皮切りに、10月6日まで全国で256回の注意報が出された。1975年は残暑がとくにきびしかったため、9月に52回も注意報が出されたのが特徴。注意報の発令件数は73年328回、74年288回と毎年減ってきている。発生は21都府県に及んだが、埼玉が一番多く44回、次いで東京41回、千葉33回、神奈川27回、大阪23回だった。被害届では4万2839名、梅雨明けの7月15日は、全国で2万6162名の被害を届け出た。

4.14　大気汚染防止法（日本）　「大気汚染防止法施行規則」の一部改正、総理府令公布。硫黄酸化物の第7次規制が設置され、排出基準が強化された。

4.21　地盤沈下（宮城県仙台市）　地盤沈下を防ぐため仙台市東部約90km$^2$を県が工場用水法に基づく地盤沈下地域に指定、8月15日から施行された。同地域内での地下水のくみ揚げなどが許可制になった。

4.24　動力炉・核燃料開発事業団関係者被曝（茨城県東海村）　茨城県東海村の動力炉・核燃料開発事業団で関係者10名が被曝した。

5.3　「渡り鳥白書」（日本）　環境庁が、初の「渡り鳥白書」を発表した。調査によると、国内で生息する鳥類483種のうち、247種が渡り鳥だった。

5.15　関西電力発電所燃料集合体歪曲（福井県美浜町）　福井県美浜町の関西電力美浜原子力発電所で2号炉の燃料集合体121個のうち約半数に歪曲などのあることがわかり、使用時に被覆管が破れて放射能漏れが起こらないように、うち30個の緊急交換を実施した。

5.17　環境保全地域指定（岩手県・東京都・鹿児島県）　南硫黄島原生自然環境保全地域、屋久島原生自然環境保全地域、早池峰自然環境保全地域、稲尾岳自然環境保全地域が指定された。

5.21　ハマチ大量死（兵庫県）　この日以降、播磨灘に赤潮が異常発生。兵庫県家島付近の養殖ハマチ4万5000匹が全滅、被害は6700万円で、

香川、徳島県にも及んだ。1972年夏にも、約1400万匹のハマチが死に71億円に上る大被害を出している。

5.25 スーパー林道（中部地方）　自然保護問題で工事が一時中断された、南アルプス・スーパー林道について、5月25日、全国自然保護大会が建設中止を決議した。

5.26 千葉川鉄公害訴訟（千葉県）　千葉市内の大気汚染公害病認定患者らが、損害賠償と工事中の第6号高炉建設差し止めを求めて川崎製鉄を千葉地裁に提訴した（通称「青空裁判第1次提訴」）。

5.28 ソーラーハウス（埼玉県草加市）　科学技術庁は、草加市で、冷暖房・給湯施設の一部が太陽熱で稼働する「ソーラーハウス」を初公開した。

5.31 母乳PCB漸減（各地）　厚生省は1974年7月から8月にかけて全国で実施したPCBによる母乳汚染疫学調査結果を発表した。PCB生産禁止直後の72年6月末に実施した第1回調査、1年後の第2回調査に引き続き、全部の母乳から検出された。しかし、最高濃度は0.1ppm（前2回は0.2ppm）で半減した。

6.4 原油流出（神奈川県横浜市中区沖）　三光汽船のタンカー栄光丸（23万1799t）がペルシャ湾からの帰途、千葉港へ到着直前、横浜市中区本牧の沖合の東京湾中ノ瀬航路で対向船を避けようとして誤って座礁し、積荷の原油1000tが現場付近の海域に流出した。

6.6 光化学スモッグ被害（埼玉県・千葉県・東京都・神奈川県）　東京都と埼玉、千葉、神奈川県に光化学スモッグが発生し、各地で2500名が眼や咽喉の痛みなど特有の症状を訴えた。

6.10 九州電力発電所放射能漏出（佐賀県玄海町）　佐賀県玄海町の九州電力玄海原子力発電所の1号炉で蒸気発生器の第1次冷却水循環管が破損、比較的強い放射能を帯びた冷却水が第2次側に漏れた。原因は、作業で使った金属製巻尺を同管から出し忘れたまま組み立てたため。

7.5 鳥類保護（日本）　メスヤマドリの捕獲が禁止された。

7.10 騒音基準で航空法改正（日本）　「航空法」の一部改正、公布（10月10日施行）。騒音基準適合証明制度が導入された。

7.11 工業用水法（日本）　「工業用水法施行令」の一部改正、政令公布。宮城県の一部が地下水採取規制指定地域に指定された。

7.25 公害対策（日本）　第7次地域（札幌地域ほか9地域）の公害防止計画策定を、内閣総理大臣が指示した。

7.26 公害健康被害補償法（日本）　公害健康被害補償法の規定による診療報酬額の算定方法の一部を改正する件につき、環境庁が告示を行った。

7.28 住友海南鋼管工場重油流出（和歌山県海南市）　和歌山県海南市の住友海南鋼管工場で新造の貯蔵用タンクから重油が流出し、工場周辺の海域を汚染した。

7.29 環境基準（日本）　「新幹線鉄道騒音に係る環境基準」が告示され、鉄道に初めて騒音基準が設定された。

7月 日本化学工業六価クロム汚染（東京都・千葉県）　東京都江東区堀江町の区画整理地区の一部1万6500m$^2$に、環境基準の40倍から2000倍に達する六価クロムを含んだ産業廃棄物が埋められており、住民に健康被害が出ていることが明らかになった。日本化学工業（本社・東京）がごみ捨て場にし、大量の六価クロム鉱滓を捨てたため、これが原因と見られる。資材置き場には、5世帯20名が住んでいたが、5年ほど前から雨が降るたびに地下から黄色い水がにじみ出し、池の金魚やコイが次々に死んだ。分析の結果排水溝の水から総クロム量103ppmが検出された。この地区の汚染度は2000倍にあたる。東京都公害局の調査により、六価クロム産業廃棄物が江東区、江戸川区、千葉市、東葛飾郡浦安一帯の公立小学校の敷地内や一般住宅街の密集地などに日本化学工業によって大量に投棄・埋め立てられていることが判明した。

7月～ 光化学スモッグ発生（関東地方）　7月中旬から9月下旬にかけて、関東地方の南部を中心に光化学スモッグが発生し、光化学スモッグ警報が神奈川、埼玉県で2回、東京都で1回、同注意報が群馬県の東部で11回それぞれ発令された。

8.13 チッソ石油化学に融資（日本）　日本開発銀行の役員会でチッソ石油化学に対する22億円の融資が決定された。国費での救済は汚染者負担の原則に反するとの批判に対して、補償当事者であるチッソ本社ではなく子会社のチッソ石油化学への融資であると釈明した。

8.19 六価クロム汚染（愛知県名古屋市）　名古屋市内の下水処理場に基準の数万倍の六価クロム廃液が流入する事件が発生。メッキ工場などの点検を行ううち、民家の井戸水からも検出され、地下水のクロム汚染が表面化、大騒ぎとなった。

8月　日本化学工業六価クロム汚染・健康被害（東京都・千葉県）　日本化学工業が東京都江東区大島や同区南砂の州崎運河跡埋立地、江戸川区堀江、同区小松川の工場跡地、千葉県市川市、浦安町など各地に高濃度の六価クロムを含む鉱滓52万tを未処理のまま無許可で投棄し、現場付近の土壌を汚染した事件で、退職者を含む従業員11名が肺癌で死亡、多数が鼻中隔穿孔や皮膚炎など特有の症状を訴えていることがわかった。8月17日には元従業員の遺族らが被害者の会を結成。8月21日から都が現場付近の住民1万数千名の健康診断などを実施し、22日には環境庁および関係都道府県市の合同対策会議で鉱滓75万tの埋立処理地112か所の汚染実態が発表された。六価クロムは、重クロム酸ソーダの製造過程でクロム鉱石をソーダ灰と消石灰とともに焙焼すると発生し、酸化しやすい特徴があり、粉じんは皮膚および粘膜の潰瘍や肺癌の原因のひとつ。12月1日に損害賠償を求めて提訴された。

8月　日本電工六価クロム汚染・健康被害（富山県大島町・北海道栗山町）富山県射水郡大島町で、北海道栗山町の日本電工旧栗山工場から同社北陸工場へ転勤してきた従業員のうち8名が六価クロムによる鼻中隔せん孔症にかかっていることが富山労働基準局の調査でわかった。旧栗山工場では、重クロム酸ソーダ製造工程の元従業員14名が高濃度の六価クロムによる肺癌で死亡、多数が鼻中隔穿孔や鼻炎など特有の症状を訴えている事が判明、8月13日、政府が汚染実態調査を都道府県に指示した。その結果、鼻中隔せん孔は124名（労働省調べ）もいたことが明らかになったが具体的対策は進まず、地元栗山町民の不安は高まり、町と道に応急処置を要望した。

8月〜　三豊海域酸欠現象（川之江市・伊予三島市・香川県）　9月までの長期間に及び、県西部、愛媛県境の三豊海域で海底の酸欠現象が起こり、小魚が浮き、魚網にかかる魚が死滅状態に。地元漁民は愛媛県川之江、伊予三島両市からの製紙ヘドロが堆積しているためだと訴えている。

9.1　航空騒音（日本）　日本航空など国内航空3社が国内線ジェット機利用客から「騒音迷惑料」600円の徴収を開始した。

9.2　産業廃棄物（日本）　環境庁、厚生省、通商産業省、運輸省、自治省、建設省、農林省、国土庁の8省庁が「業廃棄物問題関係省庁会議」を設置した。

9.4　自動車騒音の許容限度（日本）　「自動車騒音の大きさの許容限度」の一部改正で、加速走行騒音の昭和51年規制・52年規制が設置された。

9.4〜　動力炉・核燃料開発事業団職員被曝（茨城県東海村）　茨城県東海村の動力炉・核燃料開発事業団の使用済み核燃料再処理工場でウランの冷凍実験を開始後、20日に担当職員1名が左手指を、24日に別の職員が靴底をそれぞれ被曝した。

9.16　マンガン汚染（山形市）　山形市双葉町の東洋曹達山形工場が県の許可を得て捨てていた同市郊外のクロム、マンガン鉱さい埋め立て地の水たまりから、有害物質のマンガンが国の排出基準10ppmを大幅に上回る400ppmも検出された。付近住民がノドや鼻の異常を訴え、山形市は工場に鉱さいが飛散しない処置をとるように申し入れたが、許可した県はマンガンの廃棄物処理の規制がないので調べなかったこともわかり、手ぬるい公害対策が問題となった。

9.21　クロロキン薬害訴訟（日本）　「クロロキン被害者の会」が自主交渉を打ち切り訴訟を決めた。12月22日の全国統一第1次提訴を皮切りに、1982年12月まで7次に渡る提訴が行われた。

9.26　健康被害救済（日本）　「公害健康被害補償法施行令」の一部改正、政令公布。介護加算額・療養手当額が増額された。

9月　新潟水俣病認定患者（新潟県）　9月末現在、水俣病の認定患者は568名（死者30名）にのぼり、1カ月平均20名近くが認定を申請、潜在患者は未知数。否認された39名は県の環境庁に行政不服審査を申請した。

9月　光化学スモッグ（三重県）　6回にわたり、員弁郡大安町の大安中学校で延べ1439名が光化学スモッグによると見られる被害を受け大問題となった。県が調べた結果、四日市の大気汚染が下地になり、それに同校の焼却炉から出る煙、近くのプロパンガス容器検査所からもれるガスが加わった「複合汚染」が原因であることがわかった。

| | | 1975年（昭和50年） |

9月 　六価クロム汚染・健康被害（鳥取県日南町）　全国で唯一のクロム鉱山、日野郡日南町多里鉱山の2事業所の従業員の多数が、クロム汚染特有の鼻中隔せん孔、皮膚炎に似た症状を訴えていることが、両労組のアンケート調査でわかった。一方、県が鳥取大医学部に依頼して1971年から73年にかけて調べた結果、土壌調査でも高濃度のクロムが検出され、要注意とされていたにもかかわらず県は結果を公表せず、対策も立てなかった。

9月 　原発温排水漁業被害（島根県鹿島町）　八束郡鹿島町の中国電力島根原子力発電所周辺の海域で、海中の透視度が落ち沿岸漁民の操業がむずかしくなったが、県は原子力発電所から出る温排出が原因と断定した。

10.4 　大腿四頭筋短縮症患者（大分県）　大分県が特別検診した結果わかった大腿四頭筋短縮症患者の内訳は、Aランク（重傷）4名、B（中程度）17名、C（軽傷）109名の計130名。

10.17 　イタイイタイ病復元対策地域指定（富山県）　富山県が神通川右岸のカドミウム汚染地域のうち350haを新たに復元対策地域に指定、復元対策地域が両岸合わせて1004haに達した。

10.28 　低公害車（日本）　東洋工業がこの日発売の全車種について1976年度排ガス対策を達成したと発表した。

10.30 　公害防止協定（千葉県・東京都）　千葉県と京葉コンビナートの36社41工場が公害防止協定に調印した。

10月 　カドミウム汚染対策（秋田県）　立毛玄米カドミウム汚染調査で、1941検体中、汚染米170検体、準汚染米539検体が見つかった。汚染米収量は引き続き実施されたロット調査で判定されるが、検体数の比較では1974年の倍近くにのぼった。調査対象地域3288haの約3分の1に投入したカドミ抑制剤の効果が問われるとともに、県の土壌汚染対策の決め手のなさが浮き彫りにされた。

10月 　六価クロム（宮崎県仙台市）　仙台市東十番丁のメッキ工場跡地付近から、基準値の80倍もの六価クロムが検出されたことが、1975年10月7日の県議会で表面化した。汚染源は以前操業していたメッキ工場の廃棄物処理が不完全だったためとみられている。住民は4年前から市に調査を依頼しており、市の対策の遅れや姿勢が問題となった。

1975年（昭和50年）

11.4　三井東圧化学で塩ビモノマー排出（愛知県名古屋市南区）　名古屋市南区の三井東圧化学名古屋工場が塩化ビニルの単体（モノマー）を含む煙を排出し、9月に下請け作業員が門脈高進症で全国初の職業病認定、10月24日には塩ビ製造の重合ガマ清掃作業員が肝臓障害で死亡した。塩ビモノマーは全国22社36工場で生産しており、新しい型の職業病として問題化。11月4日までに死者4名が判明。また1969年12月に同工場の重合釜の清掃担当者54名のうち24名が手足のしびれなどの症状を訴えており、調査結果の隠匿や対策の遅れが論議を呼んだ。

11.25　産業廃棄物（日本）　産業廃棄物処理に係る廃棄物処理と清掃に関する法律改正等に関する検討事項について、産業廃棄物問題関係省庁会議が取りまとめを行った。

11.27　大阪空港騒音訴訟で夜間飛行禁止判決（大阪府）　大阪国際空港騒音公害訴訟で、大阪高裁が21時以降の飛行禁止などを認める控訴審判決を下した。

12.4　窒素酸化物の排出規制（日本）　窒素酸化物の第2次排出規制を環境庁が発表した。

12.5　自動車排出ガス規制（日本）　1975年度自動車排出ガス規制のうち、2サイクルエンジンの軽乗用車の炭化水素について1977年9月までの暫定規制値が設定された。

12.11　大気汚染公害病指定（日本）　14地域が大気汚染公害病の指定地域となった。

12.17　発電所の温排水（日本）　発電所の温排水について、中央公害対策審議会水質部会温排水分科会が中間報告を発表した。

12.19　健康被害救済（日本）　「公害健康被害補償法施行令」が公布され、公健法の指定地域に東京都ほか5地域が指定された。

12.20　PCB含有産廃の処分基準（日本）　「廃棄物の処理及び清掃に関する法律施行令」「海洋汚染防止法施行令」の一部改正、政令公布。PCB含有産業廃乗物の処分基準が設定された。

12.20　ごみ海洋（日本）　PCBや有機塩素化合物を含む廃棄物の処分基準を規定するため「廃棄物処理法施行令」「海洋汚染防止法施行令」両法の一部が改正された。3月1日施行。

12.20 化学物質汚染(各地)　PCB汚染をきっかけにした化学物質汚染総合点検の第1回として「49年度化学物質環境調査」を発表した。調査対象となったのはとくに、蓄積性と慢性毒性が心配されているフタル酸エステルなどの化学物質やDDTなどの農薬、重金属など19種類、33品目の物質。フタル酸エステル類は、広範囲にわたって環境汚染を引き起こしているが、揮発性、分解性が高いためPCBほど著しくはない。農薬は規制の効果が現れ水質からは検出されなかった。

12.20 吉野熊野国立公園(奈良県・和歌山県)　吉野熊野国立公園の区域拡張で、鬼ヶ城以北地域が追加された。

12.23 環境アセスメント(日本)　環境庁長官が環境影響評価(アセスメント)制度のあり方について諮問、中央公害対策審議会に環境影響評価部会が設置された。

12.23 塩ビモノマー検出(各地)　塩化ビニール樹脂製食器容器に、包装について、材質中に含まれる塩ビモノマー「1ppm以下」という暫定基準を定めた。塩ビモノマーが発ガン物質とわかり、厚生省は食品衛生法に正式に規格基準を定める準備を進めたが、とりあえず行政指導上の暫定基準を造った。市販の塩ビ容器入り食品を検査したところ、しょうゆの0.2ppmを最高に、食品からも塩ビモノマーが検出された。次いで、国立衛試も市販品を調べた結果、ソースの0.59ppmを最高に8検体から検出、いずれも容器業界による1974年暮以降の自主規制以前につくった、古い製品とみられていた。

12.25 カドミウム米(東京都)　府中市など都内3ヵ所で生産された米から安全基準を超えるカドミウムが検出された。

12.26 大気汚染状況(各地)　環境庁は「49年度の全国大気汚染状況」を発表した。1974年4月から75年3月まで二酸化硫黄($SO_2$)と一酸化炭素(NO)、二酸化窒素($NO_2$)およびオキシダント、炭化水素、一酸化炭素(CO)、浮遊物粉じん、降下ばいじんについて全国の測定結果を集計したもの。二酸化硫黄が減少した理由としては、大気汚染防止法による規制の強化と、これに対応した低硫黄重油の使用、直接間接脱硫装置、排煙脱硫装置の普及、重油からガスへの燃料転換など効果があげられている。406都市1225局の観測のうち、69%に当たる776局が環境基準を達成。一方窒素酸化物は、重油ボイラー、硝酸製造施設などの二酸化窒素の排出規制が始まったという規制措置の出遅れが原因で横ばい、もしくはやや減少程度にとどまった。

12.27 土呂久鉱害訴訟（宮崎県）　宮崎県高千穂村土呂久地区の慢性ヒ素中毒症の認定患者が、損害賠償を求めて住友金属鉱山を宮崎地裁に提訴した（土呂久鉱害訴訟第1陣提訴）。

この年　注射液溶解補助剤被害（各地）　注射液溶解補助剤のウレタンに発癌性のあることがわかり、患者多数の健康への影響が懸念された（7月24日に厚生省が企業に製造および販売中止を指示）。

この年　光化学スモッグ発生（各地）　福島県いわき市小名浜や近畿地方、岡山、徳島、香川、愛媛県の各地で光化学スモッグが発生し、滋賀、奈良県で発生回数が多くなった。

この年　水質汚染（各地）　全国の海、河川、湖沼の汚染状況を示す1974年度公共用水域水質の測定結果を発表した。それによると、水の汚濁は全般的に改善の傾向にあるが、主要180水域の環境基準達成率は、60％に過ぎず、対策強化の必要が認められた。水質汚濁に関しては河川2838、湖沼231、海域1566の計4635地点で、水素イオン濃度（PH）、容存酸素量（DO）、生物化学的酸素要求量（BOD）、化学的酸素要求量（COD）、大腸菌群数などに付いて測定した。いずれも前年度よりわずかながら減少、汚染悪化が止まる傾向にあることがわかった。

この年　リジン問題（各地）　4月には、全国の学校給食用の小麦粉を供給している日本学校給食会は、文部省の承認を得て一律にリジン添加を始めたが、分析の結果、発ガン性物質である3・4ベンツピレンが検出され、また原料として糖蜜やでん粉を用いず、ノルマルパラフィンを使用した疑いがもたれた。7月3日、リジン添加阻止を訴える全国集会が横浜で開かれ、各地から多数の教師、父母、給食関係者が集まり、リジン添加の全面中止、学校給食の安全性の総点検を求める文部大臣あての要求書を採択した。12月8日には、全国で1県だけリジン添加を続けていた福島県が、1976年4月から添加を中止すると発表した。

この年　使い捨てから修理再生へ（各地）　不況を反映して、消費者の生活が使い捨て文化から、道具を修理・再利用する節約生活に変化・定着していった。スーパーマーケットでも家電製品の修理を行い、鍋、刃物、傘、靴などの再生業の利用が増加した。

この年　大気汚染（北海道）　北海道で冬季間の大気汚染が問題となった。人口集中は、北国の宿命として冬季間の燃料使用料を増加させた。

その結果、大気汚染、とくに二酸化硫黄による汚染は著しく、市内5観測所の1974年度観測結果は、1時間値の日平均0.04ppm、基準値を超える日は年7日以内とする国の環境基準にいずれも不適。都心部では基準値を超える日が50日を記録。

この年 **赤潮で血ガキ騒ぎ**（宮城県）　工業排水などで海水の汚染がひどく、気仙沼湾では赤潮による血ガキ騒ぎが起きている。

この年 **森林破壊**（栃木県那須郡）　栃木県那須郡の観光道路塩原那須ラインの建設現場付近で伐採や土砂崩れなどによる森林の破壊が深刻化した。

この年 **光化学スモッグ**（東京都）　光化学スモッグによるとみられる被害者の訴えは、5210名（1974年は2710名）にのぼった。光化学スモッグ注意報、予報とも前年を上回り、注意報（41日）は、73年に次いで史上2番目。大気汚染状況は亜硫酸ガス、一酸化炭素、浮遊粉じんが69年以降の減少傾向を続けたのに対し、オキシダントは、ほぼ横ばい、窒素酸化物はむしろ増えた。国の公害健康被害補償法にもとづく大気汚染公害病（気管支ぜんそくなど）の認定患者は75年11月、大田など8区だけで4000名（うち、死者25名）の大台に乗った。

この年 **工場水銀排出**（新潟県）　新潟県頸城村の信越化学工業直江津工場と西隣に当たる上越市のダイセル、日本曹達の工場が高濃度の水銀を含む廃液を関川へ排出し、流域や河口付近の海域の魚介類が汚染された（4月8日に環境庁が汚染源を特定）。

この年 **航空自衛隊基地騒音被害**（石川県）　石川県小松、加賀市の航空自衛隊小松基地の5km圏の区域内でジェット戦闘機の離着陸により100ホンを超える騒音が発生し、住民の健康への影響が論議を呼んだ（1975年9月16日に地元住民12名が離着陸差止めおよび慰謝料支払いを求めて提訴）。

この年 **カドミウム汚染**（石川県）　小松市・梯川流域の1973年産米、農地から高濃度のカドミウム、銅が検出された。そのため県は74年に土壌汚染防止法に基づき梯川下流700haで細密調査を実施、75年196haの農地を地域指定した。76年には客土、排水路の設置など対策計画を行う。

この年 **宝満山鉱山カドミウム排出**（島根県）　島根県の宝満山鉱山が高濃度のカドミウムを含む廃液を排出し、周辺地域の土壌が汚染された。

この年　世界遺産条約（世界）　「ラムサール条約」（1971年採択）「ワシントン条約」（1973年採択）「世界遺産条約」（1972年採択）が相次いで発効した。

この頃　悪臭被害（各地）　青森県八戸市付近や宮城、福井、高知、鹿児島県など各地で工場の排出する煙などに含まれる悪臭による被害が深刻化した。

この頃　稲藁ばい煙被害（青森県・秋田県）　青森県西部や秋田県で稲の収穫後、稲藁の焼却処理で出たばい煙による被害が深刻化した。

この頃　昭和電工工場六価クロム汚染（埼玉県秩父市）　埼玉県秩父市上影森の昭和電工秩父工場が高濃度の六価クロムを含む鉱滓を排出し、従業員や工場周辺の住民の健康への影響が懸念された（8月13日、政府が使用工場の汚染実態調査を都道府県に指示）。

この頃　川崎製鉄工場ばい煙汚染（千葉市）　千葉市川崎町の川崎製鉄千葉製鉄所が排出するばい煙などにより周辺地域の住民475名が気管支ぜんそくなどの疾患にかかった（5月26日、患者らが企業に高炉建設差止めと損害賠償を求めて提訴）。

この頃　新日本製鉄工場ばい煙汚染（千葉県君津市）　千葉県君津市の新日本製鉄君津製鉄所がばい煙などを排出し、工場周辺の住民らの健康への影響が懸念された。

この頃　東京国際空港騒音被害（東京都大田区）　東京都大田区羽田の東京国際空港の周辺地域で航空機の離着陸による騒音が深刻化し、住民の健康への影響が論議を呼んだ。都公害研究所の調査によれば、同空港の騒音被害は大阪国際空港の被害を上回っている。

この頃　騒音・振動被害（神奈川県川崎市）　川崎市で東名高速道路の排気ガスや騒音、南武線の振動などによる被害が深刻化し、沿線地域の住民の健康への影響が懸念された。

この頃　日本ゼオン工場塩化ビニル排出（富山県高岡市）　富山県高岡市の日本ゼオン高岡工場が塩化ビニルの単体（モノマー）を含む煙を排出し、周辺地域の住民の健康への影響などが懸念された（11月7日、横浜国立大学助教授が検出と発表）。塩化ビニルは、ポリ塩化ビニルなど合成樹脂の原料に使われ、常温で無色の気体。

この頃　飼料・肥料製造工場悪臭被害（愛知県稲沢市）　愛知県稲沢市の飼料および肥料製造工場が悪臭を発生し、工場周辺の住民に被害があいついだ（1979年9月5日、名古屋地方裁判所が住民側の訴えを認め、発生源の企業に損害賠償支払いを命令）。

この頃　東洋曹達工場塩化ビニル排出（三重県四日市市）　三重県四日市市の東洋曹達四日市工場が塩化ビニルの単体（モノマー）を含む煙を排出し、元従業員4名が肝臓障害などの症状を訴えた。

この頃　東邦化学工場六価クロム汚染（三重県四日市市）　三重県四日市市の東邦化学四日市工場が高濃度の六価クロムを含む鉱滓を排出し、従業員や工場周辺の住民の健康への影響が懸念された（8月13日、政府が使用工場の汚染実態調査を都道府県に指示）。

この頃　鉱山・工場廃液排出（京都府）　京都府の鉱山や工場が有害物質を含む廃液を排出し、周辺地域の農作物や土壌を汚染した。

この頃　三井金属鉱業精錬所六価クロム汚染（広島県竹原市）　広島県竹原市の三井金属鉱業竹原精錬所が高濃度の六価クロムを含む鉱滓を排出、従業員1名が肺癌で死亡し、工場周辺の住民の健康への影響が懸念された（8月13日、政府が使用工場の汚染実態調査を都道府県に指示）。

この頃　日本化学工業工場六価クロム汚染（山口県徳山市）　山口県徳山市の日本化学工業徳山工場が高濃度の六価クロムを含む鉱滓を排出し、従業員や工場周辺の住民の健康への影響が懸念された（8月13日、政府が使用工場の汚染実態調査を都道府県に指示）。

この頃　日本電工工場六価クロム汚染（徳島市）　徳島市の日本電工徳島工場の高濃度の六価クロムを含む鉱滓を排出、退職者を含む従業員のうち1名が肺癌で死亡、47名が鼻中隔穿孔など特有の症状を訴え、工場周辺の住民の健康への影響も懸念された（8月13日、政府が使用工場の汚染実態調査を都道府県に指示）。

この頃　ヘドロ埋立汚染（伊予三島市・川之江市・香川県）　愛媛県伊予三島、川之江市の製紙工場が排出した繊維滓やヘドロの埋立処分を沿岸海域で実施したところ、隣接の香川県観音寺市や詫間、仁尾、大野原、豊浜町付近の燧灘でトリ貝に深刻な被害が発生した（地元の汚水対策協議会が埋立処分の因果関係を指摘）。

この頃　旭硝子工場六価クロム汚染（福岡県北九州市）　北九州市の旭硝子牧山工場が高濃度の六価クロムを含む鉱滓を排出し、従業員や工場周辺の住民の健康への影響が懸念された（8月13日、政府が使用工場の汚染実態調査を都道府県に指示）。

この頃　赤潮発生（大分県別府市）　大分県別府市の別府湾で赤潮が発生し、魚介類に被害があいついだ（発生後、県が地元の漁業関係者の救済などを検討）。

# 1976年
（昭和51年）

1.4　ビジネスホテルガス漏出（青森市）　青森市のビジネスホテルで客室内にガスが漏れ、宿泊者32名が一酸化炭素中毒にかかった。

1.20〜　群栄化学工場フェノール流出（高崎市・埼玉県・千葉県・東京都）　20日から21日にかけて、群馬県高崎市の群栄化学工場からフェノール（約1.7t）が利根川へ流れ、埼玉県行田市で飲料水の許容値の約280倍に当たる高濃度のフェノールを検出。このため下流域の埼玉、千葉県と東京都は上水道の取水を一時中止したり、活性炭による吸着処理を実施したりした。

1月〜　日本原子力研究所冷却剤漏出（茨城県東海村）　1月から4月にかけて、茨城県東海村の日本原子力研究所東海研究所で動力試験炉（JPDR）の回収用タンクが壊れ、冷却剤約960t（推定）が漏れた（4月3日に発見）。

1月〜　沿岸海域廃油投棄（島根県）　1月から2月にかけて、島根県の沿岸海域に廃油が3回にわたり無許可で投棄され、ワカメや海苔などに被害があいついだ。

2.14　水俣湾のヘドロ処理（熊本県）　水俣湾のヘドロ処理費用について、熊本県公害対策審議会が答申した。

2.17　公害対策（日本）　第6次地域（室蘭地域ほか10地域）の公害防止計画を、内閣総理大臣が承認した。

3.5　鉄道騒音対策要綱（日本）　「新幹線鉄道騒音対策要綱」閣議了解。音源対策、障害防止対策などを見直し、環境基準の達成・推進を確認した。

3.6　新幹線の振動規制（日本）　振動規制を行うに当たっての規制基準値・測定方法、および環境保全上緊急を要する新幹線鉄道振動対策に当面の措置を講じる場合の指針について、中央公害対策審議会が答申した。

3.10　公害対策（日本）　公害に関する費用負担の今後のあり方について、中央公害対策審議会費用負担部会が答申した。

3.20　沿岸漁場（日本）　「沿岸漁場整備開発計画」が閣議決定した。

3.22　自然環境（静岡県）　大井川源流部原生自然環境保全地域が指定された。

3.26　琵琶湖環境権訴訟（近畿地方）　近畿地方6府県の住民が国・大阪府・滋賀県・水資源開発公団を相手取り、琵琶湖総合開発工事への補助金交付の差し止めなどを求める環境権訴訟を起こした。

3.26　鉄線製造工場塩素ガス漏出（大阪府東大阪市）　大阪府東大阪市の住宅密集地域にある鉄線製造工場から高濃度の塩素ガスが漏れ、従業員や工場周辺の住民ら100名以上が中毒症状を訴えた。

3.26　カネミ油症裁判（福岡県）　カネミ油症裁判で、北九州市民公害研究所所長が胎児へのPCB蓄積を証言した。

3.31　健康被害救済（日本）　「公害健康被害補償法」「公害健康被害補償法施行令」の一部改正が公布され、児童補償手当・葬祭料の額の増額、1976年度の賦課料率が決定した。また、公害健康被害補償法に基づき、診療報酬額算定方法一部改正と1976年度の障害補償・遺族補償標準給付基礎月額を環境庁が告示した。

3月　大気汚染公害（東京都）　3月末現在、気管支ぜんそくは認定申請1万人を超し、東京都の公害被害認定患者数は6385名。大阪に次ぐワースト2となった。認定後の死者数は54名。

3月　武蔵野南線騒音公害（神奈川県川崎市）　東京府中と川崎の新鶴見操車場間24.9kmで開通した貨物専用線のほとんどが地下トンネルの

ため、真上の住宅から振動、騒音公害の訴えが続出。トンネルも深さが4mから5mのところもあるなど工法にも問題があった。

3月〜 　地盤沈下（福井市）　福井市南部地区を中心に沈下問題が深刻化。地下水の変動などを継続的に調査するため、地盤沈下観測井を設置。

4.1 　自動車公害防止条例（兵庫県）　兵庫県で「神戸市自動車公害防止条例」が制定された。

4.2 　環境アセスメント（日本）　環境庁で環境影響評価（アセスメント）法案要綱がまとめられた。しかし、通産省などの強い抵抗のため、5月11日に法案の国会提出を断念した。

4.13 　むらさき丸爆発（神奈川県川崎市）　川崎港で産業廃棄物を荷役中の廃棄物排出船むらさき丸（785t）の1番タンクが突然爆発し、1名が死亡、3名が負傷した。産業廃棄物の中で酸とアルカリの混じった廃液にガスが発生し、引火・爆発したもの。

4.17 　光化学スモッグ発生（東京都）　東京都に光化学スモッグが発生し、光化学スモッグ注意報が発令された。

4.28 　横田基地騒音で東京地裁に提訴（東京都）　横田基地公害訴訟団が、米軍機の夜間飛行差止め請求と、国に対する健康被害への損害賠償を求めて東京地裁に提訴した。

4月 　カドミウム公害（石川県）　日本鉱業、北陸鉱山の企業活動が原因で小松市・梯川流域の水田から高濃度のカドミウムを検出。石川県は土壌汚染防止法に基づき1976年4月、流域313.4haを対策地域に指定。

4月 　光化学スモッグ発生（近畿地方）　近畿地方に光化学スモッグが発生し、光化学スモッグ注意報が発令された。

5.4 　水俣病でチッソ幹部起訴（熊本県）　水俣病で、チッソ吉岡元社長・西岡元工場長が業務上過失致死罪で熊本地検に起訴された。

5.11 　光化学スモッグ公害（富山県）　富山県生活環境部は高岡市伏木一宮でオキシダント濃度が日本海側で初めて光化学スモッグ注意報発令基準の0.15ppmを突破、0.16ppmを記録、初のオキシダント情報を出した。

5.18 　国土開発（日本）　「国土利用計画（全国計画）」が、閣議決定した。

5.25　水質汚濁（日本）　「水質汚濁防止法施行令」の一部改正、公布。排水規制対象として浄水施設と中央卸売市場が追加された。

5.28　瀬戸内海環境保全臨時措置法（瀬戸内海）　「瀬戸内海環境保全臨時措置法」の一部改正、公布により、時脱法の期限が2年間延長された。

5.31　文化財保護（佐賀県）　佐賀県で「文化財保護条例」が制定された。

5.31　国連人間居住会議（世界）　国連人間居住会議が、カナダ・バンクーバーで開催された（6月11日まで）。

6.1　振動規制法公布（日本）　「振動規制法」公布（12月1日一部施行、1978年6月10日施行）。工場・事業場、建設工事、道路交通に関する振動を規制。知事が地域を指定し、規制基準に適合しない場合には計画変更・改善を勧告・命令する。

6.10　第5福竜丸（東京都江東区）　1954年にビキニ環礁で被爆した第5福竜丸の展示館が、東京・夢の島に開館した。

6.15　自動車騒音（日本）　自動車騒音の許容限度の長期的設定方策について、中央公害対策審議会が答申した。

6.25　捕鯨枠大幅削減（世界）　捕鯨枠の大幅削減（ナガスクジラ捕獲禁止を含む）が、国際捕鯨委員会で決定した。

6月　高濃度ヒ素検出（青森県）　青森下北郡大畑町の正津川流域一帯で土壌や水から環境基準を大幅に超えるヒ素が検出された。汚染地域は80haと推定され、場所によっては基準の21倍という高濃度。

6月　水俣病公害（熊本県）　熊本、鹿児島県の公害被害者認定審査会から水俣病と認定された患者は合計1000名を超えた。熊本県では12月現在、約3500名の未処分認定申請者をかかえている。

6月〜　日照不足と異常低温で冷害（北日本各地）　6月から9月にかけて、北海道、東北地方などの各地で日照不足と異常低温が長期間続き、北海道雄武町で2.7度、盛岡市で4.3度、東京都で14度の日最高気温を記録、7月1日には岩手県玉山村藪川で季節外れの結氷がみられた。このため千葉県で特産の枇杷がほぼ全滅したのをはじめ、北海道や青森、岩手、秋田、山形、新潟県で農作物などに深刻な被害が発生した。

7.6　自然保護（愛知県）　愛知県議会が渥美半島汐川干潟を保存する方針を表明した。

7.16　ヒ素汚染公害（島根県）　鳥取県は、1976年7月16日新たに3カ所のヒ素汚染地域が見つかったと発表した。休廃止鉱山周辺の土壌調査でわかったもので、県内のヒ素汚染地域は、これまでの鹿足郡津和野町の旧笹ケ谷鉱山周辺、八束郡東出雲町の旧宝満山周辺などを加えて、計7カ所になった。

7.29　公害健康被害補償法（日本）　公害健康被害補償法の規定による診療報酬額の算定方法の一部改正について、環境庁が告示した。

8.13　オキシダント（日本）　悪臭物質の指定・悪臭規制基準の範囲設定等に関する基本方針、大気中鉛の健康影響、光化学オキシダント生成防止のための大気中炭化水素濃度の指針について、中央公害対策審議会が答申した。

8.30　国道43号訴訟（兵庫県）　大阪―神戸間を結ぶ国道43号とその上を走る高架の阪神高速道路をめぐり、沿線4市の住民が高速道路の延長工事差し止めなどと過去・将来の損害賠償を求めて国と阪神高速道路公団を神戸地裁に提訴した。

8.31　利用・整備計画（日本）　「国土利用計画」「下水道整備5ヵ年計画」「都市公園等整備5ヵ年計画」が閣議決定した。

8月　カドミウム準汚染米公害（山口県美祢市）　カドミウム汚染の不安があるとして保留されていた山口県美祢市産米（1973年から75年産のもの）6804tのうち、細密調査でシロとされた5595tが放出された。山口県公害対策審は美祢市のカドミウム問題について自然発生説を発表。

8月　沿岸一帯で大規模な赤潮（高知県土佐湾）　8月から9月にかけ、土佐湾沿岸一帯で大規模な赤潮が発生した。被害はなかったが、県は外洋で発生したことを重視、水産庁とで原因究明を急いでいる。

9.8　厚木基地騒音訴訟（神奈川県）　夜間・早朝の飛行差し止め、それ以外の時間帯の65ホン以下の騒音抑制、総額3億円の賠償を求め、厚木基地の周辺住民が国を横浜地裁に提訴した（厚木基地騒音訴訟第1次提訴）。

- 9.18 悪臭防止法施行令改正（日本）　「悪臭防止法施行令」の一部改正、公布（10月1日施行）。大気中含有量規制対象として二硫化メチル、アセトアルデヒド、スチレンの3物質が追加された。

- 9.25 健康被害救済（日本）　「公害健康被害補償法施行令」の一部改正、政令公布。介護加算額・療養手当が増額された。

- 9.28 総量規制（日本）　「大気汚染防止法施行令」の一部改正、政令公布により、5地域が硫黄酸化物の総量規制地域に指定された。また、「大気汚染防止法施行規則」の一部改正、総理府令公布で、硫黄酸化物の第8次規制が設置された。

- 9月 新潟水俣病公害認定患者（新潟県鹿瀬町）　新潟水俣病の汚染源となった阿賀野川上流にある東蒲原郡鹿瀬町・旧昭電鹿瀬工場（現在は鹿瀬電工）の排水口周辺から暫定除去基準を上回る総水量が検出。1965年に新潟水俣病の存在が公表されてから76年9月現在までの認定患者は641名（死者38名）。

- 10.1 大気汚染公害（神奈川県川崎市）　10月1日現在の公害病認定患者は3190名、死者は通算202名。1976年3月末現在、川崎市の公害被害認定患者数は2748名、認定後の死者数は165名。

- 10.4 環境アセスメント（神奈川県川崎市）　日本初の「環境影響評価に関する条例」が、川崎市で公布された（1977年7月1日施行）。

- 10.12 荒川重油流出（埼玉県川越市）　埼玉県川越市の荒川支流に重油約3400ℓが流出、同県が上水道の取水を一時中止した。

- 10.19 白ろう病認定患者（各地）　白ろう病はチェーンソー（自動のこぎり）の振動で血管が収縮し、血行が悪くなって指先などが動かなくなったり、中枢神経まで侵されたりする病気。全林野労組が白ろう病多発の責任を追及して当時の林野庁長官らを傷害罪で最高検察庁に告発。国有林の伐採に従事している労働者だけでも半分以上の2984名が白ろう病患者として認定されている。1976年8月には認定患者だった高知営林局員が死亡している。

- 10.22 振動規制法施行令（日本）　「振動規制法施行令」が公布された。

- 10.25 本四連絡橋（瀬戸内海）　自然環境保全審議会自然公園部会本四連絡橋問題小委員会で、因島大橋建設についての審議が終了した。

10月　公害病認定患者増加（大阪市）　10月末までに、公害認定患者は累計1万5043名に達し、全国一の公害都市になっている。うち死者は398名。

11.13　化粧品被害（近畿地方）　関西地方の消費者が、化粧品による皮膚障害のメーカー責任を追及する「化粧品公害被害者の会」を結成した。

11.17　メチル水銀の影響で精神遅滞（日本）　九州精神神経学会で熊本大学助教授が、水俣病多発地区の精神遅滞児はメチル水銀の影響を受けていると報告した。

11.24　六価クロム含有鉱滓の埋立て（日本）　六価クロム化合物含有鉱滓環境汚染調査の結果が発表され、東京都44万t、北海道24万tなど、六価クロム含有鉱滓の埋立て量が全国で計92万tに達することが明らかになった。

11.25　鉄道騒音・振動障害（日本）　国鉄が「新幹線鉄道騒音・振動障害防止対策処理要綱」を策定した。

12.9　メッキ工場六価クロム流出（東京都狛江市）　東京都狛江市のメッキ工場から高濃度の六価クロムを含む廃液が流出し、工場付近の井戸水から許容値の約200倍に当たる六価クロムが検出された。

12.15　水俣病認定不作為訴訟（熊本県）　熊本地裁が、水俣病認定不作為の違法確認請求訴訟の判決を下した。

12.18　自動車排出ガス許容限度（日本）　「自動車排出ガスの量の許容限度」が改正され、ガソリン乗用車の昭和53年度規制、重量ガソリン車及びディーゼル車の窒素酸化物の昭和52年度規制が告示された。

12.21　利根川青酸汚染（埼玉県行田市）　埼玉県行田市の利根川に最高0.11ppmの青酸が流出し、東京都が下流での上水道の取水を一時中止した。

この年　アスベストフィルターの使用自粛（日本）　国税庁と酒造業界団体が、ろ過材であるアスベスト（石綿）フィルターの使用自粛を製造者へ指導した。

この年　冷害で稲作大打撃（各地）　異常低温など天候不順と台風が大きく影響して、1971年以来戦後5番目の不作。水稲の全国平均作況指数94で不良。とくに、北海道、東北地方は稲が成熟する8月から9月にか

| 環境史事典 | 1976年（昭和51年） |

け低温続きで日照不足となり、稲作は大打撃を受けて水稲の作柄は北海道80、岩手県82、福島県89と極端な不作。また、四国、九州地方も台風17号の被害に加え、山間部に低温による発熱不良などの冷害が発生したため作柄は悪化し、佐賀県では作況指数が90に落ち込んだ。

- この年　**5年ぶりの冷害で不作（北海道）**　北海道は5年ぶりの冷害に見舞われ、水稲の作況指数が79に落ち込んだほか、豆類、牧草、野菜などが被害を受けた。

- この年　**冷害で23年ぶりの不作（青森県）**　青森県は作況90で23年ぶりの不作となった。豊作慣れと「うまい米作り」に傾斜した農政で、耐冷品種が軽視され、適地適作の原則がくずれていたことが被害を大きくした。

- この年　**ホタテ貝大量死（青森県陸奥湾）**　陸奥湾のホタテは、2年つづきで大量死した。過密養殖が最大の原因。

- この年　**観測史上最低の冷夏（岩手県盛岡市）**　7月初め、盛岡で4.3度を記録するなど中部以北で7月としては観測史上最も低い日最低気温を記録。またそのため晩霜害が発生。水稲作況指数は81で戦後最悪となった。

- この年　**冷害で米の収穫20％減（宮城県）**　宮城県ではささにしきに代表される米が冷害のため作況指数90に落ちこみ、反収433kg、全県の収穫量が1976年は75年の61万tを20％も下回った。

- この年　**63年ぶりの冷夏で不作（秋田県）**　秋田県では春先から異常低温に見舞われ、とくに8月は秋田市で平均気温が21.4度と平年より2.9度低く、63年ぶりの記録的な冷夏となった。10月15日現在の作況指数は93、10a当たりの収量は約505kgで史上最高の豊作だった1975年の576kgを大きく下回った。耐冷性の弱い銘柄品種が山間部にまで作付け拡大されたこと、機械の急激な普及とそれに伴う栽培技術の粗放化、地力の減退など人災も被害を大きくしたと指摘されている。

- この年　**冷害で戦後2番目の不作（山形県）**　秋、山形県では冷害のため作況指数は、戦後2番目に低い92。山間部では自家用の米もとれないところが続出。

1976年（昭和51年）

この年　**1953年以来の冷害**（福島県）　福島県では夏の冷温多雨がたたり、1953年以来の冷害。被害は野菜、くだものなどにも及び米は平年比10万tの減収。被害総額は約285億円。

この年　**冷害で水稲不作**（栃木県）　栃木県北の山間地で、水稲の不作が目立った。10月15日現在の予想では水稲作況指数96、10a当たり収量392kgと平年比を大幅に割った。かんぴょうも平年の7分作ぐらいにとどまった。

この年　**冷害で農災条例**（群馬県）　群馬県で稲、こんにゃく、トマトなどを中心に被害面積4540haに達した。このため県は農災条例を適用。

この年　**冷害で水稲大打撃**（千葉県）　6月末から7月初めにかけて、全県的に寒波に見舞われ、平年より5度から8度も気温が低下、水稲を中心に大打撃を受けた。被害額は、水稲が147億円。

この年　**冷害で青立ち・イモチ病**（新潟県）　新潟県では異常気象の影響をまともに受け、1976年は75年を約10万t下回る。山間部では青立ちが目立ち、イモチ病の被害も75年の5倍に達した。

この年　**四日市公害**（三重県四日市市）　四日市の全観測点で二酸化硫黄の環境基準が達成された。1973年までにコンビナートのほぼ全ての工場に脱硫装置を設置した成果で、全観測点での基準達成は全国で初めて。

この年　**大気汚染**（大阪府）　大阪府公害白書によると、二酸化窒素の量は1975年度より増加しているとのこと。

この年　**淡水赤潮**（高知県物部川上流）　高知県物部川上流の県営永瀬ダムで淡水赤潮が発生。1977年4月から原因究明に乗り出した。

この年　**北九州ぜんそく**（福岡県北九州市）　北九州市では、浮遊粉じん、二酸化窒素など相変わらず環境基準値をオーバーしているため、公害健康被害認定患者（北九州ぜんそく）が毎月約20人の割でふえていた。

この頃　**人工着色料問題**（各地）　食品などに使用される人工着色料赤色2号の住民の健康に対する影響が懸念された（1月24日、全国菓子協会が使用自粛を決定）。

この頃　　地盤沈下（高知県）　　高知県の各地で地盤沈下・土壌汚染が発生した。

この頃〜　米空軍基地騒音被害（神奈川県綾瀬市付近）　　神奈川県綾瀬市付近で米空軍厚木基地を離着陸する航空機の騒音が深刻化し、周辺地域の住民の健康への影響が懸念された（9月8日、地元住民92名が夜間飛行禁止や騒音制限、損害賠償を求めて横浜地方裁判所に提訴）。

この頃〜　騒音・排気ガス被害（兵庫県）　　兵庫県神戸、芦屋、西宮、尼崎市の阪神高速道路および国道43号線（第2阪神国道）沿いの地域で通過車両による騒音や排気ガスの被害が深刻化し、住民の健康への影響などが懸念された（8月30日、地元住民らが騒音、排気ガスの削減実施と損害賠償を求めて提訴）。

この頃〜　福岡空港騒音被害（福岡市博多区付近）　　福岡市博多区付近で福岡空港に離着陸する航空機の騒音が深刻化し、周辺地域の住民の健康への影響が懸念された（3月30日、空港騒音公害訴訟団の地元住民が午後9時以降の離着陸差止めと損害賠償を求めて提訴）。

# 1977年
(昭和52年)

1.13　健康被害救済（日本）　　「公害健康被害補償法施行令」の一部改正、政令公布。公健法の指定地域として富士市ほか4地域が指定された。

1.13　輸入車排出ガス規制で協議（日本）　　乗用車排出ガスの昭和53年度規制の輸入車に対する適用についての日・EC協議が、東京で1月14日まで開催された。

1.19　最終処分場（日本）　　廃棄物の最終処分場に関する基準設定の基本的考え方と、有害物質を含むもえがら・ばいじんの最終処分基準設定等の基本的考え方について、中央公害対策審議会が答申した。

1.28　公害対策（日本）　　第7次地域（札幌地域ほか9地域）の公害防止計画を、内閣総理大臣が承認した。

1月～　異常低温（各地）　札幌、室蘭などで1976年12月27日から真冬日が連続30日続き、77年2月15日には北海道母子里で-40.8℃を記録。2月17日には高知-7.9℃、福山-9.0℃など、中国、四国地方でも厳しい寒さを記録した。

2.8　伊勢志摩国立公園（三重県）　伊勢志摩国立公園の区域拡張で、南島町海岸地域が追加された。

2.10　水俣病で新救済制度を要望（熊本県）　熊本県と県議会が国に対し、水俣病認定業務の国による直接処理、原爆手帳に準じた新救済制度創設などを要望した。

2.26　環境アセスメント（日本）　「環境アセスメント法案」の国会提出に、通産省が反対を表明した。

3.2　薬品製造工場塩素ガス噴出（福岡市）　福岡市の薬品製造工場で貯蔵用タンクから塩素ガスが噴出し、従業員や工場周辺の住民ら40名以上が中毒にかかった。原因は機械の操作ミス。

3.12　健康被害救済（日本）　公害健康被害補償法第54条の規定に基づく賦課料率の地域の別について、中央公害対策審議会が答申した。

3.14　ごみ処理（日本）　総理府・厚生省令「一般廃棄物の最終処分場及び産業廃棄物の最終処分場に係る技術上の基準を定める命令」、環境庁「金属等を含む産廃物の固形化に関する基準」が告示された。廃棄物処理場の地滑り防止策、地盤沈下防止策、ごみ流出防止策、耐震基準、廃水処分方法などを規定するもので、3月15日から適用された。

3.15　特別天然記念物（日本）　メグロが特別天然記念物（動物）に指定された。

3.15　特別天然記念物（日本）　ノグチゲラが特別天然記念物（動物）に指定された。

3.15　特別天然記念物（日本）　カンムリワシが特別天然記念物（動物）に指定された。

3.15　特別天然記念物（沖縄県西表島）　イリオモテヤマネコが特別天然記念物（動物）に指定された。

3.28　水俣病関係閣僚会議で患者救済見直し（日本）　初の水俣病対策関係閣僚会議が官房長官・環境・大蔵・自治・厚生・通産・文部各大

臣および国土庁によって開催され、認定業務など患者救済制度の抜本的な見直しを確認した。7月1日、環境庁が熊本県へ回答書「水俣病対策の推進について」を送付した。水俣病認定不作為違法状態を解消するためのものだが、認定業務の国による直接処理を不適当とする内容だった（翌78年5月に国は方針転換）。

3.29 健康被害救済（日本）　「公害健康被害補償法施行令」の一部改正、政令公布。児童補償手当・葬祭料の増額、1977年度の賦課料率が決定した。

3.31 公害対策（日本）　環境保全長期計画（公害防止）について、中央公害対策審議会が答申した。

3月 自然保護（北海道）　北海道斜里町が知床の自然保護のための1坪地主運動構想を発表した。

3月 神岡スモン患者発生（岐阜県神岡町）　イタイイタイ病の発生源として知られる神岡町の三井金属鉱業神岡鉱業所附属病院で、1960年から1964年までに57名のスモン患者が発生していたことが1977年3月に明るみに出た。

4.2 オキシダント（日本）　「大気汚染防止法施行令」の一部改正、政令公布。緊急措置をとる場合のオキシダント濃度の変更が定められた。

4.6 原油流出（愛媛県釣島水道）　愛媛県釣島水道で、パナマのタンカー・アストロレオ号と貨物船幾春丸が衝突し、積荷の原油が流出した。

4.8〜 環境保護コンサート（東京都港区）　東京・晴海で、捕鯨問題などの環境保護をテーマに、日米のアーティストが参加した大規模な合同コンサートが開催された（10日まで）。

4.18 松林保護（日本）　1970年代に被害が拡大していた松枯れを防ぐため「松くい虫防除特別措置法」が公布・施行された。行政命令による被害木の伐採・焼却や特別防除（ヘリコプターによる農薬散布）を可能とし、空中散布農薬としてMEP・NAC・EDBを指定したもの。5年ごとに見直す時限立法で、1982年、1987年に一部改正して延長された。

4.22 油田事故で原油流出（ノルウェー）　ノルウェー領海のエコフィクス油田事故で、大量の原油が流出した。

4.24　「常陽」が初臨界（茨城県大洗町）　日本最初の高速増殖炉「常陽」が初臨界に達した。

4.27　出光興産製油所原油流出（兵庫県姫路市）　臨海工業地区にある兵庫県姫路市の出光興産兵庫製油所で貯蔵用タンクが破損、同タンク下部から原油680klが敷地内へ流出したが、海洋汚染はなかった。

4.27　ヒ素中毒（島根県津和野町）　島根県鹿足郡津和野町の旧笹ヶ谷鉱山周辺の住民2名を慢性ヒ素中毒の公害病患者に認定。認定患者は18名になった。

4.30　原子力船「むつ」受入れ（長崎県佐世保市）　燃料抜きを条件として、原子力船「むつ」の佐世保港への修理受入れを長崎県議会が議決した。

5.13　環境アセスメント（日本）　環境庁が環境アセスメント法案の国会提出を断念した。

5.31　国民保養温泉地（北海道）　幕別温泉が国民保養温泉地に指定された。

5月〜　大規模な赤潮（滋賀県琵琶湖）　5月末から6月初めにかけて、琵琶湖西岸一帯に大規模な赤潮が発生した。原因はプランクトンの異常発生。

6.2　衛生処理場未処理し尿排出（埼玉県大宮市）　埼玉県大宮市上山口新田の第1衛生処理場が各家庭の汲取り槽および簡易式浄化槽（全家庭の約80%で使用）から回収したし尿の一部（日平均100t以上）を浮遊物を粉砕しただけでほとんど未処理のまま荒川支流の芝川へ排出し、下流域での汚染が後に論議を呼んだ（5月末に市議会が指摘し、6月2日に市当局が確認）。

6.6　公害被害者デモ（日本）　全国公害被害者が集会し、環境庁・経団連へのデモを実施した。

6.16　大気汚染防止法（日本）　「大気汚染防止法施行規則」の一部改正、総理府令公布。窒素酸化物の固定発生源に対する第3次規制が設置された。

6.28　水俣病関係閣僚会議で対策推進申合せ（日本）　水俣病対策の推進について、第3回水俣病に関する関係閣僚会議で申合せが行われた。

6.28 公害対策（日本）　第2次地域（東京地域ほか6地域）、第3次地域（鹿島地域ほか5地域）の公害防止計画見直しを、内閣総理大臣が指示した。

7.1 水俣病対策推進を回答（日本）　水俣病対策推進について、環境庁が熊本県に回答。また後天性水俣病の判断条件について、環境庁環境保健部長が通知した。

7.15 ごみ海洋（日本）　海洋での廃棄物処理方法に関する基準、埋立て場所などからの汚染の防止措置などを定める「海洋汚染防止法施行令」一部改正が公布された。9月2日施行。

7.26 健康被害救済（日本）　「公害健康被害補償法施行令」の一部改正、政令公布。介護加算額・療養手当が増額された。

7.30 光化学スモッグ（富山県婦中町）　富山県婦負郡婦中町でオキシダント濃度が0.132ppmとなり、オキシダント情報が出された。

8.1 三河湾国定公園（愛知県）　三河湾国定公園の公園区域・公園計画が変更された。

8.10 成田空港騒音テストに抗議（日本）　8月7日に実施された成田空港の騒音テストに抗議し、中核派が日航常務の自宅を放火全焼させた。

8.28～ 赤潮で30億円の被害（瀬戸内海）　28日から9月2日にかけて、播磨灘に赤潮が発生し、養殖ハマチなど300万尾が死に、総額約30億円の被害となった。赤潮プランクトンは海産ミドリムシ。

8.29 砂漠化防止会議（世界）　地球の砂漠化についての国連砂漠化防止会議が、ナイロビで9月9日まで開催された。

8.30 むつ小川原開発（青森県）　むつ小川原開発の基本計画が、閣議口頭了解された。

8月 ぜんそく患者認定（青森県八戸市）　青森県八戸市独自のぜんそく患者救済制度発足から初めて9人の患者が認定された。そのほかにも、市内には約200人の患者がいるとみられている。

8月 長雨冷害（栃木県）　8月中旬から下旬にかけての長雨と低温で、水稲の作柄はやや悪く作況指数は96、かんぴょうも平年作の85%程度のできに終わった。

8月　長雨冷害（群馬県）　8月の長雨と冷害で、こんにゃくの被害26億円、大和いも、ねぎ、キャベツ、水稲、はくさいなどあわせて被害額43億円。

8月　光化学スモッグ被害（東京都）　東京都で光化学スモッグが発生し、住民ら30名が眼や咽喉の痛みなど特有の症状を訴えた。

8月　ごみ焼却（神奈川県横浜市）　横浜市金沢区沖でPCBの焼却が開始されたことに対し、市が産業廃棄物の無断積み下ろしであるとして中止命令を出した。後に三浦半島沖などへ移転した。

8月　水銀検出（長崎県波佐見町）　長崎県東彼杵郡波佐見町の旧波佐見鉱山のズリ山から最高100ppmの総水銀が検出された。

9.5　田子ノ浦ヘドロ住民訴訟（静岡県富士市）　田子ノ浦ヘドロ住民訴訟2審で原告側一部勝訴の2審判決が下された。被告4社の共同不法行為を認め、県が4社に対しヘドロ処理費用を請求しなかったのは違法とする内容で、この種の訴訟では全国で初めて住民側が勝訴した。

9.10〜　異常高温・少雨（各地）　台風9号の通過により各地に強い南東の風が吹き、新潟県上越市高田で35.9度、熊本市で35.3度の気温（両市の年間最高）を記録後、12月まで全国的に低気圧へ吹き込む南風や亜熱帯性低気圧の優勢などによる異常高温が発生。11月1日には金沢市で28.4度、新潟市と大阪市とで26.7度、水戸市で26.2度を記録（各市の月間最高）、月平均でも仙台市や東京、大阪市などで平年よりおよそ1、2度高めに推移した。さらに、10月から11月にかけて東京都で17日間、大阪、広島市で23日間、鹿児島市で27日間雨が降らないなど、各地で無降水状態が比較的長く続いた。

9.19　白ろう病患者死亡（高知県中村市）　白ろう病認定患者の高知県の民有林労働者が、白ろう病による脳こうそくのため死亡した。

9月　新潟水俣病（新潟県）　新潟水俣病の9月末現在の認定患者は671名に達した。潜在患者数は未知数。

10.1　排気ガス（日本）　2サイクル軽乗用車の炭化水素の昭和50年度規制が2年遅れで実施され、暫定期間が終了した。

10.1　公害病認定患者（神奈川県川崎市）　10月1日現在の公害病認定患者3585名、死者は通算249名。

10.11　水俣湾のヘドロ処理・仕切網設置（熊本県）　熊本県で水俣湾のヘドロ処理事業が開始され、埋立てのための仕切り網が設置された。反対派による差し止め仮処分申請があったことから、本着工は1980年6月に海上工事から行われた。

10.20　アルサビア号破損（高知県室戸市沖）　クウェートのタンカーアルサビア号が高知県室戸市の南約60kmの沖合を通過する際、船底に亀裂が発生し、積荷のC重油のうち約1305kℓが流出、土佐湾付近の魚介類に被害があったほか、同県大方町入野の県立自然公園の海岸に流出油が漂着するなど、現場付近の海域を汚染した。

10月　公害病認定患者（大阪市）　10月末で、公害病認定患者の累計が2万74名に達し、このうち死亡は752名。

11.4　国土開発（日本）　「第3次全国総合開発計画」が閣議決定した。

11.15　阿寒国立公園（北海道）　阿寒国立公園の区域拡張で、藻琴山地域、裏摩周地域が追加された。

11.18　水俣病認定促進と地域振興（日本）　認定業務促進と水俣・芦北地域振興に関する第4回水俣病に関する関係閣僚会議が開催された。

11.24　六価クロム環境汚染調査（日本）　環境庁が六価クロム環境汚染調査結果を発表し、無害化処理無しで埋められた六価クロムが10都道府県358ヵ所の計77万tに達することが判明した。

11月　大気汚染公害病認定患者（東京都）　11月末現在の東京都の大気汚染公害病認定患者が1万8931名に達し、都独自の医療費助成認定患者も1万人を越える。

12.3　クロム公害対策（日本）　「住民参加によるクロム公害対策会議」準備会が東京で発足した。

12.5　ユージン・スミスの被写体患者死去（熊本県）　写真家ユージン・スミスが世界に水俣病の悲惨さを伝えた、有名な写真の被写体であった最重症胎児性水俣病患者が21歳で死去した。

12.9　水質汚染対策（日本）　水質総量規制制度のあり方について、中央公害対策審議会が答申した。

12.20　自動車排出ガス（日本）　1978年度以降の自動車の費用負担のあり方について、中央公害対策審議会が意見具申した。

12.20 太陽熱温水プール（千葉県君津市）　三菱重工業は、君津市の新日鐵健康増進センター内に、太陽熱利用による大規模温水プールの完成を発表した。

12.21 シアンによる魚の大量死（群馬県高崎市）　群馬県高崎市の利根川支流染谷川で、上流の工業所から流出したシアンによる魚の大量死が発生した。

12.26 自動車排出ガス（日本）　自動車排出ガス許容限度の長期設定方策について、中央公害対策審議会が答申した。

12.26 地下水採取を規制（大阪府）　大阪府の一部地域で地下水採取を規制する「工業用水法施行令の一部を改正する政令」が公布された。

12.28 自然環境保全地域を指定（日本）　十勝川源流部原生自然環境保全地域、大平山自然環境保全地域、利根川源流部自然環境保全地域が指定された。

この年　ホタテ貝大量死（青森県陸奥湾）　青森県陸奥湾のホタテ貝は、3年連続の大量死となり、被害は5億1384万枚、被害額はやく46億円。下北郡川内村では98％もの被害を受けた。

この年　東京電力発電所放射性同位体漏出（福島県双葉町）　福島県双葉町の東京電力福島第1原子力発電所が放射性同位体のコバルト60を含む廃液を排出し、取水口付近の海底が汚染された（11月7日、県原子力センターが環境調査で検出と発表）。

この年　足尾鉱毒・公害防止協定（桐生市・太田市・群馬県）　渡良瀬川流域の桐生市・太田市・群馬県と企業の間に公害防止協定の細目協定が成立した。

この年　水質汚染（大阪府）　大阪府公害白書によると、大阪湾奥部の水質は環境基準を越え、赤潮の発生回数も増えているとのこと。

この年　光化学スモッグ発生（熊本県八代市）　熊本県八代市で硫黄酸化物の増加による光化学スモッグが発生し、同注意報が2回発令された。

この年　ダイオキシン（世界）　オランダのキース・オリエとオットー・フッチンガーが、ごみ焼却炉の排ガス中の飛灰（フライアッシュ）からダイオキシン類を検出したことを発表した。廃棄物焼却炉がダイオキシン類の発生源となることを明らかにした最初の報告である。

この年～　地盤沈下（北海道札幌市）　札幌市東部と北部の泥炭層を中心に地盤沈下が進んでいて、1977年度から78年度の1年間に2cm沈下した地点が19地点。白石区東米里が最も激しく、10.1cmだった。

この頃　幼児筋拘縮症発生（各地）　全国各地で乳幼児ら多数が筋拘縮症による歩行障害などにかかり、厚生省の調査によれば、患者数は1978年1月10日までに9657名になった。同症の発生原因は、患者が筋肉へ打たれた解熱剤などの注射による副作用。

この頃　光化学スモッグ発生（奈良県）　奈良県で光化学スモッグが発生し、光化学スモッグ注意報または予報が複数回発令された。

## 1978年
（昭和53年）

1.13～　地震で海洋汚染（静岡県狩野川・駿河湾）　午後8時過ぎから、伊豆諸島の大島付近の海底を震源とする地震が続き、翌日午後0時24分にマグニチュード7.0の地震が発生し、東京都大島町と横浜市とで震度5、東京や静岡県三島、静岡市などで震度4を記録。このため、大島と対岸の伊豆半島を中心に住民25名が死亡、139名が負傷、住宅94棟が全壊、539棟が半壊、3913棟が破損、住宅以外の142棟が被災、畑6361haが流失または埋没、道路990か所が損壊、がけ崩れ264か所が発生、鉄道9か所と回線など通信施設150か所が被災、2487名（633世帯）が被災し、伊豆急行線が土砂崩れにより伊東・下田駅間で不通になった（約半年後に復旧）ほか、静岡県天城湯ヶ島町の持越鉱山で堰堤の決壊により青酸を含む鉱滓が狩野川へ流れ込み、同川や駿河湾を汚染。さらに、15日以降も余震が発生し、18日に静岡県災害対策本部の余震情報を誤解した住民多数が混乱状態に陥ったのをはじめ、2月7日に終息宣言が出るまで被害があいついだ。

1.17　駿河湾にシアン流出（静岡県）　伊豆大島近海地震で、駿河湾にシアン濁流が流出した。

1.24　原子炉衛星が墜落（カナダ・ソ連）　カナダに原子炉搭載のソ連衛星が墜落した。

1.30 自動車排出ガス規制・騒音規制（日本）　自動車排出ガス量の許容限度の一部改正で、ガソリントラック、バス、ディーゼル車の窒素酸化物の昭和54年規制設置。また、自動車騒音の大きさの許容限度の一部改正で、加速走行騒音の昭和54年規制が設置された。

2.15 水俣病チッソ補償金肩代わり問題（日本）　山田環境庁長官がチッソの補償金肩代わり問題に関して、現状では加害企業が倒産した際の規定が無いことから、公害健康被害補償法の汚染者負担の原則を含め見直す必要があると発言した。

2.18 嫌煙権確立をめざすグループ（日本）　「嫌煙権確立をめざす人々の会」が市民グループにより結成された。

2.28 公害健康被害補償法（日本）　公害健康被害補償法の規定による診療報酬額の算定方法の一部改正を、環境庁が告示した。

3.1 スモン薬害訴訟（日本）　スモン薬害をめぐる北陸訴訟で原告側勝訴の判決が下された。和解によらない全国最初の判決。3月3日、厚生省が医療体制の整備など恒久対策「13項目」を確認した。5月22日、原告の一部と国・製薬会社（1社を除く）との間で単独和解が成立した。

3.17 公害対策（日本）　第2次地域（東京地域ほか6地域）と第3次地域（鹿島地域ほか5地域）の公害防止計画を、内閣総理大臣が承認した。

3.22 大気汚染対策（日本）　二酸化窒素の人の健康影響に係る判定条件等について、中央公害対策審議会が答申した。

3.24 カネミ油症・刑事訴訟（福岡県）　カネミ油性刑事訴訟の1審判決が福岡地裁で下され、カネミ倉庫元工場長が禁固刑、社長は無罪となった。元工場長が控訴したが、1982年1月25日に控訴棄却となった。

3.27 コレラ菌汚染（神奈川県）　横浜市鶴見区の鶴見川河口付近で、採取した海水からコレラ菌が検出された。汚染源は上流にある川崎市高津区鷺沼1丁目の人工腎臓透析専門医院で、浄化層からエルトール稲葉型コレラ菌が排水溝に流出していることがわかった。

3.31 健康被害救済（日本）　「公害健康被害補償法の一部を改正する法律」が公布され、自動車重量税収引当方式が延長された。

4.12　住民に退去命令（アメリカ・マーシャル諸島ビキニ環礁）　ビキニ環礁の原水爆実験（1946年～1958年）による放射能が住民から検出され、アメリカ内務省が住民に退去を命じた。

4.20　西淀川公害訴訟（大阪市）　大阪市西淀川区の公害病認定患者と遺族が、環境基準を上回る有害物質の排出差し止めと損害賠償を求め、国・阪神高速道路公団・関西電力など9社を大阪地裁に提訴した（西淀川公害訴訟第1次提訴）。

4.21　公害対策（日本）　国立公害研究所の研究発表会が行われた。

4.21　環境保全基本計画（瀬戸内海）　「瀬戸内海環境保全基本計画」が閣議決定した。

5.4　環境アセスメント（日本）　「本州四国連絡橋（児島・坂出ルート）の建設に係る書」を、本州四国連絡橋公団が公表した。

5.23～　新東京国際空港騒音被害（千葉県成田市）　千葉県成田市の新東京国際空港で航空機の離着陸による騒音が発生し、周辺地域の住民の健康への影響などが懸念された（6月4日に成田市が調査を実施、同市三里塚で最高103ホン、本三里塚および野毛平で同90ホン余り、隣接の芝山町大台で同105.5ホンの騒音を記録し、国と空港公団に指定区域の拡張などの対策強化を要請）。

5.26　光化学スモッグ（富山県）　富山県高岡市、新湊市、小杉町、大門町の「高岡・新湊・射水地区」でオキシダント濃度が0.126ppmとなり、注意基準の0.12ppmを超えた。

5.30　国も水俣病認定業務を（日本）　環境庁が従来の方針を転換し、国が水俣病患者認定業務の一部を担うための特別立法を行う方針を発表した。

5月　環境アセスメント（日本）　山田環境庁長官が環境アセスメント法案の国会提出断念を表明した。

5月～　赤潮発生（愛知県・三重県）　5月下旬から6月下旬にかけて、伊勢湾で赤潮が発生し、魚介類の被害はなかったが、同湾での汚濁の激化が論議を呼んだ。

6.2 健康被害救済（日本）　「公害健康被害補償法施行令」の一部改正、政令公布。名古屋市ほか3地域が公害健康被害補償法の指定地域となった。

6.2 水俣病補償に県債発行（熊本県）　チッソ支援に関する関係省庁局長会議で、水俣病補償のため県債発行でチッソを救済する方針が正式に確認され、熊本県に対してチッソ県債の発行が要請された。

6.6 騒音110番（日本）　騒音110番が騒音被害者の会により開設された。

6.12 地震で海洋汚染（東北地方・関東地方）　午後5時14分、宮城県の沖合を震源とするマグニチュード7.4の地震が発生し、岩手県大船渡、宮城県石巻、仙台市などで震度5を記録。このため、仙台市付近を中心に高齢者や子どもら住民28名がブロック塀の倒壊により死亡し、福島県で31名が重軽傷を負い、住宅36か所が全半壊、854名が被災したのをはじめ、1都7県で28名が死亡、2995名が負傷、住宅1379棟が全壊、6170棟が半壊、7万8364棟が破損、住宅以外の4万3283棟が被災、水田233haが流失または埋没、道路888か所と堤防17か所が損壊、橋梁98か所が流失、がけ崩れ529か所が発生、鉄道140か所と回線など通信施設2687か所が被災、船舶2隻が沈没、16隻が破損、3万7158名（7709世帯）が被災したほか、東北石油の貯蔵用タンクに亀裂が入って重油約5000kℓが仙台湾へ流出、付近の海域を汚染した。

6.13 水質汚濁（日本）　「瀬戸内海環境保全臨時措置法」「水質汚濁防止法」の一部改正、公布（1979年6月12日施行）。水質に初の総量規制が導入された。

6.20 水俣病関係閣僚会議（日本）　第6回水俣病に関する関係閣僚会議で、水俣病対策について閣議了解した。

6.20 鳥獣保護法一部改正（日本）　狩猟免許試験の導入、登録制度の新設、鳥獣保護区の規制強化などを定める「鳥獣保護法」一部改正が公布された。7月20日に一部施行され、環境庁により、狩猟が許される鳥獣の種類や禁止または制限される種類が告示された。全面施行は翌1979年4月16日で、それに先立つ4月10日には「鳥獣保護法」改正に伴う「鳥獣保護法施行令」の一部改正も公布され、放鳥獣猟区に関する事項が猟区管理規程に追加された。

6.25 波力発電（日本）　日本で最初の波力発電船「海明」が公開された。

6月〜 　毒性赤潮プランクトンで被害（香川県）　6月下旬、香川県東部から小豆島付近にかけての海域で発見された毒性赤潮プランクトン「ホルネリア」は次第に増殖して7月下旬ごろ播磨灘全域に広がった。8月中旬に消滅するまでの間、沿岸の養殖はまちに大きな被害を出し、はまち養殖業者は2年魚86.7％、1年魚23.6％を殺され、香川県下では約100万匹（被害額14億8000万円）が死んだ。

7.3 　水俣病認定業務（日本）　水俣病の認定に係る業務促進についての環境事務次官通知が出された。

7.8 　カラオケ騒音（大阪府豊中市）　大阪府警はカラオケ騒音に公害防止条例を初めて適用。豊中市のスナックを捜索し、カラオケ機器を押収した。この頃から、深夜のスナックなどでのカラオケの騒音が社会問題になっていた。

7.11 　二酸化窒素環境基準が大幅に緩和（日本）　「大気の汚染に係る環境基準」の一部改正により、二酸化窒素の環境基準が大幅に緩和された（1日平均値0.04〜0.06ppmの範囲内またはそれ以下）。

7.13 　カラオケ騒音（東京都荒川区）　警視庁荒川署は、カラオケ騒音で、スナック経営者を風俗営業等取締法違反容疑で摘発、これを受けて都公安委員会は10日間の営業停止を命じた。

7.14 　スーパー林道（山梨県・長野県）　環境庁長官が、7月15日まで南アルプス・スーパー林道の現地視察を行った。

7.19 　環境アセスメント（北海道）　北海道が「北海道環境影響評価条例」を公布した。

7.25 　健康被害救済（日本）　「公害健康被害補償法施行令」の一部改正、政令公布。介護加算額・療養手当額が増額された。

8.2 　波力発電（山形県庄内沖）　庄内沖で「海明」の波力発電実験が開始された。

8.25 　スーパー林道（山梨県・長野県）　環境庁が、南アルプス・スーパー林道北沢峠部分の建設を認可した。

9.1 　異常渇水（関東地方）　建設省が異常渇水対策として利根川水系からの取水制限を20％から30％に強化した。

9月　国際自然保護連合（日本）　環境庁が国際自然保護連合（IUCN）に加入した。

10.1　大気汚染対策（日本）　環境庁に大気保全局企画課交通公害対策室が設置された。

10.1　国立水俣病研究センター（日本）　熊本県に環境庁の附属機関である国立水俣病研究センターが設置された。

10.16　原子力船「むつ」入港（長崎県佐世保市）　佐世保港に原子力船「むつ」が修理入港し、反対派が陸海上で抗議活動を行った。

10.24　有珠山で泥流発生（北海道）　午後9時45分ごろ、有珠山で泥流が発生し住民約200世帯が避難、3名が死亡した。温泉街では停電し、町浄水場も泥水をかぶり、自衛隊が給水などで救援に出動した。

11.5　国民投票で原発拒否（オーストリア）　原子力発電所の稼働が、オーストリアの国民投票で拒否された。

11.8　原油流出（三重県四日市市）　三重県四日市港内で原油荷揚げ作業中のタンカー隆洋丸が作業ミスにより、荷揚げ中の原油約100kℓを流出した。

11.15　水俣病認定業務促進（日本）　「水俣病の認定業務の促進に関する臨時措置法」が公布された（1979年2月14日施行）。

11.19　反公害全国集会（東京都）　反公害全国集会が東京で初めて開催された。

12.9　沖縄海岸国定公園（沖縄県）　沖縄海岸国定公園の区域拡張で、慶良間群島が追加された。

12.15　国民議会で原発禁止（オーストリア）　原発禁止法案がオーストリア国民議会で可決した。

12.20　チッソに貸付資金（熊本県）　チッソに対する貸付資金特別会計条例案・予算が、熊本県議会で可決した。

12.21　風力発電（群馬県）　群馬県庁屋上の風力発電機が発電を開始した。

12.25　プルトニウム（神戸市・アメリカ）　初の商業用プルトニウム燃料が、アメリカから神戸に到着した。

| この年 | 大気汚染環境基準（各地）　$NO_X$の総量規制に関して、環境庁が大気系公害患者や市民運動団体の強い反対を押し切って$NO_2$の環境基準を緩和した際に60年時点で基準上限の0.06ppmを超える地域をなくすため総量規制の実施を決めた。最終的には東京、神奈川、大阪の3地域だけを対照とするなど大幅に後退した内容の総量規制にとりかかることになった。1979年度の全国大気汚染状況測定結果を発表したが、人口の6分の1が汚染の指標となる$NO_2$の環境基準（日平均0.04ppmから0.06ppm）の最も緩い基準にさえ達していない高濃度汚染地域内に住んでいる。自動車の急増も大きな原因として環境庁はディーゼル車の排気ガス規制強化、トラックから貨物輸送の振り替えを含む総合的な交通公害防止対策に取り組む方針を固めており自民党環境部会の工場、事業所だけが厳しいという指摘は当たっていない。石炭は石油に比べ同規模のボイラーで$NO_2$が約8倍、亜硫酸ガスが約3倍、ばいじんが約200倍も排出されるなど、環境への影響が大きい。さらに石炭火力発電所から放出される水銀の問題を指摘する研究結果もある。|

| この年 | 重金属汚染（青森県大鰐町）　青森県南津軽郡大鰐町の虹貝川で、1977年度から建設していた「早瀬野ダム」からマンガン、鉄などの大量の重金属が流失し、下流から取水している町水道が汚染された。|

| この年 | 赤潮発生（宮城県気仙沼市）　宮城県気仙沼市の気仙沼湾で赤潮が発生した。|

| この年 | 光化学スモッグ汚染（関東地方）　4月15日に埼玉、栃木、茨城（19日）の3県に今年最初の光化学スモッグ注意報が発令されて以降、東京では5月12日、大阪では27日に、注意報が出され、光化学スモッグが多発した。埼玉で7月に13回、東京で8月に11回発令された。警報は埼玉県で7月14日と9月9日、神奈川県で8月12日に発令された。|

| この年 | 干ばつ被害（茨城県）　茨城県では夏の干ばつのため陸稲が全滅し、157億円の被害が出た。|

| この年 | 干ばつ被害（栃木県）　栃木県で夏の干ばつのため陸稲、かんぴょう、こんにゃく、なし、桑等に50億3280万円の被害があった。|

| この年 | 湯の湖ヘドロ汚染（栃木県日光市）　栃木県日光市の湯の湖がヘドロに汚染された（2月から試験的にヘドロの浚渫作業を実施）。|

この年　六価クロム汚染（東京都八王子市）　東京都八王子市で井戸水が高濃度の六価クロムに汚染された（この年に採取水から検出）。

この年　水質汚濁進行（福井県）　1978年度公共用水域水質汚濁調査によると、九頭竜川中流部で生物化学的酸素要求量の環境基準を、北潟湖と三方五湖で化学的酸素要求量の環境基準をそれぞれ上回り、水質が汚濁していることを裏付けた。

この年　水銀ヘドロ汚染（愛知県名古屋市港区）　名古屋市港区の名古屋港湾区域内7号地と同8号地とのあいだの運河や大江川河口付近の海底が最高286ppmの水銀を含むヘドロに汚染された（3月9日に海底の採取土から検出）。

この年　北湖で赤潮発生（滋賀県）　滋賀県北湖で赤潮が発生した。

この年　公害病認定患者漸増（大阪府）　前年10月に2万人を超えた公害病認定患者は1978年も漸増し、いぜん2万人ペースを続ける。

この年　大阪湾で赤潮発生（大阪府・兵庫県）　兵庫県寄りの大阪湾で赤潮が発生した。

この年　騒音・大気汚染（大阪府）　大阪府、大阪市が1978年に扱った苦情件数は8641件で、騒音2315件、大気汚染1719件、悪臭539件、水質汚濁475件、振動429件など。78年3月に大阪地域公害防止計画再策定。府環境管理計画の再策定作業に入った。

この年　水質汚濁（愛媛県）　公害苦情受理件数は1229件で、過去5年間はほぼ横バイ。騒音、悪臭、水質汚濁が依然として上位を占めている。廃棄物交換制度の充実や瀬戸内海へのリン排出規制対策を議題。

この頃　観光地し尿・廃棄物汚染（長野県）　長野県の各地で観光客のし尿や廃棄物による環境汚染が深刻化し、県や地元ではごみの持帰り運動を推進するなどの対策を実施した。

この頃　名古屋空港騒音被害（愛知県小牧市付近）　愛知県小牧市の名古屋空港で航空機の離着陸などによる騒音が発生し、周辺地域の住民多数の健康への影響が懸念されていたが、航空自衛隊が同時期、青森県三沢市へ基地を移転、統合して騒音は多少緩和された。

この頃～　悪臭被害（各地）　青森、福井、岡山、高知県などで悪臭による被害が発生し、各県では規制地域の指定や排出基準の設定などの対策を実施した。

この頃～　飛行場騒音被害（宮城県）　宮城県の飛行場で航空機の離着陸などによる騒音が発生し、周辺地域の住民多数の健康への影響が懸念された。

この頃～　土砂流失・水質汚濁（沖縄県）　西表、石垣島など沖縄県国頭、八重山郡の海岸付近で宿泊施設や道路などの建設または整備の進展とともに赤土が作業現場から海へ流れ、沿岸海域で汚濁が発生した。

# 1979年
（昭和54年）

1.19　原油流出（三重県四日市市）　四日市コンビナートの昭和四日市石油シーバースで、荷揚げ中のタンカーから原油が流出、鈴鹿市沿岸ののり漁場が被害を受けた。

1.23　公害対策（日本・フランス）　フランス国民議会法務委員会・公害問題調査団が2月1日まで来日した。

2.9　水俣病認定業務促進（日本）　「水俣病の認定業務の促進に関する臨時措置法施行令」が公布された。2月14日施行。

2.14　臨時水俣病認定審査会（日本）　臨時水俣病認定審査会が設置された。

2.15　スモン薬害訴訟（東京都）　スモン薬害をめぐる東京訴訟で、製薬会社1社を除き、原告との間で和解が成立した。その後も広島・京都・静岡・大阪・群馬で次々に原告勝訴判決が下され、9月15日には東京訴訟でスモンの会全国道路協議会・国・製薬3社の3者間で和解が成立、全面解決のための確認書が調印された。

2.28～　薬害防止へ薬事2法案（日本）　スモン・サリドマイド・クロロキンなど相次ぐ薬害事件を受けて厚生省が制度変更へ乗り出し、「医薬品

副作用被害救済基金法案」(2月28日)、「薬事法の一部を改正する法律案」(3月31日)の薬事2法案が国会へ提出された。

3.1 化粧品119番（日本）　日本消費者連盟などが「化粧品119番」を設置し、3日間にわたり化粧品による健康被害の訴えを電話で受け付けた(〜3日)。

3.7 アエロジル公害事件（三重県）　「アエロジル公害事件」訴訟で、津地裁が一審判決。初の公害罪適用裁判で、会社・従業員に有罪判決が下った。

3.8 六価クロム鉱滓問題（東京都）　東京都での六価クロム鉱滓問題をめぐり、日本化学工業と東京都との間で、同社の全額負担による浄化処理などを定めた「鉱滓土壌の処理等に関する協定書」が締結された。

3.15 石油消費節減対策（日本）　石油消費節減対策が、省エネルギー・省資源対策会議で決定した。

3.20 公害対策（日本）　第1次地域(四日市地域ほか2地域)と第4次地域(富士地域ほか5地域)の公害防止計画を、内閣総理大臣が承認した。

3.22 重油流出（瀬戸内海）　瀬戸内海の備讃瀬戸でタンカー第8宮丸(997t)と貨物船第18大黒丸(414t)が衝突、第8宮丸に積載していたミナス重油約543kℓが流出した。

3.22 水俣病刑事裁判の熊本地裁判決（熊本県）　水俣病刑事事件で、熊本地裁が被告のチッソ元幹部2名に有罪判決を下した。

3.26 鳥獣保護区（秋田県）　大潟草原鳥獣保護区の特別保護地区内に、特別保護指定区域が指定された。

3.28 水俣病第二次訴訟の熊本地裁判決（熊本県）　熊本地裁が、水俣病第二次訴訟の一審判決を下した。

3.28 スリーマイル島放射能漏れ事故（アメリカ）　ペンシルバニア州スリーマイル島の原子力発電所で、放射能漏れ事故が発生した。

3.30 健康被害救済（日本）　「公害健康被害補償法施行令」の一部改正、政令公布。児童補償手当・葬祭料の増額、1979年度の賦課料率が決定した。

3.30　公害健康被害補償法（日本）　環境庁が、公害健康被害補償法の規定に基づく1979年度の障害補償・遺族補償標準給付基礎月額を告示した。

3.30　南三陸金華山国定公園（宮城県）　南三陸金華山国定公園が指定された。

4.1　環境アセスメント（日本）　環境影響評価制度のあり方について、中央公害対策審議会が答申した。

4.24　騒音公害（沖縄県北谷村）　沖縄県が嘉手納基地に隣接する北谷村砂辺で1978年4月から79年3月まで行った航空機騒音調査結果を発表。うるささを表現する加重等価継続感覚騒音レベル（WECPNL）は年平均92.7で環境基準70を大幅に上回る。

4.27　環境アセスメント（日本）　上村千一郎環境庁長官が閣議で環境アセスメント法案の提出を見送らざるを得ないと発言した。

4月　汚泥流出（千葉県市川市）　市川市で積んであったベントナイト汚泥が雨で流出、幼児が死亡する事件があり、廃棄物処理行政の遅れが指摘された。

5.8　水質汚濁（日本）　「瀬戸内海環境保全臨時措置法施行令」「水質汚濁防止法施行令」の一部改正、政令公布。特定施設が追加された。

5.8　内湾ごみ焼却（日本）　「水質汚濁防止法施行令」を一部改正する政令が公布され、水質総量規制でCOD（化学的酸素要求量）が設定された他、対象水域・地域に東京湾と伊勢湾、特定施設に病院と一般廃棄物焼却施設が追加された。6月12日施行、一部は1979年5月10日施行。

5.14〜　中小河川氾濫（東京都）　14日から15日にかけ、太平洋側を発達した低気圧が通過し、東京では30時間雨が降り続き、都内の中小河川が氾濫した。

5.17　公害対策（日本）　「全国公害患者の会連絡会」が環境庁に対し、公害健康被害補償制度に基づく公害病患者救済の指定地域解除反対を申し入れた。

5.30　自動車公害（日本）　「自動車公害防止技術に関する第1次報告」が環境庁より公表された。

5月 ツベルクリン接種ミス（北海道札幌市）　5月末、札幌市内の手稲西小、手稲西中でツベルクリンの注射部分が化のうするなど異常を訴える者が続出した。市衛生研究所の調べで、ツ反応検査の際、生きた結核菌が混入した疑いが強まり、接種ミスを起こした結核予防会のズサンな医療体制が明るみに出た。

6.6 省エネルック（日本）　第二次石油ショックを背景に、通産省の後押しで始められた「省エネルック」が話題を集め、6月6日、大平正芳首相が、半袖の背広に簡易ネクタイの姿で、首相官邸の庭でモデル役となってPRに努めた。省エネルックは、一着上下が2～4万円で百貨店で販売されたが、サラリーマンの人気は得られなかった。

6.10 光化学スモッグ注意報（東京都）　東京西部地域にこの年初の光化学スモッグ注意報がでた。

6.12 水質汚濁（日本）　「瀬戸内海環境保全特別措置法及び水質汚濁防止法の一部を改正する法律」が施行された。

6.15 エネルギー対策（日本）　石油消費節減・原子力発電強化・石炭火力開発促進等のエネルギー対策が、総合エネルギー対策推進閣僚会議で決定した。

6.19 清掃工場灰崩壊（京都市）　京都市の清掃工場で、灰が崩壊し、2名が死亡、7名が負傷した。

6.22 ボン条約（世界）　「野生動物の移動性の種の保存に関する条約（ボン条約）」が採択された。

6.23 富士山環境破壊（静岡県・山梨県）　環境庁、山梨県との合同で富士山クリーン作戦が実施された。高校生や自衛隊員ら約2万人が参加し、空きかん、びんなど約52tが回収され、改めて富士の汚れぶりが明らかになった。

6.28 エネルギー問題（東京都）　第5回主要先進国首脳会議（東京サミット）が開催され、エネルギー問題が議論された。

6.30 国立公園の業務体制（日本）　国立公園の現地管理業務体制の整備を図り、環境庁の内部組織に関する訓令の一部が改正され、国立公園管理事務所長の専決処理に関する訓令が制定された。

7.27 健康被害救済（日本）　「公害健康被害補償法施行令」の一部改正、政令公布。児童補償手当・介護加算額・療養手当額が増額された。

7.31 光化学スモッグ（山梨県大月市）　大月市に県内では初の光化学注意報が発令された。

7月～ 養殖ハマチ大量死（瀬戸内海）　7月から8月にかけて、赤潮に加えて類結節症が大流行、1年魚175万尾、2年魚32万魚が死に、8億5600万円の被害が出た。播磨灘海域では3年続きの打撃。

8.2 大気汚染防止法（日本）　「大気汚染防止法施行規則」の一部改正、総理府令公布。窒素酸化物の固定発生源に対する第4次規制が設置された。

8.9 遺伝子組み換え（日本）　遺伝子組み換え研究の促進について、科学技術庁が答申した。

8.14 化学物質（日本）　「化学物質の審査及び製造等の規制に関する法律施行令」の一部改正、政令公布（8月20施行、一部10月11日施行）。PCN、HCBが特定化学物質に追加された。

8.17 公害対策（日本）　第5次地域（苫小牧地域ほか10地域）の公害防止計画策定を、内閣総理大臣が指示した。

8.20 省エネ電車（東京都）　国鉄は8月20日から、東京‐高尾の中央線快速で「新型省エネルギー電車」201系の試作車の運転を開始した。半導体利用により加速時の消費電力を大幅に節約し、従来は熱として捨てていた発電ブレーキの電力を架線に戻し再利用を図る省エネルギー型だった。

8.25 新潟水俣病（新潟県）　鈴木哲・新潟大学工学部助教授が水俣湾内外57地点のヘドロ調査結果を発表し、処理区域外にも除去基準値（25ppm）を超える水銀ヘドロが存在することが明らかにされた。

8.30 光化学スモッグ予報（大分県）　オキシダントが一定濃度を超え、大分市の一部と別府市に「光化学スモッグ予報」を発令した。

9.25 メッキ工場廃液流出（群馬県前橋市）　前橋市内のメッキ工場からシアンを含む廃液1000ℓが利根川に流出した。

9.26 カラオケ騒音規制条例（大阪府八尾市）　日本初のカラオケ騒音規制条例が、大阪府八尾市で公布された。

10.17 富栄養化防止（滋賀県琵琶湖）　滋賀県が「琵琶湖富栄養化防止条例」を公布（1980年4月施行）。工場・事業場のリン・窒素排水を規制し、家庭・農業排水についても水質保全努力義務を課して富栄養化防止を図った。

10.24 ピンホール発生（福井県）　美浜原発2号機の蒸気発生器細管にピンホールが発生。

10.26 イリオモテヤマネコ（沖縄県）　イリオモテヤマネコの緊急給餌事業が開始された。

10.31 アンモニアガス噴出（山形県酒田市）　山形県酒田市の山形造船所で、イカ釣り漁船の冷凍装置を修理中、アンモニアガスが噴出、船倉内にいた作業員3名が死亡、1名が重体。油抜きと冷凍装置のバルブを間違えて緩めたのが原因。

11.3 高浜2号機冷却水もれ（福井県高浜町）　午前5時半から9時間にわたり、関西電力高浜2号機の1次冷却水が格納容器内に約80tももれる事故があった。原因は、1次冷却水の温度を測る配管のねじこみ式のせん（栓）がステンレス製でなく銅合金製だったためと、関西電力職員の取り付けミスとわかった。

11.3 高浜原発で冷却水モレ（福井県）　関西電力高浜原子力発電所で、一次冷却水漏洩事故が発生した。

11.12 スーパー林道完工（山梨県・長野県）　起工13年目にして、南アルプス・スーパー林道が完工した。

11.19 放射性廃棄物の海洋投棄（日本）　低レベル放射性廃棄物の試験的海洋投棄計画を原子力安全委員会が了承した。

11.24 水質汚濁（茨城県霞ヶ浦）　環境庁長官が国立公害研究所と霞ヶ浦の水質汚濁状況を視察した。

11.29 カドミウム汚染（日本）　カドミウムによる環境汚染地域住民健康調査成績の解析・結果報告書が発表された。

12.1 公害病認定患者（神奈川県川崎市）　12月1日現在、公害病認定患者3361名、死者は通算380名で、1979年に入って57名。

12.5 自然環境（日本）　自然環境保全審議会が「第4次鳥獣保護事業計画の基準」を改正した。

12.12 スーパー林道完工式（山梨県・長野県）　自然破壊が問題となり工事が一時中断されていた南アルプス・スーパー林道が完成、完工式が開催された。

この年　ホタテ貝毒検出（青森県陸奥湾）　前年に続き2度目の貝毒騒ぎがあり、陸奥湾産ホタテ貝から国の安全基準を上回る脂溶性貝毒が検出され、5月中旬から8月末まで出荷規制が行われた。原因は暖流によるプランクトンによるものとわかった。

この年　大気汚染（青森県）　八戸新産地区を中心とする大気汚染が青森市にも発生し始め、測定局二局を設置、監視体制の強化充実。

この年　水質汚濁（青森県）　青森県の水質汚濁は河川、湖沼で浄化が進んだが、海域では生活排水が原因で浄化が進まなかった。

この年　霞ヶ浦水質汚濁（茨城県）　霞ヶ浦の水質汚濁は相変わらずで、県はリンを含まない粉石けんの試供品を沿岸の全家庭に無料配布するなど浄化対策に力を入れているが、抜本策がなく苦慮している。環境局は環境管理課、原子力安全対策課、公害対策課に改組された。

この年　カドミウム汚染（群馬県）　渡良瀬川鉱害の汚染農地を復元するため県の対策計画案が3月にまとまり、太田、桐生両市との地元折衝に入った。これによると銅、カドミウムによる汚染農地331haについて公害防除特別土地改良事業を実施するとしており、総事業費は43億と見積もられている。

この年　大気汚染（千葉県）　各種規制で全般的には改善方向にあるなかで、大気汚染の元凶、窒素酸化物の改善率が低く、最大の課題となっている。県は3月、二酸化窒素の新環境目標値を「0.04ppm」（一日の平均値）と決め1985年度末の達成を目指すと発表。

この年　公害統計（新潟県）　公害苦情件数は合計905件で、前年度の993件をやや下回った。種類別では騒音298件、悪臭200件、大気汚染140件、水質汚濁103件が上位を占め、典型7公害の合計は802件と全体の89％を占めた。

この年　異常気象と減反で米不作（新潟県）　1979年産米は、長雨など異常気象と減反が原因で、作況指数97で、76年以来の不作となった。

この年　水銀汚染（新潟県）　1978年度の調査で、関川水系から前年度を上回る水銀汚染魚を検出、直江津海域でも依然、水銀の高濃度汚染色

が発見された。だが荻曾根、能代川水系のPCBは減少し、三年ぶりに魚の食用抑制を解除。

この年　**凍霜害などの冷害**（山梨県）　農業生産額は前年比8.3％減の1203億円で、1968年以来11年ぶりに対前年比減となった。10回にわたる凍霜害などの農業災害に見舞われたことや果樹の市況が悪かった。

この年　**耐火レンガから六価クロム**（愛知県）　瀬戸市の住宅造成地で野積み耐火レンガから六価クロムが雨水に溶けて流れ出し問題化した。

この年　**琵琶湖赤潮**（滋賀県琵琶湖）　1977年、78年、79年と3年連続して、琵琶湖の赤潮が発生した。淡水プランクトン、ウログレナの異常繁殖によるものだが、発生のメカニズムは未解明。

この年　**カラオケ騒音**（京都市）　1978年度に市に寄せられた公害苦情件数のうち、いわゆるカラオケ騒音が85件もあり、市の公害苦情の第3位にランクされるなどしたが、9月の府議会で、住居系地域では、スナックなどでのカラオケ使用が午後11時から午前6時まで禁止される府公害防止条例改正案（カラオケ騒音規制）が可決。違反者には10万円以下の罰金。

この年　**富栄養化で赤潮**（瀬戸内海）　瀬戸内海の富栄養化は年々深刻化し、この年夏も有毒赤潮プランクトン「ホルネリア」が播磨灘で発生した。

この年　**公害統計**（高知県）　高知県下の公害苦情件数は高知市を中心に604件で1978年より約100件減少した。公害を種類別にみるとトップは78年の騒音に代わり水質汚濁で200件、次いで悪臭が167件、騒音は141件。

この年　**土呂久鉱害病患者増加**（宮崎県）　宮崎県公害課は、1979年4月に7名、9月に3名の計10名を新たに認定し、土呂久鉱害認定患者は125名となった。

この年　**海水汚濁**（沖縄県）　本島北部と八重山の沿岸で道路工事等の開発に伴う赤土流出による海水汚濁が見られる。また、嘉手納米空軍基地周辺での騒音など基地公害が著しいが、地位協定により法令適用ができず、公害行政の障害となっている。

この年　**世界気候会議**（世界）　世界気象機関（WMO）が第1回世界気候会議を開催し、地球温暖化問題のための気候計画が開始された。

# 1980年
(昭和55年)

- **1.9** 重油流出(瀬戸内海)　タンカーと貨物船の衝突による重油流出事故が鳴門海峡で発生した。

- **1.11** 合成洗剤追放(大阪府)　大阪府は合成洗剤対策推進要綱を制定。大阪湾の富栄養化防止のため、府施設での合成洗剤使用全廃をめざすことになった。

- **1.13** 緑の党発足(西ドイツ)　「緑の党」が西ドイツで発足した。

- **1.21** 交通公害(日本)　環境庁長官主催の交通公害問題に関する懇談会が開催された。

- **1.29** ごみ発電(日本)　資源調査会は、省エネルギー策として、ごみ処理の焼却熱を利用した「ごみ発電」の推進を科学技術庁長官に建議した。

- **2.4** 自然環境(北海道)　遠音別岳原生自然環境保全地域が指定された。

- **2.18〜** 国際水禽調査局(日本)　第26回国際水禽調査局(IWRB)総会が札幌市で開催された(22日まで)。3月、環境庁がIWRBに加入した。

- **2.25** 無りん合成洗剤(日本)　花王石鹸が無りん粉末合成洗剤を開発・商品化した、と発表する。

- **2.29** 動物愛護(長崎県壱岐)　アメリカの動物愛護運動家が長崎県壱岐でイルカの囲い網を切断し、捕獲されていた250頭を逃がした。

- **3.3** 合成洗剤追放(兵庫県)　兵庫県は、県の全施設と職員の家庭で、合成洗剤の使用を中止して無りん石鹸に切り替えるよう、通知を出した。

- **3.17** 石原産業硫酸垂れ流し事件(三重県)　石原産業硫酸垂れ流し事件の刑事訴訟で、津地裁が工場幹部2人と会社に有罪判決を下した。

- **3.18** 国立公園等の日米会議(日本・アメリカ)　天然資源の開発利用に関する日米会議(UJNR)保全・レクリエーション・公園部会国立公

園その他の自然公園技術分科会が、ワシントン等で3月26日まで開催された。

3.18 公害対策（日本）　内閣総理大臣が、第5次地域（苫小牧地域ほか10地域）の公害防止計画を承認し、第6次地域（室蘭地域ほか10地域）の計画策定を指示した。

3.18 水質汚染（日本）　埼玉県ほか20都府県の「化学的酸素要求量（COD）に係る総量削減計画」を、内閣総理大臣が承認した。

3.23 国民投票で原発容認（スウェーデン）　原発に関する国民投票がスウェーデンで行なわれ、58％が原発を容認する結果となった。

3.24 富栄養化（日本）　環境庁が「富栄養化対策について」を発表し、有リン合成洗剤の使用自粛を各省庁に要請した。

3.25 国立・国定公園の高山植物（北海道）　北海道内の国立・国定公園の特別地域内において、採取にあたって許可が必要な高山植物等が指定された。

3.31 健康被害救済（日本）　「公害健康被害補償法の一部を改正する法律」が公布され、1980年度から1982年度の自動車重量税収引当方式が延長された。

3.31 鳥獣保護区（東京都）　小笠原諸島が鳥獣保護区と同特別保護地区に指定された。

4.18 環境アセスメント（日本）　環境影響評価法案に関する関係閣僚協議会が「環境影響評価法案原案」を了承した。

4月 東京大学原子核研究所放射能漏出（東京都田無市）　東京都田無市緑町の東京大学原子核研究所で放射能が漏れた（5月10日に確認）。

5.1 沿道整備法公布（日本）　「幹線道路の沿道の整備に関する法律」が公布された（10月25日施行）。

5.2 環境アセスメント（日本）　内閣官房長官が、政府としての環境影響評価法案が固まったと閣議報告した。

5.11 放射能汚染事故（東京都田無市）　東京田無市の東大原子核研究所で、所外研究者のミスによる超ウラン元素カリフォルニウムの放射能汚染事故が発覚。

5.21　水俣病第三次訴訟提訴（熊本県）　チッソのほか、国・熊本県の国家賠償法上の責任を求め、水俣病第三次訴訟第一陣が提訴された。

5.25　空き缶公害（日本）　高知市で22日から開催されている全国自然保護大会で、空き缶追放のため、国立公園等の自動販売機撤去要求が決議された。

5.27　自動車公害（日本）　「自動車公害防止技術に関する第2次報告」を環境庁が発表した。

5.27　環境アセスメント（東京都）　東京都で環境影響評価条例の再提出を求める直接請求が成立したが、7月8日に都議会で直接請求による環境アセスメント条例が否決された。

6.11　南アルプス林道が開通（山梨県・長野県）　着工から14年目にして、南アルプス・スーパー林道が南アルプス林道と名称変更して開通した。

6.17　ラムサール条約（北海道屈斜路湖）　屈斜路湖国設鳥獣保護区が、「ラムサール条約（特に水鳥の生息地として国際的に重要な湿地に関する条約）」に基づく指定湿地に登録された。

6.26　交通公害（日本）　今後の交通公害対策のあり方について、中央公害対策審議会に環境庁長官が諮問、審議会に交通公害部会が設置された。

7.31　健康被害救済（日本）　「公害健康被害補償法施行令」の一部改正、政令公布。介護加算額・療養手当が増額された。

7.31　水質汚濁（茨城県霞ヶ浦）　環境庁長官が国立公害研究所と霞ヶ浦の水質汚濁状況を視察した。

7月　シアン流出（静岡県天城ヶ島町）　静岡県田方郡天城ヶ島町の狩野川で、上流にある中外鉱業から流出したシアン化ナトリウムにより、アユなどの魚に被害がでた。原因は工場内に入り込んだ雨水が工場内の沈殿槽であふれて、外部に流れ出たらしい。

7月〜　戦後最大の冷害（各地）　全国各地で日照不足や降雨などによる低温状態が続き、4年ぶりに冷害が発生。このため、水稲が作況指数87を記録、収穫量も政府計画と比較して約140万t減の975万1000tになったのをはじめ、288万6000haの水陸稲や野菜、雑穀、豆類、果

樹、飼料および園芸作物などに被害があいついだ（政府は、11月10日に被災地域への天災融資法および激甚災害法の適用を決定、公布したほか、規格外米の買入れや農業共済金の支払い繰上げ、関係者の雇用確保などの救済対策を実施）。冷害被害としては1976年を上回る、戦後最大の被害となった。

8.8 プルトニウム（日本）　動燃事業団がプルトニウム混合転換技術開発施設の建設に着工した。

8.15 核廃棄物海洋投棄の中止要求（南太平洋）　南太平洋首脳会議がグアム島で開催され、日本による核廃棄物海洋投棄計画の中止要求決議が採択された。

8.20 廃棄物処理（日本）　海洋投入処分基準の一部改正と洋上焼却基準設定に関する基本的事項の考え方について、中央公害対策審議会が答申した。

8.23 環境保全（日本・アメリカ）　1975年締結の「日米環境保護協力協定」が5年延長され、以後5年ごとに更新されることになった。

8.28 トキの捕獲と人工増殖（新潟県）　トキの保護のため、環境庁が野生のトキ5羽の捕獲と人工増殖を決定した。

8月 冷害で最悪の凶作（北海道）　平均気温が平年より3度も低くなり、道南の水稲の被害が大きく、渡島は最悪の凶作。十勝の小豆も打撃をうけた。

8月 フロンガス汚染（関東地方）　首都圏上空でフロンガスがかなりの濃度で蓄積していることが観測の結果明らかになった。

9.9 公害対策（日本）　第7次地域（札幌地域ほか9地域）の公害防止計画策定を、内閣総理大臣が指示した。

9.10 自動車排出ガス規制・騒音規制（日本）　自動車排出ガスの許容限度の一部改正で、重量ガソリン車、軽貨物車、副室式ディーゼル車の窒素酸化物の昭和57年規制設置。また、自動車騒音の大きさの許容限度の一部改正で、乗用車の加速走行騒音の昭和57年規制が設置された。

9.11 名古屋新幹線公害訴訟（愛知県名古屋市）　名古屋新幹線公害訴訟で、名古屋地裁が判決を下した。

9.19 ボーエン病多発（愛媛県）　愛媛県北部の漁村で、40年以上前のヒ素中毒の結果とみられるボーエン病が多発していると、三木吉治愛媛大学教授が日本がん治療学会で発表した。同村の住民200名が患者。

10.1～ 新幹線騒音（福岡県）　国鉄新幹線は福岡県博多・小倉駅間で速度アップ。その結果、新幹線騒音の基準値80ホンを超えた戸数が58戸もあることがわかった。

10.6 低周波公害（奈良県）　奈良県の西名阪道路沿線住民が、奈良地裁に「西名阪自動車道低周波公害訴訟」を提訴。香芝高架橋の低周波による健康被害を訴え、日本道路公団に交通の差止めを求めた。

10.14 環境アセスメント（日本）　経団連からの環境影響評価法案の法制化延期要請に対し、鯨岡環境庁長官が拒否を表明した。

10.14 伊達火力発電所環境権訴訟（北海道）　伊達火力発電所建設差止環境権訴訟で、札幌地裁が判決を下した。

10.15 秩父多摩国立公園（埼玉県・東京都）　秩父多摩国立公園指定30周年記念式典に環境庁長官が出席した。

10.17 ラムサール条約（日本）　「ラムサール条約(特に水鳥の生息地として国際的に重要な湿地に関する条約)」が、日本について発効した。

10.20 環境アセスメント（東京都・神奈川県）　東京都と神奈川県で「環境影響評価(アセスメント)条例」が制定された。

10.29 海洋ごみ（日本）　ロンドン・ダンピング条約の日本発効にともなう処置として「廃駆除剤を指定する件」「廃駆除剤の処理方法を指定する件」が環境庁により告示された。海洋環境を守るため、農薬や医薬品など化学物質の廃棄方法などを規制するもの。11月14日適用。

10.30 イガイ農薬汚染（瀬戸内海）　瀬戸内海沿岸で食用にされているイガイに、農薬として使われていたディルドリンが高濃度に蓄積されていることが、環境庁の調査などで明らかになった。

10月 戦後最悪の冷害（青森県）　青森県では冷夏、長雨、日照不足で大凶作となり、戦後最悪の冷害に見舞われた。また米を含めた全農作物の冷害被害は約947億円。

11.4　ワシントン条約（日本）　「ワシントン条約（絶滅のおそれのある野生動植物の種の国際取引に関する条約）」が、日本について発効した。

11.8　放射能海洋（日本・アメリカ）　低レベル放射性廃棄物の海洋投棄にする説明会が、北マリアナ連邦主催でサイパン島で開催された。科学技術庁の第2次説明団が出席したが、現地に海洋投棄を拒否された。

11.14　海洋汚染（日本）　「海洋汚染及び海上災害の防止に関する法律の一部を改正する法律」「廃棄物の処理及び清掃に関する法律施行令及び海洋汚染及び海上災害の防止に関する法律施行令の一部を改正する政令」施行。「ロンドン・ダンピング条約」の日本発効に伴い、国内法が整備された。

11.21　公害対策（日本）　公害防止に関する事業に係る国の財政上の特別措置に関する法律の延長について、中央公害対策審議会が意見具申した。

11.24　ラムサール条約締約国会議（世界）　ラムサール条約第1回締約国会議が、イタリアのカリアリで11月29日まで開催された。

11.27　健康被害救済（日本）　「公害健康被害補償法施行令」の一部改正、政令公布。児童補償手当が増額された。

11.28　水俣病関係閣僚会議（日本）　第7回水俣病に関する関係閣僚会議で、水俣病対策についての申合せが行われた。

11.30　内海廃水（日本）　排水規制対象に冷凍調理食品製造業など8業種を追加する「水質汚濁防止法施行令」「瀬戸内海法施行令」の各一部改正が公布された。1982年1月1日施行。

12.4　反原発運動（新潟県）　柏崎刈羽原発増設についての「第一次公開ヒアリング」開催前夜から反対住民ら2000名が会場前に徹夜で座り込み、当日は7000名以上となり、機動隊が排除、重傷者を含む10名以上の負傷者が出たなかでヒアリングが強行された。

12.8　水質汚染（各地）　環境庁が1979年度公共用水域水質測定結果を発表した。生活環境項目での環境基準不適合率は全体で33.3％。78年度よりいくらか改善されてはいるが、生活排水が流入し水の循環が悪い湖沼や東京湾、伊勢湾、瀬戸内海などでの汚濁は相変わらず。

**12.9** 脱石油・原発推進で合意（日本）　脱石油・原発推進について、東京電力と東北電力が合意した。

**12.13** トキ捕獲事業開始（新潟県）　環境庁と新潟県が協力し、トキを保護するための捕獲事業が開始された。

**12.18** 地盤沈下（各地）　環境庁が全国の1979年度の地盤沈下状況を発表。沈下傾向は全般的に鈍化しているが、年間2cm以上沈下したところが15地域624km$^2$あった。

**12.19** 大気汚染状況（各地）　環境庁が1979年度全国大気汚染状況測定結果を発表した。8種の汚染物質を測定したもので、78年7月の改正前の旧基準オーバーで相変わらずの汚染ぶり。とくに人口密集地に高濃度測定が集中。

**12.22** 公害対策（日本）　1980年代の環境政策展開のための検討課題について、中央公害対策審議会企画部会が報告した。

**12.22** 交通公害（日本）　物流専門委員会・土地利用専門委員会が、中央公害対策審議会交通公害部会に設置された。

**この年** 過酸化水素被害（各地）　食品の殺菌および漂白剤として使われる過酸化水素に発癌性のあることがわかり、消費者の健康への影響が懸念された（動物実験で確認後、厚生省が1月11日、関係業者に同薬剤の使用を控えるように要望し、2月20日に告示改正で全面的に使用を禁止）。

**この年** 界面活性剤被害（各地）　石鹸や合成洗剤の洗浄および乳化剤などに使われる界面活性剤による消費者の健康への影響が懸念された（4月9日、東京都公害衛生対策専門委員会が通常の使用による被害を否定した研究報告を了承）。

**この年** 異常気象（各地）　夏は1905年以来の冷夏、81年冬は1963年以来の豪雪と、この年の気象は異常だった。冷夏は農作物の収穫に深刻な影響を与え、豪雪は東北、北陸を中心に相次ぐ遭難をもたらし、市民生活がおびやかされた。冷夏は北日本だけでなく九州までほぼ日本列島全域を覆い、各地とも「気象観測史上第1位」の異常データがずらりと並んだ。東京の8月の平均気温は23.3度で平年より3.4度も低く、1876年の観測開始以来第3位の低温。名古屋は25.3度で戦後1位の低温だった。各地の8月の雨量は福岡749mm、名古屋330mm、仙

台310mm、大阪139mm、東京177mm。また最高気温30度以上の「真夏日」は8月には宮古、仙台、福島などゼロ(平年8日から20日)。東京では7月に7日、8月には5日の計12日しかなく1905年と同日数。最低気温が25度に下がらない「熱帯夜」も8月には新潟、金沢、熊谷、前橋、甲府、名古屋、広島、高松などでゼロが続いた。海にも低温現象がみられ、平年に比べ3度前後も低い低温水域が見られた。

この年　**戦後2番目の冷害**(各地)　全国の稲作況指数は87で著しく不良、1978年の84に次ぐ戦後2番目、被害金額は6919億円(12月19日農林水産省公表)、戦後最大の規模の凶作となった。原因は7月以降の記録的冷夏と西日本の8月下旬の豪雨および台風。九州南部と沖縄を除くほぼ全国的なもの。東北地方の平均作況指数は78と決定的な凶作。青森県は全国最低の47という作況指数になった。冷夏の影響は社会・経済の諸分野にも及び、特に家庭電気・衣料・清涼飲料・レジャー等の業界に大きな痛手を与えた。

この年　**冷害で大凶作**(青森県)　青森県の水稲収穫量は平年の半作と大凶作になった。

この年　**冷害被害は681億円**(岩手県)　岩手県で冷害の農作物被害は総額681億円にのぼった。水稲の作況指数は「56」まで低下した。

この年　**冷害被害額は575億円**(宮城県)　7月中旬からの低温、日照不足で戦後最悪の冷害となった。水稲の作況指数は79。被害面積は13万6800ha、被害額は575億円に達した。

この年　**冷害で農作物の被害258億円以上**(山形県)　夏の冷害により、山形県の農作物の被害額が258億円以上となった。奥羽、吾妻東山系の中山間部が壊滅的な打撃を受けた。

この年　**冷害の農業被害総額は662億円**(福島県)　農業県である福島県では記録的な冷害で各作物とも大きな打撃を受け、農業被害総額は662億円にのぼった。米は作況指数74で、阿武隈山系の町村では収穫ゼロの農家も出た。

この年　**冷害で被害150億円**(茨城県)　茨城県の水稲は夏の異常低温で150億円近い被害。

この年　**水質汚染**(茨城県霞ヶ浦)　茨城県霞ヶ浦で河川の汚染の目安となるCOD(化学的酸素要求量)が10ppmを超えた。

環境史事典　　　　　　　　　　　　　　　　　　　　　　　　　　1980年（昭和55年）

この年　冷害で105億円の被害（栃木県）　冷害を受けたのは主に栃木県内北部、北西部の高地で、水稲70億円、かんぴょう12億6000万円など計105億円の被害が出た。

この年　騒音・大気汚染（埼玉県）　県、市町村の公害苦情受理件数は3700件と過去最高。騒音、振動、大気汚染についての苦情が特に増えている。県は東京湾水質総量規制の実施、緑化対策の強化などの公害防止対策を進めているが国による$NO_2$の規制強化が急務。

この年　水質汚染（千葉県）　生活排水対策や移動発生源、中小発生源からの窒素酸化物が課題。監視体制の充実や下水道およびし尿処理施設の整備に力を入れている。東京湾はCODの水質総量規制を実施。

この年　冷害で被害98億5000万円（石川県）　冷夏で、石川県の農作物被害は98億5000万円に達した。

この年　冷害・いもち病発生（福井県）　冷夏といもち病の多発で、福井県の代表銘柄米コシヒカリ、酒米の五百万石が約10％の減収被害を受けた。

この年　冷害で農作物全般に被害（山梨県）　山梨県の冷害の被害は富士北ろく、八ヶ岳南ろくの稲作を中心として農作物全般に及んだ。米の作況指数は91。

この年　土壌汚染（鳥取県）　岩見郡岩見町の小田川流域の水田が、旧岩見鉱山から排出された重金属で汚染されていることが県の調査で判明した。このため県では汚染されている水田46haを公害防除土地改良事業地域に指定し、1981年度から土地改良などを行うことにした。

この年　大気汚染・水質汚染（徳島県）　大気、水質等の環境は逐年改善の方向にあるが、自動車公害、騒音、畜産業の近隣公害、リン、窒素等富栄養化の問題等、改善を要するもの残っている状況。水質総量規制等は順調に作業進行中。

この年　冷害で戦後最悪の159億円の被害（大分県）　大分県の作物は冷夏・長雨などで戦後最悪の159億円の被害を出した。

この年　慢性ヒ素中毒（宮崎県）　宮城県での旧土呂久鉱山公害慢性ヒ素中毒の認定患者は総数134人となった。

この年〜　フロンガス問題（各地）　冷蔵庫の触媒やスプレー缶の噴射剤として使われるフロンガスの地球環境や消費者の健康への影響が懸念され、9月12日、鯨岡兵輔環境庁長官（当時）がフロンガスの放出量を削減する方針と発表した。

この頃　西名阪道路低周波騒音被害（奈良県香芝町）　奈良県香芝町の西名阪道路の高架橋から超低周波による振動および騒音が発生し、道路沿いの地域の住民ら多数が頭痛や難聴、不眠症などの症状を訴えた（10月6日に住民70名が損害賠償と騒音差止めを求めて提訴）。超低周波は、20ヘルツ未満の周波数の領域を指し、耳には実際の音は聴こえない。

# 1981年
（昭和56年）

1.8　ごみ回収（日本）　環境庁実施の空き缶公害全国アンケート調査結果が発表され、調査対象自治体の7割で空き缶公害が問題になっていることが明らかにされた。

1.12　塩化水素ガス発生（神奈川県平塚市）　夕方、神奈川県平塚市で化学工場から四塩化チタン3000ℓが流出、大気中の水分と反応して塩化水素ガスとなり、工場の従業員ら24人が目や鼻が痛くなり、うち1人は重症、近所の住民が一時避難する騒ぎになった。

1.17　動燃の再処理工場操業開始（茨城県）　動燃事業団が、東海村の再処理工場の本格操業を開始した。

1.20　不注意で作業員被曝（茨城県大洗町）　午前10時ごろ、茨城県大洗町の大洗工業センターで、放射性廃棄物の取り扱いの不注意から、作業員4人が最高30ミリレムの放射能を浴びた。

1.22　トキ捕獲完了・人工増殖開始（新潟県）　環境庁のトキ捕獲事業が完了し、人工増殖が開始された。

1.27　湖沼環境保全（日本）　湖沼環境保全制度のあり方について、中央公害対策審議会が答申した。

2.25 ワシントン条約（世界）　ワシントン条約第3回締約国会議が、ニューデリーで3月8日まで開催された。

2.26 環境アセスメント（日本）　自民党政務調査会が、環境アセスメント問題懇談会を設置した。

3.3 渡り鳥保護（日本・中国）　「日中渡り鳥等保護協定（渡り鳥及びその生息環境の保護に関する日本国政府と中華人民共和国政府との協定）」の署名が行われた。

3.6 水道水中のトリハロメタン（日本）　生活環境審議会水道部会が水道水中の発がん性物質トリハロメタンに関する報告書を厚生大臣に提出、規制値は暫定的に0.1ppm以下とされた。

3.13 健康被害救済（日本）　「公害健康被害補償法施行令」の一部改正、政令公布。児童補償手当・葬祭料の増額、1981年度の賦課料率が決定した。

3.16 佐渡弥彦米山国定公園（新潟県）　佐渡弥彦国定公園の区域拡張で米山地域が追加編入し、佐渡弥彦米山国定公園に改称した。

3.20 公害対策（日本）　第6次地域（京都地域を除く室蘭地域ほか9地域）と第7次地域（札幌地域ほか9地域）の公害防止計画を、内閣総理大臣が承認した。

3.21〜 仁尾太陽博覧会（香川県仁尾町）　香川県仁尾町で、太陽熱発電プラントの完成を記念し、「仁尾太陽博覧会」が開催された。太陽熱発電プラントは8月6日に稼働。

3.23 国立・国定公園の高山植物（各地）　北海道外の国立・国定公園の特別地域内において、採取にあたって許可が必要な高山植物等が指定された。

3.27 捕鯨船妨害（千葉県沖）　千葉県沖に停泊中の捕鯨船に反捕鯨団体「グリーンピース」の男女4人がゴムボートで乗り付け、うち女性1人が砲身に体を縛り付けて抗議をしたが、まもなく保護された。

3.31 公害対策（日本）　「新産業都市建設及び工業整備特別地域整備のための国の財政上の特別措置に関する法律等の一部を改正する法律」が公布され、「公害の防止に関する事業に係る国の財政上の特別措置に関する法律」の適用期限が10年間延長された。

4.13 空き缶問題（日本）　空き缶問題連絡協議会が、空き缶散乱防止のための普及啓発活動の充実について申し合せを行った。

4.15 イワシ大量死（新潟市沖）　新潟市から北部湾岸線に沿っての沖合いで、数十万tともいえるイワシの死魚の大群が海底にたまっていることが分かり、海洋汚染やほかの魚への影響などが心配されている。大量死の死因については、イワシの異常発生に加え、豪雪の融雪水が海に流れ込み、塩分濃度が下がり、酸欠を起こしたものと考えられる。

4.18 放射能汚染（福井県敦賀市）　未明、通産省は「日本原子力発電会社敦賀発電所で一般排水路の土砂から高濃度の放射性物質が検出された」と緊急発表した。汚染源は原子炉に隣接する廃棄物処理建屋と断定されたが、その後の調査で処理施設の構造的な欠陥、処理タンクの弁を締め忘れるなどの作業ミス、過去の放射性廃液漏れを隠していた事などが次々と明るみに出た。

4.23 ストレプトマイシン薬害訴訟（東京都）　ストレプトマイシン薬害訴訟について、東京高裁が製薬会社の控訴を棄却した。

4.28 環境アセスメント（日本）　「環境影響評価法案」が閣議決定し、国会に提出された。

4.30 渡り鳥等保護協定（日本・オーストラリア）　日豪渡り鳥等保護協定が発効した。

5.15 湖沼水質保全特別措置法案断念（日本）　環境庁が「湖沼水質保全特別措置法案」の第82回国会への提出断念を表明した。通産省との調整がつかなかったことが原因。

5.18 プランクトン異常発生（滋賀県）　琵琶湖プランクトン異常発生調査団が、赤潮をもたらす植物プランクトンのウログレナの生態の一部がわかったと3年間の調査結果を発表した。琵琶湖では1977年春以来、5年連続で赤潮が発生し、この年の夏から秋にかけ、異臭が発生するなどした。

5.22 美浜原子力発電冷却水漏れ（福井県美浜町）　夜、福井県の関西電力美浜原子力発電所1号機で1次冷却水3tが漏れる事故があり、作業員3人が飛まつを浴びたが、放射線量がごく微量だったため、人体に

影響はなかった。原因は点検作業に予定のない温度測定用パイプの継ぎ手をゆるめたためであった。

5.29 自動車公害（日本）　環境庁が、自動車公害防止技術に関する第3次報告を発表した。

5月〜 騒音・振動公害（青森県）　青森県でむつ小川原開発の石油国家備蓄基地建設工事が本格化したのに伴い、資材運搬用の大型ダンプによる騒音、振動公害が発生し社会問題になった。県は仮設道路を作るなどして対応、8月以降、騒ぎはおさまった。

6.2 総量規制（日本）　「大気汚染防止法施行令」の一部改正、政令公布。窒素酸化物の総量規制制度が導入され、東京都特別区、横浜市、大阪市等の3地域が総量規制地域に指定された。

6.2 大気汚染防止法（日本）　「大気汚染防止法施行令」を一部改正する政令が公布・施行された。窒素酸化物（$NO_X$）に総量規制制度を導入し、東京特別区・横浜市・大阪市を指定地域とするもの。

6.5 環境週間（日本）　環境週間が6月11日まで実施され、環境庁10周年記念事業が行われた。

6.7 京都会議（京都府）　核軍縮を訴え、湯川秀樹らが第4回科学者京都会議で声明文を発表した。

6.7 原子炉爆撃（イスラエル・イラク）　バグダッド近郊の原子炉が、イスラエル空軍機により爆撃された。

6.8 日中渡り鳥等保護協定（日本・中国）　「日中渡り鳥等保護協定」が発効した。

6.20 富士箱根伊豆国立公園（静岡県）　富士箱根伊豆国立公園の伊豆半島地域（山稜部）に係る公園区域・公園計画が変更された。

7.1 小児水俣病の判断条件（日本）　小児水俣病の判断条件について、環境保健部長通知が出された。

7.11 琵琶湖サミット（滋賀県）　「琵琶湖サミット」が京都で開催され、環境庁・関係自治体・住民団体代表らが琵琶湖の水質浄化・保全について討議した。

7.12　横田基地騒音訴訟（東京都）　横田基地公害訴訟の一審判決が下された。

7.17　光化学スモッグ（神奈川県）　神奈川県で光化学スモッグ注意報が発令、351人が喉の痛みや、吐き気などを訴え、うち4人が入院した。

7.24　健康被害救済（日本）　「公害健康被害補償法施行令」の一部改正、政令公布。児童補償手当・介護加算額・療養手当が増額された。

7.24　富士山クリーン作戦（山梨県・静岡県）　環境庁長官が、7月25日まで実施された「富士山クリーン作戦」に参加した。

7月　サミット（世界）　オタワ・サミットが開催され、共同宣言に初めて環境問題が盛り込まれた。

8.2　国立公園クリーン作戦（日本）　「国立公園クリーン作戦」が実施された。

8.6　太陽熱発電（香川県仁尾町）　通産省のサンシャイン計画による香川県仁尾町の太陽熱発電プラントが稼働を開始した。

8.26　排ガス規制・騒音規制（日本）　直接噴射式ディーゼル車の排ガスに対する昭和58年規制、中型車の騒音に対する昭和58年規制が告示された。

9.21　トキ保護専門家会議（日本・中国）　日中トキ保護専門家会議が9月26日まで開催された。

9.28〜　汚水不法投棄（東京都立川市）　28日から10月26日まで、5回にわたり食肉処理した牛や豚の血を一級河川にたれ流していた東京都立川市の業者を摘発した。また他にもクロムやアルカリ性汚水を同様にたれ流していた業者3社も摘発した。

9.30　総量規制（日本）　窒素酸化物の総量規制基準等を定めた「大気汚染防止法施行規則」の一部改正、総理府令等が公布された。

9月　悪臭被害（千葉県）　県営水道の水源である利根川に、富栄養化が進みアオコが発生している手賀沼の水が流れ込んだため、28万戸で臭い水が出た。

9月　ナッツ発ガン性物質汚染（東京都）　東京都内で、高濃度の発ガン性物質のかび毒がついた輸入ナッツが出回っていた。このナッツは

イラン産のピスタチオで、発ガン性物質であるアフラトキシンB1が暫定規制値の180倍が検出された。東京都衛生局はすぐに回収を始めた。

- 10.1 　電気自動車（日本）　電気自動車が環境庁に導入された。

- 10.1 　日高山脈襟裳国定公園（北海道）　自然公園50周年記念事業として、日高山脈襟裳国定公園が指定された。

- 10.2 　DDTが特定化学物質に（日本）　「化学物質審査規制法施行令」一部改正。特定化学物質に、DDT、アルドリン、ディルドリン、エンドリンが追加指定され、使用・販売・製造が原則禁止された。10月12日施行、一部は12月1日施行。

- 10.16 　ごみ回収（京都市）　京都市で、全国で初めて缶飲料自動販売機の届け出と回収容器併設を義務づける「飲料容器の散乱の防止及び再資源化の促進に関する条例（空き缶回収条例）」が制定された。1982年4月1日施行。

- 10月 　カドミウム汚染米（石川県小松市）　石川県小松市梯川流域（約400ha）でのカドミウム汚染度調査で、0.4ppm以上1.0ppm未満の流通不適の汚染米が全体の85.3％あることがわかった。これは80年産米の14.5％を大幅に上回る数字となり、これらの汚染米は政府が保管することになった。

- 11.10 　地盤地下水（日本）　地盤沈下防止等対策関係閣僚会議が設置された。18日に会議が開催され、地域の実情に応じた地下水採取の削減目標量を設定するなどの「地盤沈下防止等対策要綱」が策定された。

- 11.13 　ヤンバルクイナ発見（沖縄県）　沖縄本島の原生林で発見された新種の鳥を、山階鳥類研究所が「ヤンバルクイナ」（学名ラルス・オキナワエ）と命名・公表した。

- 11.20 　環境アセスメント（日本）　衆院環境委員会で「環境影響評価法案」提案理由の説明がなされた。

- 11.20 　水俣病関係閣僚会議（日本）　第8回水俣病に関する閣僚会議で、水俣病対策について申合せが行われた。

- 11.20 　奥鬼怒スーパー林道（栃木県）　環境庁が、林業を目的とすることを条件に奥鬼怒スーパー林道の建設に同意したことを発表した。

11.24 自動車乗入れ規制(尾瀬) 環境庁が、尾瀬への自動車乗入れを大幅に規制する方針を明らかにした。

11.30 水質汚濁(日本) 「水質汚濁防止法施行令」「瀬戸内海環境保全特別措置法施行令」の一部改正、政令公布。規制対象として、冷凍調理食品製造業等8業種が追加された。

12.5 重油流出(東京都中央区) 午前5時40分、東京都中央区の浜離宮公園に隣接する汐留川に係留してあった第18芳栄丸(19.8t)が沈没、燃料のA重油約2tが流出した。沈没の原因は老朽化による浸水らしい。

12.16 大阪空港公害訴訟(大阪府・兵庫県) 大阪空港公害訴訟で、第一〜三次訴訟の最高裁判決。原告側住民に対する過去の損害賠償は認めるが、将来の損害賠償は認められなかった。争点の夜間9時以降の飛行差し止め請求は実質的審議に入る前に却下され、高裁差し戻しの判決が下った。

12.17 水質汚染(茨城県) 環境庁長官が国立公害研究所と霞ヶ浦を視察した。

12.21 地盤沈下(各地) 環境庁は1980年度全国地盤沈下調査結果を発表。沈下面積は1年間に330km$^2$増えて、沈下総面積は8580km$^2$に上ることがわかった。かつて沈下の激しかった東京、大阪、名古屋など大都市地域で沈静化に向かっているのに対し、関東、濃尾、筑紫、新潟など都市周辺の平野部での沈下が目立ち、被害が全国に拡散する傾向にある。1年間で最も沈下したのは埼玉県鷲宮町の7.9cm。次いで兵庫県尼崎市の5.9cm、千葉県白子町の5.6cm、宮城県塩釜市と茨城県五霞村はの各5.4cm、千葉県成田市の5.3cmなど。

12.21 霞ヶ浦浄化条例(茨城県霞ヶ浦) 茨城県議会で「霞ヶ浦の富栄養化の防止に関する条例(霞ヶ浦浄化条例)」が可決・制定された。

12.23 スモン薬害訴訟(京都府) スモン薬害訴訟の京都訴訟で、製薬会社の特定できない患者と製薬会社の間で、全国で初となる和解が成立した。

12.24 化学物質環境調査で残留汚染(日本) 環境庁が全国12ヵ所で実施した1980年度化学物質環境調査の結果が発表され、PCB・DDT・BHC・ディルドリンなどによる残留汚染が継続していることが判明した。

**12.27　再開敦賀原発が再停止**（福井県）　12月25日に運転を再開した敦賀原発が、異常により再停止した。

この年　**騒音公害**（各地）　環境庁がこの年に全国3700カ所で行った自動車交通騒音実態調査によると、国の騒音環境基準を達成したのは全国でわずか17.2％の635地点だけで、ここ数年、ほとんど改善がみられないままになっている。さらに住宅地での達成率が低下し、主要幹線道での夜間騒音が深刻化するなど、住民にとって自動車騒音公害はむしろ深刻化していることがわかった。

この年　**医薬品副作用**（各地）　厚生省がまとめた1980年度の医薬品副作用モニター報告によると、1981年3月までの1年間に全国の医療機関から医薬品の副作用として報告された症例は669件、うち死亡は24件で、この数はモニターに指定されている838病院からの報告によるもので、実際にはそれ以上の副作用死が出ていると推測される。

この年　**冷害で2年連続の不作**（岩手県）　岩手県では初夏と秋の低温で冷害となり、台風15号の被害も重なり、主産業の水稲が戦後最悪の冷害だった80年に次ぐ2年連続の不作となった。主力品種のササニシキを中心に品質も大幅に低下し冷害、台風による農業被害は321億5500万円にのぼった。

この年　**粉じん公害**（千葉県君津市）　千葉県君津市で建材用の山砂を満載して走るダンプによる粉じん公害が発覚、じん肺患者が出ていることが東大など研究機関の住民検診で分かった。

この年　**公害対策**（奈良県）　県内新規公害苦情は701件で、騒音、悪臭が289件（41％）を占めた。西名阪道路の低周波公害裁判は奈良地裁で係争中。吉野郡内に点在するダムでは淡水赤潮が3年前から発生している。

この年　**河川汚濁**（和歌山市）　和歌山県は和歌山市中心部を流れる内川のヘドロから総クロム1200ppm、亜鉛2300ppmを検出した。工場汚水、家庭雑排水による高濃度汚染で発生する悪臭に対し、住民の批判が厳しい。和歌山市は下水道整備の取り組みが遅れ、1983年秋以降初めて一部供用開始の予定。

この年　**メチル水銀汚染魚販売**（熊本県水俣市）　2、5、8月に厚生省の魚介類水銀暫定規制値を超えるかさご、きすが水俣市内の鮮魚店で売ら

れていたことがわかった。これらの魚は水銀ヘドロが積もった水俣湾でとったとみられるが、水俣市漁業協同組合ではこの海域での操業を自粛していた。

# 1982年
(昭和57年)

1.12　能登半島国定公園（石川県）　能登半島国定公園の公園区域・公園計画が変更された。

1.19　重油流出（栃木県藤原町）　午後、栃木県塩谷郡藤原町の鬼怒川温泉で、ホテルのボイラー用タンクから約5000ℓのB重油がもれ、うち2000ℓが鬼怒川に流出した。原因はタンクのバルブの閉め忘れらしい。

1.31～　重油流出（栃木県宇都宮市）　31日から2月1日にかけて、栃木県宇都宮市平出工業団地の鉄工所から、燃料用A重油約8000ℓ（ドラムカン40本分）が流出、一部が排水溝を伝って4.5km離れた鬼怒川に流れ込んだ。

2.1　クロロキン薬害訴訟（東京都）　東京地裁がクロロキン薬害訴訟で第一次・一審判決。副作用は予見できたとして、国と医師、製薬会社6社の過失責任を認め、患者への賠償支払を命じた。

2.3　水質汚濁（日本）　水質汚濁防止法の規制対象事業場に冷凍調理食品製造業等8業種が追加されたことに伴い、化学的酸素要求量に係る総量規制基準（環境庁告示）が一部改正された。

2.4　汚水排出（東京都）　東京都内のメッキ工場など4社が有毒物質シアンや六価クロムを下水道を通じて東京湾にたれ流ししていたことが分かった。この工場は基準値の275倍の六価クロム汚水をたれ流しており、他の工場も同様に高濃度の汚水をたれ流していた。各工場はこれまでに4回、注意や警告を受けていたが、これを無視、1日に数十tも廃液を出し続けていた。

2.28 東京にサケを呼ぶ会(東京都世田谷区)　多摩川の水質浄化に取り組む「東京にサケを呼ぶ会」が、東京都世田谷区の多摩川に稚魚30万尾を放流した。

3.6 ヤンバルクイナ(沖縄県)　ヤンバルクイナが特殊鳥類に指定された。

3.18 川崎公害訴訟(神奈川県川崎市)　川崎市南部地区のぜんそくなどの患者が、汚染物質排出規制と健康被害に対する損害賠償を求め、日本鋼管・東京電力ほか11社・国・首都高速道路公団を横浜地裁川崎支部に提訴した(川崎公害訴訟第1次提訴)。

3.21 公害に関する世論調査(日本)　「公害に関する世論調査」を総理府が公表。公害対策基本法で定められた公害の被害者は31%に上った。

3.30 安中鉱害訴訟(群馬県)　群馬県安中の鉱害問題について、前橋地裁が東邦亜鉛の故意責任を認める被害者ら原告勝訴の1審判決を言い渡し、東邦亜鉛が控訴した。

4.3 南極の動植物保護(南極)　南極の動植物保護を目的とする「南極の海洋生物資源の保存に関する条約」が締結された。「南極条約」の協議国会議勧告に基づくもので、4月7日に発効した。

4.16 環境基準(日本)　湖沼の窒素・燐の環境基準設定について、環境庁長官が中央公害対策審議会に諮問した。

4.17 公害対策(日本・フランス)　フランスのミッテラン大統領が、国立公害研究所を視察した。

4.26 道路交通公害(日本)　1983年度からの道路整備計画策定に当たって配慮すべき道路交通公害の防止対策について、中央公害対策審議会が意見を具申した。

4.27 水質は横ばい状態(東京湾)　東京湾岸自治体公害対策会議による東京湾水質調査の結果、水質は1978年以降横ばいで総量規制の効果があらわれていないことが判明した。

5.13 スクラップ置き場火災(神奈川県横浜市戸塚区)　午後4時5分、神奈川県横浜市戸塚区戸塚町の自動車解体業のスクラップ置き場付近から出火、スクラップ車150台が炎上した。

5.14　環境アセスメント（日本）　環境影響評価法案の審議が衆院環境委員会で開始され、以後7月9日、8月10日に審議が行われた。

5.15　九州中央山地国定公園（熊本県・宮崎県）　九州中央山地国定公園が指定された。

5.27　自動車公害（日本）　自動車公害防止技術に関する第4次報告を環境庁が発表した。

5.28　大気汚染防止法（日本）　「大気汚染防止法施行規則」の一部改正、総理府令公布。ばいじんの排出基準が改正強化された。

5.28　大気汚染防止法施行規則一部改正（日本）　石炭ボイラー基準値を石油ボイラーなみにするなど、ばいじんの排出基準を強化する「大気汚染防止法施行規則」一部改正の総理府令が公布された。新規施設では6月施行。

5.30　空き缶回収運動（関東地方）　「ごみゼロの日」にあたる5月30日、関東地方の1都9県で空き缶回収運動が実施された。千葉県では1日で510万個が回収された。

5月　国連環境計画（世界）　国連環境計画（UNEP）が国連人間環境会議10周年記念特別理事会をナイロビで開催し、「ナイロビ宣言」が採択された。また、日本が行った賢人委員会設置提案を受け、2年後に「環境と開発に関する世界委員会（WCED、通称ブルントラント委員会）」が創設された。

6.1　水質汚濁（日本）　「水質汚濁防止法施行令」の一部改正、政令公布（7月1日施行）。排水規制対象として、水産物地方卸売市場が追加された。

6.5　環境週間（日本）　環境週間が6月11日まで実施され、環境庁長官が都内街頭で近隣騒音防止の呼びかけを行った。

6.9　公害対策（日本）　公害防止計画の今後のあり方について、中央公害対策審議会が意見を具申した。

6.10　早池峰国定公園（岩手県）　早池峰国定公園が指定された。

6.11　水道水のトリハロメタン（日本）　厚生省が水道水に含まれる発がん性物質トリハロメタン全国調査の結果を発表し、人体に影響が出るほどの数値ではないと評価した。

6.11 オガサワラオオコウモリ生息確認（東京都南硫黄島）　環境庁学術調査団が、南硫黄島における天然記念物・オガサワラオオコウモリの多数生息を確認した。

6.16 水質汚染（滋賀県・鳥取県・島根県）　環境庁長官が琵琶湖、中海を視察。松江市を訪れ、中海・宍道湖の干拓と淡水化は水質汚濁のおそれがあり、実施すべきではないと発言した。

7.3 ナショナル・トラスト（日本）　林修三を座長に日本に適合した制度の定着をめざしてナショナル・トラスト研究会が発足し、環境庁で初会合を開催した。ナショナル・トラストは市民参加により資金を集め、失われつつある自然や歴史文化財を保存する環境保護活動。環境庁では、5月3日に研究懇談会発足が決定していた。

7.19 町議会で原発設置可決（高知県）　全国初の原発設置町民投票条例が、高知県窪川町議会で可決した。

7.23 光化学スモッグ（日本）　環境庁が光化学スモッグの原因物質である炭化水素の拡散防止策を都道府県に指示し、産業界にも協力を要請した。

7.23 商業捕鯨全面禁止（世界）　1987年からの商業捕鯨全面禁止案が、国際捕鯨委員会（IWC）第34回年次会合で決議された。

7.24 雲仙天草国立公園（長崎県）　雲仙天草国立公園の雲仙地域に係る公園区域・公園計画が変更された。

8.16 新幹線の騒音・振動（日本）　環境庁が、東北新幹線の開業に伴う新幹線鉄道の騒音・振動対策について、環境基準の達成を運輸省に申入れた。

8.24 健康被害救済（日本）　「公害健康被害補償法施行令」の一部改正、政令公布。介護加算額・療養手当が増額された。

8.31 遺伝子組み換え（日本）　大学・研究機関における遺伝子組み換え実験規制が大幅に緩和された。

8.31 大山隠岐国立公園（鳥取県・島根県）　大山隠岐国立公園の大山・蒜山地域に係る公園計画が変更された。

9.3 公害対策（日本）　第2次・第3次地域（東京地域ほか11地域）の公害防止計画策定を、内閣総理大臣が指示した。

9.24　自然保護（北海道）　環境庁長官が9月26まで釧路湿原、知床を視察した。

9月　公害病認定患者（千葉市）　千葉市内で公害病認定患者の男子高校1年生が死亡した。千葉県では川崎製鉄など臨海工場を抱えるため、気管支ぜんそくなど市の公害病認定患者が多く、約1000名いるが、今回の死者で公害犠牲者は100名となった。

9月　厚木基地騒音問題（神奈川県厚木市）　9月までに、厚木飛行場周辺での騒音測定の結果は、滑走路の北1km地点で、70ホン以上の騒音が1日平均80.3回を記録、1976年のほぼ倍となった。

9月　公害健康被害者認定患者（神奈川県横浜市鶴見区）　9月末までに、横浜市鶴見区の一部12.6km$^2$の大気汚染指定地域で、1176人が公害健康被害者と認定された。このうち死亡、治ゆ者などを除く実認定患者数は887人となっている。

10.7　公害対策（日本）　環境庁長官が公害研修所を視察した。

10.20　厚木基地騒音訴訟（神奈川県）　厚木基地騒音公害訴訟で、横浜地裁が夜間飛行差止め請求を却下し、損害賠償を認める判決を下した。

10.28　自然環境（日本）　「自然環境保全法」制定10周年記念シンポジウムが開催された。

10.28　世界自然憲章（世界）　国連総会で「世界自然憲章」が制定され、12月には「健康及び環境に有害な製品からの保護に関する決議」が採択された。

10.29　遺伝子組み換え（アメリカ）　遺伝子組み換えによるヒト・インシュリンの商品化がアメリカで認可された。

10月　森林浴を提唱（長野県）　長野県の赤沢自然休養林で、林野庁の提唱で日本初の「森林浴の集い」が開かれた。その後の森林浴ブームの原点となる。

11.1　鳥類保護（日本）　放鳥獣猟区を除く全国で、メスキジ、メスヤマドリの捕獲が1987年10月31日まで禁止された。

11.1　鳥獣保護区（岩手県・宮城県）　岩手県日出島、宮城県伊豆沼に鳥獣保護区が設定された。

11.1 公害病認定患者(神奈川県川崎市)　神奈川県の公害病認定患者は3370人。その4分の1は14歳以下の子どもで、死者は598人。82年に入ってからの死者は63人、ほとんどが60歳以上の老齢者となっている。

11.18 環境基準(日本)　湖沼の窒素・燐の環境基準と測定方法について、中央公害対策審議会が答申した。

11.29 西海国立公園(長崎県)　西海国立公園の公園区域・公園計画が変更された。

12.1 水俣湾仕切網外で水銀検出(熊本県)　鈴木哲・新潟大学教授による水俣湾のヘドロ分析調査結果が発表され、水銀汚染魚封じ込めのために設置された仕切り網の外部で、高濃度の総水銀が検出されたことが判明した。

12.24 公害対策(日本)　環境保全の観点から望ましい物流体系実現の方策、交通施設の構造・周辺土地利用実現の方策について、中央公害対策審議会の交通公害部会物流専門委員会・土地利用専門委員会が報告した。

12.24 南房総国定公園(千葉県)　南房総国定公園の公園区域・公園計画が変更された。

この年 医薬品副作用死(各地)　厚生省がまとめた「医薬品副作用モニター報告」によると、1982年3月までの1年間に、モニターである全国の医療機関から医薬品の副作用として報告された症例は819件あり、うち死者が21人もいた。副作用の内訳は湿しんなど皮膚症状が全体の3分の1を超えて最も多く、吐き気、腹痛、下痢など消火器症状、貧血、赤血球減少など血液障害が続いている。使われる度合いが高いセファレキシンなど抗生物質(258件)、インドメタシンなどの解熱鎮痛消炎剤(118件)、吉草酸ベタメタゾンなどの外皮用薬(96件)などが目立った。

この年 地盤沈下(関東地方)　この1年間に最も沈下した地域は、神奈川県横浜市の新横浜駅前の10.7cm。次いで埼玉県鷲宮町の6.7cm、千葉県大多喜町の5.4cm、茨城県五霞村の4.6cmなど。原因はほとんどが地下水の過剰な採取。ほかには温泉や天然ガスの採取が原因のところもある。

この年　地盤沈下（千葉県）　千葉県環境部調査によると沈下区域は県土面積の約半分2400km$^2$に達した。対前年比2.3倍。1年に2cm以上沈下した区域は約350km$^2$で最高は大多喜町上瀑の5.4cm。

この年　カドミウム汚染米（石川県小松市）　石川県小松市梯川流域約400haで1982年産米カドミウム汚染度調査を行ったところ、1.0ppm以上の不良米が5.0%、0.4ppm以上1.0ppm未満の流通不適米が全体の80.3%という結果が出た。

この年　長良川河口堰訴訟（三重県）　長良川河口堰建設をめぐる問題で、市民からなる「河口堰建設反対共闘会議」が水資源開発公団を相手取り、建設差し止めを求める訴訟を起こした。

この年　公害苦情（奈良県）　奈良県の公害苦情は630件。騒音、悪臭が280件で44%を占めた。工場が少ないので大気汚染はそれほどでもないが、大和川は生活排水の流れ込みで汚れがひどく全国でも最悪の汚染河川。下水施設は奈良市など北部地域にしか普及しておらず、水質浄化対策は遅れている。

この年　赤潮発生（瀬戸内海）　小豆島付近を中心に大規模な赤潮が発生、史上4番目の約7億2700万円の水産被害が出た。

この年　赤潮発生（大分県）　1月から10月までに、別府湾や豊後水道で8件の赤潮が発生。昨年に発生した20件よりは少なかったが、このうち7月26日に県北部の中津市沖の周防灘で発生した赤潮は、国東半島沿岸を南下、8月1日には大分市の別府湾まで広がった。幅約2kmの帯状でとり貝やカレイなどに大きな被害が出た。ブリやハマチなど養殖漁業が盛んな南海部郡蒲江町の入津湾などでも赤潮が頻発。悪質なプランクトンによるものが増えている。このため赤潮防止をめざして合成洗剤追放を県が呼びかけている。このほか蒲江町の蒲江湾で養殖している二枚貝の一種ひおらぎ貝にまひ性貝毒が含まれていることがわかり、4月11日から6月18日まで業者らが出荷を自主規制した。

この年　オゾンホール（南極）　世界保健機関（WHO）が南極の昭和基地で、世界で初めて成層圏オゾンの異常な減少を観測した。

この年〜　エル・ニーニョ現象（世界）　1982年から翌83年にかけ、過去最大規模のエル・ニーニョ現象が発生した。

## 1983年
(昭和58年)

1.8 動物保護(東京都)　環境庁が、南硫黄島における新種の昆虫14種の存在を発表した。

1.12 水質汚染(茨城県霞ヶ浦)　環境庁長官が国立公害研究所と霞ヶ浦を視察した。

1.14 霧島屋久国立公園(鹿児島県)　霧島屋久国立公園の区域拡張で、屋久島西北部地域が追加された。

1.17 大気汚染対策(日本)　窒素・燐の排水基準について、環境庁長官が中央公害対策審議会に諮問した。

1.17 公害防止事業団(神奈川県横浜市)　環境庁長官が横浜市の公害防止事業団事業地を視察した。

1.26 杉並清掃工場完工(東京都杉並区)　東京都杉並清掃工場で完工式が行われた。計画発表から17年、住民の建設反対運動、江東区との東京ごみ戦争などを経ての完工となった。

2.2 遺伝子組み換え(日本)　大学における植物の遺伝子組み換え実験を学術審議会が承認した。

2.9 氷ノ山後山那岐山国定公園(兵庫県・鳥取県・岡山県)　氷ノ山後山那岐山国定公園の公園区域・公園計画が変更された。

2.14 投棄(海洋)(世界)　海洋投棄規制条約締結国会議がロンドンで開催され、2月15日、安全性の検討終了まで放射性廃棄物の海洋投棄を停止するよう求める決議案が可決された。

2.16 原子力空母リビア沖に派遣(アメリカ・リビア)　リビアによるスーダン侵攻の情報をうけ、アメリカがリビア沖に原子力空母「ニミッツ」を派遣した。

2.17 空き缶問題(日本)　環境庁が、第3次・空き缶に関する地方公共団体アンケートの調査結果を発表した。

2.22　日中渡り鳥保護協定（日本・中国）　第1回日中渡り鳥保護協定会議が、東京で2月23日まで開催された。

2.23　酸性雨対策で排出ガス規制（西ドイツ）　西ドイツ政府が、酸性雨による「森の死」対策として「大規模燃焼施設への亜硫酸ガス規制令」を定め、火力発電所に亜硫酸ガスの排出規制を義務付けた。

2.27　重油流出（千葉県木更津市）　千葉県木更津市金田海岸のノリ養殖場で、大量の重油が流れ着いているのが見つかった。

3.2　海洋汚染（原油流出）（イラク・イラン）　イラク海軍によるイランのノールーズ海底油田攻撃で、ペルシャ湾に大量の原油が流出した。

3.6　緑の党が議席（西ドイツ）　キリスト教民主・社会同盟が西ドイツ総選挙で大勝。5.6％の得票率を得た緑の党が、連邦議会に議席を勝ちとった。

3.13　日本みどりの党（日本）　自然保護運動家らが組織する「日本みどりの党」が結党総会を開いた。立党宣言には、反戦、反核、反原発が盛り込まれた。

3.14　富士箱根伊豆国立公園（神奈川県）　富士箱根伊豆国立公園の箱根地域に係る公園計画が変更された。

3.15　公害対策（日本）　第2次・第3次地域（東京地域ほか11地域）の公害防止計画を、内閣総理大臣が承認した。

3.21　原子力空母佐世保寄港（佐世保市・アメリカ）　原子力空母エンタープライズが佐世保に寄港した。

3.22　奥鬼怒スーパー林道建設へ（栃木県・群馬県）　環境庁が奥鬼怒スーパー林道の八丁の湯〜西区間の建設に同意した。5月、森林開発公団が同区間の着工を決定した。

3.31　健康被害救済（日本）　「公害健康被害補償法の一部を改正する法律」が公布され、1983・1984年度の自動車重量税収引当方式が延長された。

3.31　鳥獣保護区（北海道）　北海道の浜頓別クッチャロ湖鳥獣保護区が設定された。

4.12 環境アセスメント（日本）　環境影響評価法案について、衆院環境委員会で参考人意見聴取・質疑が行われた。

4.12 水質汚染（茨城県）　国立公害研究所霞ヶ浦臨湖実験施設の開設式が行われた。

4.21 交通公害（日本）　今後の交通公害対策のあり方について、中央公害対策審議会が答申した。

4.26 産業廃棄物（日本）　建設木くずが産業廃棄物に指定された。

4.28 タンカー衝突（神奈川県横浜市）　午前8時10分、神奈川県横浜市の横浜港で、ナフサ専用タンカー「第11霧島丸」とLPGタンカー「第3ごおるでんくらっくす」が衝突、積み荷のナフサ890kℓ（ドラムカン930本分）が流出、付近に悪臭がたちこめ119番通報が殺到した。

4月 汚水水道（東京都江東区）　東京都江東区の荒川沿いの「葛西クリーンタウン」の分譲住宅で、水道管と排水管を間違え、2週間にわたり住民が不衛生な水を飲まされていたことがわかった。住民の話では水道の水は臭く少し濁っていたという。

5.15 焼却ごみ爆発（東京都羽村町）　午後20分、東京都西多摩郡羽村町玉川の多摩川河川敷で、清掃をしていた組合員が、集めたごみを燃やしていたところ突然爆発し、3人が負傷した。ごみの中にプロパンガスのボンベがあったことから、これが爆発したものとみられる。

5.17 水俣病関係閣僚会議（日本）　第9回水俣病に関する関係閣僚会議で、水俣病対策について申合せが行われた。

5.17 公害健康被害補償法（日本）　環境庁が、公害健康被害補償法の規定による診療報酬額の算定方法の一部改正を告示した。

5.22 塩化水素ガス流出（山口県徳山市）　午後2時10分、山口県徳山市晴海町の工場から塩化水素ガスが漏れ、風にのって市内に流れ、市民数百人が吐き気や目の痛みを訴えた。

5.24 米兵被曝者（広島市・長崎市・アメリカ）　アメリカが、広島・長崎への進駐と核実験による米兵被曝者が13万2000人にのぼると発表した。

5.25 地下核実験（仏領ポリネシア・フランス）　仏領ポリネシアのムルロア環礁で、フランスが大規模な地下核実験を実施した。

5.26　海洋ごみ（日本）　船舶からの油、有害液体物質、ごみなどの海洋への排出規制を定める「海洋汚染防止法」一部改正が公布された。マルポール73/78条約（国際海洋汚染防止条約）の日本批准に伴う措置。

5.28　ばいじんの排出基準（日本）　環境庁が「ばいじんの排出基準」を改正し、石炭ボイラーの基準値が石油ボイラーなみに強化された。

5.30　釧路湿原（北海道）　環境庁長官が釧路湿原を視察した。

6.2　南硫黄島全域が立入制限地区に（東京都）　南硫黄島原生自然環境保全地域の全域が、立入制限地区に指定された。

6.4　池子弾薬庫跡地問題（神奈川県逗子市）　防衛施設庁が、逗子市の池子弾薬庫跡地（290ha）に米軍用住宅1000戸の建設を決めた。同跡地は自然林となっており、神奈川県・逗子市、市民団体らは、自然破壊につながるとして反対を唱えたが、1984年3月5日、逗子市の三島虎良好市長は建設受け入れを表明した。

6.8　公害対策（日本）　皇太子御夫妻と浩宮殿下が、国立公害研究所を視察した。

6.10　重油流出（静岡県熱海市）　午前8時30分、静岡県熱海市大黒崎の清掃事務所の焼却場燃料タンクから、A重油（2100ℓ）が熱海湾に流出した。調査の結果、何者かが焼却場に侵入にオイルのバルブを開けたものとみられる。

6.13　薬害エイズで第1回会合（日本）　薬害エイズについて厚生省内で第1回会合が開かれたが、後の1996年2月までこの事実は公表されなかった。

7.19　海洋放射能（日本・マーシャル諸島）　科学技術庁長官が、5月にマーシャル諸島大統領から放射性廃棄物の海洋投棄をやめるよう申し入れがあったことを公表した。

7.20　釧路湿原（北海道）　釧路湿原保全対策検討会が発足した。

7.20　光化学スモッグ（東京都府中市）　朝、東京都府中市の中学校で生徒7人が光化学スモッグによるとみられる吐き気やせきなどの異常を訴え、手当を受けたがいずれも軽症だった。都内では、今年初めての被害だった。

- 7.20 水俣病認定業務不作為訴訟（熊本県）　熊本地裁が、水俣病認定業務に関する熊本県知事の不作為違法に対する損害賠償請求訴訟の一審判決を下した。
- 7.25 公害対策（日本）　中央公害対策審議会企画部会が、環境保全長期計画フォローアップ作業報告を発表した。
- 7.28 屋久島を視察（鹿児島県）　環境庁長官が屋久島を視察した。
- 7.29 酸性雨対策検討会設置（日本）　環境庁が酸性雨対策検討会を設置した。外部の専門家からなり、5年がかりで調査・対策を検討するもの。
- 8.6 中曽根首相「病は気から」発言（日本）　原爆養護ホームでの中曽根首相の「病は気から」発言に対し、被爆者団体から抗議声明が出された。
- 8.6 重油流出（スペイン・南アフリカ）　南アフリカのケープタウン沖で、スペインの大型タンカー炎上事故が発生。大量の重油が流出し、発生した煙による黒い雨が降った。
- 8.16 海洋汚染防止法施行令改正（日本）　船舶からの油類の排出規制を強化する「海洋汚染防止法施行令」一部改正が公布された。10月2日施行。
- 8.20 潮流発電（日本）　日本大学が、世界初の潮流発電装置の実験を開始した。
- 8.23 ナショナル・トラスト（日本）　ナショナル・トラスト研究会が、報告書「我が国における国民環境基金運動の展開の方向」を提出した。
- 8.27 川内原発で初臨界（鹿児島県）　鹿児島県の川内原子力発電所1号機が初臨界に達し、試運転が開始された。
- 8月 水質汚染（新潟県）　八郎潟残存湖の水と魚からダイオキシンを含む除草剤CNPが検出されたことが明らかになった。ダイオキシンは毒性、発がん性が問題になっており、大潟村議会は9月28日CNP使用自粛の意見書を採択した。10月には大潟村農業協同組合が翌年からのCNP使用中止を決定。県も雄物、米代、子吉の3大河川と八郎潟でCNPを定点観測すると決めた。

8月〜　クロルデン汚染和牛（宮崎県延岡市）　8月から9月にかけ、宮崎県延岡市内で、シロアリ駆除剤クロルデンに汚染された井戸水を飲んだ肉用和牛の乳脂肪から、世界保健機関（WHO）の安全目安の6倍以上のクロルデン0.305ppmが検出された。同市では1982年から、クロルデンによる井戸水汚染が問題になっていたが、家畜への2次汚染が見つかったのは初めて。

9.7　大気汚染防止法（日本）　「大気汚染防止法施行規則等の一部を改正する総理府令」が公布され、窒素酸化物の第5次規制が設置された。

9.9　公害対策（日本）　第1次・第4次地域（四日市地域ほか7地域）の公害防止計画の策定を、内閣総理大臣が指示した。

9.10　富士箱根伊豆国立公園（静岡県）　富士箱根伊豆国立公園の伊豆半島海岸部に係る公園区域・公園計画が変更された。

9.16　生活騒音（日本）　環境庁が生活騒音低減の方策についてとりまとめ、「生活騒音の現状と今後の課題」として公表した。

9.21　動物保護（日本）　環境庁が、はこわなを使用したクマ、ヒグマの捕獲禁止を告示した。

9.21　アオコ大量発生（滋賀県琵琶湖）　汚れのひどい湖沼で見られるアオコが琵琶湖に大量発生し、過去最高の15万$m^2$を記録した。植物プランクトン、「ミクロキスティス」の異常繁殖で、湖面が緑色のペンキを流したようになり、近畿1300万人の水がめに赤信号がともった。また、「ウログレナ」による淡水赤潮も5月に発生、7年連続となった。

9.22　スパイクタイヤ（日本）　環境庁が、スパイクタイヤによる粉じん等の当面の対策を関係23道府県に要請した。

9月　除草剤汚染（東京都）　都は1983年9月、上水道から検出した有機塩素系除草剤CNP（クロロニトロフェン）の測定結果を公表した。それによると、上流で農薬が使用される5月から7月にかけて、CNPの濃度は一時的に高くなり、最高で原水から0.129ppb、浄水から0.093ppbが検出された。CNPには「1・3・6・8四塩化ダイオキシン」が含まれていることから、環境問題研究家らの間ではその有害性が問題視されているが、都は「ごく微量で、水道水の安全性は問題ない」と発表した。

10.11　**IAEAに加盟**（中国）　国際原子力機関（IAEA）に中国が加盟した。

10.25　**津軽国定公園**（青森県）　津軽国定公園の公園区域・公園計画が変更された。

10.28　**自動車騒音規制**（日本）　トラクタ、全輪駆動車、クレーン車を除く大型トラックと、全輪駆動の小型車・軽二輪車に対する騒音の昭和60年度規制が告示された。

10.28　**スーパー林道**（栃木県・群馬県）　奥鬼怒スーパー林道の延長工事が着工した。

10.31　**鳥獣保護区**（秋田県・鹿児島県）　秋田県の森吉山鳥獣保護区が区域変更された。また、秋田県の森吉山、太平湖と鹿児島県の草垣島が特別保護地区に指定された。

10月　**地盤沈下**（千葉県四街道市）　千葉県四街道市工業団地で、地盤沈下が起き、動力用地下電線が漏電したり、下水管が破損したりするなどの被害がでている。

11.9　**ごみ処理**（東京都）　東京都公害研究所が、東京都清掃工場の排出ガスからの高濃度水銀検出を発表した。

11.9　**倉敷公害訴訟**（岡山県倉敷市）　第1次提訴。岡山県倉敷市水島コンビナート地区の住民が、健康被害への損害賠償と大気汚染物質の排出差し止めを求め、主要8社を岡山地裁に提訴した（倉敷公害訴訟第1次提訴）。

11.12　**公害健康被害補償法**（日本）　公害健康被害補償法第2条第1項対象地域のあり方について、環境庁長官が中央公害対策審議会に諮問した。

11.18　**ごみ焼却灰からダイオキシン**（愛媛県松山市）　愛媛大の立川教授が、松山市のごみ焼却場の飛灰・残灰からダイオキシン類が検出されたと新聞に発表。国内ダイオキシン類発生確認報道の第1号となった。

11.24　**公害対策**（日本・中国）　中国共産党中央委員会の胡耀邦総書記が、国立公害研究所を視察した。

11.28 環境アセスメント法案は廃案（日本）　衆議院の解散に伴い、「環境影響評価法案」「湖沼水質保全特別措置法案」が審議未了で廃案となった。

11.30 ダイオキシン汚染防止（日本）　厚生省がダイオキシン等関係専門家会議を設置し、12月に初会合が開かれた。1984年度から「処理の困難な有害物質を含む廃棄物対策推進などの基本方策」（生活審議会報告）に基づいて、乾電池など家庭から排出される有害物質の回収・処理対策や廃棄物ダイオキシン類汚染に対する取り組みを開始することに。

11.30 公害病患者（神奈川県川崎市）　11月30日までの、公害病認定患者総数は4847人で、患者数は3346人。死者は通算695人、83年に入ってからの死者は81人。

11月 アスベスト（石綿）公害（各地）　都公害研究所は1983年11月の大気汚染学会で、発がん性が国際的に確認されているアスベスト（石綿）が老朽ビル解体工事の際、広範囲にわたって大気中にまきちらされているとの調査結果を発表した。それによると、調査対象になった都心の解体ビルは標準的な防じん対策をとっていたにもかかわらず、石綿粉じんはビル敷地内で日常環境の中の64倍、約50m離れた地点でも18倍の濃度に達していた。

12.10 鳥類保護（日本）　「行政事務の簡素合理化及び整理に関する法律」による「鳥獣保護及狩猟ニ関スル法律」「温泉法」の一部改正。キジ類の販売禁止制度が廃止され、政令で定める事務が都道府県知事から保健所設置市のうち政令で定める市の市長に委任された。

この年 地盤沈下（各地）　環境庁が発表した83年度の全国地盤沈下調査結果によると、大都市地域で沈静化し、都市周辺の平野部で沈下が目立った。主な沈下地域は36都道府県で60地域、総面積は1万km$^2$。1年間に最も沈下したのは横浜市港北区篠原町の16.8cmで、2年連続。82年1月から始まった地下鉄工事でグングン沈下しだし、82年度は26.3cm。この2年間で合計43.1cmも沈んでしまった。被害は約200棟にのぼる。

この年 薬害死亡者（各地）　厚生省が全国の薬害発生状況を調べた83年度の医薬品副作用モニター報告で、年間の副作用によるとみられる死者が21人にのぼっていることが分かった。また、各地の病院から副

作用として報告されたものは766症例。中枢神経用剤が最も多かったが、死亡例の原因として疑われたのは、抗生物質が最も多く、次いで制がん剤だった。

この年　**冷害で1531億円の被害（北海道）**　北海道では6、7月の記録的低温で小豆や水稲、小麦などを中心に生育が遅れ、稲の作況指数は74。冷害対策本部による被害推計は1531億円となり、史上最高に達した。

この年　**地盤沈下（神奈川県横浜市港北区）**　神奈川県横浜市港北区篠原町では1年間に26.3cmの地盤沈下が起こり環境庁の全国調査でワースト1になった。20cm以上沈下したのは1974年の埼玉県所沢市の27.2cm以来。

この年　**『核の冬』を発表（世界）**　カール・セーガン（アメリカ）ほかが、核戦争による大規模環境変動と氷期の発生を描いた『核の冬』を発表した。

# 1984年
（昭和59年）

1.30　**大阪空港騒音訴訟（大阪府）**　大阪空港の騒音をめぐる訴訟で、国が原告住民約3800人に総額13億円（訴訟費用を含む）を支払う和解案を大阪地裁が提示した。3月17日、第4～5次訴訟で和解が成立、第1～3次訴訟も住民側が訴えを取り下げ、約14年ぶりに全面解決した。

2.18　**水質基準（日本）**　厚生省が化学物質3種類について「一生摂り続けても害のない耐容摂取水質基準」として以下の数値を告示した。トリクロロエチレン0.03mg以下、テトラクロロエチレン0.01mg以下、1,1,1-トリクロロエタン0.3mg以下（いずれも1リットル当たり）。

2.19　**カドミウム汚染（長崎県）**　東邦亜鉛によるカドミウム汚染について、長崎県対馬・厳原町の130世帯からなる「佐須地区鉱害被害者組合」に対し、紛争関係の一切を解決する最終補償金6000万円が提示された。組合側が受諾したことで、汚染発生から約20年ぶりに決着した。

2.20 汚水排出（茨城県大洗海岸）　茨城県の大洗海岸でホテルが水質汚濁防止法の基準値を無視した、し尿などの排水を海にたれ流していたことがわかった。

3.1 空き缶の地方公共団体アンケート（日本）　環境庁が、第4次・空き缶に関する地方公共団体アンケート調査結果を公表した。

3.2 『風の谷のナウシカ』（日本）　宮崎駿が原作・脚本・監督を務めた長編アニメ映画『風の谷のナウシカ』が公開され、大ヒット作品となり、後のスタジオジブリ発足、宮崎アニメ人気の原点となった。この作品は、最終戦争で現代科学技術文明は崩壊し、汚染された大地と「腐海」とよばれる樹海に生存を脅かされながら生きる人びとを描いたもので、核戦争や環境問題をテーマにしながらも大人気を呼んだ。

3.13 公害対策（日本）　第1次・第4次地域（四日市地域ほか7地域）の公害防止計画を、内閣総理大臣が承認した。

3.16 カネミ油症訴訟（日本）　カネミ油症訴訟の全国統一第1陣控訴審で、食品公害で初めて国の過失責任を認める判決が言い渡された。1986年5月15日の第2陣控訴審判決では国と鐘淵化学工業の責任が否定され、判断が分かれることに。

3.17 特殊鳥類（日本）　「特殊鳥類の譲渡等の規制に関する法律施行規則」の一部改正、総理府令公布。オーストラリア産ハシナガサシゲドリが、特殊鳥類として追加指定された。

3.21 大気汚染防止法（日本）　「大気汚染防止法施行令」の一部改正、政令公布。苫小牧市、川越市、所沢市ほか8市が規制行政の政令市として追加された。

3.26 毒ガス使用の報告書（イラク・イラン）　国連調査団が、対イラン戦争におけるイラクの毒ガス使用に関する報告書を公表した。

3.27 健康被害救済（日本）　「公害健康被害補償法施行令」の一部改正、政令公布。児童補償手当・葬祭料の増額、1984年度の賦課料率が決定した。

3.28 鳥獣保護区（福岡県）　福岡県の沖ノ島鳥獣保護区が設定された。

- **3.28** 土呂久鉱害（宮崎県）　土呂久鉱害訴訟第一陣の一審判決が下された。

- **3.29** 釧路湿原（北海道）　釧路湿原保全対策検討会が、釧路湿原保全方策の基本方向を提言した。

- **4.17** 動物保護（東京都）　ニホンリスが新宿御苑に放された。

- **5.7** 復員兵の枯葉剤集団訴訟で和解（アメリカ・ベトナム）　アメリカのベトナム復員兵1万8000人による枯葉剤集団訴訟で和解が成立。化学会社7社が1億8000万ドルを支払うことで合意した。

- **5.8** 水俣病認定申請の期限延長（日本）　「水俣病の認定業務の促進に関する臨時措置法」の一部改正、同法施行令の一部改正、政令公布。環境庁長官に対する水俣病の認定申請期限が3年間延長された。

- **5.12** 猛毒除草剤ずさん処分（各地）　愛媛大農学部の立川涼教授グループが調査したところ、強力な催奇形性や発がん性があることから71年に使用中止となった2・4・5T系除草剤が、愛媛県北宇和郡津馬町の山林で、埋め方がずさんなため薬剤の原液がすっかり流出していることが明らかになった。このことがきっかけになり林野庁が全国の営林署の追跡調査をした結果、5月25日までに29署でずさん廃棄されていたことが分かり、うち7署は「10倍量程度の土壌に混和して、コンクリート塊にして埋める」という林野庁の通達を守らず、袋のまま埋めていた。そのほかにも11署で「1カ所300kg以内」という制限量を超える量を廃棄していた。

- **5.13** 湖沼農薬（滋賀県琵琶湖）　「琵琶湖の残留農薬を監視する会」が実施した琵琶湖流入河川の水中汚染調査で、最高2230ppt（ppmの百万分の一）のCNPや1040pptのクロメトキシニルが検出された。

- **5.17** 国立公害研究所（日本）　国立公害研究所設立10周年記念式典が筑波で行われた。

- **5.20** 雲仙天草国立公園（長崎県）　雲仙天草国立公園指定50周年記念式典に環境庁長官が出席した。

- **5.22** 淡水赤潮（滋賀県琵琶湖）　琵琶湖の南湖中央部に淡水赤潮が発生、同月23、25、26、28日にも発生した。赤潮は77年から、毎年4月後半から6月上旬にかけて発生しており、これで8年連続。植物プランク

トンであるウログレナ・アメリカーナの異常繁殖によるもので、発生水域では水面が茶褐色に変色、独特の生臭いにおいが漂った。

5.23 **ダイオキシン**（日本）　廃棄物処理に係るダイオキシン等専門家会議が、1日摂取量が体重1kg当たり0.1ナノグラム以下であれば健康に影響はないと報告した。

5.25 **自動車公害**（日本）　環境庁が、自動車公害防止技術に関する第6次報告を発表した。

5.25 **酸性雨共同調査結果**（関東地方）　1都8県1市で構成される「関東地方公害対策推進本部大気汚染部会」が、東京湾岸など関東南部を発生源とする汚染物質が新潟県にまで酸性雨を降らせているとの酸性雨共同調査結果を発表した。

5.26 **富士箱根伊豆国定公園・沖縄戦跡国定公園**（東京都・沖縄県）　富士箱根伊豆国立公園の伊豆諸島地域と、沖縄戦跡国定公園の公園区域・公園計画が変更された。

5.26 **ニホンカモシカ大量死**（福井県）　福井県内で、特別天然記念物のニホンカモシカの死体が大量にみつかり、密猟の疑いがあるとして調査をしている。

5.31 **ごみ回収焼却**（日本）　1都900市町村からなる「全国都市清掃会議」の総会が長崎市で開催された。使用済み乾電池・蛍光灯など水銀を含む廃棄物の回収処理、ごみ焼却場の煙突から排出されるダイオキシンについて議論され、関連業界に水銀など有害廃棄物の全面回収を求めること、厚生省など関係省庁に適正処理の対策についての要望書を提出することが決定された。

5.31 **健康人からPCP検出**（高知県）　高知県衛生研究所が一般健康人の血液中からPCPを検出した。この年、国立公害研究所がPCPに発がん性物質ヘキサクロロベンゼンが0.4％含まれていることを発見した。

6.3 **瀬戸内海国立公園**（瀬戸内海）　岡山県玉野市、広島県宮島町、兵庫県神戸市で、瀬戸内海国立公園指定50周年記念式典が開催された。

6.5 **工業用水法**（日本）　「工業用水法施行令」の一部改正、政令公布。愛知県尾張西部地域が、地下水採取規制指定地域に指定された。

6.5 　有毒ベリリウム排出（愛知県半田市）　愛知県半田市の日本碍子知多工場から、慢性の呼吸器障害を引き起こす高濃度のベリリウムが粉じんに混じって排出されていたことが明らかになった。愛知県環境部などの調査によると、1日に工場全体かから出る総排出量は1980年当時が153g、82年当時が245gで、アメリカの規制値である「最大10g以下」を15〜25倍近くも上回っていた。

6.7 　国立公害研究所設立10周年（日本）　国立公害研究所設立10周年記念研究発表会が東京で行われた。

6.9 　自然保護（日本）　自然保護憲章10周年の集いが、新宿御苑で6月10日まで開催された。

6.14 　公害対策（日本）　中央公害対策審議会企画部会が、環境保全長期構想策定の審議を開始した。

6.14 　知床国立公園など区域・計画変更（北海道・中部地方・瀬戸内海）　知床国立公園、中部山岳国立公園と、瀬戸内海国立公園の六甲地域に係る公園区域・公園計画が変更された。

7.19 　風景条例（滋賀県）　滋賀県は、県全域を対象とする全国初の風景条例「ふるさと滋賀の風景を守り育てる条例」を公布した。風景づくりのための条例は、都道府県では初となる。琵琶湖岸全域と主要河川・道路などの景観を、自然と調和した風景にすることをめざし、建物の色・形・デザインなどを規制する。

7.21 　阿蘇国立公園（熊本県・大分県）　阿蘇国立公園指定50周年記念式典が、大分県長者原で開催された。

7.25 　日光国立公園（栃木県）　日光国立公園指定50周年記念式典が、宇都宮市で開催された。

7.25 　中部山岳国立公園（岐阜県）　中部山岳国立公園指定50周年記念式典が、岐阜県上宝村で開催された。

7.27 　湖沼水質保全特別措置法（日本）　「湖沼水質保全特別措置法」の公布、一部施行（1985年3月21日施行）。

7.27 　霧島屋久国立公園（宮崎県）　宮崎県えびの高原で開催された霧島屋久国立公園指定50周年記念式典に、環境庁長官が出席した。

7.31　厚木基地騒音問題（神奈川県厚木市）　厚木基地の夜間連続離着陸訓練による騒音は7月31日に105ホン、8月10日に109ホン（いずれも相模原市内）と、これまでの最高を記録。周辺の市民から、苦情電話が殺到した。

7月　赤潮発生（三重県）　熊野灘沿岸に赤潮が発生。8月末に終息するまで、養殖のはまち、真珠などに13億7700万円の被害が出た。

8.21　有毒ガス流出（埼玉県川越市）　午後6時5分、埼玉県川越市的場にある工場から有毒ガスが流れだし、付近の住民が目が痛むなどの症状を訴え、うち3人が病院に運ばれた。

8.22　地下水汚染防止（日本）　環境庁が地下水汚染防止対策として「トリクロロエチレン等の排出に係る暫定指導指針」を作成、都道府県と10大政令指定都市に告示した。トリクロロエチレン、テトラクロロエチレン、1,1,1-トリクロロエタンの3物質を対象に、地下浸透の防止、公共用水域への排出の抑制を行政指導するもの。

8.27　世界湖沼環境会議（滋賀県）　'84世界湖沼環境会議が、滋賀県で8月31日まで開催された。

8.28　環境アセスメント（日本）　環境影響評価の実施について閣議決定したが、法制化はされず、行政指導の形で実施することとなった。

8.28　安中鉱害（群馬県安中市）　東邦亜鉛安中製錬所を発生源とするカドミウムや亜鉛の公害につき、県と安中市が初めて現地の被害農民から聞き取り調査を行った。また、6月に地元のし尿処理場の汚泥から高濃度のカドミウムが検出され、9月には筑波大学など3大学の合同調査で、精錬所の出すばいじん中のカドミウムが、現在も農作物を広範囲に汚染していることが明るみに出た。

9.2　塩素ガス流出（高知市）　午後4時ごろ、高知市桟橋通の南海化学工業土佐工場で、塩素ガスを送るパイプが爆発、塩素ガスが周辺に漏れ、作業員がやけどをしたほか、公園で遊んでいた子ども20人以上が塩素ガスを吸い、意識を失ったり、吐き気や頭痛を訴えたりなどし、10人以上が病院に運ばれた。塩素ガスに水素などが混入に化学反応をおこして爆発してのではとみている。

9.5　水質汚染（日本）　窒素・燐の排水基準設定について、中央公害対策審議会が答申した。

9.6 胎盤・母体血・母乳からHCB検出（日本）　国立公害研究所が、ヘキサクロロベンゼン（HCB）がヒトの胎盤・母体血・母乳から検出されていることを報告した。同物質は1979年に特定化学物質に指定され、製造・販売・使用が禁止されている。

9.8 水質汚染（東京都昭島市）　昭島市中神町で精密機器製造業、日本電子会社の排出口から六価クロムを含んだ水が流出。10月2日には、八王子市を流れる浅川にうぐいなどが大量に浮き、高濃度のシアンが検出された。いずれも、下流は都民の飲み水になっている多摩川であり、万全を期すため、都水道局は砧上、砧下の両浄水場でその都度、取水を一時停止した。

9.20 瀬戸内海国立公園（大分県・瀬戸内海）　瀬戸内海国立公園の大分県地域に係る公園区域・公園計画が変更された。

9.21 公害対策（日本）　第5次地域（仙台湾地域ほか8地域）の公害防止計画策定を、内閣総理大臣が指示した。

9.23 国民投票で原発規制案否決（スイス）　原発規制に関する国民投票がスイスで実施され、段階的撤廃、代替エネルギー強化の両案が反対多数で否決された。

9.26 健康被害救済（日本）　「公害健康被害補償法施行令」の一部改正、政令公布。介護加算額が増額された。

9.26 近隣騒音（日本）　環境庁が、近隣騒音問題の現状と今後の課題を公表した。

9.27 土壌汚染（東京都江東区）　東京都江東区新砂の木材工場跡地が六価クロムとヒ素で汚染されていることがわかった。

9月 六価クロム汚染（石川県小松市）　小松市内の3カ所の井戸で最高80.6ppmの六価クロムが検出された。県環境部が原因を調べた結果、近くの2輪車部品製作工場のメッキ槽がひび割れ、中のクロムメッキ液がもれたものと断定。工場に対しメッキ槽の補修と安全確認できるまでの作業中止を命じた。

10.4 大雪山国立公園（北海道）　大雪山国立公園指定50周年記念式典が、北海道然別温泉で開催された。

10.7 　阿蘇国立公園（熊本県）　阿蘇国立公園指定50周年記念式典が、熊本県阿蘇町で開催された。

10.13　阿寒国立公園（北海道）　阿寒湖畔で開催された阿寒国立公園指定50周年記念式典に環境庁長官が出席し、10月15日まで釧路湿原、知床、ウトナイ湖を視察した。

10.19　公害対策（チュニジア）　チュニジア共和国のムザリ首相夫妻が、国立公害研究所を視察した。

10.23　鳥獣保護区（青森県・山形県・長野県・新潟県）　下北西部、大鳥朝日、北アルプスが鳥獣保護区・特別保護地区に指定された。

10.26　ワシントン条約（日本）　政府がワシントン条約関係省庁連絡会議を設置した。

10.30　動物保護（日本）　新宿御苑で「リス基金」の記念植樹が行われた。

11.8 　土壌汚染対策（日本）　環境庁が「農用地における土壌中の重金属などの蓄積防止に係る管理基準」を設定し、都道府県知事に通知した。

11.11　池子弾薬庫跡地（神奈川県逗子市）　逗子市長選挙で、池子弾薬庫跡地への米軍住宅建設反対派の推す富野暉一郎が、建設受け入れを表明した前職の三島市長を破り初当選した。米軍住宅建設問題はこの後、逗子市、神奈川県、防衛施設庁との間で調停・斡旋が進められていく。

11.13　パイプライン破壊（千葉県佐倉市）　午後11時30分、千葉県佐倉市のジェット燃料用パイプラインが埋設してある竹林で、1mほどの穴が掘られてパイプが破損して油が漏れているのを公団職員がみつけた。燃料の流出量は80$k\ell$（ドラムカン400本分）で、印旛沼にも流れ込んだ。

11.15　公害対策（日本）　環境庁長官が国立公害研究所を視察した。

11.17　田子ノ浦ヘドロ住民訴訟（静岡県富士市）　田子ノ浦のヘドロ浚渫費問題で14年ぶりに和解が成立した。和解内容は製紙4社がヘドロ浚渫費の一部500万円を静岡県に寄付すると共に今後も環境の保全を目指す、県は500万円を「財団法人・静岡県グリーンバンク」に入金し田子ノ浦港の環境整備に充当するというもの。

11.18 ごみ焼却（愛媛県）　愛媛大学教授が、ごみ焼却炉の飛灰および残灰中からダイオキシンを検出と発表した。生焼けのプラスチック製品から発生したと推測される。

11.21 環境アセスメント（日本）　環境影響評価実施推進会議が、環境影響評価実施要綱に基づく手続等に必要な共通的事項を決定した。

11.30 水質汚染対策（日本）　湖沼水質保全の基本方針について、環境庁長官が中央公害対策審議会に諮問した。

12.2 有毒ガスで町が全滅（インド）　インドで米・ユニオンカーバイド社系工場の有毒ガス漏出事故が発生。死者2600人、町が全滅する大惨事となった。

12.4 大雪山国立公園（北海道）　大雪山国立公園指定50周年記念式典が旭川市で開催された。

12.10 養殖ハマチ有機スズ化合物汚染（各地）　ハマチ養殖の漁網防汚剤として幅広く使われている毒性の強い有機スズ化合物ビストリブチルスズオキシド（TBTO）が養殖ハマチの体内から最高1ppm以上の高濃度で検出されていたことが分かった。

12.10 原子力空母横須賀入港に抗議（横須賀市・アメリカ）　アメリカ原子力空母カールビンソンの横須賀入港に対し、神奈川県知事が抗議した。

12.11 日本野鳥の会（日本）　日本野鳥の会の創始者・中西悟堂が89歳で死去した。

12.13 低周波空気（日本）　環境庁が、低周波空気振動調査報告書を発表した。

12.25 水俣病関係閣僚会議（日本）　第10回水俣病に関する関係閣僚会議で、水俣病対策について申合せが行われた。

この年 干ばつ被害（福島県）　84年産米の作況指数は県平均で109の「良」。5年ぶりの豊作となり、10a当たりの単位収穫量は538kgと、史上最高を記録した。だが、干ばつによる農作物の被害額は史上最高の62億円にも達した。特にひどかったのは野菜類の19億6700万円、果樹類の15億6600万円など。

この年　炭化水素排出規制（千葉県）　窒素酸化物とともに光化学スモッグの原因物質となっている炭化水素につき、県は85年春から、排出規制に乗り出すことになった。窒素酸化物は国の基準で規制されているが、炭化水素の規制は自治体まかせだった。これは83年夏、光化学スモッグにより目の痛みを訴えるなどの被害者が2586人も出て、これまでの最高1169人（71年）を大幅に上回ったことからとられた方針。

この年　光化学スモッグ（東京都）　光化学スモッグ注意報の発令日数は35日と史上3番目の多発になった。これで5年連続の増加となった。都内全域での発令も史上4番目の4日。被害届けも415人と、1983年の一挙12倍、76年以来の多さだった。都は「原因物質の窒素酸化物と炭化水素の環境濃度はほとんど変わっていない。光化学スモッグが多発したのは記録的な猛暑で、発生しやすい気象条件の日が多かったため」と説明した。

この年　地盤沈下（東京都）　都土木技術研究所は「1984年の地盤沈下」について報告をまとめ、清瀬市で3.22cm、板橋区で2.16cmなど23区北部から多摩地区にかけて広範囲に地盤沈下が認められた。沈下の原因としては、多摩各市の上水道水源、ビルや工場用水として地下水をくみ上げているほか、84年の異常渇水で埼玉県側が多量の地下水をくみ上げたなどを挙げている。

この年　地盤沈下（神奈川県横浜市）　神奈川県横浜市港北区篠原町の地盤沈下が1983〜84年の1年で16.8cmを記録、環境庁の全国調査で2年連続のワースト1となった。2年間では計43.1cm沈んだことになり、これは同庁が調査を始めて以来最高の値。原因は市営地下鉄の工事で、被害は230棟420世帯に及び、建物補修などの補償額は最終的に10億円を超える見込み。

この年　赤土流出（沖縄県）　離島も含め、県内各地で赤土の流出がつづいている。赤土はサンゴ礁の上にたまってサンゴを窒息死させる。オニヒトデと並び、サンゴ死滅の原因となっている。発生源は土地改良やほ場整備の土木工事。沖縄本島周辺では、復帰後の工事増加などで、84年までにほとんどのサンゴ礁が死滅したといわれている。

この年　アスベスト（石綿）安全基準（世界）　国際労働機関（ILO）事務局により「アスベスト（石綿）の利用における安全に関する実施基準」が公表された。

# 1985年
(昭和60年)

1.9 マンガン溶液流出(茨城県鹿島町)　午後5時12分、茨城県鹿島郡鹿島町の中央電気工業鹿島工場で電気炉の炉壁に亀裂が入り、1300度のマンガン溶液(15t)が流出、近くの冷却用水と反応して水蒸気爆発を起こし、工場の一部を壊した。マンガン溶液は工場外にも流出し中庭の芝生が燃え上がり2時間後に消火。事故当時、工場内には従業員7人が作業していたが全員非難して無事。

1.11 公害対策(大阪府)　環境庁長官が大阪府公害監視センターを視察した。

1.22 健康被害救済(日本)　「公害健康被害補償法施行令」の一部改正、政令公布。療養手当額が増額された。

1.31 伊勢志摩国立公園・磐梯朝日国立公園(三重県・福島県)　伊勢志摩国立公園の公園区域・公園計画と、磐梯朝日国立公園の磐梯吾妻・猪苗代地域に係る公園計画が変更された。

2.21 アスベスト(石綿)対策(日本)　環境庁が、アスベスト発生源対策検討会報告書を公表した。

3.8 公害対策(日本)　第5次地域(仙台湾地域ほか8地域)の公害防止計画を、内閣総理大臣が承認した。

3.11 公害対策(日本)　常陸宮殿下御夫妻が、国立公害研究所を視察した。

3.19 環境基準(日本)　琵琶湖の全窒素・全燐に係る水質環境基準の水域類型の指定について、環境庁長官が中央公害対策審議会に諮問し、同日答申がなされた。

3.22 ウィーン条約(世界)　オゾン層の保護のためのウィーン条約が採択された。

3.28 空き缶散乱状況等実態調査(日本)　環境庁が、第5次・空き缶散乱状況等実態調査結果を発表した。

3.28 ワシントン条約（日本）　ワシントン条約関係省庁連絡会議が、検討結果報告を作成した。

3.28 名水百選（日本）　環境庁が全国100ヵ所を対象に「名水百選」を選定した。

3.30 健康被害救済（日本）　「公害健康被害補償法の一部を改正する法律」が公布され、1985年度から1987年度の自動車重量税収引当方式が延長された。

3.30 自然環境保全基礎調査・動植物分布（日本）　環境庁が、速報版「第3回自然環境保全基礎調査・動植物分布調査について」を発表した。

3.30 ナショナル・トラスト（日本）　「所得税法施行令」「法人税法施行令」の一部改正、政令公布（1986年3月施行）。ナショナル・トラスト活動を行う特定法人に対する寄付金に関する課税の特例が創設された。

4.5 太陽電池（北海道）　千歳市で、太陽電池の完全ロボット化工場が竣工した。

4.12 名古屋新幹線公害訴訟（愛知県名古屋市）　名古屋新幹線公害訴訟で名古屋高裁が控訴審判決。新幹線減速に関する差し止め請求を棄却、将来被害への損害賠償請求を却下し、国鉄に過去被害の損害賠償を命じた。

4.24 公害対策（日本）　天皇陛下が、筑波市の国立公害研究所・国際科学技術博覧会を視察した。

4.26 地盤沈下（愛知県・福岡県・佐賀県）　環境庁が、濃尾平野、筑後・佐賀平野の地盤沈下防止対策要綱を策定した。

4.30 釧路湿原火災（北海道釧路市）　午前11時ごろ、北海道釧路市の釧路湿原で野火が発生、鶴居村にかけて40時間燃え続け、湿原のほぼ1割に当たる2200haが焼けた。タンチョウやアオサギの営巣地だった。

4.30 淡水赤潮（滋賀県）　琵琶湖の南湖西岸寄りの3カ所に淡水赤潮が発生した。赤潮は5月中も散発的に発生し、水がきれいな北湖でも発生した。1977年以降、毎年4月後半から6月上旬にかけて9年連続発生。原因は植物プランクトンであるウログレナ・アメリカーナの異常繁

殖によるもので、発生水域では水面が茶褐色に変色、独特の生臭いにおいが漂った。

5.17 水質汚濁（日本） 「水質汚濁防止法施行令」の一部改正、政令公布。富栄養化防止対策として窒素・燐が規制項目に追加された。

5.23 自動車公害防止（日本） 環境庁が、自動車公害防止技術に関する第7次報告を発表した。

5.24 安中鉱害訴訟（群馬県安中市） 安中鉱害訴訟について、東京高裁裁判長が双方に職権和解を勧告した。原告・被告両者の協議の末、賠償については和解勧告内で交渉し、公害防止協定については裁判外で別に交渉することになった。7月12日、原告・被告双方がこの勧告を受け入れた。

5.27 水質汚濁（日本） 「水質汚濁防止法施行規則」「排水基準を定める総理府令」の一部改正、総理府令公布。窒素・燐の排水基準が設定された。

5.27 ラムサール条約（宮城県） 宮城県の伊豆沼・内沼が、ラムサール条約登録湿地として登録された。

6.5 トキ借入れが決定（日本・中国） 日中野生鳥獣保護会議が東京で6月6日まで開催され、トキの保護増殖協力で基本的合意に達し、トキの借入れが決定した。

6.6 大気汚染防止法（日本） 「大気汚染防止法施行令」の一部改正、政令公布（9月10日施行）。小型ボイラーが規則対象に追加された。

6.15 ブナ林保護（日本） 日本自然保護協会主催のブナ・シンポジウムが、秋田市で開催された。

6.22 核の冬フォーラム（日本） 日本環境学会は明治大学で「核の冬フォーラム」を開催。全面核戦争がもたらす地球規模の環境変化に関し、講演と討論が行われた。

6.28 健康被害救済（日本） 「公害健康被害補償法施行令」の一部改正、政令公布。介護加算額・療養手当額が増額された。

7.10 自動車排出ガス規制（日本） 環境庁が自動車排出ガス規制と交通総量抑制を中心とした自動車交通公害対策の基本方針を発表した。

東京・大阪・神奈川3都市の工場・事業所の窒素酸化物（$NO_X$）総量規制が目標期限の3月末までに達成されなかったため、交通・物流体系への規制を強化することで削減を狙う。

7.10 環境保護団体の抗議船を爆破（ニュージーランド・フランス）　フランスが、国際環境保護団体グリーンピースの核実験抗議船・虹の戦士号をニュージーランドのオークランド港で爆破した。

7.12 公害対策（日本）　「地方公共団体の事務に係る国の関与等の整理、合理化等に関する法律」の公布と、7月19日の「水質汚濁防止法施行令」の一部改正、政令公布で、都道府県水質審議会が都道府県公害対策審議会に統合された。

7.23 米中原子力協定（アメリカ・中国）　米中原子力協定がワシントンで調印された。

7.30 瀬戸内海赤潮訴訟（香川県）　瀬戸内海赤潮訴訟で、高松地裁で和解が成立した。企業側が原告に約7億円の解決金を支払うなどの内容で、提訴以来10年余で決着した。

8.2 水質保全（各地）　全国水環境保全市町村連絡協議会が発足。「名水百選」に選ばれた湧水や河川のある86市町村の代表が集まり、保存などに向けて連携を確認した。

8.10 酒造業界でもアスベスト（石綿）（日本）　酒造業界で実質的に使用禁止になったアスベスト（石綿）が、日本酒のろ過材（フィルター）として使われ続けていることが、東京都衛生研究所の分析などで判明した。これを受け、日本酒造組合中央会が製造者へ向け全面不使用の通達を出した。

8.16 国立公園視察（北海道）　環境庁長官が、8月17日まで釧路湿原・阿寒国立公園を視察した。

8.16 水俣病第二次訴訟で福岡高裁判決（福岡県）　福岡高裁が、水俣病第二次訴訟控訴審判決を下した。

9.3 波力発電（山形県）　鶴岡市由良沖の海上で、海洋科学技術センターの波力発電実験船「海明」が波力発電の実験を再開した。

9.5 日光国定公園など区域・計画変更（栃木県・鹿児島県・神奈川県）　日光国立公園の那須甲子・塩原地域、霧島屋久国立公園の霧島地域、丹沢大山国定公園の公園区域・公園計画が変更された。

9.10 公害対策（日本）　第6次地域(八戸地域ほか8地域)の公害防止計画策定を、内閣総理大臣が指示した。

9.11 アメニティ（日本・フランス）　日仏アメニティ会議が9月14日まで開催された。

9.11 トキ保護センターを視察（新潟県）　環境庁長官が、9月12日まで佐渡トキ保護センターを視察した。

9.16 7年ぶりの青潮であさり全滅（東京湾）　東京湾で7年ぶりに大発生した青潮のため、船橋、市川沖のあさり漁場で約3万t、36億円相当のあさりが酸欠状態になり全滅。湾央部で発生した酸素欠乏水塊が、風により沿岸に出現したため。生活排水や浚渫工事による海水の汚れが原因とされる。

9月 医薬品副作用死（各地）　厚生省が主要病院を通して全国の薬害発生状況を調べる「医薬品副作用モニター報告」の84年度の結果がまとまった。モニター病院から副作用として報告された病例は767件。死者は24人。死者数は前年度を3人上回った。また、11月には、抗がん剤の副作用による吐き気や食欲不振の改善薬としてただひとつ承認されていた「ドンペリドン」注射薬による副作用で3年間に17人がショック症状を起こし、うち7人が死亡していたことが明らかになった。

10.1 工業用水法（日本）　「工業用水法施行規則」の一部改正で、千葉県房総臨海地域の一部に関し工業用水道などへの転換を命じた。

10.9 富栄養化防止（瀬戸内海）　瀬戸内海の富栄養化防止に関する基本的考え方について、瀬戸内海環境保全審議会が答申した。

10.12 公害対策（日本）　環境庁長官が、野火止用水と公害研修所を視察した。

10.15 鳥類保護（日本）　「狩猟鳥獣の捕獲を禁止・制限する件」の一部改正が告示され、ヤマドリ、キジ、コウライキジ捕獲のためのテープレコーダーなど電気音響機器の使用が禁止された。

10.15 水俣病医学専門家会議（日本）　水俣病の判断条件に関する医学専門家会議の意見が発表された。

10.18 後天性水水俣病に見解（日本）　後天性水俣病の判断条件についての環境庁見解が発表された。

10.21 水質汚染（日本）　水質総量規制に係る総量規制基準の設定方法の改定について、環境庁長官が中央公害対策審議会に諮問した。

10.22 トキ「ホアホア」の受入れ決定（日本・中国）　中国の雄のトキ「ホアホア」の受入れが決定した。

10.26 鳥獣保護区（鹿児島県）　鹿児島県の湯湾岳鳥獣保護区に、特別保護地区が指定された。

10.28 酸性雨と北関東杉枯れ（関東地方）　群馬県衛生公害研究所が関東地方北西部の杉枯れについて調査した結果、被害分布と酸性降雨物が多量に降る地域がほぼ一致することが判明した。

10.30 公害健康被害補償法（日本）　中央公害審議会が公害健康被害補償制度の改定について環境庁長官に答申した。公害健康被害補償法で定める41大気汚染指定地域を全面解除する、新たな患者が出ても公害病患者として認定しないなど、制度を実質的に縮小する内容。1987年に地域指定が解除された。

11.8 自然環境保全基礎調査・海岸（日本）　環境庁が、第3回自然環境保全基礎調査資料「海岸調査の結果」を発表した。

11.8 重油流出（神奈川県横須賀市沖）　午前7時40分、神奈川県横須賀市観音崎沖の浦賀水道で、航行中の客船さくら丸（16431t）と貨物船第8たかみ丸（470t）が衝突、第8たかみ丸は船体に穴があき、まもなく沈没した。乗組員ら4人がゴムボートで漂流しているところを海上保安庁に救助された。沈没した第8たかみ丸からは重油40kℓが流れ出した。

11.18 自動車排出ガス（日本）　今後の自動車排出ガス低減対策のあり方について、環境庁長官が中央公害対策審議会に諮問した。

11.20 トキ保護（各地）　日本野鳥の会は、全電通の協力を受け、トキ保護募金付きテレホンカードの発行を決め、11月20日から予約受付を開始した。

11.25 天神崎トラスト運動（和歌山県田辺市）　和歌山県田辺市の天神崎でナショナル・トラスト運動を行う「天神崎保全市民協議会」が、全国からの募金を元に目標としていた4ha分などを約2億円で買い取り、登記が完了したことを発表した。

11.28 サンゴ礁学術調査（沖縄県石垣市）　沖縄県石垣市が研究機関に委託した「石垣島周辺海域のサンゴ礁学術調査」の報告会が行われ、77属304種の造礁サンゴが生息する世界的にも貴重な海域であることが明らかになった。

11.29 水俣病認定業務訴訟（福岡県）　水俣病認定業務に関する熊本県知事の不作為違法に対する損害賠償請求訴訟で、福岡高裁が控訴審判決を下した。

12.11 魚介類汚染（徳島県）　環境庁が発表した84年度の化学物質環境調査によると、毒性が強く、1981年に使用が禁止された白アリ駆除剤・ディルドリンや、その代替物であるクロルデンの魚介類への汚染が広がっていることがわかった。とくに鳴門（徳島県）のイガイからは0.182～0.345ppmのディルドリンが検出。厚生省が定めた食品としての残留規制値は0.1ppmで、今回の調査では最低濃度でさえもこの数値を超えてしまった。

12.13 湖沼水質保全特別措置法（各地）　湖沼水質保全特別措置法に基づく指定湖沼・指定地域の指定が閣議決定し、汚染度の高い霞ヶ浦、印旛沼、手賀沼、琵琶湖、児島湖の5湖沼が指定湖沼・地域として指定された。

12.17 伊達火発訴訟・建止（北海道）　北海道の伊達火力発電所建設差し止めを求める第1次訴訟の最高裁判決で、環境権を求めた住民の原告適格が否定され、敗訴が確定した。

12.18 低周波空気振動（日本）　環境庁が、低周波空気振動防止対策事例集を発表した。

12.18 スパイクタイヤ（宮城県）　「スパイクタイヤ規制条例」が宮城県議会で可決した。

この年 光化学スモッグ（栃木県）　栃木県の光化学スモッグ注意報は春から夏にかけて15回出され、1973年の発令開始以来最高の回数となった。この年は出足が早かったのが特徴で、4月26日には全国初の発

令、5月にも5回で、月間全国最多。高温で安定した天気が続き、南からの風が関東北部まで吹き抜ける日が多かったため。

この年　**地盤沈下**（千葉県成田市）　千葉県成田市の成田ニュータウンの団地で、地盤沈下のため4階建てマンションの片側が8cm沈んで傾いていることが分かった。入居を開始してから1年余りだが、内壁に亀裂が入ったり、建てつけが悪くなったりしていた。

この年　**長距離越境大気汚染条約**（世界）　「長距離越境大気汚染条約（ECE条約）」に基づき、各国のイオウ酸化物（$SO_X$）排出量削減を定めた「ヘルシンキ議定書」がヘルシンキで採択された。1993年までに対1980年比で最低30%削減する内容。1994年「オスロ議定書」に変更された。


# 1986年
（昭和61年）


1.11　**大気汚染**（中国・日本）　環境庁が、中国上海の大気汚染対策調査を開始した。

1.21　**公害対策**（日本）　環境庁長官が国立公害研究所を視察した。

1.25　**トリクロロエチレン汚染**（各地）　環境庁が86年1月25日に発表した「微量有害物質環境汚染緊急実態調査」結果で、IC（集積回路）など半導体製造4工場から暫定指針値を超えるトリクロロエチレンが検出されたことがわかった。84年度に実施され、全国の1355工場、事業所の排水を測定したところ、指針値を超えていたのは61工場（4.5%）で、この中にIC工場が4工場あり、うち最高値は3.1ppmで、指針値の10倍だった。

1.28　**酸性雨と富栄養化**（滋賀県琵琶湖）　国立公害研究所で開かれた酸性雨シンポジウムで、滋賀県衛生環境センター技師が酸性雨が琵琶湖の富栄養化現象の一因であると発表した。

1.29 土壌汚染（日本）　市街地土壌汚染問題検討会報告書を環境庁が発表。市街地土壌汚染に係る暫定対策指針を策定し、都道府県に通知した。

1.31 磐梯朝日国立公園（福島県）　磐梯朝日国立公園の公園計画が変更された。

1月　母乳からダイオキシン検出（日本）　文部省「環境科学特別研究総括班・ダイオキシン関連物質の人体汚染動態研究グループ」が、2,3,7,8-四塩化ダイオキシンを含むダイオキシン類を母乳から検出した。

2.8　金剛生駒国定公園（大阪府・奈良県）　金剛生駒国定公園の公園区域・公園計画が変更された。

2.25 ごみ焼却（日本）　厚生省が、ごみ焼却に伴うダイオキシン類・水銀などについての調査結果について、問題になるレベルではないとの見解を表明した。

3.4　公害対策（日本）　第6次地域(八戸地域ほか8地域)の公害防止計画を、内閣総理大臣が承認した。

3.8　大気汚染健康影響調査報告書（日本）　環境庁が、大気汚染健康影響調査報告書を発表した。

3.11 騒音・振動規制（日本）　「騒音規制法施行令」の一部改正、政令公布(4月1日施行)。「騒音規制法」「振動規制法」の都道府県知事権限が一部移譲され、「水質汚濁防止法」「湖沼水質保全特別措置法」の政令市が追加された。

3.13 環境基準（日本）　霞ヶ浦などの全窒素・全燐に係る水質環境基準の水域類型の指定について、環境庁長官が中央公害対策審議会に諮問し、同日答申がなされた。

3.16 スパイクタイヤ（宮城県仙台市）　環境庁長官が宮城県仙台市を訪れ、スパイクタイヤ問題の状況を視察した。

3.26 公害健康被害補償法（日本）　環境庁が、公害健康被害補償法に基づく1986年度の障害補償・遺族補償標準給付基礎月額を告示した。

3.27 水俣病認定申請棄却処分取消請求訴訟で一審判決（熊本県）　水俣病認定申請棄却処分取消請求訴訟で、熊本地裁が一審判決を下した。

3.29 湖沼農薬大気（北海道）　北海道釧路の摩周湖が有機塩素系殺虫剤 BHC（ヘキサクロロシクロヘキサン）を含む「農薬雨」で汚染されていることが、国立公害研究所の調査で判明した。中国・韓国などで使われた BHC が偏西風で飛来する越境汚染によるものと推測される。

3.31 健康被害救済（日本）　「公害健康被害補償法施行令」の一部改正、政令公布。児童補償手当・葬祭料の増額、1986年度の賦課料率が決定した。

3.31 トキ増殖研究協力事業（日本・中国）　日中トキ増殖研究協力事業事前調査団が、4月21日まで訪中した。

3.31 公害・環境問題関連の税制改正（日本）　湖沼水質保全関係税制、メタノール自動車についての自動車税と自動車取得税の軽減措置、国民環境基金（ナショナル・トラスト）活動を行なう法人に対する相続財産の贈与に伴う相続税についての特例措置新設など、公害や環境問題に関する様々な税制が改正された。

3.31 エル・ニーニョ発生（太平洋）　気象庁が、ペルー沖太平洋上でエル・ニーニョの発生を発表した。

4.1 スパイクタイヤ対策条例（宮城県）　宮城県で国に先駆けて「スパイクタイヤ対策条例」が施行された。

4.5 環境基準（茨城県）　霞ヶ浦の「全窒素・全燐の水質環境基準」の水域類型指定が告示された。

4.8 健康被害救済（日本）　「大気汚染と健康被害との関係の評価等に関する専門委員会報告」を中央公害対策審議会環境保健部会の専門委員会が発表した。

4.9 厚木基地騒音訴訟（東京都）　厚木基地騒音公害訴訟で、東京高裁が控訴審判決を下した。

4.24 公害対策（川崎市・横浜市）　環境庁長官が、川崎・横浜公害保健センターを視察した。

4.25 利尻礼文サロベツ国立公園（北海道）　環境庁長官が、4月26日まで利尻礼文サロベツ国立公園を視察した。

4.26 チェルノブイリ原発事故(ソ連)　ソ連・ウクライナ共和国で、チェルノブイリ原子力発電所の爆発事故が発生。史上最大の原発事故となった。

4.28 道路公害(東京都)　東京都市計画道路幹線街路放射5号線の新宿御苑に係る区域の都市計画変更に関する東京都からの協議について、環境庁が基本的に了承した。

4.28 名古屋新幹線公害訴訟(愛知県名古屋市)　名古屋新幹線公害訴訟で、提訴以来12年ぶりに和解が成立した。

4.30 井戸水汚染(東京都)　都環境保全局は、発がん性の疑いのあるトリクロロエチレンなどの有機塩素化合物による地下水汚染実態調査結果をまとめた。都内全域にわたる地下水の広域実態調査は今回が初めて。調査井戸302本のうち、4分の1にあたる74本から有機塩素化合物が検出された。

5.4 放射能汚染(各地)　政府の放射能対策本部は5月4日、チェルノブイリ原発事故による放射能汚染が日本各地の広い範囲で確認されたと発表した。測定値は千葉市の雨水1ℓ中1万3300ピコキュリーなどで、ただちに健康に影響するレベルではなかった。

5.5 チェルノブイリ原発事故(ソ連)　政治3文書(東京宣言、国際テロ問題でリビアを非難する声明、チェルノブイリ原発事故に関する声明)が、東京サミットで採択された。

5.17 富士箱根伊豆国立公園(山梨県)　富士箱根伊豆国立公園富士地区指定50周年記念式典が、山梨県富士吉田市で開催された。

5.22 吉野熊野国立公園(奈良県)　吉野熊野国立公園指定50周年記念式典が、奈良県十津川村で開催された。

5.27 健康被害救済(日本)　「公害健康被害補償法施行令」の一部改正、政令公布。介護加算額・療養手当額が増額された。

5.27 海洋ごみ(日本)　「マルポール73/78条約」の附属書2「ばら積みの有害液体物質による汚染規制のための規則」に対応するための「海洋汚染防止法」一部改正が公布された。1987年4月6日施行。

5.28 自動車公害(日本)　環境庁が、自動車公害防止技術に関する第8次報告を発表した。

5.30 富士箱根伊豆国立公園（東京都大島町）　富士箱根伊豆国立公園伊豆地区指定50周年記念式典が、東京都大島町で開催された。

6.3 化学物質（日本）　化学物質専門委員が、中央公害対策審議会環境保健部会に設置された。

6.5 環境週間（日本）　環境週間が6月11日まで実施され、日比谷公園で6月7日まで開催された「第1回低公害車フェア」に環境庁長官が出席した。

6.5 トキ「アオ」が死亡（日本）　雌のトキ「アオ」が死亡した。

6.5 排水基準（日本）　排水基準を定める総理府令等の改正について、環境庁長官が中央公害対策審議会に諮問し、同日答申がなされた。

6.12 安中鉱害訴訟（群馬県安中市）　安中鉱害訴訟をめぐり、裁判長和解案が提示された。9月22日、東邦亜鉛が住民らに4億5000万円を支払うことで和解が成立すると共に、「安中製錬所の公害防止に関する協定書」が調印され、提訴から15年目で解決となった。

6.16 公害対策（日本）　公害医療研究費補助金交付要綱の一部改正についての環境事務次官通知が出され、特別医療事業の実施が通知された。

6.21 排水基準一部改正（日本）　「排水基準を定める総理府令の一部を改正する総理府令の一部を改正する総理府令」の公布で、なめし革製造業などに関する暫定排水基準の強化、適用期限の延長が定められた。

6.23 被曝事故（茨城県東海村）　那珂郡東海村の動力炉・核燃料開発事業団東海事業所で、貯蔵プルトニウムを査察中の国際原子力機関の米国人査察官を含む12人が、プルトニウム貯蔵缶を入れたビニール袋にあいた穴からもれていたプルトニウム粉末を吸い込み被曝した。

6.30 文化人が原発停止声明（日本）　全原発停止を訴える声明が、約400人の作家・学者・文化人等から出された。

6月 アスベスト（石綿）規制条約（世界）　国際労働機関（ILO）総会がジュネーブで開催され、「ILOアスベスト（石綿）規制条約」が採択された。

7.10 自動車排出ガス（日本）　今後の自動車排出ガス低減対策のあり方について、中央公害対策審議会が中間答申を行った。

7.10 十和田八幡平国立公園（岩手県）　十和田八幡平国立公園八幡平地区指定30周年記念式典が、岩手県松尾村で開催された。

7.10 上信越高原国立公園（新潟県）　上信越高原国立公園妙高高原地区指定30周年記念式典が、新潟県妙高高原町で開催された。

7.14 衝突で海洋汚染（愛媛県今治市沖）　夜、愛媛県今治市沖の瀬戸内海・来島海峡の梶取ノ島付近で、大分発神戸行きのダイヤモンドフェリー「おくどうご6」(6378t)が、岡山県和気郡日生町の松井タンカー所属のタンカー三典丸(199t)と衝突した。フェリーはタンカーの船腹に食い込み、三典丸から離れようとした際、今度は近くにいた東京都中央区、朝日海運所属の小型タンカー伊勢丸(699t)がフェリーの後部右舷にぶつかった。フェリーには、修学旅行の宮崎県の高校生らが乗っており、乗客2人が軽傷を負った。三典丸は合成ゴムなどの原料になる引火性液体のアクリロニトリルを積んでおり、衝突でタンクが破れて、流出した。

7.17 富士箱根伊豆国立公園（関東地方・中部地方・近畿地方）　富士箱根伊豆国立公園、吉野熊野国立公園の公園計画が変更された。

7.17 国道43号線公害訴訟（兵庫県神戸市）　国道43号線公害訴訟で、神戸地裁が判決を下した。

7.20 十和田八幡平国立公園（青森県）　十和田八幡平国立公園十和田地区指定50周年記念式典が、青森県十和田湖町で開催された。

7.29 工業用水法（日本）　「工業用水法施行規則の一部を改正する命令」が公布され、千葉県東葛地域の一部に関し地下水採取の工業水道等への転換を命じた。

7月 写ルンです（日本）　富士写真フイルムは、カラーフィルムにレンズ、巻き上げ装置、シャッターをつけた「写ルンです」を発売。手軽さが人気を呼び、7月だけで150万台を販売した。カメラ機器がついたまま現像に出すことから"使い捨てカメラ"の呼び名で知られたが、メーカーでは"レンズ付きフィルム"と呼んでおり、多くの部品は回収後にリサイクルされている。

8.13 大山隠岐国立公園（鳥取県）　大山隠岐国立公園指定50周年記念式典が、鳥取県大山町で開催された。

8.14 チェルノブイリ原発事故（ソ連）　チェルノブイリ原発事故による周辺30kmの汚染についてソ連が国際原子力機関に報告した。

8.17 諫早湾干拓事業（長崎県）　諫早湾防災干拓事業に最後まで反対していた長崎県小長井町漁協が漁業権を放棄し、諫早湾内の12漁協全てが防災事業に同意した。1982年3月末までに総額243億5000万円の漁業補償金が支払われる。

8.24 富士箱根伊豆国立公園（神奈川県箱根町）　富士箱根伊豆国立公園箱根地区指定50周年記念式典が、神奈川県箱根町で開催された。

8.28 有機スズ化合物汚染（瀬戸内海）　ハマチ養殖の漁網防汚剤や船底塗料として広く使われている、毒性の強い有機スズ化合物・ビストリブチルスズオキシド（TBTO）による天然魚汚染が瀬戸内海を中心に深刻化していることが、中央公害対策審議会化学物質専門委員会に報告された環境庁の生物モニタリング調査結果でわかった。魚介類については全国15地域中9地域で検出。とくに瀬戸内海（広島県）で調べたスズキ5検体のうち2検体は1.2ppm、1.7ppmという高濃度だった。

9.8 水田土壌からダイオキシン検出（日本）　愛媛大学農学部教授が、北海道・東京・静岡など国内9ヵ所の水田で採取した土壌の全てからダイオキシンを検出したと発表した。

9.9 公害対策（日本）　第7次地域（札幌地域ほか7地域）の公害防止計画策定を、内閣総理大臣が指示した。

9.10 水質汚染（茨城県霞ヶ浦）　環境庁長官が霞ヶ浦と国立公害研究所を視察した。

9.10 阿蘇くじゅう国立公園（熊本県・大分県）　阿蘇国立公園の公園区域・公園計画を変更し、阿蘇くじゅう国立公園に改称した。

9.11 瀬戸内海国立公園（瀬戸内海）　瀬戸内海国立公園の公園区域・公園計画が変更された。

9.12 白山国立公園・剣山国定公園（富山県・石川県・福井県・岐阜県・徳島県）　白山国立公園、剣山国定公園の公園計画が変更された。

9.22 カドミウム汚染（群馬県安中市）　東京高裁で、カドミウム汚染に係る安中鉱害損害賠償請求訴訟の和解が成立した。

| | | |
|---|---|---|
| 9.24 | 国立水俣病研究センター（日本） | 国立水俣病研究センターが世界保健機関（WHO）協力センターに指定された。 |
| 9.24 | 雲仙天草国立公園（熊本県） | 雲仙天草国立公園天草地区指定30周年記念式典が、熊本県本渡市で開催された。 |
| 9.27 | 地下核実験場を公開（ソ連） | カザフ共和国の地下核実験場をソ連政府が西側に公開した。 |
| 9月 | 医薬品副作用死（各地） | 厚生省は9月、全国の薬害発生状況を調べた85年度の「医薬品副作用モニター報告」をまとめた。1年間に各モニター病院から副作用として報告された症例は803件で、死者は18人。抗生物質のセフメタゾールナトリウムなど3つの薬剤については、1年間で2件ずつの死亡例が報告された。 |
| 10.6 | ニホンカワウソ絶滅寸前（日本） | 環境庁の委託で高知県が行った調査の結果、国の特別天然記念物ニホンカワウソの生息数が5匹前後で絶滅寸前であることが判明した。 |
| 10.18 | 富士箱根伊豆国立公園（静岡県） | 富士箱根伊豆国立公園富士・伊豆地区指定50周年記念式典が、静岡県伊東市で開催された。 |
| 10.21 | 釧路湿原を視察（北海道） | 環境庁長官が、10月22日まで釧路湿原・知床原生林等を視察した。 |
| 10.29 | 水質汚染対策（日本） | 水質の総量規制に係る総量規制基準の設定方法の改定について、中央公害対策審議会が答申した。 |
| 10.30 | 健康被害救済（日本） | 公害健康被害補償法第一種地域のあり方について、中央公害対策審議会が答申した。 |
| 10.31 | 海洋汚染防止法一部改正（日本） | 有害液体物質に排出規制を新設する「海洋汚染防止法」一部改正が公布された。1987年4月6日施行。 |
| 10.31 | 諏訪湖が指定湖沼追加（長野県） | 「湖沼水質保全特別措置法」に基づく指定湖沼・指定地域の指定に関する告示で、諏訪湖が指定湖沼・地域に追加された。 |
| 11.1 | 化学物質（スイス） | スイスのバーゼルにおける化学工場火災で、有害化学物質約36tがライン川に流出した。 |
| 11.23 | 公害対策（日本） | 環境庁長官が公害研修所を視察した。 |

12.3　アメニティ（日本）　「アメニティ・タウン―その豊かな未来をめざして」をテーマに、福島県で第7回快適環境シンポジウムが開催された。

12.4　水質汚染（日本）　「1986年度トリブチルスズ化合物瀬戸内海調査結果の概要」を環境庁が発表。瀬戸内海全域で、有機スズ化合物ビス・トリブチルスズ・オキサイドによる魚介類の汚染が判明した。

12.5　公害防止（日本）　今後の環境保全のあり方に関する長期構想について、環境庁長官が中央公害対策審議会と自然環境保全審議会に諮問し、同日答申がなされた。

12.10　水質汚濁（日本）　「水質汚濁防止法施行規則」の一部改正、総理府令公布。第2次水質総量規制が設定され、総量規制基準の設定方法が改正された。

12.15　化学物質（日本）　1986年版「化学物質と環境」を環境庁が公表した。通称「黒本」と呼ばれ、以後毎年公表されている。

この年　地下水汚染（各地）　発がん性が疑われているトリクロロエチレンなど3つの有害化学物質による地下水や井戸水の汚染が、さらに全国的に拡大し、最高汚染濃度は厚生省の水道水暫定基準の1100倍にも達していた例もあることが87年12月16日、環境庁が発表した86年度地下水汚染実体調査で分かった。調査は3年前から毎年、新しい井戸を対象に行われ、今回は303市町村（34都道府県）で調査、そのうち19.5％、59市町村（20都道府県）で暫定基準を超過していた。暫定水質基準を超えていることが判明した井戸は、トリクロロエチレンが5.2％（146本）、テトラクロロエチレンが3.9％（109本）、1・1・1-トリクロロエタンが0.1％（3本）。今回の調査の結果、最高汚染濃度は、トリクロロエチレンが基準の0.03ppmに対して767倍の23ppm、テトラクロロエチレンが0.01ppmに対して1100倍の11ppm、1・1・1-トリクロロエタンが0.3ppmに対して4倍の1.2ppmと汚染状況も激しかった。

この年　国際湖沼環境委員会設立（滋賀県）　国連環境計画の支援の下、滋賀県により財団法人「国際湖沼環境委員会」が設立された。世界の湖沼の水質を監視し保全策を提言する。

# 1987年
（昭和62年）

- 1.17 **自然保護**（沖縄県）　環境庁長官が、1月19日まで沖縄県やんばる地区等を視察した。

- 1.20 **公害防止**（日本）　社会経済条件・公害の態様変化に対応した公害防止計画のあり方について、中央公害対策審議会が環境庁長官に意見具申した。

- 1.22 **自然保護**（和歌山県田辺市）　和歌山県田辺市の財団法人「天神崎の自然を大切にする会」が、和歌山県知事により全国最初の「自然環境保全法人」（ナショナル・トラスト法人）として認定された。

- 1.23 **公害防止**（日本）　第7次地域（札幌地域ほか7地域）の公害防止計画を、内閣総理大臣が承認した。

- 1.23 **自動車排出ガス規制**（日本）　「自動車排出ガスの量の許容限度」の一部改正。軽量ガソリン・LPG車、副室式ディーゼル車、直噴式ディーゼル車（総重量3.5t以下）に対する窒素酸化物の昭和63年度規制と、中量、重量ガソリン・LPG車、直噴式ディーゼル車（総重量3.5t超）に対する窒素酸化物の平成1年度規制及び、軽貨物車、大型ディーゼルトラクタ・クレーン車に対する窒素酸化物の平成2年度規制が告示された。

- 2.3 **核実験実施**（アメリカ）　アメリカで、この年最初の核実験が実施された。

- 2.13 **健康被害救済**（日本）　「公害健康被害補償法の一部を改正する法律案」が閣議決定し、国会に提出された。

- 2.19 **秩父多摩国立公園**（埼玉県・東京都）　秩父多摩国立公園の公園計画が変更された。

- 2.24 **日本は世界最大のワシントン条約違反国**（日本）　トラフィック・ジャパン日本支部が、日本のワシントン条約違反取引は量・種類ともに世界最大と発表した。

- 279 -

3.13 野生動植物の譲渡規制法（日本）　ワシントン条約に対応するための「絶滅のおそれのある野生動植物の譲渡の規制等に関する法律」案が閣議決定された。

3.14 最後の南極商業捕鯨（南極）　第3日新丸が最後の商業捕鯨を終えて帰国の途につき、53年間に及ぶ南極捕鯨が終了した。

3.16 アスベスト（石綿）事業報告（日本）　環境庁が、1986年度のアスベストモニタリング事業結果報告を発表。前回調査とほぼ同レベルだった。

3.17 新幹線鉄道騒音対策（日本）　国鉄改革後の新幹線鉄道騒音対策の推進について閣議了解した。

3.20 カネミ油症訴訟で和解成立（日本）　最高裁勧告を受諾したカネミ油症訴訟原告団が、1人300万円の見舞金で鐘淵化学との和解が成立した。

3.24 自動車公害防止計画（神奈川県横浜市）　横浜市で、自治体では初となる「自動車公害防止計画」が策定された。

3.25 食品放射能（京都市）　京都大学工学部助手らによる調査で、京都市内で市販されている輸入食品のうち、スパゲッティ・マカロニ・チーズなど18点から放射能が検出された。特に香辛料に使う月桂樹の葉からは食品衛生法で定めた放射能汚染限度の2倍以上のセシウムが検出された。ソ連のチェルノブイリ原発事故の影響と推測される。

3.27 日本でも酸性雨（各地）　森林を枯らし、湖沼の魚を死滅させるという酸性雨が、日本でも年間を通じて降っていることが、環境庁調査の中間報告で分かった。年平均値pH（水素イオン濃度指数）4.4〜5.3で、大問題となっているヨーロッパよりやや弱い酸性雨だった。スギ枯れが騒がれた関東地方の短期調査では、北関東地域の酸性度が強かった。

3.28 公害健康被害補償法（日本）　環境庁が、公害健康被害補償法に基づく1987年度の障害補償、遺族補償標準給付基礎月額を告示した。

3.30 阿寒国立公園・十和田八幡平国立公園（北海道・東北地方）　阿寒国立公園、十和田八幡平国立公園の公園計画が変更された。

3.30 水俣病第三次訴訟で熊本地裁判決（熊本県）　熊本地裁が、水俣病第三次訴訟第一陣の一審判決。国と熊本県の行政責任を認め、原告側が全面勝訴した。

3.31 健康被害救済（日本）　「公害健康被害補償法施行令」の一部改正、政令公布。児童補償手当・葬祭料の増額、1987年度の賦課料率が決定した。

3.31 水質汚濁（日本）　「水質汚濁防止法施行令」の一部改正、政令公布（4月1日施行）。川越市、所沢市、徳島市が水質汚濁防止法の政令市に追加された。

4.1 鳥獣保護区（日本）　環境庁が、国設仙台海浜鳥獣保護区を設定した。

4.1 スパイクタイヤ（北海道札幌市）　札幌市で「スパイクタイヤの使用を規制する条例」が施行された。

4.3 化学物質（日本）　環境庁が、有害化学物質汚染、遺伝子組み換えに関する環境汚染など、ハイテク汚染の可能性を指摘する「環境技術会議報告書―先端技術時代に対応した環境保全の新たな方向」を公表した。

4.4 自然保護（沖縄県）　日本生態学会沖縄大会が琉球大学で開催され、「ヤンバルの自然保護を訴える」が採択された。

4.10 てぐす公害調査（各地）　日本鳥類保護連盟は、てぐす（釣り糸）公害調査結果を発表した。全国のボランティアの協力で、水辺に捨てられた釣り糸で野鳥が傷つく被害の実態を調査。調査地234カ所の93％で野鳥被害が確認され、無被害地は16カ所だけだった。

4.29 アメニティ（日本）　銀座で行われたフラワーアメニティに環境庁長官が出席した。

4月 持続可能な開発（世界）　「開発と環境に関する世界委員会（WCED、ブルントラント委員会）」が「持続可能な開発」理念を盛り込んだ『われら共通の未来』を発表した。

5.8 鉄道振動（日本）　環境庁が、新幹線鉄道振動指針達成状況調査を発表した。

5.9 ワシントン条約管理体制を強化（日本） 動植物の密輸入を防ぐためワシントン条約管理体制が強化され、輸出許可書や原産国証明書の事前確認規制が開始された。

5.11 波力発電（日本） 波力発電を開発してきた海洋科学技術センターが、発電コストを当面目標のkWあたり50円に抑える見通しがついたと発表した。

5.21 自動車公害（日本） 環境庁が、自動車公害防止技術に関する第9次報告を発表した。

5.22 抗がん剤副作用死（各地） 厚生省は抗がん剤「マイトマイシンC」に赤血球を壊す副作用があり、これまで国内外で4人の使用患者が死亡した、との報告があったとして、同剤の「使用上の注意」にこの副作用を追加することを決定、各医療機関にも副作用情報を流し注意を促した。また、肺炎、ぼうこう炎などの細菌性感染症に用いられる抗生物質「セファクロル」についても、死亡1人を含むショック症例が5例出たとして、同様に通達された。

5.22 知床横断道以東の伐採は困難（北海道） 衆議院環境特別委員会で、林野庁が知床横断道以東の伐採を事実上困難とする見解を表明した。

5月 ジャコウジカ輸入に規制（日本） 厚生省が日本生薬連合会に対し、ワシントン条約の留保品目として規制を免れていたジャコウジカについて、輸出国政府の輸出許可書添付・輸入の事前報告を義務づけることを通知し、実質的に輸入が不可能となった。

6.2 公害防止（日本） 「公害防止事業団法の一部を改正する法律」公布（10月1日施行）。国立国定公園施設の建設譲渡事業、合併浄化槽設置への貸付事業の追加など、業務内容が改正された。

6.2 健康被害救済（日本） 「公害健康被害補償法施行令」の一部改正、政令公布。介護加算額・療養手当額が改定された。

6.2 野生動植物の譲渡規制法公布（日本） ワシントン条約の国内対応法「絶滅のおそれのある野生動植物の譲渡の規制等に関する法律」が公布された（12月1日施行）。

6.9 リゾート法（日本） 「総合保養地域整備法（リゾート法）」が公布、施行された。

- 6.29 化学物質（日本）　環境庁が、IC産業環境保全実態調査結果を発表した。

- 6月　商業捕鯨禁止・調査捕鯨開始（日本）　国際捕鯨委員会（IWC）が開催（英ボーンマス）され、調査捕鯨の大幅規制決議が総会本会議で可決された。日本はミンククジラを対象に、IWCで認められた調査捕鯨を開始することになった。

- 6月　アスベスト（石綿）廃棄物（日本）　厚生省と環境庁により「アスベスト（石綿）廃棄物について」が発布された。

- 7.1　シャットネラ赤潮（瀬戸内海）　播磨灘を中心に瀬戸内海でシャットネラ赤潮が発生し、漁業に甚大な被害を及ぼした。

- 7.4　野生動植物の譲渡規制法一部改正（日本）　ワシントン条約上の留保品目として規制を免れていたアオウミガメ・サバクオオトカゲ・ジャコウジカなど21品目について保留撤回する「絶滅のおそれのある野生動植物の譲渡の規制等に関する法律施行令」一部改正が行われた。

- 7.9　東京湾横断道路（千葉県・東京都）　環境庁長官が、東京湾横断道路の環境影響評価書に対して意見を提示した。

- 7.15　横田基地騒音訴訟（東京都）　横田基地公害訴訟の控訴審判決が下った。

- 7.29　チェルノブイリ原発事故（ソ連）　ソ連最高裁特別法廷が、チェルノブイリ原発事故の責任を問われた前所長らに矯正労働の実刑判決を下した。

- 7.31　釧路湿原国立公園（北海道）　釧路湿原国立公園が指定された。

- 7月〜　赤潮発生（香川県）　7月下旬から8月末にかけて、香川県東部の播磨灘一帯にシャットネラプランクトンの赤潮が発生し、養殖ハマチ59万5000匹が死に、被害額は史上4番目の9億4000万円に達した。

- 8.22　学校教室のアスベスト（石綿）（日本）　文部省が5月に行った、1976年以前に建てられた学校教室のアスベスト（石綿）吹き付け実態調査の結果、除去・改装を急ぐ学校が増えていることが報道された。

- 8.28　国土開発（日本）　環境庁の開発援助環境保全検討会が、開発援助における環境配慮の基本的方向について公表した。

8.28　霧島屋久国立公園（九州地方）　霧島屋久国立公園の錦江湾地域に係る公園区域・公園計画が変更された。

9.1　水俣病認定業務で申請期限延長（日本）　「水俣病の認定業務の促進に関する臨時措置法の一部を改正する法律」公布（10月1日施行）。国に対する申請期限が3年間延長され、対象者が拡大された。

9.1　硫化水素中毒死（栃木県那須町）　栃木県那須町の栃木不動産管理協同組合の温泉供給タンクで、清掃中の作業員3人が硫化水素中毒で死亡。1年以上検査をしなかったため、タンク内に硫化水素がたまっていた。

9.4　低公害車（東京都）　窒素酸化物の排出量削減のため実用化が期待されているメタノール車について、東京都が低公害性には優れているが経済性に難があるとの調査結果を発表した。

9.7　釧路湿原国立公園（北海道）　北海道釧路市で行われた釧路湿原国立公園指定記念式典に、環境庁長官が出席した。

9.16　使い捨て考現学会（東京都）　使い捨て現象を考える「使い捨て考現学会」の設立の集いが東京銀座で開催された。新見康明・赤瀬川原平らが設立。

9.16　オゾン層保護（世界）　モントリオールで開催されたオゾン層保護のためのウィーン条約外交会議で、「オゾン層を破壊する物質に関するモントリオール議定書」が採択され、日本も署名した。

9.25　釜房ダム貯水池が指定湖沼に（宮城県柴田郡）　宮城県柴田郡の釜房ダム貯水池が、「湖沼水質保全特別措置法」に基づき指定湖沼・指定地域に指定された。

9.26　健康被害救済（日本）　「公害健康被害補償法の一部を改正する法律」公布（1988年3月1日施行）。第一種地域の費用負担規定が整備され、公害健康被害補償協会の業務が改正された。

9.26　公害防止（日本）　「公害防止事業団法施行令等の一部を改正する政令」公布（10月1日施行）。新規事業に係る施設、事業などが規定された。

9.26　抗がん剤副作用死（各地）　癌などの治療に用いる抗がん剤硫酸ペプロマイシンの副作用で、男性患者2人が死亡していたことが全国の

医療機関からの報告をもとに厚生省がまとめた医薬品副作用情報でわかった。

9月 **オゾン層保護**（世界） 1985年ウィーン条約に基づく外交官会議がモントリオールで開催され、「オゾン層を破壊する物質に関するモントリオール議定書」が採択された。1989年発効。

9月 **オゾン層濃度低下**（南極） アメリカ航空宇宙局（NASA）の研究チームが、9月半ばの観測の際、南極上空のオゾン濃度が通常の50％まで低下していたことを発表した。

10.1 **健康被害救済**（日本） 公害健康被害補償法第2条第1項の第一種地域・同項規定による疾病指定の解除について、内閣総理大臣が中央公害対策審議会に諮問した。

10.1 **釧路湿原国立公園**（北海道） 環境庁が、釧路湿原国立公園管理事務所を設置した。

10.6 **公害防止**（日本） 第2次・第3次地域（東京地域ほか11地域）の公害防止計画策定を、内閣総理大臣が指示した。

10.6 **オオトカゲの違法輸入**（日本） トラフィック・ジャパンの調査により、1986～1987年8月までに、ワシントン条約で国際取引が規制されているバングラデシュ産ベンガルオオトカゲとキイロオオトカゲ計3万7000匹が違法輸入されていたことが判明した。

10.7 **健康被害救済**（日本） 公害健康被害補償法第2条第1項の第一種地域・同項規定による疾病指定の解除について、中央公害対策審議会が内閣総理大臣に答申した。

10.13 **ワシントン条約規制拡大へ**（日本） 第6回ワシントン条約締約国会議での公約に従い、アオウミガメとサバクオオトカゲをワシントン条約留保品目から外して規制対象とすることが閣議決定された。

10.14 **アメニティ**（日本） 「アメニティ・タウン—その新たな展開をめざして」をテーマに、神戸市で第8回快適環境シンポジウムが開催された。

10.14 **日光国立公園**（栃木県） 環境庁長官が日光国立公園を視察した。

10.26 アメニティ（日本・フランス）　「都市の個性とアメニティ」をテーマに、第3回日仏アメニティ会議が金沢市・高山市で10月30日まで開催された。

10.27 鳥類保護（日本）　環境庁が、11月1日から1992年10月31日までのメスヤマドリ、メスキジの捕獲禁止を告示した。

10.30 大気汚染防止法（日本）　「大気汚染防止法施行令」の一部改正、政令公布。大気汚染防止法の規制対象施設としてガスタービン、ディーゼル機関が追加された。

10.30 公害健康被害補償法（日本）　公害健康被害補償法の規定による診療報酬額の算定方法の一部改正について、環境庁が告示した。

10.30 大気汚染防止法一部改正（日本）　ガスタービンとディーゼル機関をばい煙発生施設として規制対象に追加するため「大気汚染防止法施行令」を一部改正する政令が公布された。1988年2月1日施行。

10.30 都内221施設にアスベスト（石綿）（東京都）　東京都による調査の結果、都内の高校や清掃工場など221施設で天井や壁にアスベスト（石綿）が吹き付けられていることが判明した。都は総額50億円をかけてアスベストを除去し、セメント固化して廃棄処分する方針を表明した。

11.1 鳥獣保護区（日本）　環境庁が十和田、石鎚山系、霧島、漫湖、荒崎、大山の6ヶ所に国設鳥獣保護区を設定した。

11.4 健康被害補償法（日本）　「公害健康被害補償法施行令」の一部改正、政令公布。第一種地域の指定が解除され、これに伴う汚染負荷量賦課金に関する規定が整備された。

11.8 国民投票で原発政策反対（イタリア）　原発政策についての国民投票がイタリアで行われ、反対多数の結果となった。

11.20 原発建設凍結を発表（イタリア）　原発建設の凍結をイタリアのゴリア首相が発表した。

11.24 フェニックス計画（大阪府）　全国初のフェニックス計画・大阪湾圏域広域処理場整備事業の起工式が行われた。

11.24 瀬戸内海国立公園（瀬戸内海・広島県）　瀬戸内海国立公園の広島県地域に係る公園区域・公園計画が変更された。

12.1　野生動植物の譲渡規制法施行規則（日本）　「絶滅のおそれのある野生動植物の譲渡の規制等に関する法律施行規則」が公布・施行された。

12.3　東京駅にエアカーテン式喫煙所（東京都）　世界で初めてのエアカーテン式喫煙所が東京駅に設置された。

12.8　植物保護（日本）　環境庁が、「植物目録」（正式名：我が国における保護上重要な植物種の現状）を発表した。

12.15　公害防止（日本）　環境庁長官が国立公害研究所を視察した。

12.23　調査捕鯨（南極）　初の南極調査捕鯨船が横浜から出港した。

12.26　公害健康被害補償（日本）　公害健康被害補償予防協会の基金に対する拠出金の拠出事業者、拠出金額、算定方法、拠出手続を環境庁が告示した。

この年　玄海原発細管腐食（佐賀県玄海町）　佐賀県東松浦郡玄海町の玄海原発は、1号機の第9回定期検査で見つかった、緊急炉心冷却装置（ECCS）の余熱除去ポンプ主軸折れや、蒸気発生器の細管466本の腐食割れから、運転停止が149日間に及んだ。稼働力も59.3％で史上2番目の低さとなった。11月から行われた第10回点検でも、447本の細管割れが見つかっている。

この年　地下水汚染（熊本県）　熊本市内の井戸水から、発ガン性の疑いのあるトリクロロエチレンなど有機塩素系溶剤が次々に検出された。クリーニングや金属の油落としに使われているもので、県の調査では熊本市外でも井戸から環境庁の暫定基準値の280倍もの溶剤が検出されたため、全域での井戸水の調査に着手。

# 1988年
（昭和63年）

1.13　調査捕鯨（世界）　世界野生生物基金（WWF）などアメリカの環境保護団体がアメリカ連邦地裁に対し、調査捕鯨を続ける日本の水産業に経済制裁を加える訴えを提出した。

1.27　日本アエロジル塩素事件・刑事訴訟（日本）　公害罪が初めて適用された日本アエロジル塩素事件刑事訴訟の最高裁判決が言い渡された。当時の工場幹部らの刑が確定したが、法人としての同社には責任が無いとして逆転無罪となった。

2.1　アスベスト（石綿）対策（日本）　環境庁・厚生省が、屋内の吹付けアスベスト（石綿）について、当面の対策と留意事項を都道府県・指定都市関係機関に通達した。性急な除去は逆に室内のアスベスト濃度を高くする危険性があるとして、封じ込め・囲い込み・除去のいずれかを適切に選択するよう求める内容。

2.12　オゾン層保護（日本）　環境庁が、成層圏オゾン層保護に関する検討会第2回中間報告書を発表した。

2.12　血友病患者エイズ感染（各地）　血友病のため、米国から輸入した血液製剤を投与された小学生がエイズによって死亡していたことが、血友病患者関係者の話でこの日、明らかになった。

2.18　水質汚濁防止法（日本）　水質汚濁防止法の規制対象事業場の追加等について、環境庁長官が中央公害対策審議会に諮問した。

2.29　公害健康被害補償法（日本）　「公害健康被害補償法施行規則」の一部改正、公布。「公害健康被害の補償等に関する法律」に法律名称を改定した。また、大気汚染指定地域が解除され、施策の重点を今後の健康被害予防事業の実施に移行したが、被害者救済面での後退を批判されることになった。

2.29　水俣病刑事裁判最高裁判決（熊本県）　熊本水俣病刑事事件上告審で最高裁判決。上告を棄却し、32年ぶりにチッソの有罪が確定した。

3.9　諫早湾の干拓事業（日本）　1987年12月に長崎県港湾局が申請していた諫早湾の干拓事業（公有水面の埋立て）が建設省・運輸省により認可された。認可に先立つ8日、環境庁による「公有水面埋立法」に基づく環境保全面からの審査の結果、調整池における富栄養化の防止、鳥類などの生息環境の維持、環境アセスメントの結果の担保が条件付けられた。

3.14　公害防止計画（日本）　第2次・第3次地域（東京地域ほか11地域）の公害防止計画を、内閣総理大臣が承認した。

3.16 環境保全技術の国際協力（韓国・日本）　ソウルで、国立公害研究所と韓国国立環境研究院が環境保全技術発展のための実施取決めを締結した。

3.24 魚からダイオキシン検出（日本）　環境庁による有害化学物質汚染実態追跡調査で、1985年度の調査開始以降初めて、東京湾と大阪湾の魚からダイオキシンが検出された。うち2つの検体からは最も毒性が強い2,3,7,8-四塩化ダイオキシンが検出された。

3.26 公害健康被害補償（日本）　環境庁が、公害健康被害の補償等に関する法律に基づく1988年度の障害補償・遺族補償標準給付基礎月額を告示した。

3.31 健康被害救済（日本）　「公害健康被害の補償等に関する法律」「同施行令」の一部改正公布（4月1日施行）。公害健康被害補償予防協会への政府出資規定・基金への拠出基準が告示されて事業認可が下り、健康被害予防事業の実施が決定した。

4.1 本州四国連絡橋（岡山県・香川県）　道路・鉄道併用の本州四国連絡橋・児島〜坂出ルート（通称：瀬戸大橋）が開通し、同日JR本四備讃線が開業した。

4.7 世界禁煙デー（世界）　WHO提唱による「第1回世界禁煙デー」が実施された。

4.25 シアン流失事故（埼玉県狭山市）　埼玉県狭山市のジーゼル機器狭山工場から従業員のバルブ操作ミスで猛毒のシアン化ナトリウム（青酸ソーダ）を含むメッキ液約500ℓが荒川支流の入間川に流出。埼玉県と東京都は荒川下流の浄水場で取水を一時停止した。

4.27 オゾン・レーダー（日本）　国立公害研究所がオゾン・レーザー・レーダー装置を導入し、環境庁長官が完工式に出席した。

4.28 低公害車（日本）　環境庁が低公害車普及基本構想を策定した。

4月 イタイイタイ病不認定患者（富山県）　富山県のイタイイタイ病認定審査で不認定とされた全員が富山県知事に異議を申し立てるが却下された。5月に環境庁公害健康被害補償不服審査会に対し行政不服審査請求を行い、1992年にほぼ認められた。

5.8　**自然環境保全基礎調査・河川湖沼**（日本）　環境庁が、第3回自然環境保全基礎調査の河川調査と湖沼調査の結果を発表した。

5.13　**ポリ塩化**（日本）　有害化学物質汚染実態追跡調査の結果を環境庁が公表し、ポリ塩化ベンゾ-p-ジオキシン等による環境汚染の実態が明らかになった。

5.13　**ダイオキシン汚染魚**（東京都）　環境庁の報告によると、隅田川河口で採取したボラ1検体からダイオキシン類のなかで最も毒性の強い2・3・7・8-TCDDが1ppt検出された。

5.18　**水郷筑波国定公園**（茨城県）　水郷筑波国定公園の水郷地域に係る公園区域・公園計画が変更された。

5.20　**オゾン層保護**（日本）　ウィーン条約とモントリオール議定書に基づく国内対応法「特定物質の規制等によるオゾン層の保護に関する法律」が公布された（一部を除き7月1日施行）。

5.27　**交通公害**（日本）　「第10次道路整備五ヵ年計画」の閣議決定にあたり、環境庁長官が建設大臣に道路交通公害防止対策の推進について申し入れを行った。

5.31　**水質汚染対策**（日本）　自然浄化機能による水質改善に関する総合研究の成果を、国立公害研究所が発表した。

5.31　**宍道湖・中海の淡水化延期**（鳥取県・島根県）　島根・鳥取両県知事が、宍道湖・中海の淡水化延期の意見表明を行った。

6.1　**ウミガメ保護条例**（鹿児島県）　鹿児島県で、天然記念物のウミガメとその卵を保護するため、全国初となるウミガメ保護条例が施行される。

6.2　**スパイクタイヤ**（日本）　スパイクタイヤ粉じん被害等調停申請事件の調停が、総理府公害等調整委員会で成立した。

6.2　**日光国立公園**（栃木県）　環境庁長官が日光国立公園を視察した。

6.7　**議会で原発全廃を可決**（スウェーデン）　全原発の2010年までの廃棄が、スウェーデン議会で可決した。

6.14　**公害防止**（日本）　公害研修所15周年記念式典と特殊実習棟の竣工式が行われた。

6.14 自動車公害（日本）　環境庁が、自動車公害防止技術に関する第10次報告を発表した。

6.14 国土開発（日本）　「多極分散型国土形成促進法」が公布された。

6.16 大気浄化（日本）　環境庁が大気浄化植樹の暫定指針を発表し、全国自治体に通知した。

6.30 アメニティ（日本）　全国アメニティ推進協議会の設立総会が行われた。

6月　ココ事件・カリンB号事件（イタリア・ナイジェリア）　イタリアの業者が有害廃棄物をナイジェリア・ココ港に不法投棄したことが発覚した（ココ事件）。8月、撤去した有害廃棄物を搭載してヨーロッパに向かったドイツ船カリンB号が各地で入港を拒否される事件に発展した（カリンB号事件）。

7.8 電気自動車（日本）　電気自動車普及促進懇談会を環境庁が設置した。

7.8 トキ「ホアホア」借り受けを延長（中国）　中国トキ保護のJICAプロジェクト等に関して日中間で合意が成立し、8月には「ホアホア」の借受期間を1年間延長することが決定した。

7.19 海洋汚染関係政令（日本）　「海洋汚染及び海上災害の防止に関する法律施行令」の一部改正、政令公布（12月31日施行）。マルポール73/78条約附属書V発効のため、船舶で生ずるゴミによる汚染の規制が追加された。

7.20 公害健康被害補償（日本）　環境庁が、公害健康被害の補償等に関する法律の規定による診療報酬額の算定方法の一部改正を告示した。

7.22 エコロジーマーク（日本）　環境庁は、資源再利用品や環境への負担の少ない商品に、1989年春から「エコロジーマーク」を付けると決定した。

7.23 磐梯朝日国立公園（福島県）　磐梯朝日国立公園の磐梯吾妻猪苗代地域に係る公園計画が変更された。

7.23 伊勢志摩国立公園（三重県）　伊勢志摩国立公園の公園区域・公園計画が変更された。

7.25 自然環境保全基礎調査・動物（日本）　環境庁が第3回自然環境保全基礎調査動物分布調査の結果を発表し、計2064種の分布状況が判明した。

7.27 長良川河口堰（岐阜県）　岐阜県・長良川河口堰で起工式が行われた。

7月 農薬汚染（石川県松任市）　7月末、石川県松任市で、農薬が空中散布された直後の水田などで、変死したり衰弱したりしたツバメ22羽が見つかった。県がうち4羽を解剖した結果、羽毛などから最高49.3ppmのMPP（有機リン系殺虫剤に含まれる化学物質）などが検出された。

8.2 水質汚濁（日本）　水質汚濁防止の規制対象事業場の追加等について、中央公害対策審議会が環境庁長官に答申した。

8.4 スパイクタイヤ（日本）　環境庁がスパイクタイヤによる粉じんの生体影響調査について発表し、高濃度の粉じんによる肺組織の繊維化などが判明した。

8.9 エアロゾル（日本）　国立公害研究所が、複合ガス状大気汚染物質の生体影響に関する実験的研究と、光化学大気汚染の有機エアロゾルに関する研究の成果を発表した。

8.26 水質汚濁（日本）　「水質汚濁防止法施行令」「瀬戸内海環境保全特別措置法施行令」の一部改正、政令公布（10月1日施行）。共同調理場、飲食店等が規制対象事業場として追加された。

8月 地下水汚染（千葉県君津市）　千葉県君津市で市営水道の水源や一般家庭の飲用水として使われている地下水が、発がん物質の有機塩素系溶剤・トリクロロエチレンで汚染されていたことが明らかになった。汚染源と見られる東芝コンポーネンツ君津工場は、汚染水の浄化装置設置や調査などの対策費を負担することで、市と合意している。汚染の事実は昨年3月の市の調査で分かったが、1年半もの間公表されなかった。昨年の調査では、対象の7本中2本の井戸から暫定基準の80倍の濃度のトリクロロエチレンを検出。さらに、昨年5月と今年の6月にも調査したところ、43本の井戸のうち10本で基準を上回り、最高濃度は、基準の237倍にあたる7.1mg/lだった。また、市の改善指導を受けて、改善中の同工場の施設で昨年の11月、トリク

ロロエチレン100ℓが漏れ、40ℓが地中に浸透するという漏えい事故が起きていたことも明らかになった。

8月 **放射能汚染土砂投棄**（岡山県上斎原村） 日本で初めてウラン鉱床が発見された苫田郡上斎原村の人形峠近くの山中で、動力炉・核燃料開発事業団人形峠事業所がウラン採掘の際の土砂を30年近く野積みのまま投棄、国の被曝基準を上回る放射線が出ているのが分かった。

9.1 **作業員被曝**（茨城県東海村） 未明、那珂郡東海村の動力炉・核燃料開発事業団東海事業所の再処理工場で職員4人とメーカーから派遣された作業員3人の計7人が被曝し、うち3人がプルトニウムなどの放射性物質を肺に吸い込んだ。動力炉・核燃料開発事業団東海事業所では「被曝線量は最大で100ミリレムで健康上問題はない」としたが、原因は部品交換中の不注意からとみられる。

9.22 **公害防止**（日本） 第1次・第4次地域（富士地域ほか6地域）の公害防止計画策定を、内閣総理大臣が指示した。

9.30 **ウィーン条約**（日本） 「オゾン層の保護に関するウィーン条約」加入と「オゾン層を破壊する物質に関するモントリオール議定書」受諾の寄託書を、日本政府が国連事務総長に提出した。

9.30 **土呂久鉱害**（宮崎県） 土呂久鉱害訴訟第一陣の控訴審判決が下された。

9.30 **ウィーン条約・モントリオール議定書**（世界） 日本が「オゾン層の保護のためのウィーン条約」加入と「モントリオール議定書」受諾（締結）のための寄託書を国連事務総長宛に提出した。

9月 **酸性霧で植物に影響**（群馬県赤城山） 環境庁国立公害研究所の調査の結果、赤城山一帯で酸性霧が発生し、群生する広葉樹林や高山植物に影響が出ている可能性があることが判明した。

10.3 **アメニティ**（日本・フランス） 「都市の再生に向けて」をテーマに、フランスで10月10日まで第4回日仏アメニティ会議が開催された。

10.11 **磐梯朝日国立公園**（山形県） 磐梯朝日国立公園の出羽三山朝日地域に係る公園区域・公園計画が変更された。

10.20 **産業廃棄物**（日本） 産業廃棄物と生活環境を考える全国大会不法投棄防止北九州会議が、北九州市で10月21日まで開催された。

10.23 秩父多摩国立公園（埼玉県・東京都）　環境庁長官が秩父多摩国立公園を視察した。

10.24 大気汚染（日本）　高密度市街地における沿道整備対策とその環境評価手法開発に関する調査研究の成果として、国立公害研究所が沿道大気汚染拡散3次元モデル等を発表した。

11.1 鳥獣保護区（日本）　環境庁が谷津、浜甲子園に国設鳥獣保護区を設定した。

11.2 地球温暖化問題検討会（日本）　環境庁が、地球温暖化問題に関する検討会の第1回中間報告を発表した。

11.7 川鉄千葉公害訴訟（千葉県）　川鉄千葉公害訴訟の一審判決が下された。

11.7 吉野熊野国立公園（近畿地方）　吉野熊野国立公園の公園区域・公園計画が変更された。

11.8 地下水質保全対策を諮問（日本）　環境庁が中央公害対策審議会に対し、ハイテク工場からの有害化学物質による地下水汚染の規制強化策、シアン流出による河川汚染の被害拡大防止策など「地下水質保全対策・（化学物質）事故時の措置について」を諮問した。

11.9 気候変動に関する政府間パネル（IPCC）（世界）　気候変動に関する政府間パネル（IPCC）の第1回会合が、ジュネーブで11月11日まで開催された。

11.11 飛騨木曾川国定公園・愛知高原国定公園（岐阜県・愛知県）　飛騨木曾川国定公園の犬山地域と、愛知高原国定公園の公園区域・公園計画が変更された。

11.17 川鉄公害訴訟判決（千葉県）　千葉地裁が、川鉄公害訴訟で企業責任による大気汚染と健康被害を認める判決を下した。

11.17 千葉川鉄公害訴訟（千葉県）　千葉川鉄公害訴訟について、川鉄の「立地・操業の過失」を認定し、大気汚染と住民の健康被害との因果関係を認める原告勝訴の第1次・2次合併1審判決が千葉地裁で言い渡された。同社は判決を不服とし控訴した。

11.21 建設工事騒音の規制（日本）　環境庁が騒音規制法に基づき「特定建設作業に伴って発生する騒音の規制に関する基準の一部を改正す

る件」を告示した。建設工事騒音の規制が強化されるのは20年ぶりで、住宅地・商店街などでくい打ち機・さく岩機などを使用する5種類の特定建設作業が対象となる。

11.21 **ワシントン条約（アジア）**　ワシントン条約アジア地域会議が、ネパールのカトマンズで11月22日まで開催された。

11.24 **地球温暖化（日本）**　国立公害研究所が、公開シンポジウム「二酸化炭素等の増加による地球環境変動に対する研究の方向――日本の役割」を東京で開催した。

11.30 **アスベスト（石綿）対策（日本）**　環境庁が、工場等のアスベスト発生源対策について発表した。

12.7 **森林生態系保護地域（日本）**　林野庁「林業と自然保護に関する検討委員会」が「森林生態系保護地域」の新設を提言した。これを受けて北見営林局が知床横断道路以東の伐採取り止めを表明、知床伐採問題が全面的な凍結状態に。

12.16 **福岡空港航空機騒音公害訴訟（福岡県）**　福岡空港航空機騒音公害訴訟の第一審判決が下された。

12.19 **西名阪道路超低周波公害訴訟（大阪府・奈良県）**　西名阪自動車道の超低周波公害をめぐり、原告団と日本道路公団との和解が奈良地裁で成立した。超低周波の発生や健康被害との因果関係には触れなかったが、道路公団が植樹帯造成・高架橋建設といった対策工事や環境実態調査を実施するなどの内容。

12.20 **渡り鳥保護（日本・ソ連）**　1973年の専門家会議開催から16年を経て「日ソ渡り鳥等保護条約」が発効。同日「絶滅のおそれのある野生動植物の譲渡の規制等に関する法律施行規則」の一部改正、公布。ソ連産特殊鳥類が追加指定された。

12.20 **騒音対策（山梨県）**　山梨県で湖の騒音を規制する全国初の条例となる「富士五湖の静穏の保全に関する条例」が成立した。夜間・早朝の航行禁止、音量規制などが実施される。

12.23 **窒素酸化物（日本）**　環境庁が、窒素酸化物対策の新たな中期展望を発表した。

12.26 尼崎公害訴訟（兵庫県尼崎市）　兵庫県尼崎市の大気汚染によるぜんそくなどに苦しむ公害病認定患者が、損害賠償と二酸化イオウ・二酸化窒素・浮遊粒子状物質の排出抑制を求め、大手企業9社・国・阪神高速道路公団を神戸地裁に提訴した。

12.29 ウィーン条約（日本）　「オゾン層の保護に関するウィーン条約」が日本について発効した。


# 1989年
## （平成元年）

1.1　モントリオール議定書発効（日本）　「オゾン層を破壊する物質に関するモントリオール議定書」が日本について発効した。

1.6　福島第2原発事故（福島県双葉郡）　午前4時20分ごろ、原子炉に冷却水を送る2つの再循環ポンプのうち、1つのポンプの回転軸の振動幅が異常になったことから原子炉を止め調査したところ、ポンプ内部の水中軸受け部のリングが割れて脱落、羽根車の一部が破損していたことがわかった。

1.12　10年で東京都の倍の森林が喪失（日本）　環境庁「第2〜3回緑の国勢調査」の結果、ここ10年前後の間に、人工造林や開発のため東京都の約2倍強に当たる面積のブナ自然林が失われたことが判明した。

1.23　大沼国定公園（北海道）　大沼国定公園の公園区域・公園計画が変更された。

1.30　地球温暖化の見通し（日本）　気象庁・気候問題懇談会温室効果検討部会が気候変動の見通しをまとめた。それによると、フロンなどが現在の増加率で増え続ければ、40年後には平均気温が1.5〜3.5度、海水面が20〜110cm上昇、気温の上昇幅は北半球の高緯度で特に大きいとのこと。

1.31　中海と宍道湖を指定湖沼に（島根県・鳥取県）　「湖沼水質保全特別措置法」に基づき、内閣総理大臣が中海と宍道湖を指定湖沼・指定地域に指定した。

2.6 石綿製品工場のアスベスト（石綿）汚染防止（日本）　石綿製品等製造工場から発生するアスベスト（石綿）による大気汚染防止制度の基本的なあり方について、環境庁長官が中央公害対策審議会に諮問した。

2.9 公害防止（日本）　環境庁長官が国立公害研究所を視察した。

2.10 大谷石廃坑崩落（栃木県宇都宮市）　午前8時50分ごろ、栃木県宇都宮市大谷町坂本の大谷石採石跡の廃坑で、縦100m、横50m、深さ30mにわたって陥没、採石加工工場が崩壊した。現場には亀裂が入っており陥没の危険があるため、周辺住民に避難命令が出された。

2.13 福島第一原発で漏水（福島県大熊町）　福島県大熊町の東京電力福島第一原子力発電所で、3号機の原子炉格納容器に隣接しているタービン建物内で水漏れが起きていることがわかった。放射能レベルは、検出限界値以下で、放射能漏れの心配はない。

2.15 地下水汚染（日本）　地下水質保全対策のあり方・事故時の措置について、中央公害対策審議会が環境庁長官に答申した。

2.17 みどりの日（日本）　「国民の祝日に関する法律」の一部改正。前天皇誕生日の4月29日が、「みどりの日」として国民の祝日に制定された。

2.23 南房総国定公園（千葉県）　南房総国定公園の公園区域・公園計画が変更された。

3.5 大谷石廃坑崩落（栃木県宇都宮市）　午後5時ごろ、栃木県宇都宮市大谷町坂本の大谷石採石場で、廃坑が崩落し、民家3軒が深さ30mの地下にのまれた。現場は2月10日朝に陥没した部分の周囲で、付近の住民には避難命令が出ていたため、けが人などはなかった。

3.5 オゾン層保護（世界）　英国政府・UNEP主催のオゾン層保護に関する閣僚級会議がロンドンで3月7日まで開催され、124ヵ国が参加。最終日にはフロンの生産と消費の全廃を求める声明が出された。

3.6 石綿製品工場の実態調査（日本）　環境庁が、石綿製品等製造工場におけるアスベスト（石綿）排出抑制対策等の実態点検調査を公表した。

3.8 琵琶湖環境権訴訟（滋賀県）　琵琶湖環境権訴訟1審判決が大津地裁で言い渡された。住民が人格権に基づき公共事業に対して差し止めを求める権利は認められたが、富栄養化の進行は行政施策により停止しているとして請求は却下された。

3.9 公害防止（日本）　第1次・第4次地域（富士地域ほか6地域）の公害防止計画を、内閣総理大臣が承認した。

3.13 公害防止（日本）　中央公害対策審議会が、企画部会にバイオテクノロジー専門委員会を設置することを決定した。

3.13 石綿製品工場のアスベスト（石綿）汚染防止（日本）　石綿製品等製造工場から発生するアスベスト（石綿）による大気汚染防止制度の基本的なあり方について、中央公害対策審議会が答申した。

3.15 横田基地騒音訴訟（東京都）　第3次横田基地航空機騒音訴訟の第一審判決が下された。

3.16 再処理工場で作業員被曝（茨城県東海村）　茨城県東海村の動力炉・核燃料開発事業団の使用済み核燃料再処理施設で、作業員1人が放射性物質を吸い込み、体内被曝する事故があった。被曝線量は小さく、健康への影響はないという。事故の原因は作業員が使っていたグローブに小さなピンホールがあいていたため。

3.18 環境基準（日本）　水質汚濁に関する環境基準等の項目追加等について、中央公害対策審議会が環境庁長官に答申した。

3.20 川内原発冷却装置故障（鹿児島県川内市）　この朝、鹿児島県川内市の九州電力川内原子力発電所で、2号機の1次冷却水の水量調整などをする装置の開閉弁の弁棒が折れていることが分かった。2号機は1988年末から原子炉を止めて定期検査中で影響はないとしている。

3.22 トリクロロエチレン（日本）　トリクロロエチレン等を含有する廃棄物の最終処分基準等の設定について、中央公害対策審議会が環境庁長官に答申した。

3.22 廃棄物の越境・処分についてバーゼル条約採択（世界）　スイスのバーゼルで開かれた国連環境計画（UNEP）主催の国際会議において、「有害廃棄物の越境移動及びその処分の規制に関するバーゼル条約」が採択された。

- 3.23 **大気汚染防止法・騒音規制法**（日本） 大気汚染防止法、騒音規制法施行20周年記念式典が開催され、大気保全功労者が表彰された。

- 3.24 **野生動植物の譲渡規制法**（日本） 「絶滅のおそれのある野生動植物の譲渡の規制等に関する法律施行令」の一部改正、政令公布（4月1日施行）。ワシントン条約上の留保撤回に伴い、ジャコウジカを希少野生動植物に指定した。

- 3.24 **海洋汚染（流出）**（アメリカ） アラスカでタンカーが座礁。4万2000klの原油が流出し、アメリカ最大の石油流出事故となった。

- 3.27 **公害防止**（日本） 優良低公害機器普及方策検討会の報告書が発表された。

- 3.28 **公害健康被害補償**（日本） 環境庁が、公害健康被害の補償等に関する法律に基づく1989年度の障害補償・遺族補償標準給付基礎月額を告示した。

- 3.30 **健康被害救済**（日本） 「公害健康被害の補償等に関する法律施行規程」の一部改正、共同命令公布。硫黄酸化物の排出量の計算方式が一部改正された。

- 3.31 **公害健康被害補償**（日本） 環境庁が、公害健康被害補償予防協会の基金に対する拠出金の1989年度における単位排出量当たりの拠出金額を定める件を告示した。

- 3.31 **鳥獣保護区**（日本） 環境庁が国設白山鳥獣保護区を設定した。

- 4.1 **エコロジー**（日本） 環境庁と日本環境協会が、環境に配慮した商品に対し「エコロジー・マーク（略称エコマーク）」の付与を開始した。

- 4.1 **ワシントン条約**（世界） ワシントン条約におけるジャコウジカの留保が撤回された。

- 4.3 **トリクロロエチレン**（日本） 「排水基準を定める総理府令」の一部改正、総理府令公布（10月1日施行）。トリクロロエチレン、テトラクロロエチレンの排水基準が設定された。

- 4.5 **フロンガスの温室効果**（日本） フロンガスの温室効果により、2030年代には1.5〜3.5度の気温上昇が予測されると気象庁が発表した。

4.7 原潜火災・沈没事故（ソ連・ノルウェー）　ノルウェー沖でのソ連の原子力潜水艦火災・沈没事故で、42人が死亡した。

4.8 イタイイタイ病の総合研究（富山県）　イタイイタイ病及び慢性カドミウム中毒に関する総合的研究班が、カドミウムの健康影響に関する研究の中間報告を発表した。

4.13 日本の経済援助が自然破壊（日本・東南アジア）　日本による東南アジア諸国への経済援助が熱帯林の伐採や自然破壊につながっているとして、世界自然保護基金が日本政府や関係団体に援助方法の見直しを提言する報告書を作成した。

4.25 登山道閉鎖・入山者調査（尾瀬）　環境庁、群馬県、福島県、新潟県、関係村からなる「日光国立公園尾瀬地区保全対策推進協議会」で、至仏山登山道の閉鎖とセンサーを使用した入山者数調査の実施が決定した。

4.26 ヘルシンキ宣言（世界）　オゾン層保護のためのウィーン条約及びモントリオール議定書第1回締約国会議が5月5日までヘルシンキで開催され、日本政府代表として環境政務次官が出席。条約実施に必要な規制等を定めたほか、特定フロンを今世紀末までの全廃することを定めた「ヘルシンキ宣言」が5月2日に採択された。

5.2 重油流出（愛媛県今治市沖）　午前9時20分ごろ、愛媛県今治市沖北東約9kmの来島海峡で、パナマ船籍の自動車運搬船オレンジコーラル（7627t）と、同じパナマ船籍のタンカー、シャムロック・オーチョー（2785t）が衝突、オレンジコーラルが積み荷の自動車138台、部品884tとともに沈没、燃料の重油が海面へ流出、乗組員は全員救助され無事だった。

5.8 薬害エイズ訴訟（各地）　血友病患者2人が、国と製剤を販売した「ミドリ十字」、「バクスター」の2社を相手取り、総額2億3000万円の損害賠償を求める訴訟を大阪地裁に起こした。6年11ヶ月後の1996年3月29日、国と製薬会社が責任を認める形で和解が成立。このエイズウイルスが混入している輸入血液製剤は、血友病患者2600人以上に投与され、約1800人が感染、400人以上が死亡した。

5.12 電気自動車（日本）　環境庁が、電気自動車普及促進調査報告書を発表した。

5.14 新石垣空港(沖縄県)　沖縄県・石垣島の新石垣空港白保代替地で、三重大学教授が天然記念物ユビエダハマサンゴの大群落を発見、建設に伴う工事で壊滅的な打撃を受ける恐れがあると指摘した。

5.18 地球環境(日本)　環境庁地球環境保全企画推進本部が、地球温暖化防止の国際的取り組みにあたり、日本は積極的な役割を果たしていくべきとする中間報告を発表した。

5.27 境川シアン検出(神奈川県)　神奈川県相模原市などを経て藤沢、横浜両市境を流れる境川で、計約300匹の魚が浮いているのが見つかり、検査の結果、シアンが最高約1ppm検出された。また、市内のメッキ工場8社のうち、1社の排水から5.7ppmのシアンが検出された。

5.30 ウラン自然発火(茨城県東海村)　午後7時23分ごろ、茨城県東海村の日本原子力研究所東海研究所で、ウラン濃縮研究棟核燃料貯蔵庫内の天然ウラン入りポリ容器から煙が出て火災報知器が鳴ったため、粉末消火器などで消火した。この火災で、核燃料貯蔵庫のある管理区域の外部では放射能汚染はなかったが、貯蔵庫内は通常の1000倍近い放射能濃度になったため、消火にあたった研究員ら3人が最大に見積もって5ミリシーベルト(放射線業務従事者の年間被曝限度線量の10分の1)以下の被曝をしたと推定している。

5.30 タンカー油流出(三重県四日市沖)　午後11時ごろ、三重県・四日市港沖合5.5kmの海上で、原油荷揚げ中の大阪の陽光海運のタンカー、サンシャインリーダー(13万4555t)の左舷後ろのマンホールから原油があふれ、幅100から200m、長さ12kmの帯状になって流出した。

6.1 環境週間(日本)　環境庁が、中学生を対象とする環境週間行事「樹木の大気浄化能力度チェック」の実施を発表した。

6.1 アメニティ(日本)　全国アメニティ推進協議会の総会が、6月2日まで開催された。

6.1 象牙売買批判(世界)　世界自然保護基金(WWF)が象牙売買によるアフリカ象激減の実態を公表し、日本を象牙輸入大国として批判した。

6.3 福島第2原発冷却水漏れ(福島県双葉郡)　午前10時ごろ、福島県双葉郡の東京電力福島第2原子力発電所2号機で、原子炉建屋4階の再生熱交換器から、冷却水が漏れているのが見つかった。この冷却

水は高温、高圧で循環しており、放射能を帯びているが、同交換器は密閉された無人の部屋の中にあるため、建屋内の人の出入りする場所や外部への放射能漏れはないと発表。原因は3台ある再生熱交換器のうち2台目の配管に亀裂が生じたため、漏れた水の量は1t以上。

6.7　飛騨木曽川国定公園・揖斐関ケ原養老国定公園（岐阜県）　飛騨木曽川国定公園の岐阜県地域と、揖斐関ケ原養老国定公園の公園区域・公園計画が変更された。

6.16　自然環境保全基礎調査・巨樹巨木林（日本）　環境庁が、第4回自然環境保全基礎調査巨樹・巨木林調査結果の速報を発表した。

6.20　屈斜路湖がラムサール条約登録湿地に（北海道）　北海道・屈斜路湖がラムサール条約の登録湿地に指定された。

6.22　メタノール自動車（日本）　環境庁がメタノール自動車普及促進懇談会を設置した。

6.23　悪臭物質の指定と規制（日本）　悪臭物質の指定と規制基準の範囲決定について、環境庁長官が中央公害対策審議会に諮問した。

6.26　地球温暖化問題検討会（日本）　環境庁の地球温暖化問題に関する検討会の影響評価分科会と対策分科会が、第1回中間報告を発表した。

6.28　大気汚染防止法改正でアスベスト（石綿）規制（日本）　「大気汚染防止法の一部を改正する法律」公布（12月27日施行）。アスベスト（石綿）規制のため、他の粉じんと区別して「特定粉じん」に指定するための規定が整備された。

6.28　気候変動に関する政府間パネル（IPCC）（日本）　気候変動に関する政府間パネル（IPCC）の第2回会合が、ナイロビで6月30日まで開催された。

6.28　水質汚濁（日本）　「水質汚濁防止法の一部を改正する法律」が公布され、有害物質含有水の地下浸透禁止、事故時の措置規定などが定められた。

7.12　入山料徴収構想（尾瀬）　尾瀬の入山料徴収構想が発表され、社会的関心事となった。

7.12　瀬戸内海国立公園（瀬戸内海・岡山県）　瀬戸内海国立公園の岡山県地域に係る公園区域・公園計画が変更された。

7.20 自然歩道（東北地方）　「東北自然歩道」（新奥の細道）の概略を環境庁が公表した。

7.21 健康被害救済（日本）　「公害健康被害の補償等に関する法律施行令」の一部改正、政令公布。介護加算額が増額された。

7.25 全国星空継続観察（日本）　環境庁が、8月6日まで「全国星空継続観察（スターウォッチング・ネットワーク）」を実施した。

7.28 水質汚濁（日本）　「水質汚濁防止法の一部を改正する法律の施行期日を定める政令」「水質汚濁防止法施行令の一部を改正する政令」公布（10月1日施行）。法施行のための規定が整備された。

8.3 皇居外堀のコイ大量死（東京都千代田区）　午前10時ごろ、東京都千代田区九段北の皇居外堀でヘラブナ、コイなど数千匹が死んで浮かんでいるのを通行人が見つけた。都環境保全局が水質を調べたところ、溶存酸素量が、魚が生息するのに必要な5ppmをはるかに下回る1.1〜1.8ppmしかなかった。1日の豪雨で堀に流れ込んだ大量の雨水が、堀の底にたまっていたヘドロを巻き上げたためと見ている。

8.4 遺伝子組み換え（日本）　科学技術会議が、実験室外における遺伝子組み換えトマトの初栽培を承認した。

8.8 環境保全（尾瀬）　環境庁が、日光国立公園尾瀬地区保全対策推進協議会で「尾瀬地区保全対策推進方針」を発表した。

8.14 酸性雨対策調査結果（日本）　環境庁が、第一次酸性雨対策調査結果を発表した。

8.21 水質汚濁（日本）　「水質汚濁防止法施行規則」の一部改正、総理府令公布。

8.21 モントリオール議定書（世界）　ナイロビで、モントリオール議定書に基づく作業部会開催。途上国に対する財政援助の仕組みに関する第1回目の検討が8月25日まで、議定書改正についての第1回目の検討が8月28日から9月5日まで実施された。

8.25 オゾン層保護（日本）　「モントリオール議定書第6条に基づく科学的知見に関するパネル報告に対する見解」を、環境庁・成層圏オゾン層保護に関する検討会（反応・影響・モニタリング分科会）が公表した。

- 9.1 海洋ごみ（日本）　船舶などからの廃棄物の排出を厳しく規制する特別海域にバルチック海海域を追加指定する「海洋汚染防止法施行令」一部改正が公布された。10月1日施行。

- 9.4 悪臭物質の指定・規制（日本）　悪臭物質の指定・規制基準の範囲設定について、中央公害対策審議会が環境庁長官に答申した。

- 9.8 公害防止（日本）　第5次地域（仙台湾地域ほか8地域）の公害防止計画策定を、内閣総理大臣が指示した。

- 9.18 モントリオール議定書（世界）　ジュネーブで、モントリオール議定書に基づく作業部会開催。9月22日まで情報ネットワークの確立を含む作業計画の検討を行い、勧告を採択した。

- 9.20 冷凍魚介類コレラ汚染（千葉県成田市）　厚生省成田空港検疫所は、フィリピン産のエビとタイ産のカニからコレラ菌が検出されたと発表。検出されたのは、14日のフィリピン航空436便でマニラから輸入された冷凍エビ（4.4kg）と、15日バンコクからの日本航空718便で輸入された冷凍カニ（3kg）。それぞれ、18日に検体を採取して調べたところ、両方からコレラ菌（エルトール稲葉型）が見つかった。

- 9.27 悪臭防止法施行令一部改正（日本）　「悪臭防止法施行令」の一部改正、政令公布（1990年4月1日施行）。プロピオン酸、ノルマル酪酸、ノルマル吉草酸、イソ吉草酸の4物質を大気中含有量悪臭規制対象として追加指定し、規制基準範囲が設定された。

- 9.30 国立公園管理事務所（北海道）　環境庁が、北海道地区国立公園管理事務所を設置した。

- 9月 狩野川シアン検出（静岡県）　静岡県の狩野川上流で、数万匹のアユが死んでいた。漁協が調査した結果、死んだアユからシアン化合物を検出、支流の持越川の上流にある工場から、薬品が流れ込んだらしい。

- 10.4 放射性ヨウ素大量放出（茨城県東海村）　茨城県東海村にある動力炉・核燃料開発事業団の東海再処理工場から放射性物質のヨウ素129が通常の10倍も放出されていたことがわかり運転を緊急停止した。動燃では「従業員に被曝はなく、周辺環境への影響も無視できる」としているが、運転再開から1週間で放出された放射線量は昨年度1

年分に相当する。原因はヨウ素を吸収、除去した水などがバルブの接続部から漏れていたため。

10.9 ワシントン条約（世界） ワシントン条約第7回締約国会議が、10月20日までスイスのローザンヌで開催された。

10.16 PCB検出（東北地方・関東地方） 東京電力と東北電力は電柱に取り付けた配電用変圧器内の絶縁油からPCBが検出されたと発表。混入の経路、汚染された変圧器の数量などは分かっていないが、1万2500台を取り換えることにした。残留PCB問題の報道などをきっかけに再生処理をした絶縁油の検査をしたところ、サンプルの2件とも15―18ppmのPCBを含有していた。

11.1 季節大気汚染対策（日本） 窒素酸化物に係る季節大気汚染対策が1990年2月28日まで実施された。

11.1 鳥獣保護区（日本） 環境庁が剣山山系、伊奈、紀伊長島、西南に国設鳥獣保護区を設定した。

11.7 トキ「ホアホア」を返還（中国・日本） 中国トキの「ホアホア」が返還され、日中トキ保護協力専門家会議が北京で11月8日から9日まで開催された。

11.10 排ガスや排煙から酸性霧（日本） 国立公害研究所など研究者グループが、大気汚染学会で自動車排出ガスや工場排煙などに含まれる汚染物質を原因とする「酸性霧」の発生を示す調査結果を発表した。

11.13 モントリオール議定書（世界） ジュネーブで、モントリオール議定書に基づく作業部会開催。規制強化など議定書改正について、11月17日まで第2回目の検討を実施した。

11.30 イリエワニ売買禁止。野生動植物の譲渡規制法一部改正（日本）「絶滅のおそれのある野生動植物の譲渡の規制等に関する法律施行令」の一部改正で、ワシントン条約上の留保撤回に伴い、イリエワニが希少野生動植物として追加指定され、売買禁止となった。

11.30 ごみ処理（日本） 環境庁・厚生省が、六価クロムなどの有害廃棄物処分跡地で工事を行なう場合は有害物質が周囲に拡散しないよう仕切り設備を設けることなどを規定する「廃棄物の最終処分跡地の管理等について」を告示した。

11月　日本版レッド・データブック（日本）　絶滅に瀕している植物など894種の現状を報告した『我が国における保護上重要な植物種の現状』（日本版レッド・データブック）が日本自然保護協会と世界自然保護基金日本委員会により作成された。

11月　気候変動（世界）　大気汚染と気候変動に関する環境大臣閣僚会議がオランダ政府主催、68ヵ国の環境担当閣僚と国際機関スタッフが参加してノールドベイクで開催された。ヨーロッパが地球温暖化防止のため二酸化炭素の排出抑制を実施する「ノールドベイク宣言」を提言した。

12.1　スパイクタイヤ（日本）　スパイクタイヤ粉じんの発生の防止に関する啓発・知識の普及のため、初めての「脱スパイクタイヤ運動推進月間」が、12月31日までの1ヶ月間行われた。この年から毎年12月に実施。

12.8　入山者調査（尾瀬）　日光国立公園尾瀬地区でのセンサーを使用した入山者数の調査結果が発表された。

12.11　生活雑排水（日本）　生活雑排水対策制度のあり方について、環境庁長官が中央公害対策審議会に諮問した。

12.11　化学物質（日本）　環境庁が1988年度指定化学物質環境残留性検討調査について発表。大気中におけるトリクロロエチレンや四塩化炭素の広範囲な汚染が判明した。

12.16　雲仙天草国立公園（熊本県）　雲仙天草国立公園の天草地域に係る公園区域・公園計画が変更された。

12.19　アスベスト（石綿）を特定粉じんに指定（日本）　アスベスト（石綿）を「特定粉じん」として一般粉じんと区別する「大気汚染防止法施行令」一部改正が公布された。12月27日施行。

12.22　健康被害救済（日本）　「公害健康被害の補償等に関する法律施行令」の一部改正、政令公布。児童補償手当額・療養手当額が増額された。

12.22　自動車排出ガス（日本）　今後の自動車排出ガス低減対策のあり方について、中央公害対策審議会が環境庁長官に答申した。

12.27 大気汚染防止法（日本）　「大気汚染防止法施行規則」の一部改正、総理府令公布。

この年　二酸化窒素濃度（各地）　日本、スウェーデン、ユーゴスラビア、中国の4国で比較すると、日本の家の中は二酸化窒素の濃度がずば抜けて高いことが、世界保健機関などの準備調査で明らかになった。原因は石油ストーブや温沸かし器などで、家の気密性の向上にも問題があり戸外よりずっと汚染度が高い。調査は「たばこを吸わない女性」15人前後を対象にして冬期の1週間の二酸化窒素を測定、日本は平均値でみると、一番高かった台所で58ppb、次いで居間35ppb、外気は23ppb、寝室が17ppbで、スウェーデンの10倍、中国と比べても1.5倍の濃度だった。

この年　排煙・排ガスからの酸性霧（各地）　工場の煙や自動車の排ガスなどを取り込んだ「酸性霧」が群馬県・赤城山系などで発生していることが調査で明らかになった。赤城山系では霧の水素イオン指数（pH）は3～4台で、料理用酢より酸性度が強いpH2.9を記録したこともある。また、北海道苫小牧市の樽前山ろくでは霧のpHは平均で4前後、神奈川県・丹沢山地の大山南斜面でも霧の平均pHは3.57で、最低は2.93だった。

この年　ゴルフ場汚濁物質（滋賀県甲賀郡）　ゴルフ場から流れ出る水の汚濁物質は、山地の渓流の約7倍で農薬も検出されることが、滋賀県立短大の調査でわかった。滋賀県甲賀郡内で間測定した結果、流域1haあたりのCOD（化学的酸素要求量）物質の年間流出量は山林15kg、ゴルフ場105kgで廃水、農薬や肥料が影響している。

この年　酸性霧で松枯れ現象か（瀬戸内海）　瀬戸内海沿岸の松枯れ現象は酸性霧の影響が濃厚という調査結果が発表された。水滴が細かく、長時間空中に漂う霧は時に雨の100倍の酸性度になるといわれる。広島湾周辺では10年前からpH3.5～4.5の酸性雨が観測されており、人工衛星ランドサットのデータで1km区画ごとの分析と現地踏査の結果、硫黄酸化物、窒素酸化物が粒子の細かい霧に凝縮され、夜露になって松に付着したらししいことがわかった。

この年　ワシントン条約・アフリカゾウ取引禁止（世界）　第7回ワシントン条約締約国会議がローザンヌで開催され、取引再開可能の条件付きでアフリカゾウの国際取引が全面禁止された。

# 1990年
(平成2年)

- **1.4** 自然環境保全基礎調査・景観(日本)　環境庁が、第3回自然環境保全基礎調査の自然景観資源調査結果を発表した。

- **1.18** 野生動植物の譲渡規制法改正(日本)　「絶滅のおそれのある野生動植物の譲渡の規制等に関する法律施行令」の一部改正、政令公布。ワシントン条約附属書の改正に伴い、3属32種が希少野生動植物として追加指定された。

- **1.26** オゾン層保護・特定フロン排出量削減(日本)　通産省が「オゾン層の保護に関する関係閣僚会議」を開き、オゾン層破壊物質である特定フロンの排出量削減についての通産省案を公表した。「モントリオール議定書」の削減スケジュールを2～3年前倒しして、1995～96年に基準年である1986年実績の50%以下、1998年には15%以下にする内容。

- **2.5** ワシントン条約(世界)　ワシントン条約第21回常設委員会が、スイスのローザンヌで2月9日まで開催された。

- **2.6** リゾート(日本)　国土・農水・通産・運輸・建設・自治の関係6省庁が、「リゾート法」に基づいて長野県から申請されたリゾート構想「フレッシュエア信州―千曲川高原リゾート構想」について、水質に及ぼす影響について詳細に検討し事業の可否を判断することなどの留意事項条件を添付した上で承認することを決定した。

- **2.13** 玄海国定公園(福岡県)　玄海国定公園の福岡県地域に係る公園区域・公園計画が変更された。

- **2.14** 二酸化炭素濃度の増加率(日本)　気象庁が過去3年間の大気中の二酸化炭素($CO_2$)濃度の観測結果を発表した。二酸化炭素濃度の増加率は年平均約0.4%(1.4ppm)で、国連環境計画(UNEP)などの測定結果(1.6ppm)とほぼ一致していた。

- **2.16** 新日鉄君津製鉄所ガス漏れ事故(千葉県君津市)　午前7時半ごろ、千葉県君津市君津の新日鉄君津製鉄所構内の第1高炉南側車両置き場

付近でガス漏れ事故があり、1人が一酸化炭素中毒で死亡、5人が病院で手当を受けた。原因は車両置き場の上約7mにあるガス管にレッカー車が接触して亀裂が入り、ガスが噴出、付近に滞留したため。

2.26 モントリオール議定書（世界）　ジュネーブで、モントリオール議定書に基づく作業部会開催。3月5日まで、途上国に対する財政援助の仕組みに関する第2回目の検討が実施された。

2.27 富士箱根伊豆国立公園（神奈川県・静岡県）　富士箱根伊豆国立公園の箱根、伊豆半島地域に係る公園計画が変更された。

2.27 フロンガス噴出（大阪市中央区）　正午ごろ、大阪市中央区城見の日本電気関西ビル地下3階の機械室で、安全弁の点検作業中、噴き出したフロンガスを吸って1人が酸欠状態になり病院に入院した。

2月 気候変動に関する政府間パネル（IPCC）（世界）　第3回気候変動に関する政府間パネル（IPCC）がワシントンで開催された。8月に第4回会議がスウェーデン・スンツバルで開催され、二酸化炭素（$CO_2$）の排出量6割削減を提言する第1次IPCC評価報告書が作成された。

3.5 トキ「ミドリ」を北京動物園に移送（日本）　日本トキの「ミドリ」が中国の北京動物園に移送された。

3.8 大山隠岐国立公園（鳥取県・島根県）　大山隠岐国立公園の公園計画が変更された。

3.8 モントリオール議定書（世界）　ジュネーブで、モントリオール議定書に基づく作業部会開催。3月14日まで、規制強化など議定書改正について第3回目の検討を実施した。

3.13 公害防止（日本）　第5次地域（仙台湾地域ほか8地域）の公害防止計画を、内閣総理大臣が承認した。

3.16 生活雑排水（日本）　生活雑排水対策制度のあり方について、中央公害対策審議会が環境庁長官に答申した。

3.26 土呂久鉱害（宮崎県）　土呂久鉱害訴訟第二陣の一審判決が下された。

3.29 大谷石採石場跡陥没（栃木県宇都宮市）　午前2時半ごろ、宇都宮市大谷町の大谷石地下採石場の半田石材店の作業場や裏山などが、長

さ約130m、幅約80m、深さ約10～40mにわたって陥没したが、けが人はなかった。

3.30 健康被害救済（日本）　「公害健康被害の補償等に関する法律施行令」の一部改正公布。介護加算額・児童補償手当額・療養手当額・葬祭料の増額と1990年度の賦課料率が決定した。これを受けて環境庁が1990年度の障害補償・遺族補償標準給付基礎月額を告示。また公害健康被害補償予防協会の基金に対する拠出金の1990年度における単位排出量当たりの拠出金額を定める件を告示した。

4.2 海洋排出規制追加（日本）　「海洋汚染及び海上災害の防止に関する法律施行令」の一部改正公布（10月13日施行）。海洋排出規制に、アクリル酸エチルなどが有害液体物質として追加された。

4.3 若狭湾国定公園（福井県・京都府）　若狭湾国定公園の京都府地域に係る公園区域・公園計画が変更された。

4.3 硫酸水流出（愛知県一宮市）　午前8時ごろ、愛知県一宮市千秋町穂積塚本の青木川で、約400mにわたり、15から20cmの魚約700匹が死んでいた。原因は近くの染色会社が誤って硫酸水を流したため。

4.5 スパイクタイヤ（日本）　スパイクタイヤ粉じん発生防止制度の基本的なあり方について、環境庁長官が中央公害対策審議会に諮問し、同日答申がなされた。

4.6 山陰海岸国立公園・高野竜神国定公園（山陰地方・和歌山県）　山陰海岸国立公園、高野竜神国定公園の公園区域・公園計画が変更された。

4.11 貨物船・小型タンカー衝突（大阪市住之江区）　午前11時ごろ、大阪市住之江区の大阪南港岸壁付近で、給油中の小型タンカー「第10和栄丸」（121t）に貨物船「すみりゅう丸」（499t）が衝突、タンカーのタンクに亀裂が入り、残っていた約35kℓの重油の一部が流出した。

4.23 長良川河口堰（岐阜県・三重県）　長良川河口堰の建設に反対している岐阜・三重両県内の9市民団体が「長良川河口堰建設に反対する流域連絡協議会」の結成を決めた。

4.23 ごみ収集車のごみ焼く（愛知県名古屋市天白区）　午前9時20分ごろ、名古屋市天白区中平の路上を走っていた市のごみ収集車の中で

爆発が起こり、中のごみが燃え出した。ごみの中のスプレー缶などの残りガスに引火したとみられる。

4.26 トリクロロエチレン（日本）　トリクロロエチレン等を含有する廃棄物の海洋投入処分基準等の設定について、中央公害対策審議会が環境庁長官に答申した。

4.27 森林生態系保護地域（各地）　林野庁が日本の代表的な原生林7ヵ所（知床横断道路周辺以東の半島、白神山地、利根川源流と燧ヶ岳周辺、大井川源流、白山周辺、石鎚山周辺と祖母山、傾山周辺）を「森林生態系保護地域」に指定した。指定地域では木材生産を目的とした伐採が禁止される。

4.29 自然保護（日本）　自然観察会「身近な生きものを探して」が、厚木市、姫路市、新宿御苑で開催された。

5.2 温暖化オゾン（日本・アメリカ）　日米科学技術協力協定に基づく合同委員会が開かれ、日米政府が二酸化炭素（$CO_2$）の吸収効果のあるサンゴ礁、メタンの放出、フロン排出抑制技術など17項目の共同研究プロジェクトを推進することで合意した。

5.7 壱岐対馬国定公園（長崎県）　壱岐対馬国定公園の公園区域・公園計画が変更された。

5.8 持続可能な開発（世界）　持続可能な開発に関するベルゲン会議が、ノルウェーのベルゲンで5月16日まで開催された。

5.24 水質汚濁（日本）　ゴルフ場使用の農薬による水質汚濁の防止に係る暫定指導指針を、環境庁が都道府県知事・政令市長に通知した。

5.24 環境保全のための排水処理対策（尾瀬）　環境庁、群馬県、福島県、新潟県、関係3村からなる「日光国立公園尾瀬地区保全対策推進協議会」で、排水処理対策を主とする保全対策基本方針が合意した。

5.24 接着剤の流出（山口県岩国市）　午後8時ごろ、山口県岩国市飯田町の山陽国策パルプ岩国工場から化学物質の接着剤のラテックスが海に流出した。タンクの底にある取り出しパイプのわん曲部が裂けており、約1.5tが漏れた。

5.25 地球環境保全に関する関係閣僚会議（日本）　政府が地球環境保全に関する関係閣僚会議を開催し、地球環境問題に対する日本の総合的な取り組みをまとめた初の「総合推進計画」を決定した。

5.31 環境週間（日本）　環境庁が、1990年度環境週間行事「樹木の大気浄化能力度チェック」の実施を発表した。

5.31 環境賞表彰式（日本）　環境賞の表彰式が開催された。

5月 ごみ回収（日本）　厚生省が「産廃物のマニフェスト制の実施について」を発表した。産業廃棄物の排出者が、義務づけられたマニフェスト（伝票）に基づいて処理や処分場までの流れをチェックする制度で、医療廃棄物については先行して4月から始まっていた。

6.1 国立公園のゴルフ場（日本）　70％以上の自然樹林地がある所は計画地の対象外とするなど「国立公園普通地域におけるゴルフ場造成計画に対する指導指針」を環境庁が作成し、各都道府県知事に通達した。

6.2 廃油流出（神奈川県横浜市鶴見区）　午前7時ころ、神奈川県横浜市鶴見区大黒町の大黒埠頭にある船舶廃油処理場の廃油と雨水をためるドレンポンドという池から横浜港内に廃油約200ℓが流出、約3km$^2$にわたって海上に広がった。当日降った雨で、上昇した池の水位を下げるためのポンプが故障、下水管に廃油が流入したという。

6.5 自然環境保全法（日本）　「自然環境保全法」の一部改正、公布（12月1日施行）。国立公園などの環境庁長官指定区域における車馬の乗入れ規制、野生動植物の捕獲・採取制限地域における殺傷・損傷行為の規制などが設置された。

6.6 メタノール自動車（日本）　環境庁が、メタノール自動車普及促進懇談会報告書を発表した。

6.8 エコライフ（東京都）　エコライフ・フェア（環境展）が、池袋西武百貨店で6月13日まで開催された。

6.8 太陽地球環境研究所（愛知県名古屋市）　名古屋大学に太陽地球環境研究所が附置された。

6.18 地球環境保全に関する関係閣僚会議（日本）　地球環境保全に関する関係閣僚会議で1990年度地球環境保全調査研究等総合推進計画が決定し、当面の地球温暖化対策の検討について申し合せが行われた。

6.18 塩素ガス漏れ（福岡市博多区）　午後6時15分すぎ、福岡市博多区上月隈の九州三菱自動車販売板付総合センター駐車場横のポンプ小屋にあった、古い塩素ガスボンベからガスが漏れ、一帯に刺激臭が広がり付近の住人が目や鼻の痛みを訴えた。

6.19 海洋ごみ（日本）　トリクロロエチレンなどの有害物質を含む廃棄物の海洋投棄処分を禁止する「廃棄物処理法施行令」「海洋汚染防止法施行令」各一部改正が公布された。10月1日施行。

6.20 モントリオール議定書（世界）　ジュネーブで、モントリオール議定書に基づく作業部会開催。6月29日まで、モントリオール議定書第2回締約国会合に向けての最終調査が実施された。

6.22 水質汚濁（日本）　「水質汚濁防止法等の一部を改正する法律」公布（9月22日施行）。生活排水対策に関する規定を設けて住民責務を明確化したほか、指定地域特定施設制度が創設された。

6.26 重油流出（愛知県名古屋市守山区）　午後10時35分ごろ、愛知県名古屋市守山区志段味南荒田の工場から燃料用C重油約600ℓが流出。重油は工場そばの小川を伝って庄内川に流れ込んだ。

6.27 リゾート（日本）　国土庁・建設省・環境庁など関係6省庁が、「リゾート法」に基づき、2月の長野県に続いて熊本県の「天草海洋」、青森県の「津軽岩木」、愛媛県の「えひめ瀬戸内」の3基本構想を承認した。

6.27 スパイクタイヤ（日本）　指定地域でのスパイクタイヤ使用規制を定める「スパイクタイヤ粉じんの発生の防止に関する法律（スパイクタイヤ粉じん法）」が公布、一部を除き即日施行された。

6.27 重油漏れ事故（大阪市大正区）　午前9時半ごろ、大阪市大正区鶴町、出光興産大阪油槽所大阪配送センターで、タンカーから重油貯蔵タンクにA重油を給油中、約65klがあふれ出した。原因はタンクがいっぱいになってからも給油を続けたため。

6.27 モントリオール議定書（世界）　モントリオール議定書第2回締約国会合がロンドンで6月29日まで開催され、日本政府代表として環境庁

長官が出席。議定書改正案（2000年までの特定フロン全廃など規制の大幅強化、途上国資金援助のための基金設立等）が採択された。

6.27　ラムサール条約締約国会議（世界）　ラムサール条約第4回締約国会議が、アメリカのモントレーで7月4日まで開催された。

6.29　水俣病認定申請期限延長（日本）　「水俣病の認定業務の促進に関する臨時措置法の一部を改正する法律」公布（10月1日施行）。国に対する申請期限が3年間延長され、対象者の範囲が拡大された。

6月　ごみリサイクル（日本）　厚生省が「資源ごみの回収・利用の促進について」を通達し、「品目別・業種別廃棄物処理・再資源化ガイドライン」を策定した。

6月　オゾン層保護基金（世界）　第2回モントリオール議定書締約国会議がロンドンで開催され、特定フロンの2000年全廃など大幅な規制強化、途上国に技術供与・資金援助を行う国際基金「オゾン層保護基金」の設立などからなる議定書改正が採択された。

7.1　国立環境研究所（日本）　国立公害研究所が国立環境研究所に改組された（10月1日施行）。

7.3　本四連絡橋（瀬戸内海）　瀬戸内海国立公園内来島大橋建設計画に係る意見書を、自然環境保全審議会自然公園部会本四連絡橋問題検討小委員会が環境庁長官に提出した。

7.6　海洋汚染（日本）　海洋汚染防止法施行令に基づき、「混合物の基準を定める総理府令」が公布された。

7.7　上信越高原国立公園（中部地方）　上信越高原国立公園の公園計画が変更された。

7.12　アメニティ（日本）　全国アメニティ推進協議会の総会が、7月13日まで開催された。

7.16　健康被害救済（日本）　「公害健康被害の補償等に関する法律の規定に基づく公害医療機関の診療報酬の請求に関する総理府令」の一部改正、総理府令が公布された。

7.18　熱射病で死亡（東京都）　東京都内で暑さのためにで倒れる人が続出、20人が病院に運ばれ、うち1人が熱射病で死亡した。この日は都内中部と西部に光化学スモッグ注意報が発令されていた。

7.23　メッキ工場塩酸流出（山口県小野田市）　午前11時25分ごろ、山口県小野田市新沖、小野田理工のメッキ工場内でタンクから塩酸約5m$^3$が流出、付近に強い刺激臭がただよい、隣接の会社の従業員55人が一時避難した。

7.25　水質保全（日本）　第三次総量規制に当たっての基本的考え方についての中央公害対策審議会総量規制専門委員会報告を受け、環境庁長官が同審議会に水質の総量規制に係る総量規制基準改定について諮問した。

7月　赤潮発生（熊本県天草郡）　熊本県天草郡御所浦町を中心とする八代海のほぼ全域で赤潮が発生、養殖ハマチ約9万匹が被害を受けた。熊本県水産研究センターの調査では、7月4日に初めて観測されてから24日までにわかった被害で、豪雨による海水の塩分濃度低下で発生しやすい状況になったらしい。

8.1　暑寒別天売焼尻国定公園（北海道）　暑寒別天売焼尻国定公園が指定された。

8.16　溶けたはがね流出（和歌山市）　午前2時25分ごろ、和歌山市湊、住友金属和歌山製鉄所内にある関連会社日本ステンレス和歌山製鋼所で、溶かしたステンレスのはがねを仮置きしておく鋼鉄製の取りなべに穴があき、約40tの溶けたはがねが流れ出した。

8.20　自然保護（尾瀬）　環境庁長官が、8月21日まで尚仁沢湧水・尾瀬を視察した。

8.20　希硫酸漏れ（山口県徳山市）　午前1時すぎ、山口県徳山市城ケ丘の国道2号バイパスで、走行中の大型タンクローリーから希硫酸がもれた。

8.23　マングローブ（日本）　民間非営利的団体「国際マングローブ生態系協会」が設立され、横浜市で創立総会が行われた。

8.27　気候変動に関する政府間パネル（IPCC）（世界）　気候変動に関する政府間パネル（IPCC）の第4回全体会合がスウェーデンのスンツバルで8月30日まで開催され、第1評価報告書が作成された。

9.6　三河湾国定公園・日南海岸国定公園（愛知県・宮崎県）　三河湾国定公園と、日南海岸国定公園の宮崎県地域に係る公園区域・公園計画が変更された。

9.11　公害防止（日本）　第6次地域（八戸地域ほか7地域）の公害防止計画策定を、内閣総理大臣が指示した。

9.12　化学物質（日本）　「化学物質の審査及び製造等の規制に関する法律施行令」の一部改正、政令公布・施行。TBT化合物13種類が、第2種特定化学物質として指定された。

9.14　し尿浄化槽が規制対象（日本）　「水質汚濁防止法施行令」の一部改正、政令公布（1991年4月1日施行）。処理対象人員201人〜500人のし尿浄化槽が、総量規制地域における規制対象として指定された。

9.23　国民投票で原発建設凍結（スイス）　新規原発建設の10年間凍結が、スイスの国民投票で採択された。

9.27　浮遊粒子状物質（日本）　環境庁が、浮遊粒子状物質削減手法検討会の中間報告書を発表した。

9.28　水俣病東京訴訟で和解勧告（東京都）　東京地裁が、水俣病東京訴訟で初の和解勧告を行った。

10.1　地球環境（日本）　国立環境研究所に、地球環境研究センターが設置された。

10.2　自然環境（日本）　「自然環境保全法等の一部を改正する法律の施行期日を定める政令」「自然環境保全法施行令及び鳥獣保護及狩猟ニ関スル法律の一部を改正する政令」公布（12月1日施行）。法施行のための規定が整備された。また、「自然環境保全法施行規則等の一部を改正する総理府令」が公布（12月1日施行）され、不要許可行為等が追加された。

10.2　環境基本条例（熊本県）　熊本県で「環境基本条例」「地下水質保全条例」が制定された。

10.3　土呂久鉱害訴訟（宮崎県）　土呂久鉱害訴訟について、最高裁が第5回和解折衝で和解の骨子を提示した。10月10日に原告が和解案受け入れを決定し、31日に第1・2陣原告と住友金属鉱山との間で一括和解が成立した。

10.9　浜岡原発で放射能漏れ（静岡県浜岡町）　静岡県小笠郡浜岡町の浜岡原発1号機で、炉水中に漏れる放射性物質の量が基準を上回ってい

ることがわかった。基準値を上回ったのはセシウム137で、環境への影響はないという。

10.15 持続可能な開発（アジア）　ESCAP主催のアジア太平洋地域の環境と開発に関する大臣会合がバンコクで10月16日まで開催され、日本政府代表として環境政務次官が出席。「アジア太平洋地域における環境上健全で持続可能な開発に関する閣僚宣言」が採択された。

10.16 長良川河口堰（岐阜県）　長良川河口堰で1990年度分の堰柱工事が開始された。

10.17 アメニティ（各地）　第1回アメニティあふれるまちづくり優良地方公共団体の表彰が行われ、北海道砂川市、岩手県盛岡市、埼玉県越谷市、福井県上中町、広島県呉市が受賞した。

10.20 注射針不法投棄（三重県津市）　三重県津市白塚町の海岸で、医療用器具の入った黒ビニールのごみ袋約40、50個が捨てられているのが見つかった。ごみ袋は、多量のごみの中に、無造作に山積みされており、X線造影剤、糖質電解質輸液などの空き瓶に交じり、点滴用の注射針、患者の名前を書いた注射液のビニール袋など、多数の医療用廃材あった。

10.21 横田基地で人間の輪（世界）　「国際反戦デー」の日に、米軍横田基地で労組員2万3000人が基地返還を求めて「人間の輪」を作った。

10.23 有害廃棄物の越境移動（日本）　有害廃棄物等の越境移動対策のあり方について、環境庁長官が中央公害対策審議会に諮問した。

10.23 若狭湾国定公園（福井県）　若狭湾国定公園の福井県地域に係る公園区域・公園計画が変更された。

10.23 地球温暖化防止行動計画（世界）　「地球温暖化防止行動計画」が、地球環境保全に関する関係閣僚会議で決定した。

10.29 水俣病関係閣僚会議（日本）　第12回水俣病に関する関係閣僚会議が開催された。

10.31 水質汚染（日本）　水質の総量規制に係る総量規制基準の設定方法改定について、中央公害対策審議会が環境庁長官に答申した。

10.31 土呂久鉱害で和解（宮崎県）　土呂久鉱害訴訟の和解が最高裁で成立した。

11.2　ガス機関・ガソリン機関をばい煙発生施設に追加（日本）　「大気汚染防止法施行令」の一部改正、政令公布（1991年2月1日施行）。ばい煙発生施設として、ガス機関とガソリン機関が追加された。

11.3　モントリオール議定書（世界）　モントリオール議定書に基づく作業部会がナイロビで11月5日まで開催され、貿易に関する諸問題について検討が行われた。

11.6　野生トキの生息状況（中国）　日中トキ保護協力事業で実施された中国野生トキの生息状況調査が公表された。

11.26　湖沼環境保全（日本）　湖沼の環境保全に関する調査結果に基づき、総務庁が環境庁、建設省、農林水産省、厚生省に対し、水質目標値の設定、下水道・農業集落排水施設の整備等の促進を勧告した。

11.28　循環型社会（日本）　環境庁が「環境保全のための循環型社会システム検討会報告書」を発表した。

11.30　食物からのダイオキシン（日本）　環境科学会で、日本人の食物からのダイオキシン類平均摂取量は1日約170ピコグラムTEQと発表された。

11月　ごみ処理（香川県）　香川県・豊島での産業廃棄物不法投棄について、兵庫県警生活経済課が産廃業者と廃棄を依頼した車両解体業者らを「廃棄物処理法違反」容疑で強制捜査した。後に逮捕され、神戸地裁姫路支部で執行猶予つきの有罪判決が言い渡された。

11月　世界気候会議（世界）　第2回世界気候会議が世界気象機関（WMO）によりジュネーブで開催された。地球温暖化に関する国際的議題を総括し、閣僚宣言を採択した。

12.1　大気汚染防止法（日本）　「大気汚染防止法施行規則」の一部改正、総理府令公布（1991年2月1日施行）。

12.1　大気汚染防止法（日本）　大気汚染防止法施行規則の規定に基づき施設係数の値を定める方法の一部改正を、環境庁が告示した。

12.1　知床国立公園などで車馬乗入れ規制（北海道）　知床国立公園ほか10国立公園15地域における車馬乗入れ規制地域が指定された。

12.5　水俣病担当者自殺（日本）　環境庁の水俣病担当者・企画調整局長が自殺した。

12.15　水質汚染（日本）　化学的酸素要求量についての総量規制基準に係る業種その他の区分・その区分ごとの範囲を定める件を、環境庁が告示した。

12.18　海洋汚染（日本）　有害廃棄物等の越境移動対策のあり方について、中央公害対策審議会が環境庁長官に答申した。ほか、「海洋汚染及び海上災害の防止に関する法律施行令」の一部改正、政令公布（1991年2月18日施行）。北海海域が、船舶等からの廃棄物排出が厳しく制限される特別海域に追加指定された。

12.18　水俣病関係閣僚会議（日本）　第13回水俣病に関する関係閣僚会議で、水俣病対策について申合せが行われた。

12.18　海洋ごみ（日本）　廃棄物排出を厳しく制限する特別海域に北海海域を追加指定する「海洋汚染防止法施行令」一部改正が公布された。1991年2月18日施行。

12.18　長良川河口堰（岐阜県）　長良川河口堰問題に関する環境庁長官見解が発表された。

12.19　ダイオキシン（日本）　厚生省が、ごみ焼却場に対する初のダイオキシン暫定排出基準となる「ごみ焼却に係るダイオキシン類発生防止対策等の促進について（ダイオキシン類発生防止等ガイドライン、1997年改定版に対し旧ガイドラインとも）」を策定した。

12.20　ディーゼル車排ガス規制強化（日本）　運輸省が、窒素酸化物（$NO_X$）規制の強化、ディーゼル車に対する粒子状物質規制の新規導入と黒煙規制強化などの「道路運送車両の保安基準」一部改正を公表した。1991〜94年度に順次実施。

12.22　タンカー衝突（千葉県木更津港沖）　午前6時50分ごろ、千葉県木更津港の北約8kmの海上で、濃霧の中タンカー第63浪速丸がタンカー第3ちとせ丸の右舷に衝突、第3ちとせ丸から航空用燃料約370$k\ell$が流出した。

12.27　スパイクタイヤ（日本）　「スパイクタイヤ粉じんの発生の防止に関する法律施行令」公布（1991年4月1日施行）。スパイクタイヤ使用禁止の例外道路、例外車両・適用猶予車両などが規定された。

12月　水質廃水（日本）　通産省が製紙工場の排水中に含まれるダイオキシン類対策実態報告書をまとめた。

この年　水俣病訴訟（日本）　4地裁と福岡高裁が水俣病訴訟の和解勧告を出すが、環境庁に拒否された。

この年　産廃投棄現場からPCB検出（埼玉県）　埼玉県で産業廃棄物の不法投棄現場の土壌から高濃度のPCBが検出された。

この年　ごみリサイクル（秦野市・伊勢原市・高知市）　高知市・秦野市・伊勢原市などでペットボトルをリサイクルする試みがスタートした。

# 1991年
（平成3年）

1.17　**スパイクタイヤ**（日本）　「スパイクタイヤ粉じんの発生の防止に関する法律」に基づき、環境庁がスパイクタイヤ使用規制の第1次指定地域を告示した。

1.22　**公害防止**（東京都）　水俣病問題専門委員会が、中央公害対策審議会環境保健部会に設置された。

1.23　**オゾン層保護**（日本）　オゾン層保護対策推進制度の拡充強化について、環境庁長官が中央公害対策審議会に諮問し、同日答申がなされた。

1.23　**地球温暖化**（アジア）　地球温暖化アジア太平洋地域セミナーが、名古屋市で1月26日まで開催された。

1.25　**原油流出**（アメリカ）　ホワイトハウスが、イラク軍によるペルシャ湾の原油流出を発表した。

2.9　**美浜原発で冷却水モレ事故**（福井県）　福井県の関西電力美浜原発2号機で、放射能汚染した1次冷却水が2次冷却水に漏水し、原子炉が自動停止する国際評価尺度「レベル2」の事故発生。加圧型原子炉の蒸気発生器の細管破裂が原因だった。

2.25　**スパイクタイヤ**（日本）　「スパイクタイヤ粉じんの発生の防止に関する法律」に基づき、環境庁が第2次指定地域を告示した。

2.27 瀬戸内海国立公園（瀬戸内海・徳島県）　瀬戸内海国立公園の徳島県地域に係る公園計画が変更された。

3.2 劇薬漏出（愛知県豊橋市）　午後9時半すぎ、豊橋市八町通の国道1号を走っていた大型トラックの荷台に積んでいたドラム缶から、劇物に指定されている農薬原料の薬ダイヤチノンが漏れ出しているのがわかった。茨城県から佐賀県に運ぶ途中で、少しずつ漏れていたらしい。

3.7 公害防止（日本）　第6次地域（八戸地域ほか7地域）の公害防止計画を、内閣総理大臣が承認した。

3.13 気候変動に関する政府間パネル（IPCC）（世界）　気候変動に関する政府間パネル（IPCC）の第5回全体会合が、ジュネーブで3月15日まで開催された。

3.18 地球温暖化ワークショップ（アジア）　アジア太平洋地域における地球温暖化問題に関する研究ワークショップが3月20日まで開催された。

3.20 自動車排ガス規制大幅強化（日本）　環境庁が自動車排出ガス規制の大幅強化を決めた。新規制では中小型車（総重量が2.5tまで）で窒素酸化物を現行より33～35%削減、大型車は2～17%削減とし、粒子状物質についても新排出基準を設定する。1993年秋から順次実施。また3月27日には、バスやトラックのディーゼル車種を中心に窒素酸化物などの排出規制を強化する「自動車排出ガス量の許容限度の改正」が告示された。

3.20 臭素液漏れ（大分市）　午前9時すぎ、大分市鶴崎の住友化学工業大分工場の農業化学品工場にある液体臭素貯蔵タンク（10m$^3$）の配管から約60ℓ余りが漏れて蒸発、付近で悪臭騒ぎとなった。

3.22 東大校舎アスベスト除去作業で拡散（東京都文京区）　文京区本郷の東京大学工学部8号館で、地下2階の実験室のアスベスト（石綿）除去作業中に配管スペースを覆っている壁の一部が崩れ、アスベストが建物の配管スペースを通じて逆流、建物全体に広がる事故があった。25日に7階実験室の室内が真っ白になっているのが見つかり事故が発覚、防じんマスクを配るなどの処置を取ったが、高濃度汚染とわかったため、29日から31日まで全館立ち入り禁止にして除去作業をやり直すことになった。

3.28 スパイクタイヤ（日本）　「スパイクタイヤ粉じんの発生の防止に関する法律施行規則」が公布され、翌3月29日には同法に基づき第3次指定地域が告示された。

3.29 健康被害救済（日本）　「公害健康被害の補償等に関する法律施行令」の一部改正公布。介護加算額・児童補償手当額・療養手当額・葬祭料の増額と1991年度の賦課料率が決定した。これを受けて環境庁が1991年度の障害補償・遺族補償標準給付基礎月額を告示。また公害健康被害補償予防協会の基金に対する拠出金の1991年度における単位排出量当たりの拠出金額を定める件を告示した。

3.29 西淀川公害訴訟（大阪府）　大阪西淀川公害訴訟で、大阪地裁が一審判決。原告76人について企業の排煙と健康被害の因果関係を認めるが、自動車排ガスによる二酸化炭素については因果関係を認める証明がない、として請求を却下した。

3.30 公害防止（日本）　「公害の防止に関する事業に係る国の財政上の特別措置に関する法律の一部を改正する法律」が公布され、法律の適用期限が10年間延長された。

3.30 オゾン層保護法（日本）　モントリオール議定書改定に対応し、オゾン層保護対策制度を拡充強化する「特定物質の規制等によるオゾン層の保護に関する法律の一部を改正する法律」（オゾン層保護法改正）が公布された（一部即日施行、その他1992年1月1日施行）。34種類のフロンを生産量届け出や排出抑制・使用合理化などの規制対象とする他、新規規制物質1,1,1-トリクロロエタン（メチルクロロホルム）を製造規制および排出規制・使用合理化努力義務の対象に追加した。規制物質の告示は翌年7月に行われ、本格施行は1992年8月10日からとなった。

4.1 環境にやさしい文化（日本）　環境と文化に関する懇談会が、「環境にやさしい文化の創造をめざして」と題する報告書を環境庁長官に提出した。

4.12 国立公園課を設置（日本）　自然保護局に国立公園課を設置（保護管理課は廃止）するとともに、同局企画調整課に自然ふれあい推進室が設置された。

4.23 経団連が地球環境憲章（日本）　企業活動に関する環境アセスメントの実施、24項目の行動指針などを内容とする「地球環境憲章」を、経団連が発表した。

4.26 リサイクル法（日本）　業種・製品ごとに再利用基準を示し、従わない場合には勧告や罰金を科するなど、主に事業者に対する規定を定める「再生資源の利用の促進に関する法律（リサイクル法）」が公布された。10月25日施行。

4.26 水俣病認定業務賠償訴訟は差戻し（熊本県）　最高裁が水俣病認定業務に関する熊本県知事の不作為違法に対する損害賠償請求訴訟の上告審判決を下し、破棄差戻となった。

4.29 大谷石採取場陥没（栃木県宇都宮市）　午後8時すぎ、宇都宮市大谷町の大谷石採取場跡地で、水田が東西約140m、南北約80mにわたり、かなりの深さで陥没したが、人家には被害はなかった。26日から地下の採取場跡地で大規模な落盤が続いており、付近約4万$m^2$が立ち入り制限区域に指定された。

5.1～ 衝撃波発生（岩手県宮古市）　1日から2日にかけ、岩手県宮古市の市街地で民家のガラスが割れるなどの100件を超える被害が続出した。米空軍三沢基地のF16ジェット戦闘機の衝撃波によるものとみられ、市街地上空では禁じられている音速を超えるスピードを出したため。

5.2 鳥獣保護法施行令改正・捕獲器規制（日本）　捕獲器（網・わな）の規制を強化する「鳥獣保護法施行令」一部改正が公布された。

5.2 沖縄海岸国定公園（沖縄県）　沖縄海岸国定公園の公園区域・公園計画が変更された。

5.9 日本版レッド・データブック（日本）　環境庁が『日本版レッド・データブック・脊椎動物編』を刊行した。

5.16 ガソリン塔炎噴出（岡山県倉敷市）　午前2時20分ごろ、岡山県倉敷市潮通、三菱化成水島工場エチレンプラント内にあるガソリン塔の高さ25m付近のマンホールから、2、3mの炎が噴き出し、消防車15台約150人が出動した。

5.18 「もんじゅ」完成（福井県敦賀市）　福井県敦賀市に高速増殖炉「もんじゅ」が完成し、試運転が開始された。

5.21 自然環境（日本）　「行政事務に関する国と地方の関係等の整理及び合理化に関する法律」が公布され、「温泉法」と「自然環境保全法」が一部改正された。

5.23 酸欠で魚浮く（愛知県名古屋市名東区）　午後5時40分ごろ、愛知県名古屋市名東区の香流川で、約500mにわたってコイやフナなど約100匹が浅瀬に浮いて死んでいるのが見つかった。日中の暑さで酸欠状態になったものとみている。

5.24 大気中ダイオキシン（東京都港区）　国立環境研究所が東京都港区の大気中から2,3,7,8-四塩化ダイオキシンなどのダイオキシン類を初めて検出した。

6.1 低公害車フェア（日本）　低公害車フェアが、代々木公園で6月2日まで開催された。

6.6 美浜原発の事故原因（福井県美浜町）　2月9日に発生した美浜原発冷却水漏洩事故の調査特別委員会報告で、振動から細管を守る金具の取り付け不良が原因と結論された。

6.8 オゾン層観測結果・札幌は史上最低（北海道札幌市）　環境庁が1990年の地球上空のオゾン層観測結果を発表した。札幌市の上空で観測史上最も低い平年比12.6％減の数値を記録した。

6.11 リサイクル推進将来目標（日本）　環境保全に関する循環型社会システム検討会が、第2報告書「リサイクル推進将来目標（試算）」を発表した。

6.14 地球環境保全に関する関係閣僚会議（日本）　地球環境保全に関する関係閣僚会議が「1991度地球環境保全調査研究等総合推進計画」を決定。また、1991度に予定されている「地球温暖化防止行動計画関係施策」を提示した。

6.17 ウィーン条約（世界）　オゾン層の保護のためのウィーン条約第2回締約国会議が、ナイロビで6月19日まで開催された。

6.19 モントリオール議定書締約国会議（世界）　オゾン層を破壊する物質に関するモントリオール議定書第3回締約国会議が、ナイロビで6月21日まで開催された。

7.2 富士箱根伊豆国立公園で車馬乗入れ規制（山梨県・静岡県）　富士箱根伊豆国立公園富士山地域における車馬乗入れ規制地域が指定された。

7.8 土壌汚染基準（日本）　土壌の汚染に係る環境基準の設定について、中央公害対策審議会が環境庁長官に答申した。

7.12 有毒ガス発生（静岡県富士市）　午前7時半ごろ、静岡県富士市久沢の丸井製紙工場内で、タンクローリー車から塩化アルミニウム2tを貯蔵タンクに注入する際、誤って次亜塩素酸ナトリウムのタンクに注入、塩化水素ガスが発生し、工場従業員や住民ら109人が呼吸困難やせき、のどの痛みなどで7人が入院した。

7.18 アメニティ（日本）　全国アメニティ推進協議会の総会が開催された。

7.24 自然公園大会（群馬県）　上信越高原国立公園草津地区で第33回自然公園大会が開催され、環境庁長官、常陸宮殿下御夫妻が出席した。

7.26 水質汚濁防止法施行令を一部改正（日本）　「水質汚濁防止法施行令」の一部改正、政令公布（10月1日施行）。発がん性物質・トリクロロエチレン、テトラクロロエチレンによる洗浄施設とこれら物質の蒸留施設が、特定施設として追加された。

7.26 瀬戸内海国立公園（瀬戸内海）　瀬戸内海国立公園の和歌山県、山口県・福岡県地域に係る公園区域・公園計画が変更された。

7月 化学物質（日本）　環境庁がダイオキシンの簡便測定法の研究を開始した。

8.12 地球サミット（世界）　地球サミット第3回準備会合が、ジュネーブで9月4日まで開催された。

8.23 土壌汚染に係る環境基準（日本）　環境庁が、土壌汚染対策のため農用地を含む全ての土壌に環境基準を設定する「土壌汚染に係る環境基準」を告示した。対象物質はカドミウム・ヒ素・銅・鉛・六価クロム・総水銀・アルキル水銀・シアン・有機リン・PCBの10種類。

8.26 丹沢の酸性霧でモミが枯死（神奈川県丹沢山地）　神奈川大学工学部助教授グループが神奈川県・丹沢山地に発生する霧の酸性度調査結果を発表、酸性度の強い霧がモミの枯死の主因と指摘した。

- 9.3 公害防止（日本） 1991年度策定地域（札幌地域ほか7地域）の公害防止計画策定を、内閣総理大臣が指示した。
- 9.11 水俣病訴訟（福岡県） 水俣病第三次訴訟第一陣控訴審の和解協議で、福岡高裁が「国も水俣病問題についての解決責任を果たすべく尽力する必要がある」との所見を示した。
- 9.18 環境基準（日本） 指定湖沼における窒素・燐の削減対策のあり方と、水質汚濁に係る環境基準監視のための測定方法に水質自動監視測定装置を加えることについて、環境庁長官が中央公害対策審議会に諮問した。
- 9.20 昭和基地でオゾンホール観測（南極） 昭和基地の第32次南極地域観測隊が、大規模なオゾンホールの発生を観測した。
- 9.23 生物多様性条約（世界） 第4回生物多様性条約交渉会議が、ナイロビで10月3日まで開催された。
- 9.27 可燃ガス流出（福岡県北九州市小倉北区） 午後8時ごろ、北九州市小倉北区末広、兼松油商小倉油槽所の貯蔵タンクで、高波で倒壊した防波壁がガスタンクの配管を破り、ブタンガス約34tが流失し、爆発の恐れがあるため付近の住民が避難した。
- 9.30 環境基準（日本） 指定湖沼における窒素・燐の削減対策のあり方と、水質汚濁に係る環境基準監視のための測定方法に水質自動監視測定装置を加えることについて、中央公害対策審議会が環境庁長官に答申した。
- 10.5 廃棄物処理法改正。（日本） 「廃棄物の処理及び清掃に関する法律及び廃棄物処理施設整備緊急措置法の一部を改正する法律」が公布された。
- 10.16 レッド・データブック（日本） 環境庁が「レッド・データブック—無脊椎動物編」を刊行した。
- 10.18 自動車排出ガス（日本） 環境庁が「第1次自動車排出ガス低減技術評価報告書」を発表した。
- 10.18 ごみリサイクル（日本） 「リサイクル法施行令」が公布された。一定規模以上の紙製造業・ガラス製造業・建設業を再生資源の利用を義務付ける「特定業種」に指定、再生規定を設けるものとして「第1

種指定製品」20種（自動車・エアコン・テレビ・冷蔵庫・洗濯機・パソコンなど）、「第2種指定製品」（アルミ缶・ポリエチレンテレフタレート容器・密閉型アルカリ電池など）を指定、製造段階で構造・材質などの工夫をすべき製品として自動車・エアコン・テレビ・冷蔵庫・洗濯機、分別回収のための表示をすべき製品として飲料缶などが指定された。10月25日施行。

10.21　**ダイオキシン**（日本）　環境庁が1990年度ダイオキシン類調査結果を発表した。

10.21　**全国25地域でダイオキシン調査**（日本）　環境庁が、全国主要11河川・11海域など25地域で泥・魚・貝などの生物を対象にダイオキシン類28種類を分析した「1990年生物モニタリングのダイオキシン汚染状況調査結果」を発表した。もっとも毒性の強い2,3,7,8-四塩化ダイオキシンが泥では21％、魚や貝では14％から検出され、1985年の調査開始以来最高の検出率を示した。また、主要21水域での有機スズ化合物の汚染状況調査では、製造工場周辺の5水域で排出源から20mの地点でトリブチルスズ（TBT）化合物の濃度が最高10.7ppb、1kmの地点で最高3.0ppb、造船所の廃砂などの廃棄物からは最高200ppbが検出された。

10.23　**アメニティ**（各地）　第2回アメニティあふれるまちづくり優良地方公共団体の表彰が行われ、岐阜県岐阜市、静岡県磐田市、滋賀県長浜市、島根県出雲市、宮崎県綾町が受賞した。

10.25　**ナショナル・トラスト**（日本）　第9回ナショナル・トラスト全国大会が、函館市で10月27日まで開催された。

10.28　**アメニティ**（日本・フランス）　「アメニティと都市エコロジー――理念と実践」をテーマに、第7回日仏アメニティ会議が越谷市で11月2日まで開催された。

10.30　**生物多様性シンポジウム**（世界）　国際シンポジウム「生物学的多様性とその保全」が、東京で開催された。

10月　**南極条約協議国会議**（南極）　南極条約協議国特別会議がマドリードで開催され、観光化によるごみ汚染の防止や希少種動植物保護などを目的とする「南極条約環境保護議定書（マドリード議定書）」が採択された。1998年発効。

— 327 —

11.15 ばい煙処理装置の実態（日本）　環境庁が、1989年度のばい煙処理装置の設備実態と大気汚染防止法施行状況を公表した。

11.18 公害防止（日本）　環境庁創立・全国公害研協議会結成20周年を記念して、東京で地方公害試験研究功労者の表彰式が行われた。

11.19 スパイクタイヤ（日本）　「スパイクタイヤ粉じんの発生の防止に関する法律」に基づき、環境庁がスパイクタイヤ使用規制の第5次指定地域を告示した。

11.25 生物多様性条約（世界）　第5回生物多様性条約交渉会議が、ジュネーブで12月4日まで開催された。

11.25 ダイオキシン（世界）　1990年度未規制大気汚染物質モニタリング調査と、紙パルプ製造工場に係るダイオキシン緊急調査の結果を環境庁が発表した。

11.26 日中渡り鳥保護協定（日本・中国）　第5回日中渡り鳥保護協定会議が、東京で11月27日まで開催された。

11.26 今後の水俣病対策（日本）　今後の水俣病対策のあり方について、中央公害対策審議会が環境庁長官に答申した。

11.26 水俣病に関する総合的手法（日本）　「水俣病に関する総合的手法の開発に関する平成3年度報告書（I）」を、環境庁が発表した。

11.27 河川魚類現地調査（日本）　建設省が国の直轄河川109水系で実施した1990～91年度「魚類現地調査」のうち、調査済み63水系の結果を公表した。日本に生息するといわれる淡水魚の約60％134種類が確認された他、魚類が一番多い水系は長良川を含む木曽川水系の96種、次いで斐伊川70種だった。

11.28 重油流出（愛知県弥富町）　午後3時5分ごろ、愛知県海部郡弥富町の名古屋港の南約2km、外港第2航路出入り口付近でタンカー第8天山丸（995t）と貨物船名友丸（4737t）が衝突、第8天山丸の燃料タンクに穴が開き、重油約4kℓが流出した。

11.29 地盤沈下（関東地方）　「関東平野北部地盤沈下防止等対策要綱」が、地盤沈下防止等対策関係閣僚会議で決定した。

12.2 土呂久鉱害（宮崎県）　土呂久鉱害で、住友金属鉱山と訴訟外交渉を続けていた一部患者が和解した。

12.5 公害防止（日本）　地球化時代の環境政策のあり方について、環境庁長官が中央公害対策審議会と自然環境保全審議会に諮問を行い、「国際環境協力」関連事項については、各々の企画部会と自然環境部会に付議された。

12.9 低公害車（東京都・大阪市・京都市・神戸市・奈良市・川崎市）　運輸省が低公害バスを全国で初めて導入した。20日から東京都・大阪市・京都市・神戸市・奈良市・川崎市で路線バスとして運行を開始し、既存のバスより窒素酸化物の排出量を20％削減する。

12.10 アルミ溶液噴出（愛知県新城市）　午前9時50分ごろ、新城市富岡、大紀アルミニウム工業所新城工場の溶解炉で、アルミニウムのくずの溶液が2回噴出し、作業員3人がやけどをし、炉の上の屋根に数十個の穴があいた。

12.12 公害防止（日本）　第18回環境保全・公害防止研究発表会が12月13日まで行われた。

12.12 ラムサール条約（北海道苫小牧市）　国内4番目のラムサール条約登録湿地として、ウトナイ湖が登録された。

12.16 公害防止（日本）　中央公害対策審議会企画部会バイオテクノロジー専門委員会がとりまとめた報告書「遺伝子操作生物の開放系利用に係る環境保全の基本的考え方について」が発表された。

12.16 水質汚染（日本）　環境庁が、1990年度の地下水質測定結果、水質汚濁防止法等の施行状況、公共用水域水質測定結果について公表した。

12.16 遺伝子組み換えと環境アセスメント（日本）　中央公害対策審議会企画部会バイオテクノロジー専門委員会が、遺伝子組み換え生物を野外で利用する場合、人の健康や生態系（既存の生物を駆逐したり、新しい遺伝子を伝達したりするかどうかなど）への影響を事前に審査する環境アセスメントが必要であると指摘する報告書「遺伝子操作生物の開放系利用に係る環境保全の基本的考え方について」を公表した。

12.19 悪臭・騒音・振動の状況（日本）　環境庁が、1990年度の悪臭公害状況調査、騒音規制法施行状況調査、振動規制法施行状況調査を公表した。

12.19 大気調査（日本）　環境庁が大気汚染健康影響調査結果を発表した。3地域の8小学校の児童約5000人を1985～90年の5年間追跡調査したもので、二酸化窒素（$NO_2$）の環境基準を超える地域と低い地域とでは健康被害発症率で最高6倍の差があり、二酸化窒素とぜんそくの関連性を示す結果となった。

12.25 暑寒別天売焼尻国定公園ほかで車馬乗入れ規制（北海道）　暑寒別天売焼尻国定公園ほか、3国定公園3地域における車馬乗入れ規制地域が指定された。

12.25 環境基本条例（神奈川県川崎市）　川崎市で「環境基本条例」が制定された。1992年7月1日施行。

12.27 オゾン層保護（日本）　「公害防止事業団法施行令」の一部改正、政令公布。オゾン層保護法の改正強化に伴い融資対象施設が追加された。

この年 日本化薬工場跡地高濃度汚染（広島県福山市）　広島県福山市入船町にある日本化薬の福山工場跡地の土壌からPCBや環境基準の28倍もの水銀や鉛、ヒ素など有害物質が検出、10万$m^3$を超える土壌が汚染されていることが9月3日の報告で明らかになった。

この年 地下水質保全条例（熊本県）　熊本県で、地下水質保全目的では全国初の条例となる「地下水質保全条例」が制定された。カドミウムやトリクロロエチレンなどを対象に、排出基準や地下浸透基準を設定する。

この年 アスベスト（石綿）使用制限（世界）　欧州共同体（EC）が白石綿（クリソタイル）以外のアスベスト（青石綿（クロシドライト）・黄石綿（アモサイト））の使用を禁止した。


# 1992年
（平成4年）

1.9 動燃東海事務所で被曝事故（茨城県）　茨城県の動力炉・核燃料開発事業団（動燃）東海事務所で、作業員2人が被曝する事故が発生した。

1.20　廃材パチンコ台炎上（愛知県春日井市）　午後3時半ごろ、春日井市東山町平橋の廃材置き場から出火、約1600m$^2$の空き地に野積みしてあった中古のパチンコ台2、3万が焼けた。

1.20　山陰海岸国立公園で車馬の乗入れ規制（山陰地方）　山陰海岸国立公園丹後砂丘地域において、車馬の乗入れ規制区域が指定された。

1.21　水俣病関係閣僚会議（日本）　第14回水俣病に関する関係閣僚会議が開催され、「水俣病総合対策の実施について」報告をまとめた。

1.24　スパイクタイヤ使用規制（日本）　環境庁は「スパイクタイヤ粉じんの発生の防止に関する法律」に基づき、スパイクタイヤの使用を規制する指定地域を告示した（第6次指定）。

1.31　日光国立公園の車馬乗入れ規制（栃木県）　日光国立公園奥日光地域における車馬の使用等を規制する乗入れ規制地域の指定を含め、日光国立公園（奥日光地域）の公園計画が変更された。

1.31　野生動植物の譲渡規制法改正（世界）　絶滅のおそれのある野生動植物の譲渡の規制等に関する法律施行令を一部改正。ワシントン条約上の留保撤回に伴い、希少野生動植物にインドオオトカゲとアカオオトカゲを追加した。

2.3　土呂久鉱害（宮崎県）　土呂久鉱害問題で、住友金属鉱山と訴訟外で交渉を続けていた残りの患者のうち、2名を除いた患者との間に和解が成立した。

2.6　地球の陸地の25％が砂漠化（世界）　国連環境計画は、「地球の陸地全体の25％が砂漠化またはそれに近い状態にある」と発表した。

2.6　生物多様性条約（世界）　ナイロビで第6回生物多様性条約交渉会議が開催された（〜15日）。

2.7　水俣病東京訴訟で地裁判決（東京都）　東京地裁において、水俣病東京訴訟判決。国・県の責任を否定した。

2.7　水俣病訴訟（東京都）　水俣病東京訴訟で、東京地裁がチッソに対し原告42人に一律400万円を支払うよう命じる判決を言い渡した。国や県の責任は認められなかった。

2.10　国立公園・保護地域会議（世界）　カラカスで、第4回世界国立公園・保護地域会議が開催された（〜21日）。

2.11 フロンガス製造中止を前倒し（アメリカ）　ブッシュ大統領は、オゾン層を破壊するフロンガスなどの製造中止措置を、予定より5年早めた95年末にすると発表した。

2.12 公害防止（日本）　公害防止事業団法の一部を改正する法律案が国会に提出された。

2.13 気候変動に関する政府間パネル（IPCC）（世界）　ジュネーブでIPCC（気候変動に関する政府間パネル）第7回全体会合が開かれ（〜15日）、補足報告書を了承した。

2.14 原子力船「むつ」実験終了（日本）　日本原子力研究所は、原子力船「むつ」での実験終了を宣言した。

2.16 窒素酸化物（日本）　中央公害対策審議会に対する「自動車から排出される窒素酸化物の排出総量の抑制のための制度の基本的なあり方について」諮問及び答申。

3.1 鳥獣保護区（北海道・沖縄県）　環境庁が「国設大雪山鳥獣保護区」、「国設サロベツ鳥獣保護区及び同特別保護地区」、「国設西表鳥獣保護区及び同特別保護地区」を設定した。

3.2 ワシントン条約（世界）　京都で第8回ワシントン条約締約国会合が開催され（〜13日）環境庁長官が出席。

3.2 地球サミット（世界）　ニューヨークで地球サミット第4回準備会合が開催された（〜4月3日）。

3.6 網走国定公園（北海道）　網走国定公園の公園区域及び公園計画が変更され、乗入れ規制地域が指定された。

3.10 悪臭物質の指定・規制（日本）　環境庁長官は、中央公害対策審議会に対し「悪臭物質の指定及び規制基準の範囲の設定について」諮問した。

3.12 公害防止（日本）　内閣総理大臣が「平成3年度策定地域（札幌地域等7地域）公害防止計画」を承認した。

3.12 第2期「湖沼水質保全計画」（各地）　内閣総理大臣が、「湖沼水質保全特別措置法」に基づき、5湖沼（霞ヶ浦、印旛沼、手賀沼、琵琶湖、児島湖）の第2期「湖沼水質保全計画」に同意した。

3.13 紙パルプ工場のダイオキシン対策を要請（日本）　紙パルプ製造工場から排出されるダイオキシン類について、環境庁が関係業界や各都道府県などに防止対策を要請した。

3.16 蔵王国定公園（宮城県・山形県）　蔵王国定公園の公園区域及び公園計画が変更された。

3.16 水環境保全条例で開発規制（長野県）　長野県議会で、指定地区内でのゴルフ場の建設や廃棄物の最終処理場の設置などを規制する「水環境保全条例」が可決された。飲料水の水源を汚染から守るために水源地域の開発行為を規制した条例の制定は全国で初めて。4月1日施行。

3.26 種の保存法（日本）　環境庁が、「絶滅のおそれのある野生動植物の保存法案」をまとめた。

3.26 栗駒国定公園（東北地方）　栗駒国定公園の公園計画が変更された。

3.26 最大級のオゾンホール（南極）　気象庁が、南極上空で最大級のオゾンホールが発生していたと発表。国内からの観測で判明したもので、日本上空のオゾン量についても過去10年間の減少傾向が確認された。

3.27 健康被害救済（日本）　「公害健康被害の補償等に関する法律施行令」の一部改正公布。介護加算額・児童補償手当額・療養手当額・葬祭料の増額と1992年度の賦課料率が決定した。これを受けて環境庁が1992年度の障害補償・遺族補償標準給付基礎月額を告示。また公害健康被害補償予防協会の基金に対する拠出金の1992年度における単位排出量当たりの拠出金額を定める件を告示した。

3.27 水質汚濁（日本）　「水質汚濁防止法施行令の一部を改正する政令」が公布された。知事の権限に属する事務の一部を委任する市の長として3市の長を追加している。1992年4月1日施行。

3.27 六ヶ所村（青森県六ヶ所村）　青森県六ヶ所村で、国内初の民間ウラン濃縮工場が本格的に操業を開始した。

3.30 酸性雨対策調査で（日本）　環境庁が1988～91年度の酸性雨対策調査に基づき「第2次酸性雨対策調査の中間取りまとめについて」を公表した。1988年度に欧米なみの酸性度を記録した地域が出現。悪化傾向が顕著になった。

3.31　一般廃棄物（日本）　環境庁長官が、中央公害対策審議会に対して「特別管理一般廃棄物等の最終処分に関する基準の設定等について」を諮問。

3.31　新潟水俣病（新潟県）　新潟地裁で新潟水俣病第二次訴訟（第1陣）。一審判決は国の責任を認めなかった。

4.1　長良川河口堰（岐阜県）　建設省が「長良川河口堰に関する追加調査報告書」公表し、「水質、動機物の生態は堰設定後も大きな影響はなし」とした。

4.30　水俣病総合対策実施要領（日本）　環境庁は、関係県に「水俣病総合対策実施要領」を通知した。

4月　国連環境計画（世界）　モントリオール議定書締約国会議第6回作業部会がジュネーブで開催され、国連環境計画（UNEP）事務局が各種フロンとハロン、四塩化炭素、メチルクロロホルムの生産・消費を1996年初めまでに全廃する新提案を行った（従来よりフロンで4年、メチルクロロホルムで9年の全廃前倒し）。また、CFC（クロロフルオロカーボン）の回収・再利用・破壊等の推進が決定された。

4月　持続可能な開発（世界）　地球環境賢人会議が「持続可能な開発の資金面に関する会議」を東京で開催した。

5.1　地球環境（アジア）　横浜で、世界各地の非政府組織（NGO）代表を集めた「地球環境アジアNGOフォーラム」が開催された。

5.6　環境事業団（日本）　「公害防止事業団法の一部を改正する法律」が公布され、公害防止事業団を環境事業団に改組した。（1992年10月1日施行）。

5.9　気候変動枠組条約（世界）　「気候変動枠組条約（気候変動に関する国際連合枠組条約）」の交渉会議がニューヨークで開催され、同条約が採択された。

5.11　生物多様性条約（世界）　ナイロビで第7回生物多様性条約交渉会議が開催され（外交交渉会議含む）、最終日にあたる22日に条約テキストを採択した。

5.11　オゾン層破壊防止へ脱フロン化支援（世界）　通産省が、企業のフロン代替技術導入に対する低利の融資枠拡大など、脱フロン化へ向

けた支援強化を表明。モントリオール議定書改定など、オゾン層破壊物質の生産・消費の全廃が前倒し（1995年末）されたことに伴う処置。

5.15 **国際環境協力**（日本）　中央公害対策審議会・自然環境保全審議会が環境庁長官に「国際環境協力のあり方について」を答申した。

5.15 **自然環境**（青森県・秋田県）　自然環境保全審議会答申「白神山地自然環境保全地域（仮称）の指定について」発表。

5.16 **「有機」の定義**（日本）　農林水産省は「有機」を「無農薬で化学肥料をつかわない」と定義した。

5.21 **琵琶湖国定公園**（滋賀県琵琶湖）　琵琶湖国定公園の公園区域及び公園計画が変更された。

5.22 **地球環境保全に関する関係閣僚会議**（日本）　地球環境保全に関する第6回関係閣僚会議が開催された。「地球サミットを控えた我が国の取組について」を了承するとともに、「平成4年度地球環境保全調査研究等総合推進計画」を策定、「平成3年度地球温暖化防止行動計画関係施策の実施状況」等について報告された。

5.23 **低公害車フェア**（日本）　「第7回低公害車フェア」開催、電気自動車等58台が展示された。

5.25 **空き缶問題連絡協議会**（日本）　空き缶問題連絡協議会（関係11省庁連絡会議）が開催された。

5.25 **地球環境**（世界）　ブラジルで、権利の回復や地球環境の保護をテーマとする先住民族世界会議が開幕された。

5.26 **環境問題**（日本）　中央公害対策審議会が意見具申「社会経済条件及び環境問題の態様の変化に対応した公害防止計画のあり方について」をまとめた。

5.27 **ごみ処理**（日本）　「産業廃棄物の処理に係る特定施設の整備の促進に関する法律（産廃処理施設整備法）」が公布された。産廃物処分場の整備・周辺保全を目的に、「産廃物処理事業振興財団」を通して処理施設を整備する第三セクターや処理業者に対して低利融資支援を行うことなどが定められた。9月25日施行。

5.29　公害健康被害補償（日本）　環境庁が「公害健康被害の補償等に関する法律の規定による診療報酬の額の算定方法」を告示した。

5月　気候変動枠組条約（世界）　気候変動枠組条約についての第5回交渉（2月・4月）を受けて、リオデジャネイロで開催された国連環境開発会議（UNCED）で「気候変動枠組条約」が採択された。日本を含む155ヵ国が署名し、1994年に発効。

5月　生物多様性条約（世界）　国連環境計画（UNEP）がナイロビで開催した合意テキスト採択会議で「生物多様性条約」が採択された。地球上の生物多様性を生態系・生物種・遺伝子の3つのレベルで保全し、生物資源の持続可能な利用、遺伝資源の公平な配分を図るもの。

6.1　悪臭防止法施行20周年（日本）　環境庁悪臭防止法施行20周年記念事業として、大気保全功労者表彰、記念講演等が行われた。

6.3　地球サミット（世界）　リオデジャネイロで、環境と開発に関する国際会議「地球サミット」が開幕（～14日）。参加183ヵ国、日本からは環境庁長官が出席して、5日に政府代表演説を行った。13日には日本が「気候変動枠組条約」（気候変動に関する国際連合枠組条約）「生物多様性条約」（生物の多様性に関する条約）に署名。最終日の全体会合は「環境と開発に関するリオ宣言（リオ宣言）」「アジェンダ21（行動計画）」「森林に関する原則声明」を採択して閉幕した。

6.5　種の保存法公布（日本）　ワシントン条約の国内対応措置、繁殖地保護などの保全対策を定める「絶滅のおそれのある野生動植物の種の保存に関する法律（種の保存法）」が公布された。一部即日施行、1993年4月1日本格施行。これに伴い「絶滅のおそれのある野生動植物の譲渡の規制等に関する法律」が廃止された。

6.12　一般廃棄物（日本）　中央公害対策審議会は、環境庁長官に対し「特別管理一般廃棄物等の最終処分に関する基準の設定等について」答申した。

6.19　低公害車（日本）　環境庁がメタノール車の窒素酸化物の排出量に関する技術指針を提示した。現行のディーゼル車に比べ窒素酸化物の排出量を4割～7割削減し、メタノール車排ガス特有のホルムアルデヒドも新たな規制物質に盛り込むなどの内容。

6.29 国際捕鯨委員会（アイスランド・ノルウェー）　アイスランドが国際捕鯨委員会を脱退、ノルウェーが1993年からの商業捕鯨再開を宣言した。

6.30 持続可能な開発（日本）　政府が「環境保全の達成を目指しつつ、地球規模での持続可能な開発が進められるよう努める」ことを謳った「政府開発援助大綱」を閣議決定した。

7.3 環境政策（日本）　中央公害対策審議会は企画部会に「地球化時代の環境政策のあり方（環境保全の基本的法制）について」付議。

7.3 ごみ処理（日本）　環境庁が「特別管理一般廃棄物または特別管理産業廃棄物を処分または再生したことにより生じた廃棄物の埋立処分に関する基準」を告示した。廃棄物処理法施行令の規定に基づくもので、7月4日から適用。

7.10 自然環境（青森県・秋田県）　環境庁は、白神山地を自然環境保全地域に指定した。

7.14 日光国立公園（栃木県）　日光国立公園、那須甲子・塩原地域の公園計画が変更された。

7.14 中部山岳国立公園（中部地方）　中部山岳国立公園の公園計画が、栂池地域における車馬の使用等を規制する区域（乗入れ規制）の指定を含めて変更された。

7.16 アメニティ（日本）　「全国アメニティ推進協議会」の総会が開催された。

7.21 自然に親しむ運動（日本）　「自然に親しむ運動」（〜8月20日）。自然に親しむことを通じ、自然に対する関心と理解を養うことを目的とする。

7.22 地球サミットセミナー（世界）　東京で地球サミットセミナーが開催され、環境庁長官が出席した。

7.28 近隣騒音（日本）　環境庁1991年度環境モニターアンケート「近隣騒音について」の調査結果が公表された。

8.3 沖縄戦跡国定公園（沖縄県）　沖縄戦跡国定公園の公園計画が変更された。

8.5 自然公園大会（北海道）　北海道支笏洞爺国立公園支笏湖畔地区で第34回自然公園大会が開催された。

8.5 川崎製鉄公害訴訟（千葉県）　川崎製鉄千葉製鉄所の公害訴訟で、原告の周辺住民との間に2億6500万円で和解が成立した。

8.5 千葉川鉄公害訴訟（千葉県）　川鉄公害訴訟で川鉄側が大幅に譲歩、原告側も歩み寄り、提訴から17年を経て和解に合意した。8月10日、東京高裁裁判長が改めて和解勧告し、解決金2億6000万円の支払いと公害防止努力の約束を内容とする和解が成立した。

8.12 公害防止（日本）　「公害防止事業団法施行令の一部を改正する政令」が公布された。施行は10月1日。

8.13 国際保護鳥（日本・中国）　日本のオスのトキ「ミドリ」と中国産トキとのペアリングの試みが失敗に終わり、日本の国際保護鳥トキの絶滅が確実になった。

8.26 富士箱根伊豆国立公園などで計画変更（関東地方・中部地方・瀬戸内海・九州地方）　長距離自然歩道の路線見直しに伴い、以下の6つの国立公園で公園計画が変更された。富士箱根伊豆国立公園、瀬戸内海国立公園、西海国立公園、雲仙天草国立公園、阿蘇くじゅう国立公園及び霧島屋久国立公園。

8.31 公害防止（日本）　内閣総理大臣は、「平成4年度策定地域公害防止計画」の策定を指示した。東京地域等12地域。

9.2 地球サミット（世界）　ソウルで「地球サミットと21世紀世界環境秩序の眺望」のためのシンポジウムが開催された（〜5日）。

9.4 環境勘定（日本）　経済企画庁が「環境勘定（グリーンGNP）」を作成し、1996年度を目処に国民所得統計の付属勘定として公表すると発表した。環境勘定とは環境破壊や自然の喪失などを計算して国民総生産を差し引く新しい経済指標のこと。

9.9 二酸化炭素排出量抑制は環境税で（日本）　環境庁・地球温暖化経済システム検討会が、二酸化炭素排出量の抑制は環境税を中心とする経済的手段と組み合わせて導入するのが良策とする中間報告を発表した。

9.14　地球サミット（世界）　ニューヨークで第47回国連総会が開催された（〜12月23日）。環境関連は、11月2日から行われ、環境庁長官が一般討議に出席した。

9.18　地球サミットセミナー（世界）　群馬で地球サミットセミナーが開催された。

9.21　酸性雨モニタリングネットワーク（アジア）　環境庁が東アジア地域での「酸性雨モニタリングネットワーク」設置を計画した。1993年秋には南アジアを含む8ヵ国を集めて検討が行われた。

9.24　自然保護（日本）　環境庁がナショナル・トラスト協会を財団法人から社団法人へ格上げし、社団法人日本ナショナル・トラスト協会の設立が認可された。

9.24　エネルギー水資源法案可決（アメリカ）　アメリカ上下院が核実験禁止を盛り込むエネルギー水資源法案を可決した。

9.25　環境基準（日本）　「水質汚濁に係る人の健康の保護に関する環境基準の項目追加等について」及び「海域の窒素及び燐に係る環境基準等の設定について」、環境庁長官が、中央公害対策審議会に諮問。

9.26　ゴルフ場用の環境アセスメント（日本）　事業者が環境に配慮すべき事項を定めたゴルフ場用の環境アセスメント手引書が、環境庁・環境影響評価技術検討会により策定された。

9.30　世界遺産条約発効（日本）　「世界の文化遺産及び自然遺産の保護に関する条約（世界遺産条約、1972年採択・1975年発効）」が日本で発効した。

10.1　公害防止事業団法（日本）　「公害防止事業団法施行令の一部を改正する総理府令」「公害防止事業団の業務方法書に関する命令の一部を改正する命令」が施行された。

10.1　白神山地と屋久島を世界遺産へ推薦（青森県・秋田県・鹿児島県）　白神山地及び屋久島を、「世界の文化遺産及び自然遺産の保護に関する条約」に基づく自然遺産の登録候補地として世界遺産委員会事務局へ推薦。

10.2 メチル水銀による環境汚染と健康影響（日本） 国立水俣病研究センターで国際シンポジウム「メチル水銀による環境汚染と健康影響に関する疫学的研究」が開催された。

10.7 地球温暖化防止行動計画（日本） 産業・民生・運輸の分野別省エネルギー対策を定め、家電・OAなど9品目に対しては最大20％の節電義務を盛り込んだ「地球温暖化防止行動計画」が通産省により策定された。

10.8 都議会で騒音防止条例可決（東京都） 東京都議会で騒音防止条例が可決された。

10.9 地球サミットセミナー（世界） 石川で地球サミットセミナーが開催された。

10.14 ナショナル・トラスト全国大会（世界） 第10回ナショナル・トラスト全国大会が開催された（～15日）。

10.16 地球サミットセミナー（世界） 北九州市で地球サミットセミナーが開催された。

10.17 地球サミットセミナー（世界） 神戸市で地球サミットセミナーが開催された。

10.20 環境基本法制のあり方（日本） 中央公害対策審議会及び自然環境保全審議会が環境庁長官に「環境基本法制のあり方について」答申がなされた。

10.21 ニホンカワウソ保護（日本） 環境庁は「ニホンカワウソ緊急保護対策調査実施結果」を公表した。

10.21 地球サミットセミナー（世界） 宮城で地球サミットセミナーが開催された。

10.23 環境基本法（日本） 「環境基本法案（仮称）の策定について」閣議は口頭で了解。

10.26 収集ごみ爆発（神奈川県川崎市川崎区） 午前11時半ごろ、川崎市川崎区堤根の川崎市堤根清掃場構内で、回収したごみから白煙が上がっていたため、職員が水をかけたところ、爆発が起き、職員3人がやけどをした。ごみの中にナトリウムのビンの破片があったことか

ら、ナトリウムと水の化学反応で水素が発生し、反応時に生じた熱が爆発を誘引したとみられる。

10.28 アメニティ・シンポジウム（日本）　広島で「次世代へ遺す快適な環境―地球化時代のアメニティを探る」をテーマにした第13回快適環境シンポジウムが開催された（〜29日）。

10.28 アメニティ（各地）　第3回アメニティあふれるまちづくり優良地方公共団体表彰。網走市、仙台市、大津市、神戸市、福岡市が受賞。

10月 イタイイタイ病・行政不服審査請求（富山県）　富山県イタイイタイ病認定審査委員会の行政の後退（1979、83年の認定規定改定）を危惧して、1988年に被害住民らが環境庁公害健康被害補償不服審査会に対し不服審査請求の手続をとった件（1988年）で、請求者側の主張がほぼ認められる結果が出た。

11.2 釧路湿原で野火（北海道釧路市）　午前11時20分ごろ、北海道釧路市北斗の北斗園南側の、国立公園釧路湿原から野火が発生、ヨシなどの草地1030haを焼き、3日午前10時ごろ鎮火した。

11.7 プルトニウム（日本）　フランスから日本へプルトニウムを持ち帰る輸送船「あかつき丸」がシェルブール港からプルトニウムを積み込んで出港した。8日にはブルターニュ半島北方の公海上で、「あかつき丸」の護衛にあたっていた巡視船「しきしま」と環境保護団体グリーンピースの船「ソロ」が接触し、国際問題に発展した。

11.9 水俣湾の魚の水銀汚染（熊本県）　熊本県水俣湾魚介類対策委員会が1992年度上期の水銀汚染度追跡調査に基づき、水俣湾の魚12種を「基準値を超える魚」に指定した。

11.12 スパイクタイヤ使用規制（日本）　環境庁は「スパイクタイヤ粉じんの発生の防止に関する法律」に基づき、第7次となるスパイクタイヤの使用を規制した指定地域を告示した。

11.12 悪臭・騒音・振動の状況（日本）　環境庁は、「平成3年度悪臭公害状況調査」、「平成3年度騒音規制法施行状況調査」、「平成3年度振動規制法施行状況調査」を公表した。

11.20 水質汚濁防止（日本）　環境庁は「平成3年度公共用水域水質測定結果について」、「平成3年度地下水質測定結果」及び「平成3年度水質汚濁防止法等の施行状況について」を公表した。

11.20 トリクロロエタン（日本）　環境庁は「1,1,1-トリクロロエタン等の排出状況調査及び公共用水域水質調査結果について」を公表した。

11.20 新石垣空港の建設地問題と海洋環境（沖縄県）　新石垣空港の建設地問題で、「新石垣空港建設対策協議会」が4候補地の中から宮良地区を選定、大田昌秀・沖縄県知事へ報告した。これを受け、11月21日に環境庁が世界的に貴重なアオサンゴの群集がある白保海域を西表国立公園の中に含めて海中公園に指定することを決定した。

11.23 モントリオール議定書（世界）　コペンハーゲンで、モントリオール議定書第4回締約国会合が開催され、環境政務次官が出席した。（〜25日）。

11.25 地球サミットセミナー（世界）　香川で地球サミットセミナーが開催された。

11.26 公害防止（日本）　第19回環境保全・公害防止研究発表会が〜27日まで開催された。

11.26 NO$_X$（日本）　「自動車から排出される窒素酸化物の特定地域における総量の削減等に関する特別措置法の施行期日を定める政令」が公布された。車種規制の部分は翌1993年12月1日に施行され、その他は1992年12月1日に施行された。

11.30 自動車排出ガス（日本）　中央公害対策審議会が、環境庁長官に対し「今後の自動車低減対策のあり方について」中間答申。

11.30 バーゼル条約（世界）　モンテビデオ郊外、ピリアポリスでバーゼル条約第1回締約国会合が開催された（〜12月4日）。

12.7 水俣病関西訴訟で和解勧告（大阪府）　水俣病関西訴訟について大阪地裁より和解勧告が出された。

12.14 大気汚染防止法（日本）　環境庁が「平成2年度大気汚染防止法施行状況」調査結果を公表した。

12.16 生活環境（日本）　バーゼル条約の実施のための国内法、「特定有害廃棄物等の輸出入等の規制に関する法律」が公布された。「廃棄物処理法」も一部改正された。1993年10.7施行。

12.21 スパイクタイヤ（日本） 環境庁は「スパイクタイヤ粉じんの発生の防止に関する法律」に基づき、第8次指定となるスパイクタイヤの使用規制指定地域を告示。22日には第9次指定を告示。

12.21 水道水等の水質基準（日本） 水質基準を大幅に改める「水質基準に関する省令」が厚生省により発布された。健康影響に関する物質にハイテク汚染物質といわれる有機化合物、トリハロメタンなどの消毒副生成物、ゴルフ場使用農薬などが追加され、計46項目に。また、水道水は含有物質だけでなくpH・色・臭い・濁度も含む46項目の検査について基準値以下を保つことが求められる。

12.30 放射性廃棄物海洋投棄（ロシア） ロシア政府調査委員会は、旧ソ連時代にソ連が液体放射性廃棄物を、日本海・太平洋を含む極東海域に流していたことを明らかにした。

この年 西表島北西部で地盤沈下（沖縄県西表島） 群発地震が続く沖縄県西表島の北西部で、昨春から今秋までに4cm近い地盤沈下が起きていることが、地震予知連絡会に報告された。国土地理院によると、地盤沈下が観測されたのは干立地区周辺。9月17日からの群発地震の震源域に当たる地区付近だけが下がっていた。

この年 ワシントン条約（世界・京都市） ワシントン条約締約国会議が京都で開催された。

この年 モントリオール議定書（世界） 第4回モントリオール議定書締約国会議がコペンハーゲンで開催され、新規規制物質の追加、先進国のフロン全廃を1996年まで前倒しすることなどが定められた。

# 1993年
(平成5年)

1.5 プルトニウム荷揚げ（茨城県東海村） プルトニウム輸送船「あかつき丸」が、茨城県東海村の東海港に入港し、プルトニウムを荷揚げした。

1.5 海洋汚染(流出)(イギリス)　イギリス北部のシェトランド諸島で、リベリア船籍のタンカー「ブレア」が座礁、積荷の原油が流出する事故が発生した。

1.12 全国星空継続観察(日本)　環境庁は24日までの12日間、「全国星空継続観察(スターウォッチング・ネットワーク)」を実施した。

1.13 水俣病資料館が開館(熊本県水俣市)　水俣市で水俣病資料館が開館した。

1.18 水質の環境基準(日本)　中央公害対策審議会が、環境庁長官に対し「水質汚濁に係る人の健康の保護に関する環境基準の項目追加等について」答申。

1.21 フロンガス密輸(日本)　フロンガスを大量密輸し自動車修理会社に売っていた貿易商が逮捕された。

1.22 自動車排出ガス総量削減方針(日本)　環境庁が「自動車$NO_X$法」指定地域6都府県での窒素酸化物排出量の削減目標と対策についての「総量削減基本方針」を策定した。鉄道・海運輸送など物流システムの改善、環状道路やバイパスなどの整備、自動車排出ガス規制や車種規制、低公害車の普及促進など8項目からなり、2000年度までの環境基準達成を目指す。1月26日、政府が「自動車$NO_X$法」に基づき「自動車排出窒素酸化物の総量の削減に関する基本方針」を閣議決定した。

1.26 アメニティ(日本・フランス)　フランスで日仏アメニティ会議準備会合(日仏都市アメニティ協力方針委員会第2次会議)が開催された(〜29日)。

1.27 佐渡弥彦米山国定公園(新潟県)　佐渡弥彦米山国定公園の公園計画が変更された。

1.27 日豊海岸国定公園(宮崎県)　日豊海岸国定公園(宮崎県地域)の公園区域及び公園計画が変更された。

1.28 阿寒国立公園(北海道)　阿寒国立公園の公園計画が変更された。

2.2 生物多様性条約(アジア)　バンコクで、第2回アジア・太平洋地域生物多様性保全協議会合が開かれた(〜6日)。

2.8　ラムサール条約締約国会議（世界）　ラムサール条約締約国会議準備室設置。

2.9　新潟水俣病（新潟県）　戦前に商工省（現・通産省）の東京工業試験所がアセトアルデヒドの製造実験を行った際、製造過程での有機水銀の発生を確認する詳細なレポートを作成していたことが、新潟地裁で原告弁護団の提出した「新証拠」によって明らかにされた。

2.10　種の保存法施行令公布（日本）　「絶滅のおそれのある野生動植物の種の保存に関する法律施行令」が公布された。施行は1993年4月1日。

2.10　スパイクタイヤ（日本）　環境庁は「スパイクタイヤ粉じんの発生の防止に関する法律」に基づき、第10次指定となるスパイクタイヤの使用規制指定地域を告示。

2.12　異臭騒ぎ（大阪市）　午後9時すぎ、大阪市此花区や港区を中心とする市北西部一帯に異臭が漂い、大阪市消防局や大阪ガスに通報が住民から相次いだ。市内には西北西の風が吹いており、異臭は生野区など市南東部に拡散し、尼崎市や八尾市にも達したようだ。

2.12　持続可能な開発（世界）　国連持続可能な開発委員会が設立された。16日にはメンバー選挙が実施され、日本も選出された。

2.19　アホウドリ（日本）　環境庁は「鳥島におけるアホウドリの営巣地形成について」を公表した。

2.25　基地騒音公害訴訟（東京都・神奈川県）　第1次厚木基地騒音公害訴訟で、最高裁が住民側の訴えを認め、二審に差し戻す判決を下した。しかし第1、2次横田基地騒音公害訴訟については、住民側・国側双方の上告を棄却した。

2.25　特別査察要求決議（北朝鮮）　IAEA、国際原子力機関理事会は、北朝鮮に対して未申告の2施設の特別査察を受けるよう要求する決議を採択した。

3.3　公害防止計画（日本）　内閣総理大臣は「平成4年度策定地域（東京地域等12地域）公害防止計画」を承認した。

3.8　環境基本法諮問（日本）　内閣総理大臣は中央公害対策審議会に対し、公害対策基本法に代わる「環境基本法案の策定について」諮問し、審議会は了承する答申をなした。

3.8　水質汚濁防止法一部改正（日本）　化学物質による水質汚染対策として排出基準の健康項目を強化した「水質汚濁防止法」一部改正が公布された。主な改正点は「健康項目に係る水質環境基準」に塩素系有機溶剤8種・農薬4種・セレンの13種を追加し全23物質としたこと、新たに「要監視項目」を設けて25物質について指針値を定めたことなど。

3.12　環境基本法閣議決定（日本）　「環境基本法案」及び「環境基本法の施行に伴う関係法律の整備等に関する法律案」が閣議決定の上、国会に提出された。

3.12　環境基本法総理大臣談話（日本）　環境基本法案に関して内閣総理大臣談話が発表された。

3.12　気候変動枠組条約・生物多様性条約（日本）　気候変動枠組条約及び生物多様性条約の締結に関し国会の承認を求める閣議決定。

3.15　気候変動枠組条約（世界）　ニューヨークで第7回気候変動枠組条約交渉会議が開催された（～20日）。

3.20　北九州国定公園で火災（福岡県北九州市小倉南区）　午後2時半すぎ、北九州市小倉南区や福岡県苅田町などにまたがる北九州国定公園・平尾台で草地が燃え、120ha以上が焼けた。

3.25　水俣病第三次訴訟で熊本地裁判決（熊本県）　水俣病第三次訴訟で、熊本地裁が国と熊本県の行政責任を認める判決を下した。

3.26　$NO_X$（日本）　「自動車から排出される窒素酸化物の特定地域における総量の削減に関する特別措置法施行令の一部を改正する政令」等が公布され、自動車$NO_X$法の車種規制が定められた。

3.29　種の保存法施行規則（日本）　「絶滅のおそれのある野生動植物の種の保存に関する法律施行規則」、「特定事業に係る捕獲等の許可の手続き等に関する命令」及び「絶滅のおそれのある野生動植物の種の保存に関する法律第52条の規定による負担金の徴収方法等に関する命令」が公布された。

3.31　健康被害救済（日本）　「公害健康被害の補償等に関する法律施行令」の一部改正公布。介護加算額・児童補償手当額・療養手当額・葬祭料の増額と1993年度の賦課料率が決定した。これを受けて環境庁が1993年度の障害補償・遺族補償標準給付基礎月額を告示。また公害健康被害補償予防協会の基金に対する拠出金の1993年度における単位排出量当たりの拠出金額を定める件を告示した。

3月　OECDが環境税導入を勧告（世界）　経済協力開発機構（OECD）が環境政策と税制のあり方に関する報告書を発表した。地球温暖化防止対策として炭素税が有効であるなど、加盟各国に対して環境税を段階的に導入するよう勧告する内容。

4.1　有毒殺虫剤流出（愛知県岡崎市）　午前1時ごろ、岡崎市欠町の東名高速道路の岡崎 ― 豊田インター間下り線で、大型トラックが中央分離帯を越えて対向のトラック、大型トラックに次々衝突した。衝突された大型トラックは路側帯にぶつかって炎上し、積荷の農業用殺虫剤のガスを吸った後続車の1人が死亡した。ほかに1人が大けが、2人が軽いけがをした。

4.5　水質汚濁防止法（日本）　環境庁長官は中央公害対策審議会に対し「水質汚濁防止法に基づく排出水の排出、地下浸透水の浸透等に規制に係る項目追加等について」を諮問。

4.5　化学物質排水基準で地下水保護（日本）　環境庁が、3月の改正水質汚濁防止法で環境基準に追加したシマジンやチウラムなど化学物質13種に排水基準を設定し、地下水への浸透を規制する方針を発表した。

4.5　海外進出現地法人の環境アセスメント実施状況（日本）　通産省が、海外進出製造業日系現地法人を対象とする環境アセスメント実施状況の調査結果を発表した。事前にアセスメントを実施している企業は2695社中49.1％だった。

4.16　環境基準（日本）　水質環境基準の改正等に伴う廃棄物の最終処分基準等の強化をめぐり、「廃棄物の最終処分基準等の一部改正等について」中央公害対策審議会に諮問。

4.18　原発推進派の現職市長が3選（石川県珠洲市）　石川県珠洲市の市長選挙で、原発推進派の現職市長が、原発反対派の新人候補を破っ

て3選。しかし同市選管の不手際により選管確定が大幅に遅れ、裁判に発展することになった。

4.28 イタイイタイ病患者認定を緩和（富山県）　環境庁は厚生省保健業務課長、富山県に対し患者認定を緩和する「イタイイタイ病の認定における骨軟化症の判定等について」を通知。患者の死亡後などの認定が可能となった。

5.10 国際捕鯨委員会（世界）　京都で国際捕鯨委員会（IWC）の総会が開かれた。

5.12 西海国立公園（長崎県）　西海国立公園の区域及び公園計画が変更された。

5.17 実験中にガス噴出（広島県福山市）　広島県福山市箕沖町の産業廃棄物処理業の福山工場で、ミキサー車を使い重金属を安定させる実験をしていたところ、受け口からガスが噴出し、1人が中に転落、助けようとした同僚らも次々に意識を失った。この事故で2人が死亡、2人が重体を負った。死因はガス中毒か酸欠らしい。

5.27 空き缶問題連絡協議会（日本）　関係11省庁連絡会議である、空き缶問題連絡協議会が開催された。

5.28 低公害車フェア（日本）　「第8回低公害車フェア」が開催され、電気自動車等60台が展示された。

6.1 鳥獣保護区（北海道）　国設厚岸湖・別寒辺牛・霧多布鳥獣保護区が設定された。

6.9〜 ラムサール条約締約国会議（世界）　北海道釧路市で湿地保全のための「第5回ラムサール条約締約国会議」が開催された（〜16日）。霧多布湿原、厚岸湖・別寒辺牛湿原、谷津干潟、片野鴨池、琵琶湖の5ヶ所が新たに登録湿地として承認され、世界では登録湿地が679ヵ所になった。

6.10 環境基準（日本）　中央公害対策審議会は環境庁長官に「海域の窒素及び燐に係る環境基準等の設定について」答申した。

6.14 持続可能な開発（世界）　ニューヨークでCSD、国連持続可能な開発委員会の第1回会合が開かれ、環境政務次官が出席した（〜25日）。

- 6.18 **悪臭防止法施行令一部改正**（日本）　「悪臭防止法施行令の一部を改正する政令」が公布された。大気中含有量規制対象として有機溶剤10物質を追加するもの。1994年4.1施行。

- 6.23 **地球環境保全に関する関係閣僚会議**（日本）　地球環境保全に関する関係閣僚会議で「平成5年度地球環境保全調査研究等総合推進計画」が決定し、「平成4年度地球温暖化防止行動計画関係施策実施状況等について」等が報告された。

- 6.29 **越前加賀海岸国定公園**（石川県・福井県）　越前加賀海岸国定公園で、公園区域及び公園計画が変更された。

- 7.1 **教団事務所から悪臭**（東京都江東区）　東京都江東区亀戸の住民から、オウム真理教の事務所の建物からの悪臭に関する苦情が出、区は教団側に立ち入り調査を求めたが拒否された。

- 7.15 **全国アメニティ推進協議会**（日本）　「全国アメニティ推進協議会」総会が開催された。

- 7.19 **富士箱根伊豆国立公園**（東京都）　富士箱根伊豆国立公園（三宅島を除く伊豆諸島地域）で公園計画が変更された。

- 7.19 **瀬戸内海国立公園**（瀬戸内海）　瀬戸内海国立公園（六甲地域及び淡路地域）で区域及び公園計画が変更された。

- 7.28 **自然公園大会**（山口県）　山口県秋芳台国定公園で第36回自然公園大会（〜29日）。

- 8.9 **化学物質**（日本）　環境庁は「平成3年度指定化学物質等検討調査結果」を発表、トリクロロメタン中のクロロホルムが食事とともに体内に取り込まれていると判明した。

- 8.16 **ごみリサイクル**（日本）　環境庁・大蔵・厚生・農水・通産・運輸・建設省令「再生資源の利用の促進に関する基本方針」が告示され、リサイクル法に従って事業者ごとの再生資源の利用目標、種類（古紙・ガラス容器・自動車・大型家電・ニカド電池・飲料用缶・建設発生土など）ごとの利用目標などが定められた。後に自動車リサイクル法・家電リサイクル法・建設リサイクル法などが立法化された。

8.16 地球温暖化に対する日本の取組（世界）　ジュネーブで第8回気候変動枠組条約政府間交渉会議が開かれ（～27日）、日本は「地球温暖化に対する日本の取組」を提出した。

8.21 札幌上空のオゾンが6ヵ月連続で最低値（北海道札幌市）　気象庁「オゾン層観測速報」によると、札幌市上空のオゾン量が6ヵ月連続で最低値を記録した。

8.27 水質汚濁（日本）　排水規制の対象項目として海域の窒素、燐を追加する「水質汚濁防止法施行令の一部を改正する政令」が公布された。これに伴い規制対象・排水基準を定めた「水質汚濁防止法施行規則の一部を改正する総理府令」、「排水基準を定める総理府令等の一部を改正する総理府令」、「窒素含有量又は燐含有量についての排水基準に係る湖沼を定める件の一部を改正する件」「窒素含有量又は燐含有量についての排水基準に係る海域を定める件」が公布・告示された。施行はいずれも10月1日。

8.27 内湾内海（日本）　閉鎖性海域の富栄養化防止に排水規制項目を追加し、窒素とリンに環境基準・排出基準を新設する「水質汚濁防止法施行令」一部改正が公布された。10月1日施行。

8.31 地球温暖化対策ガイドライン（日本）　環境庁は地方自治体向けに対策推進指針として「地球温暖化対策地域推進計画策定ガイドライン」を公表した。

8.31 水俣病関係閣僚会議でチッソ金融支援を申し合わせ（熊本県）　水俣病に関する関係閣僚会議が開催され、チッソへの臨時特別金融支援措置や、不測の事態が発生し県がチッソから貸出金を回収できない場合、国が保障（肩代わり）することなどを申し合わせた。

9.3 国の熊本県財政支援を閣議決定（熊本県）　8月31日の水俣病対策関係閣僚会議を受け、チッソに不測の事態が発生した場合、国が熊本県財政に対して万全の措置を講ずることを閣議決定。

9.3 ごみ越境（世界）　「特定有害廃棄物輸出入法施行令」が公布され、10月7日に「同施行規則」が公布された。「バーゼル条約」発効日の12月16日から適用。

9.10 公害防止（日本）　内閣総理大臣は、「平成5年度策定地域（富士等4地域）公害防止計画」の策定を指示した。

9.13 持続可能な開発（世界）　ニューヨーク国連持続可能な開発に関する高級諮問評議会の第1回会合が開かれた（～14日）。

9.17 バーゼル条約に加入（日本）　「有害廃棄物の国境を越える移動及びその処分の規制に関するバーゼル条約」に加入。日本についての発効は12月16日。

9.29 水質保全対策のあり方（世界）　中央公害対策審議会に対し「水道利用に配慮した公共用水域等における水質保全対策のあり方について」諮問。

9月 織田が浜訴訟（愛媛県今治市）　愛媛県今治市の住民が新港建設のための織田が浜埋立てを「瀬戸内海環境保全特別措置法（瀬戸内海法）」違反として提訴した織田が浜訴訟で、最高裁が訴えを門前払いした二審判決を破棄し高松高裁に差し戻した。

10.1 ごみ収集袋を半透明に指定（東京都）　東京都でごみ収集袋が半透明のものに指定された。

10.4 持続可能な開発（世界）　バンコクで、ESCAP・環境と持続可能な開発委員会（～8日）。

10.7 ごみ越境（日本）　総理府・厚生省が、バーゼル条約附属書4Bに掲げる、処分作業を行うために輸出入される有害物質について規定する「経済協力開発機構（OECD）の回収作業が行われる廃棄物の国境を越える移動の規制に関する理事会決定に基づき我が国が規制を行うことが必要な物を定める命令」を通達した。別表にPCB、PCT（ポリ塩化テルフェニール）、PBB（ポリ臭素化ビフェニール）、アスベスト（石綿）、セラミックファイバーなどをリスト化し、輸出入を規制する。1993年12月16日のバーゼル条約発効に合わせて適用。

10.16 放射性廃棄物海洋投棄（ロシア）　グリーンピースがナホトカ沖合で発見した航行中のロシア海軍の放射性廃棄物海洋投棄船が、ウラジオストクの南東200kmの日本海で液体放射性廃棄物を投棄していたことが判明した。

10.20 アメニティ（日本）　島根県出雲市で。第14回快適環境シンポジウム「地球環境とアメニティ―緑と水の文化の再生を目指して」が開催された（～21日）。

10.20　アメニティ（各地）　第4回アメニティあふれるまちづくり優良地方公共団体表彰で、諏訪市、丸亀市、西条市、北九州市、佐賀市が受賞。

10.21　放射性廃棄物海洋投棄（ロシア）　ロシアは、日本海での2回目の放射性廃棄物投棄の予定を中止すると発表した。

10.21　5年連続で最大規模のオゾンホール（南極）　気象庁が南極成層圏のオゾン量観測結果を発表、9月下旬に南極大陸上空で5年連続で過去最大規模のオゾンホールが発生したこと、9月20日に昭和基地上空のオゾン量が1961年の観測開始以来の最低値を記録したことが明らかになった。なお、イギリス・南極観測局も南極上空に最大級のオゾンホールを観測している。

10.26　酸性雨モニタリングネットワーク（アジア）　富山市で東アジア酸性雨モニタリングネットワークに関する専門家会合が開催された（～28日）。

11.1　鳥獣保護区（石川県）　国設片野鴨池鳥獣保護区が設定された。

11.2　放射出発棄物（日本）　原子力委員会が、低レベル放射性廃棄物の処分について海洋投棄と陸上処分の両方を計画してきた従来政策を転換し、今後は海洋投棄を行なわないことを決定した。11月8日のロンドシ・ダンピング条約締約国会議では「低レベル放射性廃棄物海洋投棄の全面禁止」に賛成を表明した。また同会議では、1996年から産業廃棄物の海洋投棄を全面禁止する改正案が採択された。

11.5　ディーゼル車の排気微粒子（日本）　環境庁が、ディーゼル車から排出される排気微粒子（DEP）について本格的に調査を開始する方針を定めた。

11.9　悪臭防止法施行状況（日本）　環境庁は「平成4年度悪臭防止法施行状況調査」を公表した。

11.11　ソーラーカー・レースで優勝（日本・オーストラリア）　オーストラリア大陸を縦断するソーラーカー・レース「第3回ワールド・ソーラー・チャレンジ」で、ホンダの「ドリーム」が平均時速84.56kmで優勝した。

11.12　水俣病認定業務（日本）　認定申請期限の延長・対象者の範囲を拡大する「水俣病の認定業務の促進に関する臨時措置法の一部を改正する法律」が公布された。

11.12　騒音規制法施行状況（日本）　環境庁は「平成4年度騒音規制法施行状況調査」を公表した。

11.12　放射性廃棄物海洋投棄（世界）　ロンドン条約締約国会議で、放射性廃棄物の海洋投棄の全面禁止が採択された。

11.15　公害防止（日本）　広島県で第20回環境保全・公害防止研究発表会が開催された（〜16日）。

11.17　ウィーン条約（世界）　バンコクで、モントリオール議定書第5回締約国会合・ウィーン条約第3回締約国会議が開催された（〜24日）。

11.19　環境基本法（日本）　12日に成立した「環境基本法」及び「環境基本法の施行に伴う関係法律の整備等に関する法律」が公布、施行された。これに伴い「公害対策基本法」は廃止された。

11.19　水俣病関係閣僚会議（日本）　水俣病に関する関係閣僚会議が開催され、1994年度以降の水俣病対策についての方針等の申合せがされた。

11.19　中央環境審議会（日本）　中央公害対策審議会と自然環境保全審議会を併合し、中央環境審議会が発足した。

11.26　種の保存法（日本）　絶滅のおそれのある野生動植物の種の保存法に基づき、アホウドリ、トキ、シマフクロウ、タンチョウの保護増殖事業計画が策定された。

11.26　アホウドリ、トキ、シマフクロウ、タンチョウが保護種に（種の保存法）（日本）　「絶滅のおそれのある野生動植物の種の保存に関する法律」に基づく「保護増殖事業計画」が策定され、アホウドリ（東京都鳥島）、トキ（新潟県佐渡島）、シマフクロウとタンチョウ（北海道）が保護種に指定された。

11.26　窒素酸化物（関東地方・近畿地方）　埼玉、千葉、東京、神奈川、大阪、兵庫の6都府県の「自動車窒素酸化物総量削減計画」が、公害対策会議で内閣総理大臣による承認を得た。

11.26　水俣病訴訟で京都地裁判決（京都府）　京都地裁は、水俣病訴訟で国と県の行政責任を認める判決を言い渡した。

11.30 ナショナル・トラスト全国大会（世界） 大阪府で第11回ナショナル・トラスト全国大会が開催された。（〜12月1日）。

11月 六価クロム鉱滓埋設を発見（東京都江東区） 東京都江東区の亀戸・大島再開発地区で未処理の六価クロム鉱滓が埋められているのが発見され、都が新たな処理地を設置した。

11月 ごみ処理（香川県） 香川県の豊島産廃不法投棄問題で、住民が「公害紛争処理法」に基づき、県・産廃業者・廃棄物排出企業21社を相手とする公害調停を公害等調整委員会に申請した。

12.1 大気汚染防止法（日本） 環境庁は「平成3年度大気汚染防止法施行状況」調査結果の概要を公表した。

12.1 $NO_X$（日本） 自動車$NO_X$法の使用車種規制の施行。同法は全面施行となった。

12.6 スパイクタイヤ（日本） 環境庁は「スパイクタイヤ粉じんの発生の防止に関する法律」に基づき、第11次指定となるスパイクタイヤの使用規制指定地域を告示した。

12.6 水質汚濁（日本） 中央環境審議会は「水質汚濁防止法に基づく排出水の排出、地下浸透水の浸透等の規制に係る項目追加等について」答申を提出した。

12.9 世界遺産に登録（屋久島・白神山地） 南米コロンビアで世界遺産委員会が開催され、「世界遺産条約」に基づく自然遺産として屋久島と白神山地の登録を決定した。

12.16 ごみ越境（日本） 「有害廃棄物の国境を超える移動及びその処分の規制に関するバーゼル条約」が日本で発効した。

12.17 美浜原発で交換作業（福井県美浜町） 美浜原子力発電所の2号機の蒸気発生機の交換作業が開始された。

12.24 地球環境保全に関する関係閣僚会議・アジェンダ21（世界） 地球環境保全に関する関係閣僚会議で、「『アジェンダ21』行動計画」を決定。

この年 ごみ回収（日本） 1993年度の日本の廃棄物（し尿を除く）の年間発生量は一般廃棄物が5000万t、産業廃棄物が4億tだった。リサイクル

率は一般廃棄物が8％、産業廃棄物が40％で、最終的な廃棄物処分量は一般廃棄物が1500万t、産業廃棄物が8400万tとなった。

この年 三番瀬埋立て計画（千葉県）　千葉県が下水処理場、ごみ処分場、第2東京湾岸道路建設のため、三番瀬の埋立てを計画した。後に、計画が実施されると船橋市・市川市・浦和市に隣接する広大な干潟の93％が失われ、水鳥の飛来地が壊滅することが判明した。

この年 水俣病訴訟（熊本県）　3月に熊本地裁で、11月には京都地裁で、いずれも国と県の行政責任を認める判決が言い渡された。国、県、チッソは判決を不服として控訴した。

# 1994年
(平成6年)

1.7　天然記念物（山梨県）　フジテレビが番組収録の際に天然記念物の富士風穴内で爆竹を鳴らしたり、球状の発砲スチロールを転がしたりしたため、成長した氷の中に発砲スチロール片などが多数取り込まれていることが判明した。

1.20　福岡空港騒音訴訟の最高裁判決（福岡県）　福岡空港騒音訴訟の上告審で、最高裁は「飛行差し止め請求は民事訴訟では行えない」として民間機・自衛隊機・米軍機の飛行差し止め請求を却下した。しかし過去の被害に対する損害賠償は認めた。

1.25　低公害車（東京都）　低公害車の普及などを多角度から検討する「電気自動車研究会」が東京で発足した。

1.25　川崎公害訴訟で国家賠償請求棄却（神奈川県川崎市）　川崎公害訴訟結審分で横浜地裁は、工場排煙と健康被害の因果関係を認め12企業の共同不法行為による加害責任認定する判決をくだしたが、道路からの自動車排ガスとの因果関係は認めず、国・首都高公団への賠償請求は棄却した。

1.28　イリオモテヤマネコなど追加指定（種の保存法）（日本）　絶滅のおそれのある野生動植物の種の保存法に基づき、国内希少野生動植

物種としてツシマヤマネコ、イリオモテヤマネコ、ミヤコタナゴ、ベッコウトンボ、レブンアツモリソウ、キタダケソウを追加指定した。施行は3月1日。

1.31 **女川原発差し止め請求を棄却**（宮城県）　仙台地裁は、女川原発の差し止め請求を棄却する判決を下した。

2.1 **廃車50台全焼**（三重県鈴鹿市）　午前0時40分ごろ、鈴鹿市須賀の自動車解体業社で、敷地内に積んであった廃車から出火、廃車約50台と隣接する鉄骨平屋建て約70m$^2$の事務所が全焼した。

2.7 **プルトニウム**（アメリカ）　アメリカが、プルトニウム利用の新型炉の開発を中止した。

2.8 **六ヶ所村**（青森県六ヶ所村）　日本原燃は、青森県六ヶ所村のウラン濃縮工場が制御系統の部品の故障等により運転を停止したと発表した。

2.9 **海洋汚染**（世界）　ロンドン条約・マルポール条約の付属所の改正に伴い、「海洋汚染及び海上災害の防止に関する法律施行令」及び「廃棄物の処理及清掃に関する法律施行令の一部を改正する政令」が公布された。

2.15 **生物多様性保全**（日本）　生物多様性保全・東京ワークショップが開催された。（〜17日）。

2.15 **伊勢志摩国立公園**（三重県）　伊勢志摩国立公園の公園計画が変更された。

2.15 **核査察で合意**（北朝鮮）　IAEA国際原子力機関と北朝鮮が核査察問題をめぐる協議で合意に達した。

2.21 **土壌環境基準を改定**（日本）　有害物質による土壌汚染に対処するため土壌環境基準を新たに追加した、改正「土壌汚染に係る環境基準」が環境庁により告示された。有機塩素系化合物など13項目が追加され、溶出基準は従来物質を含め銅を除く24種、農用地基準はカドミウム・銅・ヒ素の3項。

2.22 **長崎じん肺訴訟は高裁差戻し**（長崎県）　最高裁は長崎じん肺訴訟の上告審で、患者救済に時効を緩く解釈し一部について福岡高裁に差し戻した。

2.23 水俣湾の水銀汚染・指定魚は削減（熊本県水俣市）　熊本県水俣湾魚介類対策委員会が、水俣湾の水銀汚染度調査の結果、「指定魚」を前年の9種から4種へ削減した。

2.24 嘉手納基地騒音訴訟（沖縄県）　嘉手納基地騒音訴訟の1審判決で、騒音は我慢の限度を越えており違法として過去の被害に対する慰謝料の支払いが国に命じられた。飛行差し止め請求と将来分の損害に対する賠償の訴えは却下された。

3.4 水道水源法（日本）　水道水へのトリハロメタン等の混入を防止するため、ゴルフ場などの農薬・除草剤散布による汚染を規制することなどを定めた「特定水道利水障害の防止のための水道水源水域の水質の保全に関する特別措置法（水道水源法）」が公布された。5月10日施行。

3.7 公害防止（日本）　内閣総理大臣が「平成5年度策定地域（富士等4地域）公害防止計画」を承認した。

3.11 大気汚染防止法施行令・水質汚濁防止法施行令の改正（日本）　「大気汚染防止法施行令及び水質汚濁防止法施行令の一部を改正する政令」が公布された。

3.14 スパイクタイヤ使用規制指定地域（日本）　環境庁は「スパイクタイヤ粉じんの発生の防止に関する法律」に基づき、第13次指定となるスパイクタイヤの使用規制指定地域を告示した。

3.16 大阪予防接種禍訴訟で大阪高裁判決（日本）　大阪予防接種禍訴訟で、大阪高裁は国に責任との判決を下した。

3.21 環境保護協力協定（日本・中国）　日中環境保護協力協定が締結された。

3.21 気候変動枠組条約が発効（日本・世界）　地球温暖化を防止するための「気候変動枠組条約」が世界と日本で同時発効した。締約国は温室効果ガスの排出・吸収に関する現状と将来予測、温暖化防止の国家計画などを6ヵ月以内に策定する。

3.21 持続可能な開発（世界）　ニューヨークで、国連持続可能な開発に関する高級諮問評議会第2回会合が開かれた（～22日）。

3.21　バーゼル条約（世界）　ジュネーブで第2回バーゼル条約締約国会議が開催された（〜25日）。

3.22　自然環境保全基礎調査・湖沼（日本）　環境庁は「第4回自然環境保全基礎調査・湖沼調査の結果」を公表した。

3.23　環境基本条例（大阪府）　大阪府で「環境基本条例」が公布された。4月1日施行。

3.23　倉敷公害訴訟（岡山県）　倉敷公害訴訟第1次1審判決が、提訴から10年4ヶ月ぶりに岡山地裁で言い渡された。被告企業に患者・遺族41人に対する総額1億9000万円の賠償支払いが命ぜられたが、汚染物質排出差し止めは却下された。企業側が控訴し、1996年12月26日に和解が成立した。

3.28　オゾン層減少は地球全体に（世界）　気象庁が、オゾン層の減少は熱帯地域を除く地球全体に及び、特に北半球の中・高緯度地域で加速、南極オゾンホールも5年連続で過去最大級とする、1993年の年間「オゾン層観測報告」を発表した。

3.28　地球温暖化セミナー（アジア）　大阪で第3回地球温暖化アジア太平洋地域セミナー（〜30日）。

3.29　剣山国定公園（徳島県）　剣山国定公園の公園区域及び公園計画が一部変更された。

3.30　健康被害救済（日本）　「公害健康被害の補償等に関する法律施行令の一部を改正する政令」が公布された。

3.30　横田基地騒音訴訟（東京都）　横田基地騒音訴訟第3次・控訴審判決が東京高裁で言い渡された。夜間飛行の差し止めについて住民側の控訴を棄却、損害賠償については将来分の請求は却下したものの過去の被害分については原告のほぼ全員に当たる596人について、総額5億2000万円の支払いを国に命じる内容。4月5日に原告・弁護団が上告を断念、4月13日に国が上告を断念すると発表し、判決が確定した。

3.31　環境基本条例（兵庫県神戸市）　神戸市で「環境基本条例」が公布された。4月1日施行。

4.4 薬害エイズで告発（日本）　輸入血液製剤からHIVに感染した血友病患者らが、「感染の恐れを知りながら血液製剤を投与した」として血友病専門医の帝京大名誉教授を殺人未遂で告発した。

4.4 リサイクルの経済的手法（日本）　環境庁が「リサイクルのための経済的手法について」最終報告書を公表した。

4.5 「もんじゅ」臨界（福井県敦賀市）　動力炉・核燃料開発事業団の高速増殖原型炉「もんじゅ」が臨界に達した。

4.7 酸性雨モニタリングネットワーク（アジア）　環境庁が「東アジア酸性雨モニタリングネットワーク検討会」を庁内に設置した。

4.11 南極条約協議国会議（南極）　京都市で第18回南極条約協議国会議が開催された（～22日）。

4.13 公害医療（日本）　「公害医療機関の診療報酬の請求に関する総理府令の一部を改正する総理府令」が公布された。

4.15 水質農薬（日本）　環境庁水道保全局長が、農薬空中散布などによる水源汚染に対応し、環境基準などが設定されていなかったイプロジオンやトルクロホスチメルなど27種について新たな指針値を設定する「公共用水域等における農薬の水質評価指針について」を都道府県・政令指定都市の各長宛に通知した。

4.20 オゾン層保護（日本）　関係18省庁で「オゾン層保護対策推進会議」が設置された。

4.21 悪臭防止法施行規則一部改正・排出水規制（日本）　「悪臭防止法施行規則の一部を改正する総理府令」が公布された。排出水中の悪臭物質を規制した。

4.25 持続可能な開発（世界）　バルバドスで小島嶼国の持続可能な開発に関する世界会議が開催された（～5月6日）。

4月 南極条約（南極）　南極条約締約国が京都で「南極の観光と非政府活動に関する手引き（勧告）」を採択した。

5.9～ 長良川河口堰（岐阜県）　建設省と水資源開発公団が長良川河口堰の全ゲートを閉鎖して川をせき止め、防災・環境面の調査を開始した（11日まで）。

5.16 持続可能な開発（世界）　ニューヨークでCSD国連持続可能な開発委員会第2回会合が開かれた（〜27日）。

5.20 オゾンホールが年を越す特異現象（南極）　気象庁が、南極の昭和基地上空のオゾン量が2〜4月の3ヵ月間に連続してその期間の過去最低値を記録したと発表した。南極では毎年9〜11月にオゾンホールが出現し、通常は年末までに消滅するが、今回は消滅時期が遅れてオゾンホールが次年まで残る「観測史上初の特異現象」となった。

5.26 南氷洋での捕鯨全面禁止（世界）　国際捕鯨委員会（IWC）がメキシコ総会で、南氷洋での捕鯨全面禁止を圧倒的多数で可決した。

5.27 空き缶問題連絡協議会（日本）　空き缶問題連絡協議会・関係11省庁連絡会議が開催された。

5.28 低公害車フェア（日本）　「第9回低公害車フェア」が開催され、電気自動車等65台展示された（〜29日）。

6.3 環境の日（日本）　「環境の日」中央記念式典の実施。

6.8 室戸阿南海岸国定公園（高知県）　室戸阿南海岸国定公園（高知県地域）の公園区域及び公園計画が変更された。

6.15 ソリブジン薬害（日本）　抗がん剤との相互作用で15人の死者をだした抗ウイルス剤「ソリブジン」の薬害で、臨床試験の段階でも3人が死亡していたことが判明した。23日には副作用に関わるインサイダー取引の疑いで、証券取引等監査委員会が日本商事を強制調査。27日、日本商事が社員45人に減給など処分を決め、29日にはソリブジンによる患者の副作用死とインサイダー取引事件で日本商事の社長が引責辞任した（9月1日に厚生省は薬事法違反で日本商事に製造業務停止処分を通告）。

6.20 アジェンダ21（日本）　1994年度全国都道府県及び政令指定都市地球環境保全主管課長会議は、「ローカルアジェンダ21策定に当たっての考え方」を公表した。

6.20 生物多様性条約（日本）　ケニアで生物多様性条約政府間委員会第2回会合が開かれた（〜7月1日）。

6.27 多くの森林地帯で酸性雨を観測（日本）　林野庁が酸性雨による森林被害調査の中間報告を発表した。1990年度から5年計画で実施し

ているもので、多くの森林地帯で酸性雨を観測し、強酸性の土壌も確認された。また、森林の衰退が杉林・モミ・ブナなど広範囲に及ぶことも明らかにされた。

6.29 　種の保存法（日本）　希少野生動植物種の個体の一部、加工品も規制の対象として、「絶滅のおそれのある野生動植物の種の保存に関する法律施行令」（種の保存法）が一部改正され、公布された。

6.30 　第2次酸性雨対策調査（日本）　環境庁は「第2次酸性雨対策調査結果」を公表した。

6月 　生物多様性条約（世界）　生物多様性条約政府間委員会第2回会合がケニアで開催された。

7.5 　環境基本計画（日本）　中央環境審議会が「環境基本計画検討の中間とりまとめ」を公表した。

7.8 　瀬戸内海環境保全特別措置法（中国地方）　「瀬戸内海環境保全特別措置法施行令の一部を改正する政令」が公布、施行された。窒素を削減指導物質に追加指定する。

7.11 　熊本水俣病訴訟関係（熊本県）　熊本・鹿児島両県の不知火沿岸から関西に移り住んだ水俣病未認定患者と遺族が、国・熊本県とチッソに損害賠償を求めた水俣病関西訴訟で、大阪地裁が訴えを退ける1審判決を言い渡した。「国・熊本県は規制権限による（被害発生・防止）措置を怠ったとする賠償責任はない」とする、一連の水俣病国家賠償訴訟の中でも原告・患者側に厳しい内容となった。

7.19 　アメニティ（日本）　石川県金沢市で「全国アメニティ推進協議会」総会が開催された。

7.20 　環境基本条例（東京都）　東京都で「環境基本条例」が公布された。同日施行。

7.27 　自然公園大会（兵庫県）　兵庫県氷ノ山後山那岐山国定公園で第36回自然公園大会が開催された（～28日）。

8.1 　二酸化炭素削減達成が困難に（日本）　環境庁が2000年度の二酸化炭素（$CO_2$）排出総量を試算した国連への報告書素案を発表した。地球温暖化防止条約の「$CO_2$公約」3億2000万tを上回り、削減目標達成が困難に。

8.2　環境基本計画（日本）　中央環境審議会は「環境基本計画検討の中間とりまとめ」9日までに広島市ほか全国9ブロックで開催ブロック別ヒアリングを開催した。

8.2　地盤沈下（九州地方）　地盤沈下防止等対策関係閣僚会議は、濃尾平野、筑後・佐賀平野の「地盤沈下防止等対策要綱」の見直しを決定した。

8.8　光化学スモッグ（日本）　環境庁が、この夏は連日の猛暑のため光化学スモッグが頻発したと発表した。

8.22　気候変動（世界）　ジュネーブで第10回気候変動枠組条約政府間交渉会議が開かれた（〜9月2日）。

8.23　環境保護協定（日本・中国）　「日中環境保護協力協定」締結が告示された。以後2年ごとに更新。

8.25　志賀原発差止めならず（石川県）　石川県の北陸電力志賀原子力発電所1号機の運転差し止めを求めた民事訴訟で、金沢地裁は原告の周辺住民や各地の原発反対派の市民らの請求を棄却した。

8.26　ソリブジン薬害で業務停止処分（日本）　厚生省は、ソリブジン薬害事件を起こした製造元の日本商事に対して、薬事法違反で製造業務停止処分を決め、9月1日に通告した。

8.26　志賀原発がポンプのトラブルで運転停止（石川県）　北陸電力志賀原発で、再循環ポンプにトラブルが起こり、運転を停止する事故が起きた。前日に運転差し止め訴訟が棄却されたばかりだった。

8.30　白神山地全面立入禁止に（白神山地）　世界遺産登録の白神山地について、研究目的などを除き全面的に立ち入り禁止にする方針が発表された。

8月　新幹線騒音対策（日本）　JR東日本が新幹線の防音対策として樹脂製の「透明防音壁」を採用、順次敷設していくことを発表した。

9.2　二酸化窒素（関東地方・近畿地方）　環境庁は「大都市地域等における平成5年度の二酸化窒素濃度の測定結果について」を公表、「自動車$NO_X$法」施行後の初の実態調査で、首都圏と大阪圏の二酸化窒素（$NO_2$）濃度が1992年度より悪化していたことが判明した。

9.9 水俣病関係閣僚会議でチッソ支援措置申合せ(日本)　水俣病に関する関係閣僚会議が開催され、チッソへの金融支援措置等について申合せを行った。

9.13 地球環境保全に関する関係閣僚会議(日本)　地球環境保全に関する関係閣僚会議で「『気候変動に関する国際連合枠組条約』に基づく日本国報告書」と「平成6年度地球環境保全調査研究等総合推進計画」が決定され、「平成5年度地球温暖化防止行動計画関係施策実施状況等について」等が報告された。

9.20 気候変動(日本)　「『気候変動に関する国際連合枠組条約』に基づく日本国報告書」を条約暫定事務局に提出。

9.20 公害防止(日本)　内閣総理大臣は「平成6年度策定地域(仙台湾等5地域)公害防止計画」の策定を指示した。

9.20 ニセコ積丹小樽海岸国定公園(北海道)　ニセコ積丹小樽海岸国定公園で公園区域及び公園計画の一部が変更された。

9.20 北長門海岸国定公園(山口県)　北長門海岸国定公園で公園区域及び公園計画が変更された。

9.26 海洋汚染(日本)　「廃棄物の処理及び清掃に関する法律施行令」、「海洋汚染及び海上災害の防止に関する法律施行令」の一部改正が公布された。1996年4月1日の施行まで留保措置がとられた。13の物質を「特別管理産業廃棄物」に指定。

9.27 トキのつがいを借入れ(日本)　人工繁殖用に、中国からトキのつがいを借入れた。

9.28 公害医療機関の療養規程改正(日本)　環境庁は「公害医療機関の療養に関する規程の一部を改正する件」を告示した。

9.28 公害健康被害の補償(日本)　環境庁は「公害健康被害の補償等に関する法律の規定による診療報酬の額の算定方法の一部を改正する件」告示した。

10.3 モントリオール議定書(世界)　ナイロビでモントリオール議定書第6回締約国会合が開かれた(～7日)。

10.4 ロンドン条約(世界)　ロンドンでロンドン条約第17回締約国会議が開かれた(～7日)。

10.10 ラムサール条約（世界）　ハンガリーで第15回ラムサール条約常設委員会が開かれた（〜14日）。

10.19 アメニティ（各地）　第5回アメニティあふれるまちづくり優良地方公共団体表彰で、原町市、狭山市、名張市、彦根市、広島市が受賞。

10.19 アメニティ（世界）　福岡県北九州市で第15回快適環境シンポジウムが「新たなる地域の再生を目指して―共生アメニティと個性あるまちづくり―」をテーマにして開催された（〜20日）。

10.20 ごみ回収（東京都）　東京都が、飲料缶・ペットボトルの資源回収とごみ減量を目的に、品川区八潮団地と大田区西北部で4ヵ月間に渡り実験的にデポジット制を実施した。

10.26 地球環境（東京都）　地球環境東京会議は、「東京宣言1994」を採択、続可能な開発に関する国際的な対話の強化を提唱した。

10.26 持続可能な開発（世界）　バンコクでESCAP環境と持続可能な開発委員会第2回会合が開かれた（〜28日）。

10月 モントリオール議定書（世界）　第6回モントリオール議定書締約国会議がナイロビで開催された。

10月 オゾンホール（南極）　気象庁が、9月22日時点で南極上空のオゾンホール面積が過去最大規模の約2400万km$^2$（南極大陸の1.8倍）に達したことを発表した。

11.1 東名高速道路塩酸流出（静岡県榛原町）　午後0時35分ごろ、静岡県榛原郡榛原町静谷、東名高速道路牧之原サービスエリアで、後退してきた大型トラックがタンクローリー右側面にぶつかり、開閉栓が壊れてタンク内の塩酸約8500ℓが流失した。事故当時、エリア内には約130人の利用者がいたが、けが人はなかった。

11.7 産業廃棄物（日本）　金属等を含む産業廃棄物に係る判定基準を定める総理府令等の一部を改正する総理府令が公布された。施行は1995年4月1日。

11.7 陸中海岸国立公園（岩手県・宮城県）　陸中海岸国立公園で公園区域及び公園計画が変更された。

11.7 富士箱根伊豆国立公園（東京都）　富士箱根伊豆国立公園（三宅島）で公園区域及び公園計画が変更された。

11.7　瀬戸内海国立公園（瀬戸内海）　瀬戸内海国立公園（西播地域）で公園区域及び公園計画が変更された。

11.7　ワシントン条約（世界）　フォートローダーデールで第9回ワシントン条約締約国会議が開催された（～18日）。

11.14　公害防止（日本）　大阪府で第21回全国環境保全、公害防止研究発表会が開かれた（～15日）。

11.16　健康被害救済（日本）　「公害健康被害の補償等に関する法律施行令の一部を改正する政令」が公布された。

11.16　ナショナル・トラスト（世界）　埼玉県で第12回ナショナル・トラスト全国大会が開催された（～17日）。

11.21　ダイオキシン（世界）　京都市で第14回ダイオキシン国際会議が開かれた（～25日）。

11.28　生物多様性条約（世界）　バハマで第1回生物多様性条約締約国会議が開かれた（～12月9日）。

11月　化学物質（日本）　「ダイオキシン'94国際シンポジウム」でが京都で開催され、摂南大薬学部教授らが、大都市圏で猛毒のコプラナーPCBなどダイオキシン関連物質による環境汚染が進んでいるとの調査結果を発表した。コプラナーPCBを含めた初のダイオキシン類環境汚染の全国調査（1992年12月～93年6月、各地の貝を分析）で、汚染濃度が最も高かったのは大阪港。

11月　ワシントン条約（世界）　ワシントン条約締約国会議がフロリダ州で開催され、保護する野生生物を決める際の「基準」に目安となる数値基準を盛り込むことが締結された。

11月　生物多様性条約（世界）　第1回生物多様性条約締約国会議がバハマで開催された。

12.9　環境基本計画（日本）　中央環境審議会は「環境基本計画について」内閣総理大臣に答申。

12.12　環境基準（日本）　中央環境審議会は「東京湾及び大阪湾の全窒素及び全燐に係る環境基準の水域類型の指定について」を環境庁長官に答申。

12.14 地盤沈下（日本）　環境庁は「平成5年度全国の地盤沈下の概況」を公表した。

12.15 悪臭防止法の施行状況（日本）　環境庁は「平成5年度悪臭防止法施行状況調査」を公表した。

12.15 世界遺産（京都府）　タイのプーケットで開催中の第18回世界遺産委員会は、京都の清水寺や宇治の平等院など17の寺社などを含む「古都京都の文化財」を世界遺産にすることを決定した。

12.16 環境基本計画（日本）　「環境基本計画」が閣議決定された。政府全体の環境保全に関する基本的な計画となる。28日には総理府告示「環境基本計画」を発布した。

12.16 大気汚染防止法（日本）　環境庁は「平成4年度大気汚染防止法施行状況調査」結果の概要について公表した。

12.21 環境基本条例（千葉市）　千葉市で「環境基本条例」が公布された。同日施行。

12.26 オゾン層保護法施行令を改正（日本）　モントリオール議定書の1992年改正受諾に伴う国内法改正として「オゾン層保護法施行令」一部改正が公布された。特定物質にハイドロクロロフルオロカーボン（HCFC）と臭化メチルを追加。各種フロンとハロン、四塩化炭素、メチルクロロホルム（1,1,1-トリクロロエタン）の生産・消費を1996年初めまでに全廃することが定められた。これによりフロンの全廃が4年、メチルクロロホルムは9年の大幅な前倒しとなる。

12.26 環境基本条例（埼玉県）　埼玉県で「環境基本条例」が公布された。1995年4月1日施行。

この年　環境白書（中国）　産業発展に伴う石炭消費の増加で大気汚染が深刻化する中国で、環境公報（環境白書）が環境汚染と健康への影響に言及した。

# 1995年
(平成7年)

- 1.5 柏崎刈羽原発が落雷で自動停止(新潟県柏崎市)　柏崎の東京電力柏崎刈羽原子力発電所で送電線に落雷したため、原子炉の4号機が自動停止した。

- 1.30 核実験停止期間を延長(アメリカ)　アメリカ合衆国が、包括的核実験禁止条約(CTBT)が発効するまで核実験停止期間を延長することを表明した。

- 1月 酸性雨が急速に拡大(中国)　中国共産主義青年団機関誌・中国青年報が、中国の酸性雨の降水面積が急速に拡大し、1993年には280万km$^2$(日本の国土面積の7.5倍)に達したと報じた。

- 2.7 持続可能な開発(世界)　マニラで、ESCAP環境にやさしい持続可能な開発に関するハイレベル会合が開かれた(〜10日)。

- 2.8 キクザトサワヘビなど指定(種の保存法)(日本)　「絶滅のおそれのある野生動植物の種の保存に関する法律」に基づき、国内希少野生動植物種として、キクザトサワヘビ、アベサンショウウオ、イタセンパラ、ハナシノブが指定された。

- 2.8 放射性廃棄物が飛散(ロシア)　ロシアのパブロフスク湾に停止していたロシア太平洋艦隊のタンカーTNT27の放射性廃棄物が凍結して膨張、中の放射性廃棄物が飛び散る事故が起こった。

- 2.12 「もんじゅ」で意見交換会(福井県敦賀市)　大阪で、福井県敦賀の高速増殖炉「もんじゅ」に関する田中真紀子科学技術庁長官と反対派の市民グループとの初の意見交換会が開かれた。

- 2.13 サンゴ礁(日本・アメリカ)　フィリピンで日米包括経済協議サンゴ礁部会が開かれた(〜15日)。

- 2.21 公害防止(日本)　国立環境研究所第10回全国環境・公害研究所交流シンポジウムが開催された(〜22日)。

2.21　環境基本計画（日本）　高松市で「環境基本計画シンポジウム」が開催、3月13日に福岡市で、3月22日に名古屋市で、3月23日広島市でも開催。

2.21　知床国立公園（北海道）　知床国立公園で公園計画が変更された。

2.22　タンチョウ（日本）　環境庁が「平成6年度タンチョウ生息状況一斉調査（補足調査）結果について」を公表。

2.23　アスベスト（石綿）飛散防止対策（日本）　環境庁は「阪神・淡路大震災に伴う建築物の解体・撤去に係るアスベスト飛散防止対策」（石綿対策関係省庁連絡会議取りまとめ）を公表した。

2.23　水俣病問題対策会議（日本）　政府連立与党が水俣病問題対策会議を設置した。3月10日、連立与党水俣病問題対策会議が「和解を含む話し合い」による全面解決を目指す中間報告を与党政策調整会議に提出した。

2.23　放射性廃棄物輸送（世界）　放射性廃棄物を載せた輸送船がシェルブール港を日本に向けて出港した。

2.25　大飯原発で冷却水もれ（福井県）　福井県の関西電力大飯原子力発電所で、電源の入れ忘れから放射能を含む一次冷却水の水蒸気が漏れる事故が発生した。

2.27　持続可能な開発（世界）　ニューヨークで国連持続可能な開発委員会（CSD）分野別作業部会が開かれた（～3月3日）。

2.28　大気汚染防止法（日本）　「大気汚染防止法の一部を改正する法律案」が閣議決定の上、国会に提出された。

3.1　スパイクタイヤ（日本）　環境庁は「スパイクタイヤ粉じんの発生の防止に関する法律」に基づき、第14次指定となるスパイクタイヤの使用規制指定地域を告示した。

3.2　西淀川公害訴訟で和解（日本）　大気汚染を巡り17年におよんだ西淀川公害訴訟が、企業側が解決金総額39億9000万円を支払うことで原告との和解が成立した。

3.2　環境保護（世界）　環境保護団体グリーンピースは、2万3200個の核弾頭がロシア国内に存在するという調査結果を発表した。

3.3 海洋汚染（日本）　「産業廃棄物に含まれる金属等の検定方法の一部を改正する件」、「海洋汚染及び海上災害の防止に関する法律施行令第5条第1項に規定する埋立場所等に排出しようとする廃棄物に含まれる金属等の検定方法の一部を改正する件」、「船舶又は海洋施設において焼却することができる油等に含まれる金属等の検定方法の一部を改正する件」、「金属等を含む廃棄物の固形化に関する基準の一部を改正する件」がそれぞれ告示された。施行は4月1日。

3.10 悪臭防止法を一部改正（日本）　「悪臭防止法の一部を改正する法律案」が閣議決定の上、国会に提出された。

3.10 環境基本条例（千葉県）　千葉県で「環境基本条例」が公布された。4月1日施行。

3.11 低公害バス（神奈川県横浜市）　環境庁とバス・メーカー4社の共同開発による低公害バスが、横浜市中区で試験運転を開始した。

3.13 公害防止（日本）　内閣総理大臣が「平成6年度策定地域（仙台湾等5地域）公害防止計画」を承認した。

3.15 環境基本条例（三重県）　三重県で「環境基本条例」が公布された。4月1日施行。

3.15 環境基本条例（広島県）　広島県で「環境基本条例」が公布された。同日施行。

3.15 地球温暖化セミナー（アジア）　バンコクで第4回地球温暖化アジア太平洋地域セミナーが開催された（～17日）。

3.16 環境基本条例（福井県）　福井県で「環境基本条例」が公布された。同日施行。

3.16 環境基本条例（大阪市）　大阪市で「環境基本条例」が公布された。4月1日施行。

3.16 放射性廃棄物の通過禁止（チリ）　チリが、高レベル放射性廃棄物を積載して日本に向かっていたパシフィック・ピンテール号の沖合200海里内の通過を禁止した。

3.17 健康被害救済（日本）　「公害健康被害の補償等に関する法律の一部を改正する法律」が公布された。

3.17 環境基本条例（宮城県）　宮城県で「環境基本条例」が公布された。4月1日施行。

3.22 環境基本条例（愛知県）　愛知県で「環境基本条例」が公布された。4月1日施行。

3.22 環境基本条例（香川県）　香川県で「環境基本条例」が公布された。4月1日施行。

3.22 産業廃棄物（世界）　「ロンドン条約附属書Iの1993年改正に伴う産業廃棄物の海洋投入処分のあり方について」中央環境審議会が諮問を受けた。

3.22 酸性雨モニタリングネットワーク（アジア）　東京第2回東アジア酸性雨モニタリングネットワークに関する専門家会合が開かれた（〜3月23日）。

3.23 環境基本条例（岐阜県）　岐阜県で「環境基本条例」が公布された。4月1日施行。

3.23 大気汚染防止法施行令水質汚濁（世界）　「大気汚染防止法施行令及び水質汚濁防止法施行令の一部を改正する政令」が公布され4月1日に施行された。

3.24 新潟水俣病（日本）　田中真紀子科学技術庁長官は記者会見で、新潟水俣病訴訟について政治的決着を図るべきだという考えを示した。

3.27 健康被害救済（日本）　「公害健康被害の補償等に関する法律施行令の一部を改正する政令」が公布され、環境庁は「障害補償標準給付基礎月額を定める件」「遺族補償標準給付基礎月額を定める件」を告示した。

3.28 気候変動（世界）　ベルリンで気候変動枠組条約第1回締約国会議が開かれる（〜4月7日）。

3.29 光害の環境モニターアンケート（日本）　環境庁が実施した環境モニターアンケート「光害について」の調査結果が公表された。

3.30 窓ガラス・バンパー・自動車タイヤ（日本）　環境庁と厚生省が、改正「廃棄物処理法施行令」「海洋汚染防止法施行令」に伴い、窓ガラス・バンパー・自動車タイヤに関する規定である「廃棄物処理法施

行令に規定する環境庁長官及び厚生大臣が指定する自動車（原動機付自転車を含む）または電気機械器具の一部」を告示した。

3.31 長良川河口堰（日本）　野坂建設大臣が、長良川河口堰の運用を予定の4月から一時延期すると発表した。

4.11 持続可能な開発（日本）　ニューヨークでCSD国連持続可能な開発委員会第3回会合が開かれ、環境庁長官が出席した（〜28日）。

4.11 自然環境保全基礎調査・海岸（日本）　環境庁による第4回自然環境保全基礎調査「海岸調査」の結果（中間とりまとめ）が公表された。

4.21 大気汚染防止法（日本）　「大気汚染防止法の一部を改正する法律」が公布された。

4.21 悪臭防止法を一部改正・臭気測定士制度導入（日本）　「悪臭防止法の一部を改正する法律」が公布された。人間の嗅覚を測定や基準設定に利用する臭気測定士制度を導入する。

4.25 放射性廃棄物輸送船の入港拒否（青森県）　高レベル放射性廃棄物が積み荷の輸送船パシフィック・ピンテール号の青森のむつ小川原港への入港を、青森県知事が拒否。科学技術庁は「最終処分地を知事の了承なしで青森県にしないという確約する」という文書を提出した。

4.30 トキ「ミドリ」死亡（日本）　最後の雄の日本産トキ、ミドリが死亡し、残るは雌のキン一羽となった。

4月 アスベスト（石綿）使用制限（日本）　「労働安全衛生法施行令」第16条が改正され、特定粉じんに指定されているアスベストのうち白石綿（クリソタイル）を除き、青石綿（クロシドライト）と黄石綿（アモサイト）の使用・製造・輸入・販売・提供が禁止された。

4月 小笠原諸島にアホウドリ飛来（東京都）　小笠原諸島に昭和初期以降初めてアホウドリが飛来した。

5.1 イランの原子炉建設（世界）　アメリカ合衆国クリストファー国務長官は、イランの原子炉建設への協力をやめるようロシアと中国に呼びかけると同時に、日本、フランス、カナダなどに対してイランとの経済的な関係を見直すよう要請。

5.8 「もんじゅ」原子炉再起動（福井県敦賀市）　敦賀の高速増殖炉「もんじゅ」の原子炉が再起動された。

5.8 南極条約協議国会議（南極）　ソウルで第19回南極条約協議国会議が開催された（～19日）。

5.10 原子力船「むつ」船体切断（日本）　110日間航海しただけで役割を終えた原子力船「むつ」から原子炉を取り外すための船体切断作業が開始された。

5.15 異臭騒ぎで2人が病院へ（神奈川県横浜市）　横浜市営地下鉄の新横浜駅の新幹線側出入口で白い煙と異臭がたちこめ、乗客らが咳き込み2人が病院に運ばれた。

5.15 7ヵ月ぶりの地下核実験（中国・日本）　中国が新疆ウィグル自治区で7ヵ月ぶりに地下核実験を行ったことが明らかにされた。これに対し22日に日本政府は、対中無償資金協力を圧縮する意向を発表。24日には中国外務省の沈報道官が今年度の対中無償援助の削減に遺憾の意を表明した。

5.19 丹沢に酸性雨測定所（神奈川県）　神奈川県環境部が、ブナの立ち枯れの本格調査のため、5月下旬から丹沢に酸性雨測定所を設置すると発表した。

5.22 長良川河口堰（岐阜県）　野坂浩賢建設相が記者会見で、長良川河口堰の運用を翌23日から開始すると発表した。

5.23 長良川河口堰（岐阜県）　長良川河口堰の本格運用が始まったが、反対運動などはみられなかった。

5.25 異臭騒ぎ（神奈川県川崎市）　川崎市高津区溝ノ口の「セントラルフィットネスクラブ溝ノ口」で異臭騒ぎがあった。

5.26 自然環境保全基礎調査・サンゴ礁（日本）　環境庁による第4回自然環境保全基礎調査「海域生物環境調査（サンゴ礁調査）」の調査結果が公表された。

5.27 低公害車フェア（日本）　第10回低公害車フェア開催、電気自動車等66台が展示された（～28日）。

5.29　国際サンゴ礁会議（世界）　国際サンゴ礁会議がフィリピン・ドウマゲティ市で開催された（～6月2日）。日本はODAでフィリピン・ツバタハ環礁のサンゴを保護することを表明。

5.30　硫化水素ガス漏れ事故（神奈川県川崎市）　川崎市川崎区の東燃川崎工場で硫化水素ガスが漏れる事故が発生、作業中の従業員ら43人が病院で手当を受けた。8月19日までに3人が死亡した。

5月　ごみ災害（近畿地方）　阪神淡路大震災で生じたがれきを処分するための野焼きで住民に体調被害が発生、住民反対運動が起きた。摂南大教授らが仮置き場の残灰を調査した結果、1g中26.6ナノグラムのダイオキシン、同15.4ナノグラムのベンゾフランなどが検出された。

6.2　南極海の調査捕鯨中止決議（南極）　国際捕鯨委員会（IWC）は、南極海の調査捕鯨中止を決議した。

6.5　環境の日（日本）　東京で環境保全活動の一層の充実と発展のための「環境の日のつどい」が開催された。

6.5　こどもエコ・クラブ（日本）　東京でこどもエコ・クラブ発会式が行われた。

6.6　産業廃棄物の海洋投棄処分（世界）　中央環境審議会「ロンドン条約附属書Iの1993年改正に伴う産業廃棄物の海洋投棄処分のあり方について」答申を提出した。

6.7　原潜から大陸間弾道ミサイル（世界）　バレンツ海海上のロシア海軍原子力潜水艦から大陸間弾道ミサイルが発射され、20分で7500km離れたカムチャツカ半島まで到達した。

6.8　墜落自衛隊ヘリに放射性同位元素（神奈川県）　6日に相模湾に墜落した海上自衛隊のヘリコプターに微量の放射性同位元素「ストロンチウム90」を含む部品7個が搭載されていたことが判明、6つは回収されないままだった。

6.13　ごみリサイクル（日本）　関係省庁会議申し合わせ「国の事業者・消費者としての環境保全に向けた取組の率先実行のための行動計画について」が発表された。再生紙利用の推進、環境負荷の少ない原料選びと製品選び、省エネ型機器の導入、低公害車の導入、省エネルギーと省資源の推進など、具体的な項目を挙げて基本姿勢を示すもの。6月27日、同計画が発布された。

6.13 核実験の再開声明で抗議行動(フランス・中国・南太平洋) シラク大統領は9月から1996年5月までの間に南太平洋で核実験を再開するとの声明を発表。アメリカ、オーストラリア、ニュージーランドなどで抗議行動が広がったほか、村山首相は19日の日仏首脳会談で中止を申し入れた。また、7月にブルネイで開かれたASEAN外相会議は、フランス、中国の核実験再開への遺憾の意を表明して閉幕した。

6.13 軽水炉転換事業で共同声明(アメリカ・北朝鮮) アメリカと北朝鮮が、クアラルンプールの米国大使館で、軽水炉転換事業の道筋を示す共同声明を発表する。北朝鮮が「韓国型」を受入れる代りにアメリカ主導で軽水炉事業を進めるというもの。

6.16 容器包装リサイクル法(日本) 「容器包装廃棄物の分別収集及び再商品化の促進等に関する法律」(容器包装リサイクル法)が公布された。地方公共団体市町村による分別収集・事業者に再商品化の義務づけなどを明記。

6.20 水俣病未認定患者の救済案(日本) 与党3党が、感覚傷害があると熊本県が認定すれば救済するなどを柱とした水俣病の未認定患者の救済案をまとめた。

6.20 オゾン層保護対策(日本) 関係18省庁による「オゾン層保護対策推進会議」が、「CFC等の回収・再利用・破壊の促進について」を取りまとめた。

6.21 地球環境保全に関する関係閣僚会議(日本) 地球環境保全に関する関係閣僚会議で「平成7年度地球環境保全調査研究等総合推進計画」が決定され、「平成6年度地球温暖化防止行動計画関係施策実施状況」等が報告された。

6.21 水俣病未認定患者の救済案を連立与党が正式提案(日本) 連立与党が水俣病未認定患者救済の解決案を正式提案した。7月16日、村山富市首相が遺憾の意を表明した。首相による遺憾の意の表明はこれが初めて。

6.22 原子力船「むつ」原子炉取り外し(日本) 原子力船「むつ」の原子炉が取り外された。

6.23 クロロキン薬害訴訟で最高裁判決(日本) クロロキン薬害訴訟で、国が製造承認取り消しなどの十分な規制措置をとらなかったとする

原告団に対し、最高裁は国の責任を認めず、原告敗訴の判決を下した。

6.26 原発で住民投票条例案（新潟県巻町）　新潟県巻町の6月定例町議会で、東北電力の原子力発電所を巻町に建設することに対する是非を問う住民投票条例案が賛成多数で可決された。

6.29 低公害車（日本）　環境庁は「低公害車排出ガス技術指針」を策定。

7.1 PL法施行（日本）　製造物責任法（PL法）が施行された。

7.5 六価クロム処理現場付近で高濃度汚染（東京都江戸川区）　江戸川六価クロム事件（1973年）で発見された鉱滓を処理（無害化・封じ込め）した現場近くの東京・旧中川沿い護岸から、環境基準の2000倍・工場排水基準の200倍以上の高濃度六価クロムを含む水が流出、河川敷を汚染した。現場から115ppmの六価クロムが検出された。

7.5 西淀川公害訴訟原告勝訴（大阪府）　阪神高速道路池田線と国道43号線の車の廃棄ガスが原因の大気汚染を訴えた西淀川公害訴訟で、大阪地裁は国と道路公団の賠償責任を認め、原告勝訴の判決を下した。ただし原告側による有害物質排出規制等の請求は棄却した。

7.7 国道43号騒音排ガス訴訟で最高裁判決（兵庫県）　国道43号線の騒音と排気ガスに対して周辺住民が起こした国道43号訴訟で、最高裁は対策をとらなかったとして国と公団の賠償責任を認め、住民勝訴の判決を下したが差し止め請求については棄却。

7.8 新潟水俣病（日本）　村山首相が、新潟水俣病の被害者の会の代表と会見した。

7.10 環境基本条例（新潟県）　新潟県で「環境基本条例」が公布された。同日施行。

7.10 環境保護（世界）　フランスの核実験に抗議する環境保護団体グリーンピースの船がタヒチ島付近の侵入禁止区域でフランス海軍に一時拿捕された。

7.12 柏崎刈羽原発が油漏れで運転停止（新潟県柏崎市）　東京電力の柏崎刈羽原発5号機が、定期検査の調整運転中にタービンバイパス弁の制御装置から油漏れを起こし、手動で運転を停止させた。

7.17 保護増殖事業（種の保存法）（日本）　「絶滅のおそれのある野生動植物の種の保存に関する法律」に基づきツシマヤマネコ、イリオモテヤマネコ、ミヤコタナゴ、キタダケソウの保護増殖事業計画が策定された。

7.18 環境の保全と創造に関する条例（兵庫県）　兵庫県で「環境の保全と創造に関する条例」が公布された。1996年1月17日施行。

7.20 筑豊じん肺訴訟で福岡地裁判決（福岡県）　福岡地方裁判所飯塚支部が、筑豊じん肺訴訟で企業6社側に賠償を命じる判決を下したが、国の賠償責任は認めなかった。

7.31 地球温暖化問題（世界）　地球的規模の環境問題に関して、懇談会「地球温暖化問題に関する特別委員会」における検討を開始した。

7月　サンゴ礁の二酸化炭素吸収（日本）　東大助教授らが、サンゴ礁が光合成で取り込む二酸化炭素（$CO_2$）吸収量が放出量を上回ると発表した。

7月　血友病以外の患者にも非加熱濃縮製剤（日本）　新生児出血症・婦人科系疾患など血友病以外の患者にも非加熱濃縮製剤が投与され、HIV感染が発生していたことが報告された。

8.2 自然公園大会（千葉県）　千葉県南房総国定公園、大房岬で自然公園大会が開催され、環境庁長官が出席した（～3日）。

8.3 尾瀬保護財団（尾瀬）　財団法人尾瀬保護財団が発足した。

8.17 地下核実験に抗議運動（中国・日本）　中国が新彊ウィグル地区のロプノールで地下核実験を行ったことを発表、19日には日本国内でこれに対する抗議運動が起こった。

8.17 すべての核実験の中止を（南太平洋）　南太平洋環境閣僚会議が、すべての核実験の中止を求める宣言を採択した。

8.21 水俣病非認定患者の救済問題（日本）　環境庁が、水俣病に認定されていない患者の救済問題で一時金などに関して提示した。

8.21 大雪山国立公園（北海道）　大雪山国立公園で公園区域及び公園計国が変更された。

8.21　支笏洞爺国立公園（北海道）　支笏洞爺国立公園で公園区域及び公園計画が変更された。

8.21　上信越高原国立公園（中部地方）　上信越高原国立公園で公園計画が一部変更された。

8.21　足摺宇和海国立公園（高知県・愛媛県）　足摺宇和海国立公園で公園区域及び公園計画が一部変更された。

8.23　「もんじゅ」臨界に（福井県敦賀市）　動力炉・核燃料開発事業団の高速増殖炉「もんじゅ」が臨界に達した。

8.25　新型転換炉の実証炉建設中止（青森県大間町）　国の原子力委員会は、青森県大間町に建設予定だった新型転換炉の実証炉の建設の中止を決定した。

8.29　「もんじゅ」発電開始（福井県敦賀市）　動力炉・核燃料開発事業団高速増殖炉「もんじゅ」が初めての発電を行った。

8.30　道路交通騒音（兵庫県）　道路交通公害対策関係省庁連絡会議は取りまとめ「国道43号及び阪神高速神戸線に係る道路交通騒音対策」を公表した。

9.4　生物多様性条約（世界）　パリで生物多様性条約科学技術諮問機関第1回会合が開かれた（～8日）。

9.5　地盤沈下（九州地方）　地盤沈下防止等対策関係閣僚会議は、濃尾平野及び筑後・佐賀平野の「地盤沈下防止等対策要綱」を一部改正した。

9.5　ムルロア環礁で核実験（仏領ポリネシア・フランス）　フランスは国際世論を無視してムルロア環礁で4年ぶり通算205回目の核実験を行った。フランス政府は20kt以下と発表する。

9.13　ミネラルウォーター（日本）　ニュージーランドから輸入されたミネラルウォーターにかびが混入していることが判明、販売中止・回収された。翌日にはニュージーランド産のものにもかびが混入していることが判明した。

9.18　環境アセスメント（日本）　磐梯朝日国立公園に近い国有林に林野庁が計画している、大規模な林道建設の影響を調べる環境アセスメント調査が始まった。

9.18 バーゼル条約(世界)　ジュネーブで第3回バーゼル条約締約国会議が開催された(〜22日)。最終日には再利用を目的とする有害廃棄物の輸出も1998年から全面禁止する条約強化案を採択した。

9.20 湖底から旧日本軍の毒ガス(北海道屈斜路湖)　終戦直後に旧日本軍が屈斜路湖に毒ガスを捨てたとの証言を基に北海道が調査をした結果、湖底から旧日本軍の毒ガス弾とみられる砲弾状の物体1個と木箱15個を発見した。

9.22 公害防止計画(日本)　内閣総理大臣は「平成7年度策定地域(八戸地域等6地域)公害防止計画」の策定を指示した。

9.27 谷戸沢ごみ処分場の浸出水問題(東京都日の出町)　東京日の出町の谷戸沢最終処分場の浸出水問題で住民グループが94年10月から求めていた水質データが電気伝導度データを除いて開示された。

9.28 水俣病未認定患者の救済問題(日本)　水俣病未認定患者の救済問題で、与党3党が環境庁の素案をもとに一時金の支払いなどの最終解決案で合意に達した。

9.30 水俣病問題で国の不手際(日本)　環境庁長官が水俣市を訪問、水俣病問題に国の対応の不手際があったことを認め、決着への意欲を表明した。

9月 森林に関する政府間パネル(世界)　国連持続可能な開発委員会のもとで「森林に関する政府間パネル」が設置された。

9月 有害廃棄物輸出を禁止(世界)　第3回バーゼル条約締約国会議がジュネーブで開催された。条約改正と新附属書追加が行われ、経済協力開発機構(OECD)加盟国から非加盟国への最終処分目的の有害廃棄物輸出が禁止された。

10.2 薬害エイズ訴訟で和解を検討(日本)　輸入血液製剤によりエイズウイルスに感染した血友病患者らが、国と製薬会社に損害賠償を求めた東京と大阪のHIV訴訟で、国と製薬会社が和解による早期解決を目指す方向で検討を始めた。

10.2 産業廃棄物判定基準(日本)　「金属等を含む産業廃棄物に係る判定基準を定める総理府令等の一部を改正する総理府令」が公布された(1996年1月1日施行)。

| | | |
|---|---|---|
| 10.2 | 排気ガス（日本） | 「自動車の燃料の性状に関する許容限度及び自動車の燃料に含まれる物質の量を定める件」が告示された。 |
| 10.2 | ファンガタウファ環礁で核実験（仏領ポリネシア・フランス） | フランスが南太平洋のムルロア環礁の南隣のファンガタウファ環礁で再開決定後2回目の核実験を実施した。規模は第1回実験の5倍。 |
| 10.3 | 高レベル放射性廃棄物の貯蔵作業（青森県六ヶ所村） | 青森県六ヶ所村の核燃料サイクル基地で高レベル放射性廃棄物の貯蔵作業が開始された。 |
| 10.3 | 原発建設の住民投票は先送り（新潟県巻町） | 新潟県巻町の東北電力巻原発建設の是非を問う住民投票条例に対する改正案に関して、同町議会が可否同数となり、議長採決で可決。15日が期限だった住民投票の実施は先送りとなった。 |
| 10.6 | 環境基本条例（石川県） | 石川県で「環境基本条例」が公布された。同日施行。 |
| 10.11 | オゾン層破壊警告でノーベル化学賞（世界） | オゾン層破壊の危険を警告してきたカリフォルニア大学のシャーウッド・ローランド博士のノーベル化学賞受賞が決定。 |
| 10.15 | 水俣病全国連会場に新聞社のレコーダー（熊本県水俣市） | 水俣病全国連が水俣市で開いた非公開の会合の会場で、朝日新聞社が置いたカセットテープレコーダーが発見され、問題となった。 |
| 10.17 | 環境アセスメント（世界） | 東京で環境アセスメント国際ワークショップが開催された（～19日）。 |
| 10.17 | ワシントン条約（アジア） | 東京でワシントン条約アジア地域会合が開かれた（～20日）。 |
| 10.19 | アメニティ（各地） | 第6回アメニティあふれるまちづくり優良地方公共団体表彰で、富良野市、長井市、高崎市、島原市、湯布院町が受賞した。 |
| 10.23 | 世界湖沼会議（茨城県霞ヶ浦） | つくば市で第6回世界湖沼会議・霞ケ浦'95が開会した。 |

10.23　高速増殖炉（フランス）　リヨン郊外にある高速増殖炉「スーパーフェニックス」で、蒸気発生器の亀裂部分から蒸気漏れが発見され、運転中止した。

10.27　ムルロア環礁で3回目の核実験（仏領ポリネシア・フランス）　フランスが、ムルロア環礁で3回目の核実験を行った。規模は60kt以下と推定された。

10.28　漁船でフロンガス漏れ事故（福島県相馬市）　福島県相馬市の沖で、イカ釣り漁船の船内でフロンガスが漏れる事故が発生し、乗務員が死亡した。

10.28　水俣病全国連が政府与党の解決策受入れ（熊本県）　水俣病被害者・弁護団全国連絡会議（水俣病全国連）総会が水俣市で開催され、政府与党が示した最終解決策の受け入れを決定した。

10.30　水俣病問題は政治決着へ（熊本県）　水俣病全国連が環境庁に対し、正式に解決策受託を回答して、水俣病問題は政治決着となった。

11.1　ペットボトル（日本）　コメの流通・販売の自由化を盛り込んだ新食糧法が施行され、ペットボトルに入ったコメなどが店頭に出現。

11.6　生物多様性条約（世界）　ジャカルタで第2回生物多様性条約締約国会議が開催された（〜17日）。

11.10　文化財の酸性雨被害（中国）　大気汚染学会・文化財影響評価分科会と中国・韓国の研究者が、3ヵ国13地点で行った屋外の文化財の酸性雨被害共同調査の結果を報告、中国の被害が特に深刻なことが判明した。

11.13　プルトニウム（日本）　プルトニウムの原発への利用しようとする日本の政策について、各国の関係者が意見を交換する「核不拡散国際会議」を、動力炉・核燃料開発事業団が東京で開催。アメリカなど各国は日本の政策について懸念を表明した。

11.14　グランド・キャニオン閉鎖（アメリカ）　クリントン大統領が予算案に拒否権を発動し、アメリカ政府が無予算状態となったため、1919年の国立公園指定以降初めてグランド・キャニオンが閉鎖された。

11.16　核実験即時停止決議案（世界）　国連総会の第1委員会で、日本などが提案している核実験即時停止決議案が採択された。日本など95ヵ

国が賛成、フランスなど12ヵ国が反対し、アメリカなど45ヵ国が棄権した。

11.16 酸性雨モニタリングネットワーク（アジア）　この日まで新潟で、第3回東アジア酸性雨モニタリングネットワークに関する専門家会合が開催された。

11.21 世界遺産地域管理計画（白神山地・屋久島）　白神山地および屋久島の世界遺産地域管理計画が決定した。

11.21 ムルロア環礁で4回目の核実験（仏領ポリネシア・フランス）　フランスはムルロア環礁で4回目の核実験を実施。今回の規模は広島型原爆とほぼ同じ15kt程度と推定された。

11.23 猛毒のセアカゴケグモ発見（大阪府高石市）　大阪府高石市で、熱帯から亜熱帯に生息する猛毒のセアカゴケグモ90匹が発見された。

11.25 新潟水俣病直接交渉で合意（新潟県）　新潟水俣病訴訟で、原告側と被告の昭和電工が直接交渉を行い、一時基本金を支払うことなどで合意。

11.28 公害防止（日本）　横浜市で第22回環境保全・公害防止研究発表会が開催（〜29日）。

11月 生物多様性条約（世界）　第2回生物多様性条約締約国会議がインドネシアで開催され、遺伝子組み換え生物による環境への悪影響を防止する規制を盛り込んだ議定書の作成が決議された。

12.1 道路交通騒音（日本）　道路交通公害対策関係省庁連絡会議はとりまとめ「道路交通騒音の深刻な地域における対策の実施方針」を公表した。

12.4 ロンドン条約（世界）　ロンドンで第18回ロンドン条約締約国会議が開催された（〜8日）。

12.5 モントリオール議定書（世界）　ウィーンでモントリオール議定書第7回締約国会合が開かれた（〜7日）。

12.6 世界遺産（世界）　ベルリンで開催された第19回世界遺産会議で、岐阜県白川村と富山県上平村の「白川郷・五箇山の合掌造り集落」の世界遺産登録が決定した。

12.7 　環境基本計画（日本）　中央環境審議会第20回企画政策部会が開かれ、環境基本計画の点検に関する審議を開始した。

12.8 　高速増殖炉「もんじゅ」ナトリウム漏出事故（福井県敦賀市）　午後7時47分ごろ、福井県敦賀市の動力炉・核燃料開発事業団の高速増殖炉「もんじゅ」で、冷却剤の液化ナトリウムが流れている2次冷却系配管付近の警報機が作動、原子炉を手動停止させた。ナトリウムの漏出量は3t近くとみられる。この事故について動燃は、停止作業の遅れ、手動での停止、事故通報の遅れ、事故の模様を撮影したビデオの一部をカットして公開するなど管理体制のずさんさを浮き彫りにした。

12.11　天竜奥三河国定公園（長野県・静岡県・愛知県）　天竜奥三河国定公園で公園区域及び公園計画が一部変更された。

12.11　気候変動に関する政府間パネル（IPCC）（世界）　ローマで気候変動に関する政府間パネル（IPCC）第11回会合が開かれ（～15日）、IPCC第2次評価報告書を採択した。

12.12　「もんじゅ」ナトリウム抜き取り作業（福井県敦賀市）　事故を起こした高速増殖炉「もんじゅ」の1次冷却系のナトリウムを全て抜き取る作業が終了した。

12.12　阿蘇くじゅう国立公園（熊本県・大分県）　阿蘇くじゅう国立公園で公園区域及び公園計画の一部が変更された。

12.12　核実験即時停止決議案（フランス・中国）　国連総会は、フランス、中国が続けている核実験の即時停止を求め、日本や南太平洋諸国などが提案した核実験停止決議を賛成85、反対18、棄権43で採択した。

12.13　「もんじゅ」立ち入り調査（日本）　科学技術庁の専門家チームが、ナトリウム漏れを起こした高速増殖炉「もんじゅ」への立ち入り調査を開始した。

12.13　環境基本条例（北海道札幌市）　札幌市で「環境基本条例」が公布された。同日施行。

12.14　分別収集（日本）　容器包装に係る分別収集及び再商品化の促進等に関する法律施行令（容器包装リサイクル法）が公布され、翌日施行。

12.15　水俣病最終解決施策（日本）　水俣病に関する関係閣僚会議で、未確定患者救済問題を含め最終解決施策を正式決定。「水俣病問題の解決に当たっての内閣総理大臣談話」閣議決定。

12.20　「もんじゅ」事故ビデオで核心隠蔽（日本）　動燃が高速増殖炉「もんじゅ」のナトリウム漏洩事故の内部を撮影したビデオテープの核心部分を隠蔽していたことが判明、科学技術庁は動燃に立ち入り検査することを決定した。

12.20　海洋汚染（日本）　「廃棄物の処理及び清掃に関する法律施行令第6条第1項第4号及び第6条の4第1項第4号に規定する海洋投入処分を行うことができる産業廃棄物に含まれる油分の検定方法の一部を改正する件」、「産業廃棄物に含まれる金属等の検定方法の一部を改正する件」、「金属等を含む廃棄物の固型化に関する基準の一部を改正する件」、「海洋汚染及び海上災害の防止に関する法律施行令第5条第1項に規定する埋め立場所等に排出しようとする廃棄物に含まれる金属等の検定方法の一部を改正する件」、「船舶又は海洋施設において焼却することができる油等に含まれる金属等の検定方法の一部を改正する件」が告示された。

12.20　環境基本条例（富山県）　富山県で「環境基本条例」が公布された。同日施行。

12.20　高速増殖炉（フランス）　10月23日に蒸気漏れが見つかったフランスの高速増殖炉「スーパーフェニックス」に対して仏・核安全調査委員会が運転再開を認めた。

12.21　「もんじゅ」事故現場ビデオ隠蔽問題（日本）　科学技術庁は、「もんじゅ」のナトリウム漏出事故で動燃が事故現場撮影ビデオを隠蔽した問題を機に、原子炉等規制法に基づく立ち入り検査を本格開始。

12.21　環境基本条例（千葉市）　千葉市で「環境基本条例」が公布された。同日施行。

12.22　上信越高原国立公園（中部地方）　上信越高原国立公園の妙高・戸隠地域で公園計画が一部変更された。

12.22　白山国立公園（中部地方）　白山国立公園で公園計画が一部変更された。

12.23 「もんじゅ」事故・不祥事で担当理事ら更迭（福井県敦賀市）　「もんじゅ」のナトリウム漏出事故で、隠蔽など不祥事が重なったことを重視した動燃が、担当理事ら4人の更迭を発表した。

12.24 女川原発で冷却水漏れ（宮城県）　東北電力女川原発2号機で、冷却水が漏れているのが見つかり、手動で停止した。

12.25 環境を守り育てる条例（京都府）　京都府で「環境を守り育てる条例」が公布された。1996年4月1日施行。

12.25 環境基本条例（山口県）　山口県で「環境基本条例」が公布された。同日施行。

12.26 厚木基地騒音訴訟（神奈川県）　厚木基地の周辺住民が国に損害賠償を求めていた「第1次厚木基地騒音公害訴訟」の差戻し審判決で、東京高裁は国に対し、住民69人に1億600万円を支払うよう命じる判決を下した。

12.27 ムルロア環礁で5回目の核実験（仏領ポリネシア・フランス）　フランスはムルロア環礁で5回目の核実験を実施。

この年　ごみ処理（香川県豊島）　香川県豊島で高濃度ダイオキシン汚染が発見された。

この年　気候変動枠組条約締約国会議（世界）　第1回気候変動枠組条約締約国会議（COP1）がベルリンで開催された。地球温暖化防止のため各国が目標値を定めて二酸化炭素排出量を削減する計画の話し合いが本格化、2000年以降の検討課題や手順を定めた「ベルリンマンデート」が採択された。

この年　モントリオール議定書（世界）　第7回モントリオール議定書締約国会議がウィーンで開催され、HCFC（ハイドロクロロフルオロカーボン）の2020年全廃、臭化メチルの2010年全廃、途上国への規制計画設定などが採択された。

# 1996年
(平成8年)

- 1.3 原発放射能漏れ事故(ウクライナ)　南ウクライナ原子力発電所で放射能漏れ事故が発生した。

- 1.4 核実験についてシラク大統領談話(フランス)　フランスのシラク大統領は、「核実験は2月末までに完了する」談話。

- 1.8 厚木基地騒音訴訟(日本)　厚木基地騒音訴訟で、国が上告せず、東京高裁の国の責任を認めた判決が確定した。

- 1.8 「もんじゅ」ナトリウム漏れの原因(福井県敦賀市)　「もんじゅ」の事故調査で、温度検出器のさやの先端部分が折れてそこからナトリウムが漏れたと判明。動燃は、低い出力での解析が十分でなかったことを明らかにした。

- 1.9 水俣・芦北地域再生振興とチッソ支援(日本)　政府がチッソ支援策と水俣・芦北地域再生振興の補助金として約250億円の支出を閣議決定した。1月31日、被害対象者への一時金(一人当たり260万円)の支払いが開始された。

- 1.11 低公害車(世界)　低公害車普及に関する国際シンポジウムが開催された(～12日)。

- 1.13 「もんじゅ」事故隠しで動燃担当者自殺(福井県敦賀市)　「もんじゅ」のナトリウム漏れ事故の隠蔽に関し、動燃の内部調査担当者が飛び降り自殺した。

- 1.14 伊方原発で蒸気逃がし弁にトラブル(愛媛県伊方町)　定期検査のため出力低下中の四国電力伊方原発3号機で、湿分分離加熱器の蒸気逃がし弁にトラブルが生じ、約2時間にわたり排出管から蒸気が空気中に噴出する事故が発生した。

- 1.17 温暖化対策の地方環境部局連絡会議(日本)　地域における地球温暖化対策推進のための地方環境部局連絡会議が開催された。

1.18　ヤシャゲンゴロウなどを指定（種の保存法）（日本）　「絶滅のおそれのある野生動植物の種の保存に関する法律」に基づき、ヤシャゲンゴロウ、ヤンバルテナガコガネ、ゴイシツバメシジミが国内希少野生動植物種に指定された。

1.22　水俣病総合対策医療事業（日本）　関係県において水俣病総合対策医療事業の申請受付が再開された。

1.23　地球温暖化セミナー（アジア）　仙台市で第5回アジア太平洋地域地球温暖化セミナーが開かれた（～25日）。

1.23　ムルロア環礁近くで放射性物質検出（仏領ポリネシア・フランス）　フランス原子力庁が、ムルロア環礁近くで放射性物質のヨウ素131を検出していたことを認めた。

1.26　「もんじゅ」ナトリウム漏れの原因（福井県敦賀市）　「もんじゅ」の事故で、ナトリウム漏れの原因となった温度計の先端のさやを探す作業が始まった。

1.27　ファンガタウア環礁で6回目の核実験（仏領ポリネシア・フランス）　フランスがファンガタウア環礁で、シラク政権6回目の核実験を実施。規模は120kt以下といわれたが、これまで最高。

1.29　シラク大統領核実験完了発表（フランス）　フランスのシラク大統領が、前年9月に再開した一連の核実験が当初の目的通り完了したとし、フランスは今後一切の核実験をやめると発表した。

1.30　環境基本計画（日本）　「環境基本計画の進捗状況の点検のための国民各界各層の意見の聴取について」中央環境審議会企画政策部会長が記者発表を行った。

1.30　ワシントン条約（世界）　ジュネーブでワシントン条約常設委員会が開かれた（～2月2日）。

2.6　持続可能な開発（日本）　ニューヨークで「持続可能な開発指標専門家ワークショップ（環境庁主催）」が開催された（～8日）。

2.10　「もんじゅ」破断面の映像（福井県敦賀市）　もんじゅの事故で、動燃は温度検出器のさや管の破断面の70倍映像を公開した。

2.14　公害防止（日本）　国立環境研究所で第11回全国環境・公害研究所交流シンポジウムが開催された（～15日）。

2.15 公害防止（日本）　内閣総理大臣は「平成7年度策定地域（八戸地域等6地域）公害防止計画」を承認した。

2.15 ダイオキシン（日本）　環境庁は「豊島周辺環境におけるダイオキシン類の調査結果」を公表した。

2.15 海洋汚染(流出)（イギリス）　ウェールズ西部のブリストル海峡で、リベリア船籍の大型タンカー「シー・エンプレス」号が座礁し、21日までに6万5000tの原油が海上に流出した。

2.22 原子炉を手動で停止（新潟県柏崎市）　新潟県柏崎市の東京電力柏崎刈羽原子力発電所で、試運転中の6号機の冷却水再循環ポンプの1台が故障で出力低下し、原子炉を手動で停止させた。後にコンピュータのバックアップ・プログラムにもバグがあったことが判明した。

2.23 新潟水俣病第二次訴訟和解成立（東京都）　新潟水俣病をめぐり、水俣病の認定申請を棄却された231人が損害賠償を求めていた「新潟水俣病二次訴訟」の控訴審が東京高裁で開かれ、原告と会社の直接交渉で和解が成立した。

2.26 倉敷公害訴訟（岡山県）　倉敷公害訴訟第1～3次訴訟で、それぞれ結審前に損害賠償で企業8社と和解が成立し、汚染物質の排出差し止めについては原告が請求取り下げに合意、13年ぶりに解決した。

2.29 新潟水俣病第二次訴訟取り下げ（新潟県）　新潟水俣病第二次訴訟、原告からの訴訟取下げにより終結。

2.29 健康被害救済（熊本県）　熊本県が公害健康被害認定審査会の答申に基づいて、45人の水俣病申請を棄却した。

2月 ごみ処理（日本）　厚生省・生活環境審議会廃棄物処理部会に、産業廃棄物をめぐる諸問題対策と法制化の検討機関「産業廃棄物専門委員会」が設置された。

3.1 小柴胡湯で副作用死（日本）　厚生省が、慢性肝炎の治療に使われている漢方薬「小柴胡湯」の副作用で19人が死亡していたことを発表した。

3.1 水質汚濁（日本）　汚染された地下水の浄化制度の導入を内容とする「水質汚濁防止法の一部を改正する法律案」について閣議決定。

3.1 エコマーク（日本）　製品のライフサイクルにわたる環境への負荷の考慮等を加え、エコマーク事業実施要領が改正された。

3.3 フロン未回収自治体（日本）　総務庁の調査で、フロンの回収を行っていない自治体が89%に上っていることが判明した。

3.4 原発をめぐる住民投票（新潟県巻町）　新潟県巻町の町議会で、町長が原発をめぐる住民投票を7月7日に行うことを提案した。

3.6 大気汚染防止法（日本）　「大気汚染防止法施行令の一部を改正する政令」（政令市の追加）公布。

3.8 環境基本計画（日本）　中央環境審議会企画政策部会は、環境基本計画の進捗状況点検のためのブロック別ヒアリング（南関東・中部）を開催した（18日中国・九州、25日北海道・東北・北関東、28日北陸・近畿・四国）。

3.8 大気汚染防止法（日本）　「大気汚染防止法の一部を改正する法律案」を閣議決定し、国会に提出した。

3.11 柏崎刈羽原発の停止原因（新潟県柏崎市）　前月に柏崎刈羽原発6号機が2回にわたって停止したのは、制御コンピュータのデータが壊れ、バックアップに切り換えるプログラムのバグによるものであることが判明した。

3.12 自然環境保全基礎調査・身近な生きもの（日本）　環境庁の第5回自然環境保全基礎調査「身近な生きもの調査」の結果速報が公表された。

3.12 常磐じん肺訴訟で和解成立（福島県）　福島地裁で旧常磐炭砿のじん肺被害をめぐる「常磐じん肺訴訟」の第3陣第2次、第3次訴訟の和解交渉があり、会社側が和解金を支払うなどの条件で和解が成立した。

3.15 高浜原発で原子炉自動停止（福井県高浜市）　福井県の関西電力高浜原発2号機で、変圧器の故障を示す保護回路が働いて、原子炉が自動停止。原因は作業員の作業ミスと判明した。

3.18 サンゴ礁（アジア）　バリ島で国際サンゴ礁イニシアティブ・東アジア海地域会合が開催された（〜22日）。

3.19 環境基本条例（宮城県仙台市）　仙台市で「環境基本条例」が公布された。4月1日施行。

3.19 環境基本条例（愛媛県）　愛媛県で「環境基本条例」が公布された。同日施行。

3.19 ラムサール条約締約国会議（世界）　ブリズベンラムサール条約第6回締約国会議が開催され、湿地登録指定地域に佐潟（新潟県）を追加した（～27日）。

3.20 生物多様性シンポジウム（日本）　東京で「生物多様性シンポジウム」が開催された。

3.20 アルミ缶リサイクルボート（太平洋）　リサイクルしたアルミ缶で作られたソーラーボート「モルツマーメイド号」による、世界初の太平洋単独無寄港横断を目指し、堀江謙一氏がエクアドルのサリナスを出港した。

3.21 原発住民投票の日程決定（新潟県巻町）　新潟県巻町定例議会の最終本会議で、東北電力巻原発計画に対する全国初の住民投票の8月4日実施が決定した。

3.22 環境基本条例（愛知県名古屋市）　名古屋市で「環境基本条例」が公布された。4月1日施行。

3.25 容器包装リサイクル法の基本方針（日本）　「容器包装廃棄物の分別収集及び分別基準適合物の再商品化の促進等に関する基本方針」が策定・公表された。

3.25 環境基本条例（長野県）　長野県で「環境基本条例」が公布された。同日施行。

3.25 生物多様性奨励（世界）　オーストラリアで生物多様性の奨励措置に関するOECD国際会議が開催された（～27日）。

3.26 薬害エイズ2次感染者も医療費無料へ（日本）　菅厚相が、薬害エイズで2次感染者へも医療費を無料とする方針を固めたことを明らかにした。

3.26 環境基本条例（福島県）　福島県で「環境基本条例」が公布された。同日施行。

3.26 圏央道の鶴ケ島・青梅間が完成（関東地方）　首都圏中央連絡道（圏央道）、鶴ケ島・青梅間が完成、開通式が行われた。

3.26 環境基本条例（静岡県）　静岡県で「環境基本条例」が公布された。4月1施行。

3.26 環境基本条例（高知県）　高知県で「環境基本条例」が公布された。同日施行。

3.27 BSE防止へ英国産牛肉加工食品の輸入禁止（日本）　イギリスで発生し対人感染の恐れが指摘されているBSE（牛海綿状脳症）の上陸を防ぐため、農林水産省は輸入が認められていた英国産の牛肉ハムなど加工食品の輸入禁止措置を決め、実施。

3.27 健康被害救済（日本）　「公害健康被害の補償等に関する法律施行令の一部を改正する政令」が公布され、環境庁は「障害補償標準給付基礎月額を定める件」「遺族補償標準給付基礎月額を定める件」を告示した。

3.28 環境基本条例（栃木県）　栃木県で「環境基本条例」が公布された。4月1日施行。

3.28 「もんじゅ」ナトリウム漏れ事故（福井県敦賀市）　「もんじゅ」のナトリウム漏れ事故で割れた温度計のさやの先端部分が見つかった。

3.29 水質汚濁（日本）　酸素燃焼技術に係る規制方式の導入などを含む「大気汚染防止法施行規則等の一部を改正する総理府令」が公布された。

3.29 環境基本条例（神奈川県）　神奈川県で「環境基本条例」が公布された。4月1日施行。

3.29 環境基本条例（滋賀県）　滋賀県で「環境基本条例」が公布された。7月1日施行。

3.29 環境基本条例（宮崎県）　宮崎県で「環境基本条例」が公布された。4月1日施行。

3月　ラムサール条約締約国会議（世界）　第6回ラムサール条約締約国会議がブリスベーンで開催された。

4.2 二風谷ダムで貯水開始（北海道日高地方）　北海道・日高地方の二風谷（にぶたに）に建設されたダムで、北海道開発局は貯水を開始。アイヌ民族の聖地が水没するとして、アイヌ民族の萱野茂参議院議員らが反発。

4.8 「もんじゅ」ナトリウム漏れの再現実験（福井県敦賀市）　動燃が「もんじゅ」のナトリウム漏れの再現実験を行った。

4.10 チェルノブイリ原発事故（ウクライナ）　ウィーンで開催中の国際会議「チェルノブイリから10年」で、チェルノブイリ事故で放出された放射能は、旧ソ連が事故直後に行った推計よりも3倍多い、約11エクサベクレルに及ぶことが報告された。

4.16 BSEで、牛以外の英国産動物原料も廃棄・回収へ（日本）　中央薬事審議会が緊急の常任部会は、BSE（牛海綿状脳症）対策に関連して、牛だけでなく、羊、ヤギなど英国産の反すう動物を原料にした医薬品、化粧品を廃棄、回収するようにとの見解をまとめた。

4.17 東通原発の公開ヒアリング（青森県東通村）　青森県の東通村に建設される東通原子力発電所の公開ヒアリングが行われた。

4.18 富士箱根伊豆国立公園（静岡県）　富士箱根伊豆国立公園伊豆半島地域で公園区域及び公園計画が一部変更された。

4.18 原子力安全サミット（世界）　原子力安全サミットに主席するため、橋本首相が政府専用機でモスクワに到着した。

4.18 持続可能な開発（世界）　ニューヨークで国連持続可能な開発委員会（CSD）第4回会合が開かれ、環境庁長官が出席した（～5月3日）。

4.19 放射性廃棄物の海洋投棄（ロシア）　モスクワを訪問中の橋本首相が、エリツィン大統領と首脳会談。エリツィン大統領は早期の平和条約締結を希望したほか、ロシアは放射性廃棄物の海洋投棄は行わないと述べた。

4.20 原子力安全サミット（世界）　モスクワで開催中の原子力安全サミットで、橋本首相は原子力会議を東京で開催することを提案。「原子力の利用には、安全に絶対的な優先順位を与える決意」を表明した宣言を採択してサミットは閉幕した。

4.24 薬害エイズ問題で首相謝罪（日本）　橋本首相が、薬害エイズ問題について「改めて政府の責任を認め、政府として反省すると同時に患者、家族に心からおわび申し上げる」と謝罪。

4.25 自然環境保全基礎調査・植生（日本）　環境庁は第4回自然環境保全基礎調査「植生調査」の結果を公表した。

4.25 「もんじゅ」事故と原子力政策円卓会議（福井県敦賀市）　「もんじゅ」の事故をきっかけに原子力政策について国民と議論する初めての「原子力政策円卓会議」が東京で開かれ、有識者12人が参加した。

4.25 包括的核実験禁止条約（CTBT）交渉（ロシア・中国）　中国を訪問中のエリツィン大統領が江沢民国家主席と会談し、2国間関係の強化をうたった「共同宣言」に調印する。エリツィン大統領は記者会見で「中国は包括的核実験禁止条約（CTBT）交渉を9月までにまとめるとの原子力サミット声明に沿って交渉に取り組むことに合意した」と語った。

4.28 水俣病訴訟取り下げへ（熊本県）　水俣市で水俣病全国連が総会を開き、訴訟の取り下げが賛成多数で可決された。

4.29 屋久島世界遺産センター（鹿児島県）　屋久島世界遺産センターの開所式が行われた。

4.29 南極条約協議国会議（南極）　ユトレヒトで第20回南極条約協議国会議が開催された（〜5月10日）。

4.30 BSEで、輸入肉に原産地表示（日本）　BSE（牛海綿状脳症）が問題を受け、農林水産省がガイドラインを改め、牛肉、豚肉、鳥肉を輸入して販売する場合には原産地を表示するよう小売業者に指示した。

4月　浮遊粒子状物質削減計画（東京都）　東京都が全国で初めて「浮遊粒子状物質削減計画」を作成し、ディーゼル車の排煙対策、清掃工場の集じん装置設置などを打ち出した。

4月　持続可能な開発（世界）　第4回国連・持続可能な開発委員会（CSD）の会合が、4月から5月にかけてニューヨークで開催された。

5.1 水俣病慰霊式に環境庁長官・チッソ社長も出席（熊本県）　水俣病犠牲者慰霊式（5回目）が水俣湾埋立て地で開催され、約1000人が参列した。水俣病公式発見から40年目のこの日、岩垂寿喜男・環境庁

長官や後藤舜吉・チッソ社長が初めて出席し、同社長がチッソ水俣本部で被害者救済の遅れを陳謝した。

5.3 「もんじゅ」事故温度計は試験運転から亀裂（福井県敦賀市）　「もんじゅ」の事故の原因となった温度計には、1992年の試験運転の段階で既に亀裂が入っていたことが判明した。

5.8 高レベル放射性廃棄物（東京都）　高レベル放射性廃棄物の処分問題を討議するために原子力委員会が設置した懇談会が、初めての会合を開いた。

5.8 環境問題（太平洋）　国際航空評議会の太平洋地域部会が成田空港近くのホテルで始まり、空港周辺の騒音などの環境問題について討議が行われた。

5.9 自然環境保全基礎調査・鳥類分布（日本）　環境庁の第4回自然環境保全基礎調査「動植物分布調査（鳥類の集団繁殖地及び集団ねぐらの全国分布調査）」の結果が公表された。

5.9 大気汚染防止法（日本）　「大気汚染防止法の一部を改正する法律」が公布された。規制的措置が必要な物質を選定した「指定物質制度」を導入したもの。

5.12 選挙で核実験支持派が過半数（仏領ポリネシア）　フランス領ポリネシア行われた議会選挙で、核実験支持派が過半数を獲得した。

5.13 包括的核実験禁止条約（CTBT）交渉（世界）　ジュネーブで包括的核実験禁止条約（CTBT）の策定交渉が再開され、中国の沙祖康大使が記者団に対し、従来からの中国の主張「平和的核爆発を禁止対象から除外する」について、「柔軟性を示す用意がある」と語った。

5.14 「もんじゅ」反対署名100万人（福井県敦賀市）　「もんじゅ」に反対している市民グループが集めた署名が100万人を超え、環境庁長官に提出された。

5.15 オオタカの巣破壊（埼玉県飯能市）　埼玉県飯能市で絶滅の危機に頻しているオオタカの巣の一部が何者かに壊され、自然保護団体が鳥獣保護法違反の疑いで埼玉県警察本部に告発した。

- 5.16 アイドリング（日本）　環境庁が「アイドリング・ストップ運動の実施について」を公表した。翌97年4月16日には「アイドリング・ストップ運動推進会議」が発足。

- 5.17 リサイクル（日本）　「容器包装リサイクル法第7条に基づく再商品化計画」が公表された。

- 5.19 水俣病全国連とチッソで協定締結（熊本県水俣市）　水俣市で、水俣病全国連とチッソの間の協定が結ばれた。チッソは陳謝するとともに水俣病全国連は全ての訴えを取り下げた。

- 5.20 電気自動車（日本）　トヨタ自動車と松下電器産業グループが、9月に電気自動車の開発に向けた合同新会社の設立を発表した。

- 5.20 地球温暖化対策（日本）　地球温暖化対策技術評価報告書が公表された。

- 5.22 水俣病3次訴訟取り下げ（熊本県）　水俣病未認定患者の救済を訴え、行政責任を追及し続けてきた水俣病国家賠償等請求訴訟（水俣病第3次訴訟）控訴審で、原告が国と県に対する訴訟を取り下げ、裁判が終結した。

- 5.22 エネルギー開発（北朝鮮）　北朝鮮の軽水炉建設に従事するKEDO職員や韓国人技術者の法的地位などに関する議定書の内容で、朝鮮半島エネルギー開発機構（KEDO）と北朝鮮が合意し、ニューヨークで仮調印した。

- 5.23 フロン無害化処理システム（東京都）　東京都と小野田セメントが、フロンを製品のセメントに吸収させて無害化する処理システムを世界で初めて完成したと発表。

- 5.23 「もんじゅ」事故報告書（福井県敦賀市）　科学技術省が、高速増殖炉「もんじゅ」の事故の原因を温度計のさや管の設計ミスと断定する報告書をまとめた。

- 5.24 地球温暖化対策（日本）　環境庁による「地球温暖化対策の共同実施活動推進方策検討調査報告書」が公表された。

- 5.24 温暖化防止4つのチャレンジ（日本）　環境庁、地球温暖化を防ぐ「4つのチャレンジ」を提唱。

5.25　低公害車フェア（日本）　第11回低公害車フェアが開催され、電気自動車等78台が展示された（〜26日）。

5.25　尾瀬マイカー規制（尾瀬）　今シーズンの尾瀬へのマイカーの乗り入れ規制開始。

5.28　気候変動（日本）　「気候変動に関する国際連合枠組条約第3回締約国会議」の日本での開催に関して閣議了解。

5.29　化学物質（日本）　環境庁がダイオキシン類リスク評価検討会とダイオキシン排出抑制対策検討会を設置した。12月、体重1kg当たり耐容1日摂取量5ピコグラムとする「健康リスク評価指針値」を決定した。また厚生省もリスク・アセスメントに関する研究班を設置し、ダイオキシンの耐容1日摂取量基準の設置を検討。

5.31　市長選挙無効で原発推進派市長が失職（石川県珠洲市）　最高裁が、1993年4月の石川県珠洲市の市長選挙の不在者投票がずさんであったとして、選挙の無効とする判決を下した。この結果、原発推進派市長が失職。

5月　スクレイピー感染（北海道士別市）　北海道士別市の農場で、スクレイピーに感染したヒツジが見つかり、24匹が薬殺、焼却処分された。スクレイピーはBSE（ウシ海綿状脳症）と似たような症状を示し、国内ではこれまでに55匹が確認されていた。

6.3　保護区指定（種の保存法）（日本）　「絶滅のおそれのある野生動植物の種の保存に関する法律」に基づき、山迫ハナシノブ生育地保護区（熊本県高森町）、北伯母様ハナシノブ生育地保護区（同）、藺牟田池ベッコウトンボ生育地保護区（鹿児島県祁答院町）の3カ所が指定された。

6.5　日本の音風景100選（日本）　環境庁は「残したい"日本の音風景100選"の選定について」を公表した。

6.5　水質汚濁（日本）　地下水の浄化措置命令制度、油事故等の措置命令制度を導入する「水質汚濁防止法の一部を改正する法律」が公布された。

6.5　環境の日（日本）　「環境の日のつどい」が開催された。

6.5 下水道法、水質汚濁防止法等一部改正（日本）　「下水道整備緊急措置法」「下水道法」「水質汚濁防止法」が各一部改正された。1997年4月1日施行。7月5日、「水質汚濁防止法施行令」「施行規則」が公布された。いずれも地下水汚染対策を主目的とするもの。

6.7 「もんじゅ」事故再現実験（福井県敦賀市）　「もんじゅ」の事故原因究明のための再現実験が茨城県大洗町の動燃の施設で行われ、鉄製の空調ダクトや足場に穴が空くことが確認された。

6.8 地下核実験を強行（中国）　包括的核実験禁止条約の交渉のさなか、中国が地下核実験を強行、日本政府は遺憾の意を表明した。

6.14 海洋汚染防止（日本）　「排他的経済水域及び大陸棚に関する法律」が公布された。「海洋汚染防止法」「領海法」も一部改正が公布された。

6.18 種の保存法（日本）　「絶滅のおそれのある野生動植物の種の保存に関する法律」に基づき、イヌワシ、アベサンショウウオ、イタセンパラ、ベッコウトンボ、レブンアツモリソウ、ハナシノブの保護増殖事業計画を策定。

6.19 環境基準（マレーシア）　完成すれば東南アジア最大のダムとなる東マレーシア・サラワク州のバクン・ダムについて、マレーシア高等裁判所は住民の訴えを認め、環境基準法の要求を満たしていないとし、これを満たすまでは建設計画を差し止めるよう命じた。

6.20 包括的核実験禁止条約を拒否（インド）　核開発の疑惑が持たれているインド政府は、包括的核実験禁止条約を拒否する方針を明らかにした。同様の疑惑が持たれているパキスタンに対抗した措置とみられる。

6.21 地球環境保全に関する関係閣僚会議（日本）　地球環境保全に関する関係閣僚会議が開かれ、「平成8年度地球環境保全調査研究等総合推進計画」を決定、平成7年度地球温暖化防止行動計画関係施策実施状況等が報告された。

6.22 日本原子力発電の東海発電所が閉鎖・解体（日本）　国内初の商業用原発だった日本原子力発電の東海発電所が、1997年度限りで閉鎖・解体されることが決定した。

6.22 サンゴ礁（世界）　パナマで国際サンゴ礁シンポジウムが開かれた（〜7月1日）。

6.24 水俣湾仕切網内で漁獲開始（熊本県）　水俣湾仕切り網内の海域で魚介類の集中漁獲が開始された。

6.24 包括的核実験禁止条約（CTBT）交渉（世界）　包括的核実験禁止条約（CTBT）の策定を交渉していたジュネーブ軍縮会議の核実験禁止特別委員会のラマカー議長は、議長条約案の修正案を各国に提示。中国が主張した「平和的核爆発の再検討」を「条約の再検討」に取入れ、締約国の全会一致がなければ実施できないよう歯止めをかけた案。

6.25 環境基本条例（茨城県）　茨城県で「環境基本条例」が公布された。同日施行。

6.25 IWC総会で先住民族のためにクジラ捕獲枠要求（アメリカ）　アバディーンで開かれていた国際捕鯨委員会（IWC）第48回総会で、反捕鯨国のアメリカが、北西海岸の少数先住民族マカ族のために、5頭のコククジラの捕獲枠要求の立場を打ち出した。

6.28 IWC総会が捕鯨中止決議案を可決して閉幕（日本・ノルウェー）　IWC第48回年次総会は、世界で唯一商業捕鯨を続けるノルウェーに、捕鯨全面中止を求める決議案を賛成多数で可決した。日本に対しても調査捕鯨中止を求める決議案を採択して閉幕した。

6.28 環境基本計画（日本）　中央環境審議会は「環境基本計画の進捗状況の点検結果について」を取りまとめ、政府に報告した。

6.28 サミットで環境問題の意見交換（世界）　リヨン・サミットにゲストとして招かれたロシアのチェルノムイルジン首相とG7首脳の会合が開かれ、国連改革や環境問題などについて意見交換を行った。

7.1 地球温暖化経済システム（日本）　地球温暖化経済システム検討会の第3回報告書が公表された。

7.1 国立水俣病総合研究センター（日本）　国立水俣病研究センターが国立水俣病総合研究センターへと改組された。

7.1 チェルノブイリ原発事故（ウクライナ）　池田外相がウクライナを訪問し、チェルノブイリの事故対策などについて意見交換を行った。

7.2 スパイクタイヤ（日本）　「スパイクタイヤ粉じんの発生の防止に関する法律第5条第1項の規定に基づく指定地域」が告示された。

7.5 水質汚濁（日本）　「水質汚濁防止法施行令」及び「水質汚濁防止法施行規則」公布された。

7.5 環境基本計画（日本）　「環境基本計画の進捗状況の点検結果について」閣議報告。

7.7 やり直し市長選挙で原発推進派・反対派が激突（石川県珠洲市）　最高裁の選挙無効の判決を受け、石川県珠洲市のやり直し市長選挙が告示され、原発立地反対派・推進派双方に立候補が出た。

7.8 気候変動枠組条約（日本）　ジュネーブで気候変動枠組条約第2回締約国会議（COP2）、及び気候変動枠組条約補助機関会合（SBSTA、SBI、AGBM）が開かれ、日本からは環境庁長官が出席した（～19日）。次回第3回締約国会議の京都市での開催が決定した。

7.11 持続可能な開発（世界）　マニラでAPEC持続可能な開発大臣会合が開かれ環境政務次官が出席した（～12日）。

7.14 やり直し市長選挙で原発推進派当選（石川県珠洲市）　最高裁の選挙無効の判決石川県珠洲市のやりなおし市長選挙で、原発推進派候補が当選した。

7.16 富士箱根伊豆国立公園（山梨県・静岡県）　富士箱根伊豆国立公園富士山地域で公園区域及び公園計画が変更された。

7.22 生物多様性条約（世界）　デンマーク・オーフスで、生物多様性条約バイオセイフティ作業部会第1回会合が開かれた（～26日）。

7.24 自然公園大会（静岡県）　静岡県富士箱根伊豆国立公園田貫湖畔で、自然に親しむ運動の中心行事として「第38回自然公園大会」が開催された（～25日）。

7.29 ジュネーブで包括的核実験禁止条約（CTBT）交渉（世界）　ジュネーブで、包括的核実験禁止条約（CTBT）の採択を目指すジュネーブ軍縮会議が再開された。

7.29 ロプノール核実験場で核実験実施（中国）　中国政府は、新疆ウイグル自治区のロプノール核実験場で核実験を行ったことを発表した。

7.30 自然環境保全基礎調査・サンゴ礁分布（日本）　環境庁は第4回自然環境保全基礎調査・海域生物環境調査「10万分の1サンゴ礁分布図」発行した。

7.31 十和田八幡平国立公園（青森県）　十和田八幡平国立公園十和田・八甲田地域で公園計画が一部変更された。

7.31 磐梯朝日国立公園（福島県）　磐梯朝日国立公園磐梯吾妻・猪苗代地域で公園計画が一部変更された。

7.31 ごみ処理杉並中継所から有害物質（杉並病）（東京都）　東京都清掃局・杉並中継所の汚水から総水銀・鉛・テトラクロロエチレン・ジクロロメタンが、排気からベンゼン・ホルムアルデヒド・アセトアルデヒドなどの有害物質が検出された（杉並病の問題化）。9月20日、板橋区三園の中継所でも下水道法などの基準を上回る有害物質が検出された。

7月 ごみ焼却（日本）　厚生省が市町村のごみ焼却施設のダイオキシン類排出濃度の調査を実施した。

7月 2年間にわたる生態系調査（沖縄県）　環境庁が、沖縄県・山原地域で2年間にわたる生態系調査を行うことを決定した。ノグチゲラ、ヤンバルクイナ、イシカワガエルなどの希少種や緊急種を調査する。

8.1 オゾン層保護（日本）　「特定物質の規制等によるオゾン層の保護に関する法律第3条第1項の規定に基づき、同項第1号から第3号に掲げる事項を定めた件の一部を改正する件」が告示された。HCFC、臭化メチルの基準限度を変更するもの。

8.4 住民投票で原発反対（新潟県巻町）　新潟県西蒲原郡巻町で行われた、原子力発電所建設計画の是非を問う全国で初めての住民投票は即日開票の結果、反対票が賛成票を大きく上回った。

8.12 第5福竜丸で被曝した乗組員が死去（岐阜県大垣市）　1954年3月にビキニ環礁で被曝した第5福竜丸の乗組員だった久保山志郎が肝臓癌のため岐阜県大垣市の病院で没。65歳。

8.14 ジュネーブ軍縮会議の包括的核実験禁止条約（CTBT）交渉（世界）　ジュネーブ軍縮会議の包括的核実験禁止条約（CTBT）交渉で、交渉各国は、インドの反対によりラマカー議長案を軍縮会議本会議に送ることが不可能になったことを確認した。

8.18　富士山クリーン作戦（静岡県）　富士山クリーン作戦'96が行われた。

8.21　生物多様性条約（世界）　ボンでG7情報社会「環境・天然資源管理プロジェクト」生物多様性トピックWG第1回会合が開かれた（～22日）。

9.2　生物多様性条約（世界）　モントリオールで生物多様性条約科学技術諮問機関第2回会合が開かれた（～6日）。

9.4　西中国山地国定公園（中国地方）　西中国山地国定公園で公園区域及び公園計画が一部変更された。

9.10　包括的核実験禁止条約（CTBT）を採択（世界）　国連総会で、爆発を伴うあらゆる核実験を禁止する包括的核実験禁止条約（CTBT）が圧倒的多数で採択された。インドの強い反対により発効についてはめどが立たなかった。

9.19　水質汚濁防止法（日本）　「水質汚濁防止法施行規則第9条の4の規定に基づき、環境庁長官が定める測定方法」が告示された。

9.20　公害防止（日本）　内閣総理大臣が「平成8年度策定地域（札幌地域等7地域）公害防止計画」の策定を指示した。

9.21　鶴見川流域における生物多様性保全（神奈川県川崎市）　川崎市で「鶴見川流域における生物多様性保全を考えるサミット」が開催された。

9.26　環境基本条例（福岡市）　福岡市で「環境基本条例」が公布された。同日施行。

9.27　水俣病待ち料訴訟福岡高裁差戻審判決（福岡県）　福岡高裁で水俣病「待ち料訴訟」差戻審が行われ、国・県への請求を認めない判決が言い渡された。

9月　過剰照明問題対策の光害ガイドライン（日本）　環境庁が、過剰照明問題などに対処するため、光害ガイドラインを1997年までに策定することを決定した。

9月　環境ホルモン（福岡県北九州市）　北九州市自然公園「山田緑地」で5本脚・6本脚などの奇形カエル91匹が発見された。

10.1　環境基本条例（岡山県）　岡山県で「環境基本条例」が公布された。1997年4月1日施行。

10.2　北九州国定公園・金剛生駒紀泉国定公園（福岡県・奈良県・大阪府）　北九州国定公園・金剛生駒紀泉国定公園で公園区域及び公園計画が一部変更された。

10.7　持続可能な開発（世界）　バンコクESCAP環境と持続可能な開発委員会第3回会合が開かれた（～11日）。

10.14　環境基本条例（北海道）　北海道で「環境基本条例」が公布された。同日施行。

10.17　アメニティ（各地）　第7回アメニティあふれるまちづくり優良地方公共団体表彰で、岩手県東和町、東京都板橋区、金沢市、三島市、名古屋市、長崎県大島町が受賞した。

10.21　環境基本条例（群馬県）　群馬県で「環境基本条例」が公布された。11月1日施行。

10.24　公害防止（日本）　北海道で第23回環境保全・公害防止研究発表会開催（～25日）。

10.25　二酸化窒素に係る環境基準（日本）　「大気汚染に係る環境基準」のうち、「二酸化窒素に係る環境基準」の改正が告示された。

10.31　地球温暖化問題（日本）　地球的規模の環境問題に関する懇談会・地球温暖化問題に関する特別委員会の中間報告が公表された。

10.31　刺激臭発生（東京都江東区）　午前10時すぎ、東京都江東区千石の区立深川第四中学校で異臭騒ぎがあり、約150人がのどの痛みなどを訴え、うち女子生徒5人が急性ガス中毒の症状があるとして入院した。校舎4階の廊下の壁2ヶ所にぬれた跡が見つかり、その付近の空気中から酸性反応が検出された。

11.4　生物多様性条約（世界）　ブエノスアイレスで第3回生物多様性条約締約国会議が開催された（～15日）。

11.4　地球温暖化セミナー（アジア）　フィジーで第6回地球温暖化アジア太平洋地域セミナーが開催された（～8日）。

11.19 ウィーン条約（世界）　コスタリカでウィーン条約第4回締約国会議及びモントリオール議定書第8回締約国会合が開かれた（〜27日）。

11.28 騒音規制法（日本）　中央環境審議会は環境庁長官に対し、「騒音規制法の規制対象施設の在り方について」中間答申、「騒音規制法の特定建設作業の追加について」答申を提出。

11.30 チェルノブイリ原発1号炉が停止（ウクライナ）　チェルノブイリ原子力発電所の1号炉が停止、残るは3号炉だけとなった。

12.1 気候フォーラム設立（日本）　地球温暖化防止京都会議に向けたNGOのネットワークとして、気候フォーラムが設立された。

12.1 地球温暖化対策推進本部（日本）　環境庁に環境庁長官を本部長とする「地球温暖化対策推進本部」が設置された。

12.2 ワシントン条約（世界）　ローマでワシントン条約常設委員会が開かれた（〜6日）。

12.5 世界遺産（世界）　メキシコのメリダで行われている世界遺産条約の第20回委員会で、日本が申請した広島の原爆ドームと厳島神社の世界遺産への登録が決定。

12.6 風力発電（日本）　環境庁が、地方公共団体に向けた風力発電導入マニュアルを公表した。

12.9 ワシントン条約（アジア）　アンマンでワシントン条約アジア地域会合が開かれた（〜11日）。

12.10 酸性雨シンポジウム（世界）　つくば市で酸性雨国際シンポジウムが開催された（〜12日）。

12.11 チェルノブイリ原発事故（ウクライナ）　ウクライナの首都キエフ議会付近で、チェルノブイリ原発事故で死亡した除染作業員の遺族が、遺族給付金の支払を求めて集会を開いた。

12.17 柏崎刈羽原発7号機が試運転（新潟県柏崎市）　東京電力柏崎刈羽原発7号機が試運転を開始した。

12.19 ダイオキシン（日本）　環境庁は「ダイオキシンリスク評価検討会」中間報告をまとめ健康維持には体重1kgあたり1日5ピコグラム以下に抑えるのが望ましいとした。

12.20 騒音規制法施行令一部改正（日本）　「騒音規制法施行令」一部改正が公布された。切断機やバックホーなどを使用する作業を特定施設・特定建設作業に追加したもの。

12.24 敦賀原発で冷却水漏れ（福井県敦賀市）　福井県敦賀市の日本原子力発電・敦賀原発2号機の原子炉格納容器内の配管から、1次冷却水が漏れているのが見つかり、出力降下開始。翌日停止した。

12.24 環境基本条例（奈良県）　奈良県で「環境基本条例」が公布された。1997年4月1日施行。

12.25 川崎公害訴訟（神奈川県川崎市）　京浜工業地帯の複合大気汚染をめぐる川崎公害訴訟は、企業側が解決金を支払うことで提訴から14年ぶりに和解成立。道路公害被害をめぐり国と道路公団を被告とした訴訟は継続となった。

12.25 山陰海岸国立公園（山陰地方）　山陰海岸国立公園で公園区域及び公園計画が一部変更された。

12.26 倉敷公害訴訟（岡山県）　倉敷公害訴訟で、原告患者側と被告企業側が、解決金の支払いで和解に合意した。

12.26 豊島産廃不法投棄訴訟（香川県豊島）　豊島産業廃棄物不法投棄訴訟で、高松地裁が被告の産廃業者に対し、廃棄物・汚染土壌の撤去と原告住民への慰謝料1185万円の支払いを命じる判決を言い渡した。

12.27 リサイクル（日本）　容器包装リサイクル法の本格施行に必要な主務省令・告示等が公表された。

12.27 地球温暖化防止に啓発活動（日本）　地球温暖化対策推進本部は、地球温暖化防止に関して、国民規模の啓発活動の基本方針を策定。

12月 事業系ごみ回収の全面有料化（東京都）　東京都が大都市としては日本で初めて、事業系ごみ回収の全面有料化を実施した。

この年 大気中のアスベスト（石綿）濃度（日本）　環境庁統計の1995年度大気中のアスベスト（石綿）濃度は、1リットル中本数で商工業地域0.19、住宅地域0.23、幹線道路周辺地域0.41だった。

この年 ダイオキシン汚染（各地）　環境庁の1996年度調査で、発がん性を持つ有毒な化学物質ダイオキシン類による魚類や水底への汚染が全

国に拡大していることが発表された。95年度調査では魚類、底質各2検体からダイオキシン類が検出されただけだったが、今回は魚類25検体、底質16検体から検出され、検出率が大幅に上昇した。

この年 モントリオール議定書（世界） 第4回ウィーン条約締約国会議とモントリオール議定書締約国第8回会議がコスタリカ・サンホセで開催された。


# 1997年
(平成9年)

- 1.2〜 ナホトカ号事故（日本海沿岸） この日未明、島根県隠岐島沖の日本海で、ロシアのタンカー「ナホトカ号」（1万3157t）が破断し、本体部分が沈没、残った船首部分が漂流、7日に福井県三国町の安島岬沖200mの岩場に座礁した。積載していたC重油1万90001万7911kℓのうち62401万7911kℓが流出し、富山県を除く島根県から山形県にかけての沿岸に漂着した。油回収作業は柄杓やバケツなどの人手で行われ、4月末の終息宣言が出されるまで延べ16万人が回収にあたり、1万7911kℓを回収した。また、この回収作業中に5人が死亡した。

- 1.8 アンモニアガス（パキスタン） パキスタン東部のランホールで、運搬車からアンモニアガス漏れ、20人以上が死亡し数百人が病院に運ばれた。

- 1.10 第5福竜丸の元乗組員死去（静岡県焼津市） ビキニで被曝した第5福竜丸の乗組員だった服部竹治が急性心不全のため没。79歳。

- 1.14 産業廃棄物（岐阜県御嵩町） 岐阜県可児郡御嵩町の町議会は、町内に建設が計画中の産業廃棄物処理分場の賛否を問う住民投票条例制定案を可決した。

- 1.15 ナホトカ号事故で現地視察（日本） 環境庁長官が、福井県三国町・石川県竹野海岸等、ナホトカ号油流出事故の現地を視察。国立環境研究所は、15〜17日にナホトカ号油流出事故緊急現地調査を実施した。

1.16 自然環境保全基礎調査・河川（日本）　環境庁第4回自然環境保全基礎調査「河川調査」の結果が公表された。

1.17 ナホトカ号からの流出重油が接近（富山県）　座礁したロシアのタンカー・ナホトカ号から流出した重油が富山湾に接近した。

1.19 環境サミット（日本）　北九州市政令指定都市環境サミットが開催された（～20日）。

1.20 ナホトカ号事故対策閣僚会議（日本）　ナホトカ号流出油災害対策関係閣僚会議開催。

1.20 プルサーマル計画（福島県・新潟県・福井県）　電気事業連合会が、既存の原子力発電所でプルトニウムとウランを混ぜた燃料を燃やす「プルサーマル計画」推進のための了承を新潟、福島、福井の3県に求める方針を固めた。

1.21 ナホトカ号重油回収で急死（珠洲市・福井県越前町・直江津市・豊岡市・京都府網野町）　石川県珠洲市、福井県越前町・新潟県直江津市で重油回収作業に参加していた作業員が相次いで急死した。これ以前にも18日に兵庫県豊岡市でボランティアが死亡している。この後突然死予防のためボランティア支援プランを作成したが、翌月にも京都府網野町でボランティアが死亡した。

1.24 大気汚染防止法（日本）　長期毒性有害大気汚染物質の「指定物質」項目にベンゼン、トリクロロエチレン、テトラクロロエチレンを初めて指定する「大気汚染防止法施行令」一部改正が公布された。4月1日施行。2月4日、3物質について「大気に係る環境基準」が設定され、環境庁により告示された。2月6日、3物質の排出抑制基準を定める「指定物質抑制基準」が告示された。

1.24 ペットボトル（東京都）　東京都知事が、ペットボトルの回収・再商品化について、業者や容器メーカーなどに一定の負担義務をつける条例を設ける方針を表明した。

1.27 地球温暖化シンポジウム（日本）　大阪市で地球温暖化による日本への影響に関する公開シンポジウムが開かれた。

1月 ごみ焼却（日本）　厚生省、1990年版の旧ガイドラインを7年ぶりに改訂して「ごみ焼却に係るダイオキシン類発生防止対策等の促進に

ついて(ダイオキシン類発生防止等ガイドライン、通称新ガイドライン)」を策定、全国都道府県へ通達した。

1月 **国連海洋法条約**(世界)　国連海洋法条約批准(6月)に伴い、1月からサンマやマイワシなど6種について、水産資源保護のため沿岸200カイリの排他的経済水域での漁獲量規制を開始した。

2.1 **生物多様性シンポジウム**(日本)　札幌市で「生物多様性シンポジウム・イン・北海道」が開催された。

2.1 **ナホトカ号事故**(福井県・島根県)　ロシアのタンカー・ナホトカ号の重油流出事故で、沖合を漂流していた島根県から福井県沖の油群回収がほぼ終了した。沿岸の回収作業は手作業で続行された。

2.4 **酸性雨モニタリングネットワーク**(アジア)　広島市で第4回東アジア酸性雨モニタリングネットワークに関する専門家会合が開催された(～6日)。

2.6 **大気汚染防止法**(日本)　特定粉じん排出作業基準の設定等を含む「大気汚染防止法施行規則等の一部を改正する総理府令」、大気汚染防止法の指定物質の排出抑制基準を設定した「指定物質抑制基準」がそれぞれ公布された。

2.6 **ごみ処理**(日本)　京都大学環境保全センター助教授らが、産廃処分場などに持ち込まれたシュレッダーダスト(破砕くず)中のPCBが、合成洗剤に含まれるLAS(直鎖アルキルベンゼンスルホン酸)などに触れると、通常の数十倍の濃度で溶け出すことを実験で立証した。

2.6 **アスベスト(石綿)排出の作業基準**(日本)　「特定粉じん」(アスベスト)を排出する作業について作業基準を定める「大気汚染防止法施行規則」一部改正が公布された。

2.7 **ナホトカ号事故**(日本)　ナホトカ号油流出事故環境影響評価総合検討会が開催された。

2.10 **劣化ウラン弾**(沖縄県)　米海兵隊機による沖縄の鳥島周辺での劣化ウラン弾使用問題で、誤使用について日本側への通報が著しく遅れたことにアメリカが「深い遺憾の意」を表明した。

2.16 **サンゴ礁**(アジア)　沖縄県で国際サンゴ礁イニシアティブ(ICRI)第2回東アジア海地域会合が開かれた(～20日)。

2.18 ごみ焼却（茨城県新利根町）　茨城県新利根町住民が、ごみ焼却場周辺のダイオキシン濃度のデータを発表した。摂南大学薬学部教授に分析を依頼したもので、池の底土からは基準濃度の790倍ものダイオキシンが検出された。

2.19 公害防止（日本）　国立環境研究所で第12回全国環境・公害研究所交流シンポジウム開催（～20日）。

2.20 公害防止（日本）　内閣総理大臣が「平成8年度策定地域（札幌地域等7地域）公害防止計画」を承認した。

2.27 生物多様性条約（世界）　ボンでG7情報社会「環境・天然資源管理プロジェクト」生物多様性トピックWG第2回会合が開かれた（～28日）。

2月 世界保健機関（世界）　世界保健機関（WHO）の国際がん研究機関（IARC）が、2,3,7,8-四塩化ダイオキシンをヒトに対して発がん性のあるランク「1」に指定した（従来はヒトに対して発がん性の可能性がある「2B」）。

2月 温室効果ガス（ヨーロッパ）　2～3月、気候変動枠組条約EU締約国準備会議がドイツ・ボン郊外で開催された。欧州連合（EU）議長国のオランダが先進国の温室効果ガス削減に関するEU原案を公表し、EU15ヵ国の削減計画を討議した。

3.6 ごみ越境（世界）　リサイクル目的の有害廃棄物の越境移動を1997年7月末以降全面禁止する「特定有害廃棄物輸出入法」一部改正が行われた。経済協力開発機構（OECD）勧告「回収目的の廃棄物の国境を越える移動の規則に関する理事会決定」（1992年）、バーゼル条約新附属書の追加に伴う措置。

3.11 動力炉・核燃料開発事業団東海事業所火災・爆発事故（茨城県東海村）　午前10時8分ごろ、茨城県東海村の動力炉・核燃料開発事業団東海事業所の再処理施設内部で火災が発生、スプリンクラーが作動し14分後に消火、作業員10人が被曝した。また、11日午後8時14分ごろ「アスファルト固化処理施設」で爆発が起き、施設の窓やシャッターが壊れたほか、建物のほとんどのガラスが割れ、数時間にわたり煙が出るなどした。原因は午前中に起こった火災で消火が不十分であったことと、消火活動前に電話で指示を仰いでいて消火が遅れ

たことなどで、安全管理体制にも問題があった。また、被曝者は新たに27人が確認され、計37人となった。

3.11 水俣病抗告訴訟福岡高裁判決（福岡県）　水俣病「抗告訴訟」控訴審判決が福岡高裁で開かれ、原告側勝訴。

3.13 地下水の水質汚濁に係る環境基準（日本）　環境基本法第16条規定に基づきカドミウム・全シアン・鉛・PCBなど23物質に基準値を設定する「地下水の水質汚濁に係る環境基準」が告示された。

3.25 改正環境基本条例（熊本県）　熊本県で「改正環境基本条例」が公布された。4月1日施行。

3.25 環境保護（アメリカ・中国）　アメリカのゴア副大統領が、北京師範大学付属中学を訪れ、環境保護対策で生徒と質疑応答した。

3.27 大気汚染防止法で二輪車も規制対象に（日本）　「大気汚染防止法第2条第6項の自動車を定める省令の一部を改正する総理府令」公布。自動車条項一部改正に基づき、二輪車が規制対象に追加された。

3.27 環境基本条例（佐賀県）　佐賀県で「環境基本条例」が公布された。4月1日施行。

3.28 地球温暖化対策シンポジウム（日本）　大阪市で地球温暖化対策シンポジウムが開催された。翌日には東京でも。

3.28 環境アセスメント（日本）　「環境影響評価法案」を閣議決定のうえ、国会に提出した。

3.28 温暖化防止のための環境関連産業振興（日本）　地球温暖化防止等のための環境関連産業の振興に関する環境庁ビジョン（試案）が公表された。

3.28 地球温暖化防止施策（日本）　地球温暖化対策推進本部は「環境庁が行う地球温暖化防止施策の当面の強化について」を策定した。

3.28 健康被害救済（日本）　「公害健康被害の補償等に関する法律施行令の一部を改正する政令」が公布され、環境庁は「障害補償標準給付基礎月額を定める件」「遺族補償標準給付基礎月額を定める件」を告示した。

3.31 自動車排出ガス規制（日本）　二輪車への規制導入と四輪車の規制を強化する「自動車排出ガスの量の許容限度の一部を改正する件」が告示された。

3.31 環境基本条例（京都市）　京都市で「環境基本条例」が公布された。4月1日施行。

3月　気候変動に関する政府間パネル（IPCC）（世界）　気候変動に関する政府間パネル（IPCC）が東京で開催された。経済影響、防止対策などいろいろな条件を想定した「統合評価モデル」作りが第二段階に。

4.1 容器リサイクル（日本）　「容器包装リサイクル法」が本格実施され、ペットボトル・びん・缶・紙箱などを対象に、自治体が分別と選別を、製造側が再商品化を受け持つ、責任分担を明確化した第2段階が施行された。

4.1 大気汚染防止法（日本）　1996年5月公布の改正「大気汚染防止法」が施行され、「指定物質」制度が導入された。発がんの恐れのある234物質を有害大気汚染物質としてリストアップし、中でも発がん性が確認されているベンゼン、トリクロロエチレン、テトラクロロエチレンの3種を新設の「指定物質」に指定し、大気環境基準と排出抑制基準を定めるもの。この他、排気量125cc以下のバイクの排ガス規制、吹き付けアスベストを使用する建造物の解体などに伴う飛散防止対策義務などが定められた。

4.3 保護増殖事業（種の保存法）（日本）　環境庁は「絶滅のおそれのある野生動植物の種の保存に関する法律」に基づき、ヤンバルテナガコガネ、ゴイシツバメシジミの保護増殖事業計画を策定、ワシミミズクを国内希少勧善吻種に指定した。

4.8 動燃東海事業所火災・爆発事故で消火確認なし（茨城県東海村）　動燃は、東海村の再処理工場で起きた火災・爆発事故について、火災の際の消火の確認作業をしていなかったとこれまでの発表を訂正した。

4.8 持続可能な開発（世界）　ニューヨークで国連持続可能な開発委員会（CSD）第5回会合が開かれた（〜25日）。

4.10 動燃東海事業所火災・爆発事故で虚偽報告書（茨城県東海村）　東海村の動燃再処理工場での火災・爆発事故で、動燃が科学技術省に虚偽の事故報告書を提出した問題で、水戸地検が捜査を開始した。

4.11 ごみ焼却施設のダイオキシン排出濃度（日本）　厚生省が、全国のごみ焼却施設のうち1150施設のダイオキシン排出濃度を公表した。最も高いのは、兵庫県宍粟郡広域行政事務組合の宍粟環境美化センターで、基準値の12倍だった。

4.14 「ふげん」重水漏れで放射性物質放出（福井県敦賀市）　福井県敦賀市の新型転換炉「ふげん」で、中性子による核分裂反応を促進する重水が漏れ、微量の放射性物質「トリチウム」が大気中に放出された。

4.14 諫早湾干拓事業で潮受堤防を閉め切り（長崎県）　九州農政局が、長崎県の諫早湾干拓事業で建設中の潮受け堤防の開口部を閉め切った。これにより、3000haの干潟は消滅することとなった。

4.15 地球温暖化防止（日本）　地球温暖化防止京都会議支援実行委員会が設立された。

4.16 「ふげん」廃炉方針（日本）　科学技術庁は、トリチウム漏れの通報遅れを出した動燃の「ふげん」を廃炉にする方針を固めた。

4.18 酸性雨対策調査（日本）　環境庁は「第3次酸性雨対策調査の中間とりまとめ」を公表した。

4.24 地球温暖化（日本）　環境庁は報告書「地球温暖化の日本への影響1996」を公表。

4.28 タンカー転覆で重油流出（兵庫県神戸市）　神戸港で小型ケミカルタンカーが転覆し、燃料の重油が流出した。

4月 オオワシの死骸から大量の有害物質検出（日本）　日本獣医学会で、国の天然記念物オオワシの複数の死骸から、PCBやDDTなど使用禁止の有害物質が大量に検出されたことが発表された。

5.7 ダイオキシン（日本）　「ダイオキシン排出抑制対策検討会及びダイオキシンリスク評価検討会報告書」が公表された。

5.11 産業廃棄物（神奈川県川崎市）　川崎市川崎区の産業廃棄物処理施設の地下タンク付近で爆発が起こった。

5.12 生物多様性条約（世界）　カナダ・モントリオールで生物多様性条約バイオセイフティ議定書作業部会第2回会合が開かれた（～16日）。

5.22 **生物多様性国家戦略**（日本）　「生物多様性国家戦略の進捗状況の点検結果について」が生物多様性条約関係省庁連絡会議において公表された。

5.23 **環境基本計画**（日本）　中央環境審議会は「環境基本計画に対応した今後の公害防止計画のあり方について」環境庁長官に対し意見具申した。

5.24 **低公害車フェア**（日本）　第12回低公害車フェアが開催された（〜25日）。

5.28 **化学物質**（世界）　欧州歴訪中のアメリカのクリントン大統領がオランダのハーグでEUの首脳と会談し、「化学物質移転防止協定」に合意した。

5.28 **南極の動植物保護**（南極）　南極の動植物保護・環境保全を目的とする「南極地域の環境の保護に関する法律」が公布された。「南極条約環境保護議定書」の発効に伴う国内法で、1998年1月14日施行、一部は7月施行。

5.30 **原潜沈没事故**（ロシア）　ロシア極東のペトロパブロフスクカムチャッキーの湾内で、係留中の原子力潜水艦が事故を起こして沈没した。

5月 **酸性霧による針葉樹林の立ち枯れ**（日本）　名古屋大学グループが、乗鞍岳周辺での酸性霧による針葉樹林の立ち枯れ被害について報告した。イオウの安定同位体比を分析した結果、名古屋市の雨と特徴が一致し、石油燃料からの排ガスの可能性が指摘された。

5月 **ごみ焼却設備基準を強化**（日本）　厚生省が、ダイオキシン発生抑制のため設備基準を強化する法的規制を検討。5月末、廃棄物焼却炉の中・小炉を廃止していく方針に基づいて、各都道府県に対し計画策定を指示した。最終的に廃止が実現するのは10〜20年後の予定。

6.1 **初のダイオキシン規制条例**（埼玉県所沢市）　所沢市で国に先駆け全国初の「ダイオキシン規制条例」（3月公布）が施行された。

6.4 **ごみ焼却灰を野積み**（山梨県）　山梨県内6ヵ所の公共焼却施設で、焼却灰を野積みするなどの怠慢処理が発覚した。うち4施設では、焼却灰から1g中0.18〜8.8ナノグラムのダイオキシンが検出された。

6.5 **環境の日**（日本）　東京で「環境の日のつどい」が開催された。

6.7 ワシントン条約（世界）　ジンバブエのハラレでワシントン条約第38回常設委員会（〜8日）。

6.9 環境基本計画（日本）　中央環境審議会は「環境基本計画の進捗状況の第2回点検結果について」を取りまとめ、政府に報告した。

6.9 ワシントン条約（世界）　ハラレでワシントン条約第10回締約国会議が20日までの日程で開催。19日には南部アフリカ3ヵ国による日本を唯一の輸出対象国とした象牙取引解禁の提案が採択された。

6.9 持続可能な開発（世界）　トロントでAPEC持続可能な開発に関する環境大臣会合が開かれ、政務次官が出席した（〜11日）。

6.11 海洋汚染防止法令（日本）　「船舶安全法並びに海洋汚染及び海上災害の防止に関する法律の一部を改正する法律」が公布された。

6.11 海洋ごみ（日本）　船舶に「船舶発生廃棄物汚染防止規程」の備え置きを義務づける「船舶安全法」「海洋汚染防止法」一部改正が行われた。

6.13 環境基本計画（日本）　「環境基本計画の進捗状況の第2回点検結果について」が閣議報告された。

6.13 環境アセスメント（日本）　「環境影響評価法」（アセスメント法）が公布された。大規模事業についての環境影響評価の手続等を定める。

6.14 農薬空中散布に抗議（福島県滝根町）　日本人初の民間宇宙飛行士で福島県滝根町で有機農業を営む秋山豊寛が、滝根町が農薬の空中散布に補助金を出すのに抗議して、町の「星の村」名誉村長の辞任を伝えた。

6.17 地球環境保全に関する関係閣僚会議（日本）　地球環境保全に関する関係閣僚会議が開かれ、「地球環境保全に関する当面の取組―環境と開発に関する国連特別総会を控えて―」を申し合わせるとともに、「平成9年度地球環境保全調査研究等総合推進計画」を決定、平成8年度地球温暖化防止行動計画関係施策実施状況等が報告された。

6.18 廃棄物処理法を一部改正（日本）　「廃棄物の処理及び清掃に関する法律の一部を改正する法律」が公布された。廃棄物の減量及び再生利用の推進、不法投棄の罰則強化、廃棄物処理施設のアセスメン

ト義務化など設置手続の見直し、マニフェスト制度導入などを盛り込む。

6.19 「スーパーフェニックス」廃止方針（フランス）　フランスのジョスパン首相が施政方針演説で、日本の高速増殖炉「もんじゅ」と提携している高速増殖実験炉「スーパーフェニックス」を、費用がかかりすぎるとして廃止する方針であることを明らかにした。

6.20 ダイオキシン（日本）　中央環境審議会は環境庁長官に「ダイオキシン類の排出抑制対策のあり方について（有害大気汚染物質対策に関する第四次答申）」を答申。

6.20 大気中ダイオキシン（日本）　環境庁が「1996年度有害大気汚染物質モニタリング調査結果」を公表した。全国21地点で測定したダイオキシン類の大気中濃度の測定結果が初めて地点名とともに公表されたもので、都市部の濃度は農村部のほぼ10倍。最も濃度が高かったのは堺市車之町東、次いで東京都新宿区内藤町などだった。

6.20 たばこメーカーが巨額和解金（アメリカ）　全米40州の政府が喫煙による病気の治療費の損害賠償を請求してたばこメーカー各社に起こした訴訟で、メーカーが3685億ドルの和解金を支払うことで合意した。

6.22 産業廃棄物（岐阜県御嵩町）　岐阜県御嵩町で、全国初の産業廃棄物処理場建設の是非を問う住民投票が行われた。投票率は87.5％で反対票はそのうち69.7％となった。

6.23 ダイオキシン（日本）　厚相の諮問機関の「生活環境審議会」の廃棄物処理基準等専門委員会は、ダイオキシン抑制のための焼却施設設置基準の報告書をまとめた。

6.23 国連環境特別総会（世界）　ニューヨークで国連環境特別総会が開幕した。

6.24 ダイオキシン排出のごみ焼却施設名を公表（日本）　厚生省が、ダイオキシンの測定結果と排出するごみ焼却施設名を公表した。最高は石川県珠洲市清掃センターの580ナノグラムで、105施設が暫定基準量を超えていた。

6.26 鳥獣保護法施行令一部改正（日本）　メスヤマドリ、メスキジ、メスジカの捕獲を禁止する「鳥獣保護法施行令」一部改正が公布された。

1997年（平成9年）

6月　ワシントン条約（世界）　第10回ワシントン条約締約国会議がジンバブエ・ハラレで開催された。

6月　アジェンダ21（世界）　国連環境開発特別総会がニューヨークで開催された。参加約170ヵ国。地球サミット開催後5年間の取り組みを検証し、「アジェンダ21のさらなる実施のためのプログラム」を採択した。

7.2　大型タンカー座礁で原油流出（東京湾）　午前10時20分ごろ、東京湾横浜港の本牧ふ頭沖南東約6kmでパナマ船籍の大型タンカー「ダイヤモンドグレース」（14万7012t）が座礁した。船首の一部が損傷し、二つのタンクが破損、原油1万5000kℓが流出。この油によるとみられる異臭が東京都江戸川区や千葉県方面にまで広がり、異臭を吸った小学生13人が病院に運ばれる騒ぎになった。

7.2　ネバダ核実験場で臨界前核実験（アメリカ）　米エネルギー省が、ネバダ州のネバダ核実験場で第1回の臨界前核実験を実施した。

7.4　低公害車（日本）　「低公害車ガイドブック'97」が公表された。

7.4　水俣病対策について閣議決定（日本）　新たなチッソ支援策などを内容とする「水俣病対策について」が閣議決定された。

7.7　地球温暖化セミナー（アジア）　山梨県富士吉田市で第7回地球温暖化アジア太平洋地域セミナーが開催された（〜10日）。

7.9　海洋汚染（日本）　「海洋汚染及び海上災害の防止に関する法律施行令の一部を改正する政令」が公布された。環境保護に関する南極条約議定書の国内措置。

7.17　水俣湾魚介類の水銀値（熊本県）　熊本県は、5月から実施してきた水俣湾魚介類の水銀値調査の結果、対象となった7種類とも暫定規制値を下回ったと発表した。

7.18　化学物質（日本）　「外因性内分泌攪乱化学物質（環境ホルモン）問題に関する研究班中間報告書」が公表された。

7.20　富士山クリーン作戦（静岡県）　富士山山頂クリーン作戦。

7.23　自然公園大会（大分県）　大分県阿蘇くじゅう国立公園飯田高原で、自然に親しむ運動の中心行事として「第39回自然公園大会」が開催され環境庁長官が出席した（〜24日）。

- 7.31 温暖化防止京都会議の準備会合（世界）　ドイツのボンで、温暖化防止京都会議（気候変動枠組み条約第3回締約国会議）の準備会合が始まった。

- 7.31 ダイオキシン（世界）　東京で「第1回全国ダイオキシン類調査連絡会議」が開催された。

- 7月　水俣湾安全宣言（熊本県）　熊本県が「水俣湾安全宣言」を発表した。8月から9月にかけて水俣湾仕切り網が23年ぶりに完全撤去され、10月15日には漁操業自粛措置が解除され24年ぶりに漁が再開された。

- 7月〜　皇居でハチが大量発生（東京都千代田区）　7月から9月にかけて、皇居や赤坂御用地でスズメバチが大量発生し、庭園や樹木などを管理する宮内庁庭園課の職員の3分の1が刺されて病院で治療を受ける騒ぎになった。

- 8.2 原発建設計画を断念（インドネシア）　インドネシア政府が、21世紀までの原子力発電所建設の計画を断念した。

- 8.3 「もんじゅ」半年間運転停止処分（日本）　科学技術庁は、動燃の高速増殖炉「もんじゅ」を半年間運転停止処分にする方針を決定。

- 8.5 タンクローリー横転で有毒物質流出（静岡県菊川町）　午前5時40分ごろ、静岡県菊川町牛淵の東名高速道路下り線の菊川インター付近で、タンクローリーが中央分離帯に衝突して横転、運転手が腰の骨を折るなどして重傷を負った。この事故でタンクローリーに積んでいた液状の塩素系化学物質、ステアリン酸クロライド約4.5tが路上に流出、雨と反応して塩化水素のガスが発生した。

- 8.8 地球温暖化防止対策（日本）　「地球温暖化防止対策」について中央環境審議会企画政策部会における審議が開始された。

- 8.8 生物多様性国家戦略（日本）　「生物多様性国家戦略点検結果への意見の聴取結果について」が公表された。

- 8.9 「もんじゅ」事故で立入検査（日本）　科学技術庁が、動燃の高速増殖炉「もんじゅ」の事故で、放射線障害防止法違反の疑いで立ち入り検査を開始した。

8.14 十和田八幡平国立公園（青森県）　十和田八幡平国立公園十和田・八甲田地域で公園計画が変更された。

8.18 水俣湾仕切網撤去同意（熊本県）　熊本県水俣湾の仕切網撤去問題で、水俣市漁協は臨時総会で撤去に同意した。

8.20 温暖化影響調査を本格化（日本）　環境庁が温暖化影響調査を2000年から本格化することを発表した。

8.25 ダイオキシン対策5ヵ年計画（日本）　環境庁の「ダイオキシン対策に関する5ヵ年計画」が公表された。

8.26 環境保護協力協定締結（日本・ドイツ）　東京で日独環境保護協力協定が締結され、署名式に環境庁長官が出席した。

8.27 低レベル放射性廃棄物ドラム缶腐食問題（茨城県東海村）　動燃東海事業所の低レベル放射性廃棄物貯蔵ピットが浸水してドラム缶が腐食した問題で、廃棄物の保管を求めて科学技術庁に提出した申請書を動燃が紛失していたことが判明した。

8.29 ごみ焼却（日本）　ダイオキシン類対策のための「廃棄物処理法施行令」一部改正が公布された。大気汚染防止法施行令の改正と併せ、ごみ焼却施設に係る構造基準や維持管理基準を強化し、規制対象施設を拡大する。新設施設では12月1日、既存施設では1998年12月1日から施行される。

8.29 大気汚染防止法（日本）　ダイオキシン類を「指定物質」に指定する「大気汚染防止法施行令」の一部改正が公布された。12月1日施行。

9.1 生物多様性条約（世界）　モントリオールで生物多様性条約科学技術諮問機関第3回会合が開かれた（～5日）。

9.5 ナホトカ号事故（日本）　ナホトカ号油流出事故功労者感謝状贈呈式が行われ、環境庁長官、政務次官、事務次官等が出席した。

9.5 アツモリソウなど指定（種の保存法）（日本）　「絶滅のおそれのある野生動植物の種の保存に関する法律」に基づき、アツモリソウ、ホテイアツモリソウが国内希少野生動植物種（特定国内希少野生動植物種）に、コンセイインコほか2種が国際希少野生動植物種に指定された。

9.5 ごみ焼却（埼玉県所沢市）　埼玉県所沢市が1994年度の独自調査でごみ焼却施設からダイオキシンを検出しながら、データ公表を控えていたことが判明した。検出量は1万2000ナノグラムで、厚生省が定めるダイオキシン暫定基準の150倍。

9.7 竜ケ崎ダイオキシン訴訟（茨城県新利根町・竜ケ崎市）　茨城県新利根町の城取清掃工場のダイオキシン汚染について、新利根町と竜ケ崎市の住民が工場の操業停止と新設予定の工場建設差し止めを求め、工場を管理する塵芥処理組合を水戸地裁竜ケ崎支部に提訴した。ダイオキシン汚染をめぐる訴訟は全国で初めて。

9.15 オゾン層保護（世界）　モントリオールで「オゾン層を破壊する物質に関するモントリオール議定書第9回締約国会合」が開催された（〜17日）。

9.18 男鹿国定公園（秋田県）　男鹿国定公園で公園計画が変更された。

9.18 日光国立公園（栃木県）　日光国立公園日光地域で公園区域及び公園計画が変更された。

9.18 中部山岳国立公園（中部地方）　中部山岳国立公園で公園計画が変更された。

9.18 大山隠岐国立公園（鳥取県・島根県）　大山隠岐国立公園で公園計画が変更された。

9.18 北長門海岸国定公園（山口県）　北長門海岸国定公園で公園区域及び公園計画が変更された。

9.19 大気汚染で非常事態宣言（インドネシア・マレーシア）　マレーシア政府は、インドネシアでの山焼きによる大気汚染が「危険レベル」を超えたとして、ボルネオ島西部のサラワク州に非常事態を宣言し、すべての学校、事務所、商店などを閉鎖するよう命令した。

9.22 気候変動に関する政府間パネル（IPCC）（世界）　モルジブ共和国で第13回気候変動に関する政府間パネル（IPCC）全体会合が開催された（〜28日）。

9.26 学校焼却炉を原則全廃方針（日本）　文部省が、ダイオキシン問題を受けて全国の国公私立の小・中・高校などの焼却炉を原則全廃す

る方針（山間部など一部を除く）を決め、10月中にも都道府県教育委員会などへの通達することを明らかにした。

9.27 **大気汚染で非常事態宣言**（メキシコ）　メキシコ市当局は、市の大気汚染濃度が人体が許容できる数値の2.7倍に達していると非常事態宣言を発した。

9.29 **砂漠化対処条約（UNCCD）締約国会議**（世界）　ローマで砂漠化対処条約（UNCCD）第1回締約国会議が開催された（～10月10日）。

9.29 **森林火災**（インドネシア・タイ）　インドネシアの森林火災による煙害が、タイ南部にも拡大。

9.30 **ダイオキシン**（日本）　東京で「第1回ダイオキシン類総合調査検討会」が開催された。

9.30 **公害防止**（日本）　内閣総理大臣が「平成9年度策定地域（鹿児島地域等12地域）公害防止計画」の策定を指示した。

9.30 **鳥獣保護法施行規則一部改正**（日本）　学術研究を目的とする捕獲・採取について、許可権限の一部を都道府県知事に委譲する「鳥獣保護法施行規則」一部改正が公布された。

10.6 **地球温暖化防止京都会議の数値目標日本案**（日本）　気候変動枠組条約第3回締約国会議（地球温暖化防止京都会議）に向けた数値目標の日本政府提案が発表された。

10.8 **持続可能な開発**（日本）　バンコクでESCAP環境と持続可能な開発委員会第4回会合が開かれた（～10日）。

10.9 **環境基本条例**（和歌山県）　和歌山県で「環境基本条例」が公布された。同日施行。

10.13 **ナホトカ号重油流出事故の回収費**（新潟県・富山県・石川県・福井県）　国際油濁補償基金（本部：ロンドン）が、ロシアのタンカー「ナホトカ」の重油流出事故で、油回収費の請求手続きを終えている福井、石川、富山、新潟の4県と市町村に、緊急暫定的に計10億3400万円を支払うと通知した。

10.13 **環境基本条例**（長崎県）　長崎県で「環境基本条例」が公布された。同日施行。

10.13 生物多様性条約（世界）　モントリオールで生物多様性条約バイオセイフティ議定書作業部会第3回会合が開かれた（～17日）。

10.14 越境廃棄物の規制（日本）　「経済協力開発機構の回収作業が行われる廃棄物の国境を越える移動の規制に関する理事会決定に基づき我が国が規制を行うことが必要な物を定める命令の一部を改正する命令」が公布された。

10.14 自然遺産（世界）　国内の世界自然遺産地域白神山地、尾久島の管理状況について、世界遺産委員会から委嘱を受けたIUCNによる調査が実施された（～21日）。

10.15 重油流出（シンガポール）　シンガポール沖合のマラッカ海峡でタンカー同士が衝突し、推定2万5000tの燃料油が流出。東南アジア最大級の重油流出事故となった。

10.18 チェルノブイリ原発事故（日本）　政府が、ロシアに対する人道支援策の一環として、チェルノブイリ原発事故の被災者の治療などを行う「ロシア大統領メディカルセンター」に56億円を融資する方針を固めた。

10.18 ブラックマーケットで水銀入り石鹸（タンザニア）　タンザニアのビクトリア湖周辺で女性の体内無機水銀値が異常に高いことを調査していた日本のNGOや学者が、ブラックマーケットで流通している水銀入りの石鹸が原因であることをつきとめた。

10.18 温室効果ガス（アメリカ・アルゼンチン）　アルゼンチンのメネム大統領が、アメリカのクリントン大統領とバリロチェで共同記者会見し、地球温暖化防止には先進国だけでなく途上国も温室効果ガス削減義務があるとするアメリカの立場に支持を表明した。

10.21 自然保護（長野県）　長野五輪男子滑降コースのスタート地点の問題で、長野県自然保護検討会議が引き上げ反対を決めた。

10.23 アメニティ（各地）　第8回アメニティあふれるまちづくり優良地方公共団体表彰が行われ、東京都世田谷区・小田原市・富士市・長野県木曽福島町・香川県豊浜町の5団体が長官表彰された。

10.23 オゾン層減少（南極）　チリ気象庁が、南極圏のオゾン層が過去最大の規模で減少していると発表した。

10.24 低公害車(日本) 「低公害車大量普及方策検討会」が設置された。

10.25 乾電池液漏れ(日本) ソニーのアルカリ乾電池(単3)の新製品が、液漏れを起こすことが分かり、ソニーが回収開始した。

10.26 ナショナル・トラスト(世界) 三重県で第15回ナショナル・トラスト全国大会。

10.28 自然保護(長野県) 長野冬季五輪のスキー男子滑降コース問題で、世界自然保護基金(WWF)日本委員会は国際スキー連盟に、スタート地点引き上げ反対の文書を提出した。

10.31 毒ガスなどの化学兵器禁止条約を批准(ロシア) ロシア下院が、毒ガスなど化学兵器の生産や使用などを禁じる化学兵器禁止条約を賛成多数で批准した。

10月 アイドリングを禁じる生活環境保全条例(神奈川県) 神奈川県議会が、駐停車時の自動車エンジンのアイドリングを禁じる生活環境保全条例を可決した。兵庫県や京都府などに続き、全国で7番目となる。

10月 6年連続で最大級のオゾンホール(南極) 南極上空に6年連続で最大級(大きさ2433万km$^2$で過去5位、オゾン破壊量7891万tで過去2位)のオゾンホールが出現したことが、気象庁の調査で判明した。9月末の最盛時の面積は南極大陸の1.7倍に達した。

11.1 鳥獣保護区(青森県・秋田県・鳥取県・愛媛県・鹿児島県・沖縄県) 「鳥獣保護及狩猟ニ関スル法律」に基づき十和田(青森県、秋田県)、大山(鳥取県)、石鎚山系(愛媛県)、出水・高尾(鹿児島県)、漫湖(沖縄県)の5カ所が国設鳥獣保護区特別護地区に指定された。

11.5 酸性雨モニタリングネットワーク(アジア) 「東アジア酸性雨モニタリングネットワークに関する第1回作業グループ会合」が開催された(～7日)。

11.6 重油流出回収(シンガポール) シンガポール港湾局は、10月15日にマラッカ海峡で起きたタンカー衝突事故で流出した重油の回収作業が終了したと発表した。

11.13 エネルギー需要抑制による地球温暖化対策(日本) 地球温暖化問題への国内対策に関する関係審議会合同会議報告書「総合的なエネ

ルギー需要抑制対策を中心とした地球温暖化対策の基本的方向について」が公表された。

11.14 地球温暖化防止を考える公開講座（日本）　環境研修センター公開講座「地球温暖化防止を考える」が開催された。

11.14 地球温暖化防止のためのライフスタイル（日本）　「地球温暖化防止のためのライフスタイル検討会報告書」が公表された。

11.17 地球温暖化防止のための企業行動（日本）　「地球温暖化防止のための企業のボランタリーアクション等調査研究会報告書」が公表された。

11.18 地球温暖化防止対策の在り方（日本）　中央環境審議会企画政策部会は「今後の地球温暖化防止対策の在り方について」中間取りまとめを公表した。

11.18 敦賀原発で制御棒に亀裂（福井県敦賀市）　日本原子力発電が、敦賀原発1号機の制御棒1本に亀裂ができていたことを発表した。

11.19 環境保全・公害防止研究発表会（日本）　第24回環境保全・公害防止研究発表会が沖縄で開催された（～20日）。

11.21 地球温暖化防止京都会議（日本）　気候変動枠組条約第3回締約国会議（地球温暖化防止京都会議）に向け、環境庁長官が京都・大阪を訪問した（～22日）。

11.27 ワシミミズクを指定（種の保存法）（日本）　「絶滅のおそれのある野生動植物の種の保存に関する法律」に基づき、ワシミミズクを国内希少野生動植物種に指定。

11.28 ダイオキシン（日本）　厚生省が、ダイオキシン発生の抑制のため、自治体が行っている家庭用小型焼却炉への補助制度を中止するよう各都道府県に要請した。

11.28 ダイオキシン（日本）　「第2回全国ダイオキシン類調査連絡会議」が東京で開催された。

11.28 生物多様性条約（日本）　生物多様性条約締約国に提出が求められている、生物多様性条約第1回報告書が策定された。

11月　ごみ焼却（東京都）　ダイオキシン問題に関する住民の意識の高まりを受け、東京都内で家庭用小型焼却炉の購入補助金制度を廃止する自治体が増加した。

11月　能勢町ごみ焼却場ダイオキシン騒動（大阪府能勢町）　大阪府能勢町のごみ焼却場「能勢郡美化センター」に隣接する農場から、土壌1g当たり2700ピコグラムのダイオキシンが検出された。焼却場からの汚染が原因と考えられ、同所は閉鎖された。

12.1　地球温暖化防止京都会議（日本）　京都で気候変動枠組条約第3回締約国会議（地球温暖化防止京都会議）が開催。初日は開会式が行われたほか、記念切手も発行された。

12.1　長野五輪で国立公園通過コース（長野県）　長野冬季五輪のスキー男子滑降コース問題について、同五輪組織委員会（NAOC）の会長諮問機関「検討委員会」が東京都内で開かれ、スタート地点を1765mにするとともに、国立公園第1種特別地域を一部通過するコース案を決定した。

12.1　地球温暖化防止京都会議（アメリカ）　地球温暖化防止京都会議で、アメリカが国ごとの温室効果ガスの排出量について、これまでの「一律削減」から「差異化」を容認する考えを示し、難航していた交渉に進展の可能性が出た。

12.1〜　地球温暖化防止京都会議（世界）　第3回気候変動枠組条約締約国会議（COP3、通称地球温暖化防止京都会議）が、京都市・国立京都国際会館で開催された（10日まで）。先進国の温室効果ガス削減目標を国ごとに設定し、京都メカニズムを盛り込んだ「京都議定書」が採択された。

12.2　温室効果ガス（世界）　地球温暖化防止京都会議で、日本は、温室効果ガスの削減義務のある先進国を複数のグループに分け、グループごとに削減率を設定する方式を提案した。

12.3　廃棄物処理設備で詐欺（日本）　廃棄物処理設備の代理店契約に絡んで4億円を騙し取ったとして、東京地検刑事部が第一東京弁護士会所属の弁護士と大田区の運送会社社長詐欺の疑いで逮捕した。

12.3　ダイオキシン（日本）　厚生省が、1996年度に行った食品中のダイオキシン汚染調査の結果を公表、対象17食品の全てからダイオキシンが検出されていた。

| | | |
|---|---|---|
| 12.3 | 環境アセスメント（日本） | 「環境影響評価法施行令（環境アセスメント法）」が公布された。法の対象となる事業範囲を定めるもの。 |
| 12.6 | 京都低公害車フェア（日本） | 気候変動枠組条約第3回締約国会議記念京都低公害車フェアが開催された（～7日）。 |
| 12.7 | 産業廃棄物（岡山県牛窓町） | 岡山県牛窓町の町長選挙が、産業廃棄物処分場の建設是非を争点に行われ、建設阻止を公約にした新人が初当選した。 |
| 12.8 | 厚木基地騒音訴訟（神奈川県） | 厚木基地周辺の大和市など6市の住民が、騒音による被害を訴えて国に損害賠償を求める第3次訴訟を横浜地裁に起こした。 |
| 12.9 | 貨物船衝突転覆で重油流出（静岡県下田市） | 静岡県下田市の沖合で、静岡県戸田村の貨物船と神戸市の貨物船が衝突し、一艘が転覆して重油が流出した。 |
| 12.10 | 廃棄物処理法施行令改正（日本） | 「廃棄物の処理及び清掃に関する法律施行令等の一部を改正する政令」が公布された。ダイオキシン対策、埋立処分基準の強化、PCB処分基準等の整備、保管基準の強化等を盛り込む。 |
| 12.12 | 環境アセスメント（日本） | 環境影響評価法に基づく基本的事項が告示された。 |
| 12.13 | 温室効果ガス（世界） | ルクセンブルクで開かれた欧州連合首脳会議の議長総括で、温室効果ガスの削減についてさらなる前進が必要との見解が示された。 |
| 12.15 | 悪臭防止法施行規則改正（日本） | 「悪臭防止法施行規則の一部を改正する総理府令」が公布された。 |
| 12.16 | 地球温暖化防止対策の在り方（日本） | 「今後の地球温暖化防止対策の在り方について」環境庁長官が中央環境審議会に諮問を行った。 |
| 12.16 | 吉野熊野国立公園（近畿地方） | 吉野熊野国立公園で公園区域及び公園計画が変更された。 |
| 12.16 | 霧島屋久国立公園（鹿児島県） | 霧島屋久国立公園錦江湾地域で公園計画が変更された。 |

12.19　騒音規制法（日本）　環境庁は「平成8年度騒音規制法施行状況調査について」を公表した。

12.19　地球温暖化対策推進本部設置へ（日本）　「地球温暖化対策推進本部の設置について」閣議決定された。

12.26　廃棄物関連法令（日本）　厚生省が廃棄物に関する一連の「廃棄物の処理及び清掃に関する法律施行規則の一部を改正する省令」「厚生大臣が定める産業廃棄物」「汚泥に係る再生利用の内容等の基準」「廃ゴムタイヤに係る再生利用の内容等の基準」を発表した。「廃棄物処理法施行規則」に基づき自動車廃ゴムタイヤと汚泥を産業廃棄物に指定、また産廃物に含まれるカドミウムや全シアンなどの金属含有数値が法で決められた検定方法で測定して定められた基準以下であることなど定める内容。

12.26　環境基本条例（秋田県）　秋田県で「環境基本条例」が公布された。同日施行。

12月　地球温暖化対策推進本部設置（日本）　内閣総理大臣を本部長とする「地球温暖化対策推進本部」が設置された。

この年　シックハウス症候群（日本）　シックハウス症候群に関して、厚生省がホルムアルデヒドの室内濃度指針値を定めた。

この年　排ガスにダイオキシン（各地）　環境庁の発表で、発がん性や環境ホルモンの働きを持つ猛毒の化学物質、ダイオキシンがディーゼル車の排ガスに含まれていることが分かった。各地の大気中のダイオキシン濃度は前年度を下回ったが、交通量の多い道路沿いでは他の地域より濃度が高い傾向があった。調査では、大型ディーゼルトラック1台を実際に走行させて排ガスを集め、ダイオキシンの含有量を調べ、2回の調査の平均で1m$^2$当たり2.65ピコグラムが検出された。

この年　高濃度ダイオキシン検出（千葉市）　千葉市内の病院の敷地内で使用されてきた廃棄物焼却炉内の焼却灰から、1g当たり1万9000ピコグラムという高濃度のダイオキシン類が検出された。この焼却炉は小型焼却炉で法的に設置許可を受ける必要がなく、数年前から、周辺住民が異臭がするなどと訴えていた。

この年　ポイ捨て禁止条例（東京都新宿区）　東京都新宿区で、タバコの吸い殻・空き缶・ガムなどを捨てると2万円以下の罰金が課せられる「ポイ捨て禁止条例」が施行された。

この年　モントリオール議定書（世界）　モントリオール議定書締約国第9回会議がモントリオールで開催され、臭化メチルを前回合意より前倒しして2005年に全廃することが決められた。


# 1998年
（平成10年）


1.1　カーエアコンのフロン回収で処分費徴収（関東地方）　カーエアコンに使われるフロン類の回収を促進するため、自動車業界が車所有者から廃車時に処分費（1台4000円）を徴収する制度が東京・神奈川・千葉・埼玉で先行実施された。半年後、全国で実施。

1.7　化学物質（日本）　環境庁は「平成9年版化学物質と環境」を公表した。

1.9　地球温暖化対策（日本）　「地球温暖化対策の今後の取組について」地球温暖化対策推進本部により決定された。

1.14　南極条約環境保護議定書が発効（南極）　「南極条約環境保護議定書」（1991年採択）が発効した。同条約に対応する「南極地域の環境の保護に関する法律」が施行され、これに伴い「南極地域の動物相及び植物相の保存に関する法律」が廃止された。

1.19　ダイオキシン対策（日本）　労働省が、1999年度から5ヵ年の「労働災害防止計画」をまとめた。初めての廃棄物処理業でのダイオキシン対策の他、未規制の化学物質に関する発病予防の情報提供・対策指導、ホワイトカラーのストレス予防などが盛り込まれた。

1.21　低公害車（日本）　「低公害車等排出ガス技術指針策定調査検討会」が設置された。

1.24　生物多様性シンポジウム（日本）　金沢市で「生物多様性シンポジウム・イン・石川」が開催された。

1.24　室内ホルムアルデヒド汚染の全国実態調査（日本）　「室内汚染」の全国実態調査中間報告が国立医薬品衛生研究所によりまとめられ、

一般家庭室内が戸外の7.8倍も発がん性物質ホルムアルデヒドに汚染されていることが明らかになった。個人暴露濃度は平均52ppbで、室内排気型暖房機を使用している場合に汚染濃度が高いことも判明した。

2.2 高速増殖炉（フランス）　フランス政府が、高速増殖炉「スーパーフェニックス」の即時廃止と、その後の解体を正式発表した。

2.4 公害防止（日本）　第13回全国環境・公害研究所交流シンポジウム（～5日、国立環境研究所）。

2.4 海洋汚染防止法施行令改正（日本）　海洋投棄規制に有害液体物質指定項目を追加する「海洋汚染防止法施行令」一部改正が公布された。

2.5 生物多様性条約（世界）　生物多様性条約バイオセイフティ議定書作業部会第4回会合が開かれた（～13日、カナダ・モントリオール）。

2.6 ダイオキシン（日本）　「ダイオキシン問題シンポジウム」が開催された（埼玉県）。

2.12 環境保護（ブラジル）　ブラジルで、新環境保護取締法が成立した。

2.19 容器環境ホルモン（日本）　市民団体・日本子孫基金の依頼で横浜国大環境科学研究センターが実施したカップめん容器の内分泌かく乱物質（環境ホルモン）調査実験で、全銘柄で1～33ppbの濃度のスチレンモノマー溶出が確認された。

2.23 水質汚濁（日本）　環境庁が「水質汚濁防止法等の施行状況について」を公表した。

2.23 越境有害廃棄物についてのバーゼル条約（世界）　マレーシアで「有害廃棄物の国境を越える移動及びその処分の規制に関するバーゼル条約」第4回締約国会合が開かれた（～27日）。

2.26 公害防止（日本）　内閣総理大臣が「平成9年度策定地域（鹿児島地域等12地域）公害防止計画」を承認した。

2.26 合成樹脂食器（石川県・京都市・大阪市）　子供用の合成樹脂食器から食品衛生法基準を上回る化学物質ビスフェノールAが検出され、大阪府と大阪市が業者に回収命令を出した。また石川県でも同社製品から910ppm、京都市では同社製汁わんから1400ppmと、いずれも基準値を超えるビスフェノールAが検出された。

2月 環境ホルモンで容器リサイクル事業中止（日本）　環境庁で検討されていた「プラスチック容器による再利用モデル事業」が中止された。リターナブルびんと同様の機能を持たせ、メーカーや販売店の協力を得て1998年度中の商品化を目指したが、内分泌かく乱物質（環境ホルモン）の問題から中止に追い込まれた。

2月 バーゼル条約締約国会議で廃棄物リスト追加（世界）　第4回バーゼル条約締約国会議がクチンで開催され、有害廃棄物の範囲を明確にするため、廃棄物を例示したリストが追加された。

3.3 ワシントン条約（世界）　ロンドンでワシントン条約第40回常設委員会（～6日）。

3.6 地球温暖化防止対策の在り方を中間答申（日本）　中央環境審議会が環境庁長官に「今後の地球温暖化防止対策の在り方について」中間答申。

3.9 水質汚濁の水域類型指定見直し・PCB処理（日本）　中央環境審議会が利根川、荒川、多摩川水系の一部について類型指定を見直した「水質汚濁に係る生活環境の保全に関する環境基準の水域類型の指定の見直しについて」及びPCB処理施設を追加した「水質汚濁防止法の特定施設の追加等について」答申した。

3.11 公害健康被害の補償（日本）　中央環境審議会が環境庁長官に「公害健康被害の補償等に関する法律の規定による公害医療機関の診療報酬の額の算定方法の改定について」答申。

3.12 宇宙開発事業団地球観測センターでシアン漏れ土壌汚染（埼玉県鳩山町）　埼玉県鳩山町にある宇宙開発事業団の地球観測センターで、シアンを含む廃液が漏れて土壌汚染を起こしていたと明らかになった。

3.16 室戸阿南国定公園（高知県）　室戸阿南海岸国定公園で公園区域及び公園計画が変更された。

3.17 酸性雨モニタリングネットワーク（アジア）　「東アジア酸性雨モニタリングネットワークに関する第2回作業グループ会合」が開催された（～18日）。

- 3.19 第5福竜丸のエンジン引き渡し（東京都）　1954年に被曝した「第5福竜丸」のエンジンが保存運動を続けてきた市民団体から東京都に引き渡される。

- 3.19 酸性雨モニタリングネットワーク（アジア）　「東アジア酸性雨モニタリングネットワークに関する第1回政府間会合」が開催された（～20日）。

- 3.25 ネバダで未臨界核実験（アメリカ）　米エネルギー省は、ネバダ核実験場で3回目の未臨界核実験を実施した。

- 3.27 ダイオキシン（日本）　環境庁は、ダイオキシン類の大半が吸着しているばいじんについて排出規制の大幅強化の方針を決めた。

- 3.27 水質規制行政の政令市追加（日本）　「水質汚濁防止法施行令」一部改正が公布された。水質規制行政の政令市に町田市と宮崎市を追加したもの。3月31日施行。

- 3.30 光害対策ガイドライン（日本）　環境庁は「光害対策ガイドライン」の策定について発表した。

- 3.30 悪臭防止法の施行状況（日本）　環境庁は「平成8年度悪臭防止法施行状況調査について」を公表した。

- 3.31 水質汚濁（日本）　「水質汚濁防止法施行規則の一部を改正する総理府令」が公布された。

- 3.31 公害健康被害補償法（日本）　「公害健康被害補償法」「同施行令」一部改正が公布された。認定患者への補償金の自動車従量税収からの引き当て措置の延長、介護加算額・児童補償手当の額・療養手当の額・葬祭料の変更など。

- 3月　容器から環境ホルモン（日本）　3～5月、ポリカーボネート（PC）製容器から内分泌かく乱物質（環境ホルモン）が溶け出す問題が各紙の紙面を賑わせた。

- 4.1 酸性雨モニタリングネットワーク（アジア）　東アジア酸性雨モニタリングネットワークが試行稼働を開始した。

- 4.2 ごみ焼却（北海道）　帯広畜産大教授が、ごみ焼却場近くの牧場の牛乳からダイオキシンを検出したことを日本農芸化学会で発表した。

4.4 スモッグ被害防止基金（インドネシア）　ブルネイでASEAN環境相会議が開かれ、インドネシアの山林火災によるスモッグ被害を防ぐための基金を設けることで合意した。

4.6 包括的核実験禁止条約（CTBT）批准（イギリス・フランス）　イギリスとフランスが、核兵器保有国としては最初の包括的核実験禁止条約（CTBT）批准を発表した。

4.7 母乳中のダイオキシン（日本）　厚生省の調査で、母乳中に含まれるダイオキシンの量が摂取許容量の7倍になっていることが判明した。

4.10 焼却炉のばいじん排出規制（日本）　「大気汚染防止法施行規則の一部を改正する総理府令」が公布された。廃棄物焼却炉に係るばいじん排出規制を強化する。

4.16 能勢町ごみ焼却場ダイオキシン騒動（大阪府能勢町）　大阪府能勢町のごみ焼却場「能勢郡美化センター」周辺で高濃度ダイオキシンが検出された（能勢郡環境施設組合調査）。検出量は池の土から国内最大値の1g当たり2万3000ピコグラム、地面から同8500ピコグラム。

4.20 持続可能な開発（世界）　ニューヨークで国連持続可能な開発委員会（CSD）第6回会合が開かれた（～5月1日）。

4.21 ごみ処理（神奈川県横浜市）　横浜市が全国で初めて、最終処分場のダイオキシン濃度の測定結果を公表し、全測定地点の半数以上で大気中のダイオキシン濃度が環境庁基準を超えていることが判明した。なお、最終処分場は規制対象外とされている。

4.29 自然保護（東京都）　第10回「新宿御苑みどりの日の集い」が開催された。

4月 杉並病が話題に（東京都杉並区）　この頃から、東京都杉並区の住民が頭痛や吐き気など化学物質過敏症に似た症状を訴える、原因不明の「杉並病」がマスコミで報じられるようになった。

4月 焼却灰埋め立て地でダイオキシン検出（神奈川県横浜市）　横浜市が同市泉区の焼却灰埋め立て地「神明台処分地」で、大気中のダイオキシン類の濃度を調べたところ、6地点中3地点で国の定める指針値を上回っていたことが分かった。6回の測定値のうち3回が国の指針値（年平均0.8ピコグラム）を超え、埋め立て作業場所の北側で最高値の2.4ピコグラムを検出した。

4月 　能勢町ごみ焼却場ダイオキシン騒動（大阪府能勢町）　大阪府能勢町のごみ焼却施設「豊能郡美化センター」敷地内の土壌から1gあたり8500ピコグラムの高濃度ダイオキシンが検出され。土壌調査では、これまでの国内最高値の3倍以上の値で、12地点で1000ピコグラムを上回った。また、敷地内の調整池の汚泥からは2万3000ピコグラムが検出された。

4月 　ごみ焼却施設で高濃度ダイオキシン検出（兵庫県千種町）　兵庫県千種町のごみ焼却施設「宍粟環境美化センター」の埋め立て処分場の焼却灰から、1g当たり最高6万4000ピコグラムという国内最高のダイオキシンが検出された。

4月 　有害廃棄物の輸出制限（世界）　バーゼル条約の技術作業部会（TWG）がジュネーブで開催された。焼却するとダイオキシン類が発生する有害廃棄物の輸出制限などについて検討、廃電線焼却が問題化した。

5.1 　化学物質（日本）　環境庁が、神奈川県・愛知県の工場・事業所排出の有害化学物質調査の結果を発表した。総排出量は、発がん性が確認されているベンゼンなど有害物質が8物質・約376t、内分泌かく乱物質（環境ホルモン）類がフタル酸ジ-2-エチルヘキシルなど12物質・約69t。このうち、自動車産業が多く集まる愛知県西三河地区（対象19市町村・1128事業所）がベンゼン133tと、全排出量263tの半分以上を占めていた。

5.2 　エル・ニーニョ（アルゼンチン）　アルゼンチン各地をエル・ニーニョ現象による豪雨による洪水が襲い、これまでに13万人が避難した。

5.4 　ダイオキシン（日本）　厚生省の外郭団体の財団法人廃棄物研究財団の登録業者による、都道府県のダイオキシン測定業務の独占が判明した。

5.4 　生物多様性条約（世界）　スロバキアで生物多様性条約第4回締約国会議が開催された（〜15日）。

5.6 　象牙取引規制（種の保存法）（日本）　「絶滅のおそれのある野生動植物の種の保存に関する法律施行令」を一部改正する政令が公布された。ワシントン条約上の象牙取引に関して「特定国際種事業」の届け出対象を拡大する内容で、1999年3月18日施行。

5.6 プルサーマル計画（福井県）　福井県がプルサーマル計画の了解願に同意を表明。8日には、計画の導入を目指す関西電力に実施手続きに同意する旨を伝えた。

5.11 環境ホルモン（日本）　環境庁が内分泌かく乱物質（環境ホルモン）に関する今後の対応方針を定める「環境ホルモン戦略計画SPEED'98」を発表した。「内分泌かく乱作用を有すると疑われる化学物質」67種をリストアップし、環境汚染状況についての本格的な全国調査を決定する内容。

5.11 ポカラン砂漠で地下核実験（インド）　インドが、24年ぶりに西部のラジャスタン州ポカラン砂漠で地下核実験を実施した。

5.12 核実験に抗議を検討（日本・インド）　日本政府は、地下核実験を実施したインドに対して、無償資金協力の凍結を含む対抗措置の検討に入った。

5.13 核実験に対し経済制裁発動（アメリカ・インド）　クリントン米大統領が、ポツダムでコール・ドイツ首相と会談した後共同記者会見し、地下核実験を行ったインドに対する経済制裁発動を発表した。

5.14 核実験へ追加制裁措置（日本・インド・中国）　13日に2度目・2回の核実験を強行したインドに対して、日本政府は新規の円借款を停止と駐インド大使を一時帰国させるなどの追加制裁措置を決定。同日、中国外務省がインドに対し非難声明を出した。

5.15 環境ホルモン（日本）　島津製作所が企業としては日本初の試みとなる、消費者向けの内分泌かく乱物質（環境ホルモン）に関する情報センター「島津環境ホルモン分析情報センター」を東京カスタマーサポートセンター内に開設した。

5.20 水質汚濁防止法施行令改正・PCB処理施設を特定施設に（日本）　PCBの処理に関わる産業廃棄物処理施設を、水質汚濁防止法上の「特定施設」に追加する「水質汚濁防止法施行令」一部改正の政令が公布された。6月17日施行。

5.23 低公害車フェア（日本）　'98低公害車フェア開催（～24日）。

5.23 核実験で記者会見（パキスタン・インド）　パキスタンのナワズ・シャリフ首相が首相官邸で記者会見し、インドの核実験について「いかなる挑発に対しても確固たる対応をとる」と述べた。

1998年（平成10年）　　　　　　　　　　　　　　　　　　　　　環境史事典

5.24　ダイオキシン問題シンポジウム（日本）　名古屋市で「ダイオキシン問題シンポジウム」が開催された。

5.25　南極条約協議国会議（南極）　ノルウェー・トロムソで第22回南極条約協議国会議が開かれた（〜5日）。

5.27　海洋汚染防止法改正・油防除体制を強化（日本）　油などの防除体制を強化する「海洋汚染防止法」一部改正が公布された。

5.28　核実験を強行（パキスタン）　パキスタンが、アフガニスタンの国境に近いチャガイで核実験を強行、5発を爆発させた。

5.29　核実験に制裁措置（日本・パキスタン）　日本政府が、核実験を実施したパキスタンに対し、新規の円借款と緊急・人道的なものを除く無償資金協力を凍結する制裁措置。

5.30　2度目の核実験（パキスタン）　パキスタンが2度目の核実験を実施。1発を爆発させた。

5.30　経済制裁発動（アメリカ・パキスタン）　クリントン米大統領が、核実験を実施したパキスタンに対して経済制裁発動の指令書に署名した。

5月　世界保健機関（世界）　世界保健機関（WHO）欧州地区事務局がジュネーブでダイオキシン類のリスク評価検討会を開催し、ダイオキシン類耐容1日摂取量（TDI）基準を従来の体重1kg当たり10ピコグラムから1〜4ピコグラム・TEQに改正した。

6.2　地下水から高濃度トリクロロエチレン（愛知県）　東芝愛知工場名古屋分工場の地下水から、発癌性が疑われている物質のトリクロロエチレンが基準値の1万5600倍にのぼる高濃度で検出された。

6.3　温室効果ガス削減目標（日本）　環境関連審議会・合同小委員会が開催され、温室効果ガス削減の取り組み内容や抑制目標が報告された。

6.4　ごみ焼却場周辺住民の血液から高濃度ダイオキシン検出（茨城県新利根町）　摂南大薬学部の研究グループが環境化学討論会で、茨城県新利根町のごみ焼却場周辺住民の血液から高濃度のダイオキシンを検出したことを発表。

6.4　核実験に対し共同声明（世界）　国連安保理の5常任理事国が緊急外相会議を開き、インドとパキスタンを新たな核保有国と認めず、包

括的核実験禁止条約（CTBT）への即時無条件署名などを求める共同声明を発表した。

6.5 環境の日（日本） 東京で「環境の日のつどい」が開催された。

6.5 化学物質（日本） 環境庁が化学物質300種を新たに「要調査項目」に指定、ビスフェノールA・ニトロトルエン類・メソミルなど64種（従来は48種）を内分泌かく乱物質（環境ホルモン）に指定し、調査体制を強化した。また、1998年度から100ヵ所地点で緊急調査を実施することを決めた。

6.5 家電リサイクル法（日本） 「特定家庭用機器再商品化法（家電リサイクル法）」が公布された。家庭から排出される廃家電は年間約60万tにのぼり、そのほとんどが埋め立て処分されてきたことから、資源の有効利用と廃棄物減量のために制定されたもので、2001年4月から本格施行される。11月27日には「同施行令」が公布され、対象となる特定家庭用機器としてエアコン・ブラウン管式テレビ・冷蔵庫・洗濯機の4品目を指定し、メーカー・販売業者に製造した製品の引き取りとリサイクルを義務付けた。なお、費用は消費者負担とされた。

6.6 核実験非難決議（世界） 国連安全保障理事会は、インドとパキスタンの核実験を非難して核不拡散体制の堅持などを求める日本主導の決議を全会一致で採択、インドとパキスタンは強く反発した。

6.8 産業廃棄物不法投棄対策基金（日本） 厚生省と産業界は、産業廃棄物の不法投棄対策としてその処理費用にあてる基金として、年8億円をあてることを決めた。

6.9 環境ホルモン（日本） 化学物質による内分泌撹乱を研究する学会「環境ホルモン学会」の発起人会が東京で開かれた。

6.10 海洋汚染（日本） 「金属等を含む産業廃棄物に係る判定基準を定める総理府令及び海洋汚染及び海上災害の防止に関する法律施行令第5条第1項に規定する埋立場所等に排出しようとする金属等を含む廃棄物に係る判定基準を定める総理府令の一部を改正する総理府令」公布された。特別管理産業廃棄物以外の有害物質を含む廃棄物に係る判定基準を整備する。

6.12 環境アセスメント（日本）　「環境影響評価法施行規則」「環境影響評価法に基づく主務省令」がそれぞれ公布された。

6.12 印パに核実験開発中止を要求（世界）　主要8ヵ国（G8）外相会議がロンドンで開かれ、インド、パキスタン両国に核兵器開発・配備計画の中止や包括的核実験禁止条約（CTBT）への即刻無条件参加などを求める共同声明をまとめた。

6.16 廃棄物最終処分場（日本）　6月17日の改正「廃棄物処理法」施行に伴い、廃棄物処理に関する総理府令等が告示された。「一般廃棄物の最終処分場及び産業廃棄物の最終処分場に係る技術上の基準を定める命令の一部を改正する命令」「特別管理一般廃棄物又は特別管理産業廃棄物を処分又は再生したことにより生じた廃棄物の埋立処分に関する基準の一部を改正する件」「工作物の新築、改築又は除去に伴って生じた安定型産業廃棄物の埋立処分を行う場合における安定型産業廃棄物以外の廃棄物が混入し、又は付着することを防止する方法を定める件」。

6.17 化学物質（日本）　経団連が、事業所化学物質排出量についての初の全国規模自主調査（年間）結果を発表した。38業界団体1585社が自主申告で回答したもので、ダイオキシン類は調査対象外とされた。発がん性があるとされるAランク物質12種のうち、ベンゼン、塩化ビニル、酸化エチレンなど7種が排出されていることが判明した。

6.17 ごみ処理（日本）　事業者に管理・保管の義務がある「特別管理産業廃棄物」に指定されている廃PCBについて、厚生省が化学処理を中心とした5種の処理方法を認可・告示した。また環境庁が、「PCB処理の推進について（PCB混入機器等処理推進調査検討委員会・1997年10月を補足する第2次報告）」を公表した。

6.19 地球温暖化対策推進大綱（日本）　地球温暖化対策の総合的推進計画である「地球温暖化対策推進大綱」が政府・地球温暖化対策推進本部により決定された。京都議定書で定められた温室効果ガスの6%削減目標を達成するためのもの。

6.22 地球温暖化セミナー（アジア）　タイ・プーケットで第8回地球温暖化アジア太平洋セミナー（～25日）。

6.23 大気汚染防止法（日本）　環境庁は「平成8年度大気汚染防止法施行状況調査について」を公表した。

環境史事典　　　　　　　　　　　　　　　　　　　　　　　　　　　　1998年（平成10年）

6.23　化学物質（大阪府高槻市）　大阪府高槻市の電機メーカーの工場で、敷地内の地下水から基準値を大幅に上回る濃度の有機塩素系化学物質が検出されたことが明らかにされた。

6.24　生物多様性センター（山梨県富士吉田市）　山梨県富士吉田市に生物多様性センターを開所。

6.25　ダイオキシン（日本）　東京で「第2回ダイオキシン類総合調査検討会」が開催された。

6.26　低公害車（日本）　環境庁が「低公害車等排出ガス技術指針策定調査検討会第一次報告」を公表した。

6.26　ナショナル・トラスト（世界）　青森県八戸市で第16回ナショナル・トラスト大会が開催された（～27日）。

6.26　核実験への制裁に反発し緊急援助を拒絶（インド・日本）　インド政府が、グジャラート州のサイクロンによる被害に対する日本政府の緊急援助を拒絶。核実験後の日本の対応に反発したものと推測された。

6.30　ダイオキシン（日本）　東京で「第3回全国ダイオキシン類調査連絡会議」が開催された。

6.30　ポリスチレン容器から環境ホルモン検出（日本）　「内分泌かく乱物質（環境ホルモン）をめぐる生活と食の安全についての国際シンポジウム」で、ポリスチレンのカップめん容器から内分泌かく乱物質の一つと疑われているスチレントリマーが検出されたとの実験結果が、国立医薬品食品衛生研究所により発表された。

6.30　琉球大病院で被曝事故（沖縄県）　琉球大病院で、子宮がん治療用の放射性同位元素を交換していた放射線技師（45）が、誤って放射線源を素手で触って指先を中心に被曝。医学部助手も全身に被曝した。

6月　イヌワシ繁殖率が急落（日本）　日本イヌワシ研究会が、天然記念物イヌワシに関する1995年調査の結果を発表した。繁殖率が急落し、つがい数160、生息数380羽、繁殖成功率は過去最低の22.2％と推測される。

6月～　光化学スモッグ（東京都）　6月末から7月初めにかけて、東京地方で光化学スモッグが集中的に発生した。

— 435 —

- 7.1 低公害車ガイドブック（日本）　「低公害車ガイドブック'98」が公表された。

- 7.4 試験炉緊急停止（茨城県東海村）　東海村の原子力研究所の試験炉が緊急停止した。

- 7.6 環境ホルモン含有玩具の販売自粛（日本）　グリーンピース・ジャパンが、百貨店が内分泌かく乱物質（環境ホルモン）を含むおもちゃの販売を自粛する傾向にあるとの調査結果を発表した。

- 7.9 光化学スモッグ（東京都杉並区）　正午ごろ、東京都杉並区の小学校で児童が息苦しさや目の痛みなどを訴え63人が病院に運ばれた。光化学スモッグが発生したためと推測された。

- 7.10 印パへ核関連物質輸出規制（イギリス）　イギリス政府は、インド、パキスタンの核実験に対する措置として、核関連物質の輸出規制の実施を表明した。

- 7.16 ダイオキシン（日本）　環境庁は「平成9年度ダイオキシン類排出実態調査結果」公表。

- 7.17 地球環境保全に関する関係閣僚会議（日本）　地球環境保全に関する関係閣僚会議において、「平成10年度地球環境保全調査研究等総合推進計画」決定、「平成9年度地球環境保全調査研究等総合推進計画の実施状況」及び「平成9年度地球温暖化防止行動計画関係施策実施状況」報告がなされた。

- 7.27 印パの核実験を非難（世界）　ASEANと日本、アメリカ、中国、インドなど20ヵ国と欧州連合（EU）が地域の安全保障問題を話し合うASEAN地域フォーラム（ARF）が、（事実上インドとパキスタンの）核実験を批判する議長声明を発表して閉幕した。

- 7.28 ノグチゲラの保護増殖（種の保存法）（日本）　環境庁は「絶滅のおそれのある野生動植物の種の保存に関する法律」に基づき、ノグチゲラの保護増殖事業計画を策定した。

- 7.29 西淀川公害訴訟（大阪市西淀川区）　大阪西淀川区の公害病認定患者が起こしていた西淀川公害訴訟は大阪高裁で、国と公団が具体的な環境改善の対策を進めていくことを条件に和解が成立。大気汚染訴訟で初めて国が和解を認めた。

8.1 鳥獣保護法（青森県八戸市）　青森県八戸市尻内町で、絶滅の危惧のあるヒナコウモリの親子200匹以上の死骸が見つかった。イタズラと見られ、8月11日までに、市内の男子中学生14人、男子高校生5人が鳥獣保護法違反の疑いで逮捕された。

8.1 燃料電池（アメリカ）　米航空機部品大手のユナイテッド・テクノロジーズ(UTC)と、東芝が自動車用燃料電池量産の合弁会社「インターナショナル・フェル・セル」をコネティカット州に設立した。

8.5 川崎公害訴訟（神奈川県川崎市）　川崎市の公害病認定患者が国と首都高速道路公団に損害賠償などを求めた川崎公害訴訟（2〜4次）の判決公判で、横浜地裁は国・公団に公害の責任を認め賠償を命じる判決を下した。

8.8 大気汚染防止法（日本）　環境庁が、1999年度中に「大気汚染防止法」を一部改正し、浮遊粒子状物質(SPM)の規制を強化する方針を決定した。

8.12 環境アセスメント（日本）　「環境影響評価法施行令及び電気事業法施行令の一部を改正する政令」が公布された。

8.14 ディーゼル車（日本）　環境庁が、1999年度から工場ばいじんとディーゼル車排ガスの軽油中に含まれるイオウ分の規制を大幅に強化する方針を決めた。現行の500ppmを2000年規制で350ppm、2005年規制で50ppmと段階的に引き上げて、7年間で9割削減を目指す。

8.15 ケミカルタンカーの燃料が流出（千葉県銚子市）　銚子市犬吠崎沖の海上で、ケミカルタンカーとパナマ船籍の貨物船が衝突し、タンカーの燃料約46kℓが流出した。

8.16 重油流出で遊泳禁止（千葉県飯岡町）　前日の衝突事故でケミカルタンカーから流出した重油が千県飯岡町の海水浴場に流れついたため、遊泳禁止となった。

8.22 重油流出事故義援金を懇親会費に流用（福井県敦賀市）　前年1月のタンカー重油流出事故で寄せられた義援金の一部が、福井県の敦賀市農業協同組合の幹部職員懇親会費へ流用されていたと判明した。

8.24 琵琶湖国定公園（滋賀県琵琶湖）　琵琶湖国定公園で公園区域及び公園計画が変更された。

8.24　比婆道後帝釈国定公園（中国地方）　比婆道後帝釈国定公園で公園計画が変更された。

8.24　日南海岸国定公園（宮崎県）　日南海岸国定公園で公園計画が変更された。

8.26　環境基本計画（日本）　中央環境審議会が「環境基本計画の進捗状況の第3回点検結果について」を政府に報告した。

8.26　給食容器の環境ホルモン（日本）　文部省が、5月に実施したポリカーボネート（PC）製給食容器使用状況調査の結果を発表した。全国小中学校の4割で使用されており、内分泌かく乱物質（環境ホルモン）の影響を懸念する自治体も出ているが、文部省は特に切り替え措置はとらない方針。

8.27　環境ホルモン（日本）　6月設立された仮称「日本環境ホルモン学会」が、正式に「日本内分泌撹乱化学物質学会」と命名された。

8.28　環境基本計画（日本）　「環境基本計画の進捗状況の第3回点検結果について」が閣議報告された。

8.31　阿寒国立公園（北海道）　阿寒国立公園で公園計画が変更された。

8.31　磐梯朝日国立公園（山形県）　磐梯朝日国立公園（出羽三山・朝日地域）の公園計画の変更。

8.31　磐梯朝日国立公園（山形県）　磐梯朝日国立公園（飯豊地域）の公園区域及び公園計画の変更。

8月　調理用ペーパーから有機スズ化合物検出（日本）　愛媛大学の農学部と医学部の研究グループが、呉羽化学工業のクッキングペーパーから、環境ホルモンの一種で、生殖機能に影響を与えるとされるトリブチルスズ（TBT）や、免疫機能の低下を招くジブチルスズ（DBT）などの有機スズ化合物を検出。製造元は製品の製造・販売を中止した。

8月　カップめん容器の環境ホルモン（日本）　8月上旬、日本子孫基金や日本消費者連盟など9つの市民団体が、カップめん容器の内分泌かく乱物質（環境ホルモン）問題で、日本初となる「日本農林規格（JAS）法13条」による公聴会を請求した。

8月　ダイオキシン対策（日本）　環境庁が、発生源対策・モニタリング調査・研究などに関する「ダイオキシン対策に関する5ヵ年計画」を策定した。

8月　在来線騒音訴訟（東京都世田谷区）　東京都世田谷の住民らが、小田急線の騒音・振動被害をめぐり、小田急電鉄を東京地裁に提訴した。在来線をめぐる鉄道公害訴訟は日本で初めて。

8月　イタイイタイ病健康被害続く（富山県）　富山医科薬科大・金沢医科大・長崎大医学部などによるイタイイタイ病の長期追跡調査の結果、同病の前段階であるカドミウム腎症や尿細管障害が、富山県神通川流域をはじめとするカドミウム汚染地域でいまだに多発していることが判明した。

8月～　環境ホルモン検出（各地）　環境庁がまとめた全国調査によると、130地点の水質調査で122地点から環境ホルモンが検出された。調査は、界面活性剤が分解してできるノニルフェノールなどのアルキルフェノール類や樹脂原料のビスフェノールAなどで、ノニルフェノール99地点、ビスフェノールA88地点で検出された。

9.1　オゾン層保護（日本）　オゾン層保護対策推進月間（～30日）。

9.2　海洋ごみ（日本）　「マルポール73/78条約」改正（附属書6の追加）に伴い、船舶などからの大気汚染防止に関する規則に関して告示がった。また、「海洋汚染防止法」が一部改正された。

9.9　ダイオキシン（日本）　識者による「平成10年度ダイオキシン排出抑制対策検討会」が設置された。

9.9　志賀原発訴訟で名古屋高裁判決（石川県）　石川県民が起こしていた志賀原発訴訟の控訴審の判決公判が名古屋高裁で開かれ、控訴は棄却された。

9.10　能勢町ごみ焼却場ダイオキシン訴訟（大阪府能勢町）　大阪府能勢町のごみ焼却炉を原因とするダイオキシン汚染をめぐり、住民が公害調停を申請した。

9.17　地球温暖化対策閣僚会合（日本）　東京で地球温暖化対策に係る非公式閣僚会合が開かれた（～18日）。

9.21 能勢町ごみ焼却場ダイオキシン騒動（日本）　厚生省による調査で、大阪府能勢町のごみ焼却施設敷地内の冷却水槽周辺土壌から1g当たり5200万ピコグラム、塔内ヘドロから700万ピコグラムの高濃度ダイオキシン類が検出された。開放型冷水塔の構造に問題があることが判明した。

9.24 水質汚濁（日本）　閉鎖性海域に係る窒素・燐暫定排出基準の見直しを盛り込んで、水質汚濁防止法の排水基準を定める総理府令が改正された。

9.24 内湾内海（日本）　「水質汚濁防止法」の排水基準を定める総理府令の改正が告示され、閉鎖性海域における窒素・リン暫定基準が見直された。

9.24 カドミウム汚染（京都市）　京都市保険局が、京都大学農学部地域環境科学専攻の研究室で、18日に玄米茶を飲んだ学生ら9人が吐き気や腹痛などを訴え、飲み残しなどからカドミウムを検出したと発表した。

9.25 公害防止（日本）　内閣総理大臣が「平成10年度策定地域（富士地域第4地域）公害防止計画」の策定を指示した。

9.26 ネバダ州で4回目の臨界前核実験（アメリカ）　アメリカが、ネバダ州で4回目の臨界前核実験を実施。

9.28 気候変動に関する政府間パネル（IPCC）（世界）　ウィーンで第14回気候変動に関する政府間パネル（IPCC）総会が開かれ、インベントリータスクフォース（各国の温室効果ガスの排出量・吸収量の目録に関する計画の運営委員会）の中核的機能を日本が引き受けることが決定した（～10月3日）。

9.29 シアン化ナトリウム溶液流出（高知県）　高知県を襲った豪雨で高知市の金属メッキ工場からシアン化ナトリウムの溶液が流出していたことが判明した。

9.30 自動車排出ガス量の許容限度（日本）　ガソリン・LPG自動車の排出ガス規制を強化する「自動車排出ガス量の許容限度の改正」が告示された。

9.30　環境基準（日本）　「騒音に係る環境基準について」が告示された。騒音の評価手法の変更、屋内基準の新設、自動二輪車への規制などを盛り込む。

9.30　使用済み核燃料輸送（東京都）　使用済み核燃料を運ぶため「六栄丸」が東京電力福島第2原子力発電所に到着。

10.2　地球温暖化対策推進法（日本）　国・地方公共団体・事業者・国民それぞれの役割と責務を明らかにし、一体となって地球温暖化対策に取組むための枠組みを定める「地球温暖化対策の推進に開する法律」が参院本会議で可決され、成立した。10月16日公布、翌99年4月8日施行。

10.2　使用済み核燃料（福島県）　福島第2原発の使用済み核燃料を積んだ六栄丸が青森県むつ小川原港の六ヶ所村に到着。

10.5　ごみ焼却（埼玉県）　埼玉県が、規制対象外とされている小型焼却炉について、全国初の条例を制定してダイオキシン排出量を規制することを決定した。

10.9　地球温暖化対策推進法（日本）　「地球温暖化対策の推進に関する法律」が公布された。

10.9　河川底質（日本）　愛媛大農学部教授グループが1996年7～9月に松山平野で実施した河川のダイオキシン汚染調査で、調査地点25中24地点でダイオキシン類であるポリ塩化ジベンゾ-p-ダイオキシン（PCDD）とポリ塩素化ジベンゾフラン（PCDF）を検出したことが明らかになった。ダイオキシン類総濃度は1リットル当たり最高で1500ピコグラム、平均120ピコグラム。水田で使われた除草剤のCNP（クロルニトルフェン）、PCP（ペンタクロロフェノール）などが原因と判明した。

10.12　酸性雨モニタリングネットワーク（アジア）　「東アジア酸性雨モニタリングネットワークに関する第1回暫定科学諮問グループ会合」が開催された（～14日）。

10.14　有機溶剤中毒死（大阪府羽曳野市）　午後1時半ごろ、大阪府羽曳野市埴生野の建築資材リース会社「堺クランプ」で、升形のタンクの底にたまったヘドロの除去作業中に、作業員が防じんマスクを着けてタンク内に下り、ヘドロをすくっている最中に倒れた。助けよう

とタンク内に入った3人のうち1人が倒れ、計2人が死亡した。また、2人が軽傷を負った。

**10.15** 光化学スモッグ（日本）　環境庁が、光化学スモッグ対策として炭化水素類の法規制を推進する方針を決めた。2001年の「大気汚染防止法」改正へ向け、1999年度から一定規模以上の事業所に対する実態調査を開始する。

**10.15** 酸性雨モニタリングネットワーク（アジア）　「東アジア酸性雨モニタリングネットワークに関する第3回政府間作業グループ会合」が開催された（～16日）。

**10.16** 66%の河川から環境ホルモン（日本）　建設省が内分泌かく乱物質（環境ホルモン）調査のための「流域水環境研究会」を開催し、7～8月に全国主要河川109水系256地点を対象に実施した調査結果を発表した。調査対象地点の66%に当たる169ヵ所から環境ホルモンと疑われる物質が検出され、主な化学物質はフタル酸ジ-2-エチルヘキシル（利根川・信濃川など30水系86地点）、アジピン酸ジ-2-エチルヘキシル（荒川・淀川など41水系67地点）、ビスフェノールA（利根川・淀川など34水系61地点）、ノニルフェノール（21水系32地点）など。

**10.28** 三河湾国定公園（愛知県）　三河湾国定公園で公園区域及び公園計画が変更された。

**10.30** 京都議定書（日本）　環境庁が「京都議定書・国際制度検討会報告書」を公表。

**11.1** 釧路湿原（日本）　環境庁が「鳥獣保護及狩猟ニ関スル法律」に基づき、釧路湿原、浜甲子園、霧島、仲の神島を国設鳥獣保護区特別保護地区に指定した。

**11.2** 気候変動（世界）　ブエノスアイレスで気候変動枠組条約第4回締約国会議が開催された（～13日）。

**11.4** 保護区指定（種の保存法）（日本）　環境庁は「絶滅のおそれのある野生動植物の種の保存に関する法律」に基づき兵庫県城崎郡日高町に大岡アベサンショウウオ生息地保護区を指定した。

**11.6** ダイオキシン（日本）　「ダイオキシン等対策関係省庁会議」が東京で開催された。

- 11.10 生物多様性国家戦略（日本）　環境庁は「生物多様性国家戦略の進捗状況の点検結果（第2回）」を公表した。

- 11.12 公害防止（日本）　第25回環境保全・公害防止研究発表会が岡山市で開かれた（～13日）。

- 11.12 アメニティ（各地）　第9回アメニティあふれるまちづくり優良地方公共団体表彰で、一関市・秋田県小坂町・古河市・新潟県津川町・砺波市・掛川市・太宰府市・熊本県甲佐町が受賞した。

- 11.14 気候変動枠組条約締約国会議・ブエノスアイレス行動計画（世界）　ブエノスアイレスで開催されていた気候変動枠組条約・第4回締約国会議（COP4）が、「京都議定書」の早期発効や発展途上国への参加呼びかけなど今後の作業スケジュールを「ブエノスアイレス行動計画」として採択して閉幕した。

- 11.16 ダイオキシンリスク評価（日本）　中央環境審議会環境保健部会「ダイオキシンリスク評価小委員会」が設置された。

- 11.16 モントリオール議定書締約国会合（世界）　「オゾン層を破壊する物質に関するモントリオール議定書第10回締約国会合」がカイロで開催された（～24日）。

- 11.16 酸性雨モニタリングネットワーク（アジア）　「平成10年度東アジア酸性雨モニタリングネットワーク・モニタリング手法に関するトレーニングワークショップ」が開催された（～19日）。

- 11.18 ラムサール条約（日本）　「ラムサール条約国別報告書」を取りまとめ、環境庁が公表、外務省から同条約事務局へ提出される。

- 11.20 地球温暖化防止マーク（日本）　地球温暖化防止シンポジウムマークが決定した。

- 11.23 サンゴ礁（世界）　国際熱帯海洋生態系管理シンポジウム及び国際サンゴ礁イニシアティブ（ICRI）第2回総会がタウンズヴィルで開かれた（～26日）。

- 11.24 ダイオキシン（日本）　環境庁は「土壌中のダイオキシン類に関する検討会（第一次報告）中間取りまとめ」を公表した。

- 11.25 モントリオール議定書（世界）　「モントリオール議定書第10回締約国会合の結果について」が公表された。

11.26　環境アセスメント（世界）　「戦略的環境アセスメントに関する国際ワークショップ」が開催された。

11.30　砂漠化対処条約（UNCCD）締約国会議（世界）　ダカールで砂漠化対処条約（UNCCD）第2回締約国会議が開催された（～12月11日）。

11月　バーゼル条約改正（世界）　有害物質規制対象となる品目を具体的明示方式に変更する「バーゼル条約」改正が行われた。

11月　モントリオール議定書（世界）　第10回モントリオール議定書締約国会議がカイロで開催された。

12.1　温暖化防止月間（日本）　地球温暖化防止月間（～31日）。

12.1　ごみ焼却（日本）　「廃棄物処理法」に基づき、ダイオキシンに初めて法的罰則規制を定める改正政省令が施行された。段階的ながら指針値を義務化し、違反した場合には操業停止や罰則を課す。また、全ての産廃事業者に「マニフェスト（管理伝票）制度」を義務化する、など。

12.2　京都会議（日本）　京都市で開かれているユネスコの第22回世界遺産委員会京都会議で、東大寺、平城宮跡、興福寺、春日大社、元興寺、薬師寺、唐招提寺、春日山原始林の8ヵ所からなる「古都奈良の文化財」など30件の世界遺産への登録が決定した。

12.4　人体環境ホルモン（日本）　日本医学会のシンポジウムで、横浜市立大教授により、内分泌かく乱物質（環境ホルモン）が妊婦から胎児へ急速に拡散することが発表された。

12.4　谷戸沢ごみ処分場の浸出水問題（東京都日の出町）　東京・日の出町の谷戸沢一般廃棄物埋立て処分場の周辺土壌（畑などを含む）から、1g当たり最大293ピコグラムの高濃度ダイオキシンが検出された。

12.7　化学物質（日本）　環境庁が全国の河川、海、湖、地下水などのほとんどから対象物質を検出したとする「水環境中の内分泌攪乱化学物質（いわゆる環境ホルモン）の実態概況調査（夏季）結果（速報）」を公表。

12.8　水質測定結果（日本）　環境庁、「平成9年度公共用水域水質測定結果」及び「平成9年度地下水質測定結果」を公表した。

12.8　ダイオキシン（日本）　環境研修センターが「ダイオキシン類分析研修施設整備検討会報告書について」を公表した。

12.8　臨界前核実験実施（ロシア）　ロシアがノバヤゼムリャ島で臨界前核実験を実施。

12.10　低公害車の技術指針（日本）　環境庁が「低公害車等排出ガス技術指針」を策定した。

12.12　地球温暖化防止活動（日本）　1998年度地球温暖化防止活動大臣表彰。26団体が環境庁長官より表彰された。

12.14　騒音規制法の施行状況（日本）　環境庁は「平成9年度騒音規制法施行状況調査について」を公表。

12.14　悪臭防止法の施行状況（日本）　環境庁は「平成9年度悪臭防止法施行状況調査について」を公表。

12.15　ディーゼル車排ガス削減を答申（日本）　環境庁・中央環境審議会大気部会が、「自動車排出ガス量の許容限度」設定のうちのディーゼル車排ガス削減規制に関して答申、2002年を目処に現行規制値より窒素酸化物（$NO_X$）を25～30％、粒子状物質（PM）を28～30％を削減し、2007年を目処に2002年値をさらに半減し、現状より70％の削減を達成する長期計画などを打ち出した。

12.22　大気汚染（日本）　環境庁が「1997年度地方公共団体等における有害大気汚染物質モニタリング調査結果」を公表した。ダイオキシンは全国68調査地点のうち14地点で、ベンゼンは全国53調査地点中半数で、基準値を超える濃度で検出された。

12.24　騒音規制法施行令を改正（日本）　「騒音規制法施行令等の一部を改正する政令」が公布された。

12.28　環境アセスメント法改正（日本）　「環境影響評価法施行令の一部を改正する法令」が公布された。

12月　所沢市ダイオキシン訴訟（埼玉県所沢市）　所沢市の住民が、産廃焼却炉が原因でダイオキシンに汚染されたとして、公害調停を申請した。

12月　排ガスによるぜんそくを公害病認定（神奈川県川崎市）　川崎市が自動車排ガスを原因とするぜんそく患者らを公害病患者と認定し、独自の制度で年内に医療費補助を開始することを決定した。

12月　サンゴ礁の二酸化炭素吸収力（沖縄県）　通産省の外郭団体である地球環境産業技術研究機構が、沖縄・宮古島での4年間にわたる観測の結果、サンゴ礁が熱帯雨林なみの二酸化炭素（$CO_2$）吸収力を持つことを確認した。

この年　ダイオキシン検出（岡山県中央町）　岡山県中央町で、野焼きした廃電線や焼却灰などが放置されている中央町境地区の山林の周辺土壌から、1gあたり2万5000ピコグラムという高濃度のダイオキシンが検出された。野焼きは約8年前に中止されたが、廃電線など約100tが放置されたまま。

この年　サンゴ礁（世界）　この夏、沖縄・西表島沖合の世界の最大サンゴ、アザミサンゴ（直径8m）ミドリイシなどが死滅の危機に瀕した。春ごろからオーストラリア・グレートバリアリーフ、スリランカ、インドネシアなど世界各地のサンゴに連鎖的な白化現象が発生していた。

この年　南極大陸の倍の巨大オゾンホール（南極）　南極上空で、南極大陸の約2倍相当の巨大なオゾンホールが出現した。


# 1999年
（平成11年）

1.2〜　古タイヤ炎上（栃木県佐野市）　午後6時35分ごろ、栃木県佐野市赤見町の山林内で、同じ町の中古タイヤ販売業者が野積みしていた約20万本の古タイヤから出火、大量の黒煙と悪臭が発生した。消防は大規模な消火作業の後、土をかけて自然鎮火を待つ方法をとったが、タイヤの内部は火災発生から266日間くすぶり続け、9月24日午前6時半、鎮火が確認された。鎮火まで200日を超える火災は極めてまれだという。また消火には、直接の活動費だけで2500万円以上かかった。古タイヤを積み上げていた業者は廃棄物処理法違反罪に問われ、7月8日、宇都宮地裁で懲役10月の実刑判決を受けた。

| 環境史事典 | 1999年（平成11年） |

1.23〜 新型転換炉「ふげん」トラブル（福井県敦賀市）　1月8日以降、敦賀市の核燃料サイクル開発機構の新型転換炉「ふげん」が定期検査に入ったが、ガイシの破裂や再循環ポンプの異常が相次いだ。23日に冷却用海水約500m³が漏出、7月2日には微量の放射能を含む重水50ℓ、8月25日にも冷却水500ℓが漏出。JCO臨界事故の影響で茨城県東海村の再処理工場が操業を再開できず、使用済み燃料の交換ができなくなったため、核燃機構は2000年1月からふげんの運転をいったん停止する方針を打ち出した。

1.25 藤前干潟埋立てを断念（愛知県名古屋市）　愛知県が藤前干潟でのごみ処分場用埋立て計画を断念した。同干潟はラムサール条約の登録基準を満たした重要な渡り鳥の中継地で、アセスメントに基づく環境保護の調整から公共事業の中止が決定されたのは全国でも初めて。

1.25 ごみ埋め立て（愛知県名古屋市）　名古屋市は名古屋港の藤前干潟にごみ埋め立て処分場を建設する計画を断念した。

1.27 ラムサール条約（沖縄県）　ラムサール条約に基づく指定湿地として新たに漫湖（沖縄県那覇市及び島尻郡豊見城村）が登録された。

1.28 化学物質（日本）　厚生・環境の両省庁で「中央環境審議会環境保健部会ダイオキシンリスク評価小委員会及び生活環境審議会・食品衛生調査会ダイオキシン類健康影響評価特別部会合同会合」が開催され、ダイオキシン類を「一生の間とり続けても健康に影響のない耐容1日摂取量（TDI）」の国内基準を見直すことになった。

1.28 古い除草剤CNPにダイオキシン（神奈川県横浜市）　「化学物質のリスク評価・リスク管理に関する国際ワークショップ」が横浜国大で開催され、同大教授らが、農家に残されていた古いCNPを分析した結果、1970〜1980年代に製造された除草剤CNP（クロロニトロフェン）に不純物としてダイオキシンが含まれていたことを突き止めたと発表した。

1.29 地下水汚染（日本）　環境庁は94年11月のガイドラインを改訂した「土壌・地下水汚染に係る調査・対策指針」及び「同運用基準」を策定、全国の自治体に対策の実施を急ぐよう指示した。

2.1 所沢ダイオキシン報道（埼玉県所沢市）　テレビ朝日「ニュースステーション」が、所沢市産の野菜から高濃度のダイオキシンが検出

されたとする民間研究所の調査結果を報道し、翌日以降、同産野菜の価格が暴落した。番組では「葉っぱもの」をほうれん草などの「葉もの野菜」と受け取られるように繰り返し表現したが、その後、最も高濃度のダイオキシンが検出されたのは野菜でなく煎茶であることが判明、同番組中で謝罪訂正した。9月、地元農家が信頼を傷つけられたとして同局相手に損害賠償を求める訴訟を起こし、一・二審は報道内容は主要な部分で真実として農家の請求を退けたが、2003年10月16日、最高裁は真実だという証明はないとして、東京高裁に審理を差し戻した。

2.2　ごみ焼却（大阪市・鳴門市・加古川市）　厚生省が「開放型冷水塔」構造のごみ焼却施設37施設でダイオキシン類調査を実施、大阪市森之宮工場の周辺土壌から居住地基準の21倍の高濃度ダイオキシン類を検出した。また、鳴門市と加古川市でもダイオキシンが検出された。

2.2　瀬戸内海国立公園（瀬戸内海・香川県）　瀬戸内海国立公園（香川県地域）で公園区域及び公園計画が変更された。

2.2　雲仙天草国立公園（長崎県）　雲仙天草国立公園（雲仙地域）で公園区域及び公園計画が変更された。

2.8　トキ「友友」「洋洋」贈呈式（東京都）　東京でトキ「友友」、「洋洋」贈呈式が行われた。

2.8　ワシントン条約（世界）　ジュネーブでワシントン条約第41回常設委員会が開かれた（〜12日）。

2.9　産業廃棄物（神奈川県綾瀬町）　神奈川県綾瀬町大手産業廃棄物処理会社が巨額の脱税の疑いで捜索を受け、会長が逮捕された。

2.9　ネバダで6回目の臨界前核実験（アメリカ）　米エネルギー省がネバダ地下核実験場で6回目となる臨界前核実験を実施した。

2.10　所沢ダイオキシン騒動（埼玉県所沢市）　テレビ朝日が、1日に放送した所沢市の野菜のダイオキシン濃度に関する内容について不適切であったことを認めた。

2.11　10年ぶりに象牙輸出（日本・アフリカ）　ワシントン条約・常設委員会が、南部アフリカ3ヵ国で保管されているアフリカ象の象牙59.1tについて、対日本に限り試験的に輸出を解禁した。象牙の輸出が許可されたのは10年ぶり。

2.11 地球温暖化防止会議（アジア）　タイのバンコクで、地球温暖化防止アジア会議が開かれた。

2.17 公害防止（日本）　国立環境研究所で第14回全国環境・公害研究所交流シンポジウムが開かれた（〜18日）。

2.17 尼崎大気汚染公害訴訟（兵庫県）　尼崎大気汚染公害訴訟は、被告企業が24億2000万円を支払うことで、神戸地裁1審判決前に企業9社と原告との和解が成立。解決金のうち9億2000万円を地域再生に使うことになり、この資金で非営利団体を設立し、市民・学者らが共同で環境保全や地域交流などに取り組むことになった。国と阪神高速道路公団を相手とする道路公害の部分は裁判が継続された。

2.18 所沢ダイオキシン騒動（埼玉県）　「埼玉県所沢市産の野菜にダイオキシン」のテレビ朝日報道問題で埼玉県が安全宣言。

2.18 水俣病患者連盟委員長死去（熊本県水俣市）　水俣病患者連盟委員長・川本輝夫が肝臓がんのため熊本県水俣市の病院で死亡。

2.19 ごみ処理（北海道苫小牧市）　北海道苫小牧市の民間産廃最終処分場で、コンクリート施設に生じた亀裂からカドミウム・鉛・ヒ素・六価クロムなどを含む汚水が地中へ漏出していたことが、道の抜き打ち調査で判明した。

2.22 環境基準（日本）　「水質汚濁に係る環境基準についての一部を改正する件」及び「地下水の水質汚濁に係る環境基準についての一部を改正する件」が告示された。環境基準に「硝酸性窒素及び亜硝酸性窒素」「ふっ素」「ほう素」の追加などを盛込む。

2.22 生物多様性条約（世界）　コロンビア・カルタヘナで開催中の生物多様性条約締約国特別会合がバイオセイフティ議定書について検討（〜23日）。

2.22 ラムサール条約（アジア）　マニラでラムサール条約アジア地域会合が開かれた（〜24日）。

2.23 ごみ焼却（埼玉県所沢市）　埼玉県・所沢市が、1997年制定の「ダイオキシン規制条例」に、国の基準より厳しい排出基準を追加した。10月1日。

2.24 産業廃棄物（三重県）　津地裁が、住民側の主張を認め、三重県上野市大野木にある産業廃棄物中間処理施設の焼却炉の操業差し止めを命じる仮処分を決定した。

2.24 放射性廃棄物（フランス）　フランスのシェルブール港で、日本向け高レベル放射性廃棄物の輸送船「パシフィック・スワン号」への積み込み作業が完了した。

2.25 公害防止（日本）　内閣総理大臣が「平成10年度策定地域（富士地域等4地域）公害防止計画」を承認した。

2.26 鳥獣保護法（日本）　「鳥獣保護及狩猟ニ関スル法律の一部を改正する法律案」（鳥獣保護法一部改正法案）が閣議決定され、国会に提出。

2.26 燃料電池（世界）　BMWが、公害のない燃料電池を積んだ自動車の開発を2000年に完了すると発表した。

2月 生物多様性条約（世界）　第3回生物多様性条約締約国会議がコロンビアで開催され、遺伝子組み換え農作物・微生物などの取り引きに関する規制の法制化をめぐって、輸出側の先進国と遺伝子汚染などを危惧する途上国・輸入国側が対立した。WTO協定との矛盾問題も未調整で、前回会議で遺伝子組み換え生物に関する規制を盛り込んだ議定書の作成が決議されたが、今回は議定書採択が見送られた。

3.4 水俣病普及啓発セミナー（タイ）　タイ・バンコクで開発途上国に対する水俣病経験の普及啓発セミナー開催。

3.11 ごみ処理（千葉県浦安市）　千葉県浦安市の市営清掃工場（1971～95年稼働）跡地の地下に、ダイオキシンを含む大量の焼却灰が埋められていたことが判明した。2地点で土1g当たり1700ピコグラムと290ピコグラムを検出した。

3.12 土壌汚染（日本）　環境庁は「平成9年度土壌汚染調査・対策事例及び対応状況に関する調査結果の概要」を公表した。

3.12 悪臭防止法施行規則改正（日本）　悪臭防止法施行規則等が一部改正された。気体排出口における臭気指数の規制基準の算定方法を設定した。

3.17 三菱マテリアル研で放射能汚染（埼玉県大宮市）　大宮市の三菱マテリアル総合研究所で、11年前に操業を停止していたウラン燃料の製錬・転換施設の建屋や敷地内の土壌が、放射能で汚染されていたことが判明した。さらに4月6日、建屋の遮蔽が長期間にわたって不十分だったため汚染が周辺に及び、広範囲が汚染されていたことが判明した。

3.19 酸性雨対策調査（日本）　酸性雨対策検討会、「第3次酸性雨対策調査のとりまとめについて」を公表した。

3.19 環境基本条例（山形県）　山形県で「環境基本条例」が公布された。4月1日施行。

3.24 地球温暖化対策基本方針（日本）　中央環境審議会答申「地球温暖化対策に関する基本方針について」。

3.24 水俣病と男児出生率（熊本県水俣市）　国立水俣病総合研究センターによる調査で、水俣病患者の多発期（1955〜59年）には水俣で男児出生率が異常に低かったことが判明し、千葉で開催された日本衛生学会でデータが発表された。

3.25 環境基本条例（徳島県）　徳島県で「環境基本条例」が公布された。同日施行。

3.26 環境基本条例（鹿児島県）　鹿児島県で「環境基本条例」が公布された。4月1日施行。

3.27 能勢町ごみ焼却場ダイオキシン騒動（大阪府能勢町）　労働省が、大阪府能勢町のごみ焼却施設「豊能郡美化センター」の従業員92人のダイオキシン血中濃度調査結果を公表した。血液中脂肪1gに含まれていたダイオキシンの最高値は805.8ピコグラム（コプラナーPCB類も含めると835ピコグラム以上）で、15人が100ピコグラム以上、平均でも84.8ピコグラムで、先進国一般人の平均とされる20〜30ピコグラムを大幅に上回った。特に焼却炉内で作業した人の濃度が高く、15人平均で323ピコグラム（体重1kg1日摂取量換算で平均60ピコグラム、厚生省耐容1日摂取量10ピコグラムの約6倍）に達した。

3.27 こどもエコ・クラブ（福岡県北九州市）　こどもエコ・クラブ全国フェスティバルが北九州市で開催された（〜28日）。

3.30 ダイオキシン対策（日本）　3月19日から開かれていたダイオキシン対策関係閣僚会議が、政府のダイオキシン対策推進基本方針を正式発表した。総発生量を2002年暮れまでに1997年比で9割削減年間800gとする、大気環境基準・廃棄物減量化の目標量を設定、人の耐容1日摂取量の統一見直しなど。また環境庁が、鉄鋼3業種の焼結炉・亜鉛再生・アルミ合金製造業と医療系廃棄物などの焼却を行う廃プラスチック類焼却炉に対し、大気汚染防止法に基づいてダイオキシン類排出施設の指定と抑制基準を適用して規制を課す方針を示した。

4.1 騒音環境基準改定（日本）　27年ぶりの改定となる新「騒音環境基準」（公布1998年9月30日）が施行された。

4.1 岡山県で地盤沈下（岡山県備中町）　岡山県川北郡備中町平川郷地区で地盤沈下が相次いでいることが判明。同地区は標高約450mで石灰岩のカルスト地帯にあり、陥没の原因は地下水の変動による地中の空洞拡大。1998年から翌年にかけて数箇所で陥没穴が、40世帯ある民家では土間のひび割れなどが確認されたほか、橋梁、学校施設、倉庫などに崩壊の危険性があり、恒久的な対策が求められる。

4.4 水産物からの環境ホルモン減少せず（各地）　国立衛生研究所が「有機スズ化合物による全国生態影響調査」結果を日本水産学会で発表した。海岸93地点の巻き貝イボニシのうち、9割以上に当たる87地点でメスにオスの生殖器ができるなどの「インポセックス」の異常が確認され、73地点では異常の出現率がほぼ100％だった。有機スズ化合物規制から9年経過したが、前回調査（1993～96年）との間に大きな変化は見られなかった。

4.5 ごみ焼却（各地）　厚生省が、産業廃棄物焼却施設の実態調査（全国5886施設を対象）結果を発表した。ダイオキシン類排出量の規制強化措置などの影響で、1997～98年12月1日までの1年間に1393施設が廃止、653が休止した。稼働中の施設のうち、年1回の測定が義務づけられたダイオキシン類の排出量測定を実施していないところが687施設、排出基準を超えたのは19施設。基準の7倍の560ナノグラムを排出し、その後改善がみられず使用停止命令を出された所もあった。

4.6 アイドリング・ストップ条例（各地）　環境庁が全国658市に対するアンケート調査結果を発表し、「アイドリング・ストップ条例」施行済みの自治体は12府県18市及び東京都板橋区、他に50自治体が検討中であることが判明した。

4.8 地球温暖化対策推進法(日本) 「地球温暖化対策の推進に関する法律」の全面施行、同施行令の施行。翌日の閣議で「地球温暖化対策に関する基本方針」が決定した。

4.19 持続可能な開発(世界) 国連持続可能な開発委員会(CSD)第7回会合がニューヨークで開かれた(～30日)。

4.20 低公害車(日本) 運輸省政策審議会「低燃費自動車普及促進小委員会」が、自動車の燃費に応じて税額差をつけ環境貢献を図る「税のグリーン化」方式を2000年度の税制改正要望に盛り込む予定と発表した。

4.23 古タイヤ全焼(山梨県玉穂町) 午前6時45分ごろ、山梨県玉穂町極楽寺の古紙圧縮工場から出火、隣接する屋外の古タイヤ置き場に燃え移り野積みタイヤ約6000本ほぼ全焼した。けが人はなかった。

4.24 自然保護(沖縄県) 沖縄本島北部ヤンバル地区に米軍ヘリ着陸帯(ヘリパッド)建設の予定があることが判明し、希少動植物への影響を心配する琉球大の学者・研究者らが建設反対を表明した。

4.26 ごみ焼却(日本) 厚生省、市町村設置のすべての一般廃棄物最終処分場(全国約1900)と焼却施設に関する施設名、ダイオキシン類排出濃度、放流水の検査結果、排出基準超過の違反施設名などの情報を原則公開していくことを決定し、都道府県に通達した(実施機関は都道府県)。民間産廃最終処分場(約3000)に関しては、法律違反があった場合のみ公開とした。4月30日、同省が、ごみ焼却場新設について、ダイオキシン類濃度が大気環境指針を超えている場合は設置不許可とするよう、直接権限実行機関の都道府県と政令指定都市に通達した。

4.27 野生生物保護センター(沖縄県国頭村) 沖縄県国頭村にやんばる野生生物保護センターが開所した。

4.29 自然保護(東京都新宿区・渋谷区) 第11回「新宿御苑みどりの日の集い」が開催された。

4月 気候変動に関する政府間パネル(IPCC)(世界) 気候変動に関する政府間パネル(IPCC)の総会がコスタリカ・サンホセで開催され、航空機と大気に関する特別報告書が作成された。

4月　持続可能な開発（世界）　国連持続可能な開発委員会（CSD）第7回会合がニューヨークで開催された。

5.1　水俣病慰霊式（熊本県水俣市）　熊本県水俣市で「水俣病犠牲者慰霊式」が開催された。

5.1　ラムサール条約の登録湿地判断基準拡大（世界）　ラムサール条約第7回締約国会議がコスタリカで開催され、登録湿地の判断基準を水鳥棲息地から生物多様性へと拡大解釈する「保全湿地の拡大決議」や「干潟の保全決議」などを採択した（～18日）。

5.7　ラムサール条約登録基準を見直し（日本）　環境庁長官が、ラムサール条約締約国会議の内容改訂に対応し、同条約登録地の登録基準を従来の渡り鳥の種類・数のみによる判断から、植物も含めた湿地そのものの価値で判断するよう改めることを表明、指定候補地の見直しを指示した。

5.12　自然保護（愛知県名古屋市）　日本湿地ネットワーク（NGO）による全国湿地1996～98年調査（200ヵ所以上を対象）の結果、シギやチドリの日本一の飛来地は名古屋市の藤前干潟と判明した。かつて最大飛来地だった諫早湾は、干拓事業による潮受け堤防閉め切りの影響で飛来数が激減した。

5.12　水俣病認定申請（熊本県水俣市）　水俣病患者認定を申請した後に死亡した人物について、熊本県が死後17年間対応を怠り、1995年に棄却処分にしていたことが判明した。

5.16　ヤンバル地区の国有林野保全報告書（沖縄県）　林野庁が、沖縄本島北部ヤンバル地区の国有林野について、3370haの大半を森林生態保護地域に指定して保全すべきとの報告書を作成した。

5.20　川崎公害訴訟で和解成立（神奈川県川崎市）　川崎公害訴訟（二～四次）の控訴審が行われ、国側が環境対策にとり組むこと、住民側との検討会「川崎市南部地区道路沿道環境に関する連絡会議」を設置することなどを条件に和解が成立した。

5.21　人工孵卵でトキのヒナ誕生（日本）　新潟県の佐渡トキ保護センターで初のトキ人工孵（ふ）卵でヒナが誕生した。

5.24　南極条約協議国会議（南極）　第23回南極条約協議国会議がリマで開催された（～6月4日）。

5.28　低公害車普及方策（日本）　「低公害車普及方策の在り方について（低公害車大量普及方策検討会中間とりまとめ）」が公表された。

5.28　自動車排ガスのダイオキシン調査（日本）　環境庁・国立環境研究所が、日本で初めて自動車排ガスのダイオキシン類全国総量の実態把握調査を実施し、1994年時点の排出量が従来推計量の250倍に違していたことが判明した。

5.28　飼料食品（日本・フランス・ベルギー）　配合飼料に混入された油が原因で、この年1月以降に出荷されたベルギー産の鶏肉・卵・豚肉の一部がダイオキシン汚染されていたことを、ベルギー政府が公表した。またその後フランス産・オランダ産にも同様の汚染疑惑が持たれた。

5.28　最終廃棄物処分場でアスベスト（石綿）（千葉市）　千葉市内の最終廃棄物処分場で、発がん性のあるアスベスト（石綿）が5％混じったアスファルトが剥き出しのまま「通常埋立て処分」の方法で埋め立てられていたことが、新聞報道で判明した。

5.28　敦賀原発で2010年廃炉決定（福井県）　日本原子力発電が、福井県敦賀市の敦賀原発炉1号機を2010年ごろに廃炉にすることを発表した。商業用軽水炉の廃炉決定は国内で初めて。

5.29　低公害車（日本）　低公害車の普及実績が当初予定に比べはかばかしくないことから、環境庁・低公害車大量普及検討会が、製造・販売段階で一定台数を低公害車とする義務づけ、有料道路料金免除などの対策案をまとめた。

5.31　大気中の環境ホルモン調査（東京都）　1998年11月～99年3月にかけて、東京都が大気中のダイオキシン類を除く内分泌かく乱物質（環境ホルモン）調査を都内10地点で初めて実施し、ほぼ全域の調査地点で環境ホルモンを疑われるフタル酸ジエチル、フタル酸ジ-n-ブチル、アジピン酸ジ-2-エチルヘキシルの3物質を検出したことが判明した。河川や東京湾の計17地点調査では、それぞれ15種類の環境ホルモン物質が検出された。

5月　国際捕鯨委員会（世界）　加盟40ヵ国中34ヵ国が参加して国際捕鯨委員会（IWC）総会が開催され、日本による「沿岸でのミンククジラ50頭の捕鯨」要求が拒否された。調査捕鯨も「クジラを殺さない調査」条件が付けられるなど、捕鯨自体を悪とみなす傾向が強まった。

| | | |
|---|---|---|
| 5月 | 遺伝子組み換え（ヨーロッパ） | 欧州委員会（EU）が、アメリカのパイオニア・ハイブレッド・インターナショナル社が開発した、害虫に強い遺伝子組み換えトウモロコシの認可を凍結することを決定した。イギリスの科学雑誌『ネイチャー』に掲載された、同作物がチョウに被害を及ぼすという研究記事に対応した措置。|
| 5月 | 南極条約協議国会議（南極） | 5〜6月、第23回南極条約協議国会議がリマで開催された。|
| 6.2 | 環境基本計画（日本） | 内閣総理大臣が「環境基本計画について」（見直し）中央環境審議会に諮問。|
| 6.3 | 食品中のダイオキシン測定義務（日本） | 3党国会対策委員長が「ダイオキシン対策特別措置法」案の今国会成立を確認し、食品中のダイオキシン類含有量測定の義務づけ・罰則基準となるダイオキシン類の測定方法を施行日までに定める件などで合意した。|
| 6.3 | 飼料食品（日本・ベルギー） | ベルギー産鶏肉等のダイオキシン汚染事件を受け、厚生省が輸入品調査を決定し、安全が確認されるまで関連食品も含め販売自粛措置を取ることになった。|
| 6.5 | エコライフ（東京都） | 「エコライフ・フェア'99」「低公害車フェア'99」が東京で開催された（〜6日）。|
| 6.5 | こどもエコ・クラブ（アジア） | '99こどもエコ・クラブアジア太平洋会議が開催された（〜6日）。なお日本の「こどもエコ・クラブ」はこの年のUNEPグローバル500賞を受賞した。|
| 6.9 | 水俣病チッソ支援問題（日本） | 水俣病患者への補償金支払いで経営危機に陥っているチッソ支援問題に関して、「平成12年度以降におけるチッソ株式会社に対する支援措置」が水俣病に関する関係閣僚会議で申し合わせられた。自民党の環境部会と水俣問題小委員会の合同会議が政府案を承認し、政府が支援を最終決定した。|
| 6.10 | 環境アセスメント（東京都） | 「環境影響評価シンポジウム〜生態系と環境アセスメント〜」が東京で開催された。|
| 6.11 | 浮遊粒子状物質（日本） | 環境庁・浮遊粒子状物質総合対策検討会が「浮遊粒子状物質総合対策に係る調査・検討結果報告書」を公表。|
| 6.12 | 環境アセスメント（日本） | 「環境影響評価法」が全面施行された。|

6.17 **生物多様性国家戦略**（日本） 第3回目となる生物多様性国家戦略の進捗状況の点検結果が公表された。

6.18 **ごみ焼却**（日本） 市町村設置の一般廃棄物処理焼却施設のうち、廃棄物処理法で規定された現在の構造基準・維持管理基準に合格していない施設が全体（1569施設）の1割以上存在し、2002年12月からさらに厳しくなる排出中のダイオキシン類の排出基準には6割以上が対応できないことが、厚生省調査で判明した。同省は現行基準不合格の施設に対し、都道府県を通じて改善措置を指示した。6月21日、同省が昨年度のダイオキシン類などの発生調査の結果から、廃棄物処理法で規制対象外とされている小型焼却炉も規制対象とする方針を表明。

6.19 **河川中の環境ホルモン発生源**（日本） 建設省が従来の全国河川調査に加え、河川中の内分泌かく乱物質（環境ホルモン）の発生源を確定するため、対象河川を決めてその支流・水路の水質調査や周辺の土地利用調査などを実施する方針を固めた。

6.21 **ダイオキシン**（日本） 環境庁・厚生省合同の中央環境審議会環境保健部会ダイオキシンリスク評価小委員会及び生活環境審議会・食品衛生調査会ダイオキシン類健康影響評価特別部会合同会合が、ダイオキシン類に関し「一生の間とり続けても健康に影響のない耐容1日摂取量（TDI）」国内基準の見直しを検討した結果、従来の厚生省基準「体重1kg当たり10ピコグラム」に替えて、1998年WHO基準の下限「同4ピコグラム以下」を採用し、今後5年ごとに見直すよう取りまとめた。6月25日、政府ダイオキシン対策閣僚会議がダイオキシン類の国内新基準の正式採用を決定、「ダイオキシン類対策特別措置法案」として国会へ提出し、翌月可決成立した。

6.21 **生物多様性条約**（世界） 生物多様性条約科学技術諮問機関第4回会合がモントリオールで開かれた（～25日）。

6月 **世界自然保護基金**（世界） 世界自然保護基金（WWF）が、海水温上昇により水温変化に弱いサケの生息域が失われるため、地球温暖化の影響で来世紀中頃までにサケが絶滅する可能性があるとの報告書を公表した。

6月 **環境ホルモン**（アメリカ） アメリカのシーダーズ・シナイ医学センターのクロード・ヒューズ博士らが、ロサンゼルス周辺の妊婦53人中

16人の羊水から、内分泌かく乱物質（環境ホルモン）DDE（ジクロロジフェニルジクロロエチレン）を検出したことを発表した。DDEは殺虫剤DDTの分解により生成される物質で、DDTが使用禁止となって30年近く経っても影響が残留していることが明らかになった。

**7.1** **温室効果ガス排出量**（日本）　1997年度（平成9年度）の温室効果ガス排出量が公表された。

**7.1** **地球温暖化防止活動推進センター**（日本）　環境庁長官が、地球温暖化対策推進法に基づいて全国地球温暖化防止活動推進センターを指定した。

**7.2** **トキのヒナは「優優」**（日本）　トキ二世の名前が「優優」に決定した。

**7.2** **地球環境保全に関する関係閣僚会議**（日本）　地球環境保全に関する関係閣僚会議及び地球温暖化対策推進本部合同会議が開催され、「地球温暖化対策推進大綱の進捗状況及び今後の取組の重点」の了承、「平成11年度地球環境保全調査研究等総合推進計画」の決定などが行われた。環境庁は、1997年度の二酸化炭素（$CO_2$）排出量を12億3100万t（前年比0.4％減、1990年比9.4％増）と報告。産業部門・家庭部門は減少したが、運輸部門は1990年度比21.3％増加している。また、メタンやHFC（ハイドロフルオロカーボン）などを含めた温室効果ガスを$CO_2$換算した総排出量は13億8100万tで、全体では8.5％増加した。

**7.7** **ごみ処理**（各地）　遮水シートを敷くなどの汚染防止策をとっていない市町村設置の一般廃棄物最終処分場の排水・地下水汚染状況調査結果を、厚生省が公表した。対象583施設中42施設の排水・地下水から基準を超える大腸菌・鉛・ヒ素・シアン・水銀・カドミウムなどが検出された他、期限までに指示された調査を実施しなかった施設も61あった。また、250施設で実施されたダイオキシン類検査では、223施設でダイオキシン類が検出された。

**7.8** **トンネルじん肺訴訟**（青森県・岩手県）　トンネル工事に従事した元労働者とその遺族約700人が、総額210億円の損害賠償を求め日本鉄道建設公団と建設会社150社を19の地裁に提訴した全国トンネルじん肺訴訟で、青函トンネル工事に従事した青森・岩手の原告21人中5人と日本鉄道建設公団の間に、一連の訴訟で初の和解が成立した。

**7.10 森林法の抜本改正**（日本）　「森林法」の抜本改正を目指す報告書が、林野庁の森林・林業・木材産業基本政策委員会によりまとめられた。多様な機能を持続的に発揮させていくための森林の管理・経営を重視する方針への転換を内容とするもの。

**7.12 敦賀原発2号機放射能漏れ**（福井県敦賀市）　福井県敦賀市の日本原子力発電鶴賀原発2号機で、放射能を浴びた1次冷却水約51tが原子炉格納容器内に漏出、原子炉を手動で緊急停止させる事故があった。国際的な自己評価尺度はレベル1（逸脱）。原因は高サイクル熱疲労により再生熱交換器のステンレス製配管に亀裂が生じたためで、亀裂箇所以外にも金属表面に無数のひび割れがあった。

**7.12 地球温暖化セミナー**（アジア）　第9回地球温暖化アジア太平洋地域セミナーが滋賀県彦根市で開かれた。

**7.14 ダイオキシン**（日本）　「土壌中のダイオキシン類に関する検討会」第一次報告が策定された。

**7.15 農産物遺伝子**（日本）　有機食品についての法整備、加工食品の原材料・保存法の表示の義務づけ、生鮮食料品の原産地表示の義務づけなど、飲食料品すべてに表示を義務づける「農林物質の規格化及び品質表示の適正化に関する法律（JAS法）」改正案が衆院で成立した。2000年4月施行。8月10日には、農水省が遺伝子組み換え（GM）食品の最終表示案を発表した。遺伝子組み換え原料を使用した食品について、大豆・トウモロコシの関連30品目について、輸入業者・製造業者へ「遺伝子組み換え」「遺伝子組み換え不分別」の表示を義務づける内容。

**7.16 ダイオキシン**（日本）　「ダイオキシン類対策特別措置法」が公布された。

**7.18 玄海原発1号機で海水漏れ**（佐賀県玄海町）　午後2時55分、佐賀県玄海町にある九州電力玄海原子力発電所で、運転中の1号機の復水器導電率計が上昇していることがわかった。上昇が続いたため、九電は復水器内に海水が漏れているとみて、19日午前0時現在、計画出力を50%まで落として点検の準備を進めている。九電はこの事故で「放射能漏れはない」としている。

1999年（平成11年）　　　　　　　　　　　　　　　　　　環境史事典

7.22　環境アセスメント（日本）　戦略的環境アセスメント総合研究会中間報告書「戦略的環境アセスメントに関する国内外の取組と我が国における今後の展望について」が公表された。

7.22　うろこ取り器にビスフェノールA（山口県）　ポリカーボネート製のうろこ取り器の刃部分に、食品衛生法の基準値を超えるビスフェノールAが含まれていることが山口県の検査で判明し、小売店からの製品回収が開始された。

7.23　厚木基地騒音訴訟（東京都）　第2次厚木基地騒音訴訟の控訴審判決が東京高裁で言い渡された。1審判決同様、航空機騒音のうるささ指数WECPNL値について80Wを我慢の限界とし、それ以上の地域に住む住民134人についてのみ、国に総額1億7000万円の過去分の損害賠償支払いを命じるもので、夜間・早朝の訓練機飛行差し止めは却下された。また、慰謝料算定については、ミッドウェイの横須賀母港化問題が出る1974年以前から住居していた者とそれ以降の者を分け、明らかに騒音が激しくなったNLP（夜間発着訓練）開始の1982年2月以後に当地に移り住んだ1人については慰謝料を請求することは許されないとした。

7.28　自然公園大会（佐賀県）　「自然に親しむ運動」の中心行事として「第41回自然公園大会」が玄海国定公園で開催された（～29日）。

7.30　遺伝子組み換え食品の表示（日本）　主婦達・日本消費者連盟など27団体が、遺伝子組み換え食品の表示について、原料段階で全てに表示するよう農水省宛に要望書を提出した。

7.30　日光国立公園（栃木県）　日光国立公園（那須甲子・塩原地域）で公園計画が変更された。

7.30　富士箱根伊豆国立公園（神奈川県）　富士箱根伊豆国立公園（箱根地域）で公園計画が変更された。

7月　アスベスト（石綿）使用禁止（ヨーロッパ）　アスベスト（石綿）の使用規制を検討していた欧州連合（EU）欧州委員会が、例外的に使用を認めていた白石綿（クリソタイル）について、2005年1月1日までに使用禁止にする決定を発表した。なお、加盟15ヵ国中9ヵ国では、既に国内法で使用が禁止済み。

7月　グリーンピース（オーストラリア）　オーストラリアの環境保護団体グリーンピースが、海水温度の上昇でグレートバリアリーフのサンゴ礁の脱色が恒常化し、2100年までには死滅の恐れがあると報告した。

8.1　ダイオキシン測定を実施（日本）　環境庁が、2000年1月施行の「ダイオキシン対策特別措置法」に合わせ、排出基準の設定などに用いる基本データを収集するため、全国の海・河川・湖約4000ヵ所で年1回、大気400ヵ所で年4回、ダイオキシンの測定を実施することを発表した。9月より実施。

8.4　ダイオキシン（ベルギー）　ベルギー産鶏肉等のダイオキシン汚染で、6月以降ベルギー産の肉類・乳製品が店頭から回収された問題で、ベルギー政府は安全確認できたとして解禁措置を取った。汚染原因はPCBを含む油が配合飼料に混入されたことによるものと判明した。

8.21　ごみ焼却（日本）　環境庁が、1時間当たり50kg以上燃やす小型焼却炉を、2002年からダイオキシン類排出規制の対象とし、該当する約4500施設に年1回の測定を義務づけることを発表した。現在は1時間当たり200kg以上の大・中焼却炉のみが対象とされている。2000年1月施行の「ダイオキシン類対策特別措置法」に規定を盛り込み、従来の基準なども「大気汚染防止法」から「ダイオキシン類対策特別措置法」へ移行させる。

8.25　川内原発1号機発電機タービン停止（鹿児島県川内市）　川内市久見崎町の九州電力川内原子力発電所1号機が、発電機を回すタービンの停止に伴い自動停止した。1カ月前の定期検査で取り外したタービン油圧系の配管を接続する際、ボルトの締め付けが悪かったため、接合部のパッキングが破損したことが原因。

8.27　福島第1原発で配管にひび（福島県大熊町）　福島県大熊町の福島第1原子力発電所1号機の原子炉圧力容器内にある緊急炉心冷却装置（ECCS）の配管の溶接部近くにひびが入っていたことが分かった。同機は先月から定期検査中で、環境への放射能の影響はないという。同機は1971年に運転を開始したが、問題の配管は試運転で稼働させた後、一度も使ったことがなく、部品も交換されていない。

8.31　化学物質（日本）　日本が「有害化学物質の貿易における事前同意手続きに関するロッテルダム条約（PIC条約）」に署名した。

8.31　オオトラツグミ、アマミヤマシギ保護（種の保存法）（日本）　「絶滅のおそれのある野生動植物の種の保存に関する法律」に基づき、オオトラツグミ、アマミヤマシギの保護増殖事業計画を策定。

9.2　硫化水素中毒（静岡市）　午前9時35分ごろ、静岡市用宗の寒天製造工場敷地内で、社長と従業員2人の3人が、地下の汚泥槽のタンク内で倒れているのを別の従業員が発見、消防隊員が約20分後に救出し、病院に収容したが、3人とも意識不明の重体となった。タンク内の清掃作業中に従業員の1人が倒れ、あとの2人も次々に倒れたが、硫酸の入った薬品を使い清掃をしていた事から、清掃中にガスが発生、それを吸い込んだ3人が硫化水素中毒になって倒れたと思われる。

9.3　天然記念物「玄武洞」崩落（岩手県雫石町）　午後2時半ごろ、岩手県雫石町西根にある国の天然記念物「玄武洞」が幅60m、高さ90mにわたって崩れ落ち、手前を流れる葛根田川に1万8000m$^3$の土砂が流れ込んだ。この崩落で、約100mの距離にいた観光客の夫婦が、岩の破片などで軽いけがを負った。昨年9月3日におこった、同町内を震源とする震度6弱の地震で柱状節理のそれぞれの柱がゆるみ、ここ数日の雨がしみ込んで柱同士をつないでいた摩擦が小さくなったとみられる。

9.6　国際トキ保護会議（中国）　中国・漢中市で国際トキ保護会議が開催された（～9日）。

9.24　ダイオキシン（日本）　「平成10年度農用地土壌及び農作物に係るダイオキシン類調査結果について」が公表された。

9.24　騒音規制法施行令改正（日本）　「騒音規制法施行令の一部を改正する政令」が公布された。規制対象施設の定義に用いられる力の計量単位が「重量トン」から「キロニュートン（kN）」へ変更された。

9.27　ダイオキシン類環境モニタリング研修（日本）　環境研修センターが新しく「ダイオキシン類環境モニタリング研修」を開設した。

9.27　ワシントン条約（世界）　ポルトガルでワシントン条約第42回常設委員会（～10月1日）。

9.28　ダイオキシン（日本）　「ダイオキシン対策関係閣僚会議（第5回）」が開かれ、廃棄物減量化の目標量やダイオキシン対策推進基本指針の見直しについて了承した。

環境史事典　　　　　　　　　　　　　　　　　　　　　　　　　1999年（平成11年）

9.30　東海村臨界事故（茨城県東海村）　午前10時35分ごろ、茨城県東海村のJOC東海事業所転換試験棟で、ウラン溶液を沈殿槽に入れる作業中、投入量が多すぎたためにウラン溶液が臨界に達し、臨界状態が約20時間続いた。原子力事故の国際評価尺度はレベル4。この事故で作業員3人が大量被曝で入院し、うち2人が死亡したが、国内の原子力事故で死者が出たのは初めて。その他に隣接するゴルフ場の作業員7人や救急隊員3人など計56人が被曝した。また、周辺住民119人が年間被曝限度を超えていたが、健康への影響は殆ど無いとみられる。約50世帯160人が公共施設に避難、半径10km以内の住民約11万世帯31万人に外出を避ける要請が出され、幼稚園・学校が休校となった他、周囲1km以内の交通も一時遮断され、農林関係者は安全宣言が出るまで収穫・出荷を見合わせた。支払われた補償金は約130億円に達した。

10.2　古タイヤ炎上（東京都八王子市）　午後10時20分ごろ、東京都八王子市上川町の産業廃棄物運搬会社資材置き場から出火、古タイヤや山林に広がり、3日未明までに古タイヤ約3000本を焼いた。八王子消防署から消防車27台が出動した。出火元は廃材付近とみられる。

10.13　健全な水循環系構築（日本）　健全な水循環系構築に関する関係省庁連絡会議中間とりまとめ「健全な水循環系構築に向けて」。保水力の高い森林の育成・維持管理、地下水涵養能力を有する水田など農地の適切な維持などの施策を提示。

10.15　公害防止（日本）　内閣総理大臣が「平成11年度策定地域（仙台湾地域等5地域）公害防止計画」の策定を指示した。

10.25　気候変動（世界）　ボンで気候変動枠組条約第5回締約国会議が開催された。

10.29　環境ホルモン（日本）　「平成10年度環境ホルモン緊急全国一斉調査」結果が公表された。

10.29　タンクローリー爆発（東京都港区）　午後6時25分ごろ、東京都港区南麻布の首都高速2号線で大型タンクローリー車のタンク部分が爆発、過酸化水素水約1000ℓが飛散。真下の通りに落下した過酸化水素水を浴びたり、割れたガラスの破片があたったりするなどして、23人が重軽傷を負った。通常業務では扱わない産業廃棄物を運搬していたために何らかの化学反応起こった可能性もある。

10月　気候変動枠組条約（世界）　気候変動枠組条約第5回締約国会議がボンで開催された。

11.1　鳥獣保護区（東京都・三重県）　「鳥獣保護及狩猟ニ関スル法律」に基づき、紀伊長島、小笠原諸島の2か所が国設鳥獣保護区特別保護地区に指定された。

11.2　水質汚濁防止法（日本）　中央環境審議会が第二次答申「水質汚濁防止法の特定施設の追加等について」（ジクロロメタンによる洗浄施設及びジクロロメタンの蒸留施設）環境庁長官に答申した。

11.4　アメニティ（各地）　第10回アメニティあふれるまちづくり優良地方公共団体表彰で、山形県朝日町、上越市、南足柄市、高山市、松江市、日田市が受賞した。

11.9　低公害車（日本）　「低公害車ガイドブック'99」が公表された。

11.15　砂漠化対処条約（UNCCD）締約国会議（世界）　レシフェで砂漠化対処条約（UNCCD）第3回締約国会議が開催された。

11.17　公害防止（愛知県）　愛知県で第26回環境保全・公害防止研究発表会開催（～18日）。

11.18　100年後の地球温暖化予測（日本）　気象庁が100年後の地球温暖化予測を発表した。二酸化炭素が1年に1％増加すると100年後には現在の2.4倍になり、世界の平均気温が2.2度、海面が17cm上昇し、オホーツク海の氷は溶けてなくなるとのこと。

11.25　ダイオキシン（日本）　環境庁が「ダイオキシン類汚染土壌浄化技術の選定結果について」、「平成11年度土壌中ダイオキシン類の吸収率調査結果に関する中間報告」、「平成11年度「子供の遊び場」のダイオキシン類実態調査結果ー速報ー」を公表した。

11.25　アマミデンダなどを指定（種の保存法）（日本）　「絶滅のおそれのある野生動植物の種の保存に関する法律施行令の一部を改正する政令」が公布され、アマミデンダ等3種が国内希少野生動植物種等に指定された。

11.29　オゾン層保護（世界）　中国・北京で「オゾン層の保護のためのウィーン条約第5回締約国会議」及び「オゾン層を破壊する物質に関するモントリオール議定書第11回締約国会合」が開催された（～12月3日）。

先進国で2001年7月までにCFC（クロロフルオロカーボン）の管理戦略（回収・再利用など）を策定することが決議された。

- 11.29 ラムサール条約（世界）　グランでラムサール条約第24回常設委員会が開かれた（～12月2日）。

- 11月 バーゼル条約締約国会議・越境有害廃棄物の賠償・補償（世界）　11～12月、第5回バーゼル条約締約国会議がスイス・バーゼルで開催され、有害廃棄物の越境移動によって発生した損害についての賠償責任と補償の枠組みを定める議定書が採択された。

- 12.1 温暖化防止月間（日本）　地球温暖化防止月間（～31日）。

- 12.4 ウィーン条約（日本）　「ウィーン条約第5回締約国会議及びモントリオール議定書第11回締約国会合の結果について」が公表された。

- 12.4 地球温暖化防止活動（宮城県仙台市）　1999年度地球温暖化防止活動大臣表彰が仙台市で行われた。

- 12.6 バーゼル条約締約国会議（世界）　スイスで第5回バーゼル条約締約国会議が開催された（～10日）。

- 12.7 騒音規制法の施行状況（日本）　「平成10年度騒音規制法施行状況調査について」が公表された。

- 12.10 ダイオキシン対策関連答申（日本）　中央環境審議会が「ダイオキシン類対策特別措置法に基づく水質の汚濁に係る環境基準の設定、特定施設の指定及び水質排出基準の設定等について」、「ダイオキシン類による土壌の汚染に係る環境基準の設定等及びダイオキシン類土壌汚染対策地域の指定の要件について」及び「ダイオキシン類対策特別措置法に基づく廃棄物の最終処分場の維持管理基準の設定等について」、第五次答申「今後の有害汚染物質対策のあり方について（大気の汚染に係るダイオキシン類の環境基準及び排出抑制対策のあり方）」を環境庁長官に答申。

- 12.14 悪臭防止法の施行状況（日本）　「平成10年度悪臭防止法施行状況調査について」が公表された。

- 12.22 水質汚濁（日本）　「水質汚濁防止法施行令の一部を改正する政令」が公布された。水質汚濁防止法の特定施設にジクロロメタンによる洗浄施設及びジクロロメタンの蒸留施設を追加する。

12.24　**原子力安全委員会提言**（日本）　原子力安全委員会が設置した事故調査委員会が、安全委の機能強化などの提言を盛り込んだ最終報告書をまとめた。

12.27　**ダイオキシン**（日本）　「ダイオキシン類対策特別措置法施行令」「ダイオキシン類対策特別措置法の施行に伴う関係政令の整備等に関する政令」が公布され、環境庁が、「ダイオキシン類による大気の汚染、水質の汚染及び土壌の汚染に係る環境基準について」を告示、「ダイオキシン類の人体、血液、野生生物及び食事中の蓄積状況について（平成10年度調査結果）」を公表した。

12.27　**トラの譲渡規制（種の保存法）**（日本）　「絶滅のおそれのある野生動植物の種の保存に関する法律施行令の一部を改正する政令」が公布された。トラの骨及びトラの雄の生殖器を譲渡規制対象に追加する。

12月　**ダイオキシン分解処理**（日本）　「高濃度ダイオキシン類汚染物分解処理技術マニュアル」が取りまとめられた。

この年　**低公害車**（日本）　低公害車の普及を目的に、2000年3月末までに106ヵ所のエコ・ステーション（燃料等供給施設）を設置すると共に、同施設に関する固定資産税等の軽減措置が取られることになった。

# 2000年
（平成12年）

1.10　**ごみ越境**（日本）　フィリピンに不正輸出された医療系廃棄物などがコンテナ船で東京湾沖に送り返されたが、輸出業者ニッソーに回収能力がないため政府が代わって回収することになった。5月、捜査本部がバーゼル国内法違反での立件を目指したが、医療廃棄物を故意に混入したとはいえないとして、廃プラスチックなどの産業廃棄物を輸出した容疑での立件を目指すことになった。

1.15　**ダイオキシン**（日本）　「ダイオキシン類対策特別措置法」施行。

1.16 **福島第1原発5号機熱湯漏れ**（福島県双葉町）　午後5時15分ごろ、福島県双葉町の東京電力福島第1原発5号機で、薬品を流し込む配管につないだホースの別のつなぎ目から熱湯が漏れた。この際、作業員がホースを手で折り曲げて防ごうとし、手などに全治1カ月のやけどを負った。当初東電は熱湯中に放射性物質は含まれていないと発表したが、17日になって、「熱湯中に微量の放射性物質が含まれているが、外部への放射能漏れはない」と訂正した。

1.17 **杉並病で不燃ごみ工程代替案**（東京都杉並区）　杉並病患者らが山田宏・同区長に対し、不燃ごみ圧縮工程を中止して単なる組み替え作業にする代替案を提案した。10月24日、区長が現時点での中継所は周辺環境に影響を及ぼしていないとする安全宣言を出し、「杉並病をなくす会」のメンバーが安全宣言は稼働を止めた後に出すべきだと反論した。

1.21 **遺伝子組み換え食品の安全性確認**（日本）　厚生省の食品衛生調査会バイオテクノロジー特別部会が、遺伝子組み換え食品の安全性確認を輸入業者や開発業者に義務づけるべきとの報告書を作成した。

1.23 **住民投票で吉野川可動堰計画反対へ**（徳島市）　徳島市で吉野川可動堰計画をめぐる住民投票が実施された。投票率は55％で、反対票が総投票者数の90.14％を占めたことから、中立だった小池正勝・同市長が計画反対への方針転換を表明した。8月10日、自民党の「公共事業抜本見直し検討会」が、計画を白紙撤回し、住民参加の上で洪水防止策について代替案を検討するよう、政府と徳島県に勧告する方針を固めた。

1.25 **酸性雨モニタリングネットワーク**（アジア）　新潟市で東アジア酸性雨モニタリングネットワーク非公式暫定科学諮問グループ会合・非公式政府間作業グループ会合が開かれた（～28日）。

1.29 **カルタヘナ議定書採択**（世界）　モントリオールで開かれていた生物多様性条約特別締約国会合再開会合で、遺伝子組み換え生物の国際取引に関する初めての規制「バイオセイフティ議定書（カルタヘナ議定書）」が採択された。遺伝子を組み換えた生物が生物多様性の保全と持続可能な利用に悪影響を与えないよう、国境を越える移動に十分な安全性を持たせることを目標とする。前回の会議ではヨーロッパなどの輸入国とアメリカなどの輸出国が激しく対立し議定書

採択に至らなかったが、今回はEUから11ヵ国の閣僚、アメリカからも国務次官が参加し、閣僚級レベルの折衝の末、妥協が成立した。

1.31 尼崎大気汚染訴訟（兵庫県） 公害病認定患者と遺族ら379人が、損害賠償と大気汚染物質排出差し止めを求め、国と阪神高速道路公団を提訴した尼崎大気汚染訴訟の1審判決が神戸地裁で言い渡された。原告のうち50人について排ガスと健康被害の因果関係を認定、国と公団に対し国道43号の沿道50m地域の浮遊粒子状物質（SPM）について、環境基準の1.5倍にあたる1日平均値1m$^3$当たり0.15mgを超える排出差し止めを命ずるとともに、3億3千万円の損害賠償支払いを命じた。道路公害をめぐる訴訟で汚染物質の排出差し止めが命じられたのは初めてだが、窒素酸化物による健康被害については退けられた。12月1日、控訴審で、国が大気汚染対策を約束し、住民側が損害賠償請求権を放棄する内容で、両者が合意した。

1.31 生物多様性条約（世界） モントリオールで生物多様性条約科学技術諮問機関第5回会合が開かれた（～2月8日）。

1月 化学物質（日本） 日本人のダイオキシン類摂取量の6割を占めるコプラナーPCBの発生源として、30年前に使用が禁止されたPCBが大きな割合を占めていることが、横浜国立大学の益永茂樹教授らの研究で明らかになった。5月、厚生省の調査の結果、PCBを含む高電圧用のトランスとコンデンサーの未処理の保管台数が20万2千台と前回調査からの6年間で2倍に増える一方、3千台が紛失していたことが判明した。

1月 環境ホルモン検出（日本） 「環境ホルモン全国市民団体テーブル」の委託調査により、電子レンジで温めた塩ビラップからノニルフェノールが溶け出すことが判明、主要メーカーが原因物質の疑いのある安定剤の使用を取りやめる方針を打ち出した。

1月 代替基地予定地に希少生物ジュゴン生息（沖縄県） 米軍普天間飛行場の代替基地建設が計画されている沖縄本島の名護市・辺野古沿岸に、数十頭のジュゴンが生息している可能性が高いことがわかった。7月17日、日本弁護士連合会が、ジュゴンの生態調査と保護策の実施を求める要望書を環境・水産両庁に提出した。10月10日、国際自然保護連合（JUCN）総会で、ジュゴンなどの希少生物の保護策と環境調査を日米両政府に勧告する決議案が採択された。

2.8 尼崎地域の幹線道路迂回提案（日本）　尼崎公害訴訟の神戸地裁判決を受け、二階俊博運輸相が地元のトラック協会から兵庫県尼崎地域の国道43号と阪神高速道路3号を迂回する提案があったことを明らかにした。2月、環境庁がディーゼル排気微粒子（DEP）の危険性を調べ、その規制方法を検討することを決めた。

2.8 杉並病の健康相談（東京都杉並区）　「杉並病」問題に関して、区が専門医らによる初の本格的な健康相談を実施し、住民ら約50人が受診に訪れた。3月24日、都の調査委員会が、中継所の汚水から発生した硫化水素と、中継所脇の公園の植栽に使われた添え木の防腐剤が原因の可能性が高いとする見解をまとめた。3月31日、都清掃局が対応の遅れを初めて認めた。7月25日、都環境局が、1996年3月から8月の間に発症した人を対象に、治療費・休業損害・慰謝料などを支払うことを決めた。これに対し「杉並病をなくす会」が、賠償は評価できるが、中継所が原因の大気汚染は現在も発生しており、さらに抜本的な対策を講じるべきと批判した。

2.9 環境ホルモン検出（日本）　市民団体による調査で、塩ビ製おもちゃから環境ホルモンの疑いのあるフタル酸エステルなどが検出された。

2.14 自然公園法施行令一部改正（日本）　「自然公園法施行令の一部を改正する政令」が公布され、「自然公園法施行令附則第3項に規定する指定区域」が告示された。

2.16 公害防止（日本）　国立環境研究所で第15回全国環境・公害研究所交流シンポジウム開催（～17日）。

2.17 ダイオキシン（日本）　「平成10年度ダイオキシン類コアサンプリング調査（年代別ダイオキシン類測定）結果について」が公表された。

2.18 ディーゼル車にフィルター装着義務化方針（東京都）　東京都知事が、都内を走るすべてのディーゼル車を対象に、粒子状物質（PM）を取り除くフィルターの装着を義務づける方針を明らかにした。これ以後、東京都は2003年度からの規制に向けて次々とディーゼル車排ガス対策を打ち出した。

2.21 自然保護（アジア）　東京と屋久島で「世界自然遺産としての自然環境と生物多様性ワークショップ～東アジア及び東南アジアにおけ

る自然保護及び保護地域管理に関する国家政策～」が開催された(～25日)。

2.21 ワシントン条約(アジア) プノンペンでワシントン条約アジア地域会合が開かれた(～24日)。

2.22 芦浜原発(三重県) 北川三重県知事が県議会で芦浜原発建設計画の白紙撤回を表明した。

2.24 公害防止(日本) 内閣総理大臣は「平成11年度策定地域(仙台湾地域等5地域)公害防止計画」を承認した。

2.24 薬害エイズ(大阪府) 薬害エイズ事件で、旧ミドリ十字の歴代3社長に大阪地裁が実刑判決を下した。

2.29 電気自動車(小田原市・京都市・大阪府) 「電気自動車活用実証調査」モデル車両出発式が29日小田原市、3月1日京都市、3月3日大阪府で行われた。

2月 モッタイナイ(世界) ケニアの環境活動家のワンガリ・マータイさんが来日。滞日中に「もったいない」という言葉を知り、この言葉に、リサイクル、リユースなど資源を大切にする精神が込められ、一言ですべてを言い表しているとして感銘を受けた。以後、地球環境の大切さを訴える言葉とするべく、さまざまな国際会議などで普及に努め、日本でも注目を集めた。

2月 自然保護(アジア) 世界自然遺産としての自然環境と生物多様性ワークショップ「東アジア及び東南アジアにおける自然保護及び保護地域管理に関する国家政策」が東京と屋久島で開催された。

3.2 自動車騒音の限度(日本) 「騒音規制法第17条第1項の規定に基づく指定地域内における自動車騒音の限度を定める総理府令」が公布された。

3.3 ディーゼル車対策技術評価検討会(日本) 環境庁・運輸省が共同で設置した「ディーゼル車対策技術評価検討会」の第1回会合が開かれた。

3.3 容器から環境ホルモン物質溶出(東京都) 東京都衛生局が、カップめんのポリスチレン製容器から環境ホルモンの疑いがある化学物

質が溶け出しているとして、業界に対して容器の材質や製法に配慮するよう求めることを決めた。

3.7 **有機農産物の表示基準**（日本・アメリカ）　アメリカ農務省が、遺伝子組み換え作物・放射線照射食品・抗生物質を与えた家畜の肉などが「有機食品」と表示出来なくなる新基準案を発表した。日本でも、4月から施行される改正JAS（日本農林規格）法で、有機農産物に対し同趣旨の新基準が適用される。

3.8 **温室効果ガス排出権市場の創設**（ヨーロッパ）　欧州委員会が、京都会議に基づきEU共通の温室効果ガス排出権市場を2005年までに創設することを提案したが、実施方法をめぐって日米とEUの間に対立があり、第6回締約国会議（COP6）での交渉難航が予想された。

3.10 **公害健康被害の補償**（日本）　中央環境審議会が「公害健康被害の補償等に関する法律の規定による障害補償標準給付基礎月額及び遺族補償標準給付基礎月額の改定について」環境庁長官に答申。

3.10 **ダイオキシン**（日本）　環境庁が「平成11年度「子供の遊び場」のダイオキシン類実態調査結果について」を公表。

3.11 **自然保護**（沖縄県石垣市）　新石垣空港建設問題で、地元関係者らでつくる建設位置選定委員会が、石垣島東側のカーラ岳陸上案を答申することを決めた。3月26日、稲嶺恵一知事が同地を建設予定地に決定した。

3.13 **酸性雨モニタリングネットワーク**（アジア）　東アジア酸性雨モニタリングネットワーク第2回暫定科学諮問グループ会合・第4回政府間作業グループ会合がインドネシア・ジャカルタで開かれた（～17日）。

3.14 **遺伝子組み換え食品**（日本）　食品規格委員会（コーデックス委員会）のバイオテクノロジー応用食品特別部会が幕張メッセ国際会議場で開催された。3月17日、原則と評価指針の報告書を2003年までにまとめることを確認したが、遺伝子組み換え食品を生産するアメリカと、危険性が否定できない間は規制するべきとするEUとの間で意見の相違も目立った。11月5日、遺伝子組み換えと表示すべきだとする日本・EUと、緩やかな基準を求める米国が激しく対立、表示基準の統一を断念した。

3.19 低公害車フェア（滋賀県大津市）　「低公害車フェア滋賀」が大津市で開催された（～20日）。

3.21 産業廃棄物（日本）　「廃棄物の処理及び清掃に関する法律及び産業廃棄物の処理に係る特定施設の整備の促進に関する法律の一部を改正する法律案」が閣議決定された。

3.24 自然公園法施行規則一部改正（日本）　「自然公園法施行規則の一部を改正する総理府令」が公布された（地方分権関連改正）。

3.24 高濃度ダイオキシン検出（神奈川県藤沢市）　藤沢市の「荏原製作所」藤沢工場近くの河川水から、公共用水域としては過去最悪の8100ピコグラムのダイオキシン類が検出された。

3.24 ごみ焼却（神奈川県藤沢市）　環境庁と神奈川県が、荏原製作所藤沢工場付近の雨水路の水から、最高で環境庁の基準の8100倍にあたる1リットル中8100ピコグラムのダイオキシン類を検出したと発表した。公共水域では過去最高の数値で、県が焼却炉の運転を止めさせた。

3.27 日本原燃低レベル放射性廃棄物埋設センター放射能漏れ（青森県六ヶ所村）　青森県上北郡六ヶ所村の日本原燃・低レベル放射性廃棄物埋設センターで、液漏れが問題となった低レベル放射性廃棄物のドラム缶内部から、放射性廃棄物も漏れ出ていたことが判明。

3.27 大気ごみ処理（神奈川県）　厚木基地周辺の産業廃棄物処理施設による大気汚染問題について、アメリカ司法省が横浜地裁に汚染源の操業禁止仮処分を申請、日本政府は提訴に理解を示した。

3.29 健康被害救済（日本）　「公害健康被害の補償等に関する法律施行令の一部を改正する政令」が公布された。

3.30 低公害車（日本）　「低公害車等排出ガス技術指針策定調査検討会第二次報告」が公表された。

3.31 陸中海岸国立公園（岩手県・宮城県）　陸中海岸国立公園で公園区域及び公園計画が変更された。

3.31 杉並病被害住民への補償を決定（東京都杉並区）　東京都杉並区の不燃ごみ施設「杉並中継所」の周辺住民400人以上が視神経異常などの化学物質過敏症に類似した健康被害を訴え続けている問題で、東

京都の調査委員会が下水道に放流された汚水から発生した硫化水素が杉並病の原因である可能性が強いと発表、東京都環境局が被害住民への補償を決定した。

**3.31 伊勢志摩国立公園**（三重県）　伊勢志摩国立公園で公園区域及び公園計画が変更された。

**3月 ダイオキシン汚染**（各地）　1998年の環境庁調査の結果、最もダイオキシン類による汚染が深刻だった水系は岩田川（津市、1リットル当たり25.0ピコグラム）だった。以下いたち川（横浜市、4.7ピコグラム）、引地川（藤沢市、4.5ピコグラム）、新川川（高知市、4.2ピコグラム）、桜川（水戸市、3.8ピコグラム）、鴨川水系（京都市、3.6ピコグラム）、多摩川（調布市、3.5ピコグラム）、今之浦川（磐田市、2.5ピコグラム）、平作川（横須賀市、2.0ピコグラム）、古宮排水路（大垣市、1.9ピコグラム）の順に大量のダイオキシン類が検出された。

**3月 酸性雨モニタリングネットワーク**（アジア）　東アジア酸性雨モニタリングネットワーク第2回暫定科学諮問グループ会合・第4回政府間作業グループ会合がインドネシア・ジャカルタで開催された。

**4.1 ごみリサイクル**（日本）　家庭ごみのうち重量で4分の1を占める容器や包装を減らすため、企業に再資源化を義務づけた「容器包装リサイクル法」が完全施行された。1997年の施行以降、大企業が使用・製造するペットボトルとガラス製容器だけを対象としてきたが、今回の完全施行で対象品目を広げ、中小企業も再資源化の義務を負う。財団法人日本容器包装リサイクル協会は委託金を受け取るのと引き換えにリサイクルの義務を肩代わりする。

**4.4 ダイオキシン**（日本）　「ダイオキシン対策関係閣僚会議（第6回）」が開催され、「ダイオキシン対策推進基本指針」策定後1年間の進捗状況及び同指針に基づく調査研究及び技術開発の総合的計画について報告。

**4.7 G8環境大臣会合**（滋賀県大津市）　G8環境大臣会合が9日までの日程で大津市で開催され、共同宣言を発表して閉幕。京都議定書の発効期限は曖昧な表現にとどまったが、EUなどの立場を考慮し「これは最多数の国（日本など6カ国を指す）にとって2002年までということを意味する」との解釈が付け加えられた。

2000年（平成12年）

- 4.10 **ワシントン条約**（世界）　ワシントン条約第10回締約国会議がケニアで開催された（～20日）。

- 4.12 **無脊椎動物のレッド・リスト**（日本）　環境庁が、昆虫類・貝類・クモ類・甲殻類などの無せきつい動物について、絶滅の恐れがある種をまとめたレッド・リストを発表した。「絶滅危ぐ」ランクに分類された種は423種で、1991年に作られた前回リスト分の他、新たに319種が追加された。

- 4.25 **遺伝子組み換え食品の安全性審議義務**（日本）　遺伝子組み換え食品を輸入・製造する業者に、2001年4月から食品衛生法に基づく国の安全性審議を義務づけることが決められた。

- 4.27 **シックハウス問題で安全基準設定**（日本）　厚生省の「シックハウス問題に関する検討会」が、3種類の化学物質の室内濃度の安全基準値をトルエン0.07ppm、キシレン0.2ppm、パラジクロロベンゼン0.04ppmとする指針案をまとめた。引き続きフタル酸エステルなど約20種類にも基準値を設定していく方針。

- 4.28 **全国の空港の航空機騒音調査**（各地）　環境庁が全国57の空港の航空機騒音の調査結果を発表した。1998年度に地元自治体などが調査したもので、全599の測定地点のうち、環境基準を達成しているのは414地点（69.1％）だった。騒音の程度を示す「うるさ指数」（W値）は沖縄の米軍嘉手納基地が最悪だった。成田・大阪・新千歳・新潟・名古屋・福岡・長崎・宮崎・那覇の各空港に環境基準を上回る測定点が存在し、特に成田や大阪では約7割の測定点で環境基準が守られていなかった。また、自衛隊や米軍が管理する23の飛行場（基地）のうち、17ヵ所で環境基準を超える騒音が測定された。

- 4.29 **自然保護行事**（東京都新宿区・渋谷区）　第12回「新宿御苑みどりの日の集い」が開催された。

- 5.8 **トキの卵が1つ孵化**（日本）　佐渡トキ保護センターの卵の1つが孵化した。

- 5.12 **サンゴ礁**（沖縄県石垣市）　沖縄県石垣市に国際サンゴ礁研究・モニタリングセンター開所。

- 5.15 **生物多様性条約**（世界）　ナイロビで生物多様性条約第5回締約国会議が開催された（～26日）。

5.18 **世界自然遺産会議**（世界）　世界自然遺産会議が鹿児島県屋久島・鹿児島市で開催された（～21日）。

5.19 **ごみ処理**（香川県）　香川県豊島の産業廃棄物撤去問題で、国の公害等調整委員会が、豊島住民と県の双方に対し、最終合意を前提とする公調委案を提示した。

5.25 **飼料遺伝子**（アメリカ）　アメリカの市民団体が家畜飼料に遺伝子組み換えトウモロコシ「スターリンク」が混入していたとの検査結果を発表した。9月18日に市民団体が食品への混入を指摘し、10月4日にアメリカ食品医薬品庁が食品への混入を確認し、業者に製品回収を指導した。10月12日、スターリンクの商業栽培認可が取り消された。しかし、その後も菓子用の食材やパンの材料などへの混入が次々と確認された。11月7日に日米政府が食用トウモロコシの積み出し前検査で合意し、11月28日にはアメリカ食品医薬品庁がトウモロコシ製品でアレルギー症状を訴えた患者数を報告した。

5.26 **ごみリサイクル**（日本）　「循環型社会形成推進法案」が参院本会議で与党三党などの賛成多数で可決され、成立した。6月施行。

5.26 **ごみ処理**（香川県）　香川県豊島の産業廃棄物撤去問題で、豊島住民と香川県が、総理府公害等調整委員会が正式に示した最終合意案の受諾方針を表明、調停が事実上成立した。6月6日、「不徳のいたすところ、お許しいただきたい」と初めて知事が謝罪、住民から拍手が起こった。

5.31 **高濃度ダイオキシン検出**（和歌山県橋本市）　橋本市の産業廃棄物処理場の土壌から高濃度のダイオキシンが検出された問題で、焼却炉などの撤去命令に業者が従わないため、県が行政代執行。

5月 **ごみリサイクル**（日本）　建築や解体で出たごみの再資源化を目指す「建設工事に係る資材の再資源化等に関する法律（建設リサイクル法）」が制定された。70～100m$^2$以上の建物を解体する際に出るごみを、解体現場でコンクリート・木材・金属などへ分別することが義務づけられる。2001年5月施行。

5月 **環境ホルモン**（日本）　厚生省が、環境ホルモンのひとつフタル酸エステル類が高濃度に検出されたとして、原因とみられる塩化ビニル製の手袋を調理用に使うことを禁止する方針を明らかにした。

5月 グリーン購入（日本） 「国等による環境物品等の調達の推進等に関する法律（グリーン購入法）」が施行された。

6.2 循環型社会（日本） 「循環型社会形成推進基本法」が公布された。

6.6 低公害車フェア（東京都） 東京で「低公害車フェア2000」が開催され、低公害車など99台が展示された（〜11日）。

6.15 悪臭防止法施行規則改正（日本） 「悪臭防止法施行規則の一部を改正する総理府令」が公布され、規制基準が全て整ったことを受け、環境庁は臭気指数規制の導入の推進を図っていく方針を示した。

6.15 原発全廃で合意（ドイツ） ドイツ首相が、主要電力会社首脳と会談し、2030年代初めには原発全廃で合意と発表。

6.16 能勢町ごみ焼却場ダイオキシン訴訟（大阪府能勢町） 大阪府能勢町の「豊能郡美化センター」で起きた高濃度ダイオキシン汚染をめぐる公害調停で、大阪府公害審査会の調停委員会が、三井造船と子会社が住民側に総額7億5千万円を支払うこと、施設組合が今後20年間住民の健康調査を続けることなど14項目からなる最終調停案を提示した。7月14日、調停が成立した。

6.24 シックハウス対策（日本） シックハウス対策の一環として、厚生省が塩化ビニル製品などに含まれる環境ホルモンのフタル酸エステル類など4物質について、室内空気中のガイドラインを新設することを決めた。

6.24 中部国際空港の埋立て認可（愛知県） 運輸・建設両省が愛知県に対し、中部国際空港埋め立てを認可。

6.27 雪印乳業集団食中毒事件（各地） 大阪市保健所に対し、雪印乳業大阪工場から出荷された牛乳を飲んだ消費者から病院を通し、激しい吐き気や下痢の症状が出たとの苦情が寄せられた。同保健所は商品回収を指示したが、同社が回収を始めたのは丸2日後で消費者への情報開示はさらに遅れ、被害者が大阪を中心に15府県で1万4780人に達する史上最大の集団食中毒事件となった。店頭からの商品撤去が相次ぎ、7月11日に同社の工場は全国で操業停止に追い込まれた。当初は黄色ブドウ球菌が検出された大阪工場が汚染源と思われ、8月上旬までに各地の工場で安全宣言が出されたが、8月18日、大阪市が原材料である脱脂粉乳から黄色ブドウ球菌の毒素を検出、脱脂粉乳を

製造した同社大樹工場(北海道大樹町)が汚染源であることが判明した。一連の過程で同社の杜撰な衛生管理と安全意識の欠落が次々に明らかとなり、消費者の猛反発を買った。

6.29 **ダイオキシン**(日本)　環境庁「ダイオキシン類の排出量の目録(排出インベントリー)」を公表。

6月 **自然保護**(日本)　民間団体「リーフチェック」の調査により、1998年に世界のサンゴ礁の15%が白化減少で被害を受けたが、そのうち3分の1は1999年になって回復していることが判明した。

6月 **循環資源**(日本)　「食品循環資源の再利用等の促進に関する法律(食品リサイクル法)」が施行された。6月「放射性廃棄物処分法」(特定放射既廃棄物の最終処分に関する法律)施行。

6月 **放射性廃棄物**(日本)　「特定放射性廃棄物の最終処分に関する法律(放射性廃棄物処分法)」が施行された。

7.7 **八代海の赤潮で過去最悪の被害**(熊本県)　熊本県の八代海で赤潮が発生。9市町の養殖業者に過去最悪となる40億円の被害が出た。

7.9 **地球温暖化セミナー**(アジア)　ペナンで第10回地球温暖化アジア太平洋地域セミナーが開催された(〜13日)。

7.12 **森永乳業食中毒事件**(近畿地方)　昼、兵庫県西宮市にある森永乳業近畿工場製造の牛乳を兵庫県、大阪府、奈良県などの学校給食で飲んだ生徒たち異臭、吐き気、腹痛を訴え、一部の生徒が病院で手当てを受けた。森永乳業は同日夜、22万2千本回収した。その後の保健所の、同工場の立ち入り検査によって、商品ケース洗浄用の次亜塩素酸ソーダが残り、瓶やフード付近に付着していたのが原因と判明した。

7.12 **能勢町ごみ焼却場ダイオキシン騒動**(大阪府能勢町)　大阪府豊能郡能勢町のごみ焼却施設「豊能郡美化センター」の解体作業に従事していた作業員35人が、通常の濃度20〜30ピコグラムを大きく上回る高濃度のダイオキシンに汚染されていたことが明らかとなった。労働省が、作業員の血中から最高値が平均の200〜300倍にものぼる高濃度ダイオキシン類が検出されたと発表したもの。14日には施設周辺の住民が申し立てていた公害調停が成立し、メーカーの三井造船と子会社が、センターを管理する環境施設組合や住民に総額7億5

千万円を支払い、組合などは2006年までにダイオキシン汚染物を処理すると決まった。

7.13 **遺伝子組み換え食品の成分表示義務**（日本）　厚生省の食品衛生調査会特別部会で、遺伝子組み換え食品の成分表示を法的に義務づけることが決められた。

7.14 **オゾン層報告**（日本）　環境庁が「平成11年オゾン層等の監視結果に関する年次報告書」を公表した。

7.14 **たばこの健康被害**（アメリカ）　たばこの健康被害をめぐる代表訴訟で米フロリダ州高裁陪審団が、たばこ大手5社に米裁判史上最高の15兆6000億円の懲罰的賠償を命じた。

7.21 **生物多様性国家戦略**（日本）　生物多様性国家戦略の進捗状況の点検結果が公表された（第4回）。

7.21 **環境ホルモンのリスク評価**（日本）　環境庁が、環境ホルモンと疑われる物質約40種類のうち、トリブチルスズ、オクチルフェノール、ノニルフェノール、フタル酸ジ-n-ブチル、オクタクロロスチレン、ベンゾフェノン、フタル酸ジシクロヘキシルの7物質について優先的にリスク評価をすることを決定した。

7.21 **九州・沖縄サミット**（沖縄県）　沖縄県で九州・沖縄サミット開催。環境関連では気候変動問題、森林問題、再生可能エネルギー問題、輸出信用問題等などが話し合われた（～23日）。

7.24 **国連環境計画（UNEP）ワークショップ**（韓国）　ソウルでUNEP/ダイオキシン、フラン及びPCBに関する地域研修管理ワークショップが開催された（～28日）。

7.26 **薬害エイズ**（東京都）　薬害エイズ事件で、業務上過失致死罪に問われた元帝京大副学長に東京地検は禁固3年を求刑した。

7.26 **自然公園大会**（徳島県）　室戸阿南海岸国定公園で「自然に親しむ運動」の中心行事として「第42回自然公園大会」が開催された（～27日）。

7.28 **ディーゼル車**（日本）　「ディーゼル車対策技術評価検討会中間とりまとめについて」が公表された。

7.28　一級河川の水質状況（日本）　建設省が全国の一級河川の水質状況を発表した。最も水質が良かったのは尻別川（北海道）、次いで札内川（同）、姫川（新潟県）、仁淀川（高知県）、本庄川（宮崎県）。最も水質が悪かったのは綾瀬川（埼玉県・東京都）、次いで大和川（奈良県・大阪府）、鶴見川（神奈川県）、中川（埼玉県・東京都）、牛淵川（静岡県）。

7.31　酸性雨モニタリングネットワーク（アジア）　東アジア酸性雨モニタリングネットワーク第5回政府間作業グループ会合・第3回暫定科学諮問グループ会合がマニラで開かれた（〜8月4日）。

7月　自動車排ガス規制を大幅強化へ（日本）　環境庁が「自動車$NO_X$削減法」の改正にディーゼル車からの粒子状物質（PM）対策も盛り込み、規制を大幅に強化する方針を固めた。

7月　国際捕鯨委員会（世界）　国際捕鯨委員会（IWC）総会が開催された。

7月　地球温暖化で氷が薄く（グリーンランド）　アメリカ航空宇宙局が行った観測により、グリーンランドで地球温暖化のため年に2m以上も氷が薄くなっている場所があることが判明した。

8.1　ディーゼル車排ガス微粒子（DEF）の発がん性（日本）　環境庁のリスク評価検討会が、ディーゼル車の排ガスに含まれる微粒子（DEF）の発がん性を認める結論をまとめた。

8.2　環境ホルモン（東京都）　東京都衛生局が、生殖機能に影響するとされるフタル酸エステル類の濃度が、室内だと外気に比べ最大で10倍近くになるとの調査結果を発表した。

8.3　尾瀬サミット（尾瀬）　尾瀬の環境保全について話し合う尾瀬保護財団主催「尾瀬サミット2000」が日光国立公園尾瀬地区で行われた（〜4日）。

8.4　環境アセスメント（日本）　戦略的環境アセスメント総合研究会報告書が公表された。

8.8　温室効果ガスの森林による吸収量推計（日本）　政府が温室効果ガスの6％削減に関連して、森林による吸収量の推計を気候変動枠組条約事務局に提出した。森林による吸収を3.7％と見込み排出削減が2.3％で済むとする推計と、森林から天然林を除いた吸収を3.2％とし

て排出削減を2.8%とする推計の両論を併記したが、NGOなどは科学的な正確さを無視した数字と批判した。

8.10 秩父多摩甲斐国立公園（埼玉県・東京都・山梨県）　「秩父多摩国立公園の公園区域及び公園計画の変更並びに秩父多摩甲斐国立公園への名称変更について」が告示された。

8.21 ヒートアイランド（日本）　「平成11年度ヒートアイランド現象抑制のための対策手法報告書」が公表された。

8.25 ダイオキシン（日本）　「平成11年度公共用水域等のダイオキシン類調査結果について」が公表された。

8.25 大牟田川から高濃度ダイオキシン検出（福岡県大牟田市）　環境庁が行った水質調査で、福岡県大牟田市の大牟田川から最高で環境基準値の350倍にあたる1リットル当たり350ピコグラムのダイオキシン類が検出され、また中流の川底から39万ピコグラムの超高濃度のダイオキシン類を含む油玉を検出したことが発表された。この他に全国10の地点で環境基準を超えるダイオキシンが検出され、うち綾瀬川（福島県、14ピコグラム）、引地川（神奈川県、13ピコグラム）の検出量が顕著だった。

8.28 猛暑で琵琶湖水位低下（滋賀県）　滋賀県の琵琶湖の水位が猛暑のため97cmまで低下。県が5年ぶりに渇水対策本部を設置した。

8月 ディーゼル車フィルターに購入費補助（日本）　運輸省がディーゼル車排ガス対策の一環として、粒子状物質（PM）を除去するフィルターを取り付けたバスやトラックの事業者に対し、購入費の一部を補助する方針を固めた。

9.2 女川原発1号機で水漏れ（宮城県）　午前10時40分ごろ、宮城県女川、牡鹿両町にまたがる東北電力女川原子力発電所1号機のタービン建屋地下1階にある復水ろ過脱塩塔内で、水の不純物を取り除くろ過装置のバルブ室の配管から霧状に水が漏れていたのが発見され、バルブを閉めるなどして午後1時20分に水漏れを止めた。漏れた水は約1ℓで、放射能レベルは約5000ベクレル。事故の通報義務が生じる国の安全基準370万ベクレルを大きく下回り、外部にも漏れていない。

9.8 ダイオキシン（日本）　「我が国における事業活動に伴い排出されるダイオキシン類の量を削減するための計画」の策定。

9.8 川辺川総合土地改良事業（熊本県）　川辺川総合土地改良事業に関して、一部の農家が事業対象となる農地面積の縮小などを伴う事業変更の手続に異議を申し立てた裁判で、熊本地裁が手続に大きな問題はなかったとする農水省の主張をほぼ全面的に認め、農家側の訴えを退ける判決を言い渡した。

9.11 南極条約協議国会議（南極）　ハーグで南極条約特別協議国会議及び第3回環境保護委員会（～15日）。

9.13 高濃度ダイオキシン検出（東京都大田区）　東京都大田区内の土壌から、ダイオキシン類のコプラナーPCBが極めて高い濃度で検出されたと、都が発表。汚染濃度は最大で環境基準の16倍、全国で2番目に高い数値だった。

9.14 川内原発1号機で蒸気発生器にひび割れ（鹿児島県川内市）　川内市久見崎町の九州電力川内原子力発電所1号機で、蒸気発生器の細管16本にひび割れが発見された。

9.19 地球温暖化問題の合同会議（日本）　地球温暖化問題への国内対策に関する関係閣僚審議会合同会議。

9.22 ダイオキシン（日本）　ダイオキシン類対策特別措置法第33条に基づき「我が国における事業活動に伴い排出されるダイオキシン類の量を削減するための計画」策定。

9.22 地球環境保全に関する関係閣僚会議（日本）　地球環境保全に関する関係閣僚会議及び地球温暖化対策推進本部合同会議が開催され「平成12年度地球環境保全調査研究等総合推進計画」が決定されるなどした。

9.22 トンネルじん肺訴訟（群馬県・東京都）　全国トンネルじん肺訴訟のうち群馬訴訟で、前橋地裁が被告全30社を対象にした和解案を提示した。和解案としては1999年7月に仙台地裁で原告と日本鉄道建設公団との間で初めて和解が成立して以来のもので、建設会社に対しては初めて。また11月30日には東京地裁が原告・被告双方に対し、和解金の基準額を2200万～900万円などとする和解案を提示した。

9.22 低公害車フェア（大阪市）　「低公害車フェアinおおさか」が開催された。

9.29　地球温暖化シンポジウム（岐阜県多治見市）　多治見市で地球温暖化シンポジウム・イン・岐阜開催。

9.30　低公害車フェア（愛知県名古屋市）　「低公害車フェアなごや2000」が開催された（～10月1日）。

9月　ディーゼル車排出微粒子濃度の国際比較（日本）　環境庁の報告書で、ディーゼル車からの排出ガスに含まれる微粒子（DEP）の大気中の濃度が東京・神奈川・埼玉・大阪では、ロサンゼルス・デンバーなどアメリカの大都市より最高で9倍も高いことが判明した。国内での総排出量は年間約6万tで、単位面積で比べるとアメリカの13倍、欧州連合（EU）の2倍になると推測される。

9月　能勢町ごみ焼却場ダイオキシン騒動（大阪府能勢町）　大阪府能勢町の焼却炉の解体工事で、日立造船の下請け作業員のダイオキシン類血中濃度が作業前と比べて平均34倍も高くなっていることが、同社の内部資料で明らかになった。

10.2　古タイヤ・廃車炎上（茨城県牛久市）　午後11時15分ごろ、茨城県牛久市奥原町の輸出業者の敷地内に積んであったスクラップ車両などから出火・小爆発し、消防車13台が消火作業に当たったが野積みの廃車車両5000台・古タイヤ1万5000本の大半が焼損した。この火事で、現場付近の国道408号が約5kmにわたって全面通行止めになった。

10.6　低公害車（日本）　環境庁、「低公害車大量普及方策検討会報告書について」を公表。

10.8　低公害車フェア（兵庫県神戸市）　「低公害車フェア」が神戸市で開催された。

10.11　ごみ処理（東京都日の出町）　東京都日の出町の一般廃棄物最終処分場拡張工事で、建設に反対してトラスト運動を続ける住民らに対し、東京都が土地収用法による強制執行を開始した。住民らは座り込みでこれに対抗した。

10.12　持続可能な開発（東京都）　森林と持続可能な開発に関する国際会議が東京で開催された（～13日）。

10.14　中国からトキ「美美」が到着（日本）　中国から贈られた雌のトキ「美美」（めいめい）が日本に到着した。

10.19　大気汚染状況（日本）　環境庁は「平成11年度大気汚染の状況について」を公表。全国2135の測定局で監視した1999年度の大気汚染状況をまとめたもの。

10.19　十和田八幡平国立公園（東北地方）　「十和田八幡平国立公園（八幡平地域）の公園区域及び公園計画の一部変更について」が告示された。

10.23　ラムサール条約（世界）　グランでラムサール条約常設委員会第25回会合が開かれた（～27日）。

10.23　酸性雨モニタリングネットワーク（アジア）　新潟市で東アジア酸性雨モニタリングネットワーク第6回政府間作業グループ会合が開かれた（～24日）。

10.25　酸性雨モニタリングネットワーク（アジア）　東アジア酸性雨モニタリングネットワーク第2回政府間会合が新潟市で開かれた（～24日）。

10.26　高濃度ダイオキシン検出（高知県）　高知県の県営住宅予定地から高濃度ダイオキシンを検出。また翌月9日には同県内の医療廃棄物処理施設からも相次いで検出された。

10.26　気候変動に関する政府間パネル（IPCC）（世界）　気候変動に関する政府間パネル（IPCC）が、地球温暖化は従来の予測を上回る勢いで進んでいるとする新報告書案をまとめた。1995年作成の報告書では2100年までの気温上昇を1～3.5度と予測していたが、これを1.5～6度に上方修正した。

10.28　低公害車フェア（大阪府吹田市）　吹田市で「エコ・エナジー（低公害車フェア）」が開催された（～29日）。

10.31　低公害車（日本）　「低公害車ガイドブック2000」が公表された。

10.31　環境ホルモン調査（日本）　環境庁が、環境ホルモンと疑われる約70の物質のうち、塩ビ樹脂の可塑剤としておもちゃなどに使われているフタル酸ジ-2-エチルヘキシル（DEHP）を、毒性などの危険度を優先的に調べる物質に指定した。昨年度に妊婦に対して行われた調査では10例中6例の胎児のへその緒からDEHPが検出されており、環境庁は母親から胎児に移行したのは間違いないと判断している。

11.13 気候変動枠組条約（UNFCCC）締約国会議（世界）　ハーグで国連気候変動枠組条約（UNFCCC）第6回締約国会議（COP6）及び第13回補助機関会合が開かれた（～25日）。議長のプロンク・オランダ環境相が、先進国の二酸化炭素などの削減目標が達成できない場合、罰則を伴う強制的措置を適用することを大半の国が求めていると強調し、勧告にとどめるべきだとする日本の主張を退けた。11月25日、森林吸収の扱い、先進国による途上国での原子力発電所建設を温暖化対策に組み込むか否かなど、日米とEUの溝が埋まらず、合意の形成に失敗した。

11.14 ダイオキシン（日本）　「ダイオキシン類の環境測定に係る精度管理指針」が公表された。

11.14 ダイオキシン（日本）　「野生生物のダイオキシン類蓄積状況等調査結果について（平成11年度調査結果）」が公表された。

11.24 ダイオキシン（日本）　「ダイオキシン類精密暴露調査の結果について（平成11年度調査結果）」が公表された。

11.27 名古屋南部大気汚染公害訴訟（愛知県）　名古屋市と東海市の公害病認定患者と遺族ら145人が、中部電力など企業10社と国を相手に計約42億円の損害賠償と汚染物質排出の差し止めを求めた「名古屋南部大気汚染公害訴訟」の判決が、名古屋地裁で言い渡された。工場排煙と健康被害の因果関係を認め、企業10社に計2億9千万円、国に計1800万円の損害賠償を命じ、排ガスに含まれる浮遊粒子状物質（SPM）についても一定濃度を上回る排出差し止めを命じる、原告勝訴の内容。企業・国とも控訴する姿勢。

11.30 アメニティ（日本）　第11回アメニティあふれるまちづくり優良地方公共団体表彰。

11.30 環境ホルモン（日本）　環境庁が「環境ホルモン戦略計画SPEED'98」の改訂版を公表した。

12.1 温暖化防止月間（日本）　地球温暖化防止月間（～31日）。

12.3 環境保全センター総括セミナーとトキ保護の打合せ（中国・日本）　北京で日中友好環境保全センター総括セミナー及びトキ保護に関する打合せ（～4日）。

12.4～　ダイオキシン（世界）　12月10日まで、PCBやダイオキシンなど残留性の高い化学物質を国際的に規制するため、第5回残留性有機汚染物質（POPs）条約化交渉会議が南アフリカのヨハネスブルグで開催され、条約案について合意が成立した。12種類の有機化学物質を対象に、各国に製造・使用禁止と排出削減を義務づける初の国際条約となる。2001年5月にストックホルムで採択される予定。

12.11　オゾン層保護（世界）　ブルキナファソのワガドゥグでオゾン層を破壊する物質に関するモントリオール議定書第12回締約国会合が開かれた（～14日）。

12.11　砂漠化対処条約（UNCCD）締約国会議（世界）　ボンで砂漠化対処条約（UNCCD）第4回締約国会議が開催された（～22日）。

12.14　水質汚濁防止法（日本）　中央環境審議会「水質汚濁防止法に基づく排出水の排出、地下浸透水の浸透等の規制に係る項目追加等について」環境庁長官に答申。

12.15　愛知万博（日本）　博覧会国際事務局（BIE）総会で2005年日本国際博覧会（愛知万博）正式決定。

12.15　環境確保条例・ディーゼル車規制（東京都）　東京都でディーゼル車規制が盛り込まれた「環境確保条例」が成立した。新車のみを対象とする国の排ガス規制と異なり、都が2003年10月から導入する規制は既存のバスやトラックも対象とし、新車登録から7年間の猶予期間後に基準を満たさない車は都内を走行できないことになった。

12.15　チェルノブイリ原発閉鎖（ウクライナ）　1986年4月に史上最悪の原発事故を起こしたウクライナのチェルノブイリ原子力発電所が閉鎖された。

12.19　悪臭防止法の施行状況（日本）　「平成12年度悪臭防止法施行状況調査について」が公表された。

12.22　公共用水域水質測定（日本）　「平成11年度公共用水域水質測定結果について」が公表された。

12.22　環境基本計画の変更（日本）　「環境基本計画の変更について」が閣議決定された。

12.25 　騒音規制法と振動規制法の施行状況（日本）　環境庁「平成12年度騒音規制法施行状況調査について」及び「平成12年度振動規制法施行状況調査について」を公表。

12.26 　化学物質（日本）　環境庁が1999年9月から11月にかけて39地点の河川・湖沼・海域を調査した結果、川崎港から1g当たり0.23ピコグラム、水島沖から2.02ピコグラム、洞海湾から0.16ピコグラムの臭素化ダイオキシンが検出された。いずれも底質からの検出で、生物からは検出されなかった。なお、臭素化ダイオキシンはダイオキシン対策法の規制対象に含まれておらず、国際的にも十分な測定データが収集されていない。

12.26 　カドミウム汚染（日本）　食糧庁が2000年産米のカドミウム汚染についての調査結果を公表した。過去3年間に0.4ppm以上が検出された地域を重点対象地点とし19市町村の389地点のコメを調べたが、そのうち7市町村47地点から0.4ppm以上1.0ppm未満を検出した。

12.27 　アホウドリが小笠原諸島で営巣（日本）　「種の保存法」で希少種に指定されているアホウドリが、東京・小笠原諸島智島列島の嫁島で営巣し卵を温めていることが、環境庁の発表で明らかになった。

12月 　遺伝子組み換え技術による製剤（日本）　財団法人血液製剤調査機構の調べにより、遺伝子組み換え技術を用いた製剤が血液製剤の代替品として急速に普及し、血友病治療用製剤の来年度の使用予定量の約7割に達することが判明した。アメリカからの輸入組み換え製剤は感染症の心配がないとされるが、長期投与のリスクは未知数である。

12月 　環境ホルモン（日本）　環境庁が、環境ホルモンに対する新たな対策の必要性を判断するため、トリブチルスズ、ノニルフェノール、オクチルフェノール、フタル酸ジブチル、フタル酸ジシクロヘキシル、ベンゾフェノン、オクタクロロスチレン、フタル酸ジ-2-エチルヘキシルの8物質について、年内に動物実験を開始することを決定した。

12月 　土壌汚染対策（東京都）　東京都が、12月改正予定の公害防止条例に、全国で初めて一定規模以上のマンションやビル開発を計画する全ての業者に土壌汚染の調査を義務づけるなど、新たな土壌汚染対策を盛り込む方針を決めた。

この年　エネルギー（日本）　日本全国の風力発電用の風車は2000年度末の見込みで225基、総発電能力11万kW（一般家庭5万世帯分以上）に達することが独立行政法人新エネルギー・産業技術総合開発機構により発表された。

この年　容器包装リサイクル法（愛知県名古屋市）　夏以降、名古屋市では容器包装リサイクル法に基づいて、容器・包装の分別回収が市全域で開始された。ごみの分別は従来の3種類から多い地区で14種類に増え、現場では一部混乱も発生した。

# 2001年
（平成13年）

1.1　酸性雨モニタリングネットワーク（アジア）　東アジア酸性雨モニタリングネットワークが本格稼働を開始した。

1.8　燃料電池（世界）　トヨタ、GM、エクソンモービルが燃料電池開発で合意した。

1.22　トキ2世誕生（新潟県新穂村）　新潟県の佐渡トキ保護センターで、雄の「優優」（ゆうゆう）と、中国から2000年秋に贈られた「美美」（めいめい）との間に、ヒナ6羽が誕生した。1999年に来日した「友友」（ようよう）と「洋洋」（やんやん）から数えて、人工飼育で初の3世の誕生となる。

2.5　自動車運搬船座礁（福岡市）　午前6時5分ごろ、福岡市西区の玄界島の北北東約13kmの玄界灘で、車計335台を積んだ大型自動車運搬船「新日洋丸」座礁、間もなく沈没した。乗組員は全員救助された。燃料の重油が流出し、沈没地点から西へ最大幅200m、長さ2.2kmの帯状に広がった。

2.6　炭鉱で一酸化炭素異常発生（北海道釧路市）　釧路市の太平洋炭鉱で一酸化炭素が異常発生。自然発火の徴候があったが、会社は事実を隠蔽。道が鉱山保安法違反の疑いで捜査に着手。

2.8 発電所建設を凍結（日本）　東京電力は、電力需要が伸び悩んでいることから、新規の発電所建設計画を原則として3～5年間、凍結する方針を発表した。

2.14 公害防止（日本）　国立環境研究所で第16回全国環境・公害研究所交流シンポジウム開催（～15日）。

2.15 じん肺訴訟（各地）　東京地裁で、トンネル工事でじん肺となった元従業員らが建設会社31社を相手に損害賠償を求めていた「全国トンネルじん肺訴訟」の和解が成立した。

2.20 「脱ダム」宣言（長野県）　田中康夫長野県知事が「脱ダム」宣言。

3.1 自然再生型公共事業（日本）　首相の私的懇談会「21世紀『環の国』づくり会議」が第1回会合を開いた。

3.14 悪臭防止法施行令改正（日本）　「悪臭防止法施行令の一部を改正する政令」が公布された。

3.18 ダイオキシン（日本）　ダイオキシン類関係公害防止管理者等国家試験が実施された。

3.21 悪臭防止法施行規則改正（日本）　「悪臭防止法施行規則の一部を改正する環境省令」が公布された。

3.22 自然公園法施行令一部改正（日本）　「自然公園法施行令の一部を改正する政令」が公布された。

3.28 薬害エイズ（東京都）　東京地裁は、薬害エイズ事件の元帝京大副学長に無罪判決。

3.28 京都議定書離脱（アメリカ）　アメリカのブッシュ大統領は、地球温暖化防止のための温室効果ガスの排出削減義務をさだめた「京都議定書」の合意について履行する意思のないことを明言した。「発展途上国が議定書の義務を負わないため、削減目標がアメリカ経済に悪影響を与える」ことを理由としている。日本は閣僚協議などを通じて、アメリカに対し議定書への復帰と代替案の提出を促したが、対立は解けなかった。

3.29 自然公園法施行規則一部改正（日本）　「自然公園法施行規則の一部を改正する省令」が公布された。

3.30 ダイオキシン（日本）　環境省は「ダイオキシン類の環境測定を外部に委託する場合の信頼性の確保に関する指針」を公表した。

3.30 健康被害救済（日本）　「公害健康被害の補償等に関する法律施行令の一部を改正する政令」が公布された。

3.30 瀬戸内海国立公園（瀬戸内海）　「瀬戸内海国立公園（六甲及び淡路地域）の公園計画の変更について」が告示された。

3.30 西海国立公園（長崎県）　「西海国立公園の特別地域の公園区域及び公園計画の変更について」が告示された。

4.1 産業廃棄物（日本）　「廃棄物の処理及び清掃に関する法律及び産業廃棄物の処理に係る特定施設の整備の促進に関する法律の一部を改正する法律」が全面的に施行された。

4.1 家電リサイクル法（日本）　「特定家庭用機器再商品化法（家電リサイクル法）」が本格施行された。リサイクル率を重量換算でエアコン60％以上・ブラウン管式テレビ55％以上・冷蔵庫と洗濯機50％以上と規定し、鉄・アルミ・銅・ガラスの4物質をリサイクル対象とした。2000年9月に大手家電メーカー各社が発表したリサイクル費用はテレビ2700円・冷蔵庫4600円・洗濯機2400円・エアコン3500円だが、費用負担を嫌う消費者による不法投棄が増加する恐れもある。

4.4 気候変動に関する政府間パネル（IPCC）（世界）　ケニアのナイロビで気候変動に関する政府間パネル（IPCC）第17回総会開催（〜6日）。

4.4 京都議定書（アメリカ）　ワシントンで与党政府代表団による京都議定書に関する米国への働きかけ（〜6日）。

4.16 持続可能な開発（世界）　ニューヨークで国連持続可能な開発委員会（CSD）第9回会合が開かれた（〜27日）。

4.18 京都議定書（日本）　参議院にて「京都議定書発効のための国際合意の実現に関する国会決議」が全会一致で可決された。

4.19 京都議定書（日本）　衆議院にて「京都議定書発効のための国際合意の実現に関する国会決議」が全会一致で可決された。

4.19 高濃度ダイオキシン検出（東京都大田区）　東京都大田区で環境基準値の570倍のダイオキシンを検出。

4.26 水質汚濁（日本）　「大気汚染防止法及び水質汚濁防止法施行令の一部を改正する政令」が公布された。

4.27 水俣病関西訴訟大阪高裁判決（大阪府）　大阪高裁で水俣病関西訴訟の第2審判決。国と県の行政責任を認定した逆転判決で、従来の認定基準も覆す判断を下した。国と県は5月に上告した。

4.29 自然保護行事（東京都新宿区・渋谷区）　第13回「新宿御苑みどりの日の集い」開催。

4月 気候変動に関する政府間パネル（IPCC）（世界）　国連の「気候変動に関する政府間パネル」は第3次評価報告書（TAR）を発表。20世紀に地上の平均気温が約0.6℃上昇、平均海面水位は0.1〜0.2m上昇したことを指摘している。

5.8 低公害車（日本）　一般公用車への低公害車導入を総理が指示した。

5.10 ダイオキシン無害化（和歌山県橋本市）　和歌山県橋本市で、高濃度のダイオキシンが検出された産業廃棄物中間処理場跡に対する国内初のジオメルト工法による無害化処理が開始された。

5.15 所沢ダイオキシン報道訴訟（埼玉県所沢市）　1999年2月1日のテレビ朝日の報道で、埼玉県所沢市の野菜農家らがテレビ朝日に対し、損害賠償を求めた裁判で、さいたま地裁の判決が出された。判決は「番組は主要部分で真実」だったとして、原告の請求を棄却した。

5.18 ディーゼル車（日本）　「ディーゼル車対策技術評価検討会とりまとめ」が公表された。

5.25 国立環境研究所研究棟完工（日本）　国立環境研究所研究棟が完成。30日には独法化と併せて式典を行った。

5.27 プルサーマル計画（新潟県刈羽村）　東京電力柏崎刈羽原子力発電所でのプルサーマル計画受け入れの是非を問う住民投票が行われた。投票結果は、反対派が53.6％と過半数を占めた。6月1日、東京電力は、計画を2002年夏まで先送りすることを決定した。

6.2 エコカー（東京都）　東京でエコカーワールド2001（旧低公害車フェア）が開催された（〜3日）。

6.3　循環型社会形成推進基本法ミュージカル（東京都）　循環型社会形成推進基本法ミュージカル「ごみ・で・な〜いらんど21」上演（東京）。

6.11　原発は将来的に全廃（ドイツ）　ドイツのシュレーダー首相は、国内の19基の原子力発電所を、将来的に全廃することを決め、電力4社との合意文書に調印した。

6.11　地球温暖化対策（アメリカ）　ブッシュ大統領は、温室効果ガスの排出削減技術の推進を柱とする、独自の地球温暖化対策を進める、と発表した。しかし削減の具体策は示さなかった。

6.13　水質汚濁（日本）　「水質汚濁防止法施行令の一部を改正する政令」が公布された。

6.14　酸性雨モニタリングネットワーク（アジア）　バンコクで東アジア酸性雨モニタリングネットワーク（EANET）政府間会合準備会合が開かれた（〜15日）。

6.19　ワシントン条約（世界）　パリでワシントン条約第45回常設委員会が開かれた（〜22日）。

6.22　産業廃棄物（日本）　環境省、「一般廃棄物の排出及び処理状況等（平成10年度実績）について」、「産業廃棄物の排出及び処理状況等（平成10年度実績）について」及び「首都圏の廃棄物の広域移動の状況について」を公表。

6.26　循環型社会白書（日本）　政府は、循環型社会形成基本法に基づき新しい白書「平成12年度版 循環型社会白書―循環型社会の夜明け-未来へと続く挑戦」を閣議決定・公表した。

6.28　生物多様性条約（世界）　パリでOECD/生物多様性の経済的側面作業グループ（〜29日）。

7.6　公害防止（日本）　環境大臣「札幌地域等5地域の公害防止計画」の策定指示。

7.9　南極条約協議国会議（南極）　第24回南極条約協議国会議及び第4回環境保護委員会（〜20日、サンクト・ペテルブルグ（ロシア））。

7.10 地球環境保全に関する関係閣僚会議（日本）　地球環境保全に関する関係閣僚会議及び地球温暖化対策推進本部「平成13年度地球環境保全調査研究等総合推進計画」決定。

7.11 低公害車（日本）　環境省、経済産業省、国土交通省が共同で「低公害車開発普及アクションプラン」を発表。

7.16 気候変動枠組条約締約国会議（世界）　ボンで国連気候変動枠組条約第6回締約国会議が開催された（COP6）再開会合が開かれた（～27日）。

7.16 モントリオール議定書（世界）　カナダのモントリオールでモントリオール議定書第21回作業部会（～26日）。

7.19 じん肺訴訟（福岡県）　福岡県筑豊地区の炭鉱で働き、じん肺を患った元従業員と遺族が、国や企業に損害賠償を求めた西日本石炭じん肺福岡訴訟の第2審判決が福岡高裁で出された。じん肺集団訴訟では初めて国の責任を認め、原告422人に対し、国と企業3社が総額19億1200万円を支払うよう命じた。

7.23 京都議定書（世界）　気候変動枠組条約第6回締約国会議再開会合が、7月16～27日にドイツのボンで開かれ、23日の閣僚級協議で、京都議定書の主要な運用ルールについて合意した。2008～2012年の削減目標を達成できなかった場合は、未達成量の1.3倍を次の5年間の削減義務に加えることなどを定めたが、目標遵守規定に法的拘束力を持たせるかどうかはの問題は、先送りされた。

7.25 自然公園大会（福島県）　福島県磐梯朝日国立公園で「自然に親しむ運動」の中心行事として「第43回自然公園大会」が開催された（～26日）。

7.30 ダイオキシン（日本）　環境省、「一般廃棄物焼却施設の廃ガス中のダイオキシン類濃度等について」及び「産業廃棄物焼却施設の廃ガス中のダイオキシン類濃度等について」を公表。

8.8 名古屋南部公害訴訟（愛知県）　自動車の排ガスと工場排煙で健康被害を受けたとして、名古屋南部の公害病患者と遺族の計328人が、国と企業10社に対し、総額82億7000万円の損害賠償と汚染物質の排出差し止めを求めた、名古屋南部公害訴訟が和解で合意した。国が環境基準を速やかに達成し、企業が約15億円を支払うこととなった。

8.11 富士山クリーン作戦 (山梨県・静岡県)　富士山クリーン作戦。

8.28 諫早湾干拓 (長崎県)　国営諫早湾干拓事業で、武部農相は、規模を縮小する抜本的な見直し案を年内に策定する方針を明らかにした。

8.28 地球温暖化セミナー (アジア)　福岡県北九州市で第11回地球温暖化アジア太平洋地域セミナー (〜31日)。

9.4 京都議定書 (アメリカ)　閣僚6名がワシントンとニューヨークにおもむき、京都議定書に関する米国に対する働きかけを行った (〜8日)。

9.10〜 BSE発生 (千葉県・北海道・群馬県)　千葉県白井市で、日本で初めて、欧州以外では世界でも初めてとなるBSE (牛海綿状脳症・BSE) 感染牛が確認された。農林水産省は感染牛が焼却処分されたと発表したが、実際には肉骨粉の原料にされていたことが判明。厚生労働省は輸入牛だけでなく国産牛も医薬品や化粧品の原料にすることを禁止した。感染牛2頭目は11月21日北海道で、3頭目は11月30日群馬県で発見された。2002年6月、飼育中に死亡した2歳以上の牛の全頭検査義務付け、肉骨粉の使用禁止、BSEによる経営不安定の措置を定めたBSE対策特別措置法が成立した。2003年10月現在、国内で計8頭の感染が確認されている。また、国がBSE対策の一環として行った「牛肉在庫緊急保管対策事業」(国産牛肉買い上げ) で、雪印乳業の子会社である雪印食品が輸入牛肉を国産牛肉と偽って約2億円をだまし取っていたことが判明、それ以外にも産地の偽装表示を恒常的に行っていたことが明らかとなり、集団食中毒事件と相まって雪印乳業が解散に追い込まれる事件も起こり、さらに日本ハム、日本食品なども同制度を悪用し公金を詐取していたことが判明した。

9.11 森林法閣僚会議 (世界)　バリで森林法施行とガバナンスに関する閣僚会議が開催された (〜13日)。

9.12 低公害車 (日本)　「国の一般公用車における低公害車の導入促進について」が公表された。

9.26 三番瀬埋め立て中止 (千葉県)　千葉県市川市と船橋市にわたる浅瀬・干潟「三番瀬」の101haを埋め立てる計画について、堂本暁子知事は計画の中止を表明した。堂本知事は計画の白紙撤回を公約に掲げ、3月の知事選に初当選し、その後地元自治体などから意見を聴いていた。

2001年（平成13年）　　　　　　　　　　　　　　　　　　　　環境史事典

9.28　薬害エイズ刑事裁判（日本）　薬害エイズ事件で業務上過失致死罪に問われた元厚生省課課長に対し、東京地裁は、禁固1年、執行猶予2年の有罪判決を下した。

10.1　砂漠化対処条約（UNCCD）締約国会議（世界）　砂漠化対処条約（UNCCD）第5回締約国会議がジュネーブで開催された（〜12日）。

10.1　ラムサール条約（アジア）　バンコクでラムサール条約東アジア小地域会合が開かれた（〜3日）。

10.3　小田急高架化騒音訴訟（東京都）　小田急線の複々線化に伴う高架化に反対する沿線住民が、国の事業取り消しを求めた裁判で、東京地裁は、騒音への配慮を欠く、と国の事業認可を取り消す判決を下した。

10.4　自然環境保全基礎調査・巨樹巨木林（各地）　環境省は「自然環境保全基礎調査」の一環として1988年以来12年ぶりに行った「第2回巨樹・巨木林調査」の結果を発表した。幹回り3m以上の巨樹・巨木は64479本で前回調査より8681本多かったが、前回調査した巨樹・巨木のうち1660本が枯死や伐採で失われていた。同省は「巨木は地域の環境変化に敏感ともいわれ、今後は枯死の原因も掘り下げたい。」としている。

10.16　モントリオール議定書（世界）　コロンボでモントリオール議定書第13回締約国会合が開かれた（〜19日）。

10.18　BSE検査開始（日本）　食肉処理されるすべての牛のBSE（牛海綿状脳症）検査が始まり、厚労相と農水相が安全宣言。

10.22　ロンドン条約（世界）　ロンドン条約第23回締約国会議がロンドンで開催された（〜26日）。

10.29　気候変動枠組条約締約国会議（世界）　マラケシュで国連気候変動枠組条約第7回締約国会議が開催された（COP7）（〜11月9日）。

10.30　かおり風景100選（各地）　環境省は、全国から寄せられた600件の応募の中から、「かおり風景100選選定委員会」（座長 岩崎好陽、委員8名）を開いて100地点を選定審査した。この中には、ラベンダー・ニッコウキスゲ・チューリップ・カタクリなどの花、原生林・森（杜）・杉並木、風・潮・海（松原、潮風、磯風）、線香・墨・茶・菓子・醤

− 494 −

油・酒（酒蔵）などの、地域の自然、工芸、産物などに関わる多様な風景が選定されている。日本の自然や伝統・文化に係わる「よいかおり」を保全することを通じて、環境の快適性を確保・創造することを目的としている。

10.31 高速実験炉「常陽」施設で火災（茨城県大洗町）　午後8時40分ごろ、茨城県東茨城郡大洗町成田町で、核燃料サイクル開発機構の高速実験炉「常陽」敷地内のメンテナンス建屋で火災が発生。建屋は原子炉から約30m離れており、ビニールシートや木材を焼いただけで建物の被害や放射能漏れはなかった。不要となった配管を解体し付着したナトリウムを除去する作業中に、配管を拭いた紙タオルを捨てる容器にナトリウムが混入し発火したもの。従業員の訓練が不十分だったことやナトリウムへの認識の甘さが指摘された。

11.7 浜岡原子力発電所で冷却水漏れ（静岡県浜岡町）　午後5時ごろ、静岡県小笠郡浜岡町の中部電力浜岡原子力発電所1号機で、緊急時に原子炉内に冷却水を送り込む高圧注入系の試験中に注入系が自動的に停止した。検査の結果、緊急炉心冷却装置系の配管が破断し、放射能を含む蒸気が建屋内に漏れていたことが判明。9日には原子炉圧力容器下部に溶接した制御棒駆動機構の収納ケース付近から放射能を帯びた冷却水が漏れ出していることも判明。原子炉心臓部からの冷却水漏れは国内の原発ではほとんど例がなく、同原発の運転開始から25年たっていることもあり、老朽化を懸念する声もある。

11.9 水質汚濁（日本）　「水質汚濁防止法施行令及び瀬戸内海環境保全特別措置法施行令の一部を改正する政令」が公布された。

11.12 京都議定書の締結に向けた取組（日本）　地球温暖化対策推進本部は「京都議定書の締結に向けての今後の取組について」を決定した。

11.12 かおり風景100選（東京都）　かおり風景100選選定記念フォーラムが東京で開かれた。

11.15 生物多様性条約（世界）　パリでOECD/生物多様性の経済的側面作業部会（～16日）。

11.18 住民投票で原発反対7割（三重県海山町）　三重県海山町で原子力発電所誘致の賛否を問う住民投票が行われ、反対派が7割近くを占め勝利。

11.21 アメニティ（日本）　第12回アメニティあふれるまちづくり優良地方公共団体表彰。栃木県足尾町、三鷹市、大野市、岐阜県古川町、広島県府中町、熊本県矢部町が受賞。

11.21 ダイオキシン対策特別措置法施行令改正（日本）　「ダイオキシン類対策特別措置法施行令の一部を改正する政令」が公布された。

11.22 薬害ヤコブ病裁判（東京都・滋賀県）　薬害クロイツフェルト・ヤコブ病訴訟で、東京地裁・大津地裁がともに国の救済責任を認める所見を示し、和解協議を促したことを受け、被告の国は所見を受け入れ、和解協議に応じることを決定した。

11.30 臭素系ダイオキシン（日本）　環境省は「平成12年度臭素系ダイオキシン類に関する調査結果について」を公表した。

12.3 愛知万博「環境配慮」（日本）　愛知万博の基本計画が正式公表される。「環境配慮」を明記し、2002年夏の着工を目指す。

12.3 ラムサール条約（世界）　ジュネーブでラムサール条約第26回常設委員会（～7日）。

12.6 公害防止計画（日本）　中央環境審議会「公害防止計画制度の見直しについて」環境大臣に答申。

12.12 分別収集（日本）　「容器包装に係る分別収集及び再商品化の促進等に関する法律施行令及び特定家庭用機器再商品化法施行令の一部を改正する政令」が公布された。

12.18 ダイオキシン（日本）　環境省、「平成12年度ダイオキシン類に係る環境調査結果について」、「ダイオキシン類の排出量の目録（排出インベントリー）について」及び「平成12年度ダイオキシン類対策特別措置法施行状況について」を公表した。

12.18 じん肺訴訟（福岡県大牟田市）　福岡県の三井三池炭鉱で働き、じん肺になった元従業員と遺族が、2社を相手に損害賠償を求めた裁判で、第1審の福岡地裁は、会社の責任を認定し、174人に総額約16億円を支払うよう命じた。

12.26 地球温暖化対策税制（日本）　中央環境審議会総合政策・地球環境合同部会地球温暖化対策税制専門委員会「我が国における温暖化対

策税制に係る制度面の検討について（これまでの審議の取りまとめ）」公表。

12.30 人工砂浜陥没（兵庫県明石市）　午後0時50分ごろ、兵庫県明石市大蔵海岸通の人工海浜「大蔵海岸」で突然砂浜が陥没した。陥没は深さ約1.5mに及び、散歩中の女児1人が砂に埋まって重体となり、後日死亡した。現場付近では同様の陥没が続き、調査の結果堤防のすき間から砂が海中に流れ出し、砂浜の地中部分に空洞が出来たのが原因と判明、市が応急工事をしたが、抜本的な堤防の改修工事は行われていなかった。

# 2002年
（平成14年）

1.7 産業廃棄物処理会社内廃棄物置場で火災（埼玉県吉川市）　午後7時25分ごろ、埼玉県吉川市中曽根で、産業廃棄物処理会社敷地内の廃棄物置き場から出火。廃プラスチック類や建築廃材など分別前の産業廃棄物約1400m$^2$を焼いた。低温燃焼によってダイオキシン類が発生した恐れもある。同日午後6時ごろに従業員が帰った後は無人で、廃棄物の中の燃え殻から出火したとみられる。

1.11 環境アセスメント（日本）　環境省主催公開シンポジウム「新しい環境アセスメント制度は定着したか」開催。

1.13 自動車解体工場火災（千葉市）　午後4時45分ごろ、千葉市花見川区柏井町の自動車解体工場で、廃車の燃料ボンベからプロパンガスを抜く作業中に出火。鉄骨2階建て事務所兼車庫と解体工場計約420m$^2$を全焼し、同社長が焼死、従業員1人が軽いやけどを負った。

1.17 循環型社会（日本）　中央環境審議会「循環型社会形成推進基本計画の策定のための具体的な指針について」環境大臣に意見具申。

1.19 藤前干潟保全（愛知県名古屋市）　名古屋市で藤前干潟保全活用ワークショップ開催。

1.24 京都議定書（日本）　中央環境審議会「京都議定書の締結に向けた国内制度の在り方に関する答申」環境大臣に答申。

1.25 産業廃棄物（日本）　環境省は「一般廃棄物の排出及び処理状況等（平成11年度実績）について」及び「産業廃棄物の排出及び処理状況等（平成11年度実績）について」を公表した。

2.1 使用済み核燃料貯蔵プールで漏水（青森県六ヶ所村）　日本原燃は青森県六ヶ所村にある同社の核燃料再処理工場内の使用済み核燃料貯蔵プールで、前年7月から漏水が起きていることを発表した。漏水は国の基準値の1000分の1以下の放射性物質を含んでおり、漏水の累計は5.2tになるが、廃液処理施設に送っているため周辺への放射能漏れはないという。稼働中の燃料貯蔵プールでの漏水事故は全国で初めて。

2.9 女川原子力発電所でボヤ（宮城県）　午前9時30分すぎ、宮城県女川町と牡鹿町にまたがる東北電力女川原発2号機で、制御棒駆動機構保修室上部で液体の入ったスプレー缶に穴を開ける作業中に出火。ビニールシート1枚が燃え、作業員2人が軽いやけどを負った。原発は定期検査のため停止中で、放射能漏れはなかった。

2.13 京都議定書の締結方針（日本）　地球温暖化対策推進本部が「京都議定書の締結に向けた今後の方針について」を決定した。

2.13 BSE消毒基準不達成（日本・イタリア）　過去イタリアから輸入された肉骨粉の一部が、BSE（牛海綿状脳症）感染防止の消毒基準を満たしていなかったことが判明—農水省発表。

2.15 自然公園法一部改正（日本）　「自然公園法の一部を改正する法律案」が閣議決定された。

2.15 土壌汚染対策法（日本）　「土壌汚染対策法案」が閣議決定された。

2.16 自然保護行事（東京都）　東京で「環の国くらし会議」（第1回）が開催された。

3.6 健康被害救済（日本）　中央環境審議会は「公害健康被害の補償等に関する法律の規定による障害補償標準給付基礎月額及び遺族補償標準給付基礎月額の改定について」環境大臣に答申。

3.6 トキ「美美」の子が中国へ（日本）　トキ美美の子2羽を中国へ移送した。

3.11 硫化水素ガス中毒（愛知県半田市）　午後2時40分ごろ、愛知県半田市本町の国道247号の地下約2.6mに埋設された雨水管で、汚泥の浚渫工事を終えて後片づけ中の作業員4人と、地上で事態に気付き救助しようとした作業員1人が意識を失って倒れ、2人が水死、3人がガス中毒死した。換気が不十分で、汚泥などから発生した硫化水素ガスを吸ったことが原因。

3.12 ワシントン条約（世界）　ジュネーブでワシントン条約第46回常設委員会が開かれた（～15日）。

3.13 地球温暖化対策の合同会議（日本）　地球温暖化問題への国内対策に関する関係審議会合同会議が開かれた。

3.16 サクラ最速開花（東京都千代田区）　気象庁は、3月16日に東京の観測地点となる靖国神社のサクラが開花したと発表した。平年より12日早く、1953年以降の観測史上で最も早い開花となった。全国各地でも早咲きの記録が更新された。

3.18 レジ袋税（東京都杉並区）　東京都杉並区は、小売店のレジで店から客に配られる買い物用のポリ袋1枚につき、消費者に5円の税金をかける「すぎなみ環境目的税」（レジ袋税）条例を18日の区議会で可決、条例が成立した。レジ袋などのプラスチックごみを大幅に減らすことが目的で、区では2000年から検討を始め、2002年に全国初の法定外目的税として区議会への提案を決定した。条例の施行時期は未定で、区民には買い物袋を持参する運動も呼びかける、とされた。

3.19 地球温暖化対策推進大綱（日本）　地球温暖化対策推進本部は「新しい地球温暖化対策推進大綱」を決定。

3.25 生物多様性国家戦略（日本）　中央環境審議会が「生物多様性国家戦略の見直しについて」を環境大臣に答申。

3.25 薬害ヤコブ病和解（東京都・滋賀県）　薬害ヤコブ病訴訟で、原告の患者・家族らと被告の国・企業は、総額約11臆6200万円の和解金と国の「おわび」を盛り込んだ和解確認書に調印し、東京、大津地裁で和解が成立した。提訴から5年4カ月めだった。

3.27 生物多様性国家戦略（日本）　地球環境保全に関する関係閣僚会議は「新・生物多様性国家戦略」を決定した。

3.27 健康被害救済（日本）　「公害健康被害の補償等に関する法律施行令の一部を改正する政令」が公布された。

3.27 諫早湾干拓（長崎県）　農水省は、有明海の養殖ノリの不作と諫早湾水門との因果関係について、潮受け堤防の排水門を開けた調査が必要である、との提言をまとめた。

3.29 地球温暖化対策推進法改正（日本）　「気候変動枠組条約の京都議定書の締結の国会承認を求める件」及び「地球温暖化対策の推進に関する法律の一部を改正する法律案」が閣議決定された。

3.31 貨物船沈没・重油流出（島根県）　午前3時20分ごろ、島根県隠岐島沖南東26kmの海上で、鳥取県岩美町田後漁協所属の底引き網漁船「第3更賜丸」(78t)と中米ベリーズ船籍の貨物船「アイガー」(2847t)が衝突。第3更賜丸の3人が軽い怪我を負った。アイガーは沈没し、乗組員は全員更賜丸に救助されたが、同船から燃料のA重油が流出し、一部が京都府網野町の浜詰海岸に漂着し、定置網などにも付着した。

3月〜 中国産冷凍野菜から農薬（各地）　3月から厚生労働省が中国産冷凍ホウレンソウの輸入検査を行ったところ、約2か月の間に基準を上回る「クロルピリホス」「パラチオン」などの残留農薬が21件検出されたほか、他の冷凍野菜からも残留農薬が検出された。この事件を受けて、食品衛生法が改正され、人体に影響が懸念される特定の食品は輸入を禁止できる事となった。

4.2 東北電力女川原子力発電所で配管に水漏れ（石川県志賀町）　午前11時15分ごろ、宮城県女川町と牡鹿両町にまたがる東北電力女川原発2号機のタービン建屋で、冷却水を原子炉に戻す配管に水漏れが見つかった。漏れた水には微量の放射能が含まれていたが、人体や周辺の環境に影響はないという。また、同日午前、石川県志賀町の北陸電力志賀原発1号機で、原子炉冷却水再循環ポンプの軸振動値に異常が認められたため、原子炉を手動停止した。外部への放射能漏れは確認されていない。いずれも定期検査中で調整運転を行っていたが、コストダウンを背景に定期検査のレベルの低下を懸念する専門家もいる。

4.2　アコヤガイ大量死（三重県）　全国有数の真珠生産量を誇る三重県の英虞湾や五ヶ所湾などで、真珠母貝のアコヤガイが大量死していることが明らかになった。全体の4割以上、特に真珠を作らせるため貝殻の破片を入れた「核入れ」済みのアコヤガイは6割近く死んでおり、被害額は数十億円に上るとみられる。冬場に低水温が続いたことに加え、夏場に多発した感染症対策で低水温に弱い改良貝を導入したことが原因。

4.7　生物多様性条約（世界）　ハーグで「第6回生物多様性条約締約国会議」が開催された（～19日）。

4.15　諫早湾で開門調査（長崎県）　農水省は、国営諫早湾干拓事業の潮受け堤防の排水門を開放し、養殖ノリの不作との環境影響調査を行うことで、地元の長崎県などと合意した。1997年の堤防締め切り以降初めての開門で、24日に南北2カ所の水門を開けて海水を導入した。しかし、湾奥部の閉め切りが有明海の環境にどの程度の影響を与えているかを明らかにするまでには至らなかった。中・長期にわたる開門調査の是非が検討されたが、干拓事業が有明海の環境に与えた影響の大きさを明らかにすることは困難と見られている。

4.16　持続可能な開発（世界）　パリで「OECD持続可能な開発アドホックグループ会合」が開催された（～17日）。

4.17　気候変動に関する政府間パネル（IPCC）（世界）　ジュネーブで「気候変動に関する政府間パネル（IPCC）第19回総会」が開催された（～20日）。

4.22　カルタヘナ議定書（世界）　ハーグで「生物多様性条約バイオセイフティに関するカルタヘナ議定書第3回政府間会合」が開催された（～26日）。

4.24　自然公園法一部改正（日本）　「自然公園法の一部を改正する法律」が公布された。

4.24　持続可能な開発（世界）　パリで「OECD持続可能な開発のためのグローバルフォーラム」が開催された（～26日）。

4.29　自然保護行事（東京都新宿区・渋谷区）　第14回「新宿御苑みどりの日の集い」が開催された。

- 5.15 **ラムサール条約**（世界） ジュネーブで「ラムサール条約常設委員会財政小委員会/第8回締約国会議準備小委員会」が開催された（〜16日）。

- 5.20 **食品添加物**（日本） ダスキンが運営する「ミスタードーナツ」で、2000年4〜12月に、食品衛生法で認められていない食品添加物を含む肉まん1300万個以上を販売していたことが、20日に明らかになった。約1年半事実を隠ぺい、販売続けていた。21日には、この事実を指摘した取引業者にダスキンが6300万円を支払っていたこともわかった。22日、大阪府警は、ダスキンから肉まん製造を受注した業者などを食品衛生法違反で捜索、23日にはダスキン本社も捜索した。

- 5.24 **環境白書**（日本） 「平成14年版環境白書―動き始めた持続可能な社会づくり」及び「平成14年版循環型社会白書―循環型社会におけるライフスタイル、ビジネススタイル」閣議決定の上公表された。

- 5.24 **環境保護**（世界） 「環境保護に関する南極条約議定書附属書Ⅴ」が発効。

- 5.24 **IWC総会**（世界） 山口県下関市で開かれていた国際捕鯨委員会（IWC）は、24日、捕鯨国と反捕鯨国の対立に終始したまま閉幕した。日本は、沿岸でのミンククジラ年間50頭を捕獲し、クジラの捕獲枠を科学的に算出・管理する「改訂管理制度」などを提案したが、いずれも否決された。

- 5.25 **浜岡原子力発電所で冷却水漏れ**（静岡県浜岡町） 静岡県小笠郡浜岡町にある中部電力浜岡原子力発電所2号機の緊急炉心冷却装置の配管から水漏れ事故が発生し、原子炉を手動で停止した。2001年11月の1号機の事故を受けて2号機を自主的に点検、前日に運転再開したばかりだった。原因は運転時の振動で配管溶接部分から別れた水抜き配管に亀裂が入ったため。

- 5.27 **燃料電池**（日本） 副大臣会議は「燃料電池プロジェクトチーム報告書」を公表した。

- 5.29 **土壌汚染**（日本） 「土壌汚染対策法」が公布された。

- 5.31 **気候変動**（世界） 「気候変動に関する国際連合枠組条約に基づく第3回日本国報告書」を締約国会議事務局に提出。

5月 香料に無認可添加物（各地）　食品香料メーカー「協和香料化学」の茨城工場で製造された香料に、食品衛生法で認められていない添加物質が原料として使用されていたことが明らかになった。54社から食品が回収され、被害額は16億円にのぼった。茨城県警などは法人としての同社と社長ら幹部5人を食品衛生法違反で書類送検した。また、「ダスキン」が運営する「ミスタードーナッツ」の肉まんにも無認可添加物が使われていたことが発覚し、元専務ら8人が同容疑で書類送検された。

6.4 京都議定書批准決定・受諾書寄託（日本）　地球温暖化防止のための二酸化炭素などの排出量削減義務づけた京都議定書について、政府は、参議院での承認・成立を受け、批准を正式に決定し、受諾書をニューヨークの国連本部に寄託した。京都議定書は、1997年12月11日、京都市で開かれた地球温暖化防止京都会議で議決され、日本では2002年3月29日に批准承認案が閣議決定され、5月21日に衆議院本会議で承認、31日には参議院本会議でも承認され、成立した。

6.7 地球温暖化対策推進法改正（日本）　「地球温暖化対策の推進に関する法律の一部を改正する法律」が公布された。

6.12 古タイヤ火災（栃木県真岡市）　午前0時15分ごろ、栃木県真岡市下篭谷の解体業の敷地に野積みされていた古タイヤから出火。約10万本を燃やして15時間後に鎮火した。現場は畑や雑木林に囲まれており、延焼の恐れはなかったものの、タイヤが燃えて出る白煙や悪臭が周囲に立ちこめた。

6.18 温暖化対策税制（日本）　中央環境審議会総合政策・地球環境合同部会地球温暖化対策税制専門委員会は「我が国における温暖化対策税制について（中間報告）」を公表した。

6.24 ダイオキシン（日本）　中央環境審議会は環境大臣に「ダイオキシン類対策特別措置法に基づく水質の汚濁のうち水底の底質の汚染に係る環境基準の設定等について」答申を提出。

6.24 温室効果ガス（東京都）　「第1回温室効果ガス排出量算定方法検討会」が東京で開催された。

6.26 杉並病の因果関係を認める裁定（東京都杉並区）　国の公害等調整委員会は、東京都杉並区の不燃ごみ中間処理施設「杉並中継所」の

周辺住民が健康被害を訴えている「杉並病」問題をめぐる公害調停で、申請人18人のうち14人について、原因物質を特定できないまま、中継所と被害との因果関係を認める裁定を下した。

6.27 **産業廃棄物**（日本）　「産業廃棄物行政に関する懇談会報告書」とりまとめが公表された。

6.28 **公害防止計画**（日本）　環境大臣が「鹿島地域等12地域の公害防止計画」の策定を指示した。

6.28 **精錬所タンクから発煙硫酸漏出**（秋田市）　秋田市飯島の精錬所タンクから有毒の発煙硫酸が漏れ出し、気化した白煙が半径1kmに拡散。29日午前10時過ぎにタンクから発煙硫酸を抜き取る作業が完了し、後にタンク内から発煙硫酸を抜取り白煙の流出を止めた。負傷者10人。28日午後8時過ぎ、付近を通り掛かった車に乗っていた3歳男児がのどに痛みを訴え、近くの病院で手当てを受けた。

7.5 **「脱ダム」宣言で知事不信任**（長野県）　「脱ダム」宣言に代表される田中康夫知事の政策や政治手法に反発した長野県議会が、本会議で知事の不信任決議案を可決。

7.5 **渇水で取水制限・プール閉鎖**（奈良県）　奈良県の吉野川で、渇水により40％の取水制限が設けられ、県営プールが閉鎖した。

7.8 **酸性雨モニタリングネットワーク**（アジア）　バンコクで「東アジア酸性雨モニタリングネットワーク（EANET）財政措置に関する作業グループ会合」が開催された（〜9日）。

7.10 **温室効果ガス**（日本）　環境省「第2回温室効果ガス排出量算定方法検討会」が開催された。

7.10 **持続可能な開発**（世界）　「OECD持続可能な開発ラウンドテーブル」がパリで開催された（〜11日）。

7.11 **放射線照射ミス**（石川県）　石川県の金沢大病院で、腫瘍の治療などに使う放射線装置の初期設定に誤りがあり、患者12人に過照射した。

7.12 **自動車リサイクル法**（日本）　「使用済自動車の再資源化等に関する法律」（自動車リサイクル法）が公布された。

7.16 **環境基本計画**（日本）　中央環境審議会「環境基本計画の進捗状況の点検結果について」が閣議報告された。

- 7.17 モントリオール議定書（世界）　カナダのモントリオールで「モントリオール議定書多数国間基金第37回執行委員会」が開催された(～19日)。
- 7.19 地球環境保全に関する関係閣僚会議（日本）　地球環境保全に関する関係閣僚会議及び地球温暖化対策推進本部は「2000年度（平成12年度）の温室効果ガス排出量について」を公表。さらに地球温暖化対策推進本部は「京都メカニズム活用のための体制整備について」を決定し、京都メカニズム活用連絡会を設置した。また「政府がその事務及び事業に関し温室効果ガスの排出の抑制等のため実行すべき措置について定める計画（政府の実行計画）」が閣議決定された。
- 7.22 モントリオール議定書（世界）　カナダのモントリオールで「モントリオール議定書第22回作業部会」が開催された(～26日)。
- 7.24 自然公園大会（青森県）　「自然に親しむ運動」の中心行事として「第44回自然公園大会」が青森県十和田八幡平国立公園で開催された(～25日)。
- 7.26 地球温暖化CDMフォーラム（東京都）　「地球温暖化CDMフォーラム2002」が東京で開催された。
- 7.29 環礁埋め立て（沖縄県）　国と沖縄県は米軍普天間基地移設で代替施設を名護市沖の環礁埋め立て建設で基本合意。
- 7.30 ダイオキシン（日本）　環境省は「一般廃棄物焼却施設の排ガス中のダイオキシン類濃度等について」及び「産業廃棄物焼却施設の排ガス中のダイオキシン類濃度等について」を公表した。
- 7.30 地球温暖化セミナー（アジア）　バンコクで「第12回地球温暖化アジア太平洋地域セミナー」が開催された(～8月2日)。
- 7.31 ダイオキシン（日本）　「ダイオキシン類対策特別措置法施行令の一部を改正する政令」が公布された。
- 7.31 公害防止（日本）　「特定工場における公害防止組織の整備に関する法律施行令の一部を改正する政令」が公布された。
- 7月 無登録農薬問題（各地）　農薬取締法で販売が禁止されている無登録農薬の使用が問題化し、37道府県の254か所で殺菌剤「ダイホルタン」、殺虫剤「プリクトラン」など10種類の無登録農薬が販売されて

いたことが確認され、ナシやリンゴ、メロンなど17品目、計4281tに上る農作物が回収、廃棄された。また、各地で無登録農薬の販売業者の摘発が相次いだ。

8.6　光化学スモッグ（東京都足立区）　午後3時25分ごろ、東京都足立区千住桜木の東京電力グラウンドで、サッカーの練習試合をしていた島根県立益田高校サッカー部の男子生徒20人が、のどの痛みや息苦しさを訴え、救急車で病院に運ばれた。16人が熱中症、4人が光化学スモッグ被害とみられる。

8.14　ワシントン条約（アジア）　モンゴルで「ワシントン条約アジア地域会合」が開催された（〜16日）。

8.21　薬害エイズ裁判（東京都）　薬害エイズ事件で業務上過失致死傷に問われた旧ミドリ十字（三菱ウェルファーマ）の歴代社長2人に対する控訴審判決が下された。大阪高裁は、1審判決を破棄して量刑を軽減し、あらためて2人に禁固刑の実刑判決を言い渡した。

8.23　柏崎刈羽原発3号機で炉心隔壁に亀裂（新潟県）　新潟県の東京電力柏崎刈羽原発3号機で定期点検中、炉心隔壁にひび割れが見つかった。

8.26　井戸水から発がん性物質検出（奈良県王寺町）　奈良県北葛城郡王寺町のクリーニング工場の井戸水から発がん性物質が検出された。住民は周知が遅いと県に反発。

8.26　環境開発サミット（世界）　国連の「持続可能な環境と開発に関する世界首脳会議」（UNCED）、通称「地球サミット」が、南アフリカのヨハネスブルクで開幕した。約170カ国の政府代表、民間活動団体など6万人が参加した。9月4日、会議は21世紀の人類の行動計画となる「実施文書」と、各国首脳の決意を示した「政治宣言」を採択した。

8.29　東京電力原発トラブル隠し（新潟県・福島県）　東京電力が柏崎刈羽、福島第1、第2の3原子力発電所の原子炉計13基で、1980年代後半から1990年代にかけて行われた自主点検でひび割れなどのトラブルを見つけながら、修理記録の改ざんや虚偽記載など29件の不正を行っていたことが、経済産業省原子力安全・保安院の調査で判明した。東京電力の南直哉東電社長は事実関係を認め、プルサーマル計画の凍結を表明した。

8.30 オゾン層保護（日本）　日本、「オゾン層を破壊する物質に関するモントリオール議定書の97年改正及び99年改正」受諾。

9.1 環境報告書データベース（日本）　「環境報告書データベース」の運用が開始された。

9.2 福島第2原発で放射能漏れ（福島県）　福島県にある東京電力福島第2原発2号機の排気筒から放出される放射能物質濃度が通常の1.76倍まで上昇したため、東京電力は原子炉を手動停止した。発電所排気筒から微量の放射性物質の放出が確認された。

9.3 低公害車（日本）　「低公害車ガイドブック2002」が公表された。

9.3 ヒートアイランド（日本）　環境省は「平成13年度ヒートアイランド対策手法調査検討報告書」を公表した。

9.9 オニヒトデ駆除（沖縄県）　沖縄県はサンゴ保護のために、オニヒトデの本格駆除を開始した。

9.9 環境保護（南極）　ワルシャワで「第25回南極条約協議国会議」及び「第5回環境保護委員会」が開催された（〜20日）。

9.12 鳥獣保護（日本）　中央環境審議会は「遺伝子改変生物が生物多様性へ及ぼす影響の防止のための措置について」、「環境衛生の維持に重大な支障を及ぼすおそれのある鳥獣又は他の法令により捕獲等について適切な保護管理がなされている鳥獣等の指定について」及び「国設鳥獣保護区の設定及び同特別保護地区の指定について」環境大臣に答申。

9.12 東京電力原発トラブル隠し（日本）　東京電力の原発トラブル隠しで内部告発を受けた経済産業省原子力安全・保安院が2000年末、告発者の元GE社員の氏名などを東電に漏らしていたことが判明。

9.20 土壌汚染（日本）　中央環境審議会は環境大臣に「土壌汚染対策法に係る技術的事項について」答申。

9.25 リサイクル（日本）　環境省は「容器包装リサイクル法に基づく平成15年度以降の5年間についての分別収集見込量の集計結果について」を公表した。

9.26 伊方原発で発電機台に亀裂（東京都）　脱原発市民団体の「原子力資料情報室」（東京都）は、四国電力伊方原発（愛媛県）1号機のター

ビン発電機を載せる鉄筋コンクリート製の台にひび割れと変形があると内部告発があったと発表した。

10.7 アスベスト(石綿)じん肺訴訟(神奈川県) アメリカ軍の横須賀基地の日本人元従業員らが、基地の安全対策が不十分だったためにアスベスト(石綿)を吸ってじん肺になったとして、損害賠償を求めた裁判で、横浜地裁横須賀支部は、原告17人全員に総額2億3100万円を支払うよう、国に命じる判決を下した。

10.16 厚木基地騒音訴訟(神奈川県) 神奈川県厚木基地の周辺住民が、米軍機などの騒音で健康被害を受けたとして、基地を管理する国を相手取り損害賠償を求めた「第3次厚木基地騒音訴訟」で、横浜地裁は、「W値(うるささ指数)75以上80未満」区域について騒音被害を認め、原告4935人に総額約27億4600万円を支払うよう、国に命じる判決を下した。

10.21 C型肝炎感染被害者が全国一斉提訴(各地) 血液製剤フィブリノゲンの投与でC型肝炎に感染したとして、被害者16人が国などを相手に全国で一斉に提訴した。三菱ウェルファーマの調査によると、少なくとも1980年以降に同剤を使用した約28万3000人(推定値)のうち、1万594人が肝炎に感染した疑いがあるとしている。2003年6月20日までに大阪、福岡、仙台の各地裁を合わせ計48人が提訴、請求総額は28億6000万円に達した。

10.23〜 気候変動枠組み条約締約国会議(世界) 11月1日まで気候変動枠組条約第8回締約国会議(COP8)がインドのニューデリーで開催され、最終日には「デリー宣言」が採択された。争点となった途上国の温室効果ガス削減については、議論が紛糾した末、必要性は示唆するものの具体的な道筋は盛り込まれなかった。

10.29 大気汚染訴訟(日本) 東京都内のぜんそく患者らが、国、東京都、首都高速道路公団、自動車メーカーに損害賠償などを求めた「東京大気汚染公害訴訟」で、東京地裁は、国・都・公団の責任を認める判決。しかし、自動車メーカーの責任は認めず、汚染物質の排出差し止めも認めなかった。

11.1 観測史上2番目の渇水(滋賀県琵琶湖) 滋賀県の琵琶湖で、夏からの小雨のために水位がマイナス99cmになっている事がわかった。11月としては観測史上2番目の低さ。

- 11.3 ワシントン条約（世界） アルゼンチンのサンティアゴで「ワシントン条約（CITES）第12回締約国会議」が開催された（～15日）。

- 11.10 ロンドン条約（世界） ロンドンで「ロンドン条約第24回締約国会議」が開催された（～17日）。

- 11.13 土壌汚染（日本） 「土壌汚染対策法施行令」及び「土壌汚染対策法の施行期日を定める政令」が公布された。

- 11.15 $CO_2$削減（東京都） 東京都は、「京都議定書」の二酸化炭素（$CO_2$）削減義務に関し、国に先駆ける法的措置として、都内の大規模事業所に対し、$CO_2$削減を条例で義務づける方針を明らかにした。

- 11.18 ラムサール条約締約国会議（世界） 「ラムサール条約第8回締約国会議」が、スペイン・バレンシアで開催され（26日）。藤前干潟と宮島沼が新たに登録され、国内の登録地は13カ所になった。

- 11.20 モントリオール議定書（世界） ローマで「モントリオール議定書多数国間基金第38回執行委員会」が開催された（～22日）。

- 11.21 アメニティ（日本） 第13回アメニティあふれるまちづくり優良地方公共団体表彰。鯖江市、犬山市、三重県宮川流域ルネッサンス協議会、豊岡市、岡山県清音村、鹿児島県知覧町が受賞。

- 11.25 温室効果ガス（日本） 「第3回温室効果ガス排出量算定方法検討会」が開催された。

- 11.25 ウィーン条約（世界） ローマで「ウィーン条約第6回締約国会議及びモントリオール議定書第14回締約国会合」が開催された（～29日）。

- 12.2 燃料電池（日本） 総理大臣官邸において燃料電池自動車の納入式が行われた。

- 12.2 淡水化事業中止（島根県） 島根県の澄田信義知事は、凍結中の宍道湖・中海の淡水化事業の中止を表明した。9日には片山善博鳥取県知事も中止を表明し、これを受けて13日、大島農水相は事業の中止を正式発表した。1963年の着手から39年めの事業中止である。

- 12.5 船舶事故で重油流出（日立市・北朝鮮） 未明、茨城県日立市久慈町の日立港東防波堤付近で北朝鮮籍の貨物船「チルソン」（3144t）が座

礁、船底に穴があき燃料の重油が流出した。ボランティアらが海面の重油除去を行うと共に、船内に残った約70klの重油を回収した。

12.6 ダイオキシン（日本）　環境省は「平成13年度ダイオキシン類に係る環境調査結果」、「平成13年度ダイオキシン類対策特別措置法施行状況」及び「ダイオキシン類の排出量の目録（排出インベントリー）」を公表。

12.6 川に工場廃液流出（山口県）　山口県の厚狭川でフェノールを含む工場廃液が流出し、水質基準値を大幅に上回る劇物が検出された。下流の山陽町では断水を行なった。

12.9 バーゼル条約（世界）　ジュネーブでバーゼル条約第6回締約国会議が開催された（～13日）。

12.10 日本原子力研究所大洗研究所の材料試験炉水漏れ（茨城県大洗町）　午前、茨城県大洗町にある日本原子力研究所大洗研究所の材料試験炉「JMTR」で、冷却水循環ポンプ付近から水が漏れて手動停止した。原因は、ポンプの出口配管から分岐している圧力計の配管にできた約2cmの亀裂。

12.10 ダム撤去（熊本県）　潮谷義子熊本県知事は、球磨川下流の県営荒瀬ダムを、2010年4月以降に撤去すると県議会で表明した。代替ダムをつくらず既存のダムを撤去するのは、初めての事例となる。

12.12 日本原子力発電敦賀原発2号機のタービン建屋内で火災（福井県敦賀市）　午後7時40分ごろ、日本原子力発電（原電）敦賀原発2号機のタービン建屋内でボヤ火災が発生し、原子炉を手動停止した。

12.18 国立マンション訴訟（東京都国立市）　東京都国立市の大学通りの住民が、高層マンション（14階建て・高さ44m）の建築主を相手取り、市条例が禁じた高さ20mを超える高層部分の撤去を求めた「国立マンション訴訟」で、東京地裁は、景観利益を侵害しているとして、住民の訴えを認め、被告の建築主などに、条例が禁じた高さ20mを超える部分の撤去を命じた。

12.20 環境アセスメント（東京都）　東京で国際シンポジウム「戦略的環境アセスメントの効果的な実施のために」が開催された。

12.24 騒音・悪臭（日本） 環境省は「平成13年度騒音規制法施行状況調査について」、「平成13年度悪臭防止法施行状況調査について」及び「平成13年度振動規制法施行状況調査について」を公表した。

12.25 水質汚濁防止法（日本） 環境省は「平成13年度水質汚濁防止法等の施行状況について」を公表した。

12.25 イレッサ副作用死（日本） 厚労省は肺がん新薬イレッサによる副作用死が124人に達したとの報告を公表。

12.26 騒音規制法施行令等の改正（日本） 「騒音規制法施行令等の一部を改正する政令」が公布された。

12.26 産業廃棄物不法投棄の状況（日本） 環境省は「産業廃棄物の不法投棄の状況（平成13年度）について」を公表した。

12.26 水田農地からのダイオキシン排出（日本） 環境省「水田等農用地を中心としたダイオキシン類の排出実態調査結果について」を公表。

12.26 農地農作物のダイオキシン（日本） 環境省と農林水産省が「平成13年度農用地土壌及び農作物に係るダイオキシン類実態調査結果について」を公表した。

12.26 地球温暖化対策推進法改正（日本） 「地球温暖化対策の推進に関する法律施行令の一部を改正する政令」が公布された。

12.30 東京電力柏崎刈羽原発5号機の原子炉建屋付属棟から煙（新潟県刈羽村） 午後11時5分ごろ、新潟県刈羽村の東京電力柏崎刈羽原発5号機の原子炉建屋付属棟で、火災報知機が作動した。高電導度廃液系の地下3階の中和装置につながる炭素鋼管内の濃硫酸約20ℓが流れ出、濃硫酸が水蒸気と反応して気化したためとみられる。

# 2003年
(平成15年)

1.16 クジラがPCB汚染（各地） 厚生労働省は、ツチクジラなど、食用ともなるハクジラ類の大半から規制値を超えるメチル水銀やPCBが

検出されたと公表した。一方、国内で流通する食用クジラの5割を占める南極海のミンククジラはメチル水銀、PCBともに規制値を下回った。

1.16 温室効果ガス（三重県津市）　環境省は「温室効果ガス排出量取引シミュレーション」を津市で実施した（17、30、31日）。

1.21 全国星空継続観察（日本）　「全国星空継続観察（スターウォッチングネットワーク）」（冬期）実施（～2月3日）。

1.22 発がんリスクを認定（日本）　中央環境審議会は、新築の住宅でせきや眼痛を起こす「シックハウス症候群」の原因物質とされる「ホルムアルデヒド」と、国内の地下水からも高濃度で検出されている「塩化ビニルモノマー」に、発がん作用を持つ危険性があると判断、詳しい調査を始めることを決めた。

1.24 産業廃棄物（日本）　環境省「一般廃棄物の排出及び処理状況等（平成12年度実績）について」及び「産業廃棄物の排出及び処理状況等（平成12年度実績）について」を公表。

1.28 作業船転覆・重油流出（東京都足立区）　午後8時40分ごろ、東京都足立区中川1の中川の右岸付近で、クレーン付きの台船をえい航していた作業船（17t）が横転し、作業船の燃料の重油（約2000ℓ）が流出した。東京消防庁から消防艇5隻が出動し、重油が広がらないよう川にオイルフェンスを設置した。

2.5 自然公園法施行令一部改正（日本）　「自然公園法施行令の一部を改正する政令」が公布された。

2.7 大気中の二酸化硫黄濃度（大阪府）　昼、堺市など大阪府の南部一帯で、「異臭がする」「ガス漏れではないか」などの通報が各地の消防本部や大阪ガスなどに200件以上あった。通報は午後0時半ごろから4時ごろまで続いた。3月31日にも、大阪府堺市で「ガス臭い」などの110番通報が4件あった。においが漂ったのは、浜寺地区などで、大阪湾の方角から漂ってきたという。付近にガス漏れなどはなかったが、大気中の二酸化硫黄の濃度が正午現在、通常の約4倍の0.026ppmを記録した。午前10時前後には、関西国際空港付近でも、同様のにおいがしていたという。

2.13 公害健康被害救済（日本）　中央環境審議会が「公害健康被害の補償等に関する法律の規定による障害補償標準給付基礎月額及び遺族補償標準給付基礎月額の改定について」環境大臣に答申。

2.14 土壌汚染（日本）　「土壌汚染対策法に基づく指定調査機関を指定した件」が公布された。

2.14 産業廃棄物（日本）　「特定産業廃棄物に起因する支障の除去等に関する特別措置法案」が閣議決定された。

2.15 土壌汚染（日本）　「土壌汚染対策法」が施行された。

2.19 気候変動に関する政府間パネル（IPCC）（世界）　気候変動に関する政府間パネル（IPCC）第20回総会がパリで開催された（～21日）。

2.20 環境アセスメント（世界）　国際シンポジウム「戦略的環境アセスメントの効果的な実施のために」が東京で開催された。

2.23 NGO植林補助金不正受給（鳥取市）　中国でのボランティア植林で知られる鳥取市のNGO「日本沙漠緑化実践協会」が実施していない植林事業への補助金約250万円を外務省から不正受給していたことが発覚。

2.24 公害防止計画（日本）　環境大臣が閣議で「鹿島地域等12地域の公害防止計画」に同意した。

2.26 ラムサール条約（世界）　グランで「ラムサール条約第29回常設委員会」が開催された（～28日）。

3.10 循環型社会（日本）　中央環境審議会が「循環型社会形成推進基本計画について」環境大臣に答申を提出した。

3.14 循環型社会（日本）　「循環型社会形成推進基本計画」が閣議決定の上公表された。

3.16 世界水フォーラム（世界）　「第3回世界水フォーラム」及び「閣僚級国際会議」が京都府、大阪府、滋賀県で開催（～23日）、閣僚級国際会議は22～23日、京都府で開催された。

3.20 飲料用井戸からヒ素検出（茨城県神栖町）　茨城県鹿島郡神栖町の住宅敷地内にある井戸水から、水道法水質基準の450倍の有機ヒ素化合物が検出され、住民92人に中毒症状が見られた。県衛生所の検

査で、このヒ素が旧日本軍ガス兵器に由来する可能性が強い事がわかった。幼児2人に言葉の後れや運動能力の障害が確認され、6月には問題の井戸から1km離れた井戸水を使っていた男性からの尿からもヒ素が検出された。環境省は被害住民に対する救済策を発表した。

3.27 自然公園法施行令一部改正（日本）　「自然公園法施行令の一部を改正する政令」が公布された。

3.31 健康被害救済（日本）　「公害健康被害の補償等に関する法律」「同施行令」の一部改正が公布された。

4.1 自然公園法一部改正（日本）　「自然公園法の一部を改正する法律」が施行された。

4.18 リサイクル（日本）　環境省が「家電リサイクル法試行状況について」を公表した。

4.25 燃料電池（日本）　環境省が「『燃料電池活用戦略検討会』報告書」を公表した。

4.28 持続可能な開発（世界）　ニューヨークで「国連持続可能な開発委員会（CSD）第11回会合」が開催された（～5月9日）。

5.7 東京電力柏崎刈羽原発で運転再開（新潟県）　新潟県の東京電力柏崎刈羽原発6号機の原子炉起動。原発トラブル隠しで東電の原発は全17基が停止中で6号機は運転再開第1号。

5.13 ローカルアジェンダ21（日本）　環境省が「『ローカルアジェンダ21』策定状況等調査結果」を公表した。

5.13 横田基地騒音訴訟（東京都）　アメリカ軍の横田基地の騒音による健康被害を訴える住民325人が、国を相手に米軍機の夜間・早朝の離着陸差し止めと、総額9億3000万円の損害賠償などを求めて提訴した第4次横田基地訴訟で、東京地裁八王子支部は、W値（うるささ指数）75以上の区域に住む原告242人について、騒音被害は受容限度を超える、と認定し、過去3年分の賠償など総額約1億6000万円の支払いを国に命じる判決を言い渡した。

5.16 川辺川ダム訴訟（熊本県）　熊本県の球磨川支流である川辺川に計画中の川辺川ダム建設を巡り、反対派の農家が、土地改良事業の計画変更への異議棄却決定の取り消しを求めた、川辺川利水訴訟の控

訴審で、福岡高裁は、法が定める関係農家の3分の2の同意が得られていない、として、1審の熊本地裁判決を変更し、異議棄却決定を取り消す、農家側逆転勝訴判決を言い渡した。川辺川をめぐっては、治水効果について疑問が生じたことや建設予定地周辺にクマタカの生息地が確認されるなど優れた河川環境を維持していることから、ダム建設に流域住民や自然保護団体が強く反対している。

5.21 たばこ規制枠組み条約（世界）　世界保健機関（WHO）総会は、たばこが健康に及ぼす危害の警告を包装の30％以上の面積を割いて表示するよう義務付けるなど求めた「たばこ規制枠組み条約」を採択。

5.23 春日山原始林火災（奈良県春日野町）　午後7時35分ごろ、奈良市春日野町の世界遺産に登録されている春日山原始林から出火、下草などに燃え広がった。国の天然記念物「春日の大杉」のうち1本が焼けた。落雷が原因と思われる。

5.26 リサイクル（日本）　国土交通省による建設リサイクル法に係るPR活動及び一斉パトロールが実施された（～30日）。

5.30 循環型社会（日本）　「平成15年版循環型社会白書」が閣議決定の上公表された。

6.5 地球温暖化対策推進の基準年度値（日本）　「地球温暖化対策推進法に基づく政府の実行計画に関する基準年度値（平成13年度値）」が公表された。

6.6 原発トラブル隠しで謝罪（新潟県刈羽村・柏崎市）　平沼経産相が原発トラブル隠し後、初めて新潟県入りし、柏崎、刈羽両議会で「信頼裏切ったことをおわび」と謝罪。

6.6 やんばるの森工事訴訟（沖縄県沖縄本島北部）　沖縄県の沖縄本島北部の通称「やんばるの森」の自然が、林道工事と農地造成で破壊されたとして、市民団体らが県知事を相手取り、工事費などの県への賠償などを求めた住民訴訟で、那覇地裁は、工事を違法と認め、大田昌秀前沖縄県知事に約3億2800万円の支払いを命じる判決を言い渡した。「やんばるの森」はヤンバルクイナなど希少動植物が生息するため、自然保護団体などが工事に反対していた。

6.9 環境保護（世界）　「第26回南極条約協議国会議」及び「第6回環境保護委員会」がマドリードで開催された（～20日）。

6.16 鯨類保存強化決議（世界）　国際捕鯨委員会（IWC）総会は、反捕鯨国が提出した鯨類保存強化求める委員会設立決議案を可決、商業捕鯨求める日本に痛手。

6.18 産業廃棄物（日本）　「特定産業廃棄物に起因する支障の除去等に関する特別措置法」が公布された。

6.26 尼崎公害訴訟あっせん成立（日本）　和解条項を守らないとして尼崎公害訴訟の原告が国などを相手に公害等調整委員会に申し立てたあっせん審理で、あっせん案を双方が受理、あっせん成立は初めて。

6.27 ダイオキシン（日本）　環境省・農林水産省は「平成14年度農用地土壌及び農作物に係るダイオキシン類実態調査結果」を公表した。

7.4 新型転換炉「ふげん」で爆発音（福井県敦賀市）　午前11時52分、敦賀市明神町の核燃料サイクル開発機構の新型転換炉「ふげん」（3月運転終了）の廃棄物処理建屋の一室から爆発音があり、火災警報が作動した。原因は衣服など低レベル放射性廃棄物を燃やす焼却炉の異常燃焼。7日、核燃料サイクル開発機構は、焼却炉から焼却灰取り出し室内に約460万ベクレルの放射能が漏れたが室外への放射能漏れはなかったと発表した。

7.8 温室効果ガス排出量算定方法（日本）　環境省は「事業者からの温室効果ガス排出量算定方法ガイドライン（試案）」を公表した。

7.8 ヒートアイランド対策（東京都・大阪市）　「ヒートアイランド対策シンポジウム」が東京で、翌週16日には大阪で開催された。

7.17 家電リサイクル法（日本）　「市区町村における家電リサイクル法への取組み状況について」が公表された。

7月 冷夏で農作物は冷害（各地）　平均気温が平年より北日本で2.9度、東日本で2.1度も低く、2003年の6月から8月は全国的に冷夏となった。7月の日照時間も短く、東北地方の太平洋側で平年の34％、関東甲信地方で47％だった。東北地方が農作物の冷害に遭い、特にコメは、青森県で被害額は約324億円、岩手県で過去3番目の不作となる作況指数73の「著しい不良」宮城県で10年ぶりの凶作となる作況指数69、秋田県で8年ぶりの「不良」となる作況指数92、山形県で共済金支払い額が58億円に及ぶ被害、福島県で作況指数89の「著しい不良」など各地で被害を受けた。北海道の北に居座るオホーツク海高気圧の

勢力が強く、太平洋の夏の高気圧が日本付近に張り出して来られないのが原因。

7月 **核燃料再処理工場で硝酸溶液漏れ**（青森県六ヶ所村）　青森県六ヶ所村に日本原燃が建設中の核燃料再処理工場で配管接続部から硝酸溶液が漏れる事故があった。配管を接続するゴム製ガスケット（パッキング）が不適切な素材だったことが原因。外部への放射能漏れはなかった。

7月 **赤潮で養殖ハマチ大量死**（徳島県鳴門市）　徳島県鳴門市沖の養殖ハマチが赤潮の被害を受けて大量死し、被害額は約6億4000万円に及んだ。

8.6 **リサイクル**（日本）　「平成14年度容器包装リサイクル法に基づく市町村の分別収集及び再商品化の実績について」が公表された。

8.7 **ダイオキシン**（日本）　「一般廃棄物焼却施設の排ガス中のダイオキシン類濃度等について」及び「産業廃棄物焼却施設の排ガス中のダイオキシン類濃度等について」が公表された。

8.7 **ヒートアイランド**（日本）　「平成14年度ヒートアイランド現象による環境影響に関する調査検討報告書」が公表された。

8.14 **倉庫から硝酸ピッチ漏出**（愛媛県玉川町）　愛媛県越智郡玉川町の倉庫から大量の硫酸ピッチが漏れ出す事故は発生し、県が行政代執行で撤去した。住民への健康被害はなかった。

8.19 **ごみ固形燃料貯蔵サイロ爆発**（三重県多度町）　三重県多度町のごみ固形燃料（RDF）発電所の燃料貯蔵サイロが爆発、屋根の上で消火作業をしていた消防士2人が死亡。

8.24 **猛暑で事故や熱中症**（関東地方）　北日本を除く日本列島は太平洋高気圧に覆われ、猛烈な残暑となり、各地で水の事故や熱中症が相次いだ。千葉県では勝浦市興津漁港の堤防5m沖で、シュノーケリングをしていた男性1人が水死、神奈川県三浦市では、素潜り中の男性が行方不明になるなど、全国の水の事故による死者・行方不明は10県で14人にのぼった。東京都江戸川区の河川敷で大学生がラグビーの練習中に頭痛を訴えるなど、都内で今年最高の38人（男28人、女10人）が熱中症のため救急車で病院に運ばれた。群馬県でも18人が病院に運ばれた。

8.25 砂漠化対処条約（UNCCD）締約国会議（世界）　ハバナで砂漠化対処条約（UNCCD）第6回締約国会議が開催された（～9月5日）。

8.27 水稲の作柄「著しい不良」（北日本）　農水省が03年産水稲の作柄概況（8月15日現在）を発表、北海道や青森、岩手、宮城の東北3県で「著しい不良」。

8.27 地球温暖化CDMフォーラム（東京都）　「地球温暖化CDMフォーラム」が東京で開催された。

8.28 温室効果ガスの排出抑制（日本）　「平成14年度における地球温暖化対策の推進に関する法律に基づく『政府がその事務及び事業に関し温室効果ガスの排出の抑制等のための実行すべき措置について定める計画』の実施状況について」公表。

8.29 温室効果ガス排出量（日本）　地球環境保全に関する閣僚会議及び地球温暖化対策推進本部会議が開かれ、「地球温暖化対策推進大綱の進捗状況」報告、「2001年度（平成13年度）の温室効果ガス排出量について」を公表した。

8.29 地球温暖化対策税制（日本）　中央環境審議会総合政策・地球環境合同部会地球温暖化対策税制専門委員会が「温暖化対策税制の具体的な制度の案―国民による検討・議論のための提案（報告）」を公表した。

9.2 地球温暖化セミナー（アジア）　「第13回地球温暖化アジア太平洋地域セミナー」が宮崎市で開催された（～5日）。

9.5 産業廃棄物（日本）　「産業廃棄物行政と政策手段としての税の在り方に関する検討会の中間的な論点整理」が公表された。

9.7 泊原発で冷却水漏れ（北海道泊村）　北海道電力は北海道泊村の泊原発2号機の原子炉格納容器内の再生熱交換器室から、1次冷却水漏れが確認されたと発表した。漏洩量は計140ℓとみられる。原因は、冷却水の温度変化の繰り返しで生じた「熱疲労」による再生熱交換器の配管の穴と台座部分のひび。

9.11 リサイクル工場爆発（千葉県市原市）　午前9時10分ごろ、千葉県市原市川在の古タイヤリサイクル業者の溶融炉が爆発、近くで作業していた従業員が死亡したほか、男性作業員2人が重軽傷を負った。事

故当時、溶融炉は点火状態だったが、3人の作業員は溶融炉上部のふた(500kg)の締まりが不十分だったため、締め直す作業をしていた。

9.19 自動車解体工場炎上（茨城県境町）　午後3時ごろ、茨城県境町志鳥の自動車解体工場から出火、タクシー車載用LPガスタンクなどに引火し爆発、炎上した。鉄筋3階建ての同工場事務所約670m$^2$が全焼、廃車約1000台も燃えた。経営者1人が全身やけどで意識不明の重体、作業員2人が重傷を負った。

9.30 リサイクル（日本）　「容器包装リサイクル法に基づく市町村の分別収集・再商品化の実績について（平成15年4月～6月実績の速報）」が公表された。

9.30 ダイオキシン（日本）　「ダイオキシン類を含む水底土砂の取扱いに関する指針について」が公表された。

10.1 ディーゼル車規制（埼玉県・千葉県・東京都・神奈川県）　首都圏の1都3県で、排出基準を満たさないディーゼル車の走行規制始まる。

10.2 産業廃棄物（日本）　「特定産業廃棄物に起因する支障の除去等を平成二十四年度までの間に計画的かつ着実に推進するための基本的な方針」が公表された。

10.10 トキの日本産が絶滅（新潟県新穂村）　日本で生まれ育ったトキの最後の1羽だった「キン」が新潟県新穂村の佐渡トキ保護センターで死亡した。これにより、「ニッポニアニッポン」の学名を持ち、国際保護鳥に指定されたトキは、日本産が絶滅した。

10.16 所沢ダイオキシン騒動訴訟（東京都）　テレビ朝日による埼玉県所沢市産野菜からのダイオキシン検出報道をめぐり、最高裁は農家側敗訴の二審判決を破棄、東京高裁に差し戻した。

10.19 毒ガス流出事故で3億円（中国）　中国黒竜江省チチハル市の旧日本軍の毒ガス流出事故で、日本側が遺棄兵器処理名目で3億円を中国側に支払うことで合意。

10.20 温室効果ガス（日本）　「『気候変動に関する国際連合枠組条約』に基づく温室効果ガス排出・吸収目録（2003年）に関する訪問審査」が専門家審査チームにより実施された（～24日）。

11.2 コイヘルペス（茨城県霞ヶ浦・北浦）　霞ケ浦と北浦で養殖ゴイがコイヘルペスウイルス病で国内初の大量死。6日、農水省の調査で、被害は計10県に被害拡大—農水省調査。

11.8 生物多様性国家戦略（日本）　「新・生物多様性国家戦略の実施状況の点検」の結果及び中央環境審議会意見が公表された。

11.13 温室効果ガス（アジア）　タイのプーケットで「アジア地域の温室効果ガスインベントリに関するワークショップ」が開催された（〜14日）。

11.15 釧路湿原（北海道釧路市）　「第1回釧路湿原自然再生協議会」が北海道釧路市で開催された。

11.17 オゾン層保護（世界）　ナイロビで「オゾン層を破壊する物質に関するモントリオール議定書第15回締約国会合」が開催された（〜17日）。

11.18 環境基本計画（日本）　中央環境審議会が「環境基本計画の実施状況の点検結果」環境大臣に報告した。

11.22 貨物船積荷流出（島根県大田市沖）　島根県大田市沖の日本海でドミニカ船籍の貨物船から積荷の木材6000本が流出した。

11.25 低公害車（日本）　「低公害車ガイドブック2003」が公表された。

12.1 気候変動枠組条約締約国会議（世界）　ミラノで「気候変動枠組条約第9回締約国会議（COP9）」が開催された（〜11日）。

12.5 ダイオキシン（日本）　「平成14年度ダイオキシン類に係る環境調査結果について」、「ダイオキシン類の排出量の目録（排出インベントリー）」、「平成14年度ダイオキシン類対策特別措置法施行状況について」、「平成14年度臭素系ダイオキシン類排出実態等調査結果報告書」がそれぞれ公表された。

12.5 珠洲原発建設凍結（石川県珠洲市）　関西、中部、北陸の3電力社長が、石川県の珠洲原発建設を凍結すると珠洲市長に申し入れ、電力会社側の自主的な計画撤回は初。

12.7 地球温暖化対策地域推進全国大会（日本）　「地球温暖化対策地域推進全国大会」が千葉で開催された。

- 12.9 豊島廃棄物等の処理実施計画（香川県）　産廃特措法に基づく「豊島廃棄物等の処理にかかる実施計画案」に環境大臣が同意した。

- 12.13 寄生虫で養殖マダイ大量死（和歌山県串本町）　和歌山県串本町のマダイ養殖場で、寄生虫による白点病と呼ばれる病気のため、マダイが大量死していたことが分かった。10月初めごろから病気の兆候が出始め、11月末までにほぼ全滅の状態となった。被害は5社で計62万7000匹、最終的な損失金額は2億数千万円に上るとみられる。

- 12.17 ダイオキシン対策法（日本）　「ダイオキシン類対策特別措置法施行令等の一部を改正する政令」が公布された。

- 12.18 容器包装リサイクル法（日本）　「容器包装リサイクル法に基づく市町村の分別収集・再商品化の実績について（平成15年4月～9月実績の速報）」が公表された。

- 12.18 悪臭・騒音・振動の状況調査（日本）　「平成14年度悪臭防止法施行状況調査」、「平成14年度騒音規制法施行状況調査」、「平成14年度振動規制法施行状況調査」が公表された。

- 12.22 グリーン購入（日本）　「国等の各機関におけるグリーン購入の平成14年度調達実績について」が公表された。

- 12.22 産業廃棄物（日本）　「産業廃棄物の不法投棄の状況及び硫酸ピッチの不適正処分の状況」が公表された。

- 12.24 水質汚濁（日本）　「水質汚濁防止法等の施行状況について」が公表された。

- 12.24 持続可能な開発（世界）　ニューヨークで開かれていた第58回国連総会が「国連持続可能な開発のための教育の10年に関する決議案」を採択した。

- 12.26 米国産牛禁輸（日本）　米BSE問題で、厚労省が米国産牛肉の禁輸を決定。

# 2004年
(平成16年)

1.22 温室効果ガス(日本)　国立環境研究所で温室効果ガス安定化シナリオワークショップ開催(〜23日)。

1.29 生物多様性・生態系保全シンポジウム(東京都)　「生物多様性・生態系保全と京都メカニズム」に関する国際シンポジウムが東京で開かれた(〜30日)。

1.30 「知床」を推薦(日本)　世界自然遺産の新たな候補地として「知床」を推薦。

2.9 生物多様性条約(世界)　クアラルンプールで「生物多様性条約第7回締約国会議」が開催された。

2.10 景観法案閣議決定(日本)　「景観法案」が閣議で決定した。

2.19 ダイオキシン(日本)　「平成14年度ダイオキシン類の蓄積・曝露状況及び臭素系ダイオキシン類の調査結果について」が公表された。

2.23 カルタヘナ議定書(世界)　「生物の多様性に関する条約のバイオセイフティに関するカルタヘナ議定書第1回締約国会議」がクアラルンプールで開催された。

3.1 産業廃棄物(日本)　「一般廃棄物の排出及び処理状況等(平成13年度実績)について」及び「産業廃棄物の排出及び処理状況等(平成13年度実績)について」が公表された。

3.9 大気汚染防止法(日本)　「大気汚染防止法の一部を改正する法律案」が閣議で決定された。

3.16 温室効果ガス(日本・ロシア)　「日ロ温室効果ガスインベントリワークショップ」がモスクワで開催された(〜17日)。

3.24 オゾン層保護(世界)　「オゾン層を破壊する物質に関するモントリオール議定書特別締約国会合」がモントリオールで開催された(〜26日)。

3.29 自然公園法施行規則一部改正（日本）　風力発電施設の設置基準の明確化した「自然公園法施行規則の一部を改正する省令」が公布された。

3.29 喫煙全面禁止（アイルランド）　アイルランドで、人が集まる室内での喫煙を全面禁止する法律が施行。

3.30 ヒートアイランド（日本）　ヒートアイランド対策関係府省連絡会議は「ヒートアイランド対策大綱」を決定した。

3.31 健康被害救済（日本）　「公害健康被害の補償等に関する法律施行令の一部を改正する政令」等が公布された。

4.19 持続可能な開発（世界）　国連持続可能な開発委員会第12回会合がニューヨークで開かれた（CSD12）（～30日）。

4.22 圏央道事業認定取り消し（東京都）　首都圏中央連絡自動車道（圏央道）の東京・あきる野インターチェンジ周辺の土地を巡り、地権者が事業停止などを求めた訴訟で、東京地裁の判決が言い渡された。判決は、2000年に行った青梅～あきる野の間の事業認定と代執行（強制収用）を認めた東京都収用委員会の裁決をいずれも違法とし、事業認定自体の取り消しを命じた。

4.22 筑豊じん肺訴訟（福岡県）　福岡県筑豊地区の炭鉱で働き、じん肺になった元従業員と遺族が国と石炭企業に損害賠償を求めて提訴した筑豊じん肺訴訟で最高裁が上告審判決を言い渡した。判決は、国と日鉄鉱業の上告を棄却し、原告200人について総額約5億6559万円の賠償を命じた。筑豊じん肺訴訟は、提訴から18年4カ月で原告勝訴の判決が確定した。

5.1 水俣病慰霊式（熊本県水俣市）　水俣病犠牲者慰霊式が水俣市で行われた。

5.11 温室効果ガス（日本）　第三者機関による適正・的確な評価のための指針「事業者からの温室効果ガス排出量検証ガイドライン（試案）」が公表された。

5.18 地球環境保全に関する関係閣僚会議（日本）　地球環境保全に関する関係閣僚会議及び地球温暖化対策推進本部が開かれた。

- 5.26 大気汚染防止法（日本）　「大気汚染防止法の一部を改正する法律」が公布された。
- 5.28 循環型社会（日本）　「平成16年版循環型社会白書」が閣議決定、公表された。
- 6.2 外来生物による生態系破壊防止（日本）　「特定外来生物による生態系等に係る被害の防止に関する法律」が公布された。
- 6.5 エコライフ・エコカー（東京都）　東京都で「エコライフ・フェア2004」、低公害車フェアを引き継ぐ「エコカーワールド2004」が開催された（～6日）。
- 6.15 産業廃棄物（日本）　環境大臣が「不法投棄撲滅アクションプラン」を公表、環境省内に「産業廃棄物不法投棄ホットライン」を設置。
- 6.16 所沢ダイオキシン騒動で和解（東京都）　野菜から高濃度のダイオキシンが検出されたとする報道をめぐる訴訟は、テレビ朝日が埼玉県所沢市の農家側に1000万円を支払い、謝罪することで東京高裁で和解が成立。
- 6.18 景観法公布（日本）　「景観法」が公布された。
- 6.28 関西電力データねつ造（日本）　関西電力は11カ所の火力発電施設で、2000～2003年度に自主検査のデータねつ造など不正な記録処理が3659件あったと発表。
- 6.28 サンゴ礁シンポジウム（沖縄県宜野湾市）　第10回国際サンゴ礁シンポジウム（ICRS）、同イニシアティブ（ICRI）総会が宜野湾市で開かれた（～7月4日）。
- 7.20 記録的猛暑（関東地方・山梨県・長野県）　関東甲信地方で記録的猛暑、東京で最高気温が39.5度と統計開始以来の記録を更新。
- 7.29 ストップおんだん館（東京都）　東京都に全国地球温暖化防止活動推進センター「ストップおんだん館」が開館した。
- 8.9 尾瀬サミット（尾瀬）　尾瀬の環境保全について話し合う「尾瀬サミット2004」（尾瀬保護財団主催）が開催され、環境大臣、群馬・福島・新潟の3県の知事、3村の村長らが参加した（～10日）。

8.13　地球温暖化対策推進大綱（日本）　中央環境審議会地球環境部会は「地球温暖化対策推進大綱の評価・見直しに関する中間取りまとめ」を公表した。

8.22　地球温暖化問題タウンミーティング（京都府）　「環境と経済を考えるタウンミーティングイン京都～地球温暖化問題について～」開催、環境大臣、それ経済財政政策担当大臣が出席した。

8.26　諫早湾干拓事業で工事差し止め仮処分（佐賀県）　国営諫早湾干拓事業（長崎県）で、沿岸漁業者らが申し立てた工事差し止め仮処分申請に対し、佐賀地裁は工事続行を禁じる決定を言い渡した。

9.30　真夏日最大日数（日本）　気象庁の統計によれば、9月末までに最高気温が30℃を超えた真夏日の日数は、東京、大阪、熊本など12地点で年間の真夏日日数の最大値を更新した。9月末時点での真夏日数は東京で70日、大阪で93日、熊本で105日。東京では、連続真夏日の記録でも1995年の37日を抜き、1923年の統計開始以来、史上最高を記録した。

9.30　京都議定書批准法案を承認（ロシア）　ロシア政府は閣議で、地球温暖化防止に向けた京都議定書の批准法案を正式承認、2005年春にも発行する見通し。

10.15　特定外来生物被害防止基本方針（日本）　「特定外来生物被害防止基本方針」が閣議決定された。

10.15　水俣病関西訴訟最高裁判決（東京都）　水俣病関西訴訟で、最高裁は二審の国と熊本県の行政責任を認める判決を支持する判決を言い渡した。

10.27　廃棄物最終処分場（日本）　「廃棄物の処理及び清掃に関する法律施行規則及び一般廃棄物の最終処分場及び産業廃棄物の最終処分場に係る技術上の基準を定める省令の一部を改正する省令」が公布された。

10.27　国立マンション訴訟（東京都国立市）　東京都国立市の大学通りの住民が、高層マンション（14階建て・高さ44m）の建築主を相手取り、市条例が禁じた高さ20mを超える抗争部分の撤去を求めた「国立マンション訴訟」で、第2審の東京高裁は、高さ20mを超える部分の撤去を命じた1審判決を破棄し、請求を棄却する住民側逆転敗訴の判決

を言い渡した。争点の一つとなった景観利益については「個々の国民が個別的な権利・利益として良好な景観を享受する地位を持つものではなく、個人の人格的利益とは言えない」として、景観利益を認めない判断を示した。

11.12 ダイオキシン簡易測定（日本）　中央環境審議会は「ダイオキシン類の測定における簡易測定法導入のあり方について」を環境大臣に答申。

11.22 排ガス浄化装置で試験データねつ造（日本）　三井物産は記者会見し同社子会社が製造し、同社が販売したディーゼルエンジンの排ガス浄化装置の試験データをねつ造し、東京都から不正に承認を得ていたことを発表。

11.27 京都議定書シンポジウム（京都府）　「京都議定書シンポジウム」が京都で開催された。

11.30 環境基本計画進捗状況（日本）　「環境基本計画の進捗状況の第3回点検結果について」が閣議報告された。

12.4 黄砂について大臣会合（アジア）　「第6回日中韓三カ国環境大臣会合」（TEMM）及び「黄砂問題に関する日中韓モンゴル大臣会合」が東京で開催された（～5日）。

12.6 気候変動枠組条約締約国会議（世界）　「気候変動枠組条約第10回締約国会議（COP10）」がブエノスアイレスで開催された（～17日）。

12.15 景観法施行令公布（日本）　「景観法施行令等」が公布された。

12.27 ダイオキシン（日本）　「ダイオキシン類対策特別措置法施行規則の一部を改正する省令」が公布された。

この頃 ロハス紹介（日本）　健康で持続可能なライフスタイルを意味する「ロハス」が日本に紹介され、関心を集めている。ロハスは Lifestyles of Health and Sustainability の頭文字をとった略語で、2000年に社会学者ポール・レイと心理学者シェリー・アンダーソンが発表した生活創造者の調査から生まれた考え。日本では2002年に紹介され、2004年にはマスメディアにも頻繁にとりあげられるようになった。

# 2005年
（平成17年）

- **2.14　循環型社会（日本）**　中央環境審議会は「循環型社会の形成に向けた市町村による一般廃棄物処理の在り方について」を環境大臣に意見具申。

- **2.16　京都議定書発効（世界）**　京都議定書が採択以来7年2カ月を経て発効した。

- **2.21　循環型社会（日本）**　中央環境審議会は「循環型社会形成推進基本計画の進捗状況の第1回点検結果」を環境大臣に報告。

- **2.28　地球温暖化対策第1次答申（日本）**　中央環境審議会が「地球温暖化対策推進大綱の評価・見直しを踏まえた新たな地球温暖化対策の方向性について（第1次答申）」を環境大臣に答申。

- **3.4　京都議定書・気候変動政策フォーラム（世界）**　国際フォーラム「京都議定書発効と今後の気候変動政策-G8サミットに向けて」が東京で開催された。

- **3.11　地球温暖化対策第2次答申（日本）**　中央環境審議会は「地球温暖化対策推進大綱の評価・見直しを踏まえた新たな地球温暖化対策の方向性について（第2次答申）」を環境大臣に答申。

- **3.15　地球温暖化対策推進法改正（日本）**　「地球温暖化対策の推進に関する法律の一部を改正する法律案」が閣議決定された。

- **3.25　愛知万博（愛知県）**　2005年日本国際博覧会（略称は「愛知万博」、日本での愛称は「愛・地球博」）が開幕した。1970年の大阪万博以来、日本で35年ぶり2度目の一般博。「自然の叡智（えいち）」をメインテーマに、121カ国・4国際機関が参加し、9月25日の閉幕までの半年の期間中、愛知県の長久手・瀬戸の両会場に目標を上回る2200万6000人の入場者を記録した。愛知万博は人と自然の共生をテーマにし、当初、愛知県は海上（かいしょ）の森をメイン会場とし跡地に大規模な住宅団地をつくる計画を策定したが、森林を切り開いて会場

を造営する必要があり、さらに1999年に海上の森で絶滅の恐れの高いオオタカの営巣が確認され、自然保護団体の反対を受けた。こうした経緯から、メイン会場を愛知青少年公園（長久手会場）に変更したのを機に、環境保全への対応を前面に打ち出した。会場建設から開催期間にかけても、廃棄物のリサイクルに留意するなど、最終的には環境配慮と経済性の両立に努力した万博となった。

3.29 地球温暖化対策推進本部（日本）　東京で「地球温暖化対策推進本部」が開催された。

3.31 健康被害救済（日本）　「公害健康被害の補償等に関する法律施行令の一部を改正する政令」が公布された。

4.2 地球温暖化タウンミーティング（大阪市）　地球温暖化タウンミーティングイン大阪が大阪市で開催され環境大臣、経済産業大臣が出席した。

4.5 環境権を盛り込んだ憲法改正案（日本）　自由民主党が憲法改正案を公表。「環境権」など新しい権利が盛り込まれる。

4.7 水俣病対策（日本）　環境省が「今後の水俣病対策について」を発表した。

4.10 地球温暖化タウンミーティング（東京都）　地球温暖化タウンミーティングイン東京開催。環境大臣、経済産業副大臣が出席した。

4.11 持続可能な開発（世界）　国連持続可能な開発委員会第13回会合（CSD13）がニューヨークで開かれた（～22日）。

4.28 京都議定書（日本）　政府は「京都議定書目標達成計画」「政府がその事務及び事業に関し温室効果ガスの排出の抑制等のため実行すべき措置について定める計画」（政府の実行計画）を閣議決定した。

5.1 水俣病慰霊式（熊本県水俣市）　水俣病犠牲者慰霊式が水俣市で開かれた。

5.2 POPs条約（世界）　ウルグアイのプンタデルエステで「残留性有機汚染物質に関するストックホルム条約（POPs条約）第1回締約国会議」が開かれた（～6日）。

5.11 水俣病懇談会（日本）　環境大臣の私的懇談会水俣病問題に係る懇談会開始。

5.13 みどりの日を変更（日本）　4月29日の「みどりの日」を「昭和の日」に、5月4日の「国民の休日」を「みどりの日」にそれぞれ変更する改正祝日法が成立。2007年から施行。

5.16 諫早湾干拓事業（福岡県）　国営諫早湾干拓事業をめぐる工事差し止め訴訟で、第2審の福岡高裁は、工事差し止めを命じた佐賀地裁の仮処分決定に対し、事業と漁業被害の因果関係の証明が不十分として、工事差し止めを取り消した。

5.26 温室効果ガス（日本）　「2003年度（平成15年度）の温室効果ガス排出量」が算定、公表された。

5.27 大気汚染防止法（日本）　「大気汚染防止法の一部を改正する法律の施行期日を定める政令」及び「大気汚染防止法施行令の一部を改正する政令」が公布された。

5.30 カルタヘナ議定書（世界）　カナダ・モントリオールでカルタヘナ議定書第2回締約国会議が開催された（〜3日）。

6.1 水俣病医療費等の支給（日本）　水俣病関西訴訟認容者等への医療費等の支給が開始された。

6.1 クールビズ（日本）　政府が地球温暖化防止のための省エネ対策として提唱した「夏のビジネス軽装（クールビズ）」が始まった。クールビズは、夏のオフィスの冷房設定温度を省エネ温度の28度にし、それに応じて軽装化した、ノーネクタイ・ノー上着の夏の新しいビジネススタイルの提唱の意味も盛り込まれた。10月末、この夏のクールビズの運動は、約100万世帯の1か月分の排出量に相当する約46万t（二酸化炭素換算）分の二酸化炭素が削減できたとされた。

6.1 持続可能な開発（世界）　パリでOECD持続可能な開発に関する円卓会議が開かれた（〜2日）。

6.6 南極条約協議国会議（南極）　ストックホルムで第28回南極条約協議国会議が開催された（〜17日）。

6.7 釧路湿原国立公園（北海道）　中央環境審議会は「釧路湿原国立公園の公園計画の変更について」他10件を環境大臣に答申。

6.10　大気汚染防止法（日本）　「大気汚染防止法施行令の一部を改正する政令」及び「大気汚染防止法施行規則の一部を改正する省令」が公布された。

6.11　エコライフ・エコカー（東京都・横浜市）　12日までの2日間、東京で「エコライフ・フェア2005」、横浜市で「エコカーワールド2005」が開催された。

6.17　地球温暖化対策推進法改正（日本）　「地球温暖化対策の推進に関する法律の一部を改正する法律」が公布された。

6.17　循環型社会とごみ問題（日本）　「平成17年版循環型社会白書―循環型社会の構築に向けたごみの3Rの推進―」が閣議決定された。

6.20　ダイオキシン削減計画（日本）　「我が国における事業活動に伴い排出されるダイオキシン類の量を削減するための計画」が変更された。

6.30　温室効果ガス削減（日本）　「環境省がその事務事業に関し温室効果ガスの排出削減等のため実行すべき措置について定める実施計画（環境省実施計画）」が策定された。

7.5　アスベスト健康被害（日本）　建材メーカー「ニチアス」で1976年から昨年までに、アスベスト（石綿）が原因とみられる肺がんや中皮腫での死亡者は86人で、工場従業員は61人いたことを明らかにした。

7.17　知床が世界遺産に（北海道）　南アフリカのダーバンで開かれたユネスコの世界遺産委員会で、北海道の「知床」の新たな世界自然遺産としての登録が決定した。

8.9　ダイオキシン対策特別措置法施行令改正（日本）　「ダイオキシン類対策特別措置法施行令等の一部を改正する政令」が公布された。

8.27　アスベスト（石綿）屋根材5軒に1軒（日本）　アスベスト（石綿）を含有する屋根材が全国の一戸建て住宅で約500万戸、5軒に1軒程度で現在も使用されていることが、メーカーの調べで分かった。発売から40年を超え、破損や解体時に石綿が飛散して健康被害が及ぶ恐れがある。

9.22　気候変動枠組条約締約国会議・京都議定書締約国会合の準備会合（世界）　気候変動枠組条約11回締約国会議（COP11）、京都議定書第1

回締約国会合(COP/MOP1)、閣僚準備会合がカナダのオタワで開かれた(～24日)。

10.7 **IAEAにノーベル平和賞**(世界) 核不拡散に尽力したとして、国際原子力機関(IAEA、本部ウィーン)とIAEAのムハンマド・エルバラダイ事務局長に今年のノーベル平和賞が贈られることが発表された。

10.12 **土壌から六価クロム検出**(日本) 土壌埋め戻し材「フェロシルト」を使った土壌から環境基準を超す六価クロムとフッ素が検出された問題で、製造元の石原産業(本社大阪市)が、酸化チタンを製造する過程で発生する廃硫酸が原料となるフェロシルトに、別の工程から出た廃液を混入していたことが分かった。

10.13 **水俣病保健手帳**(日本) 水俣病総合対策医療事業(保健手帳)の申請受付が再開された。

10.15 **地球環境行動会議**(日本) 地球環境行動会議が「GEA国際会議～気候変動と持続可能な開発への影響～」を東京で開催した(～16日)。

10.27 **生物多様性国家戦略**(日本) 「新・生物多様性国家戦略の実施状況の点検結果(第3回)」が生物多様性国家戦略関係省庁連絡会議で決定した。

10.30 **自然遺産**(北海道) 知床世界自然遺産登録記念行事が北海道で行われた。

10.31 **サンゴ礁イニシアティブ総会**(世界) パラオ共和国コロールで国際サンゴ礁イニシアティブ(ICRI)総会が開かれた(～11月2日)。

11.1 **G8が環境問題で対話**(世界) ロンドンでG8気候変動、クリーンエネルギー及び持続可能な開発に関する対話が行われた。

11.8 **ラムサール条約締約国会議**(世界) ウガンダのカンパラでラムサール条約第9回締約国会議が開催された(～15日)。

11.16 **自然公園法施行令・自然環境保全法施行令の一部改正**(日本) 「自然公園法施行令及び自然環境保全法施行令の一部を改正する政令」が公布された。

11.21 **バーゼル条約ワークショップ**(世界) バーゼル条約E-wasteワークショップ、東京で開催(～24日)。

11.21 酸性雨モニタリングネットワーク（アジア）　東アジア酸性雨モニタリングネットワーク（EANET）第7回政府間会合が新潟市で開かれた（～22日）。

11.28 気候変動枠組条約締約国会議・京都議定書締約国会合（世界）　モントリオールで気候変動枠組条約第11回締約国会議（COP11）及び京都議定書第1回締約国会合が開かれた（COP/MOP1）（～12月9日）。

12.8 BSE問題・輸入再開容認の答申（日本）　内閣府食品安全委員会は、厚生労働省と農林水産省に対し、牛海綿状脳症（BSE）の発生で停止している米国、カナダ産牛肉の輸入を条件付きで容認する答申を出した。

12.15 自然公園法施行規則・自然環境保全法施行規則の一部改正（日本）　「自然公園法施行規則及び自然環境保全法施行規則の一部を改正する省令」が公布された。

12.21 大気汚染防止法（日本）　「大気汚染防止法施行令の一部を改正する政令」及び「大気汚染防止法施行規則の一部を改正する省令」が公布された。

# 2006年
（平成18年）

1.6 再処理プルトニウム利用計画（日本）　電気事業連合会は、使用済み核燃料再処理によるルトニウム利用計画を初めて公表。電力業界が出資する青森県六ヶ所村の日本原燃再処理工場で取り出したプルトニウムを、2012年度以降、原子力発電所16～18基で年間計5.5～6.5t利用する。

1.6 電力消費冬季最高（日本）　東京電力は、6日の消費電力量が10億3432万kW時となり冬季の1日当たり消費電力量としては過去最高になったと発表した。厳しい冷え込みで暖房需要が大きく伸びたため。それまでの最高は2005年3月4日に記録した10億1935万kW時。

1.20 アスベスト（石綿）健康被害救済（日本）　「石綿による健康被害の救済に関する法律案」が閣議決定された。

1.20 米国産牛肉輸入禁止問題（日本・アメリカ）　輸入された米国産牛肉に、BSE（牛海綿状脳症）の病原体が蓄積しやすい特定危険部位の脊柱が混入していたため、政府は、昨年12月に輸入再開した米国産牛肉の再輸入禁止を決めた。中川農相は来日したゼーリック米国務副長官と22日に会談し、今回の問題の原因究明と再発防止を求めた。

1.22 水俣病終息との認識（熊本県）　水俣病の原因企業であるチッソが創立100周年を記念して22日に開いた謝恩会で、会長・社長の連名の挨拶状を配布した。その中で水俣病について「痛恨の極みで後半50年はこの負の遺産との苦闘の歳月だった」としたうえで「幸い96年の"全面解決"以降この問題も終息に向かいつつあり、弊社は復活への道程を歩みつつある」と認識を記していた。

1.27 生物多様性国家戦略（日本）　中央環境審議会が「新・生物多様性国家戦略の実施状況の点検結果（第3回）を踏まえた施策の方向に対する意見について」を環境大臣に報告した。

1.31 水質汚濁防止法（日本）　「水質汚濁防止法の排水基準を定める省令の改正」が公布された。

1.31 リサイクル特許権訴訟（東京都）　プリンター用インクカートリッジの再利用をめぐる特許権訴訟で、知財高裁は特許権侵害の判断を下した。使用済みインクカートリッジにインクを再注入して販売するのは特許権侵害に当たるとして、キヤノンがリサイクル・アシスト社に販売差し止めなどを求めた訴訟で、知財高裁は、「リサイクルの過程で行った加工が発明の主要部分に及んでいれば、特許権侵害」として、請求を棄却した東京地裁判決を取り消し、販売などの禁止とリサイクル品の廃棄を命じた。

2.3 循環型社会（日本）　中央環境審議会は「循環型社会形成推進基本計画の進捗状況の第2回点検結果」を環境大臣に報告した。

2.7 プルサーマル計画（佐賀県玄海町）　九州電力が玄海原子力発電所（佐賀県玄海町）3号機で計画中のプルサーマル発電について、佐賀県の古川康知事は「安全性は確保される」との見解を正式発表した。

2.9 核実験で放射能被害の報告（仏領ポリネシア・フランス）　1960～70年代にフランスが南太平洋の仏領ポリネシアで行った大気圏内核実験について、ポリネシア領土議会の調査委員会は、タヒチ島を含む全土で放射性物質の降下による健康被害が出ていた、とする報告書をまとめた。

2.10 地球温暖化対策推進法改正（日本）　「地球温暖化対策の推進に関する法律の一部を改正する法律案」閣議決定。

2.10 アスベスト（石綿）健康被害救済（日本）　「石綿による健康被害の救済に関する法律」（アスベスト（石綿）被害者救済法、アスベスト新法とも）が、アスベストの除去を進める法律など関連4法とともに施行された。政府のアスベスト対策の基本法制となるもの。

2.16 京都議定書・温暖化（日本・イギリス）　京都議定書発効1周年記念イベントが17日までの日程で開かれ、日英共同研究「低炭素社会の実現に向けた脱温暖化2050プロジェクト」発足した。

2.27 石炭火力発電所計画断念（山口県宇部市）　東芝が山口県宇部市で計画していた大型の石炭火力発電所（出力100万kW）の建設を断念した、と発表した。石炭を燃料にすることで石油や天然ガスなどの場合よりも、地球温暖化をもたらす二酸化炭素（$CO_2$）排出量が大幅に増えるとして、小池環境相が懸念を表明していた。発電所計画の見直しで、$CO_2$排出増が考慮されたのは初めて。

3.2 アスベスト（石綿）健康被害救済（日本）　中央環境審議会が「石綿による健康被害の救済における指定疾病に係る医学的判定に関する考え方について」を環境大臣に答申。

3.7 久美浜原発計画断念（京都府京丹後市）　関西電力は、京都府京丹後市（旧久美浜町）に申し入れていた原子力発電所建設のための事前環境調査の撤回を決めた。同社が約30年前から検討を進めてきた久美浜原発の建設構想は白紙に戻った。

3.10 アスベスト（石綿）健康被害救済（日本）　「石綿による健康被害の救済に関する法律の施行期日を定める政令」「石綿による健康被害の救済に関する法律施行令」「環境省関係石綿による健康被害の救済に関する法律施行規則」が公布された。

3.13 カルタヘナ議定書（世界）　ブラジルのクリチバでカルタヘナ議定書第3回締約国会議が開催された（～17日）。

3.22 高速増殖炉技術指定（日本）　政府の総合科学技術会議は、第3期科学技術基本計画の推進戦略を決定。2006～2010年度の国の研究開発投資目標が25兆円とされ、大型予算を組む「国家基幹技術」には、高速増殖炉サイクル技術など5プロジェクトが指定された。

3.23 自然公園法施行令一部改正（日本）　「自然公園法施行令の一部を改正する政令」が公布された。

3.24 志賀原発運転差し止め（石川県志賀町）　北陸電力志賀原発2号機を巡り、周辺住民らが同社に運転差し止めを求めた訴訟で、金沢地裁は「耐震設計に問題がある」などとして、運転差し止めを命じる判決を言い渡した。商業用原発の運転や設置を巡る判決での住民側勝訴は初めて。2号機は15日に運転を開始したばかりで、北陸電力は控訴し、運転を継続している。

3.28 海洋保護区指定（キリバス・フェニックス諸島）　ブラジルで開かれている生物多様性条約第8回締約国会議で、太平洋のほぼ中央にあるキリバス共和国のフェニックス諸島海域が海洋保護区にすることを、同国が発表した。保護区の面積は18万5000k$m^2$で日本のほぼ半分に及び、海洋保護区としては、北西ハワイ諸島やオーストラリア・グレートバリアリーフに次ぐ3番目の大きさとなる。

3.29 温室効果ガス（日本）　「地球温暖化対策の推進に関する法律施行令の一部を改正する政令」「特定排出者の事業活動に伴う温室効果ガスの排出量の算定に関する省令」などが公布された。

3.29 水俣病公式確認50年実行委員会総会（熊本県水俣市）　水俣病公式確認50年実行委員会第3回総会が水俣市で開かれた。

3.30 環境基本計画（日本）　中央環境審議会は「環境基本計画について」を環境大臣に答申した。

3.30 持続可能な開発（日本）　関係省庁連絡会議は「国連持続可能な開発のための教育の10年」実施計画を決定した。

3.30 自然公園法施行規則一部改正（日本）　「自然公園法施行規則の一部を改正する省令」が公布された。

3.30　健康被害救済（日本）　「公害健康被害の補償等に関する法律施行令の一部を改正する政令」が公布された。

4.3　省エネ消灯（東京都）　地球温暖化の原因となる二酸化炭素（$CO_2$）の排出量を減らすため、東京・霞が関の環境省本庁舎で、午後8時以降の一斉消灯がスタートした。省エネ消灯実施は9月まで。国会開会中には"不夜城"となる官庁街に一石を投じるのが狙い。

4.13　明日への環境賞（日本）　環境分野で優れた活動をしている個人・団体を顕彰する「明日への環境賞」（朝日新聞社主催）の受賞団体が決まった。第7回にあたる今回は、236件の推薦・応募の中から、知床財団など5団体が受賞した。

4.17　アスベスト（石綿）で住民補償（兵庫県尼崎市）　クボタは、兵庫県尼崎市の旧神崎工場周辺住民らにアスベスト（石綿）による健康被害が多発している問題で、中皮腫（ちゅうひしゅ）や肺がんの患者と遺族に事実上の「補償」を行うと発表した。救済金支払い対象は88人で各4600万～2500万円、総額32億1700万円におよぶ。

4.19　西日本じん肺福岡訴訟（福岡県）　福岡県などの炭鉱で働き、じん肺を患った元従業員らが、国や企業に損害賠償を求めた西日本石炭じん肺福岡訴訟で、国のみを被告としていた原告の一部34人と国との和解が成立した。国は総額約1億4400万円（患者1人あたり476万～916万円）を支払う。

4.20　MMRワクチン接種禍（大阪府）　新三種混合（MMR）ワクチンの接種をめぐる損害賠償訴訟で、大阪高裁は国の過失責任を認める判決を言い渡した。ワクチン接種後に死亡したり、重度の障害が残ったりした子供3人の家族が国に賠償を求めていたもので、3家族の請求は棄却したが、ワクチン製造者への国の指導監督義務違反を再び認定すた。勝訴した国は上告できず、司法判断が確定する。

4.21　騒音おばさん事件（奈良県）　自宅から毎日のようにCDラジカセで大音量の音楽を流し、近所の女性に頭痛や睡眠障害などの被害を与えたとして、傷害罪などに問われた奈良騒音傷害事件で、傷害容疑で2005年4月11日に逮捕された奈良県平群町の「騒音おばさん」と呼ばれた59歳の女性被告に対し、奈良地裁は「執拗（しつよう）で陰湿な犯行」などとして、懲役1年の実刑判決を言い渡した。公共の場以外での近隣騒音を取り締まる法律がないため、傷害罪による立件

となった。その後、12月26日の控訴審判決でも有罪となり、被告は2007年1月に上告した。

4.22 **温室効果ガス排出権取引**（日本）　日本企業初の温室効果ガス排出権取引が決まった。国際協力銀行や商社などが出資する温室効果ガスの排出権購入会社、日本カーボンファイナンス（JCF、東京都千代田区）は、日本企業として初めてスリランカで排出権取引を行う「クリーン開発メカニズム（CDM）」事業に参入し、排出権を購入する契約を結んだことを明らかにした。

4.25 **ごみ焼却炉談合**（福岡市）　福岡市発注のごみ焼却炉建設工事入札をめぐる談合問題で、落札価格が上がり福岡市が損害を受けたとして、市民がメーカー5社に市への賠償などを求めていた訴訟の判決で、福岡地裁は、談合の存在を認定し、5社に約20億8800万円の支払いを命じた。

4.26 **チェルノブイリ20年追悼**（ウクライナ）　旧ソ連・ウクライナのチェルノブイリ原発事故から丸20年を迎え、同国の各地で追悼式典が行われた。参列者は犠牲者の冥福（めいふく）と事故の再発防止を祈った。

4.28 **水俣病で首相「おわび」**（日本）　水俣病が公式に確認されてから5月1日で50年を迎えるにあたり、小泉純一郎首相は「長期間適切な対応ができず、被害の拡大を防止できなかったことについて、政府として責任を痛感し、率直におわびを申し上げます」との談話を発表した。国会でも、25日に衆議院、26日に参議院で「悲惨な公害を繰り返さないことを誓約する」とした国会決議が全会一致で採択されている。

5.1 **水俣病50年慰霊式**（熊本県水俣市）　「公害の原点」とされる水俣病の公式確認から50年を迎え、熊本県水俣市で患者の代表ら約1300人が参列し、犠牲者慰霊式が行われた。水俣病の認定患者は3月末で2265人（うち1577人死亡）で、約3900人が認定を申請しており、国家賠償請求訴訟も継続されている。

5.12 **原爆症認定基準緩和**（大阪府）　原爆症の認定申請を却下された被爆者170人が、国に処分取り消しなどを求め全国13地裁に提訴した集団訴訟で、初の判決が大阪地裁で言い渡された。判決では、行政の判断基準を大幅に緩和し、大阪、兵庫、京都の3府県に住む9人に

ついて「全員を認定すべき」とし、却下処分を取り消した。原爆投下後に爆心地周辺に入った「入市被爆者」も認定、「遠距離被爆者」にも救済範囲を広げる画期的な内容となった。

5.15 **核燃料再処理問題**（日本）　使用済み核燃料の「第2再処理工場」建設費の一部を電力会社が負担する政府の方針が決まった。現行の再処理工場（青森県六ヶ所村）で対応しきれずに残る大量の核燃料を処理するため、2050年前後から「第2再処理工場」が必要になる。建設に備え、その事業費の一部を電力会社に積み立てさせる方針を経済産業省資源エネルギー庁が決めたもの。

5.15 **建築廃材不法投棄**（千葉県）　建設残土に建築廃材を混ぜた産業廃棄物を千葉県木更津市内の処分場に不法投棄していたとして、元千葉県議の運送会社社長ら8人が、廃棄物処理法違反容疑で千葉県警に逮捕された。

5.19 **米国産牛肉輸入再開**（日本・アメリカ）　日米両政府は、米国産牛肉輸入再開の方針で大筋合意した。BSE（牛海綿状脳症）の特定危険部位である背骨の混入で米国産牛肉の輸入が再停止された問題で両国が専門家会合を開き決定した。日本政府は消費者に対する説明会を開き、6月中旬にも再開を決定する。その後、米国の施設の事前査察などが順調に進めば、7月にも輸入が再開される。

5.22 **大気汚染測定値改ざん**（兵庫県）　大気汚染防止法で定める基準値を超えるばい煙を神戸製鋼加古川製鉄所と神戸製鉄所の自家発電施設などで排出、測定データを改ざんしていた、と神戸製鋼所が発表した。

5.23 **汚泥・し尿処理施設談合**（大阪府）　汚泥・し尿処理施設建設を巡る談合事件が摘発された。公正取引委員会は、大阪府阪南市などが発注した8件の入札で受注調整を繰り返したとして、談合組織のメンバーだったプラントメーカー11社を独占禁止法違反容疑で告発。大阪地検特捜部は、談合組織の幹事4社を含む7社の部長級担当者7人を同容疑で逮捕した。

5.26 **アスベスト（石綿）健康被害救済**（日本）　環境再生保全機構は、アスベスト（石綿）被害者救済法に基づく給付金の対象者として、遺族64人を認定した。同法による認定第1号で、中皮腫で死亡した人の遺族。6月中に特別遺族弔慰金と特別葬祭料計300万円が支給される。

5.26 美浜原発3号機運転再開（福井県美浜町）　2004年の配管破損事故の発生以来、運転停止中の関西電力美浜原発3号機（福井県美浜町）について、西川一誠・福井県知事と山口治太郎・美浜町長は、関電の森詳介社長らと会談し、運転の再開を了承すると伝えた。法定の検査などを経て、今夏に再起動する見通し。

5.26 太平洋・島サミット（太平洋諸国）　日本と太平洋諸島フォーラム（PIF）の16か国・地域の首脳が協力のあり方について協議する「第4回太平洋・島サミット」が沖縄県名護市で開催され、PIF各国の経済成長、持続可能な開発など、日本が支援する重点5分野を盛り込んだ首脳宣言が採択された。27日、小泉首相は首脳会議で、2006年度から3年間で約450億円の政府開発援助（ODA）を実施する考えを表明した。

5.29 新エネルギー戦略（日本）　経済産業省は、新しいエネルギー政策の指針となる「新・国家エネルギー戦略」を、経産相の諮問機関である総合資源エネルギー調査会総合部会に提示した。原油高などで国際的な資源確保競争が激しくなっているため、「エネルギー安全保障」の強化を打ち出し、2030年を目標年次として、国内消費の石油依存度を10ポイント下げ40％にする、などの5項目の数値目標を設けた。

6.9 容器包装リサイクル法（日本）　改正容器包装リサイクル法が参院本会議で可決、成立した。2007年4月に施行される。改正法では、大手スーパーなどに、無料配布しているレジ袋の削減を義務付けた。

6.13 在外被爆者手当訴訟（日本）　海外在住の被爆者に法に基づく健康管理手当を支給する場合、国と自治体のどちらに支給義務があるかが争われた2訴訟の上告審判決で、最高裁は「国から事務を委任された自治体が負う」との初判断を示した。国に支払いを求めた原告側の請求は棄却された。

6.18 IWC年次総会（世界）　国際捕鯨委員会（IWC）の年次総会がカリブ海のセントクリストファー・ネビスで開催された。3日目となる18日の協議で、日本などの捕鯨支持国が共同提案していたIWCの活動正常化を求める宣言を、賛成33票、反対32票の1票差で可決した。ただ、この宣言に拘束力はなく、商業捕鯨の再開には、1982年の一時禁止決定を撤回する必要があり、そのためには投票国の4分の3の賛成が必要となり、実現は困難とみられる。

6.21 薬害C型肝炎訴訟（大阪府）　止血剤として血液製剤「フィブリノゲン」などを投与され、C型肝炎ウイルスに感染したとして、主婦ら13人が、国と製薬会社など2社を相手に損害賠償を求めた訴訟で、大阪地裁は、国や企業の過失責任を認め、原告9人に計2億5630万円の支払いを命じた。企業責任の発生時期を1985年8月に、国の責任については87年4月以降とし、85年8月以降に投与を受けた原告9人の請求を認め、他4人の請求は棄却した。

6.28 アスベスト（石綿）健康被害救済（日本）　1994年に死亡した近畿大理工学部の教授について、実験器材に含まれていたアスベスト（石綿）の吸引による中皮腫が原因であったとして、アスベスト救済新法に基づく特別遺族年金の支給を認められたことが明らかになった。

7.7 トンネルじん肺訴訟（東京都・熊本県）　国発注のトンネル工事でじん肺になった元従業員ら49人が国に賠償を求めているトンネルじん肺訴訟で、全国11地裁の中で初の判決が東京地裁で言い渡された。判決では、「粉じんを大量発生させる新工法が普及した86年には、じん肺を防ぐ具体的措置を講じる義務が生じたのに、国が規制権限を行使しなかったのは違法」と国の責任を認め、86年以降に被害を受けた44人に計6930万円の支払いを国に命じた。13日、熊本地裁の判決でも、国の責任を認めたうえ、東京地裁判決よりも救済枠を拡大、旧じん肺法が施行された60年以降に働き、労災認定された患者全員を賠償の対象とし、原告のうち36人を除く160人に計約2億5931万円の支払いを国に命じた。

7.7 砂浜陥没事故訴訟（兵庫県明石市）　2001年12月に兵庫県明石市の海岸で人工砂浜が陥没し、当時4歳の少女が生き埋めになり死亡した事故で、業務上過失致死罪に問われた国の出先と明石市の幹部職員4人の判決で、神戸地裁は「事故の予見可能性はなかった」として、全員に無罪を言い渡した。

7.11 アスベスト（石綿）「中皮腫」認定（日本）　環境再生保全機構は、1997年に死亡したさいたま市の会社員男性について、中皮腫が死因と認定した。男性の遺族は、男性が石綿セメント管製造会社勤務の父親の作業衣に付着したアスベストによる2次被害で死亡したとして、会社を相手取り損害賠償請求訴訟を起こしたが、最高裁で敗訴が確定していた。

7.13 厚木基地騒音訴訟（神奈川県）　神奈川県の厚木基地周辺住民が健康被害を訴え、国を相手取り、過去から将来にわたる騒音被害に対する損害賠償を求めた訴訟で、東京高裁は、1審の横浜地裁が命じた賠償額に、1審後に生じた損害分を上乗せし、基地騒音訴訟の賠償総額としては過去最高となる約40億4000万円の支払いを国に命じた。将来の損害分は認めなかった。

7.25 eco検定（日本）　東京商工会議所が今年から始める「環境社会検定試験（eco検定）」の受付が7月25日に集まり、1週間で4000人が申し込み、関心の高さが示された。出題内容は、環境についての基礎知識や時事問題など。試験は、東京のほか32商工会議所が参加し、10月15日に19都道府県の33カ所で行われる。

7.27 ダイオキシン風評被害（神奈川県）　2000年に荏原製作所藤沢工場近くの雨水路から高濃度ダイオキシンが検出されたことを巡り、神奈川県藤沢市のシラス漁などの漁業関係者が、報道による風評被害で売り上げが減る原因を作ったとして、同社に損害賠償を求めた訴訟の判決で、横浜地裁は、排出者の責任を認め、同社に約565万円の支払いを命じた。

7.28 記録的な熱波で死者141人（アメリカ・カリフォルニア州）　アメリカ・カリフォルニア州では、7月中旬から記録的な熱波が続き、猛暑によるとみられる死者の数が高齢者を中心に141人に達した。ロサンゼルス郡ウッドランドヒルズで48度を記録したほか、州中部のフレズノでは6日連続で最高気温が40度を超えた。電力不足による停電も州内各地で相次いでいる。

7月　プラスチックごみ焼却（東京都）　不燃ごみとして処理されてきたプラスチックの容器や包装材が、東京23区の一部地域で7月から品川区で燃えるごみと一緒に捨てられるルールとなった。2009年からは23区全体で適用される。東京23区では1970年代前半から廃プラスチックを不燃ごみとして処分場に埋め立ててきたが、埋立地の処分場の延命を理由に、2005年10月に廃プラを焼却して発電に利用する方針を決めた。

7月　世界の人口65億（世界）　国連人口基金は、2006年版の世界人口白書で、7月時点で世界の人口が65億4030万人を突破したとする推計値を発表した。2005年より7560万人増えて、過去最高となった。日本

は10万人増の1億2820万人。また、2050年には世界人口が90億7590万人に達すると推計している。

8.1 **レジ袋有料化を発表（京都市）** 大手スーパーのイオンが京都市内でレジ袋の有料化を始めることがわかった。1枚5～10円程度に設定し、客に買い物袋の持参を促す。有料化するのはイオンのジャスコ東山二条店。京都市内では行政や小売業者、市民団体が参加するレジ袋有料化の検討会が設けられるなど、環境問題への関心が高い。当初はスーパー8社が2006年中にも実施するとみられたが、2007年1月11日、イオンがジャスコ東山二条店で有料化したのが最初の実施例となった。

8.4 **原爆症認定訴訟（広島県）** 広島県などの被爆者が、国などに原爆症認定申請却下処分の取り消しと損害賠償を求めた訴訟の判決で、広島地裁は、5月の大阪地裁判決（原告9人全員認定）よりもさらに遠距離での被爆者まで救済範囲を広げ、原告41人全員について原爆症と認定、却下処分の取り消しを命じた。損害賠償請求は棄却した。

8.6 **「脱ダム」見直し（長野県）** 長野県知事選は投開票が行われ、新人の元防災相・村井仁氏が、3選を目指した現職・田中康夫氏を破り、初当選した。これにより、田中氏の政策であった「脱ダム」が見直されることが確実となった。

8.7 **米国産牛肉輸入再開（日本）** 米国産牛肉の輸入が再開され、第1便が、成田空港に到着した。米国産牛肉の輸入は、2006年1月にBSE（牛海綿状脳症）の特定危険部位である脊柱（せきちゅう＝背骨）の混入問題で、禁輸されて以来となる。

8.10 **省エネODA（日本・インド・中国）** 政府の海外経済協力会議は、エネルギー安全保障の観点から、中国とインドに対する省エネルギー分野の政府開発援助（ODA）を今後重点的に実施する方針を決めた。

8.25 **バイオエタノール混合燃料販売（関東地方）** 自動車から排出される二酸化炭素（$CO_2$）を減らすためにガソリンと混合されるバイオエタノールの一種「ETBE」の試験販売に経済産業省が乗り出すことが分かった。同省では石油業界と協力し、首都圏のスタンド50カ所で来年度から試験販売する。同省が10億円を補助し、販売価格は通常のガソリンと同じになる予定。

8.30 薬害肝炎九州訴訟（福岡県）　血液製剤「フィブリノゲン」の投与でC型肝炎ウイルスに感染したとして、九州・沖縄の患者18人が国と製薬会社2社を相手取り、損害賠償を求めた「薬害肝炎九州訴訟」の判決で、福岡地裁は、6月の大阪地裁判決よりも責任時期を遡らせ、1980年11月以降の行政と製薬会社の責任を指摘、原告11人について計1億6830万円の賠償を被告側に命じた。

8.31 化学物質過敏症訴訟（東京都）　電気ストーブの使用で「化学物質過敏症」による健康被害を訴えた裁判で、東京高裁は因果関係を認め損害賠償を認める判決を言い渡した。東京都内に住む大学生の男性と両親が、電気ストーブを使用したことで、化学物質によって頭痛や目まいなど様々な症状を起こす「化学物質過敏症」になったとして、販売元のイトーヨーカ堂に1億円の賠償を求めた訴訟の控訴審判決で、東京高裁は、男性の症状はストーブから発生した化学物質によるものと認定した上で、請求を棄却した1審・東京地裁判決を取り消し、約550万円の支払いを命じた。

9.4 ディーゼル車規制成果（東京都）　東京都が実施したディーゼル車規制が効果を上げ、大気中の浮遊粒子状物質が調査を始めた1973年以降初めて、道路沿いの観測局すべてで環境基準に適合したことが分かった。住宅地では一昨年度から基準を満たしている。しかし二酸化窒素（$NO_2$）濃度は横ばいだった。都を含む首都圏8都県市は4日、政府と自動車メーカーに対し、$NO_2$排出量を抑えられる最新規制適合者の普及促進を要請した。

9.20 排ガス温暖化提訴（アメリカ）　自動車が排出する温室効果ガスが地球温暖化の主因になり、住民に多大な「被害」を与えているとして、アメリカ・カリフォルニア州のロッキャー司法長官は、日米の大手自動車メーカー6社に損害賠償を求める訴訟を同州連邦地裁に起こした。地球温暖化の法的責任を自動車メーカーに問う初のケースとなる。訴えられたのは、ゼネラル・モーターズ（GM）、フォード・モーター、クライスラーのアメリカの3社と、トヨタ、ホンダ、日産自動車の各米国法人。

9.25 たばこ健康被害訴訟（アメリカ）　「ライト（軽い）」という表現を商品名に使って健康被害が少ない印象を与え、消費者を欺いたとして、米国の喫煙家がたばこ各社を訴えた訴訟で、ニューヨークの連邦地裁は、集団訴訟として取り扱うことを認める決定を下した。原

告は全米で数千万人、賠償請求総額は2000億ドル（約23兆円）に達する可能性があるとしている。

9.27 **東京大気汚染訴訟救済提案**（東京都）　ぜんそく患者らが排ガスで健康被害を受けたとして、国と東京都、旧首都高速道路公団、自動車メーカー7社に損害賠償を求めた東京大気汚染訴訟で、都が患者救済のため、メーカー側と協議の場を設けることがわかった。メーカー側に協力金の支出を求めて、患者への医療費助成制度の創設などを検討する。28日、裁判は控訴審が東京高裁で結審しているが、高裁も和解へ積極的な姿勢を示している。

9.27 **初の温室ガス規制法**（アメリカ）　地球温暖化対策のため、製油所や工場などの温室効果ガス排出量に上限を設ける法案に、アメリカ・カリフォルニア州のアーノルド・シュワルツェネッガー知事が署名した。全米の州では初めての排出量規制となる。

9月 **化粧品に禁止物質**（中国）　中国当局は、日本から輸入したマックスファクターの化粧品「SK-2」シリーズから、中国当局が使用禁止の重金属が検出されたと発表した。このため、製品の返品を求める人々が、同社の親会社P&Gの上海事務所に押し掛け入り口のガラスドアを破壊するなど、中国各地で抗議活動が広がっている。

10.12 **トンネルじん肺訴訟**（宮城県）　国発注のトンネル工事現場で働き、じん肺にかかった東北地方などの元建設作業員と遺族の計139人が「十分なじん肺防止策を行わなかった」として、国に計4億5540万円の損害賠償を求めた訴訟で、仙台地裁は、国の対策不足を違法と認め、患者86人に計2億7060万円を支払うよう命じた。同様の訴訟では、東京、熊本両地裁でも原告が勝訴している。

10.13 **地中ごみ撤去**（尾瀬）　尾瀬の山ノ鼻地区で、1972年以前に捨てられた空き缶など5tが地中に埋まっているのが見つかり、13日から搬出作業が始まった。植生保護のため重機は使わず、土地所有者の東京電力の関係者やボランティアが早朝から始まり、人力で掘り返し、ごみを可燃物と不燃物に分別した。8月の「尾瀬サミット2006」では「ごみのない尾瀬」実現が謳われていた。

10.16 **マグロ漁獲枠半減**（日本）　高級マグロとして人気のあるミナミマグロの日本の年間漁獲割当量が、2007年から5年間、2006年の割当量（6065t）のほぼ半分にあたる年間3000tに大幅削減されることが決

まった。日本が2005年まで割当量を超えて漁獲していたことが明らかになり、13日まで宮崎市で年次会合が開かれた国際的な資源管理機関「みなみまぐろ保存委員会（CCSBT）」が大幅な削減を決めたため。

10.17 **商業捕鯨再開**（アイスランド）　アイスランド政府は、1985年以降中断していた商業捕鯨を約20年ぶりに再開すると発表した。「これまで商業捕鯨の権利を留保してきたが、捕鯨の監視制度を巡る国際捕鯨委員会（IWC）の議論に進展がみられない」ためとし、捕獲頭数については「資源に影響を与えない持続可能な範囲」としている。

10.30 **ヒートアイランド対策で屋上緑化**（東京都港区）　NTT都市開発は、都市部のヒートアイランド対策として、ビル屋上に水気耕栽培ユニット4個とプランター21個を使用し、4カ月がかりで100m$^2$を屋上緑化し、サツマイモを栽培。収穫期を迎えた10月30日にその様子が公開された。サツマイモは幾重にも葉が生い茂り、遮熱効果が高いという。

11.13 **原子力事業再編**（日本・アメリカ）　日立製作所は、アメリカのゼネラル・エレクトリック（GE）と原子力事業での戦略的な提携に合意したと発表した。両社は2007年6月をめどに、それぞれが出資しあって日本と米国に合弁会社を設立し、原子力事業部門を移す。世界的な原発事業を視野にした事実上の事業統合と言える。

11.20 **環境問題審議会合同委員会**（日本）　地球温暖化対策の見直し案を検討する、政府の中央環境審議会（環境相の諮問機関）と産業構造審議会（経済産業相の諮問機関）の合同委員会の初会合が開かれた。京都議定書で温暖化ガスの排出量を1990年比6％削減する義務を負う日本だが、2005年度には1990年比で8％以上排出量が増加した。この日の会合でも、強制力を伴う削減策の導入に慎重な産業構造審議会の委員と、環境税の導入も視野に入れる中央環境審議会の委員とでは、考え方に開きがあった。

11.20 **マグロ漁獲量削減**（世界）　中西部太平洋海域のマグロの漁獲量について、マグロ資源を管理する国際機関である中西部太平洋まぐろ類委員会（WCPFC）の科学委員会は、メバチマグロの総漁獲量を25％削減するよう勧告した。キハダマグロについても10％の漁獲量削減を勧告した。高級マグロのほか、メバチやキハダなど消費量の多い大衆魚のマグロも漁獲量が制限される方向となった。

11.25 **景観保護の新政策**（京都市）　京都市は、古都の景観保護のための新景観政策をまとめた。景観法の全面施行を受け、市が景観審議会を設置して検討したもので、ビルやマンションなどの建物の高さの上限設定、屋上や点滅照明を使用した屋外広告を市内全域で禁止、などの内容。その後、景観条例案は2007年2月議会に提出、翌3月に成立した。

11.26 **クロマグロ漁獲量2割削減**（世界）　クロアチアで年次総会を開いている高級マグロなどの資源管理機関、大西洋まぐろ類保存国際委員会（ICCAT）は、東大西洋・地中海の2007年のクロマグロの総漁獲量を現在の3万2000tから2万9500tに削減することを決めた。その後、段階的に減らし、10年には現在より約2割少ない2万5500tとする。日本が2830tなどとなっている国別の漁獲枠は、2007年1月29～31日に日本で会合を開き、再協議する。

12.2 **ごみ焼却施設汚職**（千葉県成田市）　千葉県成田市のごみ焼却施設の運転管理業務委託を巡り、千葉県警は小林攻市長を1000万円収賄の容疑で、松戸市のプラント管理会社の前社長、前副社長の両容疑者を贈賄容疑で逮捕した。

12.7 **水俣病患者調査**（日本）　政府与党の水俣病問題プロジェクトチームは、熊本・鹿児島・新潟の3県で、来年度、未認定患者を対象に実態調査を実施することを決めた。2004年の関西水俣病訴訟の最高裁判決以降、認定を求める申請が急増しており、プロジェクトチームは政治主導による問題の全面解決を目指す。

12.7 **女川原発データ不正**（宮城県女川町）　東北電力は、宮城県の女川原子力発電所1号機の冷却用海水の温度データが1995年から2001年にかけて不正操作されていたと発表した。発電タービンを回した後の蒸気を冷却する機器で、入り口と出口の水温の差が7度を超えても、データ処理される中央制御室では7度になるよう、プログラムが改ざんされていた。

12.21 **遺棄毒ガス処理**（日本・中国）　日中両政府は、旧日本軍が中国に残した化学兵器（毒ガス）の回収・処理問題に関する実務者協議を行い、「日中遺棄化学兵器処理連合機構」を2007年1月にも設置することで正式合意した。

# キーワード索引

# キーワード一覧

| | |
|---|---|
| 赤潮 …………………… 550 | 環境権 …………………… 560 |
| 空き缶・ペットボトル問題 … 550 | 環境ホルモン …………… 560 |
| 足尾鉱毒 ………………… 550 | 干ばつ・渇水 …………… 561 |
| アスベスト（石綿）……… 550 | 京都議定書 ……………… 561 |
| 厚木基地騒音問題 ……… 551 | 倉敷公害 ………………… 562 |
| 尼崎公害 ………………… 551 | クロロキン薬害 ………… 562 |
| 有明海水銀汚染(第3水俣病) … 551 | 景観保護 ………………… 562 |
| 安中鉱害 ………………… 551 | 原子力空母・潜水艦 …… 562 |
| 諫早湾干拓 ……………… 552 | 原子力船「むつ」……… 562 |
| イタイイタイ病 ………… 552 | 原発事故・原研トラブル … 562 |
| 遺伝子組み換え ………… 552 | 光化学スモッグ ………… 564 |
| エネルギー問題 ………… 553 | 合成洗剤 ………………… 565 |
| エル・ニーニョ現象 …… 553 | 国連環境計画 …………… 565 |
| 尾瀬 ……………………… 553 | ごみ戦争 ………………… 565 |
| オゾン層保護・ウィーン条約 553 | 砂漠化 …………………… 565 |
| 温室効果ガス・$CO_2$削減 …… 554 | サリドマイド薬害 ……… 565 |
| 海洋汚染 ………………… 555 | サンゴ礁 ………………… 565 |
| 核実験 …………………… 556 | 酸性雨 …………………… 566 |
| 嘉手納基地騒音問題 …… 557 | 持続可能な開発 ………… 566 |
| カドミウム汚染 ………… 557 | 自動車排出ガス ………… 567 |
| カネミ油症 ……………… 559 | 種の保存法 ……………… 568 |
| カルタヘナ議定書 ……… 559 | 循環型社会 ……………… 569 |
| 川崎公害 ………………… 559 | 「常陽」(高速実験炉) … 569 |
| 川鉄千葉公害 …………… 559 | 杉並病 …………………… 569 |
| 環境アセスメント ……… 559 | スパイクタイヤ ………… 569 |
| 環境基本法（旧公害対策基本法） | スモン病 ………………… 569 |
| …………………………… 560 | 青酸化合物汚染 ………… 569 |

| | |
|---|---|
| 生物多様性条約 ………… 570 | 放射能雨・雪 …………… 582 |
| 世界遺産 ………………… 571 | 捕鯨 ……………………… 582 |
| ダイオキシン …………… 571 | 水俣病 …………………… 583 |
| ダム・河口堰 …………… 573 | 森永ヒ素ミルク中毒 …… 585 |
| チェルノブイリ原発事故 … 574 | 「もんじゅ」（高速増殖炉）… 585 |
| 地球サミット …………… 574 | モントリオール議定書 … 585 |
| 窒素酸化物削減 ………… 574 | 薬害エイズ ……………… 586 |
| 鳥獣保護 ………………… 575 | 夢の島 …………………… 586 |
| 低公害車 ………………… 576 | 横田基地騒音問題 ……… 586 |
| DDT …………………… 577 | 四日市ぜんそく ………… 586 |
| トキ保護 ………………… 577 | ラムサール条約 ………… 587 |
| 所沢ダイオキシン騒動 … 577 | リサイクル ……………… 587 |
| トリクロロエチレン汚染 … 577 | 林道建設 ………………… 588 |
| 土呂久鉱害 ……………… 577 | 冷害・冷夏・異常低温 … 588 |
| ナホトカ号事故 ………… 578 | 六価クロム ……………… 589 |
| 南極条約 ………………… 578 | ワシントン条約 ………… 589 |
| 新潟水俣病 ……………… 578 | |
| 西淀川公害 ……………… 579 | |
| 日照権 …………………… 579 | |
| 農薬（殺虫剤・除草剤）… 579 | |
| 能勢町ダイオキシン騒動 … 579 | |
| バーゼル条約・越境廃棄物 … 580 | |
| BHC …………………… 580 | |
| BSE …………………… 580 | |
| ビキニ環礁被曝 ………… 580 | |
| PCB …………………… 580 | |
| ヒートアイランド ……… 581 | |
| 「ふげん」（新型転換炉）… 581 | |
| プルサーマル計画（核燃料再処理） ………………… 581 | |
| フロンガス問題 ………… 581 | |
| ヘドロ汚染 ……………… 582 | |

## 【赤潮】

| | |
|---|---|
| 1933.10 | 有明海で大規模な赤潮が発… |
| 1941.10.8 | 有明海で赤潮が発生し、佐… |
| 1960.6 | 博多湾で赤潮が発生、赤貝… |
| 1967（この年） | 徳島県付近の海域で赤潮が… |
| 1970.9〜 | 9月から11月にかけて… |
| 1970（この年） | 大分県別府市の別府湾でプ… |
| 1971.3.26 | 山口県徳山市の徳山湾付近… |
| 1971.8 | 山口県下関市の沖合の響灘… |
| 1971（この年） | 山口県徳山市の徳山湾で赤… |
| 1972.6 | 山口県下関市の沖合の響灘… |
| 1972.7〜 | 9月にかけて、香川県志… |
| 1972（この頃） | 愛媛県付近の海域で赤潮が… |
| 1975.5.21 | この日以降、播磨灘に赤潮… |
| 1975（この年） | 工業排水などで海水の汚染… |
| 1975（この頃） | 大分県別府市の別府湾で赤… |
| 1976.8 | 8月から9月にかけ、土佐… |
| 1976（この年） | 高知県物部川上流の県営永… |
| 1977.5〜 | 5月末から6月初めにか… |
| 1977.8.28〜 | 28日から9月2日にかけ… |
| 1977（この年） | 大阪府公害白書によると、… |
| 1978.5〜 | 5月下旬から6月下旬に… |
| 1978.6〜 | 6月下旬、香川県東部か… |
| 1978（この年） | 宮城県気仙沼市の気仙沼湾… |
| 1978（この年） | 滋賀県北湖で赤潮が発生し… |
| 1978（この年） | 兵庫県寄りの大阪湾で赤潮… |
| 1979.7〜 | 7月から8月にかけて、… |
| 1979（この年） | 1977年、78年、79… |
| 1979（この年） | 瀬戸内海の富栄養化は年々… |
| 1981.5.18 | 琵琶湖プランクトン異常発… |
| 1981（この年） | 県内新規公害苦情は701… |
| 1982（この年） | 小豆島付近を中心に大規模… |
| 1982（この年） | 1月から10月までに、別… |
| 1983.9.21 | 汚れのひどい湖沼で見られ… |
| 1984.5.22 | 琵琶湖の南湖中央部に淡水… |
| 1984.7 | 熊野灘沿岸に赤潮が発生。… |
| 1985.4.30 | 琵琶湖の南湖西岸寄りの3… |
| 1985.7.30 | 瀬戸内海赤潮訴訟で、高松… |
| 1985.9.16 | 東京湾で7年ぶりに大発生… |
| 1987.7.1 | 播磨灘を中心に瀬戸内海で… |
| 1987.7〜 | 7月下旬から8月末にか… |
| 1990.7 | 熊本県天草郡御所浦町を中… |
| 2000.7.7 | 熊本県の八代海で赤潮が発… |
| 2003.7 | 徳島県鳴門市沖の養殖ハマ… |

## 【空き缶・ペットボトル問題】

| | |
|---|---|
| 1960.4.17 | 缶ジュースの需要が増大し… |
| 1973（この年） | 町田市と三鷹市で、メーカ… |
| 1980.5.25 | 高知市で22日から開催さ… |
| 1981.1.8 | 環境庁実施の空き缶公害全… |
| 1981.4.13 | 空き缶問題連絡協議会が、… |
| 1981.10.16 | 京都市で、全国で初めて缶… |
| 1982.5.30 | 「ごみゼロの日」にあたる… |
| 1983.2.17 | 環境庁が、第3次・空き缶… |
| 1984.3.1 | 環境庁が、第4次・空き缶… |
| 1985.3.28 | 環境庁が、第5次・空き缶… |
| 1990.4.23 | 午前9時20分ごろ、名古… |
| 1990（この年） | 高知市・秦野市・伊勢原市… |
| 1991.10.18 | 「リサイクル法施行令」が… |
| 1992.5.25 | 空き缶問題連絡協議会（関… |
| 1993.5.27 | 関係11省庁連絡会議であ… |
| 1993.8.16 | 環境庁・大蔵・厚生・農水… |
| 1994.5.27 | 空き缶問題連絡協議会・関… |
| 1994.10.20 | 東京都が、飲料缶・ペット… |
| 1995.11.1 | コメの流通・販売の自由化… |
| 1996.3.20 | リサイクルしたアルミ缶で… |
| 1997.1.24 | 東京都知事が、ペットボト… |
| 1997.4.1 | 「容器包装リサイクル法」… |
| 1997（この年） | 東京都新宿区で、タバコの… |
| 2000.4.1 | 家庭ごみのうち重量で4分… |
| 2006.10.13 | 尾瀬の山ノ鼻地区で、19… |

## 【足尾鉱毒】

| | |
|---|---|
| 1968.3 | 渡良瀬川の水質基準が定め… |
| 1970（この頃） | 栃木県足尾町の古河鉱業足… |
| 1972.3.31 | 中央公害審査委員会に足尾… |
| 1974.5.10 | 足尾鉱毒事件の調停案が公… |
| 1977（この年） | 渡良瀬川流域の桐生市・太… |

## 【アスベスト（石綿）】

| | |
|---|---|
| 1938.3 | 石綿工場従事者151人中… |
| 1970.11.17 | アスベスト（石綿）工場労… |
| 1970（この年） | 東京都文京区本郷3丁目の… |

| | | | | |
|---|---|---|---|---|
| 1976（この年） | 国税庁と酒造業界団体が、… | | 1982.9 | 9月までに、厚木飛行場周… |
| 1983.11 | 都公害研究所は1983年… | | 1982.10.20 | 厚木基地騒音公害訴訟で、… |
| 1984（この年） | 国際労働機関（ILO）事… | | 1984.7.31 | 厚木基地の夜間連続離着陸… |
| 1985.2.21 | 環境庁が、アスベスト発生… | | 1986.4.9 | 厚木基地騒音公害訴訟で、… |
| 1985.8.10 | 酒造業界で実質的に使用禁… | | 1993.2.25 | 第1次厚木基地騒音公害訴… |
| 1986.6 | 国際労働機関（ILO）総… | | 1995.12.26 | 厚木基地の周辺住民が国に… |
| 1987.3.16 | 環境庁が、1986年度の… | | 1996.1.8 | 厚木基地騒音訴訟で、国が… |
| 1987.6 | 厚生省と環境庁により「ア… | | 1997.12.8 | 厚木基地周辺の大和市など… |
| 1987.8.22 | 文部省が5月に行った、1… | | 1999.7.23 | 第2次厚木基地騒音訴訟の… |
| 1987.10.30 | 東京都による調査の結果、… | | 2002.10.16 | 神奈川県厚木基地の周辺住… |
| 1988.2.1 | 環境庁・厚生省が、屋内の… | | 2006.7.13 | 神奈川県の厚木基地周辺住… |
| 1988.11.30 | 環境庁が、工場等のアスベ… | | | |
| 1989.2.6 | 石綿製品等製造工場から発… | | 【尼崎公害】 | |
| 1989.3.6 | 環境庁が、石綿製品等製造… | | 1951.6 | 宇部市で「ばい煙対策委員… |
| 1989.3.13 | 石綿製品等製造工場から発… | | 1973（この頃～） | 兵庫県尼崎市の南東部に… |
| 1989.6.28 | 「大気汚染防止法の一部を… | | 1974.3 | 3月末現在、東京との8特… |
| 1989.12.19 | アスベスト（石綿）を「特… | | 1974（この年） | 兵庫県尼崎市の大気汚染に… |
| 1991.3.22 | 文京区本郷の東京大学工学… | | 1976（この頃～） | 兵庫県神戸、芦屋、西宮… |
| 1991（この年） | 欧州共同体（EC）が白石… | | 1988.12.26 | 兵庫県尼崎市の大気汚染に… |
| 1993.10.7 | 総理府・厚生省が、バーゼ… | | 1999.2.17 | 尼崎大気汚染公害訴訟は、… |
| 1995.2.23 | 環境庁は「阪神・淡路大震… | | 2000.1.31 | 公害病認定患者と遺族ら3… |
| 1995.4 | 「労働安全衛生法施行令」… | | 2000.2.8 | 尼崎公害訴訟の神戸地裁判… |
| 1996（この年） | 環境庁統計の1995年度… | | 2003.6.26 | 和解条項を守らないとして… |
| 1997.2.6 | 「特定粉じん」（アスベス… | | | |
| 1997.4.1 | 1996年5月公布の改正… | | 【有明海水銀汚染（第3水俣病）】 | |
| 1999.5.28 | 千葉市内の最終廃棄物処分… | | 1973（この頃～） | 有明周辺の福岡、佐賀… |
| 1999.7 | アスベスト（石綿）の使用… | | 1974.6.7 | 熊本大学第二次水俣病研究… |
| 2002.10.7 | アメリカ軍の横須賀基地の… | | 1974.7.12 | 水銀汚染調査検討委員会健… |
| 2005.7.5 | 建材メーカー「ニチアス」… | | | |
| 2005.8.27 | アスベスト（石綿）を含有… | | 【安中鉱害】 | |
| 2006.1.20 | 「石綿による健康被害の救… | | 1937.2 | 群馬県安中に日本亜鉛（現… |
| 2006.2.10 | 「石綿による健康被害の救… | | 1938.3.19 | 群馬県安中町の農民らが、… |
| 2006.3.2 | 中央環境審議会が「石綿に… | | 1949.9 | 群馬県安中の東邦亜鉛安中… |
| 2006.3.10 | 「石綿による健康被害の救… | | 1950.1 | 東邦亜鉛鉱害対策委員長（… |
| 2006.4.17 | クボタは、兵庫県尼崎市の… | | 1950.4.11 | 東邦亜鉛による焙焼炉・硫… |
| 2006.5.26 | 環境再生保全機構は、アス… | | 1951.9.28 | 東邦亜鉛の工場が拡張され… |
| 2006.6.28 | 1994年に死亡した近畿… | | 1954.4～ | 4月から6月にかけて、… |
| 2006.7.11 | 環境再生保全機構は、19… | | 1956.9 | 群馬県高崎市鼻高・豊岡… |
| | | | 1957.3.14 | 群馬県安中地区農民が、県… |
| 【厚木基地騒音問題】 | | | 1967.11 | 群馬県安中の東邦亜鉛で超… |
| 1976.9.8 | 夜間・早朝の飛行差し止め… | | 1969.3.27 | 初のカドミウム汚染調査結… |
| 1976（この頃～） | 神奈川県綾瀬市付近で米… | | 1969.4.23 | 安中市でイタイイタイ病様… |

| 1969.6.28 | 群馬県の東邦亜鉛安中製錬… |
|---|---|
| 1970.2.18 | 通産省が、カドミウム汚染… |
| 1970.5.14 | 前橋地裁が東邦亜鉛安中製… |
| 1970.8.23 | 群馬県が東邦亜鉛安中精錬… |
| 1971.7.14 | 群馬県安中市でカドミウム… |
| 1972.8.29 | 安中市のカドミウム汚染地… |
| 1982.3.30 | 群馬県安中の鉱害問題につ… |
| 1984.2.19 | 東邦亜鉛によるカドミウム… |
| 1984.8.28 | 東邦亜鉛安中製錬所を発生… |
| 1985.5.24 | 安中鉱害訴訟について、東… |
| 1986.6.12 | 安中鉱害訴訟をめぐり、裁… |
| 1986.9.22 | 東京高裁で、カドミウム汚… |

【諫早湾干拓】

| 1986.8.17 | 諫早湾防災干拓事業に最後… |
|---|---|
| 1988.3.9 | 1987年12月に長崎県… |
| 1997.4.14 | 九州農政局が、長崎県の諫… |
| 1999.5.12 | 日本湿地ネットワーク（N… |
| 2001.8.28 | 国営諫早湾干拓事業で、武… |
| 2002.3.27 | 農水省は、有明海の養殖ノ… |
| 2002.4.15 | 農水省は、国営諫早湾干拓… |
| 2004.8.26 | 国営諫早湾干拓事業（長崎… |
| 2005.5.16 | 国営諫早湾干拓事業をめぐ… |

【イタイイタイ病】

| 1944（この年） | 三井神岡鉱山でカドミウム… |
|---|---|
| 1945（この年） | 三井神岡鉱山の鹿間谷堆積… |
| 1946.3 | 富山県婦中町の萩野昇医師… |
| 1947.7 | 金沢大学・長沢太郎らによ… |
| 1948.6 | 富山県神通川流域で鉱毒に… |
| 1952.12 | 三井金属鉱業神岡鉱業所が… |
| 1955.5 | 萩野昇・河野稔医師の連名… |
| 1955（この年） | 三井神岡鉱業所の佐保堆積… |
| 1957.12.1 | 富山県医学会で萩野昇医師… |
| 1960.7 | 吉岡金市博士による三井神… |
| 1961.6.24 | 萩野医師・吉岡博士が、公… |
| 1962.10.11 | イタイイタイ病の原因調査… |
| 1963.6.15 | 神通川流域のイタイイタイ… |
| 1963.12.18 | 吉岡金市・同朋大教授が、… |
| 1965.10.22 | 日本公衆衛生学会で、小林… |
| 1967.4.5 | 岡山大の小林教授が、三井… |
| 1967.6.14 | 富山県のイタイイタイ病対… |

| 1967.6 | 神通川流域のイタイイタイ… |
|---|---|
| 1967.12.7 | 厚生省イタイイタイ病研究… |
| 1968.3.9 | 三井金属鉱業を相手どり、… |
| 1968.3.27 | イタイイタイ病研究班最終… |
| 1968.5.8 | 厚生省が富山県のイタイイ… |
| 1968.5.15 | 水俣病、新潟水俣病、イタ… |
| 1968.11.1 | イタイイタイ病が政府によ… |
| 1969.4.23 | 安中市でイタイイタイ病様… |
| 1971.6.30 | イタイイタイ病第一次訴訟… |
| 1971.10.19 | 富山市など1市2町と汚染… |
| 1972.3.4 | 富山県が三井金属鉱業に対… |
| 1972.8.9 | イタイイタイ病訴訟で、名… |
| 1973.2.24 | 三井金属鉱業神岡鉱業所か… |
| 1973.7.19 | 三井金属鉱業とイタイイタ… |
| 1974.8.27 | 富山県神通川左岸のカドミ… |
| 1975.10.17 | 富山県が神通川右岸のカド… |
| 1988.4 | 富山県のイタイイタイ病認… |
| 1989.4.8 | イタイイタイ病及び慢性カ… |
| 1992.10 | 富山県イタイイタイ病認定… |
| 1993.4.28 | 環境庁は厚生省保健業務課… |
| 1998.8 | 富山医科薬科大・金沢医科… |

【遺伝子組み換え】

| 1979.8.9 | 遺伝子組み換え研究の促進… |
|---|---|
| 1982.8.31 | 大学・研究機関における遺… |
| 1982.10.29 | 遺伝子組み換えによるヒト… |
| 1983.2.2 | 大学における植物の遺伝子… |
| 1987.4.3 | 環境庁が、有害化学物質汚… |
| 1989.3.13 | 中央公害対策審議会が、企… |
| 1989.8.4 | 科学技術会議が、実験室外… |
| 1991.12.16 | 中央公害対策審議会企画部… |
| 1991.12.16 | 中央公害対策審議会企画部… |
| 1992.5 | 国連環境計画（UNEP）… |
| 1995.11 | 第2回生物多様性条約締約… |
| 1999.2 | 第3回生物多様性条約締約… |
| 1999.5 | 欧州委員会（EU）が、ア… |
| 1999.7.15 | 有機食品についての法整備… |
| 1999.7.30 | 主婦達・日本消費者連盟な… |
| 2000.1.21 | 厚生省の食品衛生調査会バ… |
| 2000.1.29 | モントリオールで開かれて… |
| 2000.3.7 | アメリカ農務省が、遺伝子… |
| 2000.3.14 | 食品規格委員会（コーデッ… |

| | | | | |
|---|---|---|---|---|
| 2000.4.25 | 遺伝子組み換え食品を輸入… | | 1986.3.31 | 気象庁が、ペルー沖太平洋… |
| 2000.5.25 | アメリカの市民団体が家畜… | | 1998.5.2 | アルゼンチン各地をエル・… |
| 2000.7.13 | 厚生省の食品衛生調査会特… | | | |
| 2000.12 | 財団法人血液製剤調査機構… | | 【尾瀬】 | |
| 2002.9.12 | 中央環境審議会は「遺伝子… | | 1934.9.30 | 尾瀬沼畔に長蔵小屋新館が… |
| | | | 1960（この年） | 尾瀬が特別天然記念物（天… |
| 【エネルギー問題】 | | | 1965.8.25 | 文化庁文化財保護委員会と… |
| 1965（この頃） | 太陽熱温水器の新製品の発… | | 1967.11.2 | 厚生省が関係官庁と自治体… |
| 1966.10.8 | 東化工が松川地熱発電所を… | | 1971.7.27 | 尾瀬自動車道路の工事中止… |
| 1973.12.1 | 石油不足対策のため「省資… | | 1971.8.21 | 「尾瀬の自然を守る会」が… |
| 1975.3 | 燃料費の高騰で太陽熱温水… | | 1971.8.27 | 大石武一環境庁長官が、尾… |
| 1977.12.20 | 三菱重工業は、君津市の新… | | 1972.7.1 | 「尾瀬ごみ持ち帰り運動」… |
| 1978.6.25 | 日本で最初の波力発電船「… | | 1981.11.24 | 環境庁が、尾瀬への自動車… |
| 1978.8.2 | 庄内沖で「海明」の波力発… | | 1989.4.25 | 環境庁、群馬県、福島県、… |
| 1978.12.21 | 群馬県庁屋上の風力発電機… | | 1989.7.12 | 尾瀬の入山料徴収構想が発… |
| 1979.3.15 | 石油消費節減対策が、省エ… | | 1989.8.8 | 環境庁が、日光国立公園尾… |
| 1979.6.6 | 第二次石油ショックを背景… | | 1989.12.8 | 日光国立公園尾瀬地区での… |
| 1979.6.15 | 石油消費節減・原子力発電… | | 1990.5.24 | 環境庁、群馬県、福島県、… |
| 1979.6.28 | 第5回主要先進国首脳会議… | | 1990.8.20 | 環境庁長官が、8月21日… |
| 1979.8.20 | 国鉄は8月20日から、東… | | 1995.8.3 | 財団法人尾瀬保護財団が発… |
| 1980.1.29 | 資源調査会は、省エネルギ… | | 1996.5.25 | 今シーズンの尾瀬へのマイ… |
| 1981.8.6 | 通産省のサンシャイン計画… | | 2000.8.3 | 尾瀬の環境保全について話… |
| 1983.8.20 | 日本大学が、世界初の潮流… | | 2004.8.9 | 尾瀬の環境保全について話… |
| 1984.9.23 | 原発規制に関する国民投票… | | 2006.10.13 | 尾瀬の山ノ鼻地区で、19… |
| 1985.4.5 | 千歳市で、太陽電池の完全… | | | |
| 1985.9.3 | 鶴岡市由良沖の海上で、海… | | 【オゾン層保護・ウィーン条約】 | |
| 1987.5.11 | 波力発電を開発してきた海… | | 1974（この年） | カリフォルニア大のシャー… |
| 1992.9.24 | アメリカ上下院が核実験禁… | | 1982（この年） | 世界保健機関（WHO）が… |
| 1992.10.7 | 産業・民生・運輸の分野別… | | 1985.3.22 | オゾン層の保護のためのウ… |
| 1995.6.13 | 関係省庁会議申し合わせ「… | | 1987.9.16 | モントリオールで開催され… |
| 1996.12.6 | 環境庁が、地方公共団体に… | | 1987.9 | 1985年ウィーン条約に… |
| 1997.11.13 | 地球温暖化問題への国内対… | | 1987.9 | アメリカ航空宇宙局（NA… |
| 2000.7.21 | 沖縄県で九州・沖縄サミッ… | | 1988.2.12 | 環境庁が、成層圏オゾン層… |
| 2000（この年） | 日本全国の風力発電用の風… | | 1988.4.27 | 国立公害研究所がオゾン・… |
| 2005.11.1 | ロンドンでG8気候変動、… | | 1988.5.20 | ウィーン条約とモントリオ… |
| 2006.4.3 | 地球温暖化の原因となる二… | | 1988.9.30 | 「オゾン層の保護に関する… |
| 2006.5.15 | 使用済み核燃料の「第2再… | | 1988.9.30 | 日本が「オゾン層の保護の… |
| 2006.5.29 | 経済産業省は、新しいエネ… | | 1988.12.29 | 「オゾン層の保護に関する… |
| 2006.8.10 | 政府の海外経済協力会議は… | | 1989.1.1 | 「オゾン層を破壊する物質… |
| | | | 1989.3.5 | 英国政府・UNEP主催の… |
| 【エル・ニーニョ現象】 | | | 1989.4.26 | オゾン層保護のためのウィ… |
| 1982（この年〜） | 1982年から翌83年… | | 1989.8.25 | 「モントリオール議定書第… |

温室効果ガス・$CO_2$削減　　　キーワード索引　　　環境史事典

| | |
|---|---|
| 1990.1.26 | 通産省が「オゾン層の保護… |
| 1990.5.2 | 日米科学技術協力協定に基… |
| 1990.6 | 第2回モントリオール議定… |
| 1991.1.23 | オゾン層保護対策推進制度… |
| 1991.3.30 | モントリオール議定書改定… |
| 1991.6.8 | 環境庁が1990年の地球… |
| 1991.6.17 | オゾン層の保護のためのウ… |
| 1991.6.19 | オゾン層を破壊する物質に… |
| 1991.9.20 | 昭和基地の第32次南極地… |
| 1991.12.27 | 「公害防止事業団法施行令… |
| 1992.2.11 | ブッシュ大統領は、オゾン… |
| 1992.3.26 | 気象庁が、南極上空で最大… |
| 1992.5.11 | 通産省が、企業のフロン代… |
| 1993.8.21 | 気象庁「オゾン層観測速報… |
| 1993.10.21 | 気象庁が南極成層圏のオゾ… |
| 1993.11.17 | バンコクで、モントリオー… |
| 1994.3.28 | 気象庁が、オゾン層の減少… |
| 1994.4.20 | 関係18省庁で「オゾン層… |
| 1994.5.20 | 気象庁が、南極の昭和基地… |
| 1994.10 | 気象庁が、9月22日時点… |
| 1994.12.26 | モントリオール議定書の1… |
| 1995.6.20 | 関係18省庁による「オゾ… |
| 1995.10.11 | オゾン層破壊の危険を警告… |
| 1996.8.1 | 「特定物質の規制等による… |
| 1996.11.19 | コスタリカでウィーン条約… |
| 1996(この年) | 第4回ウィーン条約締約国… |
| 1997.9.15 | モントリオールで「オゾン… |
| 1997.10.23 | チリ気象庁が、南極圏のオ… |
| 1997.10 | 南極上空に6年連続で最大… |
| 1998.1.1 | カーエアコンに使われるフ… |
| 1998.9.1 | オゾン層保護対策推進月間… |
| 1998.11.16 | 「オゾン層を破壊する物質… |
| 1998(この年) | 南極上空で、南極大陸の約… |
| 1999.11.29 | 中国・北京で「オゾン層の… |
| 1999.12.4 | 「ウィーン条約第5回締約… |
| 2000.7.14 | 環境庁が「平成11年オゾ… |
| 2000.12.11 | ブルキナファソのワガドゥ… |
| 2002.8.30 | 日本、「オゾン層を破壊す… |
| 2002.11.25 | ローマで「ウィーン条約第… |
| 2003.11.17 | ナイロビで「オゾン層を破… |
| 2004.3.24 | 「オゾン層を破壊する物質 |

## 【温室効果ガス・$CO_2$削減】

| | |
|---|---|
| 1988.11.24 | 国立公害研究所が、公開シ… |
| 1989.1.30 | 気象庁・気候問題懇談会温… |
| 1989.4.5 | フロンガスの温室効果によ… |
| 1989.11 | 大気汚染と気候変動に関す… |
| 1990.2.14 | 気象庁が過去3年間の大気… |
| 1990.2 | 第3回気候変動に関する政… |
| 1990.5.2 | 日米科学技術協力協定に基… |
| 1991.3.29 | 大阪西淀川公害訴訟で、大… |
| 1992.9.9 | 環境庁・地球温暖化経済シ… |
| 1994.3.21 | 地球温暖化を防止するため… |
| 1994.8.1 | 環境庁が2000年度のニ… |
| 1995.7 | 東大助教授らが、サンゴ礁… |
| 1995(この年) | 第1回気候変動枠組条約締… |
| 1997.2 | 2〜3月、気候変動枠組条… |
| 1997.10.18 | アルゼンチンのメネム大統… |
| 1997.12.1 | 地球温暖化防止京都会議で… |
| 1997.12.1〜 | 第3回気候変動枠組条約締… |
| 1997.12.2 | 地球温暖化防止京都会議で… |
| 1997.12.13 | ルクセンブルクで開かれた… |
| 1998.6.3 | 環境関連審議会・合同小委… |
| 1998.6.19 | 地球温暖化対策の総合的推… |
| 1998.9.28 | ウィーンで第14回気候変… |
| 1998.12 | 通産省の外郭団体である地… |
| 1999.7.1 | 1997年度(平成9年度… |
| 1999.7.2 | 地球環境保全に関する関係… |
| 1999.11.18 | 気象庁が100年後の地球… |
| 2000.3.8 | 欧州委員会が、京都会議に… |
| 2000.8.8 | 政府が温室効果ガスの6%… |
| 2001.3.28 | アメリカのブッシュ大統領… |
| 2001.6.11 | ブッシュ大統領は、温室効… |
| 2002.6.4 | 地球温暖化防止のためのニ… |
| 2002.6.24 | 「第1回温室効果ガス排出… |
| 2002.7.10 | 環境省「第2回温室効果ガ… |
| 2002.7.19 | 地球環境保全に関する関係… |
| 2002.10.23〜 | 11月1日まで気候変動枠… |
| 2002.11.15 | 東京都は、「京都議定書」… |
| 2002.11.25 | 「第3回温室効果ガス排出… |
| 2003.1.16 | 環境省は「温室効果ガス排… |
| 2003.7.8 | 環境省は「事業者からの温… |
| 2003.8.28 | 「平成14年度における地… |

|  |  |
|---|---|
| 2003.8.29 | 地球環境保全に関する閣僚… |
| 2003.10.20 | 「『気候変動に関する国際… |
| 2003.11.13 | タイのプーケットで「アジ… |
| 2004.1.22 | 国立環境研究所で温室効果… |
| 2004.3.16 | 「日口温室効果ガスインベ… |
| 2004.5.11 | 第三者機関による適正・的… |
| 2005.4.28 | 政府は「京都議定書目標達… |
| 2005.5.26 | 「2003年度（平成15… |
| 2005.6.1 | 政府が地球温暖化防止のた… |
| 2005.6.30 | 「環境省がその事務事業に… |
| 2006.2.27 | 東芝が山口県宇部市で計画… |
| 2006.3.29 | 「地球温暖化対策の推進に… |
| 2006.4.3 | 地球温暖化の原因となる二… |
| 2006.4.22 | 日本企業初の温室効果ガス… |
| 2006.8.25 | 自動車から排出される二酸… |
| 2006.9.20 | 自動車が排出する温室効果… |
| 2006.9.27 | 地球温暖化対策のため、製… |

## 【海洋汚染】

|  |  |
|---|---|
| 1932.2 | 多摩川河口近くの川崎大師… |
| 1934（この年） | 静岡県田子ノ浦で富士地区… |
| 1950.2.16 | 川崎港に臨む昭和石油川崎… |
| 1958.4.6 | 東京都江戸川区の製紙工場… |
| 1958.6.10 | 千葉県浦安町の漁業関係者… |
| 1964.9.20 | 午後4時35分頃、愛知県… |
| 1965.5.23 | 朝、北海道室蘭市で、原油… |
| 1967.2.12 | 川崎港入り口の川崎信号所… |
| 1967.3.18 | アメリカの大型タンカー「… |
| 1967.5.26 | 神戸港内で、小型タンカー… |
| 1968.6.8 | 静岡県下田町の約17km… |
| 1969.8.15 | 数ヵ月にわたり塩酸を海に… |
| 1969.10.5 | 鹿児島県喜入町の日本石油… |
| 1970.12.9 | 海洋汚染50ヵ国会議がロ… |
| 1971.5 | 北海道の南東北緯38度か… |
| 1971.11.7 | タンカー第3宝栄丸（13… |
| 1971.12 | 千葉県木更津市の海岸付近… |
| 1971（この頃～） | 東京湾や伊勢湾、瀬戸内… |
| 1972.6.15 | 「海洋汚染防止法施行令」… |
| 1972.11.13 | 海洋投棄規制国際条約がロ… |
| 1972.11.27 | 英国のタンカーが和歌山県… |
| 1973.2.1 | 「廃棄物処理法施行令」「… |
| 1973.2 | 島根県松江、平田市付近の… |
| 1973.7.19 | タンカー興山丸（998t… |
| 1973.7.20 | 午後、貨物船が香川県坂出… |
| 1973（この頃） | 和歌山県下津町の埋立地に… |
| 1974.3.22 | 世界初の多国間公海汚染防… |
| 1974.4.26 | キプロスのタンカーと日本… |
| 1974.12.18 | 水島臨海工業地帯にある岡… |
| 1974（この頃） | 1972年の沖縄復帰前後… |
| 1975.2.28 | 沖縄本島周辺の離島の油汚… |
| 1975.6.4 | 三光汽船のタンカー栄光丸… |
| 1975.7.28 | 和歌山県海南市の住友海南… |
| 1976.1～ | 1月から2月にかけて、… |
| 1977.4.6 | 愛媛県釣島水道で、パナマ… |
| 1977.4.22 | ノルウェー領海のエコフィ… |
| 1977.4.27 | 臨海工業地区にある兵庫県… |
| 1978.1.13～ | 午後8時過ぎから、伊豆諸… |
| 1978.6.12 | 午後5時14分、宮城県の… |
| 1978.11.8 | 三重県四日市港内で原油荷… |
| 1979.1.19 | 四日市コンビナートの昭和… |
| 1979.3.22 | 瀬戸内海の備讃瀬戸でタン… |
| 1979（この年） | 本島北部と八重山の沿岸で… |
| 1980.1.9 | タンカーと貨物船の衝突に… |
| 1980.10.29 | ロンドン・ダンピング条約… |
| 1980.11.14 | 「海洋汚染及び海上災害の… |
| 1981.12.5 | 午前5時40分、東京都中… |
| 1982.1.19 | 午後、栃木県塩谷郡藤原町… |
| 1982.1.31～ | 31日から2月1日にかけ… |
| 1983.2.14 | 海洋投棄規制条約締結国会… |
| 1983.2.27 | 千葉県木更津市金田海岸の… |
| 1983.3.2 | イラク海軍によるイランの… |
| 1983.5.26 | 船舶からの油、有害液体物… |
| 1983.6.10 | 午前8時30分、静岡県熱… |
| 1983.8.6 | 南アフリカのケープタウン… |
| 1983.8.16 | 船舶からの油類の排出規制… |
| 1985.11.8 | 午前7時40分、神奈川県… |
| 1985.11.28 | 沖縄県石垣市が研究機関に… |
| 1986.5.27 | 「マルポール73/78条… |
| 1986.7.14 | 夜、愛媛県今治市沖の瀬戸… |
| 1986.10.31 | 有害液体物質に排出規制を… |
| 1988.7.19 | 「海洋汚染及び海上災害の… |
| 1989.3.24 | アラスカでタンカーが座礁… |
| 1989.5.2 | 午前9時20分ごろ、愛媛… |

核実験　　　　　　　　　　　キーワード索引　　　　　　　　　　環境史事典

| | | | |
|---|---|---|---|
| 1989.5.30 | 午後11時ごろ、三重県・… | 【核実験】 | |
| 1989.9.1 | 船舶などからの廃棄物の排… | 1945.7.16 | ニューメキシコ州アラモゴ… |
| 1990.4.2 | 「海洋汚染及び海上災害の… | 1946.1.24 | ビキニ環礁がアメリカの核… |
| 1990.5.24 | 午後8時ごろ、山口県岩国… | 1949（この年） | ソ連が初めての原爆実験に… |
| 1990.6.2 | 午前7時ころ、神奈川県横… | 1951.1.27 | アメリカがネバダ州で核実… |
| 1990.6.19 | トリクロロエチレンなどの… | 1954.3.1 | 午前4時12分頃、マーシ… |
| 1990.6.26 | 午後10時35分ごろ、愛… | 1954.4.2 | 北海道に3.2ℓ当たり5… |
| 1990.6.27 | 午前9時半ごろ、大阪市大… | 1954.5.20 | 伊豆大島で採取した飲料用… |
| 1990.7.6 | 海洋汚染防止法施行令に基… | 1954.5 | 愛媛県松山市の釣島燈台と… |
| 1990.12.18 | 有害廃棄物等の越境移動対… | 1954.6～ | 6月から7月にかけて、… |
| 1990.12.18 | 廃棄物排出を厳しく制限す… | 1954.9.18～ | 9月18日から23日にか… |
| 1991.1.25 | ホワイトハウスが、イラク… | 1956.4.16～ | 4月16日から17日にか… |
| 1991.11.28 | 午後3時5分ごろ、愛知県… | 1956.7.11 | ビキニ環礁での核実験によ… |
| 1992.11.20 | 新石垣空港の建設地問題で… | 1957.5.16 | 全学連がイギリス大使館に… |
| 1993.1.5 | イギリス北部のシェトラン… | 1957.6.16 | 世界平和評議会総会がコロ… |
| 1994.2.9 | ロンドン条約・マルポール… | 1957.7.11 | 国際科学者会議がカナダの… |
| 1994.9.26 | 「廃棄物の処理及び清掃に… | 1957.9.23 | 核実験停止決議案を日本が… |
| 1995.3.3 | 「産業廃棄物に含まれる金… | 1957.11.6 | 日本の提出した核実験停止… |
| 1995.12.20 | 「廃棄物の処理及び清掃に… | 1958.1.13 | 世界の著名科学者44ヵ国… |
| 1996.2.15 | ウェールズ西部のブリスト… | 1958.1～ | 1月から2月にかけて、… |
| 1996.4.19 | モスクワを訪問中の橋本首… | 1958.3.31 | 核実験の一方的中止をソ連… |
| 1996.6.14 | 「排他的経済水域及び大陸… | 1958.4.4 | イギリスで、核武装反対運… |
| 1997.1.21 | 石川県珠洲市、福井県越前… | 1958.7.9～ | この日から翌日にかけて、… |
| 1997.4.28 | 神戸港で小型ケミカルタン… | 1958.8.10 | 核実験の悪影響を示す報告… |
| 1997.6.11 | 「船舶安全法並びに海洋汚… | 1958.8.22 | 10月以後1年間核実験を… |
| 1997.6.11 | 船舶に「船舶発生廃棄物汚… | 1958.9.30 | ソ連が核実験を再開した。 |
| 1997.7.2 | 午前10時20分ごろ、東… | 1958.10.24 | 東京地方に降った雨から、… |
| 1997.7.9 | 「海洋汚染及び海上災害の… | 1958.10.31 | 核実験停止に関する米英ソ… |
| 1997.10.15 | シンガポール沖合のマラッ… | 1960.2.13 | アルジェリア領サハラ砂漠… |
| 1997.11.6 | シンガポール港湾局は、1… | 1960.3.27 | アメリカのアイゼンハワー… |
| 1997.12.9 | 静岡県下田市の沖合で、静… | 1961.9.1 | ソ連が核実験再開。これに… |
| 1998.2.4 | 海洋投棄規制に有害液体物… | 1961.9.15 | 核実験の再開をケネディ大… |
| 1998.5.27 | 油などの防除体制を強化す… | 1961.10.25 | 核実験の禁止が衆議院で決… |
| 1998.6.10 | 「金属等を含む産業廃棄物… | 1961.10.27 | 北海道など全国各地に放射… |
| 1998.8.15 | 銚子市犬吠崎沖の海上で、… | 1961.12.11 | ビキニ環礁の核実験で被曝… |
| 1998.8.16 | 前日の衝突事故でケミカル… | 1962.1.29 | 353回目の会議で米英ソ… |
| 1998.8.22 | 前年1月のタンカー重油流… | 1962.4.25 | アメリカが太平洋上で核実… |
| 1998.9.2 | 「マルポール73/78条… | 1962.8.5 | 第8回原水爆禁止世界大会… |
| 2002.3.31 | 午前3時20分ごろ、島根… | 1963.1 | 全国各地に米国やソ連の核… |
| 2002.12.5 | 未明、茨城県日立市久慈町… | 1963.7.15 | 米英ソ核実験停止会議がモ… |
| 2003.1.28 | 午後8時40分ごろ、東京… | 1963.7.25 | 部分的核実験禁止条約に米… |

|  |  |
|---|---|
| 1963.8.14 | 部分的核実験禁止条約に日… |
| 1964.5.15 | 部分的核実験禁止条約を衆… |
| 1965.1.21 | 全国各地で平時の数十倍と… |
| 1966.5.11 | 東京都や新潟県など各地で… |
| 1966.7.2 | 仏領ポリネシアのムルロア… |
| 1969.12.4 | 全ての核実験の停止決議が… |
| 1969.12.29 | 東北地方に中国の核爆発ví… |
| 1970.3.26 | アメリカが、ネバダ州で大… |
| 1970.5.15 | 南太平洋でフランスの核実… |
| 1971.12.7 | 原水禁がビキニ水爆実験被… |
| 1973.7.21 | ムルロア環礁でフランスが… |
| 1974.5.18 | タール砂漠でインドが地下… |
| 1978.4.12 | ビキニ環礁の原水爆実験(… |
| 1983.5.24 | アメリカが、広島・長崎へ… |
| 1983.5.25 | 仏領ポリネシアのムルロア… |
| 1985.7.10 | フランスが、国際環境保護… |
| 1986.9.27 | カザフ共和国の地下核実験… |
| 1987.2.3 | アメリカで、この年最初の… |
| 1992.9.24 | アメリカ上下院が核実験禁… |
| 1995.1.30 | アメリカ合衆国が、包括的… |
| 1995.5.15 | 中国が新疆ウィグル自治区… |
| 1995.6.13 | シラク大統領は9月から1… |
| 1995.7.10 | フランスの核実験に抗議す… |
| 1995.8.17 | 中国が新疆ウィグル地区の… |
| 1995.8.17 | 南太平洋環境閣僚会議が、… |
| 1995.9.5 | フランスは国際世論を無視… |
| 1995.10.2 | フランスが南太平洋のムル… |
| 1995.10.27 | フランスが、ムルロア環礁… |
| 1995.11.16 | 国連総会の第1委員会で、… |
| 1995.11.21 | フランスはムルロア環礁で… |
| 1995.12.12 | 国連総会は、フランス、中… |
| 1995.12.27 | フランスはムルロア環礁で… |
| 1996.1.4 | フランスのシラク大統領は… |
| 1996.1.27 | フランスがファンガタウア… |
| 1996.1.29 | フランスのシラク大統領が… |
| 1996.4.25 | 中国を訪問中のエリツィン… |
| 1996.5.12 | フランス領ポリネシア行わ… |
| 1996.5.13 | ジュネーブで包括的核実験… |
| 1996.6.8 | 包括的核実験禁止条約の交… |
| 1996.6.20 | 核開発の疑惑が持たれてい… |
| 1996.6.24 | 包括的核実験禁止条約(C… |

|  |  |
|---|---|
| 1996.7.29 | ジュネーブで、包括的核実… |
| 1996.7.29 | 中国政府は、新疆ウィグル… |
| 1996.8.14 | ジュネーブ軍縮会議の包括… |
| 1996.9.10 | 国連総会で、爆発を伴うあ… |
| 1997.7.2 | 米エネルギー省が、ネバダ… |
| 1998.3.25 | 米エネルギー省は、ネバダ… |
| 1998.4.6 | イギリスとフランスが、核… |
| 1998.5.11 | インドが、24年ぶりに西… |
| 1998.5.12 | 日本政府は、地下核実験を… |
| 1998.5.13 | クリントン米大統領が、ポ… |
| 1998.5.14 | 13日に2度目・2回の核… |
| 1998.5.23 | パキスタンのナワズ・シャ… |
| 1998.5.28 | パキスタンが、アフガニス… |
| 1998.5.29 | 日本政府が、核実験を実施… |
| 1998.5.30 | パキスタンが2度目の核実… |
| 1998.5.30 | クリントン米大統領が、核… |
| 1998.6.4 | 国連安保理の5常任理事国… |
| 1998.6.6 | 国連安全保障理事会は、イ… |
| 1998.6.12 | 主要8ヵ国(G8)外相会… |
| 1998.6.26 | インド政府が、グジャラー… |
| 1998.7.10 | イギリス政府は、インド、… |
| 1998.7.27 | ASEANと日本、アメリ… |
| 1998.9.26 | アメリカが、ネバダ州で4… |
| 1998.12.8 | ロシアがノバヤゼムリャ島… |
| 1999.2.9 | 米エネルギー省がネバダ地… |
| 2006.2.9 | 1960～70年代にフラ… |

【嘉手納基地騒音問題】

|  |  |
|---|---|
| 1971(この頃) | 沖縄でタールなどの廃棄物… |
| 1979.4.24 | 沖縄県が嘉手納基地に隣接… |
| 1979(この年) | 本島北部と八重山の沿岸で… |
| 1994.2.24 | 嘉手納基地騒音訴訟の1審… |

【カドミウム汚染】

|  |  |
|---|---|
| 1944(この年) | 三井神岡鉱山でカドミウム… |
| 1949.9 | 群馬県安中の東邦亜鉛安中… |
| 1960.7 | 吉岡金市博士による三井神… |
| 1961.6.24 | 荻野医師・吉岡博士が、公… |
| 1963.12.18 | 吉岡金市・同朋大教授が、… |
| 1967.3.20 | 東京都内で販売されている… |
| 1967.12.7 | 厚生省イタイイタイ病研究… |
| 1968.3.27 | イタイイタイ病研究班最終 |

|  |  |
|---|---|
| 1969.3.27 | 初のカドミウム汚染調査結… |
| 1969.4.23 | 安中市でイタイイタイ病様… |
| 1969.6.16 | 木曽川で工場廃液や家庭排… |
| 1969.9.16 | 「カドミウムによる汚染防… |
| 1969（この頃） | 岩手県の北上川流域で、旧… |
| 1969（この頃） | 宮城県鶯沢町の三菱金属鉱… |
| 1969（この頃） | 大分県緒方町の蔵内金属豊… |
| 1970.2.18 | 通産省が、カドミウム汚染… |
| 1970.3.9〜 | 3月9日に宇都宮市の農薬… |
| 1970.3 | 山形県南陽市の日本鉱業吉… |
| 1970.5 | 富山県黒部市の日本鉱業三… |
| 1970.6.6 | 大牟田川河口海域の海苔か… |
| 1970.7.7 | 白米のカドミウム汚染許容… |
| 1970.7.7 | 厚生省により、玄米1pp… |
| 1970.7.26 | 厚生省が、米のカドミウム… |
| 1970.9.5 | 横浜海上保安部が、東京湾… |
| 1970.9.20 | カドミウム汚染に抗議する… |
| 1970.9〜 | 9月から10月にかけて… |
| 1970.10.15 | 玄米のカドミウム含有を1… |
| 1970.10.29 | 東京都で、米に含まれるカ… |
| 1970.10〜 | 10月末から11月にか… |
| 1970.11.20 | 全国鉱金工業連合会役員会… |
| 1970.11.28 | 三井金属鉱業神岡鉱業所の… |
| 1970.11 | 札幌市石山付近の飲料水が… |
| 1970（この年） | 北海道光和村の住友金属鉱… |
| 1970（この年） | 北海道白糠町の明治製作所… |
| 1970（この年） | 岩手県宮古市のラサ工業宮… |
| 1970（この年） | 秋田県小坂町の小坂川流域… |
| 1970（この年） | 福島県磐梯町の日曹金属会… |
| 1970（この年） | 福島県いわき市小名浜で非… |
| 1970（この年） | 石川県小松市の北陸鉱山が… |
| 1970（この年） | 福井県和泉村の中竜鉱業所… |
| 1970（この年） | 三重県桑名市付近の伊勢湾… |
| 1970（この年） | 兵庫県播磨町の住友金属鉱… |
| 1970（この年） | 広島県安芸、浦町付近… |
| 1970（この年） | 福岡県大牟田市の三井金属… |
| 1970（この年） | 北九州市の洞海湾で三菱化… |
| 1970（この年） | 長崎県諫早市で諫早湾産の… |
| 1970（この頃） | 青森県八戸市で、市内にあ… |
| 1970（この頃） | 静岡県富士市の田子ノ浦港… |
| 1971.1.6 | 富山県婦負郡婦中町の農家… |
| 1971.4.5 | カドミウム公害拡大の調査… |
| 1971.6.11 | 福岡市内の2河川で基準を… |
| 1971.6.17 | カドミウムとその化合物、… |
| 1971.6.21 | 全国全ての事業者に濃度規… |
| 1971.6.24 | カドミウム、銅、ヒ素とそ… |
| 1971.6.30 | イタイイタイ病第一次訴訟… |
| 1971.7.14 | 群馬県安中市でカドミウム… |
| 1971（この年） | 岐阜県明方村で住民の採取… |
| 1971（この年） | 山口県下関市の彦島地域の… |
| 1971（この頃） | 大阪府と兵庫県を流れる猪… |
| 1971（この頃） | 兵庫県生野町の三菱金属鉱… |
| 1971（この頃） | 広島県福山市の三菱電機福… |
| 1971（この頃〜） | 愛知県半田、碧南市など… |
| 1971（この頃〜） | 福岡県大牟田市の五月橋… |
| 1972.3.4 | 富山県が三井金属鉱業に対… |
| 1972.8.29 | 安中市のカドミウム汚染地… |
| 1972（この年） | 宮城県栗駒町尾松および築… |
| 1972（この年） | 東京都品川区の立会川で流… |
| 1972（この年） | 横浜市保土ヶ谷および西区… |
| 1972（この年） | 長野県の千曲川で流域の工… |
| 1972（この年） | 長野県中野市で光学機器工… |
| 1973.2.24 | 三井金属鉱業神岡鉱業所か… |
| 1973.2 | 広島県竹原市にある2つの… |
| 1973.3.14 | 山形県議会で、1970年… |
| 1973（この年） | 秋田県の各地でカドミウム… |
| 1973（この年） | 石川県小松市で日本鉱業（… |
| 1973（この頃） | 山形県南陽市の休廃止鉱山… |
| 1973（この頃） | 東京都世田谷区の世田谷お… |
| 1973（この頃） | 愛知県刈谷市の自動車関連… |
| 1973（この頃） | 沖縄県浦添市の米合衆国海… |
| 1974.2 | 東京都の調査で秋田県平鹿… |
| 1974.3.18 | 群馬県は流域計359.8… |
| 1974.5 | 重金属汚染が問題になって… |
| 1974.6 | 山口県美弥市伊佐、大嶺地… |
| 1974.8.27 | 富山県神通川左岸のカドミ… |
| 1974.9.2 | 1ppm以上のカドミウム… |
| 1974.9.26 | ササニシキの本場宮城県古… |
| 1974.9 | 環境庁がまとめた1973… |
| 1974（この年） | 環境庁がまとめた1973… |
| 1974（この年） | 宮城県古川市の東北アルプ… |
| 1974（この年） | 岐阜県本巣郡本巣町山口の… |

| 1975.10.17 | 富山県が神通川右岸のカド… |
|---|---|
| 1975.10 | 立毛玄米カドミウム汚染調… |
| 1975.12.25 | 府中市など都内3ヵ所で生… |
| 1975(この年) | 小松市・梯川流域の197… |
| 1975(この年) | 島根県の宝満山鉱山が高濃… |
| 1976.4 | 日本鉱業、北陸鉱山の企業… |
| 1976.8 | カドミウム汚染の不安があ… |
| 1979.11.29 | カドミウムによる環境汚染… |
| 1979(この年) | 渡良瀬川鉱害の汚染農地を… |
| 1981.10 | 石川県小松市梯川流域(約… |
| 1982(この年) | 石川県小松市梯川流域約4… |
| 1984.2.19 | 東邦亜鉛によるカドミウム… |
| 1984.8.28 | 東邦亜鉛安中製錬所を発生… |
| 1986.9.22 | 東京高裁で、カドミウム汚… |
| 1989.4.8 | イタイイタイ病及び慢性カ… |
| 1991.8.23 | 環境庁が、土壌汚染対策の… |
| 1991(この年) | 熊本県で、地下水質保全目… |
| 1994.2.21 | 有害物質による土壌汚染に… |
| 1997.3.13 | 環境基本法第16条規定に… |
| 1997.12.26 | 厚生省が廃棄物に関する一… |
| 1998.8 | 富山医科薬科大・金沢医科… |
| 1998.9.24 | 京都市保険局が、京都大学… |
| 1999.2.19 | 北海道苫小牧市の民間産廃… |
| 1999.7.7 | 遮水シートを敷くなどの汚… |
| 2000.12.26 | 食糧庁が2000年産米の… |

【カネミ油症】

| 1968.3 | この頃、カネミ油症の被害… |
|---|---|
| 1968.9〜 | 9月中旬から翌年初めに… |
| 1968.11.1 | 九州大学の油症研究班が米… |
| 1968.11.29 | 北九州市が食品衛生法違反… |
| 1969.2.1 | 福岡県の被害者らが、カネ… |
| 1969.2.3 | 農林省畜産局が、PCBが… |
| 1969.7〜 | 9月にかけて、カネミ油… |
| 1970.11.16 | カネミ倉庫、鐘淵化学工業… |
| 1972.2.5 | カネミ油症治療研究会で、… |
| 1972.6.5 | カネミ油症の母親の母乳を… |
| 1976.3.26 | カネミ油症裁判で、北九州… |
| 1978.3.24 | カネミ油性刑事訴訟の1審… |
| 1984.3.16 | カネミ油症訴訟の全国統一… |
| 1987.3.20 | 最高裁勧告を受諾したカネ… |

【カルタヘナ議定書】

| 1999.2.22 | コロンビア・カルタヘナで… |
|---|---|
| 2000.1.29 | モントリオールで開かれて… |
| 2002.4.22 | ハーグで「生物多様性条約… |
| 2004.2.23 | 「生物の多様性に関する条… |
| 2005.5.30 | カナダ・モントリオールで… |
| 2006.3.13 | ブラジルのクリチバでカル… |

【川崎公害】

| 1960.12 | 川崎市で「公害防止条例」… |
|---|---|
| 1969.11.12 | 川崎市が、大気汚染による… |
| 1970.11.12 | 20代公害病患者が、川崎… |
| 1970(この年) | 宮城県塩竈市の国道45号… |
| 1972.2.4 | 川崎市で「環境権」の概念… |
| 1972.9.27 | 川崎市で「公害防止条例」… |
| 1974.3 | 3月末現在、東京との8特… |
| 1976.10.1 | 10月1日現在の公害病認… |
| 1977.10.1 | 10月1日現在の公害病認… |
| 1979.12.1 | 12月1日現在、公害病認… |
| 1982.3.18 | 川崎市南部地区のぜんそく… |
| 1982.11.1 | 神奈川県の公害病認定患者… |
| 1983.11.30 | 11月30日までの、公害… |
| 1986.4.24 | 環境庁長官が、川崎・横浜… |
| 1994.1.25 | 川崎公害訴訟結審分で横浜… |
| 1996.12.25 | 京浜工業地帯の複合大気汚… |
| 1998.8.5 | 川崎市の公害病認定患者が… |
| 1998.12 | 川崎市が自動車排ガスを原… |
| 1999.5.20 | 川崎公害訴訟(二〜四次)… |

【川鉄千葉公害】

| 1975.5.26 | 千葉市内の大気汚染公害病… |
|---|---|
| 1975(この頃) | 千葉市川崎町の川崎製鉄千… |
| 1982.9 | 千葉市内で公害病認定患者… |
| 1988.11.7 | 川鉄千葉公害訴訟の一審判… |
| 1988.11.17 | 千葉地裁が、川鉄公害訴訟… |
| 1988.11.17 | 千葉川鉄公害訴訟について… |
| 1992.8.5 | 川崎製鉄千葉製鉄所の公害… |
| 1992.8.5 | 川鉄公害訴訟で川鉄側が大… |

【環境アセスメント】

| 1970.1 | アメリカで「国家環境政策… |
|---|---|
| 1972.6.6 | 日本初の環境アセスメント… |

| 1974.11 | 経済協力開発機構（OEC… |
|---|---|
| 1975.12.23 | 環境庁長官が環境影響評価… |
| 1976.4.2 | 環境庁で環境影響評価（ア… |
| 1976.10.4 | 日本初の「環境影響評価に… |
| 1977.2.26 | 「環境アセスメント法案」… |
| 1977.5.13 | 環境庁が環境アセスメント… |
| 1978.5.4 | 「本州四国連絡橋（児島・… |
| 1978.5 | 山田環境庁長官が環境アセ… |
| 1978.7.19 | 北海道が「北海道環境影響… |
| 1979.4.1 | 環境影響評価制度のあり方… |
| 1979.4.27 | 上村千一郎環境庁長官が閣… |
| 1980.4.18 | 環境影響評価法案に関する… |
| 1980.5.2 | 内閣官房長官が、政府とし… |
| 1980.5.27 | 東京都で環境影響評価条例… |
| 1980.10.14 | 経団連からの環境影響評価… |
| 1980.10.20 | 東京都と神奈川県で「環境… |
| 1981.2.26 | 自民党政務調査会が、環境… |
| 1981.4.28 | 「環境影響評価法案」が閣… |
| 1981.11.20 | 衆院環境委員会で「環境影… |
| 1982.5.14 | 環境影響評価法案の審議が… |
| 1983.4.12 | 環境影響評価法案について… |
| 1983.11.28 | 衆議院の解散に伴い、「環… |
| 1984.8.28 | 環境影響評価の実施につい… |
| 1984.11.21 | 環境影響評価実施推進会議… |
| 1988.3.9 | 1987年12月に長崎県… |
| 1991.4.23 | 企業活動に関する環境アセ… |
| 1991.12.16 | 中央公害対策審議会企画部… |
| 1992.9.26 | 事業者が環境に配慮すべき… |
| 1993.4.5 | 通産省が、海外進出製造業… |
| 1995.9.18 | 磐梯朝日国立公園に近い国… |
| 1995.10.17 | 東京で環境アセスメント国… |
| 1997.3.28 | 「環境影響評価法案」を閣… |
| 1997.6.13 | 「環境影響評価法」（アセ… |
| 1997.12.3 | 「環境影響評価法施行令（… |
| 1997.12.12 | 環境影響評価法に基づく基… |
| 1998.6.12 | 「環境影響評価法施行規則… |
| 1998.8.12 | 「環境影響評価法施行令及… |
| 1998.11.26 | 「戦略的環境アセスメント… |
| 1998.12.28 | 「環境影響評価法施行令の… |
| 1999.1.25 | 愛知県が藤前干潟でのごみ… |
| 1999.6.10 | 「環境影響評価シンポジウ… |
| 1999.6.12 | 「環境影響評価法」が全面… |
| 1999.7.22 | 戦略的環境アセスメント総… |
| 2000.8.4 | 戦略的環境アセスメント総… |
| 2002.1.11 | 環境省主催公開シンポジウ… |
| 2002.12.20 | 東京で国際シンポジウム「… |
| 2003.2.20 | 国際シンポジウム「戦略的… |

【環境基本法（旧公害対策基本法）】

| 1966.9.7 | 自治省が、発生責任の明確… |
|---|---|
| 1966.11.24 | 公害対策基本法案を厚生省… |
| 1967.2.22 | 公害対策推進連絡会議が、… |
| 1967.5.16 | 公害対策基本法案が閣議決… |
| 1967.8.3 | 「公害対策基本法」の公布… |
| 1970.8.4 | 公害対策基本法の全面改正… |
| 1970.11.24 | 「公害国会」と呼ばれる第… |
| 1970.12.25 | 公害対策基本法改正法ほか… |
| 1992.10.20 | 中央公害対策審議会及び自… |
| 1992.10.23 | 「環境基本法案（仮称）の… |
| 1993.3.8 | 内閣総理大臣は中央公害対… |
| 1993.3.12 | 「環境基本法案」及び「環… |
| 1993.3.12 | 環境基本法案に関して内閣… |
| 1993.11.19 | 12日に成立した「環境基… |

【環境権】

| 1972.2.4 | 川崎市で「環境権」の概念… |
|---|---|
| 1972.7.27 | 「環境権」を主張して、北… |
| 1973.8.21 | 福岡・大分両県の住民らが… |
| 1974.2.27 | 大阪国際空港訴訟で、大阪… |
| 1976.3.26 | 近畿地方6府県の住民が国… |
| 1980.10.14 | 伊達火力発電所建設差止環… |
| 1985.12.17 | 北海道の伊達火力発電所建… |
| 1989.3.8 | 琵琶湖環境権訴訟1審判決… |
| 2005.4.5 | 自由民主党が憲法改正案を… |

【環境ホルモン】

| 1962.6 | レイチェル・カーソンが雑… |
|---|---|
| 1996.9 | 北九州市自然公園「山田緑… |
| 1997.7.18 | 「外因性内分泌攪乱化学物… |
| 1997（この年） | 環境庁の発表で、発がん性… |
| 1998.2.19 | 市民団体・日本子孫基金の… |
| 1998.2 | 環境庁で検討されていた「… |
| 1998.3 | 3～5月、ポリカーボネー… |

| | | | |
|---|---|---|---|
| 1998.5.1 | 環境庁が、神奈川県・愛知… | 1960.7〜 | 7月から8月にかけて、… |
| 1998.5.11 | 環境庁が内分泌かく乱物質… | 1962.2〜 | 2月から5月にかけて、… |
| 1998.5.15 | 島津製作所が企業としては… | 1962.8 | 岩手県久慈市および九戸・… |
| 1998.6.5 | 環境庁が化学物質300種… | 1962.11〜 | 11月から1963年2… |
| 1998.6.9 | 化学物質による内分泌撹乱 | 1963.4〜 | 4月から6月にかけて、… |
| 1998.6.30 | 「内分泌かく乱物質（環境… | 1963.12 | 滋賀県の琵琶湖が異常渇水… |
| 1998.7.6 | グリーンピース・ジャパン… | 1964.1.6〜 | 東京都が小河内水系の26… |
| 1998.8.26 | 文部省が、5月に実施した… | 1964.7 | 大阪府狭山町で貯水池が干… |
| 1998.8.27 | 6月設立された仮称「日本… | 1964.8 | 下旬、佐賀県西部が干ばつ… |
| 1998.8 | 愛媛大学の農学部と医学部… | 1964.8〜 | 8月から9月にかけて、… |
| 1998.8 | 8月上旬、日本子孫基金や… | 1964.9〜 | 9月から翌年4月にかけ… |
| 1998.8〜 | 環境庁がまとめた全国調… | 1965.4 | 長崎市で異常渇水が発生、… |
| 1998.10.16 | 建設省が内分泌かく乱物質… | 1967.5〜 | 5月末から7月初めにか… |
| 1998.12.4 | 日本医学会のシンポジウム… | 1967.7〜 | 10月上旬にかけて、近… |
| 1998.12.7 | 環境庁が全国の河川、海、… | 1971.3〜 | 3月頃から9月初めにか… |
| 1999.4.4 | 国立衛生研究所が「有機ス… | 1973.6.20〜 | 島根県東部で記録的な少雨… |
| 1999.5.31 | 1998年11月〜99年… | 1977.9.10〜 | 台風9号の通過により各地… |
| 1999.6.19 | 建設省が従来の全国河川調… | 1978.9.1 | 建設省が異常渇水対策とし… |
| 1999.6 | アメリカのシーダーズ・シ… | 1978（この年） | 茨城県では夏の干ばつのた… |
| 1999.10.29 | 「平成10年度環境ホルモ… | 1978（この年） | 栃木県で夏の干ばつのため… |
| 2000.1 | 「環境ホルモン全国市民団… | 1984（この年） | 84年産米の作況指数は県… |
| 2000.2.9 | 市民団体による調査で、塩… | 2000.8.28 | 滋賀県の琵琶湖の水位が猛… |
| 2000.3.3 | 東京都衛生局が、カップめ… | 2002.7.5 | 奈良県の吉野川で、渇水に… |
| 2000.5 | 厚生省が、環境ホルモンの… | 2002.11.1 | 滋賀県の琵琶湖で、夏から… |
| 2000.6.24 | シックハウス対策の一環と… | | |
| 2000.7.21 | 環境庁が、環境ホルモンと… | 【京都議定書】 | |
| 2000.8.2 | 東京都衛生局が、生殖機能… | 1996.12.1 | 地球温暖化防止京都会議に… |
| 2000.10.31 | 環境庁が、環境ホルモンと… | 1997.4.15 | 地球温暖化防止京都会議支… |
| 2000.11.30 | 環境庁が「環境ホルモン戦… | 1997.7.31 | ドイツのボンで、温暖化防… |
| 2000.12 | 環境庁が、環境ホルモンに… | 1997.10.6 | 気候変動枠組条約第3回締… |
| | | 1997.11.21 | 気候変動枠組条約第3回締… |
| 【干ばつ・渇水】 | | 1997.12.1 | 京都で気候変動枠組条約第… |
| 1931.8 | 茨城県で干ばつのため約2… | 1997.12.1 | 地球温暖化防止京都会議で… |
| 1934.6〜 | 6月から8月にかけて、… | 1997.12.1〜 | 第3回気候変動枠組条約締… |
| 1937.7 | 鹿児島県で干ばつが発生し… | 1997.12.2 | 地球温暖化防止京都会議で… |
| 1937.8 | 茨城県の各地で干ばつによ… | 1998.6.19 | 地球温暖化対策の総合的推… |
| 1939.2 | 高知県で干ばつが発生し、… | 1998.10.30 | 環境庁が「京都議定書・国… |
| 1939.6〜 | 6月から10月にかけて… | 1998.11.14 | ブエノスアイレスで開催さ… |
| 1940.5.20 | 長崎市で干ばつの影響から… | 2000.3.8 | 欧州委員会が、京都会議に… |
| 1940.6 | 茨城、神奈川の両県で干ば… | 2000.4.7 | G8環境大臣会合が9日ま… |
| 1957.1 | 伊豆諸島の利島村で干ばつ… | 2001.3.28 | アメリカのブッシュ大統領… |
| 1958.2〜 | 2月から7月にかけて、… | 2001.4.4 | ワシントンで与党政府代表… |

− 561 −

| 2001.4.18 | 参議院にて「京都議定書発… |
| --- | --- |
| 2001.4.19 | 衆議院にて「京都議定書発… |
| 2001.7.23 | 気候変動枠組条約第6回締… |
| 2001.9.4 | 閣僚6名がワシントンとニ… |
| 2001.11.12 | 地球温暖化対策推進本部は… |
| 2002.1.24 | 中央環境審議会「京都議定… |
| 2002.2.13 | 地球温暖化対策推進本部が… |
| 2002.3.29 | 「気候変動枠組条約の京都… |
| 2002.6.4 | 地球温暖化防止のための二… |
| 2002.11.15 | 東京都は、「京都議定書」… |
| 2004.9.30 | ロシア政府は閣議で、地球… |
| 2004.11.27 | 「京都議定書シンポジウム… |
| 2005.2.16 | 京都議定書が採択以来7年… |
| 2005.3.4 | 国際フォーラム「京都議定… |
| 2005.4.28 | 政府は「京都議定書目標達… |
| 2005.9.22 | 気候変動枠組条約11回締… |
| 2005.11.28 | モントリオールで気候変動… |
| 2006.2.16 | 京都議定書発効1周年記念… |
| 2006.11.20 | 地球温暖化対策の見直し案… |

【倉敷公害】

| 1962(この頃〜) | 都市部など全国各地でば… |
| --- | --- |
| 1971.7〜 | 7月から8月にかけて、… |
| 1973(この年) | 岡山県倉敷市水島の臨海工… |
| 1973(この頃〜) | 岡山県倉敷市水島の臨海… |
| 1983.11.9 | 第1次提訴。岡山県倉敷市… |
| 1994.3.23 | 倉敷公害訴訟第1次1審判… |
| 1996.2.26 | 倉敷公害訴訟第1〜3次訴… |
| 1996.12.26 | 倉敷公害訴訟で、原告患者… |

【クロロキン薬害】

| 1967(この年) | 厚生省によりクロロキンが… |
| --- | --- |
| 1972(この頃) | 全国各地で腎臓病の患者多… |
| 1973.3.4 | クロロキン薬害被害者らが… |
| 1975.9.21 | 「クロロキン被害者の会」… |
| 1979.2.28〜 | スモン・サリドマイド・ク… |
| 1982.2.1 | 東京地裁がクロロキン薬害… |
| 1995.6.23 | クロロキン薬害訴訟で、国… |

【景観保護】

| 1949.8.27 | 東京都で「屋外広告物条例… |
| --- | --- |
| 1956.10.1 | 大阪市で「屋外広告物条例… |
| 1984.7.19 | 滋賀県は、県全域を対象と… |
| 2002.12.18 | 東京都国立市の大学通りの… |
| 2004.2.10 | 「景観法案」が閣議で決定… |
| 2004.6.18 | 「景観法」が公布された。 |
| 2004.10.27 | 東京都国立市の大学通りの… |
| 2004.12.15 | 「景観法施行令等」が公布 |
| 2006.11.25 | 京都市は、古都の景観保護… |

【原子力空母・潜水艦】

| 1960.9.24 | アメリカ海軍の世界初の原… |
| --- | --- |
| 1963.1.9 | アメリカ政府が、原子力潜… |
| 1963.3.25 | 原子力潜水艦寄港の安全性… |
| 1965.11.26 | 将来における原子力空母日… |
| 1966.2.14 | 安全性の確認を条件にアメ… |
| 1966.5.29〜 | 5月29日夜から6月3日… |
| 1966.5.30 | 横須賀にアメリカの原子力… |
| 1967.9.7 | アメリカ代理大使から外務… |
| 1968.5.2〜 | アメリカの原子力潜水艦ソ… |
| 1968.5.21 | アメリカの原子力潜水艦・… |
| 1968.7〜 | 沖縄那覇市で米海軍港付… |
| 1969.1.14 | ホノルル沖でのアメリカ原… |
| 1970.8.3 | アメリカの原子力潜水艦が… |
| 1974.1.29 | 衆議院予算委員会で、日本… |
| 1983.2.16 | リビアによるスーダン侵攻… |
| 1983.3.21 | 原子力空母エンタープライ… |
| 1984.12.10 | アメリカ原子力空母カール… |
| 1989.4.7 | ノルウェー沖でのソ連の原… |
| 1995.6.7 | バレンツ海海上のロシア海… |
| 1997.5.30 | ロシア極東のペトロパブロ… |

【原子力船「むつ」】

| 1963.8.17 | 日本原子力船開発事業団が… |
| --- | --- |
| 1969.6.12 | 日本初の原子力船「むつ」… |
| 1974.9.1 | 日本原子力船研究開発事業… |
| 1977.4.30 | 燃料抜きを条件として、原… |
| 1978.10.16 | 佐世保港に原子力船「むつ」… |
| 1992.2.14 | 日本原子力研究所は、原子… |
| 1995.5.10 | 110日間航海しただけで… |
| 1995.6.22 | 原子力船「むつ」の原子炉… |

【原発事故・原研トラブル】

| 1959.11.8 | 茨城県東海村にある日本原… |
| --- | --- |

環境史事典　　　　　　　　キーワード索引　　　　原発事故・原研トラブル

| | | | |
|---|---|---|---|
| 1963.2.21 | 午後7時頃、茨城県東海村… | 1981.5.22 | 夜、福井県の関西電力美浜… |
| 1963.9.2 | 夜、茨城県東海村の日本原… | 1981.12.27 | 12月25日に運転を再開… |
| 1967.11.18 | 午前11時20分、茨城県… | 1986.6.23 | 那珂郡東海村の動力炉・核… |
| 1968.7.3 | 茨城県東海村の日本原子力… | 1987(この年) | 佐賀県東松浦郡玄海町の玄… |
| 1968.7.12 | 午前2時54分、茨城県東… | 1989.1.6 | 午前4時20分ごろ、原子… |
| 1969.4.11 | 茨城県東海村の日本原子力… | 1989.2.13 | 福島県大熊町の東京電力福… |
| 1969.11.8 | 茨城県の日本原子力研究所… | 1989.3.20 | この朝、鹿児島県川内市の… |
| 1970.3.7 | 茨城県東海村の日本原子力… | 1989.5.30 | 午後7時23分ごろ、茨城… |
| 1971.7.13 | 朝、茨城県東海村の日本原… | 1989.6.3 | 午前10時ごろ、福島県双… |
| 1971.7.15 | 茨城県東海村の日本原子力… | 1990.10.9 | 静岡県小笠郡浜岡町の浜岡… |
| 1971(この頃) | 福井県敦賀市の日本原子力… | 1991.2.9 | 福井県の関西電力美浜原発… |
| 1972.4.19 | 茨城県東海村の日本原子力… | 1991.6.6 | 2月9日に発生した美浜原… |
| 1972.6.15 | 福井県美浜町の関西電力美… | 1992.1.9 | 茨城県の動力炉・核燃料開… |
| 1972.9 | 福井県敦賀市の日本原子力… | 1994.8.26 | 北陸電力志賀原発で、再循… |
| 1973.3 | 福井県美浜町の関西電力美… | 1995.1.5 | 柏崎の東京電力柏崎刈羽原… |
| 1973.4.14 | 福島県双葉町の東京電力福… | 1995.2.25 | 福井県の関西電力大飯原子… |
| 1973.6.25 | 福島県双葉町の東京電力福… | 1995.7.12 | 東京電力の柏崎刈羽原発5… |
| 1973.7.11 | 福井県美浜町の関西電力美… | 1995.12.24 | 東北電力女川原発2号機で… |
| 1973.8.20 | 茨城県東海村の日本原子力… | 1996.1.14 | 定期検査のため出力低下中… |
| 1973.8.28 | 福井県美浜町の関西電力美… | 1996.2.22 | 新潟県柏崎市の東京電力柏… |
| 1973.9 | 島根県鹿島町の中国電力島… | 1996.3.11 | 前月に柏崎刈羽原発6号機… |
| 1974.2～ | 福井県の関西電力美浜、… | 1996.3.15 | 福井県の関西電力高浜原発… |
| 1974.3 | 福井県敦賀市の日本原子力… | 1996.12.24 | 福井県敦賀市の日本原子力… |
| 1974.7.11 | 福井県美浜町の関西電力美… | 1997.4.8 | 動燃は、東海村の再処理工… |
| 1974.7.17 | 以前から事故が続いていた… | 1997.4.10 | 東海村の動燃再処理工場で… |
| 1974.9 | 福井県美浜町の関西電力美… | 1997.11.18 | 日本原子力発電が、敦賀原… |
| 1974.10.23 | 福島県双葉町の東京電力福… | 1998.7.4 | 東海村の原子力研究所の試… |
| 1974.10.23 | 静岡県の中部電力浜岡原子… | 1999.7.12 | 福井県敦賀市の日本原子力… |
| 1974.11.11 | 福井県美浜町の日本原子力… | 1999.7.18 | 午後2時55分、佐賀県玄… |
| 1974.12.2 | 米国で沸騰水型炉に欠陥が… | 1999.8.25 | 川内市久見崎町の九州電力… |
| 1974(この頃) | 福島県双葉町の東京電力福… | 1999.8.27 | 福島県大熊町の福島第1原… |
| 1975.1.8 | 福井県美浜町の関西電力美… | 1999.9.30 | 午前10時35分ごろ、茨… |
| 1975.3.5 | 福井県敦賀市の日本原子力… | 1999.12.24 | 原子力安全委員会が設置し… |
| 1975.3.9 | 福井県敦賀市の東京電力福… | 2000.1.16 | 午後5時15分ごろ、福島… |
| 1975.5.15 | 福井県美浜町の関西電力美… | 2000.3.27 | 青森県上北郡六ヶ所村の日… |
| 1975.6.10 | 佐賀県玄海町の九州電力玄… | 2000.9.2 | 午前10時40分ごろ、宮… |
| 1976.1～ | 1月から4月にかけて、… | 2000.9.14 | 川内市久見崎町の九州電力… |
| 1977(この年) | 福島県双葉町の東京電力福… | 2001.11.7 | 午後5時ごろ、静岡県小笠… |
| 1979.10.24 | 美浜原発2号機の蒸気発生… | 2002.2.9 | 午前9時30分すぎ、宮城… |
| 1979.11.3 | 午前5時半から9時間にわ… | 2002.4.2 | 午前11時15分ごろ、宮… |
| 1979.11.3 | 関西電力高浜原子力発電所… | 2002.5.25 | 静岡県小笠郡浜岡町にある… |

| | | | | |
|---|---|---|---|---|
| 2002.8.23 | 新潟県の東京電力柏崎刈羽… | | 1972.6.3 | 名古屋市で光化学スモッグ… |
| 2002.9.2 | 福島県にある東京電力福島… | | 1972.6.5 | 環境庁が暫定的な光化学ス… |
| 2002.9.12 | 東京電力の原発トラブル隠… | | 1972.6.6 | 埼玉県南部と東京都とで光… |
| 2002.9.26 | 脱原発市民団体の「原子力… | | 1972.6.19 | 事務次官等会議申合せによ… |
| 2002.12.10 | 午前、茨城県大洗町にある… | | 1972.6.30 | 名古屋市の南隣にある愛知… |
| 2002.12.12 | 午後7時40分ごろ、日本… | | 1972.7.15 | 光化学スモッグの暫定対策 |
| 2002.12.30 | 午後11時5分ごろ、新潟… | | 1972.7.29〜 | 29日から8月5日にかけ… |
| 2003.5.7 | 新潟県の東京電力柏崎刈羽… | | 1972.7 | 7月末、神戸市で光化学ス… |
| 2003.6.6 | 平沼経産相が原発トラブル… | | 1972.7 | 7月末、奈良県で同県初の… |
| 2003.7 | 青森県六ヶ所村に日本原燃… | | 1972（この頃） | 愛媛県でも光化学スモッグ… |
| 2003.9.7 | 北海道電力は北海道泊村の… | | 1973.4.5 | 光化学スモッグ対策推進会… |
| 2006.5.26 | 2004年の配管破損事故… | | 1973.4.13 | 神奈川県が、光化学スモッ… |
| | | | 1973.5.1 | 光化学スモッグ対策の一環… |
| 【光化学スモッグ】 | | | 1973.5.8 | 「大気の汚染に係る環境基… |
| 1943（この頃） | 自動車の発展・普及に伴い… | | 1973.5.31 | 栃木県佐野、栃木、小山市… |
| 1950（この頃） | 1950年代初め、A.ハ… | | 1973.6.30 | 静岡県浜松、磐田市をはじ… |
| 1970.6.28 | 木更津市付近の東京湾沿岸… | | 1973.6〜 | 6月から9月にかけて、… |
| 1970.7.18 | 午後、東京都にオキシダン… | | 1973.6〜 | 6月から8月にかけて、… |
| 1970.7.23 | 徳島県に光化学スモッグが… | | 1973.8.17〜 | 宮城県塩竈、多賀城市と隣… |
| 1970.7.23〜 | 7月23日から27日にか… | | 1973.8〜 | 8月から10月にかけて… |
| 1970.8.5 | 東京都町田市および川崎市… | | 1973.9 | 香川県中部で光化学スモッ… |
| 1970.10.15 | 東京都に高濃度の光化学ス… | | 1973（この年） | 奈良県で光化学スモッグが… |
| 1970.10.24 | 東京都に高濃度の光化学ス… | | 1973（この年） | 岡山県倉敷市水島の臨海工… |
| 1971.5.12 | 東京都にこの年初の光化学… | | 1974.4.8 | 光化学スモッグ対策推進会… |
| 1971.6.3 | 木更津市などで、光化学ス… | | 1974.4.11 | 東京都で光化学スモッグが… |
| 1971.6.28 | 東京都で光化学スモッグが… | | 1974.4〜 | 4月から8月にかけて、… |
| 1971.7.28〜 | 昼、名古屋市の中心部で光… | | 1974.4〜 | 4月から8月にかけて、… |
| 1971.8.8 | 東京都に高濃度の光化学ス… | | 1974.4〜 | この月から翌年3月にか… |
| 1971.8.9 | 7月頃から9月頃にかけて… | | 1974.5.18 | 中部から東北地方にかけて… |
| 1971.8.27 | 大阪府高石市に高濃度の光… | | 1974.6 | 兵庫県で光化学スモッグが… |
| 1971.8 | この夏、茨城県の筑波山中… | | 1974（この年） | 瀬戸内海でも比較的きれい… |
| 1971.8〜 | この年8月に発生して以… | | 1975.4.8 | 今後の光化学スモッグ対策… |
| 1971.9.14 | 午前11時頃から午後1時… | | 1975.4.9〜 | 東京で光化学スモッグ注意… |
| 1971.11.15 | スモッグ対策の初会合とな… | | 1975.6.6 | 東京都と埼玉、千葉、神奈… |
| 1972.4.11 | 関東地方の南部で光化学ス… | | 1975.7〜 | 7月中旬から9月下旬に… |
| 1972.4.29 | 東京都と千葉、神奈川県と… | | 1975.9 | 6回にわたり、員弁郡大安… |
| 1972.5.12〜 | 東京都練馬区の石神井南中… | | 1975（この年） | 福島県いわき市小名浜や近… |
| 1972.5.25〜 | 5月25日から30日にか… | | 1975（この年） | 光化学スモッグによるとみ… |
| 1972.5〜 | 5月頃から8月頃にかけ… | | 1976.4.17 | 東京都に光化学スモッグが… |
| 1972.5〜 | 5月頃から8月頃にかけ… | | 1976.4 | 近畿地方に光化学スモッグ… |
| 1972.5〜 | 5月頃から8月頃にかけ… | | 1976.5.11 | 富山県生活環境部は高岡市… |
| 1972.6.1 | 大阪府の10市で光化学ス… | | | |

| 1976.8.13 | 悪臭物質の指定・悪臭規制… |
|---|---|
| 1977.4.2 | 「大気汚染防止法施行令」… |
| 1977.7.30 | 富山県婦負郡婦中町でオキ… |
| 1977.8 | 東京都で光化学スモッグが… |
| 1977(この年) | 熊本県八代市で硫黄酸化物… |
| 1977(この頃) | 奈良県で光化学スモッグが… |
| 1978.5.26 | 富山県高岡市、新湊市、小… |
| 1978(この年) | 4月15日に埼玉、栃木、… |
| 1979.6.10 | 東京西部地域にこの年初の… |
| 1979.7.31 | 大月市で県内では初の光化… |
| 1979.8.30 | オキシダントが一定濃度を… |
| 1981.7.17 | 神奈川県で光化学スモッグ… |
| 1982.7.23 | 環境庁が光化学スモッグの… |
| 1983.7.20 | 朝、東京都府中市の中学校… |
| 1984(この年) | 窒素酸化物とともに光化学… |
| 1984(この年) | 光化学スモッグ注意報の発… |
| 1985(この年) | 栃木県の光化学スモッグ注… |
| 1994.8.8 | 環境庁が、この夏は連日の… |
| 1998.6〜 | 6月末から7月初めにか… |
| 1998.7.9 | 正午ごろ、東京都杉並区の… |
| 1998.10.15 | 環境庁が、光化学スモッグ… |
| 2002.8.6 | 午後3時25分ごろ、東京… |

## 【合成洗剤】

| 1958(この年) | 水に溶かして使う中性の合… |
|---|---|
| 1962.1.24 | 東京医科歯科大学の柳沢文… |
| 1964(この頃) | 大都市を中心に全国各地で… |
| 1969.6.20 | 日本先天異常学会で、妊娠… |
| 1969.11〜 | 11月末から12月初め… |
| 1971.4 | 京都大学理学部と京都市水… |
| 1974.8.22 | 発癌性が疑われる合成洗剤… |
| 1980.1.11 | 大阪府は合成洗剤対策推進… |
| 1980.2.25 | 花王石鹸が無りん粉末合成… |
| 1980.3.3 | 兵庫県は、県の全施設と職… |
| 1980.3.24 | 環境庁が「富栄養化対策に… |
| 1980(この年) | 石鹸や合成洗剤の洗浄およ… |
| 1982(この年) | 1月から10月までに、別… |
| 1997.2.6 | 京都大学環境保全センター… |

## 【国連環境計画】

| 1973(この年) | 国連環境計画(UNEP、… |
|---|---|
| 1974.12.16 | 日本が国連環境計画管理理… |
| 1982.5 | 国連環境計画(UNEP)… |
| 1986(この年) | 国連環境計画の支援の下、… |
| 1989.3.5 | 英国政府・UNEP主催の… |
| 1989.3.22 | スイスのバーゼルで開かれ… |
| 1990.2.14 | 気象庁が過去3年間の大気… |
| 1992.2.6 | 国連環境計画は、「地球の… |
| 1992.4 | モントリオール議定書締約… |
| 1992.5 | 国連環境計画(UNEP)… |
| 2000.7.24 | ソウルでUNEP/ダイオ… |

## 【ごみ戦争】

| 1971.9.28 | 美濃部都知事が「ごみ戦争… |
|---|---|
| 1971.11.24 | 美濃部都知事が「ごみ戦争」… |
| 1973.5.22 | 東京ごみ戦争で、江東区が… |
| 1974.11.14 | 東京都の杉並清掃工場建設… |
| 1983.1.26 | 東京都杉並清掃工場で完工… |

## 【砂漠化】

| 1977.8.29 | 地球の砂漠化についての国… |
|---|---|
| 1992.2.6 | 国連環境計画は、「地球の… |
| 1997.9.29 | ローマで砂漠化対処条約(… |
| 1998.11.30 | ダカールで砂漠化対処条約… |
| 1999.11.15 | レシフェで砂漠化対処条約… |
| 2000.12.11 | ボンで砂漠化対処条約(U… |
| 2001.10.1 | 砂漠化対処条約(UNCC… |
| 2003.8.25 | ハバナで砂漠化対処条約(… |

## 【サリドマイド薬害】

| 1957.9.9 | サリドマイド剤イソミンの… |
|---|---|
| 1958.1.20 | 大日本製薬が、サリドマイ… |
| 1961.11.26 | 西ドイツで過去5年間に数… |
| 1962.7.21 | 北海道大学小児科学教室の… |
| 1962.9.13 | 大日本製薬がサリドマイド… |
| 1962(この年) | 西ドイツのサリドマイド特… |
| 1964.12.10 | 京都市のサリドマイド禍被… |
| 1967(この年) | 厚生省によりクロロキンが… |
| 1973.12.14 | サリドマイド薬害訴訟につ… |
| 1974.10.13 | 全国サリドマイド訴訟統一… |
| 1979.2.28〜 | スモン・サリドマイド・ク… |

## 【サンゴ礁】

| 1974(この頃) | 1972年の沖縄復帰前後… |
|---|---|
| 1984(この年) | 離島も含め、県内各地で赤… |

| | | | | |
|---|---|---|---|---|
| 1985.11.28 | 沖縄県石垣市が研究機関に… | | 1989.11.10 | 国立公害研究所など研究者… |
| 1989.5.14 | 沖縄県・石垣島の新石垣空… | | 1989（この年） | 工場の煙や自動車の排ガス… |
| 1990.5.2 | 日米科学技術協力協定に基… | | 1989（この年） | 瀬戸内海沿岸の松枯れ現象… |
| 1992.11.20 | 新石垣空港の建設地問題で… | | 1991.8.26 | 神奈川大学工学部助教授グ… |
| 1995.2.13 | フィリピンで日米包括経済… | | 1992.3.30 | 環境庁が1988～91年… |
| 1995.5.26 | 環境庁による第4回自然環… | | 1992.9.21 | 環境庁が東アジア地域での… |
| 1995.5.29 | 国際サンゴ礁会議がフィリ… | | 1993.10.26 | 富山市で東アジア酸性雨モ… |
| 1995.7 | 東大助教授らが、サンゴ礁… | | 1994.4.7 | 環境庁が「東アジア酸性雨… |
| 1996.3.18 | バリ島で国際サンゴ礁イニ… | | 1994.6.27 | 林野庁が酸性雨による森林… |
| 1996.6.22 | パナマで国際サンゴ礁シン… | | 1994.6.30 | 環境庁は「第2次酸性雨対… |
| 1996.7.30 | 環境庁は第4回自然環境保… | | 1995.1 | 中国共産主義青年団機関誌… |
| 1997.2.16 | 沖縄県で国際サンゴ礁イニ… | | 1995.3.22 | 東京第2回東アジア酸性雨… |
| 1998.11.23 | 国際熱帯海洋生態系管理シ… | | 1995.5.19 | 神奈川県環境部が、ブナの… |
| 1998.12 | 通産省の外郭団体である地… | | 1995.11.10 | 大気汚染学会・文化財影響… |
| 1998（この年） | この夏、沖縄・西表島沖合… | | 1995.11.16 | この日まで新潟で、第3回… |
| 1999.7 | オーストラリアの環境保護… | | 1996.12.10 | つくば市で酸性雨国際シン… |
| 2000.5.12 | 沖縄県石垣市に国際サンゴ… | | 1997.2.4 | 広島市で第4回東アジア酸… |
| 2000.6 | 民間団体「リーフチェック… | | 1997.4.18 | 環境庁は「第3次酸性雨対… |
| 2002.9.9 | 沖縄県はサンゴ保護のため… | | 1997.5 | 名古屋大学グループが、乗… |
| 2004.6.28 | 第10回国際サンゴ礁シン… | | 1997.11.5 | 「東アジア酸性雨モニタリ… |
| 2005.10.31 | パラオ共和国コロールで国… | | 1998.3.17 | 「東アジア酸性雨モニタリ… |
| | | | 1998.3.19 | 「東アジア酸性雨モニタリ… |

【酸性雨】

| | | | | |
|---|---|---|---|---|
| 1969（この年） | 経済協力開発機構（OEC… | | 1998.4.1 | 東アジア酸性雨モニタリン… |
| 1970.6 | 大阪市にpH3.3という… | | 1998.10.12 | 「東アジア酸性雨モニタリ… |
| 1970.9.12 | 東京都に酸性雨が降り、港… | | 1998.10.15 | 「東アジア酸性雨モニタリ… |
| 1970.10 | 大阪市に酸性雨が降り、校… | | 1998.11.16 | 「平成10年度東アジア酸… |
| 1972.6.5 | 国連による初めての環境会… | | 1999.3.19 | 酸性雨対策検討会、「第3… |
| 1973.6.28 | 午後6時頃、山梨県上野原… | | 2000.1.25 | 新潟市で東アジア酸性雨モ… |
| 1973.7.18 | 山梨県上野原町に硫酸ミス… | | 2000.3.13 | 東アジア酸性雨モニタリン… |
| 1973.7.23 | 山梨県上野原町に硫酸ミス… | | 2000.3 | 東アジア酸性雨モニタリン… |
| 1974.7.3～ | 3日から4日にかけて関東… | | 2000.7.31 | 東アジア酸性雨モニタリン… |
| 1974.7.3～ | 午後、栃木県南部から中央… | | 2000.10.23 | 新潟市で東アジア酸性雨モ… |
| 1974.8.26 | 佐賀県で強度の酸性雨が観… | | 2000.10.25 | 東アジア酸性雨モニタリン… |
| 1983.2.23 | 西ドイツ政府が、酸性雨に… | | 2001.1.1 | 東アジア酸性雨モニタリン… |
| 1983.7.29 | 環境庁が酸性雨対策検討会… | | 2001.6.14 | バンコクで東アジア酸性雨… |
| 1984.5.25 | 1都8県1市で構成される… | | 2002.7.8 | バンコクで「東アジア酸性… |
| 1985.10.28 | 群馬県衛生公害研究所が関… | | 2005.11.21 | 東アジア酸性雨モニタリン… |
| 1986.1.28 | 国立公害研究所で開かれた… | | | |
| 1987.3.27 | 森林を枯らし、湖沼の魚を… | | 【持続可能な開発】 | |
| 1988.9 | 環境庁国立公害研究所の調… | | 1967（この年） | 国連海洋法総会でパルドー… |
| 1989.8.14 | 環境庁が、第一次酸性雨対… | | 1987.4 | 「開発と環境に関する世界… |
| | | | 1990.5.8 | 持続可能な開発に関するベ… |

| | | | | |
|---|---|---|---|---|
| 1990.10.15 | ESCAP主催のアジア太… | | 2006.5.26 | 日本と太平洋諸島フォーラ… |
| 1992.4 | 地球環境賢人会議が「持続… | | | |
| 1992.6.30 | 政府が「環境保全の達成を… | | **【自動車排出ガス】** | |
| 1993.2.12 | 国連持続可能な開発委員会… | | 1950（この頃） | 1950年代初め、A.ハ… |
| 1993.6.14 | ニューヨークでCSD、国… | | 1959.1.16 | 東京で濃いスモッグが発生… |
| 1993.9.13 | ニューヨーク国連持続可能… | | 1960.3.3 | 東京都が都心の自動車排ガ… |
| 1993.10.4 | バンコクで、ESCAP・… | | 1962.12.16〜 | 16日から18日にかけて… |
| 1993.12.24 | 地球環境保全に関する関係… | | 1966.9.1 | 一酸化炭素濃度を3％以下… |
| 1994.3.21 | ニューヨークで、国連持続… | | 1969.9 | 新型自動車の排ガス規制が… |
| 1994.4.25 | バルバドスで小島嶼国の持… | | 1970.2.20 | 東京都新宿区の牛込柳町交… |
| 1994.5.16 | ニューヨークでCSD国連… | | 1970.5.21 | 排気ガス滞留による慢性鉛… |
| 1994.10.26 | バンコクでESCAP環境… | | 1970.6.3 | 通産省により、ハイオクタ… |
| 1995.2.7 | マニラで、ESCAP環境… | | 1970.9.22 | 大気汚染防止法案（マスキ… |
| 1995.2.27 | ニューヨークで国連持続可… | | 1970.11.10 | 初の自動車排ガス一斉点検… |
| 1995.4.11 | ニューヨークでCSD国連… | | 1970（この年） | 宮城県塩竈市の国道45号… |
| 1995.9 | 国連持続可能な開発委員会… | | 1970（この年） | 東京都新宿区牛込柳町の交… |
| 1996.2.6 | ニューヨークで「持続可能… | | 1971.9.18 | 自動車排出ガス許容限度の… |
| 1996.4.18 | ニューヨークで国連持続可… | | 1971（この頃） | 福島市と西隣の福島県猪苗… |
| 1996.4 | 第4回国連・持続可能な開… | | 1972.3.29 | 「大気汚染防止法施行令」… |
| 1996.7.11 | マニラでAPEC持続可能… | | 1972.3.29 | ディーゼル車の黒煙規制、… |
| 1996.10.7 | バンコクESCAP環境と… | | 1972.7.1 | ディーゼル車の黒煙規制が… |
| 1997.4.8 | ニューヨークで国連持続可… | | 1972.9.19 | 本田技研工業が、世界に先… |
| 1997.6.9 | トロントでAPEC持続可… | | 1972.10.5 | 自動車排出ガス量許容限度… |
| 1997.6 | 国連環境開発特別総会がニ… | | 1972（この頃〜） | 大阪市西淀川区で住民多… |
| 1997.10.8 | バンコクでESCAP環境… | | 1973.5.1 | 光化学スモッグ対策の一環… |
| 1998.4.20 | ニューヨークで国連持続可… | | 1973（この頃） | 東京都新宿区市谷柳町（通… |
| 1999.4.19 | 国連持続可能な開発委員会… | | 1973（この頃） | 東京都大田区の糀谷保健所… |
| 1999.4 | 国連持続可能な開発委員会… | | 1974.5.20 | 自動車排出ガス量の許容限… |
| 2000.10.12 | 森林と持続可能な開発に関… | | 1974.12.2 | 自動車排出ガス昭和51年… |
| 2001.4.16 | ニューヨークで国連持続可… | | 1974.12.27 | 1976年度の自動車排出… |
| 2002.4.16 | パリで「OECD持続可能… | | 1975.1.1 | 使用過程のガソリン（LP… |
| 2002.4.24 | パリで「OECD持続可能… | | 1975.2.22 | 環境庁と運輸省が「自動車… |
| 2002.7.10 | 「OECD持続可能な開発… | | 1975.4.1 | 運輸省が、自動車排気ガス… |
| 2003.4.28 | ニューヨークで「国連持続… | | 1975.12.5 | 1975年度自動車排出ガ… |
| 2003.12.24 | ニューヨークで開かれてい… | | 1975（この頃） | 川崎市で東名高速道路の排… |
| 2004.4.19 | 国連持続可能な開発委員会… | | 1976.4.1 | 兵庫県で「神戸市自動車公… |
| 2005.4.11 | 国連持続可能な開発委員会… | | 1976.12.18 | 「自動車排出ガスの量の許… |
| 2005.6.1 | パリでOECD持続可能な… | | 1976（この頃〜） | 兵庫県神戸、芦屋、西宮… |
| 2005.10.15 | 地球環境行動会議が「GE… | | 1977.1.13 | 乗用車排出ガスの昭和53… |
| 2005.11.1 | ロンドンでG8気候変動、… | | 1977.10.1 | 2サイクル軽乗用車の炭化… |
| 2006.3.30 | 関係省庁連絡会議は「国連… | | 1977.12.20 | 1978年度以降の自動車… |
| | | | 1977.12.26 | 自動車排出ガス許容限度の… |

| | | | | |
|---|---|---|---|---|
| 1978.1.30 | 自動車排出ガス量の許容限… | | 1997.10 | 神奈川県議会が、駐停車時… |
| 1978(この年) | NO$_X$の総量規制に関して… | | 1997(この年) | 環境庁の発表で、発がん性… |
| 1979.5.30 | 「自動車公害防止技術に関… | | 1998.8.14 | 環境庁が、1999年度か… |
| 1980.5.27 | 「自動車公害防止技術に関… | | 1998.9.30 | ガソリン・LPG自動車の… |
| 1980.9.10 | 自動車排出ガスの許容限度… | | 1998.12.15 | 環境庁・中央環境審議会大… |
| 1980(この年) | 大気、水質等の環境は逐年… | | 1998.12 | 川崎市が自動車排ガスを原… |
| 1981.5.29 | 環境庁が、自動車公害防止… | | 1999.4.6 | 環境庁が全国658市に対… |
| 1981.8.26 | 直接噴射式ディーゼル車の… | | 1999.5.28 | 環境庁・国立環境研究所が… |
| 1982.5.27 | 自動車公害防止技術に関す… | | 1999.6.11 | 環境庁・浮遊粒子状物質総… |
| 1984.5.25 | 環境庁が、自動車公害防止… | | 2000.1.31 | 公害病認定患者と遺族ら3… |
| 1985.5.23 | 環境庁が、自動車公害防止… | | 2000.2.8 | 尼崎公害訴訟の神戸地裁判… |
| 1985.7.10 | 環境庁が自動車排出ガス規… | | 2000.2.18 | 東京都知事が、都内を走る… |
| 1985.11.18 | 今後の自動車排出ガス低減… | | 2000.3.3 | 環境庁・運輸省が共同で設… |
| 1986.5.28 | 環境庁が、自動車公害防止… | | 2000.7.28 | 「ディーゼル車対策技術評… |
| 1986.7.10 | 今後の自動車排出ガス低減… | | 2000.7 | 環境庁が「自動車NO$_X$削… |
| 1987.1.23 | 「自動車排出ガスの量の許… | | 2000.8.1 | 環境庁のリスク評価検討会… |
| 1987.3.24 | 横浜市で、自治体では初と… | | 2000.8 | 運輸省がディーゼル車排ガ… |
| 1987.5.21 | 環境庁が、自動車公害防止… | | 2000.9 | 環境庁の報告書で、ディー… |
| 1987.10.30 | 「大気汚染防止法施行令」… | | 2000.11.27 | 名古屋市と東海市の公害病… |
| 1987.10.30 | ガスタービンとディーゼル… | | 2000.12.15 | 東京都でディーゼル車規制… |
| 1988.6.14 | 環境庁が、自動車公害防止… | | 2001.5.18 | 「ディーゼル車対策技術評… |
| 1989.11.10 | 国立公害研究所など研究者… | | 2001.8.8 | 自動車の排ガスと工場排煙… |
| 1989.12.22 | 今後の自動車排出ガス低減… | | 2003.10.1 | 首都圏の1都3県で、排出… |
| 1989(この年) | 工場の煙や自動車の排ガス… | | 2004.11.22 | 三井物産は記者会見し同社… |
| 1990.9.27 | 環境庁が、浮遊粒子状物質… | | 2006.9.4 | 東京都が実施したディーゼ… |
| 1990.12.20 | 運輸省が、窒素酸化物（N… | | 2006.9.20 | 自動車が排出する温室効果… |
| 1991.3.20 | 環境庁が自動車排出ガス規… | | 2006.9.27 | ぜんそく患者らが排ガスで… |
| 1991.3.29 | 大阪西淀川公害訴訟で、大… | | | |
| 1991.10.18 | 環境庁が「第1次自動車排… | | 【種の保存法】 | |
| 1992.11.30 | 中央公害対策審議会が、環… | | 1979.6.22 | 「野生動物の移動性の種の… |
| 1993.1.22 | 環境庁が「自動車NO$_X$法… | | 1989.11 | 絶滅に瀕している植物など… |
| 1993.11.5 | 環境庁が、ディーゼル車か… | | 1992.3.26 | 環境庁が、「絶滅のおそれ… |
| 1994.1.25 | 川崎公害訴訟結審分で横浜… | | 1992.6.5 | ワシントン条約の国内対応… |
| 1995.7.5 | 阪神高速道路池田線と国道… | | 1993.2.10 | 「絶滅のおそれのある野生… |
| 1995.7.7 | 国道43号線の騒音と排気… | | 1993.3.29 | 「絶滅のおそれのある野生… |
| 1995.10.2 | 「自動車の燃料の性状に関… | | 1993.11.26 | 絶滅のおそれのある野生動… |
| 1996.4 | 東京都が全国で初めて「浮… | | 1993.11.26 | 「絶滅のおそれのある野生… |
| 1996.5.16 | 環境庁が「アイドリング・… | | 1994.1.28 | 絶滅のおそれのある野生動… |
| 1997.3.27 | 「大気汚染防止法第2条第… | | 1994.6.29 | 希少野生動植物種の個体の… |
| 1997.3.31 | 二輪車への規制導入と四輪… | | 1995.2.8 | 「絶滅のおそれのある野生… |
| 1997.4.1 | 1996年5月公布の改正… | | 1995.7.17 | 「絶滅のおそれのある野生… |
| | | | 1996.1.18 | 「絶滅のおそれのある野生… |

| | | | | |
|---|---|---|---|---|
| 1996.6.3 | 「絶滅のおそれのある野生… | | 【スパイクタイヤ】 | |
| 1996.6.18 | 「絶滅のおそれのある野生… | | 1983.9.22 | 環境庁が、スパイクタイヤ… |
| 1997.4.3 | 環境庁は「絶滅のおそれの… | | 1985.12.18 | 「スパイクタイヤ規制条例… |
| 1997.9.5 | 「絶滅のおそれのある野生… | | 1986.3.16 | 環境庁長官が宮城県仙台市… |
| 1997.11.27 | 「絶滅のおそれのある野生… | | 1986.4.1 | 宮城県で国に先駆けて「ス… |
| 1998.5.6 | 「絶滅のおそれのある野生… | | 1987.4.1 | 札幌市で「スパイクタイヤ… |
| 1998.7.28 | 環境庁は「絶滅のおそれの… | | 1988.6.2 | スパイクタイヤ粉じん被害… |
| 1998.11.4 | 環境庁は「絶滅のおそれの… | | 1988.8.4 | 環境庁がスパイクタイヤに… |
| 1999.8.31 | 「絶滅のおそれのある野生… | | 1989.12.1 | スパイクタイヤ粉じんの発… |
| 1999.11.25 | 「絶滅のおそれのある野生… | | 1990.4.5 | スパイクタイヤ粉じん発生… |
| 1999.12.27 | 「絶滅のおそれのある野生… | | 1990.6.27 | 指定地域でのスパイクタイ… |
| 2000.12.27 | 「種の保存法」で希少種に… | | 1990.12.27 | 「スパイクタイヤ粉じんの… |
| 【循環型社会】 | | | 1991.1.17 | 「スパイクタイヤ粉じんの… |
| 1990.11.28 | 環境庁が「環境保全のため… | | 1991.2.25 | 「スパイクタイヤ粉じんの… |
| 1991.6.11 | 環境保全に関する循環型社… | | 1991.3.28 | 「スパイクタイヤ粉じんの… |
| 2000.5.26 | 「循環型社会形成推進法案… | | 1991.11.19 | 「スパイクタイヤ粉じんの… |
| 2000.6.2 | 「循環型社会形成推進基本… | | 1992.1.24 | 環境庁は「スパイクタイヤ… |
| 2001.6.3 | 循環型社会形成推進基本法… | | 1992.11.12 | 環境庁は「スパイクタイヤ… |
| 2001.6.26 | 政府は、循環型社会形成基… | | 1992.12.21 | 環境庁は「スパイクタイヤ… |
| 2002.1.17 | 中央環境審議会「循環型社… | | 1993.2.10 | 環境庁は「スパイクタイヤ… |
| 2002.5.24 | 「平成14年版環境白書―… | | 1993.12.6 | 環境庁は「スパイクタイヤ… |
| 2003.3.10 | 中央環境審議会が「循環型… | | 1994.3.14 | 環境庁は「スパイクタイヤ… |
| 2003.3.14 | 「循環型社会形成推進基本… | | 1995.3.1 | 環境庁は「スパイクタイヤ… |
| 2003.5.30 | 「平成15年版循環型社会… | | 1996.7.2 | 「スパイクタイヤ粉じんの… |
| 2004.5.28 | 「平成16年版循環型社会… | | 【スモン病】 | |
| 2005.2.14 | 中央環境審議会は「循環型… | | 1955(この年) | この頃から全国各地で散発… |
| 2005.2.21 | 中央環境審議会は「循環型… | | 1977.3 | イタイイタイ病の発生源と… |
| 2005.6.17 | 「平成17年版循環型社会… | | 1978.3.1 | スモン薬害をめぐる北陸訴… |
| 2006.2.3 | 中央環境審議会は「循環型… | | 1979.2.15 | スモン薬害をめぐる東京訴… |
| 【「常陽」(高速実験炉)】 | | | 1979.2.28~ | スモン・サリドマイド・ク… |
| 1977.4.24 | 日本最初の高速増殖炉「常… | | 1981.12.23 | スモン薬害訴訟の京都訴訟… |
| 2001.10.31 | 午後8時40分ごろ、茨城… | | 【青酸化合物汚染】 | |
| 【杉並病】 | | | 1959.6.6 | 埼玉県飯能市の三善工業の… |
| 1996.7.31 | 東京都清掃局・杉並中継所… | | 1959.6.19 | 東京都杉並区宮前の武蔵野… |
| 1998.4 | この頃から、東京都杉並区… | | 1963.5.22 | 東京都調布市の東京重機工… |
| 2000.1.17 | 杉並病患者らが山田宏・同… | | 1963.12.22 | 青酸化合物が多摩川に流出… |
| 2000.2.8 | 「杉並病」問題に関して、… | | 1965.6.16 | 岡山県倉敷市水島の工場が… |
| 2000.3.31 | 東京都杉並区の不燃ごみ施… | | 1969.10.28~ | 多摩川で工場排水に含まれ… |
| 2002.6.26 | 国の公害等調整委員会は、… | | 1969.11.3~ | 静岡県狩野川下流で、工場… |
| | | | 1970.3.9~ | 3月9日に宇都宮市の農薬… |

| 生物多様性条約 | | キーワード索引 | | 環境史事典 | |
|---|---|---|---|---|---|

| 1970.6.7 | 静岡県田方郡の狩野川でア… |
|---|---|
| 1970.6.12 | 群馬県前橋、伊勢崎市を流… |
| 1970.11.17 | 横浜市緑区のメッキ工場か… |
| 1970（この年） | 福島県いわき市の小名浜港… |
| 1970（この年） | 横浜市の井戸33か所から… |
| 1970（この年） | 静岡県の浜名湖で1ppm… |
| 1970（この年） | 北九州市の洞海湾で三菱化… |
| 1971.6.17 | カドミウムとその化合物、… |
| 1971.6.21 | 全国全ての事業者に濃度規… |
| 1971.10.8 | 公害問題調査団が茨城県鹿… |
| 1971（この頃） | 神奈川県相模原、大和、藤… |
| 1971（この頃） | 静岡県で井戸水などが比較… |
| 1971（この頃～） | 鹿島臨海工業地帯の工場… |
| 1971（この頃～） | 大阪府門真、四条畷、大… |
| 1971（この頃～） | 福岡県大牟田市の五月橋… |
| 1972（この年） | 横浜市保土ヶ谷および西区… |
| 1972（この年） | 横浜市の山王川で流域の工… |
| 1972（この年） | 大阪府八尾および東大阪、… |
| 1972（この年） | 神戸市の神戸バナナセンタ… |
| 1973.2.1 | 「廃棄物処理法施行令」「… |
| 1973.5.7 | 東京都公害局が、「検出さ… |
| 1973（この年） | 千葉市内の民家の井戸水か… |
| 1973（この年） | 鳥取県米子市の倉敷メッキ… |
| 1974.10.25 | 埼玉県川越市の工場から青… |
| 1976.12.21 | 埼玉県行田市の利根川に最… |
| 1977.12.21 | 群馬県高崎市の利根川支流… |
| 1978.1.13～ | 午後8時過ぎから、伊豆諸… |
| 1978.1.17 | 伊豆大島近海地震で、駿河… |
| 1979.9.25 | 前橋市内のメッキ工場から… |
| 1980.7 | 静岡県田方郡天城ヶ島町の… |
| 1982.2.4 | 東京都内のメッキ工場など… |
| 1984.9.8 | 昭島市中神町で精密機器製… |
| 1988.4.25 | 埼玉県狭山市のジーゼル機… |
| 1988.11.8 | 環境庁が中央公害対策審議… |
| 1989.5.27 | 神奈川県相模原市などを経… |
| 1989.9 | 静岡県の狩野川上流で、数… |
| 1991.8.23 | 環境庁が、土壌汚染対策の… |
| 1997.3.13 | 環境基本法第16条規定に… |
| 1997.12.26 | 厚生省が廃棄物に関する一… |
| 1998.3.12 | 埼玉県鳩山町にある宇宙開… |
| 1998.9.29 | 高知県を襲った豪雨で高知… |
| 1999.7.7 | 遮水シートを敷くなどの汚… |

**【生物多様性条約】**

| 1991.9.23 | 第4回生物多様性条約交渉… |
|---|---|
| 1991.10.30 | 国際シンポジウム「生物学… |
| 1991.11.25 | 第5回生物多様性条約交渉… |
| 1992.2.6 | ナイロビで第6回生物多様… |
| 1992.5.11 | ナイロビで第7回生物多様… |
| 1992.5 | 国連環境計画（UNEP）… |
| 1992.6.3 | リオデジャネイロで、環境… |
| 1993.2.2 | バンコクで、第2回アジア… |
| 1993.3.12 | 気候変動枠組条約及び生物… |
| 1994.2.15 | 生物多様性保全・東京ワー… |
| 1994.6.20 | ケニアで生物多様性条約政… |
| 1994.6 | 生物多様性条約政府間委員… |
| 1994.11.28 | バハマで第1回生物多様性… |
| 1994.11 | 第1回生物多様性条約締約… |
| 1995.9.4 | パリで生物多様性条約科学… |
| 1995.11.6 | ジャカルタで第2回生物多… |
| 1995.11 | 第2回生物多様性条約締約… |
| 1996.3.20 | 東京で「生物多様性シンポ… |
| 1996.3.25 | オーストラリアで生物多様… |
| 1996.7.22 | デンマーク・オーフスで、… |
| 1996.8.21 | ボンでG7情報社会「環境… |
| 1996.9.2 | モントリオールで生物多様… |
| 1996.9.21 | 川崎市で「鶴見川流域にお… |
| 1996.11.4 | ブエノスアイレスで第3回… |
| 1997.2.1 | 札幌市で「生物多様性シン… |
| 1997.2.27 | ボンでG7情報社会「環境… |
| 1997.5.12 | カナダ・モントリオールで… |
| 1997.5.22 | 「生物多様性国家戦略の進… |
| 1997.8.8 | 「生物多様性国家戦略点検… |
| 1997.9.1 | モントリオールで生物多様… |
| 1997.10.13 | モントリオールで生物多様… |
| 1997.11.28 | 生物多様性条約締約国に提… |
| 1998.1.24 | 金沢市で「生物多様性シン… |
| 1998.2.5 | 生物多様性条約バイオセイ… |
| 1998.5.4 | スロバキアで生物多様性条… |
| 1998.6.24 | 山梨県富士吉田市に生物多… |
| 1998.11.10 | 環境庁は「生物多様性国家… |
| 1999.2.22 | コロンビア・カルタヘナで… |
| 1999.2 | 第3回生物多様性条約締約… |

— 570 —

| 1999.5.1 | ラムサール条約第7回締約… |
|---|---|
| 1999.6.17 | 第3回目となる生物多様性… |
| 1999.6.21 | 生物多様性条約科学技術諮… |
| 2000.1.29 | モントリオールで開かれて… |
| 2000.1.31 | モントリオールで生物多様… |
| 2000.2.21 | 東京と屋久島で「世界自然… |
| 2000.2 | 世界自然遺産としての自然… |
| 2000.5.15 | ナイロビで生物多様性条約… |
| 2000.7.21 | 生物多様性国家戦略の進捗… |
| 2001.6.28 | パリでOECD/生物多様… |
| 2001.11.15 | パリでOECD/生物多様… |
| 2002.3.25 | 中央環境審議会が「生物多… |
| 2002.3.27 | 地球環境保全に関する関係… |
| 2002.4.7 | ハーグで「第6回生物多様… |
| 2002.4.22 | ハーグで「生物多様性条約… |
| 2002.9.12 | 中央環境審議会は「遺伝子… |
| 2003.11.8 | 「新・生物多様性国家戦略… |
| 2004.1.29 | 「生物多様性・生態系保全… |
| 2004.2.9 | クアラルンプールで「生物… |
| 2004.2.23 | 「生物の多様性に関する条… |
| 2005.10.27 | 「新・生物多様性国家戦略… |
| 2006.1.27 | 中央環境審議会が「新・生… |
| 2006.3.28 | ブラジルで開かれている生… |

## 【世界遺産】

| 1972.11 | ユネスコ総会がパリで開催… |
|---|---|
| 1975（この年） | 「ラムサール条約」（19… |
| 1992.9.30 | 「世界の文化遺産及び自然… |
| 1992.10.1 | 白神山地及び屋久島を、「… |
| 1993.12.9 | 南米コロンビアで世界遺産… |
| 1994.8.30 | 世界遺産登録の白神山地に… |
| 1994.12.15 | タイのプーケットで開催中… |
| 1995.11.21 | 白神山地および屋久島の世… |
| 1995.12.6 | ベルリンで開催された第1… |
| 1996.4.29 | 屋久島世界遺産センターの… |
| 1996.12.5 | メキシコのメリダで行われ… |
| 1997.10.14 | 国内の世界自然遺産地域白… |
| 1998.12.2 | 京都市で開かれているユネ… |
| 2000.2.21 | 東京と屋久島で「世界自然… |
| 2000.2 | 世界自然遺産としての自然… |
| 2000.5.18 | 世界自然遺産会議が鹿児島… |
| 2003.5.23 | 午後7時35分ごろ、奈良… |

| 2004.1.30 | 世界自然遺産の新たな候補… |
|---|---|
| 2005.7.17 | 南アフリカのダーバンで開… |
| 2005.10.30 | 知床世界自然遺産登録記念… |

## 【ダイオキシン】

| 1949（この年） | アメリカ・ウェストバージ… |
|---|---|
| 1977（この年） | オランダのキース・オリエ… |
| 1983.8 | 八郎潟残存湖の水と魚から… |
| 1983.9 | 都は1983年9月、上水… |
| 1983.11.18 | 愛媛大の立川教授が、松山… |
| 1983.11.30 | 厚生省がダイオキシン等関… |
| 1984.5.23 | 廃棄物処理に係るダイオキ… |
| 1984.5.31 | 1都900市町村からなる… |
| 1984.11.18 | 愛媛大学教授が、ごみ焼却… |
| 1986.1 | 文部省「環境科学特別研究… |
| 1986.2.25 | 厚生省が、ごみ焼却に伴う… |
| 1986.9.8 | 愛媛大学農学部教授が、北… |
| 1988.3.24 | 環境庁による有害化学物質… |
| 1988.5.13 | 環境庁の報告によると、隅… |
| 1990.11.30 | 環境科学会で、日本人の食… |
| 1990.12.19 | 厚生省が、ごみ焼却場に対… |
| 1990.12 | 通産省が製紙工場の排水中… |
| 1991.5.24 | 国立環境研究所が東京都港… |
| 1991.7 | 環境庁がダイオキシンの簡… |
| 1991.10.21 | 環境庁が1990年度ダイ… |
| 1991.10.21 | 環境庁が、全国主要11河… |
| 1991.11.25 | 1990年度未規制大気汚… |
| 1992.3.13 | 紙パルプ製造工場から排出… |
| 1994.11.21 | 京都市で第14回ダイオキ… |
| 1994.11 | 「ダイオキシン'94国際… |
| 1995.5 | 阪神淡路大震災で生じたが… |
| 1995（この年） | 香川県豊島で高濃度ダイオ… |
| 1996.2.15 | 環境庁は「豊島周辺環境に… |
| 1996.5.29 | 環境庁がダイオキシン類リ… |
| 1996.7 | 厚生省が市町村のごみ焼却… |
| 1996.12.19 | 環境庁は「ダイオキシンリ… |
| 1996（この年） | 環境庁の1996年度調査… |
| 1997.1 | 厚生省、1990年版の旧… |
| 1997.2.18 | 茨城県新利根町住民が、ご… |
| 1997.2 | 世界保健機関（WHO）の… |
| 1997.4.11 | 厚生省が、全国のごみ焼却… |
| 1997.5.7 | 「ダイオキシン排出抑制対… |

| | | | |
|---|---|---|---|
| 1997.5 | 厚生省が、ダイオキシン発… | 1998.7.16 | 環境庁は「平成9年度ダイ… |
| 1997.6.1 | 所沢市で国に先駆け全国初… | 1998.8 | 環境庁が、発生源対策・モ… |
| 1997.6.4 | 山梨県内6ヵ所の公共焼却… | 1998.9.9 | 識者による「平成10年度… |
| 1997.6.20 | 中央環境審議会は環境庁長… | 1998.9.10 | 大阪府能勢町のごみ焼却炉… |
| 1997.6.20 | 環境庁が「1996年度有… | 1998.9.21 | 厚生省による調査で、大阪… |
| 1997.6.23 | 厚相の諮問機関の「生活環… | 1998.10.5 | 埼玉県が、規制対象外とさ… |
| 1997.6.24 | 厚生省が、ダイオキシンの… | 1998.10.9 | 愛媛大農学部教授グループ… |
| 1997.7.31 | 東京で「第1回全国ダイオ… | 1998.11.6 | 「ダイオキシン等対策関係… |
| 1997.8.25 | 環境庁の「ダイオキシン対… | 1998.11.16 | 中央環境審議会環境保健部… |
| 1997.8.29 | ダイオキシン類対策のため… | 1998.11.24 | 環境庁は「土壌中のダイオ… |
| 1997.8.29 | ダイオキシン類を「指定物… | 1998.12.1 | 「廃棄物処理法」に基づき… |
| 1997.9.5 | 埼玉県所沢市が1994年… | 1998.12.4 | 東京・日の出町の谷戸沢一… |
| 1997.9.7 | 茨城県新利根町の城取清掃… | 1998.12.8 | 環境研修センターが「ダイ… |
| 1997.9.26 | 文部省が、ダイオキシン問… | 1998.12.22 | 環境庁が「1997年度地… |
| 1997.9.30 | 東京で「第1回ダイオキシ… | 1998.12 | 所沢市の住民が、産廃焼却… |
| 1997.11.28 | 厚生省が、ダイオキシン発… | 1998（この年） | 岡山県中央町で、野焼きし… |
| 1997.11.28 | 「第2回全国ダイオキシン… | 1999.1.28 | 厚生・環境の両省庁で「中… |
| 1997.11 | ダイオキシン問題に関する… | 1999.1.28 | 「化学物質のリスク評価・… |
| 1997.11 | 大阪府能勢町のごみ焼却場… | 1999.2.1 | テレビ朝日「ニュースステ… |
| 1997.12.3 | 厚生省が、1996年度に… | 1999.2.2 | 厚生省が「開放型冷水塔」… |
| 1997.12.10 | 「廃棄物の処理及び清掃に… | 1999.2.10 | テレビ朝日が、1日に放送… |
| 1997（この年） | 環境庁の発表で、発がん性… | 1999.2.18 | 「埼玉県所沢市産の野菜に… |
| 1997（この年） | 千葉市内の病院の敷地内で… | 1999.2.23 | 埼玉県・所沢市が、199… |
| 1998.1.19 | 労働省が、1999年度か… | 1999.3.11 | 千葉県浦安市の市営清掃工… |
| 1998.2.6 | 「ダイオキシン問題シンポ… | 1999.3.27 | 労働省が、大阪府能勢町の… |
| 1998.3.27 | 環境庁は、ダイオキシン類… | 1999.3.30 | 3月19日から開かれてい… |
| 1998.4.2 | 帯広畜産大教授が、ごみ焼… | 1999.4.5 | 厚生省が、産業廃棄物焼却… |
| 1998.4.7 | 厚生省の調査で、母乳中に… | 1999.4.26 | 厚生省、市町村設置のすべ… |
| 1998.4.16 | 大阪府能勢町のごみ焼却場… | 1999.5.28 | 環境庁・国立環境研究所が… |
| 1998.4.21 | 横浜市が全国で初めて、最… | 1999.5.28 | 配合飼料に混入された油が… |
| 1998.4 | 横浜市が同上泉区の焼却灰… | 1999.5.31 | 1998年11月〜99年… |
| 1998.4 | 大阪府能勢町のごみ焼却施… | 1999.6.3 | 3党国会対策委員長が「ダ… |
| 1998.4 | 兵庫県千種町のごみ焼却施… | 1999.6.3 | ベルギー産鶏肉等のダイオ… |
| 1998.4 | バーゼル条約の技術作業部… | 1999.6.18 | 市町村設置の一般廃棄物処… |
| 1998.5.4 | 厚生省の外郭団体の財団法… | 1999.6.21 | 環境庁・厚生省合同の中央… |
| 1998.5.24 | 名古屋市で「ダイオキシン… | 1999.7.7 | 遮水シートを敷くなどの汚… |
| 1998.5 | 世界保健機関（WHO）欧… | 1999.7.14 | 「土壌中のダイオキシン類… |
| 1998.6.4 | 摂南大薬学部の研究グルー… | 1999.7.16 | 「ダイオキシン類対策特別… |
| 1998.6.17 | 経団連が、事業所化学物質… | 1999.8.1 | 環境庁が、2000年1月… |
| 1998.6.25 | 東京で「第2回ダイオキシ… | 1999.8.4 | ベルギー産鶏肉等のダイオ… |
| 1998.6.30 | 東京で「第3回全国ダイオ… | 1999.8.21 | 環境庁が、1時間当たり5… |

| | | | | |
|---|---|---|---|---|
| 1999.9.24 | 「平成10年度農用地土壌… | | 2002.1.7 | 午後7時25分ごろ、埼玉… |
| 1999.9.27 | 環境研修センターが新しく… | | 2002.6.24 | 中央環境審議会は環境大臣… |
| 1999.9.28 | 「ダイオキシン対策関係閣… | | 2002.7.30 | 環境省は「一般廃棄物焼却… |
| 1999.11.25 | 環境庁が「ダイオキシン類… | | 2002.7.31 | 「ダイオキシン類対策特別… |
| 1999.12.10 | 中央環境審議会が「ダイオ… | | 2002.12.6 | 環境省は「平成13年度ダ… |
| 1999.12.27 | 「ダイオキシン類対策特別… | | 2002.12.26 | 環境省「水田等農用地を中… |
| 1999.12 | 「高濃度ダイオキシン類汚… | | 2002.12.26 | 環境省と農林水産省が「平… |
| 2000.1.15 | 「ダイオキシン類対策特別… | | 2003.6.27 | 環境省・農林水産省は「平… |
| 2000.1 | 日本人のダイオキシン類摂… | | 2003.8.7 | 「一般廃棄物焼却施設の排… |
| 2000.2.17 | 「平成10年度ダイオキシ… | | 2003.9.30 | 「ダイオキシン類を含む水… |
| 2000.3.10 | 環境庁が「平成11年度「… | | 2003.10.16 | テレビ朝日による埼玉県所… |
| 2000.3.24 | 藤沢市の「荏原製作所」藤… | | 2003.12.5 | 「平成14年度ダイオキシ… |
| 2000.3.24 | 環境庁と神奈川県が、荏原… | | 2003.12.17 | 「ダイオキシン類対策特別… |
| 2000.3 | 1998年の環境庁調査の… | | 2004.2.19 | 「平成14年度ダイオキシ… |
| 2000.4.4 | 「ダイオキシン対策関係閣… | | 2004.6.16 | 野菜から高濃度のダイオキ… |
| 2000.5.31 | 橋本市の産業廃棄物処理場… | | 2004.11.12 | 中央環境審議会は「ダイオ… |
| 2000.6.16 | 大阪府能勢町の「豊能郡美… | | 2004.12.27 | 「ダイオキシン類対策特別… |
| 2000.6.29 | 環境庁「ダイオキシン類の… | | 2005.6.20 | 「我が国における事業活動… |
| 2000.7.12 | 大阪府豊能郡能勢町のごみ… | | 2005.8.9 | 「ダイオキシン類対策特別… |
| 2000.7.24 | ソウルでUNEP/ダイオ… | | 2006.7.27 | 2000年に荏原製作所藤… |
| 2000.8.25 | 「平成11年度公共用水域… | | | |
| 2000.8.25 | 環境庁が行った水質調査で… | | 【ダム・河口堰】 | |
| 2000.9.8 | 「我が国における事業活動… | | 1964.4.5 | 熊本県が下筌ダム建設予定… |
| 2000.9.13 | 東京都大田区内の土壌から… | | 1964.6.23 | 熊本県小国町の下筌ダム建… |
| 2000.9.22 | ダイオキシン類対策特別措… | | 1968（この年） | 長良川河口堰の建設計画が… |
| 2000.9 | 大阪府能勢町の焼却炉の解… | | 1973（この年） | 岐阜県の漁民が長良川河口… |
| 2000.10.26 | 高知県の県営住宅予定地か… | | 1973（この年） | 高知県土佐町田井にある水… |
| 2000.11.14 | 「ダイオキシン類の環境測… | | 1978（この年） | 青森県南津軽郡大鰐町の虹… |
| 2000.11.14 | 「野生生物のダイオキシン… | | 1981（この年） | 県内新規公害苦情は701… |
| 2000.11.24 | 「ダイオキシン類精密暴露… | | 1982（この年） | 長良川河口堰建設をめぐる… |
| 2000.12.4〜 | 12月10日まで、PCB… | | 1987.9.25 | 宮城県柴田郡の釜房ダム貯… |
| 2000.12.26 | 環境庁が1999年9月か… | | 1988.7.27 | 岐阜県・長良川河口堰で起… |
| 2001.3.18 | ダイオキシン類関係公害防… | | 1990.4.23 | 長良川河口堰の建設に反対… |
| 2001.3.30 | 環境省は「ダイオキシン類… | | 1990.10.16 | 長良川河口堰で1990年… |
| 2001.4.19 | 東京都大田区で環境基準値… | | 1990.12.18 | 長良川河口堰問題に関する… |
| 2001.5.10 | 和歌山県橋本市で、高濃度… | | 1992.4.1 | 建設省が「長良川河口堰に… |
| 2001.5.15 | 1999年2月1日のテレ… | | 1994.5.9〜 | 建設省と水資源開発公団が… |
| 2001.7.30 | 環境省、「一般廃棄物焼却… | | 1995.3.31 | 野坂建設大臣が、長良川河… |
| 2001.11.21 | 「ダイオキシン類対策特別… | | 1995.5.22 | 野坂浩賢建設相が記者会見… |
| 2001.11.30 | 環境省は「平成12年度臭… | | 1995.5.23 | 長良川河口堰の本格運用が… |
| 2001.12.18 | 環境省、「平成12年度ダ… | | 1996.4.2 | 北海道・日高地方の二風谷… |
| | | | 1996.6.19 | 完成すれば東南アジア最大… |

| | | | | |
|---|---|---|---|---|
| 2000.1.23 | 徳島市で吉野川可動堰計画… | | 1962（この頃～） | 都市部など全国各地でば… |
| 2000.9.8 | 川辺川総合土地改良事業に… | | 1970.9.22 | 大気汚染防止法案（マスキ… |
| 2001.2.20 | 田中康夫長野県知事が「脱… | | 1970.9.30 | 厚生省生活環境審議会公害… |
| 2002.7.5 | 「脱ダム」宣言に代表され… | | 1971.9.14 | 午前11時頃から午後1時… |
| 2002.12.10 | 潮谷義子熊本県知事は、球… | | 1972.10.5 | 自動車排出ガス量許容限度… |
| 2003.5.16 | 熊本県の球磨川支流である… | | 1973.5.8 | 「大気の汚染に係る環境基… |
| 2006.8.6 | 長野県知事選は投開票が行… | | 1973.8.2 | 「大気汚染防止法施行令」… |
| | | | 1973（この頃） | 東京都大田区の大森第一中… |

## 【チェルノブイリ原発事故】

| | | | | |
|---|---|---|---|---|
| | | | 1973（この頃） | 東京都世田谷区の世田谷お… |
| 1986.4.26 | ソ連・ウクライナ共和国で… | | 1973（この頃） | 東京都大田区の糀谷保健所… |
| 1986.5.4 | 政府の放射能対策本部は5… | | 1974.5.20 | 自動車排出ガス量の許容限… |
| 1986.5.5 | 政治3文書（東京宣言、国… | | 1975.1.1 | 使用過程のガソリン（LP… |
| 1986.8.14 | チェルノブイリ原発事故に… | | 1975.2.22 | 環境庁と運輸省が「自動車… |
| 1987.3.25 | 京都大学工学部助手らによ… | | 1975.12.4 | 窒素酸化物の第2次排出規… |
| 1987.7.29 | ソ連最高裁特別法廷が、チ… | | 1975.12.5 | 1975年度自動車排出ガ… |
| 1996.4.10 | ウィーンで開催中の国際会… | | 1975.12.26 | 環境庁は「49年度の全国… |
| 1996.7.1 | 池田外相がウクライナを訪… | | 1975（この年） | 光化学スモッグによるとみ… |
| 1996.11.30 | チェルノブイリ原子力発電… | | 1976.12.18 | 「自動車排出ガスの量の許… |
| 1996.12.11 | ウクライナの首都キエフ議… | | 1976（この年） | 大阪府公害白書によると、… |
| 1997.10.18 | 政府が、ロシアに対する人… | | 1976（この年） | 北九州市では、浮遊粉じん… |
| 2000.12.15 | 1986年4月に史上最悪… | | 1977.6.16 | 「大気汚染防止法施行規則… |
| 2006.4.26 | 旧ソ連・ウクライナのチェ… | | 1978.1.30 | 自動車排出ガス量の許容限… |
| | | | 1978.3.22 | 二酸化窒素の人の健康影響… |

## 【地球サミット】

| | | | | |
|---|---|---|---|---|
| | | | 1978.7.11 | 「大気の汚染に係る環境基… |
| 1991.8.12 | 地球サミット第3回準備会… | | 1978（この年） | NO$_X$の総量規制に関して… |
| 1992.3.2 | ニューヨークで地球サミッ… | | 1979.5.30 | 「自動車公害防止技術に関… |
| 1992.5.22 | 地球環境保全に関する第6… | | 1979.8.2 | 「大気汚染防止法施行規則… |
| 1992.6.3 | リオデジャネイロで、環境… | | 1979（この年） | 各種規制で全般的には改善… |
| 1992.7.22 | 東京で地球サミットセミナ… | | 1980.5.27 | 「自動車公害防止技術に関… |
| 1992.9.2 | ソウルで「地球サミットと… | | 1980（この年） | 県、市町村の公害苦情受理… |
| 1992.9.14 | ニューヨークで第47回国… | | 1980（この年） | 生活排水対策や移動発生源… |
| 1992.9.18 | 群馬で地球サミットセミナ… | | 1981.5.29 | 環境庁が、自動車公害防止… |
| 1992.10.9 | 石川で地球サミットセミナ… | | 1981.6.2 | 「大気汚染防止法施行令」… |
| 1992.10.16 | 北九州市で地球サミットセ… | | 1981.6.2 | 「大気汚染防止法施行令」… |
| 1992.10.17 | 神戸市で地球サミットセミ… | | 1981.9.30 | 窒素酸化物の総量規制基準… |
| 1992.10.21 | 宮城で地球サミットセミナ… | | 1982.5.27 | 自動車公害防止技術に関す… |
| 1992.11.25 | 香川で地球サミットセミナ… | | 1983.9.7 | 「大気汚染防止法施行規則… |
| 1997.6 | 国連環境開発特別総会がニ… | | 1984.5.25 | 環境庁が、自動車公害防止… |
| 2002.8.26 | 国連の「持続可能な環境と… | | 1984（この年） | 窒素酸化物とともに光化学… |
| | | | 1984（この年） | 光化学スモッグ注意報の発… |

## 【窒素酸化物削減】

| | | | | |
|---|---|---|---|---|
| | | | 1985.7.10 | 環境庁が自動車排出ガス規… |
| 1950.8.25 | 大阪府で「事業所公害防止… | | | |

| | | | |
|---|---|---|---|
| 1986.3.8 | 環境庁が、大気汚染健康影… | 1972.5.10 | 環境庁設置後、初めての「… |
| 1986.5.28 | 環境庁が、自動車公害防止… | 1972.6.1 | 「特殊鳥類の譲渡等の規制… |
| 1987.1.23 | 「自動車排出ガスの量の許… | 1972.11.1 | 30ヵ所の国設鳥獣保護区… |
| 1987.5.21 | 環境庁が、自動車公害防止… | 1972.11.24 | 「特殊鳥類の譲渡等の規制… |
| 1987.9.4 | 窒素酸化物の排出量削減の… | 1973.10.10 | 「日ソ渡り鳥等保護条約」… |
| 1988.6.14 | 環境庁が、自動車公害防止… | 1974.2.6 | 「日豪渡り鳥等保護協定」… |
| 1988.12.23 | 環境庁が、窒素酸化物対策 | 1974.9.19 | 「日米渡り鳥等保護条約」… |
| 1988.12.26 | 兵庫県尼崎市の大気汚染に… | 1975.1.13 | 国立・国定公園の特別保護… |
| 1989.11.1 | 窒素酸化物に係る季節大気… | 1975.5.3 | 環境庁が、初の「渡り鳥白… |
| 1989(この年) | 日本、スウェーデン、ユー… | 1975.7.5 | メスヤマドリの捕獲が禁止… |
| 1989(この年) | 瀬戸内海沿岸の松枯れ現象… | 1978.6.20 | 狩猟免許試験の導入、登録… |
| 1990.9.27 | 環境庁が、浮遊粒子状物質… | 1979.3.26 | 大潟草原鳥獣保護区の特別… |
| 1990.12.20 | 運輸省が、窒素酸化物（N… | 1979.12.5 | 自然環境保全審議会が「第… |
| 1991.3.20 | 環境庁が自動車排出ガス規… | 1980.2.29 | アメリカの動物愛護運動家… |
| 1991.12.9 | 運輸省が低公害バスを全国… | 1980.3.31 | 小笠原諸島が鳥獣保護区と… |
| 1991.12.19 | 環境庁が大気汚染健康影響… | 1980.6.17 | 屈斜路湖国設鳥獣保護区が… |
| 1992.2.16 | 中央公害対策審議会に対す… | 1981.3.3 | 「日中渡り鳥等保護協定（… |
| 1992.6.19 | 環境庁がメタノール車の空… | 1981.4.30 | 日豪渡り鳥等保護協定が発… |
| 1992.11.26 | 「自動車から排出される窒… | 1981.6.8 | 「日中渡り鳥等保護協定」… |
| 1993.1.22 | 環境庁が「自動車NO$_X$法… | 1982.11.1 | 放鳥獣猟区を除く全国で、 |
| 1993.3.26 | 「自動車から排出される窒… | 1982.11.1 | 岩手県日出島、宮城県伊豆… |
| 1993.11.26 | 埼玉、千葉、東京、神奈川… | 1983.1.8 | 環境庁が、南硫黄島におけ… |
| 1993.12.1 | 自動車NO$_X$法の使用車種… | 1983.2.22 | 第1回日中渡り鳥保護協定… |
| 1994.9.2 | 環境庁は「大都市地域等に… | 1983.3.31 | 北海道の浜頓別クッチャロ… |
| 1996.10.25 | 「大気汚染に係る環境基準… | 1983.9.21 | 環境庁が、はこわなを使用… |
| 1998.8.5 | 川崎市の公害病認定患者が… | 1983.10.31 | 秋田県の森吉山鳥獣保護区… |
| 1998.9.30 | ガソリン・LPG自動車の… | 1983.12.10 | 「行政事務の簡素合理化及 |
| 1998.12.15 | 環境庁・中央環境審議会大… | 1984.3.17 | 「特殊鳥類の譲渡等の規制… |
| 2000.1.31 | 公害病認定患者と遺族ら3… | 1984.3.28 | 福岡県の沖ノ島鳥獣保護区… |
| 2000.7 | 環境庁が「自動車NO$_X$削… | 1984.4.17 | ニホンリスが新宿御苑に放… |
| 2000.10.19 | 環境庁は「平成11年度大… | 1984.5.26 | 福井県内で、特別天然記念… |
| 2006.9.4 | 東京都が実施したディーゼ… | 1984.10.23 | 下北西部、大鳥朝日、北ア… |
| | | 1984.10.30 | 新宿御苑で「リス基金」の… |
| 【鳥獣保護】 | | 1985.3.30 | 環境庁が、速報版「第3回… |
| 1927.5.28 | 日本人道会提唱の動物愛護… | 1985.6.5 | 日中野生鳥獣保護会議が東… |
| 1947.3.11 | 日本鳥類保護連盟が設立さ… | 1985.10.15 | 「狩猟鳥獣の捕獲を禁止・ |
| 1947.4.10 | 現在に続く愛鳥週間(5月… | 1985.10.26 | 鹿児島県の湯湾岳鳥獣保護 |
| 1950.5.10 | この年から「バード・デイ… | 1987.4.1 | 環境庁が、国設仙台海浜鳥… |
| 1950.5.31 | 「狩猟法」が一部改正され… | 1987.10.27 | 環境庁が、11月1日から… |
| 1963(この年) | 「狩猟法」を改称した「鳥… | 1987.11.1 | 環境庁が十和田、石鎚山系… |
| 1972.3.4 | 「日米渡り鳥等保護条約」… | 1988.6.1 | 鹿児島県で、天然記念物の… |
| 1972.4.1 | 本格的な渡り鳥標識調査が… | | |

| | | | | |
|---|---|---|---|---|
| 1988.11.1 | 環境庁が谷津、浜甲子園に… | | 1994.5.28 | 「第9回低公害車フェア」… |
| 1988.12.20 | 1973年の専門家会議開… | | 1995.3.11 | 環境庁とバス・メーカー4… |
| 1989.3.31 | 環境庁が国設白山鳥獣保護… | | 1995.5.27 | 第10回低公害車フェア開… |
| 1989.11.1 | 環境庁が剣山山系、伊奈、… | | 1995.6.13 | 関係省庁会議申し合わせ「… |
| 1990.10.2 | 「自然環境保全法等の一部… | | 1995.6.29 | 環境庁は「低公害車排出ガ… |
| 1991.5.2 | 捕獲器（網・わな）の規制… | | 1996.1.11 | 低公害車普及に関する国際… |
| 1991.11.26 | 第5回日中渡り鳥保護協定… | | 1996.5.20 | トヨタ自動車と松下電器産… |
| 1992.3.1 | 環境庁が「国設大雪山鳥獣… | | 1996.5.25 | 第11回低公害車フェアが… |
| 1992.10.21 | 環境庁は「ニホンカワウソ… | | 1997.5.24 | 第12回低公害車フェアが… |
| 1993.6.1 | 国設厚岸湖・別寒辺牛・霧… | | 1997.7.4 | 「低公害車ガイドブック'… |
| 1993.11.1 | 国設片野鴨池鳥獣保護区が… | | 1997.10.24 | 「低公害車大量普及方策検… |
| 1996.5.15 | 埼玉県飯能市で絶滅の危機… | | 1997.12.6 | 気候変動枠組条約第3回締… |
| 1997.6.26 | メスヤマドリ、メスキジ、… | | 1998.1.21 | 「低公害車等排出ガス技術… |
| 1997.9.30 | 学術研究を目的とする捕獲… | | 1998.5.23 | '98低公害車フェア開催… |
| 1997.11.1 | 「鳥獣保護及ビ狩猟ニ関スル… | | 1998.6.26 | 環境庁が「低公害車等排出… |
| 1998.8.1 | 青森県八戸市尻内町で、絶… | | 1998.7.1 | 「低公害車ガイドブック'… |
| 1998.11.1 | 環境庁が「鳥獣保護及ビ狩猟… | | 1998.8.1 | 米航空機部品大手のユナイ… |
| 1999.2.26 | 「鳥獣保護及ビ狩猟ニ関スル… | | 1998.12.10 | 環境庁が「低公害車等排出… |
| 1999.11.1 | 「鳥獣保護及ビ狩猟ニ関スル… | | 1999.2.26 | BMWが、公害のない燃料… |
| 2002.9.12 | 中央環境審議会は「遺伝子… | | 1999.4.20 | 運輸省政策審議会「低燃費… |
| | | | 1999.5.28 | 「低公害車普及方策の在り… |
| **【低公害車】** | | | 1999.5.29 | 低公害車の普及実績が当初… |
| 1970.9.22 | 大気汚染防止法案（マスキ… | | 1999.6.5 | 「エコライフ・フェア'9… |
| 1972.9.19 | 本田技研工業が、世界に先… | | 1999.11.9 | 「低公害車ガイドブック'… |
| 1972.10.18 | 東洋工業が低公害車1号ル… | | 1999（この年） | 低公害車の普及を目的に、… |
| 1973.6.4 | 運輸省が低公害車第1号に… | | 2000.2.29 | 「電気自動車活用実証調査… |
| 1975.10.28 | 東洋工業がこの日発売の全… | | 2000.3.19 | 「低公害車フェア滋賀」が… |
| 1981.10.1 | 電気自動車が環境庁に導入… | | 2000.3.30 | 「低公害車等排出ガス技術… |
| 1986.6.5 | 環境週間が6月11日まで… | | 2000.6.6 | 東京で「低公害車フェア2… |
| 1987.9.4 | 窒素酸化物の排出量削減の… | | 2000.9.22 | 「低公害車フェアinおお… |
| 1988.4.28 | 環境庁が低公害車普及基本… | | 2000.9.30 | 「低公害車フェアなごや2… |
| 1988.7.8 | 電気自動車普及促進懇談会… | | 2000.10.6 | 環境庁、「低公害車大量普… |
| 1989.5.12 | 環境庁が、電気自動車普及… | | 2000.10.8 | 「低公害車フェア」が神戸… |
| 1989.6.22 | 環境庁がメタノール自動車… | | 2000.10.28 | 吹田市で「エコ・エナジー… |
| 1990.6.6 | 環境庁が、メタノール自動… | | 2000.10.31 | 「低公害車ガイドブック2… |
| 1991.6.1 | 低公害車フェアが、代々木… | | 2001.1.8 | トヨタ、GM、エクソンモ… |
| 1991.12.9 | 運輸省が低公害バスを全国… | | 2001.5.8 | 一般公用車への低公害車導… |
| 1992.5.23 | 「第7回低公害車フェア」… | | 2001.6.2 | 東京でエコカーワールド2… |
| 1992.6.19 | 環境庁がメタノール車の空… | | 2001.7.11 | 環境省、経済産業省、国土… |
| 1993.1.22 | 環境庁が「自動車NO$_x$法… | | 2001.9.12 | 「国の一般公用車における… |
| 1993.5.28 | 「第8回低公害車フェア」… | | 2002.5.27 | 副大臣会議は「燃料電池プ… |
| 1994.1.25 | 低公害車の普及などを多角… | | | |

| | | | |
|---|---|---|---|
| 2002.9.3 | 「低公害車ガイドブック2… | 1988.7.8 | 中国トキ保護のJICAプ… |
| 2002.12.2 | 総理大臣官邸において燃料… | 1989.11.7 | 中国トキの「ホアホア」が… |
| 2003.4.25 | 環境省が『『燃料電池活用… | 1990.3.5 | 日本トキの「ミドリ」が中… |
| 2003.11.25 | 「低公害車ガイドブック2… | 1990.11.6 | 日中トキ保護協力事業で実… |
| 2004.6.5 | 東京都で「エコライフ・フ… | 1992.8.13 | 日本のオスのトキ「ミドリ… |
| | | 1993.11.26 | 絶滅のおそれのある野生動… |
| | | 1993.11.26 | 「絶滅のおそれのある野生… |

【DDT】

| | | | |
|---|---|---|---|
| 1938(この年) | ポール・ミューラー(スイ… | 1994.9.27 | 人工繁殖用に、中国からト… |
| 1946.3 | 日本国内でDDTの製造が… | 1995.4.30 | 最後の雄の日本産トキ、ミ… |
| 1948(この年) | DDT(2,4,5-T)… | 1999.2.8 | 東京でトキ「友友」、「洋… |
| 1949.9 | DDT工場従業員の軽度の… | 1999.5.21 | 新潟県の佐渡トキ保護セン… |
| 1962.6 | レイチェル・カーソンが雑… | 1999.7.2 | トキ二世の名前が「優優」… |
| 1964.4.14 | 「沈黙の春」でDDTの生… | 1999.9.6 | 中国・漢中市で国際トキ保… |
| 1969.7.10 | DDT、ベンゼンヘキサク… | 2000.5.8 | 佐渡トキ保護センターの卵… |
| 1969.12 | DDTの製造を禁止する通… | 2000.10.14 | 中国から贈られた雌のトキ… |
| 1970.1.12 | 農林省が牧草・飼料作物畜… | 2000.12.3 | 北京で日中友好環境保全セ… |
| 1970.5.28 | 静岡県のお茶から許容量の… | 2001.1.22 | 新潟県の佐渡トキ保護セン… |
| 1970.8.17 | 農林省がBHCとDDTの… | 2002.3.6 | トキ美美の子2羽を中国へ… |
| 1971.2.27 | 農林省が「有機塩素系農薬… | 2003.10.10 | 日本で生まれ育ったトキの… |
| 1971.5.1 | 農水相により、DDTの農… | | |
| 1971.5.31 | 厚生省が母乳の農薬汚染を… | | |

【所沢ダイオキシン騒動】

| | | | |
|---|---|---|---|
| 1971.6.4 | 厚生省により、ベータBH… | 1998.12 | 所沢市の住民が、産廃焼却… |
| 1974(この年) | 鳥取県衛生研究所が県内3… | 1999.2.1 | テレビ朝日「ニュースステ… |
| 1975.12.20 | PCB汚染をきっかけにし… | 1999.2.10 | テレビ朝日が、1日に放送… |
| 1981.10.2 | 「化学物質審査規制法施行… | 1999.2.18 | 「埼玉県所沢市産の野菜に… |
| 1997.4 | 日本獣医学会で、国の天然… | 2001.5.15 | 1999年2月1日のテレ… |
| 1999.6 | アメリカのシーダーズ・シ… | 2003.10.16 | テレビ朝日による埼玉県所… |
| | | 2004.6.16 | 野菜から高濃度のダイオキ… |

【トキ保護】

【トリクロロエチレン汚染】

| | | | |
|---|---|---|---|
| 1952.3.29 | トキが特別天然記念物(動… | 1970.6 | 東京で下水道工事作業員が… |
| 1960.5.28 | アジアで初となる第12回… | 1986.1.25 | 環境庁が86年1月25日… |
| 1962.6.5 | 石川県教育委員会は、国際… | 1989.3.22 | トリクロロエチレン等を含… |
| 1980.8.28 | トキの保護のため、環境庁… | 1989.4.3 | 「排水基準を定める総理府… |
| 1980.12.13 | 環境庁と新潟県が協力し、… | 1990.4.26 | トリクロロエチレン等を含… |
| 1981.1.22 | 環境庁のトキ捕獲事業が完… | 1991.7.26 | 「水質汚濁防止法施行令」… |
| 1981.9.21 | 日中トキ保護専門家会議が… | 1998.6.2 | 東芝愛知工場名古屋分工場… |
| 1985.6.5 | 日中野生鳥獣保護会議が東… | | |

【土呂久鉱害】

| | | | |
|---|---|---|---|
| 1985.9.11 | 環境庁長官が、9月12日… | 1933(この年) | 土呂久鉱山付近で、2年間… |
| 1985.10.22 | 中国の雄のトキ「ホアホア… | 1935(この年) | 宮崎県の土呂久鉱山を中島… |
| 1985.11.20 | 日本野鳥の会は、全電通の… | 1951(この年) | 土呂久の鉱山所有者の商号… |
| 1986.3.31 | 日中トキ増殖研究協力事業… | | |
| 1986.6.5 | 雌のトキ「アオ」が死亡し… | | |

| | | | | |
|---|---|---|---|---|
| 1954（この年） | 土呂久鉱山で亜ヒ酸製造が… | | 1999.5.24 | 第23回南極条約協議国会… |
| 1960.2 | 新聞で、木草の枯死や牛の… | | 1999.5 | 5～6月、第23回南極条… |
| 1967.12.4 | 土呂久鉱山が閉山した。1… | | 2000.9.11 | ハーグで南極条約特別協議… |
| 1970.2.12 | 宮崎県が実施した休廃止鉱… | | 2001.7.9 | 第24回南極条約協議国会… |
| 1970.12.8 | 宮崎県土呂久鉱害被害住民… | | 2002.5.24 | 「環境保護に関する南極条… |
| 1971.5 | 宮崎県土呂久で鉱害問題の… | | 2002.9.9 | ワルシャワで「第25回南… |
| 1972.1.16～ | 宮崎県高千穂町で住友金属… | | 2003.6.9 | 「第26回南極条約協議国… |
| 1973.1.29 | 「公害に係る健康被害の救… | | 2005.6.6 | ストックホルムで第28回… |
| 1975.12.27 | 宮崎県高千穂村土呂久地区… | | | |
| 1979（この年） | 宮崎県公害課は、1979… | | 【新潟水俣病】 | |
| 1980（この年） | 宮城県での旧土呂久鉱山公… | | 1946.11 | 新潟県阿賀野川が赤く濁り… |
| 1984.3.28 | 土呂久鉱害訴訟第一陣の一… | | 1964.5～ | 5月末から翌年7月にか… |
| 1988.9.30 | 土呂久鉱害訴訟第一陣の控… | | 1965.1.10 | 昭和電工鹿瀬工場で、アセ… |
| 1990.3.26 | 土呂久鉱害訴訟第二陣の一… | | 1965.1.18 | 椿忠雄・東京大脳研究所助… |
| 1990.10.3 | 土呂久鉱害訴訟について、… | | 1965.5.31 | 阿賀野川下流域における水… |
| 1990.10.31 | 土呂久鉱害訴訟の和解が最… | | 1965.6.14 | 阿賀野川流域の水俣病類似… |
| 1991.12.2 | 土呂久鉱害で、住友金属鉱… | | 1965.7.1 | 新潟県で発生した有機水銀… |
| 1992.2.3 | 土呂久鉱害問題で、住友金… | | 1965.9.8 | 厚生省委託の新潟県水銀中… |
| | | | 1965.12.23 | 「阿賀野川有機水銀被災者… |
| 【ナホトカ号事故】 | | | 1966.3.24 | 阿賀野川流域の有機水銀中… |
| 1997.1.2～ | この日未明、島根県隠岐島… | | 1966.6.14 | 新潟大医学部と新潟県保健… |
| 1997.1.15 | 環境庁長官が、福井県三国… | | 1966.9.9 | 新潟水俣病に関して、厚生… |
| 1997.1.17 | 座礁したロシアのタンカー… | | 1967.4.7 | 厚生省特別研究班の疫学研… |
| 1997.1.20 | ナホトカ号流出油災害対策… | | 1967.6.12 | 熊本水俣病訴訟に先駆けて… |
| 1997.1.21 | 石川県珠洲市、福井県越前… | | 1967.8.30 | 阿賀野川流域有機水銀中毒… |
| 1997.2.1 | ロシアのタンカー・ナホト | | 1968.5.15 | 水俣病、新潟水俣病、イタ… |
| 1997.2.7 | ナホトカ号油流出事故環境… | | 1968.9.26 | 厚生省が、水俣病と新潟水… |
| 1997.9.5 | ナホトカ号油流出事故功労… | | 1968.9.28 | 公判で松田心一・女子栄養… |
| 1997.10.13 | 国際油濁補償基金（本部：… | | 1969.12.17 | 厚生省「公害の影響による… |
| | | | 1970.3.7 | 新潟市の女児（4歳）が、… |
| 【南極条約】 | | | 1971.9.29 | 新潟水俣病訴訟で、新潟地… |
| 1959.12 | ワシントンで開催された関… | | 1973.6.21 | 新潟水俣病で、昭和電工と… |
| 1982.4.3 | 南極の動植物保護を目的と… | | 1975.9 | 9月末現在、水俣病の認定… |
| 1991.10 | 南極条約協議国特別会議が… | | 1976.9 | 新潟水俣病の汚染源となっ… |
| 1994.4.11 | 京都市で第18回南極条約… | | 1977.9 | 新潟水俣病の9月末現在の… |
| 1994.4 | 南極条約締結国が京都で「 | | 1979.8.25 | 鈴木哲・新潟大学工学部助… |
| 1995.5.8 | ソウルで第19回南極条約… | | 1992.3.31 | 新潟地裁で新潟水俣病第二… |
| 1996.4.29 | ユトレヒトで第20回南極… | | 1993.2.9 | 戦前に商工省（現・通産省… |
| 1997.5.28 | 南極の動植物保護・環境保… | | 1995.3.24 | 田中真紀子科学技術庁長官… |
| 1997.7.9 | 「海洋汚染及び海上災害の… | | 1995.7.8 | 村山首相が、新潟水俣病の… |
| 1998.1.14 | 「南極条約環境保護議定書… | | 1995.11.25 | 新潟水俣病訴訟で、原告側… |
| 1998.5.25 | ノルウェー・トロムソで第… | | 1996.2.23 | 新潟水俣病をめぐり、水俣… |

− 578 −

| 1996.2.29 | 新潟水俣病第二次訴訟、原… |
|---|---|

【西淀川公害】

| 1972(この頃〜) | 大阪市西淀川区で住民多… |
|---|---|
| 1978.4.20 | 大阪市西淀川区の公害病認… |
| 1991.3.29 | 大阪西淀川公害訴訟で、大… |
| 1995.3.2 | 大気汚染を巡り17年にお… |
| 1995.7.5 | 阪神高速道路池田線と国道… |
| 1998.7.29 | 大阪西淀川区の公害病認定… |

【日照権】

| 1966.8.16 | 東京都人権擁護委員会連合… |
|---|---|
| 1967.10.26 | 二階増築により日照権を侵… |
| 1972.3.2 | 東京都で、都公害防止条例… |
| 1972.6.27 | 日照権、通風権が最高裁で… |

【農薬（殺虫剤・除草剤）】

| 1946.3 | 日本国内でDDTの製造が… |
|---|---|
| 1948.7.1 | 「農薬取締法」が公布され… |
| 1948(この年) | 除草剤2,4-Dの除草効… |
| 1948(この年) | DDT(2,4,5-T)… |
| 1949.9 | DDT工場従業員の軽度の… |
| 1954.7.19 | ツバメ飛来が全国的に前年… |
| 1955.8 | パラチオンを「特定毒物」… |
| 1956.10.30 | 東京の神田青果市場で農薬… |
| 1959.6.20 | 夕方、埼玉県秩父市上影森… |
| 1962.6 | 6月末、滋賀県の各地で農… |
| 1963.5 | J.F.ケネディ大統領の… |
| 1965(この頃〜) | 長野県佐久市とその周辺… |
| 1966.3.9 | 白木博次東大教授らが、衆… |
| 1966.5.6 | 農薬省が非水銀系農薬の使… |
| 1966(この年) | 厚生省により、有機水銀系… |
| 1968(この年) | 徳島県で、農業関係者61… |
| 1969.7.10 | 埼玉県狭山市で、農薬散布… |
| 1969.11.14 | 農林省食品衛生調査会が、… |
| 1969.12 | DDTの製造を禁止する通… |
| 1969(この年〜) | 有機塩素系農薬および殺… |
| 1970.1.12 | 農林省が牧草・飼料作物畜… |
| 1970.3.9〜 | 3月9日に宇都宮市の農薬… |
| 1970.3.31 | 種子消毒用を除き、有機水… |
| 1970.4.21 | 厚生省がBHCによる牛乳… |
| 1970.8.17 | 農林省がBHCとDDTの… |
| 1971.2.27 | 農林省が「有機塩素系農薬… |
| 1971.3.19 | DDTの全面使用禁止、B… |
| 1971.5.1 | 農水相により、DDTの農… |
| 1971.5.31 | 有機塩素系殺虫剤の製造中… |
| 1971.5.31 | 厚生省が母乳の農薬汚染の… |
| 1971.6.4 | 厚生省により、ベータBH… |
| 1971.11.30 | BHC剤の国内販売・使用… |
| 1971.12.10 | 「農薬取締法施行令」の一… |
| 1973.5.10 | 大分市鶴崎の住友化学工業… |
| 1973.8.12 | 大分市鶴崎の住友化学工業… |
| 1980.10.30 | 瀬戸内海沿岸で食用にされ… |
| 1981.12.24 | 環境庁が全国12ヵ所で実… |
| 1983.8 | 八郎潟残存湖の水と魚から… |
| 1983.9 | 都は1983年9月、上水… |
| 1984.5.12 | 愛媛大農学部の立川涼教授… |
| 1984.5.13 | 「琵琶湖の残留農薬を監視… |
| 1986.3.29 | 北海道釧路の摩周湖が有機… |
| 1988.7 | 7月末、石川県松任市で、… |
| 1989(この年) | ゴルフ場から流れ出る水の… |
| 1990.5.24 | ゴルフ場使用の農薬による… |
| 1991.3.2 | 午後9時半すぎ、豊橋市八… |
| 1992.5.16 | 農林水産省は「有機」を「… |
| 1992.12.21 | 水質基準を大幅に改める「… |
| 1993.4.1 | 午前1時ごろ、岡崎市欠町… |
| 1994.3.4 | 水道水へのトリハロメタン… |
| 1994.4.15 | 環境庁水道保全局長が、農… |
| 1997.6.14 | 日本人初の民間宇宙飛行士… |
| 1998.10.9 | 愛媛大農学部教授グループ… |
| 1999.1.28 | 「化学物質のリスク評価・… |
| 2002.3〜 | 3月から厚生労働省が中… |
| 2002.7 | 農薬取締法で販売が禁止さ… |

【能勢町ダイオキシン騒動】

| 1997.11 | 大阪府能勢町のごみ焼却場… |
|---|---|
| 1998.4.16 | 大阪府能勢町のごみ焼却場… |
| 1998.4 | 大阪府能勢町のごみ焼却施… |
| 1998.9.10 | 大阪府能勢町のごみ焼却炉… |
| 1999.3.27 | 労働省が、大阪府能勢町の… |
| 2000.6.16 | 大阪府能勢町の「豊能郡美… |
| 2000.7.12 | 大阪府豊能郡能勢町のごみ… |
| 2000.9 | 大阪府能勢町の焼却炉の解… |

【バーゼル条約・越境廃棄物】

| 1989.3.22 | スイスのバーゼルで開かれ… |
|---|---|
| 1990.10.23 | 有害廃棄物等の越境移動対… |
| 1990.12.18 | 有害廃棄物等の越境移動対… |
| 1992.11.30 | モンテビデオ郊外、ピリア… |
| 1992.12.16 | バーゼル条約の実施のため… |
| 1993.9.3 | 「特定有害廃棄物輸出入法… |
| 1993.9.17 | 「有害廃棄物の国境を越え… |
| 1993.10.7 | 総理府・厚生省が、バーゼ… |
| 1993.12.16 | 「有害廃棄物の国境を超え… |
| 1994.3.21 | ジュネーブで第2回バーゼ… |
| 1995.9.18 | ジュネーブで第3回バーゼ… |
| 1995.9 | 第3回バーゼル条約締約国… |
| 1997.3.6 | リサイクル目的の有害廃棄… |
| 1997.10.14 | 「経済協力開発機構の回収… |
| 1998.2.23 | マレーシアで「有害廃棄物… |
| 1998.2 | 第4回バーゼル条約締約国… |
| 1998.4 | バーゼル条約の技術作業部… |
| 1998.11 | 有害物質規制対象となる品… |
| 1999.11 | 11〜12月、第5回バー… |
| 1999.12.6 | スイスで第5回バーゼル条… |
| 2000.1.10 | フィリピンに不正輸出され… |
| 2002.12.9 | ジュネーブでバーゼル条約… |
| 2005.11.21 | バーゼル条約E-wast… |

【BHC】

| 1969.7.10 | DDT、ベンゼンヘキサク… |
|---|---|
| 1969(この年〜) | 有機塩素系農薬および殺… |
| 1970.1.12 | 農林省が牧草・飼料作物畜… |
| 1970.4.21 | 厚生省がBHCによる牛乳… |
| 1970.8.17 | 農林省がBHCとDDTの… |
| 1971.2.27 | 農林省が「有機塩素系農薬… |
| 1971.3.19 | DDTの全面使用禁止、B… |
| 1971.5.31 | 厚生省が母乳の農薬汚染の… |
| 1971.6.4 | 厚生省により、ベータBH… |
| 1971.11.30 | BHC剤の国内販売・使用… |
| 1971.12.10 | 「農薬取締法施行令」の一… |
| 1981.12.24 | 環境庁が全国12ヵ所で実… |
| 1984.5.31 | 高知県衛生研究所が一般健… |
| 1984.9.6 | 国立公害研究所が、ヘキサ… |
| 1986.3.29 | 北海道釧路の摩周湖が有機… |

【BSE】

| 1996.3.27 | イギリスで発生し対人感染… |
|---|---|
| 1996.4.16 | 中央薬事審議会が緊急の常… |
| 1996.4.30 | BSE(牛海綿状脳症)が… |
| 1996.5 | 北海道士別市の農場で、ス… |
| 2001.9.10〜 | 千葉県白井市で、日本で初… |
| 2001.10.18 | 食肉処理されるすべての牛… |
| 2002.2.13 | 過去イタリアから輸入され… |
| 2003.12.26 | 米BSE問題で、厚労省が… |
| 2005.12.8 | 内閣府食品安全委員会は、… |
| 2006.1.20 | 輸入された米国産牛肉に、… |
| 2006.5.19 | 日米両政府は、米国産牛肉… |
| 2006.8.7 | 米国産牛肉の輸入が再開さ… |

【ビキニ環礁被曝】

| 1946.1.24 | ビキニ環礁がアメリカの核… |
|---|---|
| 1954.3.1 | 午前4時12分頃、マーシ… |
| 1954.5 | 愛媛県松山市の釣島燈台と… |
| 1954.6〜 | 6月から7月にかけて、… |
| 1956.5.28 | 全国各地の気象台や測候所… |
| 1956.7.11 | ビキニ環礁での核実験によ… |
| 1961.12.11 | ビキニ環礁の核実験で被曝… |
| 1971.12.7 | 原水禁がビキニ水爆実験被… |
| 1976.6.10 | 1954年にビキニ環礁で… |
| 1978.4.12 | ビキニ環礁の原水爆実験(… |
| 1996.8.12 | 1954年3月にビキニ環… |
| 1997.1.10 | ビキニで被曝した第5福竜… |
| 1998.3.19 | 1954年に被曝した「第… |

【PCB】

| 1929(この年) | ポリ塩化ビフェニール(P… |
|---|---|
| 1968.11.1 | 九州大学の油症研究班が米… |
| 1969.2.1 | 福岡県の被害者らが、カネ… |
| 1971.3 | 通産省が十条製紙・富士写… |
| 1971(この頃〜) | ポリ塩化ビフェニール(… |
| 1972.1.14 | 通産省により、PCBをノ… |
| 1972.2.22 | 東京都衛生研究所の調査に… |
| 1972.3.16〜 | 厚生省がPCB汚染母乳対… |
| 1972.4.26 | 1957年に制定されたP… |
| 1972.5.9 | 新潟県衛生研が菓子包装紙… |
| 1972.7.14 | 環境庁が、排水中のPCB… |
| 1972.8.14 | 厚生省食品衛生調査会PC… |

| | | | | |
|---|---|---|---|---|
| 1972.8 | 沼津市で養殖ハマチの奇形… | | 2003.8.7 | 「平成14年度ヒートアイ… |
| 1972.12.21 | PCB汚染対策推進会議が… | | 2004.3.30 | ヒートアイランド対策関係… |
| 1972(この年) | 静岡県富士市の製紙工場が… | | 2006.10.30 | NTT都市開発は、都市部… |
| 1973.6.4 | 水産庁が魚介類PCB汚染… | | | |
| 1973.6.11 | 東京都がPCB環境汚染調… | | 【「ふげん」(新型転換炉)】 | |
| 1973.6 | 福井県敦賀市の東洋紡績敦… | | 1997.4.14 | 福井県敦賀市の新型転換炉… |
| 1973.10.16 | 「化学物質の審査及び製造… | | 1997.4.16 | 科学技術庁は、トリチウム… |
| 1973(この頃) | ポリ塩化トリフェニール(… | | 1999.1.23〜 | 1月8日以降、敦賀市の核… |
| 1973(この頃) | 香川県坂出市の東亜合成坂… | | 2003.7.4 | 午前11時52分、敦賀市… |
| 1973(この頃) | 宮崎県西都市の製紙工場が… | | | |
| 1974.6 | 厚生省が1973年夏に実… | | 【プルサーマル計画(核燃料再処理)】 | |
| 1974.7 | 長野県が実施した天竜川、… | | 1978.12.25 | 初の商業用プルトニウム燃… |
| 1974.9 | 環境庁はPCB汚染全国調… | | 1980.8.8 | 動燃事業団がプルトニウム… |
| 1974.11.29 | PCBに係る水質の環境基… | | 1992.11.7 | フランスから日本へプルト… |
| 1975.2.3 | 「水質汚濁に係る環境基準… | | 1993.1.5 | プルトニウム輸送船「あか… |
| 1975.5.31 | 厚生省は1974年7月か… | | 1994.2.7 | アメリカが、プルトニウム… |
| 1975.12.20 | 「廃棄物の処理及び清掃に… | | 1995.10.3 | 青森県六ヶ所村の核燃料サ… |
| 1975.12.20 | PCBや有機塩素化合物を… | | 1995.11.13 | プルトニウムの原発への利… |
| 1975.12.20 | PCB汚染をきっかけにし… | | 1997.1.20 | 電気事業連合会が、既存の… |
| 1977.8 | 横浜市金沢区沖でPCBの… | | 1998.5.6 | 福井県がプルサーマル計画… |
| 1979.8.14 | 「化学物質の審査及び製造… | | 1998.10.2 | 福島第2原発の使用済み核… |
| 1979(この年) | 1978年度の調査で、関… | | 2001.5.27 | 東京電力柏崎刈羽原子力発… |
| 1989.10.16 | 東京電力と東北電力は電柱… | | 2002.8.29 | 東京電力が柏崎刈羽、福島… |
| 1991(この年) | 広島県福山市入船町にある… | | 2006.1.6 | 電気事業連合会は、使用済… |
| 1993.10.7 | 総理府・厚生省が、バーゼ… | | 2006.2.7 | 九州電力が玄海原子力発電… |
| 1994.11 | 「ダイオキシン'94国際… | | 2006.5.15 | 使用済み核燃料の「第2再… |
| 1997.2.6 | 京都大学環境保全センター… | | | |
| 1997.4 | 日本獣医学会で、国の天然… | | 【フロンガス問題】 | |
| 1997.12.10 | 「廃棄物の処理及び清掃に… | | 1928(この年) | トーマス・ミッジリー・ジ… |
| 1998.3.9 | 中央環境審議会が利根川、… | | 1974(この年) | カリフォルニア大のシャー… |
| 1998.5.20 | PCBの処理に関わる産業… | | 1980.8 | 首都圏上空でフロンガスが… |
| 1998.6.17 | 事業者に管理・保管の義務… | | 1980(この年〜) | 冷蔵庫の触媒やスプレー… |
| 1999.3.27 | 労働省が、大阪府能勢町の… | | 1989.1.30 | 気象庁・気候問題懇談会温… |
| 1999.8.4 | ベルギー産鶏肉等のダイオ… | | 1989.3.5 | 英国政府・UNEP主催の… |
| 2000.1 | 日本人のダイオキシン類摂… | | 1989.4.5 | フロンガスの温室効果によ… |
| 2000.7.24 | ソウルでUNEP/ダイオ… | | 1989.4.26 | オゾン層保護のためのウィ… |
| 2003.1.16 | 厚生労働省は、ツチクジラ… | | 1990.1.26 | 通産省が「オゾン層の保護… |
| | | | 1990.2.27 | 正午ごろ、大阪市中央区城… |
| 【ヒートアイランド】 | | | 1990.5.2 | 日米科学技術協力協定に基… |
| 2000.8.21 | 「平成11年度ヒートアイ… | | 1990.6.27 | モントリオール議定書第2… |
| 2002.9.3 | 環境省は「平成13年度ヒ… | | 1990.6 | 第2回モントリオール議定… |
| 2003.7.8 | 「ヒートアイランド対策シ… | | 1991.3.30 | モントリオール議定書改定… |

| 1992.2.11 | ブッシュ大統領は、オゾン… |
|---|---|
| 1992.4 | モントリオール議定書締約… |
| 1992.5.11 | 通産省が、企業のフロン代… |
| 1992(この年) | 第4回モントリオール議定… |
| 1993.1.21 | フロンガスを大量密輸し自… |
| 1994.12.26 | モントリオール議定書の1… |
| 1995.10.28 | 福島県相馬市の沖で、イカ… |
| 1996.3.3 | 総務庁の調査で、フロンの… |
| 1996.5.23 | 東京都と小野田セメントが… |
| 1998.1.1 | カーエアコンに使われるフ… |

【ヘドロ汚染】

| 1961.8 | 静岡県第6次総合開発計画… |
|---|---|
| 1965.5.20 | 田子ノ浦港のヘドロ浚渫工… |
| 1970.7.17 | 静岡県富士市の田子ノ浦港… |
| 1970.8.9 | 田子ノ浦ヘドロ公害に抗議… |
| 1970.8.21 | 香川、愛媛県の燧灘で愛媛… |
| 1970.8.27 | 瀬戸内海(愛媛県川之江・… |
| 1970.9〜 | 9月から10月にかけて… |
| 1970.11.6 | 静岡県富士市市民らが、ヘ… |
| 1970(この年) | 福岡県大牟田市の三井金属… |
| 1970(この頃) | 静岡県富士市の田子ノ浦港… |
| 1971.2 | 静岡県田子ノ浦ヘドロ投棄… |
| 1971(この年) | 山口県下関市の彦島地域の… |
| 1971(この年) | 愛媛県川之江、伊予三島市… |
| 1971(この頃) | 宇都宮市を流れる田川で上… |
| 1971(この頃) | 大阪府と兵庫県を流れる猪… |
| 1971(この頃) | 高知市旭町の高知パルプ工… |
| 1971(この頃〜) | 山形県酒田市の酒田港内… |
| 1972.9.12 | 愛媛県新居浜、西条市の燧… |
| 1973.6.6 | 静岡県富士市の田子ノ浦港… |
| 1973.6 | 福井県敦賀市の東洋紡績敦… |
| 1973.6 | 山口県にて徳山曹達(徳山… |
| 1973(この頃) | 岡山県倉敷市の水島臨海工… |
| 1973(この頃) | 山口県徳山市の徳山曹達お… |
| 1974.6 | 静岡県田子ノ浦で、港湾へ… |
| 1974.9 | 環境庁が行った水銀汚染の… |
| 1974.9 | 環境庁はPCB汚染全国調… |
| 1974(この年) | 5月まで行われた第三次へ… |
| 1974(この年) | 春、香川県の愛媛県境、三… |
| 1975.8〜 | 9月までの長期間に及び… |
| 1975(この頃) | 愛媛県伊予三島、川之江市… |

| 1976.2.14 | 水俣湾のヘドロ処理費用に… |
|---|---|
| 1977.9.5 | 田子ノ浦ヘドロ住民訴訟2… |
| 1977.10.11 | 熊本県で水俣湾のヘドロ処… |
| 1978(この年) | 栃木県日光市の湯の湖がへ… |
| 1978(この年) | 名古屋市港区の名古屋港湾… |
| 1979.8.25 | 鈴木哲・新潟大学工学部助… |
| 1981(この年) | 和歌山県は和歌山市中心部… |
| 1981(この年) | 2、5、8月に厚生省の魚… |
| 1982.12.1 | 鈴木哲・新潟大学教授によ… |
| 1984.11.17 | 田子ノ浦のヘドロ浚渫費問… |
| 1989.8.3 | 午前10時ごろ、東京都千… |
| 1998.9.21 | 厚生省による調査で、大阪… |

【放射能雨・雪】

| 1954.4.2 | 北海道に3.2ℓ当たり5… |
|---|---|
| 1954.5.13〜 | 5月13日から8月1日に… |
| 1954.5.20 | 伊豆大島で採取した飲料用… |
| 1954.5 | 愛媛県松山市の釣島燈台と… |
| 1954.5〜 | 5月15日に九州で採取… |
| 1954.9.18〜 | 9月18日から23日にか… |
| 1954.9 | 放射線被害調査関係科学者… |
| 1954.10〜 | 10月末から11月初め… |
| 1954.11.11 | 青森県に降った初雪から3… |
| 1955.3.5 | 東京都に降った雪を分析し… |
| 1956.4.16〜 | 4月16日から17日にか… |
| 1956.6.21 | 東北地方と日本海沿岸の各… |
| 1958.1.22 | 日本海側に放射能を含む雪… |
| 1958.1〜 | 1月から2月にかけて、… |
| 1958.3.3〜 | 3月3日から10日にかけ… |
| 1958.3.7 | 新潟県長岡市付近に放射能… |
| 1958.3.18 | 全国各地で放射能雨が降り… |
| 1958.3.25〜 | 3月25日から26日にか… |
| 1958.7.9〜 | この日から翌日にかけて、… |
| 1958.10.13 | 北海道稚内市付近に降った… |
| 1958.10.24 | 東京地方に降った雨から、… |
| 1961.10.27 | 北海道など全国各地に放射… |
| 1961.11.5 | 福岡市付近に雨が降り、内… |
| 1986.5.4 | 政府の放射能対策本部は5… |

【捕鯨】

| 1937.6 | ロンドンで「国際捕鯨取締… |
|---|---|
| 1938.6.14 | 国際捕鯨会議がロンドンで… |

|  |  |
|---|---|
| 1946.8.6 | 南氷洋での日本の捕鯨が再… |
| 1946.12 | ワシントンで「国際捕鯨取… |
| 1948（この年） | 国際捕鯨委員会（IWC、… |
| 1951.4.21 | 「国際捕鯨取締条約」に日… |
| 1955.3.20 | 南極海の捕鯨オリンピック… |
| 1963.7.5 | 第15回国際捕鯨委員会年… |
| 1972.6.5 | 国連による初めての環境会… |
| 1972.6.15 | 国連人間環境会議で、10… |
| 1976.6.25 | 捕鯨枠の大幅削減（ナガス… |
| 1977.4.8〜 | 東京・晴海で、捕鯨問題な… |
| 1981.3.27 | 千葉県沖に停泊中の捕鯨船… |
| 1982.7.23 | 1987年からの商業捕鯨… |
| 1987.3.14 | 第3日新丸が最後の商業捕… |
| 1987.6 | 国際捕鯨委員会（IWC）… |
| 1987.12.23 | 初の南極調査捕鯨船が横浜… |
| 1988.1.13 | 世界野生生物基金（WWF… |
| 1992.6.29 | アイスランドが国際捕鯨委… |
| 1993.5.10 | 京都で国際捕鯨委員会（I… |
| 1994.5.26 | 国際捕鯨委員会（IWC）… |
| 1995.6.2 | 国際捕鯨委員会（IWC）… |
| 1996.6.25 | アバディーンで開かれてい… |
| 1996.6.28 | IWC第48回年次総会は… |
| 1999.5 | 加盟40ヵ国中34ヵ国が… |
| 2000.7 | 国際捕鯨委員会（IWC）… |
| 2002.5.24 | 山口県下関市で開かれてい… |
| 2003.1.16 | 厚生労働省は、ツチクジラ… |
| 2003.6.16 | 国際捕鯨委員会（IWC）… |
| 2006.6.18 | 国際捕鯨委員会（IWC）… |
| 2006.10.17 | アイスランド政府は、19… |

【水俣病】

|  |  |
|---|---|
| 1935.9 | 日本窒素水俣工場で第4期… |
| 1946.2 | 日本窒素肥料水俣工場が、… |
| 1949.10 | 日本窒素肥料水俣工場で塩… |
| 1950.1 | 日本窒素肥料が新日本窒素… |
| 1952（この年） | 水俣市百間港の内湾で貝類… |
| 1953.5 | 水俣市出月で、5歳11ヵ… |
| 1954（この年） | 中枢神経障害の患者発生が… |
| 1955.9 | 新日本窒素肥料水俣工場の… |
| 1956.5.1 | 原因不明の中枢神経疾患が… |
| 1956.8.24 | 熊本県により、熊本大に水… |
| 1957.1 | 熊本大学の水俣病研究班が… |
| 1957.4.1 | 水俣市郊外の漁農村部落で… |
| 1957.4.4 | 水俣保険所での猫発症実験… |
| 1958.2.7 | 水俣の細川一・新日窒附属… |
| 1958.8.15 | 水俣市議会で水俣湾一帯の… |
| 1959.2.12 | 水俣病特別部会が厚生省食… |
| 1959.3.26 | 水俣市八幡の患者が水俣病… |
| 1959.7.21 | 新日窒附属病院でネコ40… |
| 1959.8.12 | この日、出水市でネコ発症… |
| 1959.10.6 | この頃、水俣病の原因につ… |
| 1959.11.2 | 水俣病の原因である新日本… |
| 1959.11.12 | 食品衛生調査会が、水俣病… |
| 1959.12.25 | 厚生省により、熊本県衛生… |
| 1959.12.30 | 水俣病患者互助会が見舞金… |
| 1960.1.9 | 経済企画庁（主管）、通産… |
| 1960.3.25 | 熊本大水俣病研究班が疫学… |
| 1960.7 | 水俣市漁協が沿岸1000… |
| 1960.9.29 | 熊本大水俣病研究班が水俣… |
| 1961.3.21 | 胎児性水俣病患者の存在が… |
| 1961.8.7 | 新日本窒素肥料水俣工場技… |
| 1961.8.9 | 熊本県水俣市の新日本窒素… |
| 1962.3 | 新日本窒素肥料水俣技術部… |
| 1963.2.20 | 熊本大学水俣病研究班が、… |
| 1964.5 | 水俣市漁業協会が、水俣病… |
| 1964.6.25 | 水俣地区に集団発生した先… |
| 1965.1.1 | 新日本窒素肥料株式会社が… |
| 1968.5.15 | 水俣病、新潟水俣病、イタ… |
| 1968.9.20 | 熊本県知事が、チッソ水俣… |
| 1968.9.26 | 厚生省が、水俣病と新潟水… |
| 1969.1 | 水俣病をテーマとするルポ… |
| 1969.6.14 | 熊本水俣病患者家庭互助会… |
| 1969.12.20 | 厚生省が、水俣市・四日市… |
| 1970.5.27 | 水俣病患者家庭互助会の一… |
| 1970.11.28 | 水俣病の責任を問う1株株… |
| 1971.4.22 | 熊本県公害被害者認定審査… |
| 1971.5.26 | 東京都でチッソ株主総会の… |
| 1971.7.7 | 水俣病認定申請の棄却処分… |
| 1971.9.10 | アメリカの写真家ユージン… |
| 1971.10.6 | 熊本県知事が、5日に行わ… |
| 1971.12.17 | 水俣病患者と支援らによ… |
| 1972.1.27 | 大石環境庁長官が水俣を視… |
| 1972.6.5 | 国連による初めての環境会… |

― 583 ―

|  |  |
|---|---|
| 1973.3.20 | 熊本地裁が水俣病第一次訴… |
| 1973.4.27 | 公害等調整委員会により、… |
| 1973.7.9 | 水俣病補償交渉で、チッソ… |
| 1973.7.18 | 水俣漁協が水俣市の百間港… |
| 1974.1 | 熊本県が、水銀汚染魚の拡… |
| 1974.9.20 | 水俣病認定申請に係る不作… |
| 1974.10 | 10月現在、熊本県におけ… |
| 1975.3.14 | 水俣病患者と遺族らが、水… |
| 1975.8.13 | 日本開発銀行の役員会でチ… |
| 1976.2.14 | 水俣湾のヘドロ処理費用に… |
| 1976.5.4 | 水俣病で、チッソ吉岡元社… |
| 1976.6 | 熊本、鹿児島県の公害被害… |
| 1976.11.17 | 九州精神神経学会で熊本大… |
| 1976.12.15 | 熊本地裁が、水俣病認定不… |
| 1977.2.10 | 熊本県と県議会が国に対し… |
| 1977.3.28 | 初の水俣病対策関係閣僚会… |
| 1977.6.28 | 水俣病対策の推進について… |
| 1977.7.1 | 水俣病対策推進について、… |
| 1977.10.11 | 熊本県で水俣湾のヘドロ処… |
| 1977.11.18 | 認定業務促進と水俣・芦北… |
| 1977.12.5 | 写真家ユージン・スミスが… |
| 1978.2.15 | 山田環境庁長官がチッソの… |
| 1978.5.30 | 環境庁が従来の方針を転換… |
| 1978.6.2 | チッソ支援に関する関係省… |
| 1978.6.20 | 第6回水俣病に関する関係… |
| 1978.7.3 | 水俣病の認定に係る業務促… |
| 1978.10.1 | 熊本県に環境庁の附属機関… |
| 1978.11.15 | 「水俣病の認定業務の促進… |
| 1978.12.20 | チッソに対する貸付資金特… |
| 1979.2.9 | 「水俣病の認定業務の促進… |
| 1979.2.14 | 臨時水俣病認定審査会が設… |
| 1979.3.22 | 水俣病刑事事件で、熊本地… |
| 1979.3.28 | 熊本地裁が、水俣病第二次… |
| 1980.5.21 | チッソのほか、国・熊本県… |
| 1980.11.28 | 第7回水俣病に関する関係… |
| 1981.7.1 | 小児水俣病の判断条件につ… |
| 1981.11.20 | 第8回水俣病に関する閣僚… |
| 1981（この年） | 2、5、8月に厚生省の魚… |
| 1982.12.1 | 鈴木哲・新潟大学教授によ… |
| 1983.5.17 | 第9回水俣病に関する関係… |
| 1983.7.20 | 熊本地裁が、水俣病認定業… |
| 1984.5.8 | 「水俣病の認定業務の促進… |
| 1984.12.25 | 第10回水俣病に関する関… |
| 1985.8.16 | 福岡高裁が、水俣病第二次… |
| 1985.10.15 | 水俣病の判断条件に関する… |
| 1985.10.18 | 後天性水俣病の判断条件に… |
| 1985.11.29 | 水俣病認定業務に関する熊… |
| 1986.3.27 | 水俣病認定申請棄却処分取… |
| 1986.9.24 | 国立水俣病研究センターが… |
| 1987.3.30 | 熊本地裁が、水俣病第三次… |
| 1987.9.1 | 「水俣病の認定業務の促進… |
| 1988.2.29 | 熊本水俣病刑事事件上告審… |
| 1990.6.29 | 「水俣病の認定業務の促進… |
| 1990.9.28 | 東京地裁が、水俣病東京訴… |
| 1990.10.29 | 第12回水俣病に関する関… |
| 1990.12.5 | 環境庁の水俣病担当者・… |
| 1990.12.18 | 第13回水俣病に関する関… |
| 1990（この年） | 4地裁と福岡高裁が水俣病… |
| 1991.1.22 | 水俣病問題専門委員会が、… |
| 1991.4.26 | 最高裁が水俣病認定業務に… |
| 1991.9.11 | 水俣病第三次訴訟第一陣控… |
| 1991.11.26 | 今後の水俣病対策のあり方… |
| 1991.11.26 | 「水俣病に関する総合的手… |
| 1992.1.21 | 第14回水俣病に関する関… |
| 1992.2.7 | 東京地裁において、水俣病… |
| 1992.2.7 | 水俣病東京訴訟で、東京地… |
| 1992.4.30 | 環境庁は、関係県に「水俣… |
| 1992.10.2 | 国立水俣病研究センターで… |
| 1992.11.9 | 熊本県水俣湾魚介類対策委… |
| 1992.12.7 | 水俣病関西訴訟について大… |
| 1993.1.13 | 水俣市で水俣病資料館が開… |
| 1993.3.25 | 水俣病第三次訴訟で、熊本… |
| 1993.8.31 | 水俣病に関する関係閣僚会… |
| 1993.9.3 | 8月31日の水俣病対策関… |
| 1993.11.12 | 認定申請期限の延長・対象… |
| 1993.11.19 | 水俣病に関する関係閣僚会… |
| 1993.11.26 | 京都地裁は、水俣病訴訟で… |
| 1993（この年） | 3月に熊本地裁で、11月… |
| 1994.2.23 | 熊本県水俣湾魚介類対策委… |
| 1994.7.11 | 熊本・鹿児島両県の不知火… |
| 1994.9.9 | 水俣病に関する関係閣僚会… |
| 1995.2.23 | 政府連立与党が水俣病問題… |

| | | | |
|---|---|---|---|
| 1995.6.20 | 与党3党が、感覚傷害があ… | 2006.5.1 | 「公害の原点」とされる水… |
| 1995.6.21 | 連立与党が水俣病未認定患… | 2006.12.7 | 政府与党の水俣病問題プロ… |
| 1995.8.21 | 環境庁が、水俣病に認定さ… | | |
| 1995.9.28 | 水俣病未認定患者の救済問… | **【森永ヒ素ミルク中毒】** | |
| 1995.9.30 | 環境庁長官が水俣市を訪問… | 1955.6〜 | 6月下旬から西日本を中… |
| 1995.10.15 | 水俣病全国連が水俣市で開… | 1955.9.18 | 「森永ヒ素ミルク被災者同… |
| 1995.10.28 | 水俣病被害者・弁護団全国… | 1970.6.15 | 森永ヒ素ミルク事件の森永… |
| 1995.10.30 | 水俣病全国連が環境庁に対… | 1972.8.16 | 1955年の森永ヒ素ミル… |
| 1995.12.15 | 水俣病に関する関係閣僚会… | 1973.4.10 | 第2次提訴。「森永ミルク… |
| 1996.1.9 | 政府がチッソ支援策と水俣… | | |
| 1996.1.22 | 関係県において水俣病総合… | **【「もんじゅ」（高速増殖炉）】** | |
| 1996.2.29 | 熊本県が公害健康被害認定… | 1991.5.18 | 福井県敦賀市に高速増殖炉… |
| 1996.4.28 | 水俣市で水俣病全国連が総… | 1994.4.5 | 動力炉・核燃料開発事業団… |
| 1996.5.1 | 水俣病犠牲者慰霊式（5回… | 1995.2.12 | 大阪で、福井県敦賀の高速… |
| 1996.5.19 | 水俣市で、水俣病全国連と… | 1995.5.8 | 敦賀の高速増殖炉「もんじ… |
| 1996.5.22 | 水俣病未認定患者の救済を… | 1995.8.23 | 動力炉・核燃料開発事業団… |
| 1996.6.24 | 水俣湾仕切り網内の海域で… | 1995.8.29 | 動力炉・核燃料開発事業団… |
| 1996.7.1 | 国立水俣病研究センターが… | 1995.12.8 | 午後7時47分ごろ、福井… |
| 1996.9.27 | 福岡高裁で水俣病「待ち料… | 1995.12.12 | 事故を起こした高速増殖炉… |
| 1997.3.11 | 水俣病「抗告訴訟」控訴審… | 1995.12.13 | 科学技術庁の専門家チーム… |
| 1997.7.4 | 新たなチッソ支援策などを… | 1995.12.20 | 動燃が高速増殖炉「もんじ… |
| 1997.7.17 | 熊本県は、5月から実施し… | 1995.12.21 | 科学技術庁は、「もんじゅ… |
| 1997.7 | 熊本県が「水俣湾安全宣言… | 1995.12.23 | 「もんじゅ」のナトリウム… |
| 1997.8.18 | 熊本県水俣湾の仕切網撤去… | 1996.1.8 | 「もんじゅ」の事故調査で… |
| 1999.2.18 | 水俣病患者連盟委員長・川… | 1996.1.13 | 「もんじゅ」のナトリウム… |
| 1999.3.4 | タイ・バンコクで開発途上… | 1996.1.26 | 「もんじゅ」の事故で、ナ… |
| 1999.3.24 | 国立水俣病総合研究センタ… | 1996.2.10 | もんじゅの事故で、動燃は… |
| 1999.5.1 | 熊本県水俣市で「水俣病犠… | 1996.3.28 | 「もんじゅ」のナトリウム… |
| 1999.5.12 | 水俣病患者認定を申請した… | 1996.4.8 | 動燃が「もんじゅ」のナト… |
| 1999.6.9 | 水俣病患者への補償金支払… | 1996.4.25 | 「もんじゅ」の事故をきっ… |
| 2001.4.27 | 大阪高裁で水俣病関西訴訟… | 1996.5.3 | 「もんじゅ」の事故の原因… |
| 2004.5.1 | 水俣病犠牲者慰霊式が水俣… | 1996.5.14 | 「もんじゅ」に反対してい… |
| 2004.10.15 | 水俣病関西訴訟で、最高裁… | 1996.5.23 | 科学技術省が、高速増殖炉… |
| 2005.4.7 | 環境省が「今後の水俣病対… | 1996.6.7 | 「もんじゅ」の事故原因究… |
| 2005.5.1 | 水俣病犠牲者慰霊式が水俣… | 1997.6.19 | フランスのジョスパン首相… |
| 2005.5.11 | 環境大臣の私的懇談会水俣… | 1997.8.3 | 科学技術庁は、動燃の高速… |
| 2005.6.1 | 水俣病関西訴訟容認者等へ… | 1997.8.9 | 科学技術庁が、動燃の高速… |
| 2005.10.15 | 水俣病総合対策医療事業（… | | |
| 2006.1.22 | 水俣病の原因企業であるチ… | **【モントリオール議定書】** | |
| 2006.3.29 | 水俣病公式確認50年実行… | 1987.9.16 | モントリオールで開催され… |
| 2006.4.28 | 水俣病が公式に確認されて… | 1987.9 | 1985年ウィーン条約に… |
| | | 1988.5.20 | ウィーン条約とモントリオ… |

− 585 −

| | | | | |
|---|---|---|---|---|
| 1988.9.30 | 「オゾン層の保護に関する… | | 2002.8.30 | 日本、「オゾン層を破壊す… |
| 1988.9.30 | 日本が「オゾン層の保護の… | | 2002.11.20 | ローマで「モントリオール… |
| 1989.1.1 | 「オゾン層を破壊する物質… | | 2002.11.25 | ローマで「ウィーン条約第… |
| 1989.4.26 | オゾン層保護のためのウィ… | | 2003.11.17 | ナイロビで「オゾン層を破… |
| 1989.8.21 | ナイロビで、モントリオー… | | 2004.3.24 | 「オゾン層を破壊する物質… |
| 1989.8.25 | 「モントリオール議定書第… | | | |
| 1989.9.18 | ジュネーブで、モントリオ… | | 【薬害エイズ】 | |
| 1989.11.13 | ジュネーブで、モントリオ… | | 1983.6.13 | 薬害エイズについて厚生省… |
| 1990.1.26 | 通産省が「オゾン層の保護… | | 1988.2.12 | 血友病のため、米国から輸… |
| 1990.2.26 | ジュネーブで、モントリオ… | | 1989.5.8 | 血友病患者2人が、国と製… |
| 1990.3.8 | ジュネーブで、モントリオ… | | 1994.4.4 | 輸入血液製剤からHIVに… |
| 1990.6.20 | ジュネーブで、モントリオ… | | 1995.7 | 新生児出血症・婦人科系疾… |
| 1990.6.27 | モントリオール議定書第2… | | 1995.10.2 | 輸入血液製剤によりエイズ… |
| 1990.6 | 第2回モントリオール議定… | | 1996.3.26 | 菅厚相が、薬害エイズで2… |
| 1990.11.3 | モントリオール議定書に基… | | 1996.4.24 | 橋本首相が、薬害エイズ問… |
| 1991.3.30 | モントリオール議定書改定… | | 2000.2.24 | 薬害エイズ事件で、旧ミド… |
| 1991.6.19 | オゾン層を破壊する物質に… | | 2000.7.26 | 薬害エイズ事件で、業務上… |
| 1992.4 | モントリオール議定書締約… | | 2001.3.28 | 東京地裁は、薬害エイズ事… |
| 1992.5.11 | 通産省が、企業のフロン代… | | 2001.9.28 | 薬害エイズ事件で業務上過… |
| 1992.11.23 | コペンハーゲンで、モント… | | 2002.8.21 | 薬害エイズ事件で業務上過… |
| 1992(この年) | 第4回モントリオール議定… | | | |
| 1993.11.17 | バンコクで、モントリオー… | | 【夢の島】 | |
| 1994.10.3 | ナイロビでモントリオール… | | 1957.12 | 東京で夢の島埋立てが開始… |
| 1994.10 | 第6回モントリオール議定… | | 1961.7.23〜 | 午後0時50分頃から、東… |
| 1994.12.26 | モントリオール議定書の1… | | 1965.6〜 | 6月から7月にかけて、… |
| 1995.12.5 | ウィーンでモントリオール… | | 1965.9〜 | 9月から11月にかけて… |
| 1995(この年) | 第7回モントリオール議定… | | 1976.6.10 | 1954年にビキニ環礁で… |
| 1996.11.19 | コスタリカでウィーン条約… | | | |
| 1996(この年) | 第4回ウィーン条約締約国… | | 【横田基地騒音問題】 | |
| 1997.9.15 | モントリオールで「オゾン… | | 1968(この頃〜) | 東京都瑞穂、福生町にあ… |
| 1997(この年) | モントリオール議定書締約… | | 1970(この頃) | 東京都立川、福生、武蔵村… |
| 1998.11.16 | 「オゾン層を破壊する物質… | | 1976.4.28 | 横田基地公害訴訟団が、米… |
| 1998.11.25 | 「モントリオール議定書第… | | 1981.7.12 | 横田基地公害訴訟の一審判… |
| 1998.11 | 第10回モントリオール議… | | 1987.7.15 | 横田基地公害訴訟の控訴審… |
| 1999.11.29 | 中国・北京で「オゾン層の… | | 1989.3.15 | 第3次横田基地航空機騒音… |
| 1999.12.4 | 「ウィーン条約第5回締約… | | 1990.10.21 | 「国際反戦デー」の日に、… |
| 2000.12.11 | ブルキナファソのワガドゥ… | | 1993.2.25 | 第1次厚木基地騒音公害訴… |
| 2001.7.16 | カナダのモントリオールで… | | 1994.3.30 | 横田基地騒音訴訟第3次・… |
| 2001.10.16 | コロンボでモントリオール… | | 2003.5.13 | アメリカ軍の横田基地の騒… |
| 2002.7.17 | カナダのモントリオールで… | | | |
| 2002.7.22 | カナダのモントリオールで… | | 【四日市ぜんそく】 | |
| | | | 1960.10.17 | 三重県四日市で、市長の諮… |

| | | | | |
|---|---|---|---|---|
| 1961（この年） | この夏、四日市コンビナー… | | 1999.2.22 | マニラでラムサール条約ア… |
| 1962.8.16 | 三重県立医大附属塩浜病院… | | 1999.5.1 | ラムサール条約第7回締約… |
| 1963.5.27 | 四日市市の石油化学会社が… | | 1999.5.7 | 環境庁長官が、ラムサール… |
| 1964.5.1 | 黒川公害調査団の報告結果… | | 1999.11.29 | グランでラムサール条約第… |
| 1965.1 | 厚生省・通産省による調査… | | 2000.10.23 | グランでラムサール条約常… |
| 1965.5.20 | 四日市市で国に先駆けて独… | | 2001.10.1 | バンコクでラムサール条約… |
| 1967.9.1 | 四日市ぜんそく患者ら9人… | | 2001.12.3 | ジュネーブでラムサール条… |
| 1967.11.28 | 大気汚染研究全国協議会が… | | 2002.5.15 | ジュネーブで「ラムサール… |
| 1968.5.15 | 水俣病、新潟水俣病、イタ… | | 2002.11.18 | 「ラムサール条約第8回締… |
| 1969.5.23 | 初の「公害白書」発表。千… | | 2003.2.26 | グランで「ラムサール条約… |
| 1969.5.27 | 三重県知事立会いの下、四… | | 2005.11.8 | ウガンダのカンパラでラム… |
| 1969.12.20 | 厚生省が、水俣市・四日市… | | | |
| 1970.2.1 | 1969年制定の「公害に… | | 【リサイクル】 | |
| 1971.9.14 | 午前11時頃から午後1時… | | 1934.5 | 横浜市の磯子塵芥処理場で… |
| 1972.5〜 | 5月頃から8月頃にかけ… | | 1939（この年） | 東京市で、自区域内処理と… |
| 1972.7.24 | 津地裁四日市支部が、四日… | | 1941.9 | 神戸市で一部ごみの堆肥化… |
| 1972.8.21 | 四日市石油コンビナートの… | | 1943.10 | 日本資源回生報国会が、ご… |
| 1973.1 | 四日市公害訴訟の地裁判決… | | 1986.7 | 富士写真フイルムは、カラ… |
| 1975.9 | 6回にわたり、員弁郡大安… | | 1990.6 | 厚生省が「資源ごみの回収… |
| 1976（この年） | 四日市の全観測点で二酸化… | | 1990（この年） | 高知市・秦野市・伊勢原市… |
| 1979.3.20 | 第1次地域（四日市地域ほ… | | 1991.4.26 | 業種・製品ごとに再利用基… |
| 1983.9.9 | 第1次・第4次地域（四日… | | 1991.6.11 | 環境保全に関する循環型社… |
| 1984.3.13 | 第1次・第4次地域（四日… | | 1991.10.5 | 「廃棄物の処理及び清掃に… |
| | | | 1991.10.18 | 「リサイクル法施行令」が… |
| 【ラムサール条約】 | | | 1993.8.16 | 環境庁・大蔵・厚生・農水… |
| 1971.2 | 国際水禽・湿地調査局（I… | | 1993（この年） | 1993年度の日本の廃棄… |
| 1975（この年） | 「ラムサール条約」（19… | | 1994.4.4 | 環境庁が「リサイクルのた… |
| 1980.6.17 | 屈斜路湖国設鳥獣保護区が… | | 1995.6.13 | 関係省庁会議申し合わせ「… |
| 1980.10.17 | 「ラムサール条約（特に水… | | 1995.6.16 | 「容器包装廃棄物の分別収… |
| 1980.11.24 | ラムサール条約第1回締約… | | 1995.12.14 | 容器包装に係る分別収集及… |
| 1985.5.27 | 宮城県の伊豆沼・内沼が、… | | 1996.3.20 | リサイクルしたアルミ缶で… |
| 1989.6.20 | 北海道・屈斜路湖がラムサ… | | 1996.3.25 | 「容器包装廃棄物の分別収… |
| 1990.6.27 | ラムサール条約第4回締約… | | 1996.5.17 | 「容器包装リサイクル法第… |
| 1991.12.12 | 国内4番目のラムサール条… | | 1996.12.27 | 容器包装リサイクル法の本… |
| 1993.2.8 | ラムサール条約締約国会議… | | 1997.3.6 | リサイクル目的の有害廃棄… |
| 1993.6.9〜 | 北海道釧路市で湿地保全の… | | 1997.4.1 | 「容器包装リサイクル法」… |
| 1994.10.10 | ハンガリーで第15回ラム… | | 1997.6.18 | 「廃棄物の処理及び清掃に… |
| 1996.3.19 | ブリズベンラムサール条約… | | 1998.2 | 環境庁で検討されていた「… |
| 1996.3 | 第6回ラムサール条約締約… | | 1998.6.5 | 「特定家庭用機器再商品化… |
| 1998.11.18 | 「ラムサール条約国別報告… | | 2000.2 | ケニアの環境活動家のワン… |
| 1999.1.25 | 愛知県が藤前干潟でのごみ… | | 2000.4.1 | 家庭ごみのうち重量で4分… |
| 1999.1.27 | ラムサール条約に基づく指… | | 2000.5.26 | 「循環型社会形成推進法案… |

| | | | |
|---|---|---|---|
| 2000.5 | 建築や解体で出たごみの再… | 1963.8〜 | 8月から9月にかけて、… |
| 2000.6 | 「食品循環資源の再利用等… | 1964.4〜 | 4月から5月にかけて、… |
| 2000（この年） | 夏以降、名古屋市では容器… | 1964.7〜 | 7月から8月にかけて、… |
| 2001.4.1 | 「特定家庭用機器再商品化… | 1965.4〜 | 4月から6月にかけて、… |
| 2001.12.12 | 「容器包装に係る分別収集… | 1965.4〜 | 4月から6月にかけて、… |
| 2002.7.12 | 「使用済自動車の再資源化… | 1965.9 | 九州地方で異常低温が続き… |
| 2002.9.25 | 環境省は「容器包装リサイ… | 1966.4〜 | 4月頃から9月末にかけ… |
| 2003.4.18 | 環境省が「家電リサイクル… | 1968.7〜 | 7月から8月にかけて、… |
| 2003.5.26 | 国土交通省による建設リサ… | 1969.4〜 | 4月から10月にかけて… |
| 2003.7.17 | 「市区町村における家電リ… | 1971.4〜 | 4月末から5月上旬にか… |
| 2003.8.6 | 「平成14年度容器包装リ… | 1974.5 | 前半は上空に寒気が入り、… |
| 2003.9.30 | 「容器包装リサイクル法に… | 1974（この年） | 山梨県は昨年（1973年… |
| 2003.12.18 | 「容器包装リサイクル法に… | 1975.3 | 2月下旬から3月初めに、… |
| 2005.3.25 | 2005年日本国際博覧会… | 1976.6〜 | 6月から9月にかけて、… |
| 2006.1.31 | プリンター用インクカート… | 1976（この年） | 異常低温など天候不順と台… |
| 2006.6.9 | 改正容器包装リサイクル法… | 1976（この年） | 北海道は5年ぶりの冷害に… |
| | | 1976（この年） | 青森県は作況90で23年… |
| **【林道建設】** | | 1976（この年） | 7月初め、盛岡で4.3度… |
| 1965（この年） | 従来の林道の概念を超え、… | 1976（この年） | 宮城県ではささにしきに代… |
| 1967（この年） | 南アルプス・スーパー林道… | 1976（この年） | 秋田県では春先から異常低… |
| 1975.5.25 | 自然保護問題で工事が一時… | 1976（この年） | 秋、山形県では冷害のため… |
| 1978.7.14 | 環境庁長官が、7月15日… | 1976（この年） | 福島県では夏の冷温多雨が… |
| 1978.8.25 | 環境庁が、南アルプス・ス… | 1976（この年） | 栃木県北の山間地で、水稲… |
| 1979.11.12 | 起工13年目にして、南ア… | 1976（この年） | 群馬県で稲、こんにゃく、… |
| 1979.12.12 | 自然破壊が問題となり工事… | 1976（この年） | 6月末から7月初めにかけ… |
| 1980.6.11 | 着工から14年目にして、… | 1976（この年） | 新潟県では異常気象の影響… |
| 1981.11.20 | 環境庁が、林業を目的とす… | 1977.1〜 | 札幌、室蘭などで197… |
| 1983.3.22 | 環境庁が奥鬼怒スーパー林… | 1977.8 | 8月中旬から下旬にかけて… |
| 1983.10.28 | 奥鬼怒スーパー林道の延長… | 1977.8 | 8月の長雨と冷害で、こん… |
| 1995.9.18 | 磐梯朝日国立公園に近い国… | 1979（この年） | 1979年産米は、長雨な… |
| 2003.6.6 | 沖縄の沖縄本島北部の通… | 1979（この年） | 農業生産額は前年比8.3… |
| | | 1980.7〜 | 全国各地で日照不足や降… |
| **【冷害・冷夏・異常低温】** | | 1980.8 | 平均気温が平年より3度も… |
| 1934.7〜 | 7月から8月にかけて、… | 1980.10 | 青森県では冷夏、長雨、日… |
| 1935.7 | 栃木、広島両県の各地で冷… | 1980（この年） | 夏は1905年以来の冷夏… |
| 1941.10 | 青森県で冷害による農作物… | 1980（この年） | 全国の稲作況指数は87で… |
| 1953.8〜 | 8月中旬から9月上旬に… | 1980（この年） | 青森県の水稲収穫量は平年… |
| 1954.6〜 | 6月から7月にかけて、… | 1980（この年） | 岩手県で冷害の農作物被害… |
| 1956.6〜 | 6月中旬から9月上旬に… | 1980（この年） | 7月中旬からの低温、日照… |
| 1956.9 | 北海道は夏以降低温と日照… | 1980（この年） | 夏の冷害により、山形県の… |
| 1957.9 | 高知県で低温状態の日が続… | 1980（この年） | 農業県である福島県では記… |
| 1963.4.30〜 | この日から6月にかけて、… | | |

| 1980（この年） | 茨城県の水稲は夏の異常低… |
|---|---|
| 1980（この年） | 冷害を受けたのは主に栃木… |
| 1980（この年） | 冷夏で、石川県の農作物被… |
| 1980（この年） | 冷夏といもち病の多発で、… |
| 1980（この年） | 山梨県の冷害の被害は富士… |
| 1980（この年） | 大分県の作物は冷夏・長雨… |
| 1981（この年） | 岩手県では初夏と秋の低温… |
| 1983（この年） | 北海道では6、7月の記録… |
| 2003.7 | 平均気温が平年より北日本… |

## 【六価クロム】

| 1971.5.4〜 | 4日から25日にかけて、… |
|---|---|
| 1971.6.17 | カドミウムとその化合物、… |
| 1971.6.21 | 全国全ての事業者に濃度規… |
| 1971（この頃〜） | 福岡県大牟田市の五月橋… |
| 1972.9 | 山口県徳山市の日本化学工… |
| 1972（この年） | 横浜市保土ヶ谷および西区… |
| 1972（この年） | 名古屋市の荒子川で流域の… |
| 1972（この年） | 神戸市の高橋川で流域の工… |
| 1973.3.1 | 市川市で、六価クロム30… |
| 1973.4.19 | 東京都が地下鉄工事用地と… |
| 1973（この頃） | 栃木県栃木市の住友セメン… |
| 1973（この頃） | 鳥取市の旭鍍金工場が六価… |
| 1975.7 | 東京都江東区堀江町の区画… |
| 1975.8.19 | 名古屋市内の下水処理場に… |
| 1975.8 | 日本化学工業が東京都江東… |
| 1975.8 | 富山県射水郡大島町で、北… |
| 1975.9 | 全国で唯一のクロム鉱山、… |
| 1975.10 | 仙台市東十番丁のメッキ工… |
| 1975（この頃） | 埼玉県秩父市上影森の昭和… |
| 1975（この頃） | 三重県四日市市の東邦化学… |
| 1975（この頃） | 広島県竹原市の三井金属鉱… |
| 1975（この頃） | 山口県徳山市の日本化学工… |
| 1975（この頃） | 徳島市の日本電工徳島工場… |
| 1975（この頃） | 北九州市の旭硝子牧山工場… |
| 1976.11.24 | 六価クロム化合物含有鉱滓… |
| 1976.12.9 | 東京都狛江市のメッキ工場… |
| 1977.11.24 | 環境庁が六価クロム環境汚… |
| 1978（この年） | 東京都八王子市で井戸水が… |
| 1979.3.8 | 東京都での六価クロム鉱滓… |
| 1979（この年） | 瀬戸市の住宅造成地で野積… |
| 1982.2.4 | 東京都内のメッキ工場など… |
| 1984.9.8 | 昭島市中神町で精密機器製… |
| 1984.9.27 | 東京都江東区新砂の木材工… |
| 1984.9 | 小松市内の3カ所の井戸で… |
| 1989.11.30 | 環境庁・厚生省が、六価ク… |
| 1991.8.23 | 環境庁が、土壌汚染対策の… |
| 1993.11 | 東京都江東区の亀戸・大島… |
| 1995.7.5 | 江戸川六価クロム事件（1… |
| 1999.2.19 | 北海道苫小牧市の民間産廃… |
| 2005.10.12 | 土壌埋め戻し材「フェロシ… |

## 【ワシントン条約】

| 1973.3.3 | 「絶滅のおそれのある野生… |
|---|---|
| 1973.4.30 | 「絶滅のおそれのある野生… |
| 1975（この年） | 「ラムサール条約」（19… |
| 1980.11.4 | 「ワシントン条約（絶滅の… |
| 1981.2.25 | ワシントン条約第3回締約… |
| 1984.10.26 | 政府がワシントン条約関係… |
| 1985.3.28 | ワシントン条約関係省庁連… |
| 1987.2.24 | トラフィック・ジャパン日… |
| 1987.3.13 | ワシントン条約に対応する… |
| 1987.5.9 | 動植物の密輸入を防ぐため… |
| 1987.5 | 厚生省が日本生薬連合会に… |
| 1987.6.2 | ワシントン条約の国内対応… |
| 1987.7.4 | ワシントン条約上の留保品… |
| 1987.10.6 | トラフィック・ジャパンの… |
| 1987.10.13 | 第6回ワシントン条約締約… |
| 1987.12.1 | 「絶滅のおそれのある野生… |
| 1988.11.21 | ワシントン条約アジア地域… |
| 1988.12.20 | 1973年の専門家会議開… |
| 1989.3.24 | 「絶滅のおそれのある野生… |
| 1989.4.1 | ワシントン条約におけるジ… |
| 1989.10.9 | ワシントン条約第7回締約… |
| 1989.11.30 | 「絶滅のおそれのある野生… |
| 1989（この年） | 第7回ワシントン条約締約… |
| 1990.1.18 | 「絶滅のおそれのある野生… |
| 1990.2.5 | ワシントン条約第21回常… |
| 1992.1.31 | 絶滅のおそれのある野生動… |
| 1992.3.2 | 京都で第8回ワシントン条… |
| 1992.6.5 | ワシントン条約の国内対応… |
| 1992（この年） | ワシントン条約締約国会議… |
| 1994.11.7 | フォートローダーデールで… |
| 1994.11 | ワシントン条約締約国会議… |

| 1995.10.17 | 東京でワシントン条約アジ… |
| --- | --- |
| 1996.1.30 | ジュネーブでワシントン条… |
| 1996.12.2 | ローマでワシントン条約常… |
| 1996.12.9 | アンマンでワシントン条約… |
| 1997.6.7 | ジンバブエのハラレでワシ… |
| 1997.6.9 | ハラレでワシントン条約第… |
| 1997.6 | 第10回ワシントン条約締… |
| 1998.3.3 | ロンドンでワシントン条約… |
| 1998.5.6 | 「絶滅のおそれのある野生… |
| 1999.2.8 | ジュネーブでワシントン条… |
| 1999.2.11 | ワシントン条約・常設委員… |
| 1999.9.27 | ポルトガルでワシントン条… |
| 2000.2.21 | プノンペンでワシントン条… |
| 2000.4.10 | ワシントン条約第10回締… |
| 2001.6.19 | パリでワシントン条約第4… |
| 2002.3.12 | ジュネーブでワシントン条… |
| 2002.8.14 | モンゴルで「ワシントン条… |
| 2002.11.3 | アルゼンチンのサンティア… |

# 地域別索引

# 地域名一覧

日本各地 …………… 594

北海道 ……………… 595

東北地方 …………… 597
  青森県 …………… 597
  岩手県 …………… 598
  宮城県 …………… 598
  秋田県 …………… 599
  山形県 …………… 599
  福島県 …………… 599

関東地方 …………… 600
  茨城県 …………… 600
  栃木県 …………… 601
  群馬県 …………… 602
  尾瀬 ……………… 603
  埼玉県 …………… 603
  千葉県 …………… 604
  東京都 …………… 605
  東京湾 …………… 609
  神奈川県 ………… 609

中部地方 …………… 610
  新潟県 …………… 611
  富山県 …………… 612
  石川県 …………… 613
  福井県 …………… 613
  山梨県 …………… 614
  長野県 …………… 615
  岐阜県 …………… 615
  静岡県 …………… 616

愛知県 …………… 617
三重県 …………… 618

近畿地方 …………… 619
  滋賀県 …………… 619
  京都府 …………… 619
  大阪府 …………… 620
  兵庫県 …………… 621
  奈良県 …………… 622
  和歌山県 ………… 622

中国・四国地方 …… 622
  瀬戸内海 ………… 622
  鳥取県 …………… 623
  島根県 …………… 623
  岡山県 …………… 624
  広島県 …………… 624
  山口県 …………… 624
  徳島県 …………… 625
  香川県 …………… 625
  愛媛県 …………… 626
  高知県 …………… 626

九州地方 …………… 626
  福岡県 …………… 627
  佐賀県 …………… 627
  長崎県 …………… 628
  熊本県 …………… 628
  大分県 …………… 630
  宮崎県 …………… 630
  鹿児島県 ………… 631
  沖縄県 …………… 631

- アジア …………………… 632
  - 韓国 …………………… 633
  - 北朝鮮 ………………… 633
  - 中国 …………………… 633
  - ベトナム ……………… 634
  - タイ …………………… 634
  - マレーシア …………… 634
  - シンガポール ………… 634
  - インドネシア ………… 634
  - インド ………………… 634
  - パキスタン …………… 634
  - イラン ………………… 634
  - イラク ………………… 634
  - イスラエル …………… 634

- ヨーロッパ ……………… 634
  - イギリス ……………… 635
  - アイルランド ………… 635
  - ドイツ ………………… 635
  - 西ドイツ ……………… 635
  - スイス ………………… 635
  - オーストリア ………… 635
  - フランス ……………… 635
  - ベルギー ……………… 636
  - スペイン ……………… 636
  - イタリア ……………… 636
  - ロシア ………………… 636
  - ソ連 …………………… 636
  - ウクライナ …………… 636
  - スウェーデン ………… 636
  - ノルウェー …………… 636
  - アイスランド ………… 636

- アフリカ ………………… 636
  - リビア ………………… 636
  - チュニジア …………… 636
  - ナイジェリア ………… 637
  - タンザニア …………… 637
  - 南アフリカ …………… 637

- 南北アメリカ …………… 637
  - カナダ ………………… 637
  - アメリカ ……………… 637
  - メキシコ ……………… 638
  - ブラジル ……………… 638
  - アルゼンチン ………… 638
  - チリ …………………… 638

- オセアニア・太平洋地域 … 638
  - オーストラリア ……… 638
  - ニュージーランド …… 638
  - マーシャル諸島 ……… 638
  - キリバス ……………… 639
  - 仏領ポリネシア ……… 639

- 極地 ……………………… 639
  - グリーンランド ……… 639
  - 南極 …………………… 639

# 日本各地

| | |
|---|---|
| 1932.10.8 | 国立公園候補 |
| 1934.6〜 | 干ばつで農作物被害 |
| 1934.7〜 | 北日本で冷害 |
| 1939.6〜 | 西日本で干ばつ |
| 1953.8〜 | 東日本で冷害 |
| 1954.5.13〜 | 放射能雨 |
| 1954.9.18〜 | 放射能雨 |
| 1954.10〜 | 放射能雨 |
| 1955.6〜 | 森永ヒ素ミルク中毒発生 |
| 1955.9.18 | 森永ヒ素ミルク中毒 |
| 1956.4.16〜 | 放射能雨 |
| 1956.5.28 | 異常微気圧振動観測 |
| 1956.7.11 | 異常微気圧振動観測 |
| 1956.12.19 | 放射能観測 |
| 1957.4〜 | 各種放射性同位元素検出 |
| 1958.1.22 | 放射能雪 |
| 1958.2〜 | 52年ぶりの大干ばつ |
| 1958.3.18 | 放射能雨 |
| 1958.7.9〜 | 放射能雨 |
| 1958（この年） | 中性合成洗剤が商品化 |
| 1961.10.27 | 放射能雨 |
| 1962.12.16〜 | スモッグ発生 |
| 1962（この頃〜） | 大気汚染 |
| 1963.1 | 放射性物質降下 |
| 1963.4.30〜 | 西日本で長雨被害 |
| 1964（この頃） | 合成洗剤汚染 |
| 1965.1.21 | 放射能観測 |
| 1965（この頃） | 太陽熱温水器 |
| 1965（この頃〜） | 有機燐系農薬障害 |
| 1967.7〜 | 少雨による干害 |
| 1968.3 | カネミ油症 |
| 1968.9〜 | カネミ油集団中毒（カネミ油症） |
| 1969（この年） | サリチル酸汚染 |
| 1969（この年） | 食品添加物チクロ |
| 1969（この年〜） | ベンゼンヘキサクロライド汚染 |
| 1969（この年〜） | 着色・漂白剤使用野菜汚染 |
| 1969（この頃） | 林業労働者白ろう病発生 |
| 1970（この年） | 排気ガスで鉛汚染 |
| 1970（この年） | 畜産物抗生物質残留 |
| 1971.11.16〜 | 太平洋側異常乾燥 |
| 1971（この頃〜） | 船舶廃油汚染 |
| 1971（この頃〜） | PCB汚染 |
| 1972.3.31 | 5水域に環境基準 |
| 1972（この年） | 家庭用浄水器 |
| 1972（この頃） | クロロキン系腎臓病治療薬障害 |
| 1972（この頃） | ストレプトマイシン系治療薬障害 |
| 1972（この頃〜） | フタル酸エステル汚染 |
| 1973.6.4 | 魚介類PCB汚染調査 |
| 1973.9〜 | 鴨中毒死 |
| 1973.12〜 | 異常気象 |
| 1973（この頃） | ポリ塩化トリフェニール汚染 |
| 1973（この頃） | サッカリン汚染 |
| 1974.3 | ぜんそく患者急増 |
| 1974.6 | 母乳PCB |
| 1974.9 | 水銀汚染 |
| 1974.9 | PCB汚染 |
| 1974.9 | 土壌汚染 |
| 1974.11.22 | 水質汚染調査 |
| 1974.12 | 騒音公害 |
| 1974（この年） | カドミウム汚染米 |
| 1974（この年） | 2・3・アクリル酸アミド汚染（AF2）使用禁止 |
| 1974（この年） | ニトロフラン系飼料汚染 |
| 1975.3 | 異常低温 |
| 1975.3 | 太陽熱温水器 |
| 1975.4.9〜 | 光化学スモッグ |
| 1975.5.31 | 母乳PCB漸減 |
| 1975.12.20 | 化学物質汚染 |
| 1975.12.23 | 塩ビモノマー検出 |
| 1975.12.26 | 大気汚染状況 |
| 1975（この年） | 注射液溶解補助剤被害 |
| 1975（この年） | 光化学スモッグ発生 |
| 1975（この年） | 水質汚染 |
| 1975（この年） | リジン問題 |
| 1975（この年） | 使い捨てから修理再生へ |
| 1975（この頃） | 悪臭被害 |
| 1976.6〜 | 日照不足と異常低温で冷害 |
| 1976.10.19 | 白ろう病認定患者 |

| | | | | |
|---|---|---|---|---|
| 1976（この年） | 冷害で稲作大打撃 | | 1990.4.27 | 森林生態系保護地域 |
| 1976（この頃） | 人工着色料問題 | | 1990.10.17 | アメニティ |
| 1977.1～ | 異常低温 | | 1991.10.23 | アメニティ |
| 1977.9.10～ | 異常高温・少雨 | | 1992.3.12 | 第2期「湖沼水質保全計画」 |
| 1977（この頃） | 幼児筋拘縮症発生 | | 1992.10.28 | アメニティ |
| 1978（この年） | 大気汚染環境基準 | | 1993.10.20 | アメニティ |
| 1978（この頃～） | 悪臭被害 | | 1994.10.19 | アメニティ |
| 1980.7～ | 戦後最大の冷害 | | 1995.10.19 | アメニティ |
| 1980.12.8 | 水質汚染 | | 1996.10.17 | アメニティ |
| 1980.12.18 | 地盤沈下 | | 1996（この年） | ダイオキシン汚染 |
| 1980.12.19 | 大気汚染状況 | | 1997.1.2～ | ナホトカ号事故 |
| 1980（この年） | 過酸化水素被害 | | 1997.10.23 | アメニティ |
| 1980（この年） | 界面活性剤被害 | | 1997（この年） | 排ガスにダイオキシン |
| 1980（この年） | 異常気象 | | 1998.8～ | 環境ホルモン検出 |
| 1980（この年） | 戦後2番目の冷害 | | 1998.11.12 | アメニティ |
| 1980（この年～） | フロンガス問題 | | 1999.4.4 | 水産物からの環境ホルモン減少せず |
| 1981.3.23 | 国立・国定公園の高山植物 | | | |
| 1981.12.21 | 地盤沈下 | | 1999.4.5 | ごみ焼却 |
| 1981（この年） | 騒音公害 | | 1999.4.6 | アイドリング・ストップ条例 |
| 1981（この年） | 医薬品副作用 | | 1999.7.7 | ごみ処理 |
| 1982（この年） | 医薬品副作用死 | | 1999.11.4 | アメニティ |
| 1983.11 | アスベスト（石綿）公害 | | 2000.3 | ダイオキシン汚染 |
| 1983（この年） | 地盤沈下 | | 2000.4.28 | 全国の空港の航空機騒音調査 |
| 1983（この年） | 薬害死亡者 | | 2000.6.27 | 雪印乳業集団食中毒事件 |
| 1984.5.12 | 猛毒除草剤ずさん処分 | | 2001.2.15 | じん肺訴訟 |
| 1984.12.10 | 養殖ハマチ有機スズ化合物汚染 | | 2001.10.4 | 自然環境保全基礎調査・巨樹巨木林 |
| 1985.8.2 | 水質保全 | | 2001.10.30 | かおり風景100選 |
| 1985.9 | 医薬品副作用死 | | 2002.3～ | 中国産冷凍野菜から農薬 |
| 1985.11.20 | トキ保護 | | 2002.5 | 香料に無認可添加物 |
| 1985.12.13 | 湖沼水質保全特別措置法 | | 2002.7 | 無登録農薬問題 |
| 1986.1.25 | トリクロロエチレン汚染 | | 2002.10.21 | C型肝炎感染被害者が全国一斉提訴 |
| 1986.5.4 | 放射能汚染 | | | |
| 1986.9 | 医薬品副作用死 | | 2003.1.16 | クジラがPCB汚染 |
| 1986（この年） | 地下水汚染 | | 2003.7 | 冷夏で農作物は冷害 |
| 1987.3.27 | 日本でも酸性雨 | | 2003.8.27 | 水稲の作柄「著しい不良」 |
| 1987.4.10 | てぐす公害調査 | | | |
| 1987.5.22 | 抗がん剤副作用死 | | | |
| 1987.9.26 | 抗がん剤副作用死 | | | |

# 北海道

| | |
|---|---|
| 1988.2.12 | 血友病患者エイズ感染 |
| 1989.5.8 | 薬害エイズ訴訟 |
| 1989（この年） | 二酸化窒素濃度 |
| 1989（この年） | 排煙・排ガスからの酸性霧 |

| | |
|---|---|
| 1934.12.4 | 国立公園第2次指定 |
| 1941.11 | 河川汚染 |

| | | | |
|---|---|---|---|
| 1949.5.16 | 支笏洞爺国立公園 | 1978.7.19 | 環境アセスメント |
| 1952.3.29 | 特別天然記念物 | 1978.10.24 | 有珠山で泥流発生 |
| 1952.3.29 | 特別天然記念物 | 1979.5 | ツベルクリン接種ミス |
| 1952.3.29 | 特別天然記念物 | 1980.2.4 | 自然環境 |
| 1954.4.2 | 放射能雪 | 1980.3.25 | 国立・国定公園の高山植物 |
| 1956.6〜 | 40年ぶりの冷害 | 1980.6.17 | ラムサール条約 |
| 1956.9 | 低温と日照不足 | 1980.8 | 冷害で最悪の凶作 |
| 1957(この年) | 特別天然記念物 | 1980.10.14 | 伊達火力発電所環境権訴訟 |
| 1957(この頃) | 自衛隊員放射線障害 | 1981.10.1 | 日高山脈襟裳国定公園 |
| 1958.7.1 | 網走国定公園・大沼国定公園 | 1982.9.24 | 自然保護 |
| 1958.8.27 | たんちょうづる自然公園 | 1983.3.31 | 鳥獣保護区 |
| 1958.10.13 | 放射能雨 | 1983.5.30 | 釧路湿原 |
| 1963.7.24 | ニセコ積丹小樽海岸国定公園など指定 | 1983.7.20 | 釧路湿原 |
| | | 1983(この年) | 冷害で1531億円の被害 |
| 1964.6.1 | 知床国立公園・南アルプス国立公園など指定 | 1984.3.29 | 釧路湿原 |
| | | 1984.6.14 | 知床国立公園など区域・計画変更 |
| 1964.7〜 | 冷害・霜害 | | |
| 1965.5.23 | 船舶事故で原油流出 | 1984.10.4 | 大雪山国立公園 |
| 1965.7.10 | 利尻礼文国定公園 | 1984.10.13 | 阿寒国立公園 |
| 1966.4〜 | 北日本で冷害 | 1984.12.4 | 大雪山国立公園 |
| 1967.2.13 | 富士製鉄製銑工場鉱滓流出 | 1985.4.5 | 太陽電池 |
| 1969.4〜 | 異常低温で冷害 | 1985.4.30 | 釧路湿原火災 |
| 1970.10.26 | 自然保護条例 | 1985.8.16 | 国立公園視察 |
| 1970.11 | カドミウム汚染 | 1985.12.17 | 伊達火発訴訟・建止 |
| 1970(この年) | 住友金属鉱山工場カドミウム汚染 | 1986.3.29 | 湖沼農薬大気 |
| | | 1986.4.25 | 利尻礼文サロベツ国立公園 |
| 1970(この年) | 志村化工工場重金属汚染 | 1986.10.21 | 釧路湿原を視察 |
| 1970(この年) | 明治製作所カドミウム汚染 | 1987.3.30 | 阿寒国立公園・十和田八幡平国立公園 |
| 1971.4.23 | 特別天然記念物 | | |
| 1971.4〜 | 東日本全域で冷害 | 1987.4.1 | スパイクタイヤ |
| 1971.5 | 廃油汚染 | 1987.5.22 | 知床横断道以東の伐採は困難 |
| 1972.7.27 | 伊達火力発電所環境権訴訟 | 1987.7.31 | 釧路湿原国立公園 |
| 1973(この年) | 王子製紙工場ヒ素排出 | 1987.9.7 | 釧路湿原国立公園 |
| 1973(この頃) | 水銀汚染 | 1987.10.1 | 釧路湿原国立公園 |
| 1974.9.20 | 利尻礼文サロベツ国立公園 | 1989.1.23 | 大沼国定公園 |
| 1975.8 | 日本電工六価クロム汚染・健康被害 | 1989.6.20 | 屈斜路湖がラムサール条約登録湿地に |
| | | 1989.9.30 | 国立公園管理事務所 |
| 1975(この年) | 大気汚染 | 1990.8.1 | 暑寒別天売焼尻国定公園 |
| 1976(この年) | 5年ぶりの冷害で不作 | 1990.12.1 | 知床国立公園などで車馬乗入れ規制 |
| 1977.3 | 自然保護 | | |
| 1977.5.31 | 国民保養温泉地 | 1991.6.8 | オゾン層観測結果・札幌は史上最低 |
| 1977.11.15 | 阿寒国立公園 | | |
| 1977(この年〜) | 地盤沈下 | | |

| 1991.12.12 | ラムサール条約 |
|---|---|
| 1991.12.25 | 暑寒別天売焼尻国定公園ほかで車馬乗入れ規制 |
| 1992.3.1 | 鳥獣保護区 |
| 1992.3.6 | 網走国定公園 |
| 1992.8.5 | 自然公園大会 |
| 1992.11.2 | 釧路湿原で野火 |
| 1993.1.28 | 阿寒国立公園 |
| 1993.6.1 | 鳥獣保護区 |
| 1993.8.21 | 札幌上空のオゾンが6ヵ月連続で最低値 |
| 1994.9.20 | ニセコ積丹小樽海岸国定公園 |
| 1995.2.21 | 知床国立公園 |
| 1995.8.21 | 大雪山国立公園 |
| 1995.8.21 | 支笏洞爺国立公園 |
| 1995.9.20 | 湖底から旧日本軍の毒ガス |
| 1995.12.13 | 環境基本条例 |
| 1996.4.2 | 二風谷ダムで貯水開始 |
| 1996.5 | スクレイピー感染 |
| 1996.10.14 | 環境基本条例 |
| 1998.4.2 | ごみ焼却 |
| 1998.8.31 | 阿寒国立公園 |
| 1999.2.19 | ごみ処理 |
| 2001.2.6 | 炭鉱で一酸化炭素異常発生 |
| 2001.9.10〜 | BSE発生 |
| 2003.9.7 | 泊原発で冷却水漏れ |
| 2003.11.15 | 釧路湿原 |
| 2005.6.7 | 釧路湿原国立公園 |
| 2005.7.17 | 知床が世界遺産に |
| 2005.10.30 | 自然遺産 |

# 東北地方

| 1956.6.21 | 放射能雨 |
|---|---|
| 1956.7.10 | 十和田八幡平国立公園 |
| 1963.8〜 | 冷害・イモチ病発生 |
| 1965.4〜 | 北日本で冷害 |
| 1966.4〜 | 北日本で冷害 |
| 1968.7.22 | 下北半島国定公園など指定 |
| 1969.12.29 | 放射性物質飛来 |
| 1971.4〜 | 東日本全域で冷害 |

| 1978.6.12 | 地震で海洋汚染 |
|---|---|
| 1987.3.30 | 阿寒国立公園・十和田八幡平国立公園 |
| 1989.7.20 | 自然歩道 |
| 1989.10.16 | PCB検出 |
| 1992.3.26 | 栗駒国定公園 |
| 2000.10.19 | 十和田八幡平国立公園 |

## 【青森県】

| 1936.2.1 | 国立公園第3次指定 |
|---|---|
| 1941.10 | 冷害で農作物被害 |
| 1947.4.18 | ばい煙で大火 |
| 1952.3.29 | 特別天然記念物 |
| 1954.6〜 | 異常低温 |
| 1954.11.11 | 放射能雪 |
| 1959.5.18 | ウミネコ被害 |
| 1967(この年) | 公害防止条例 |
| 1968.7.22 | 下北半島国定公園など指定 |
| 1970(この頃) | カドミウム汚染 |
| 1971.8〜 | 石油貯蔵基地悪臭被害 |
| 1973(この頃) | 水銀汚染 |
| 1975.3.31 | 津軽国定公園 |
| 1975(この頃) | 稲藁ばい煙被害 |
| 1976.1.4 | ビジネスホテルガス漏出 |
| 1976.6 | 高濃度ヒ素検出 |
| 1976(この年) | 冷害で23年ぶりの不作 |
| 1976(この年) | ホタテ貝大量死 |
| 1977.8.30 | むつ小川原開発 |
| 1977.8 | ぜんそく患者認定 |
| 1977(この年) | ホタテ貝大量死 |
| 1978(この年) | 重金属汚染 |
| 1979(この年) | ホタテ貝毒検出 |
| 1979(この年) | 大気汚染 |
| 1979(この年) | 水質汚濁 |
| 1980.10 | 戦後最悪の冷害 |
| 1980(この年) | 冷害で大凶作 |
| 1981.5〜 | 騒音・振動公害 |
| 1983.10.25 | 津軽国定公園 |
| 1984.10.23 | 鳥獣保護区 |
| 1986.7.20 | 十和田八幡平国立公園 |
| 1992.3.27 | 六ヶ所村 |
| 1992.5.15 | 自然環境 |
| 1992.7.10 | 自然環境 |

| 1992.10.1 | 白神山地と屋久島を世界遺産へ推薦 |
|---|---|
| 1993.12.9 | 世界遺産に登録 |
| 1994.2.8 | 六ヶ所村 |
| 1994.8.30 | 白神山地全面立入禁止に |
| 1995.4.25 | 放射性廃棄物輸送船の入港拒否 |
| 1995.8.25 | 新型転換炉の実証炉建設中止 |
| 1995.10.3 | 高レベル放射性廃棄物の貯蔵作業 |
| 1995.11.21 | 世界遺産地域管理計画 |
| 1996.4.17 | 東通原発の公開ヒアリング |
| 1996.7.31 | 十和田八幡平国立公園 |
| 1997.8.14 | 十和田八幡平国立公園 |
| 1997.11.1 | 鳥獣保護区 |
| 1998.8.1 | 鳥獣保護法 |
| 1999.7.8 | トンネルじん肺訴訟 |
| 2000.3.27 | 日本原燃低レベル放射性廃棄物埋設センター放射能漏れ |
| 2002.2.1 | 使用済み核燃料貯蔵プールで漏水 |
| 2002.7.24 | 自然公園大会 |
| 2003.7 | 核燃料再処理工場で硝酸溶液漏れ |

【岩手県】

| 1954.6〜 | 異常低温 |
|---|---|
| 1955.5.2 | 陸中海岸国立公園 |
| 1957.6.19 | 特別天然記念物 |
| 1962.8 | 干ばつ被害多発 |
| 1965.4〜 | 異常低温 |
| 1966.10.8 | 地熱発電 |
| 1969(この頃) | カドミウム汚染 |
| 1970(この年) | ラサ工業工場カドミウム汚染 |
| 1970(この年) | 工場廃液汚染被害 |
| 1972(この年) | 水質汚染 |
| 1972(この年〜) | 旧松尾鉱山ヒ素汚染 |
| 1975.5.17 | 環境保全地域指定 |
| 1976(この年) | 観測史上最低の冷夏 |
| 1980(この年) | 冷害被害は681億円 |
| 1981(この年) | 冷害で2年連続の不作 |
| 1982.6.10 | 早池峰国定公園 |
| 1982.11.1 | 鳥獣保護区 |
| 1986.7.10 | 十和田八幡平国立公園 |
| 1991.5.1〜 | 衝撃波発生 |
| 1994.11.7 | 陸中海岸国立公園 |
| 1999.7.8 | トンネルじん肺訴訟 |
| 1999.9.3 | 天然記念物「玄武洞」崩落 |
| 2000.3.31 | 陸中海岸国立公園 |

【宮城県】

| 1955.5.2 | 陸中海岸国立公園 |
|---|---|
| 1963.8.8 | 蔵王国定公園 |
| 1965(この年) | 公害防止条例 |
| 1969(この頃) | 三菱金属鉱業カドミウム汚染 |
| 1971.10.29 | 地下駐車場ガス噴出 |
| 1971(この頃) | 大昭和パルプ工場悪臭被害 |
| 1971(この頃) | 鉄興社工場フッ素排出 |
| 1971(この頃) | 十條製紙工場煤煙排出 |
| 1972(この年) | カドミウム汚染 |
| 1973.7.13 | 東北本線貨物列車濃硝酸漏出 |
| 1973.8.17〜 | 光化学スモッグ発生 |
| 1973(この頃) | 十条製紙工場水銀排出 |
| 1974.9.26 | カドミウム汚染公害 |
| 1974.10.22 | 飲料水ヒ素汚染 |
| 1974(この年) | 東北アルプス工場カドミウム排出 |
| 1974(この頃) | 地盤沈下 |
| 1975.4.21 | 地盤沈下 |
| 1975(この年) | 赤潮で血ガキ騒ぎ |
| 1976(この年) | 冷害で米の収穫20%減 |
| 1978(この年) | 赤潮発生 |
| 1978(この頃〜) | 飛行場騒音被害 |
| 1979.3.30 | 南三陸金華山国定公園 |
| 1980(この年) | 冷害被害額は575億円 |
| 1982.11.1 | 鳥獣保護区 |
| 1985.5.27 | ラムサール条約 |
| 1985.12.18 | スパイクタイヤ |
| 1986.3.16 | スパイクタイヤ |
| 1986.4.1 | スパイクタイヤ対策条例 |
| 1987.9.25 | 釜房ダム貯水池が指定湖沼に |
| 1992.3.16 | 蔵王国定公園 |
| 1994.1.31 | 女川原発差し止め請求を棄却 |
| 1994.11.7 | 陸中海岸国立公園 |
| 1995.3.17 | 環境基本条例 |
| 1995.12.24 | 女川原発で冷却水漏れ |

| 1996.3.19 | 環境基本条例 |
| 1999.12.4 | 地球温暖化防止活動 |
| 2000.3.31 | 陸中海岸国立公園 |
| 2000.9.2 | 女川原発1号機で水漏れ |
| 2002.2.9 | 女川原子力発電所でボヤ |
| 2006.10.12 | トンネルじん肺訴訟 |
| 2006.12.7 | 女川原発データ不正 |

【秋田県】

| 1934.5.14 | 沈澱池決壊 |
| 1936.11.20 | 尾去沢鉱山沈澱池決壊 |
| 1939.6 | 油井掘削現場原油噴出 |
| 1947.4.18 | ばい煙で大火 |
| 1963.7.24 | ニセコ積丹小樽海岸国定公園など指定 |
| 1967.11.1 | 干拓地へ入植開始 |
| 1970(この年) | カドミウム汚染 |
| 1970(この年) | 銅イオン汚染 |
| 1973.5.8 | 男鹿国定公園など指定 |
| 1973.6～ | 十条製紙工場廃液排出 |
| 1973(この年) | カドミウム汚染 |
| 1974.2 | 土壌汚染 |
| 1974.5 | カドミウム障害 |
| 1974.7.17 | 秋田組合病院放射性同位体投棄 |
| 1975.10 | カドミウム汚染対策 |
| 1975(この頃) | 稲藁ばい煙被害 |
| 1976(この年) | 63年ぶりの冷夏で不作 |
| 1979.3.26 | 鳥獣保護区 |
| 1983.10.31 | 鳥獣保護区 |
| 1992.5.15 | 自然環境 |
| 1992.7.10 | 自然環境 |
| 1992.10.1 | 白神山地と屋久島を世界遺産へ推薦 |
| 1993.12.9 | 世界遺産に登録 |
| 1994.8.30 | 白神山地全面立入禁止に |
| 1995.11.21 | 世界遺産地域管理計画 |
| 1997.9.18 | 男鹿国定公園 |
| 1997.11.1 | 鳥獣保護区 |
| 1997.12.26 | 環境基本条例 |
| 2002.6.28 | 精錬所タンクから発煙硫酸漏出 |

【山形県】

| 1933.7.25 | 史上最高気温 |
| 1950.9.5 | 磐梯朝日国立公園 |
| 1955.8.13 | 特別天然記念物 |
| 1957.9.11 | 特別天然記念物 |
| 1963.7.24 | ニセコ積丹小樽海岸国定公園など指定 |
| 1963.8.8 | 蔵王国定公園 |
| 1970.3 | 日本鉱業工場鉱滓流出 |
| 1971(この頃) | ジークライト化学工業工場煙排出 |
| 1971(この頃～) | 鉛・水銀汚染 |
| 1971(この頃～) | 魚介類が水銀汚染 |
| 1972.7～ | 観光客自然破壊 |
| 1973.3.14 | 鉱毒農産物 |
| 1973(この頃) | 休廃止鉱山水銀・カドミウム流出 |
| 1975.9.16 | マンガン汚染 |
| 1976(この年) | 冷害で戦後2番目の不作 |
| 1978.8.2 | 波力発電 |
| 1979.10.31 | アンモニアガス噴出 |
| 1980(この年) | 冷害で農作物の被害258億円以上 |
| 1984.10.23 | 鳥獣保護区 |
| 1985.9.3 | 波力発電 |
| 1988.10.11 | 磐梯朝日国立公園 |
| 1992.3.16 | 蔵王国定公園 |
| 1998.8.31 | 磐梯朝日国立公園 |
| 1998.8.31 | 磐梯朝日国立公園 |
| 1999.3.19 | 環境基本条例 |

【福島県】

| 1950.9.5 | 磐梯朝日国立公園 |
| 1955(この頃) | ウラン鉱採掘作業員被曝 |
| 1962.8 | 干ばつ被害多発 |
| 1965.11 | 郡山市渋抜き柿メチル水銀汚染 |
| 1966(この年) | 公害防止条例 |
| 1967.5～ | 30年ぶりの渇水・干害 |
| 1969(この頃) | 日本窒素工場粉じん被害 |
| 1970(この年) | 青酸化合物汚染 |
| 1970(この年) | 日曹金属工場カドミウム汚染 |
| 1970(この年) | カドミウム汚染 |

| | | | |
|---|---|---|---|
| 1971.3.26 | 福島原発運転開始 | 1971.1〜 | 異常乾燥 |
| 1971（この年） | 公害防止条例 | 1971.4〜 | 東日本全域で冷害 |
| 1971（この頃） | 磐梯吾妻スカイライン排気ガス汚染 | 1972.4.11 | 光化学スモッグ発生 |
| | | 1972.4.29 | 光化学スモッグ発生 |
| 1973.4.14 | 東京電力原子力発電所廃液漏出 | 1974.4〜 | 光化学スモッグ被害 |
| | | 1974.7.3〜 | 酸性雨で目に痛み |
| 1973.5.8 | 男鹿国定公園など指定 | 1975.7〜 | 光化学スモッグ発生 |
| 1973.6.25 | 原子力発電所廃液漏出 | 1978.6.12 | 地震で海洋汚染 |
| 1973（この頃） | 呉羽化学工場従業員水銀汚染 | 1978.9.1 | 異常渇水 |
| 1974.10.23 | 東京電力発電所放射能漏出 | 1978（この年） | 光化学スモッグ汚染 |
| 1974（この頃） | 東京電力発電所関係者被曝 | 1980.8 | フロンガス汚染 |
| 1976（この年） | 1953年以来の冷害 | 1982.5.30 | 空き缶回収運動 |
| 1977（この年） | 東京電力発電所放射性同位体漏出 | 1982（この年） | 地盤沈下 |
| | | 1984.5.25 | 酸性雨共同調査結果 |
| 1980（この年） | 冷害の農業被害総額は662億円 | 1985.10.28 | 酸性雨と北関東杉枯れ |
| 1984（この年） | 干ばつ被害 | 1986.7.17 | 富士箱根伊豆国立公園 |
| 1985.1.31 | 伊勢志摩国立公園・磐梯朝日国立公園 | 1989.10.16 | PCB検出 |
| | | 1991.11.29 | 地盤沈下 |
| 1986.1.31 | 磐梯朝日国立公園 | 1992.8.26 | 富士箱根伊豆国立公園などで計画変更 |
| 1988.7.23 | 磐梯朝日国立公園 | | |
| 1989.1.6 | 福島第2原発事故 | 1993.11.26 | 窒素酸化物 |
| 1989.2.13 | 福島第一原発で漏水 | 1994.9.2 | 二酸化窒素 |
| 1989.6.3 | 福島第2原発冷却水漏れ | 1996.3.26 | 圏央道の鶴ケ島・青梅間が完成 |
| 1995.10.28 | 漁船でフロンガス漏れ事故 | 1998.1.1 | カーエアコンのフロン回収で処分費徴収 |
| 1996.3.12 | 常磐じん肺訴訟で和解成立 | | |
| 1996.3.26 | 環境基本条例 | 2003.8.24 | 猛暑で事故や熱中症 |
| 1996.7.31 | 磐梯朝日国立公園 | 2004.7.20 | 記録的猛暑 |
| 1997.1.20 | プルサーマル計画 | 2006.8.25 | バイオエタノール混合燃料販売 |
| 1997.6.14 | 農薬空中散布に抗議 | | |
| 1998.10.2 | 使用済み核燃料 | | |
| 1999.8.27 | 福島第1原発で配管にひび | | |

## 関東地方

| | |
|---|---|
| 1953.3 | 防音新型車両 |
| 1954.9 | 稲の放射能汚染 |
| 1963（この頃〜） | 地盤沈下 |

【茨城県】

| | |
|---|---|
| 1931.8 | 干ばつで地割れ |
| 1937.8 | 干ばつ被害 |
| 1940.6 | 干ばつ被害 |
| 1956.6.15 | 原子力研究所設立 |
| 1957.8.27 | 日本初の原子の火 |
| 1959.3.3 | 水郷国定公園 |
| 1959.11.8 | 日本原子力研究所放射性物質汚染 |
| 1963.2.21 | 日本原子力研究所で爆発 |
| 1963.8.22 | 原発実験炉が臨界に |
| 1963.9.2 | 日本原子力研究所ガス噴出 |
| 1964.3.28 | 動力試験用原子炉蒸気噴出 |

(続き左列)
| | |
|---|---|
| 2000.1.16 | 福島第1原発5号機熱湯漏れ |
| 2001.7.25 | 自然公園大会 |
| 2002.8.29 | 東京電力原発トラブル隠し |
| 2002.9.2 | 福島第2原発で放射能漏れ |

| 環境史事典 | 地域別索引 | | 関東地方 |

| | | | |
|---|---|---|---|
| 1965.11.10 | 日本初の営業用発電 | 1984.2.20 | 汚水排出 |
| 1966(この年) | 公害防止条例 | 1985.1.9 | マンガン溶液流出 |
| 1967.11.18 | 日本原子力発電発電所火災 | 1986.4.5 | 環境基準 |
| 1968.7.3 | 日本原子力研究所材料試験炉漏水 | 1986.6.23 | 被曝事故 |
| | | 1986.9.10 | 水質汚染 |
| 1968.7.12 | 日本原子力研究所制御室火災 | 1988.5.18 | 水郷筑波国定公園 |
| 1969.4.11 | 日本原子力研究所プルトニウム飛散 | 1988.9.1 | 作業員被曝 |
| | | 1989.3.16 | 再処理工場で作業員被曝 |
| 1969.11.8 | 原研で被曝事故 | 1989.5.30 | ウラン自然発火 |
| 1970.3.7 | 日本原子力研究所放射能汚染 | 1989.10.4 | 放射性ヨウ素大量放出 |
| 1971.7.13 | 日本原子力研究所廃棄物発火 | 1992.1.9 | 動燃東海事務所で被曝事故 |
| 1971.7.15 | 日本原子力発電所放射能漏出 | 1993.1.5 | プルトニウム荷揚げ |
| 1971.8 | 高濃度オキシダントを観測 | 1995.10.23 | 世界湖沼会議 |
| 1971.10.8 | 粉じんからシアン検出 | 1996.6.25 | 環境基本条例 |
| 1971(この年) | 公害防止条例 | 1997.2.18 | ごみ焼却 |
| 1971(この年) | 地下水多数枯渇 | 1997.3.11 | 動力炉・核燃料開発事業団東海事業所火災・爆発事故 |
| 1971(この年〜) | 水質汚濁 | | |
| 1971(この頃〜) | 大気汚染・水質汚濁・騒音被害 | 1997.4.8 | 動燃東海事務所火災・爆発事故で消火確認なし |
| 1972.4.19 | 日本原子力研究所放射性廃液流出 | 1997.4.10 | 動燃東海事務所火災・爆発事故で虚偽報告書 |
| 1972.5〜 | 光化学スモッグ発生 | 1997.8.27 | 低レベル放射性廃棄物ドラム缶腐食問題 |
| 1972.6.6 | 高濃度二酸化イオウ検出 | | |
| 1973.7〜 | 地盤凝固剤汚染 | 1997.9.7 | 竜ヶ崎ダイオキシン訴訟 |
| 1973.8.20 | 日本原子力研究所員被曝 | 1998.6.4 | ごみ焼却場周辺住民の血液から高濃度ダイオキシン検出 |
| 1975.4.24 | 動力炉・核燃料開発事業団関係者被曝 | | |
| | | 1998.7.4 | 試験炉緊急停止 |
| 1975.9.4〜 | 動力炉・核燃料開発事業団職員被曝 | 1999.9.30 | 東海村臨界事故 |
| | | 2000.10.2 | 古タイヤ・廃車炎上 |
| 1976.1〜 | 日本原子力研究所冷却剤漏出 | 2001.10.31 | 高速実験炉「常陽」施設で火災 |
| 1977.4.24 | 「常陽」が初臨界 | 2002.12.5 | 船舶事故で重油流出 |
| 1978(この年) | 干ばつ被害 | 2002.12.10 | 日本原子力研究所大洗研究所の材料試験炉水漏れ |
| 1979.11.24 | 水質汚濁 | | |
| 1979(この年) | 霞ヶ浦水質汚濁 | 2003.3.20 | 飲料用井戸からヒ素検出 |
| 1980.7.31 | 水質汚濁 | 2003.9.19 | 自動車解体工場炎上 |
| 1980(この年) | 冷害で被害150億円 | 2003.11.2 | コイヘルペス |
| 1980(この年) | 水質汚濁 | | |
| 1981.1.17 | 動燃の再処理工場操業開始 | 【栃木県】 | |
| 1981.1.20 | 不注意で作業員被曝 | 1934.12.4 | 国立公園第2次指定 |
| 1981.12.17 | 水質汚濁 | 1935.7 | 冷害で農作物被害 |
| 1981.12.21 | 霞ヶ浦浄化条例 | 1950.9.22 | 日光国立公園 |
| 1983.1.12 | 水質汚濁 | 1952.3.29 | 特別天然記念物 |
| 1983.4.12 | 水質汚濁 | 1956.10.31 | 特別天然記念物 |

| | | | |
|---|---|---|---|
| 1959.7.6 | 大谷石採石場落盤 | 1992.1.31 | 日光国立公園の車馬乗入れ規制 |
| 1959.7.21 | 国立公園大会 | | |
| 1960.5.10 | 大谷石採石場落盤 | 1992.7.14 | 日光国立公園 |
| 1964.5.18 | 日光杉並木伐採計画 | 1996.3.28 | 環境基本条例 |
| 1966(この年) | 公害防止条例 | 1997.9.18 | 日光国立公園 |
| 1968.3 | 足尾鉱毒で水質基準を設定 | 1999.1.2〜 | 古タイヤ炎上 |
| 1970.3.9〜 | 農薬会社ほか青酸化合物・カドミウム連続廃棄・排出 | 1999.7.30 | 日光国立公園 |
| | | 2002.6.12 | 古タイヤ火災 |
| 1970.6.16 | トラック積載塩素ガス噴出 | | |
| 1970(この頃) | 古河鉱業ヒ素排出 | 【群馬県】 | |
| 1971(この頃) | 湯ノ湖水質汚濁 | 1937.2 | 安中精練所で被害 |
| 1971(この頃) | ヘドロ汚染 | 1938.3.19 | 安中鉱害で陳情 |
| 1972.5〜 | 光化学スモッグ発生 | 1949.9.7 | 上信越高原国立公園 |
| 1973.5.31 | 光化学スモッグ被害 | 1949.9 | 安中鉱害 |
| 1973.7.13 | 太郎杉伐採訴訟 | 1950.1 | 安中鉱害汚染サンプル分析 |
| 1973(この頃) | 炭鉱粉じん排出 | 1950.4.11 | 東邦亜鉛工場拡張認可 |
| 1973(この頃) | 住友セメント工場従業員クロム汚染 | 1951.9.28 | 東邦亜鉛工場拡張・柳瀬川下流で被害 |
| 1974.7.3〜 | 酸性雨で被害者3万人 | 1954.4〜 | 安中鉱害 |
| 1975(この年) | 森林破壊 | 1956.9 | 安中鉱害被害者同盟 |
| 1976(この年) | 冷害で水稲不作 | 1957.3.14 | 東邦亜鉛工場増築 |
| 1977.8 | 長雨冷害 | 1962.8 | 干ばつ被害多発 |
| 1977(この年) | 足尾鉱毒・公害防止協定 | 1967.11 | 安中鉱害 |
| 1978(この年) | 干ばつ被害 | 1969.4.10 | 妙義荒船佐久高原国定公園など指定 |
| 1978(この年) | 湯の湖ヘドロ汚染 | | |
| 1980(この年) | 冷害で105億円の被害 | 1969.4.23 | 安中鉱害 |
| 1981.11.20 | 奥鬼怒スーパー林道 | 1969.6.28 | 安中・行政訴訟 |
| 1982.1.19 | 重油流出 | 1970.2.18 | 安中鉱害 |
| 1982.1.31〜 | 重油流出 | 1970.5.14 | 安中・刑事訴訟 |
| 1983.3.22 | 奥鬼怒スーパー林道建設へ | 1970.6.12 | 広瀬川青酸化合物汚染 |
| 1983.10.28 | スーパー林道 | 1970.8.23 | 安中鉱害 |
| 1984.7.25 | 日光国立公園 | 1970(この頃) | 古河鉱業ヒ素排出 |
| 1985.9.5 | 日光国定公園など区域・計画変更 | 1971.7.14 | 安中鉱害訴訟 |
| | | 1972.3.31 | 足尾農作物減収補償調停 |
| 1985(この年) | 光化学スモッグ | 1972.8.29 | 安中鉱害 |
| 1987.9.1 | 硫化水素中毒死 | 1973(この頃〜) | 新幹線工事で水異変 |
| 1987.10.14 | 日光国立公園 | 1974.3.18 | 土壌汚染 |
| 1988.6.2 | 日光国立公園 | 1974.9.21 | 上越新幹線トンネル建設現場付近地下水枯渇 |
| 1989.2.10 | 大谷石廃坑崩落 | | |
| 1989.3.5 | 大谷石廃坑崩落 | 1976.1.20〜 | 群栄化学工場フェノール流出 |
| 1990.3.29 | 大谷石採石場跡陥没 | 1976(この年) | 冷害で農災条例 |
| 1991.4.29 | 大谷石採石場陥没 | 1977.8 | 長雨冷害 |
| | | 1977.12.21 | シアンによる魚の大量死 |

| | | | | |
|---|---|---|---|---|
| 1977（この年） | 足尾鉱毒・公害防止協定 | | 1955.8.22 | 特別天然記念物 |
| 1978.12.21 | 風力発電 | | 1959.6.6 | 青酸カリウム溶液流出 |
| 1979.9.25 | メッキ工場廃液流出 | | 1959.6.20 | 田沢工業秩父鉱業所生石灰溶出 |
| 1979（この年） | カドミウム汚染 | | | |
| 1982.3.30 | 安中鉱害訴訟 | | 1962.6.2 | 公害防止条例 |
| 1983.3.22 | 奥鬼怒スーパー林道建設へ | | 1969.7.10 | ヘリコプター農薬誤散布 |
| 1983.10.28 | スーパー林道 | | 1969.12〜 | 異常乾燥発生 |
| 1984.8.28 | 安中鉱害 | | 1970.7.18 | 光化学スモッグ発生 |
| 1985.5.24 | 安中鉱害訴訟 | | 1971（この頃） | 原市団地騒音被害 |
| 1986.6.12 | 安中鉱害訴訟 | | 1972.6.6 | 光化学スモッグ発生 |
| 1986.9.22 | カドミウム汚染 | | 1974.10.25 | 工場青酸流出 |
| 1988.9 | 酸性霧で植物に影響 | | 1975.5.28 | ソーラーハウス |
| 1991.7.24 | 自然公園大会 | | 1975.6.6 | 光化学スモッグ被害 |
| 1996.10.21 | 環境基本条例 | | 1975（この頃） | 昭和電工工場六価クロム汚染 |
| 2000.9.22 | トンネルじん肺訴訟 | | 1976.1.20〜 | 群栄化学工場フェノール流出 |
| 2001.9.10〜 | BSE発生 | | 1976.10.12 | 荒川重油流出 |
| | | | 1976.12.21 | 利根川青酸汚染 |
| **【尾瀬】** | | | 1977.6.2 | 衛生処理場未処理し尿排出 |
| 1934.9.30 | 長蔵小屋新館 | | 1980.10.15 | 秩父多摩国立公園 |
| 1960（この年） | 特別天然記念物 | | 1980（この年） | 騒音・大気汚染 |
| 1965.8.25 | 湿原立入禁止を提言 | | 1984.8.21 | 有毒ガス流出 |
| 1967.11.2 | 尾瀬を守る計画 | | 1987.2.19 | 秩父多摩国立公園 |
| 1971.7.27 | 自動車道建設中止 | | 1988.4.25 | シアン流失事故 |
| 1971.8.21 | 尾瀬の自然を守る会 | | 1988.10.23 | 秩父多摩国立公園 |
| 1971.8.27 | 自動車道建設中止 | | 1990（この年） | 産廃投棄現場からPCB検出 |
| 1972.7.1 | ごみ持ち帰り運動 | | 1994.12.26 | 環境基本条例 |
| 1981.11.24 | 自動車乗入れ規制 | | 1996.5.15 | オオタカの巣破壊 |
| 1989.4.25 | 登山道閉鎖・入山者調査 | | 1997.6.1 | 初のダイオキシン規制条例 |
| 1989.7.12 | 入山料徴収構想 | | 1997.9.5 | ごみ焼却 |
| 1989.8.8 | 環境保全 | | 1998.3.12 | 宇宙開発事業団地球観測センターでシアン漏れ土壌汚染 |
| 1989.12.8 | 入山者調査 | | | |
| 1990.5.24 | 環境保全のための排水処理対策 | | 1998.10.5 | ごみ焼却 |
| | | | 1998.12 | 所沢市ダイオキシン訴訟 |
| 1990.8.20 | 自然保護 | | 1999.2.1 | 所沢ダイオキシン報道 |
| 1995.8.3 | 尾瀬保護財団 | | 1999.2.10 | 所沢ダイオキシン騒動 |
| 1996.5.25 | 尾瀬マイカー規制 | | 1999.2.18 | 所沢ダイオキシン騒動 |
| 2000.8.3 | 尾瀬サミット | | 1999.2.23 | ごみ焼却 |
| 2004.8.9 | 尾瀬サミット | | 1999.3.17 | 三菱マテリアル研で放射能汚染 |
| 2006.10.13 | 地中ごみ撤去 | | | |
| | | | 2000.8.10 | 秩父多摩甲斐国立公園 |
| **【埼玉県】** | | | 2001.5.15 | 所沢ダイオキシン報道訴訟 |
| 1950.7.10 | 秩父多摩国立公園 | | 2002.1.7 | 産業廃棄物処理会社内廃棄物置場で火災 |
| 1952.3.29 | 特別天然記念物 | | | |

| | | | | |
|---|---|---|---|---|
| 2003.10.1 | ディーゼル車規制 | | 1980（この年） | 水質汚染 |
| | | | 1981.3.27 | 捕鯨船妨害 |
| 【千葉県】 | | | 1981.9 | 悪臭被害 |
| 1955（この年） | 大気汚染深刻化 | | 1981（この年） | 粉じん公害 |
| 1958.8.1 | 南房総国定公園 | | 1982.9 | 公害病認定患者 |
| 1963.4.1 | 公害防止条例 | | 1982.12.24 | 南房総国定公園 |
| 1965.6 | 亜硫酸ガス | | 1982（この年） | 地盤沈下 |
| 1966（この年） | 公害防止条例 | | 1983.2.27 | 重油流出 |
| 1967.5〜 | 30年ぶりの渇水・干害 | | 1983.10 | 地盤沈下 |
| 1967.12.27 | 特別天然記念物 | | 1984.11.13 | パイプライン破壊 |
| 1968.11 | ばい煙排出企業を拒否 | | 1984（この年） | 炭化水素排出規制 |
| 1969.6 | 小学校汚水給水 | | 1985（この年） | 地盤沈下 |
| 1969.7.4 | 昭和電工フッ化水素汚染 | | 1987.7.9 | 東京湾横断道路 |
| 1970.6.28 | 光化学スモッグ | | 1988.8 | 地下水汚染 |
| 1970（この頃） | 東京国際空港騒音被害 | | 1988.11.7 | 川鉄千葉公害訴訟 |
| 1971.6.3 | 光化学スモッグ被害 | | 1988.11.17 | 川鉄公害訴訟判決 |
| 1971.6 | 土壌汚染防止 | | 1988.11.17 | 千葉川鉄公害訴訟 |
| 1971.12 | 廃油汚染 | | 1989.2.23 | 南房総国定公園 |
| 1971（この年） | 公害防止条例 | | 1989.9.20 | 冷凍魚介類コレラ汚染 |
| 1971（この頃） | 地盤沈下 | | 1990.2.16 | 新日鉄君津製鉄所ガス漏れ事故 |
| 1972.8.23 | 公害病認定患者の医療費負担 | | 1990.12.22 | タンカー衝突 |
| 1973.3.1 | 六価クロム鉱滓で埋め立て | | 1992.8.5 | 川崎製鉄公害訴訟 |
| 1973.4 | 食用油ビフェニール混入 | | 1992.8.5 | 千葉川鉄公害訴訟 |
| 1973.7.19 | ガソリン流出 | | 1993（この年） | 三番瀬埋立て計画 |
| 1973（この年） | 井戸水から高濃度シアン | | 1994.12.21 | 環境基本条例 |
| 1973（この頃） | 工場水銀排出 | | 1995.3.10 | 環境基本条例 |
| 1974.3.26 | 出光興産製油所硫化水素噴出 | | 1995.8.2 | 自然公園大会 |
| 1974.6.3 | 被曝事故 | | 1995.12.21 | 環境基本条例 |
| 1974.6.28 | 放射線医学総合研究所員被曝 | | 1997（この年） | 高濃度ダイオキシン検出 |
| 1975.5.26 | 千葉川鉄公害訴訟 | | 1998.8.15 | ケミカルタンカーの燃料が流出 |
| 1975.6.6 | 光化学スモッグ被害 | | 1998.8.16 | 重油流出で遊泳禁止 |
| 1975.7 | 日本化学工業六価クロム汚染 | | 1999.3.11 | ごみ処理 |
| 1975.8 | 日本化学工業六価クロム汚染・健康被害 | | 1999.5.28 | 最終廃棄物処分場でアスベスト（石綿） |
| 1975.10.30 | 公害防止協定 | | 2001.9.10〜 | BSE発生 |
| 1975（この頃） | 川崎製鉄工場ばい煙汚染 | | 2001.9.26 | 三番瀬埋め立て中止 |
| 1975（この頃） | 新日本製鉄工場ばい煙汚染 | | 2002.1.13 | 自動車解体工場火災 |
| 1976.1.20〜 | 群栄化学工場フェノール流出 | | 2003.9.11 | リサイクル工場爆発 |
| 1976（この年） | 冷害で水稲大打撃 | | 2003.10.1 | ディーゼル車規制 |
| 1977.12.20 | 太陽熱温水プール | | 2006.5.15 | 建築廃材不法投棄 |
| 1978.5.23〜 | 新東京国際空港騒音被害 | | 2006.12.2 | ごみ焼却施設汚職 |
| 1979.4 | 汚泥流出 | | | |
| 1979（この年） | 大気汚染 | | | |

環境史事典　　　　　　　　地域別索引　　　　　　　　関東地方

## 【東京都】

| | |
|---|---|
| 1927.5.28 | 動物愛護週間 |
| 1927.7.9 | ラジオ騒音訴訟 |
| 1927.7.19 | 大気汚染調査 |
| 1927.9.8 | ごみ収集スト |
| 1929.11.18 | ばい煙防止 |
| 1931(この年) | 風致地区指定 |
| 1933.3 | ごみ処理 |
| 1933.7 | ごみの分別収集開始 |
| 1934.7.1 | 騒音対策 |
| 1934.11.13 | ばい煙防止 |
| 1934.11.13 | ばい煙防止デー |
| 1937.6 | 多摩川で魚大量死 |
| 1938.6.18 | ビル建築現場陥没 |
| 1939(この年) | ごみ焼却リサイクル |
| 1942.1 | 多摩川で工場廃水汚染 |
| 1943.2.15〜 | ごみ減量運動 |
| 1943.7 | 公害対策 |
| 1945(この年) | ごみ焼却中止 |
| 1947(この頃〜) | 地盤沈下 |
| 1949.5.21 | 新宿御苑が一般公開 |
| 1949.5.31 | 国民公園が厚生省所管に |
| 1949.8.13 | 工場公害防止条例制定 |
| 1949.8.27 | 屋外広告物条例制定 |
| 1950.7.10 | 秩父多摩国立公園 |
| 1952.3.29 | 特別天然記念物 |
| 1952.9.26 | 都市騒音防止協議会 |
| 1952.10.15 | 騒音防止デー |
| 1954.1.9 | 騒音防止条例 |
| 1954.5.20 | 飲料用天水放射能汚染 |
| 1954.5〜 | 緑茶・野菜類放射能汚染 |
| 1955.1.17 | スモッグ多発 |
| 1955.3.5 | 放射能雪 |
| 1955.4.1 | 伊豆七島国定公園・足摺国定公園 |
| 1955.10.1 | ばい煙防止条例 |
| 1956.8 | 河川で悪臭 |
| 1956.10.30 | 農薬りんご |
| 1957.1 | 干ばつで自衛艦が水補給 |
| 1957.12 | 夢の島埋立て開始 |
| 1958.1〜 | 放射能雨 |
| 1958.3.1〜 | 騒音追放 |
| 1958.3.10 | 放射能塵 |
| 1958.4.6 | 本州製紙江戸川事件 |
| 1958.6.10 | 本州製紙江戸川事件で抗議 |
| 1958.10.24 | 放射能雨 |
| 1959.1.16 | スモッグ深刻化 |
| 1959.6.19 | 青酸ソーダ流出 |
| 1959.12.23 | ガス漏れ中毒 |
| 1960.2 | 異常乾燥 |
| 1960.3.3 | 排ガス検査 |
| 1960.11.15〜 | ばい煙防止運動 |
| 1961.7.23〜 | 夢の島でごみ自然発火 |
| 1962.1.12 | スモッグ |
| 1962.2〜 | 異常渇水 |
| 1962(この年) | 蚊大量発生 |
| 1962(この年) | 多摩川の水質汚濁 |
| 1963.4.1 | 羽田空港で深夜ジェット機発着禁止 |
| 1963.5.22 | 東京重機工場青酸化合物流出 |
| 1963.10.15 | ばい煙防止条例改正 |
| 1963.12.19 | 清掃工場に反対・籠城 |
| 1963.12.22 | 青酸化合物流出 |
| 1964.1.6〜 | 異常渇水 |
| 1964.7.7 | 富士箱根伊豆国定公園 |
| 1964(この頃) | 工場・都営地下鉄建設現場周辺騒音被害 |
| 1965.2.5 | 東京都スモッグ発生 |
| 1965.6〜 | 夢の島に大量のハエ |
| 1965.9〜 | 夢の島ネズミ大量発生 |
| 1966.5.11 | 放射性物質検出 |
| 1966.8.16 | 日照権推進 |
| 1967.3.20 | 陶磁製食器に鉛・カドミウム混入 |
| 1967.10.26 | 日照権訴訟 |
| 1967.12.11 | 明治の森高尾国定公園・明治の森箕面国定公園 |
| 1968.11 | ばい煙排出企業を拒否 |
| 1968.12.3 | 亜硫酸ガス |
| 1968(この頃〜) | 米空軍横田基地周辺騒音 |
| 1969.2.11〜 | スモッグ発生 |
| 1969.4.1 | 公害対策 |
| 1969.6.12 | 原子力船「むつ」 |
| 1969.7.2 | 公害防止条例 |
| 1969.10.28〜 | 多摩川青酸化合物汚染 |
| 1969.11〜 | 多摩川汚染 |

— 605 —

| | | | | |
|---|---|---|---|---|
| 1969.12〜 | 異常乾燥発生 | | 1972.10.16 | 小笠原国立公園など指定 |
| 1970.1.3 | 水道悪臭発生 | | 1972.11.1 | 中学生以下の公害病初認定 |
| 1970.2.18 | 東京大学付属病院患者水銀中毒死 | | 1972.12.18 | スモッグ発生 |
| | | | 1972(この年) | カドミウム汚染 |
| 1970.2.20 | 排ガス汚染 | | 1972(この年〜) | 中央卸売市場職員水銀汚染 |
| 1970.3.9 | 公害対策 | | 1973.3.31 | 騒音スモッグ |
| 1970.4.1 | 公害防止条例 | | 1973.4.19 | 江戸川六価クロム事件 |
| 1970.5.21 | 排気ガス | | 1973.5.7 | 河川で水銀やシアンが検出 |
| 1970.6 | 井之頭自然文化園鳥類大気汚染死 | | 1973.5.22 | 東京ごみ戦争 |
| | | | 1973.6.11 | PCB環境汚染調査 |
| 1970.6 | トリクロロエチレン | | 1973.6.21 | 築地のマグロから水銀 |
| 1970.7.18 | 光化学スモッグ発生 | | 1973.6〜 | 光化学スモッグ被害 |
| 1970.7.23〜 | 光化学スモッグ発生 | | 1973(この年) | ごみ回収 |
| 1970.8.5 | 光化学スモッグ | | 1973(この頃) | 東京国際空港付近窒素酸化物汚染 |
| 1970.9.5 | カドミウム汚染 | | | |
| 1970.9.12 | 酸性雨発生 | | 1973(この頃) | 清掃工場カドミウム・鉛・塩化水素・窒素酸化物排出 |
| 1970.10.8 | 公害対策 | | | |
| 1970.10.12 | 「公害原論」開講 | | 1973(この頃) | 炭化水素汚染 |
| 1970.10.15 | 光化学スモッグ発生 | | 1973(この頃) | 粉じん(ベンツピレン)汚染 |
| 1970.10.24 | 光化学スモッグ発生 | | 1974.4.11 | 光化学スモッグ発生 |
| 1970.10.29 | 米のカドミウム安全基準 | | 1974.5.18 | 光化学スモッグ |
| 1970.10〜 | 多摩川カドミウム汚染 | | 1974.7.20 | 神田川氾濫 |
| 1970.11.10 | 排ガス一斉点検 | | 1974.9 | 航空機騒音 |
| 1970.11 | 缶入りリボンジュース錫混入 | | 1974.11.14 | 杉並清掃工場問題和解 |
| 1970(この年) | 排気ガスで鉛汚染 | | 1974.12.20 | 食品汚染 |
| 1970(この年) | アスベスト(石綿)汚染 | | 1974.12〜 | 地盤凝固剤汚染 |
| 1970(この頃) | 米空軍横田基地周辺騒音被害 | | 1975.5.17 | 環境保全地域指定 |
| 1971.1 | 公害対策 | | 1975.6.6 | 光化学スモッグ被害 |
| 1971.5.12 | 光化学スモッグ発生 | | 1975.7 | 日本化学工業六価クロム汚染 |
| 1971.5.26 | 警備員・水俣病関係者衝突 | | 1975.8 | 日本化学工業六価クロム汚染・健康被害 |
| 1971.6.28 | 光化学スモッグ発生 | | | |
| 1971.8.8 | 光化学スモッグ発生 | | 1975.10.30 | 公害防止協定 |
| 1971.9.28 | ごみ戦争 | | 1975.12.25 | カドミウム米 |
| 1971.11.24 | ごみ戦争 | | 1975(この年) | 光化学スモッグ |
| 1971.12.2 | 全域が公害病指定地域 | | 1975(この頃) | 東京国際空港騒音被害 |
| 1972.1.25 | 公害対策 | | 1976.1.20〜 | 群栄化学工場フェノール流出 |
| 1972.2.22 | 水産物にPCB汚染 | | 1976.3 | 大気汚染公害 |
| 1972.3.2 | 公害防止条例に日照権も | | 1976.4.17 | 光化学スモッグ発生 |
| 1972.5.12〜 | 光化学スモッグ被害 | | 1976.4.28 | 横田基地騒音で東京地裁に提訴 |
| 1972.5.25〜 | 光化学スモッグ連続発生 | | | |
| 1972.6.6 | 光化学スモッグ発生 | | 1976.6.10 | 第5福竜丸 |
| 1972.7.29〜 | 光化学スモッグ発生 | | 1976.12.9 | メッキ工場六価クロム流出 |
| 1972.8.14 | 宮入鍍金工業所廃液排出 | | 1977.4.8〜 | 環境保護コンサート |

| | | | |
|---|---|---|---|
| 1977.8 | 光化学スモッグ被害 | 1984(この年) | 地盤沈下 |
| 1977.11 | 大気汚染公害病認定患者 | 1986.4.9 | 厚木基地騒音訴訟 |
| 1978.7.13 | カラオケ騒音 | 1986.4.28 | 道路公害 |
| 1978.11.19 | 反公害全国集会 | 1986.4.30 | 井戸水汚染 |
| 1978(この年) | 六価クロム汚染 | 1986.5.30 | 富士箱根伊豆国立公園 |
| 1979.2.15 | スモン薬害訴訟 | 1987.2.19 | 秩父多摩国立公園 |
| 1979.3.8 | 六価クロム鉱滓問題 | 1987.7.9 | 東京湾横断道路 |
| 1979.5.14〜 | 中小河川氾濫 | 1987.7.15 | 横田基地騒音訴訟 |
| 1979.6.10 | 光化学スモッグ注意報 | 1987.9.4 | 低公害車 |
| 1979.6.28 | エネルギー問題 | 1987.9.16 | 使い捨て考現学会 |
| 1979.8.20 | 省エネ電車 | 1987.10.30 | 都内221施設にアスベスト(石綿) |
| 1980.3.31 | 鳥獣保護区 | | |
| 1980.4 | 東京大学原子核研究所放射能漏出 | 1987.12.3 | 東京駅にエアカーテン式喫煙所 |
| 1980.5.11 | 放射能汚染事故 | 1988.5.13 | ダイオキシン汚染魚 |
| 1980.5.27 | 環境アセスメント | 1988.10.23 | 秩父多摩国立公園 |
| 1980.10.15 | 秩父多摩国立公園 | 1989.3.15 | 横田基地騒音訴訟 |
| 1980.10.20 | 環境アセスメント | 1989.8.3 | 皇居外堀のコイ大量死 |
| 1981.4.23 | ストレプトマイシン薬害訴訟 | 1990.6.8 | エコライフ |
| 1981.7.12 | 横田基地騒音訴訟 | 1990.7.18 | 熱射病で死亡 |
| 1981.9.28〜 | 汚水不法投棄 | 1990.9.28 | 水俣病東京訴訟で和解勧告 |
| 1981.9 | ナッツ発ガン性物質汚染 | 1991.1.22 | 公害防止 |
| 1981.12.5 | 重油流出 | 1991.3.22 | 東大校舎アスベスト除去作業で拡散 |
| 1982.2.1 | クロロキン薬害訴訟 | | |
| 1982.2.4 | 汚水排出 | 1991.5.24 | 大気中ダイオキシン |
| 1982.2.28 | 東京にサケを呼ぶ会 | 1991.12.9 | 低公害車 |
| 1982.6.11 | オガサワラオオコウモリ生息確認 | 1992.2.7 | 水俣病東京訴訟で地裁判決 |
| | | 1992.2.7 | 水俣病訴訟 |
| 1983.1.8 | 動物保護 | 1992.10.8 | 都議会で騒音防止条例可決 |
| 1983.1.26 | 杉並清掃工場完工 | 1993.2.25 | 基地騒音公害訴訟 |
| 1983.4 | 汚水水道 | 1993.7.1 | 教団事務所から悪臭 |
| 1983.5.15 | 焼却ごみ爆発 | 1993.7.19 | 富士箱根伊豆国立公園 |
| 1983.6.2 | 南硫黄島全域が立入制限地区に | 1993.10.1 | ごみ収集袋を半透明に指定 |
| | | 1993.11 | 六価クロム鉱滓埋設を発見 |
| 1983.7.20 | 光化学スモッグ | 1994.1.25 | 低公害車 |
| 1983.9 | 除草剤汚染 | 1994.3.30 | 横田基地騒音訴訟 |
| 1983.11.9 | ごみ処理 | 1994.7.20 | 環境基本条例 |
| 1984.4.17 | 動物保護 | 1994.10.20 | ごみ回収 |
| 1984.5.26 | 富士箱根伊豆国定公園・沖縄戦跡国定公園 | 1994.10.26 | 地球環境 |
| | | 1994.11.7 | 富士箱根伊豆国立公園 |
| 1984.9.8 | 水質汚染 | 1995.4 | 小笠原諸島にアホウドリ飛来 |
| 1984.9.27 | 土壌汚染 | 1995.7.5 | 六価クロム処理現場付近で高濃度汚染 |
| 1984(この年) | 光化学スモッグ | | |

| 日付 | 事項 | 日付 | 事項 |
|---|---|---|---|
| 1995.9.27 | 谷戸沢ごみ処分場の浸出水問題 | 2000.7.26 | 薬害エイズ |
| 1996.2.23 | 新潟水俣病第二次訴訟和解成立 | 2000.8.2 | 環境ホルモン |
| | | 2000.8.10 | 秩父多摩甲斐国立公園 |
| 1996.4 | 浮遊粒子状物質削減計画 | 2000.9.13 | 高濃度ダイオキシン検出 |
| 1996.5.8 | 高レベル放射性廃棄物 | 2000.9.22 | トンネルじん肺訴訟 |
| 1996.5.23 | フロン無害化処理システム | 2000.10.11 | ごみ処理 |
| 1996.7.31 | ごみ処理杉並中継所から有害物質（杉並病） | 2000.10.12 | 持続可能な開発 |
| | | 2000.12.15 | 環境確保条例・ディーゼル車規制 |
| 1996.10.31 | 刺激臭発生 | 2000.12 | 土壌汚染対策 |
| 1996.12 | 事業系ごみ回収の全面有料化 | 2001.3.28 | 薬害エイズ |
| 1997.1.24 | ペットボトル | 2001.4.19 | 高濃度ダイオキシン検出 |
| 1997.7〜 | 皇居でハチが大量発生 | 2001.4.29 | 自然保護行事 |
| 1997.11 | ごみ焼却 | 2001.6.2 | エコカー |
| 1997（この年） | ポイ捨て禁止条例 | 2001.6.3 | 循環型社会形成推進基本法ミュージカル |
| 1998.3.19 | 第5福竜丸のエンジン引き渡し | | |
| 1998.4.29 | 自然保護 | 2001.10.3 | 小田急高架化騒音訴訟 |
| 1998.4 | 杉並病が話題に | 2001.11.12 | かおり風景100選 |
| 1998.6〜 | 光化学スモッグ | 2001.11.22 | 薬害ヤコブ病裁判 |
| 1998.7.9 | 光化学スモッグ | 2002.2.16 | 自然保護行事 |
| 1998.8 | 在来線騒音訴訟 | 2002.3.16 | サクラ最速開花 |
| 1998.9.30 | 使用済み核燃料輸送 | 2002.3.18 | レジ袋税 |
| 1998.12.4 | 谷戸沢ごみ処分場の浸出水問題 | 2002.3.25 | 薬害ヤコブ病和解 |
| | | 2002.4.29 | 自然保護行事 |
| 1999.2.8 | トキ「友友」「洋洋」贈呈式 | 2002.6.24 | 温室効果ガス |
| 1999.4.29 | 自然保護 | 2002.6.26 | 杉並病の因果関係を認める裁定 |
| 1999.5.31 | 大気中の環境ホルモン調査 | | |
| 1999.6.5 | エコライフ | 2002.7.26 | 地球温暖化CDMフォーラム |
| 1999.6.10 | 環境アセスメント | 2002.8.6 | 光化学スモッグ |
| 1999.7.23 | 厚木基地騒音訴訟 | 2002.8.21 | 薬害エイズ裁判 |
| 1999.10.2 | 古タイヤ炎上 | 2002.9.26 | 伊方原発で発電機台に亀裂 |
| 1999.10.29 | タンクローリー爆発 | 2002.11.15 | $CO_2$削減 |
| 1999.11.1 | 鳥獣保護区 | 2002.12.18 | 国立マンション訴訟 |
| 2000.1.17 | 杉並病で不燃ごみ工程代替案 | 2002.12.20 | 環境アセスメント |
| 2000.2.8 | 杉並病の健康相談 | 2003.1.28 | 作業船転覆・重油流出 |
| 2000.2.18 | ディーゼル車にフィルター装着義務化方針 | 2003.5.13 | 横田基地騒音訴訟 |
| | | 2003.7.8 | ヒートアイランド対策 |
| 2000.3.3 | 容器から環境ホルモン物質溶出 | 2003.8.27 | 地球温暖化CDMフォーラム |
| | | 2003.10.1 | ディーゼル車規制 |
| 2000.3.31 | 杉並病被害住民への補償を決定 | 2003.10.16 | 所沢ダイオキシン騒動訴訟 |
| | | 2004.1.29 | 生物多様性・生態系保全シンポジウム |
| 2000.4.29 | 自然保護行事 | | |
| 2000.6.6 | 低公害車フェア | 2004.4.22 | 圏央道事業認定取り消し |

| 2004.6.5 | エコライフ・エコカー |
|---|---|
| 2004.6.16 | 所沢ダイオキシン騒動で和解 |
| 2004.7.29 | ストップおんだん館 |
| 2004.10.15 | 水俣病関西訴訟最高裁判決 |
| 2004.10.27 | 国立マンション訴訟 |
| 2005.4.10 | 地球温暖化タウンミーティング |
| 2005.6.11 | エコライフ・エコカー |
| 2006.1.31 | リサイクル特許権訴訟 |
| 2006.4.3 | 省エネ消灯 |
| 2006.7.7 | トンネルじん肺訴訟 |
| 2006.7 | プラスチックごみ焼却 |
| 2006.8.31 | 化学物質過敏症訴訟 |
| 2006.9.4 | ディーゼル車規制成果 |
| 2006.9.27 | 東京大気汚染訴訟救済提案 |
| 2006.10.30 | ヒートアイランド対策で屋上緑化 |

【東京湾】

| 1934.6.4 | 工場汚水で抗議 |
|---|---|
| 1968.12.5 | 富浦丸・アディジャヤンティ号衝突 |
| 1982.4.27 | 水質は横ばい状態 |
| 1985.9.16 | 7年ぶりの青潮であさり全滅 |
| 1997.7.2 | 大型タンカー座礁で原油流出 |

【神奈川県】

| 1929.7 | ごみ焼却 |
|---|---|
| 1930(この年) | 廃水ばい煙 |
| 1932.2 | 味の素に汚水除去要求 |
| 1934.5 | ごみリサイクル |
| 1935(この年) | ばい煙対策 |
| 1936.2.1 | 国立公園第3次指定 |
| 1937.6 | 多摩川で魚大量死 |
| 1938(この年) | 工場ガス噴出 |
| 1940.6 | 干ばつ被害 |
| 1942.1 | 多摩川で工場廃水汚染 |
| 1943.6 | ごみ回収 |
| 1950.2.16 | 昭和石油川崎製油所原油流出火災 |
| 1951(この年) | 事業場公害防止条例 |
| 1955(この年) | ばい煙深刻化 |
| 1957(この年) | 大気汚染実態調査 |
| 1958.5 | フィルム工場廃液排出 |

| 1960.12 | 公害防止条例 |
|---|---|
| 1962.2.8 | 日本鋼管工場濃硫酸噴出 |
| 1963.12.22 | 青酸化合物流出 |
| 1965.3.25 | 祖母傾国定公園・丹沢大山国定公園 |
| 1966.5.29〜 | 米海軍原子力潜水艦寄港反対派・警官隊衝突 |
| 1966.5.30 | 原子力潜水艦初寄港 |
| 1967.2.12 | 船舶事故で原油流出 |
| 1967.5〜 | 30年ぶりの渇水・干害 |
| 1968.4.25 | 東名高速道路騒音・事故多発 |
| 1968.11 | ばい煙排出企業を拒否 |
| 1969.2.26 | イオウ酸化物の排出基準 |
| 1969.6 | 片瀬江の島海岸汚染 |
| 1969.11.12 | 大気汚染公害認定 |
| 1970.8.5 | 光化学スモッグ |
| 1970.9.5 | カドミウム汚染 |
| 1970.9.23 | 金属粉汚染 |
| 1970.10〜 | 多摩川カドミウム汚染 |
| 1970.11.12 | 川崎の公害病で初めて患者死亡 |
| 1970.11.17 | メッキ工場青酸流出 |
| 1970(この年) | 青酸汚染 |
| 1970(この頃) | 工場廃液汚染 |
| 1971.12.1 | 亜硫酸ガス |
| 1971(この年) | 公害防止条例 |
| 1971(この頃) | 青酸汚染 |
| 1972.2.4 | 「環境権」の概念 |
| 1972.5.12 | クスミ電機工場爆発 |
| 1972.9.27 | 公害防止条例 |
| 1972(この年) | 青酸化合物・カドミウム・六価クロム汚染 |
| 1972(この年) | 青酸化合物汚染 |
| 1973.4.13 | 光化学スモッグ |
| 1973(この頃) | 工場水銀排出 |
| 1974.8.28 | ピアノ騒音で殺人 |
| 1975.6.4 | 原油流出 |
| 1975.6.6 | 光化学スモッグ被害 |
| 1975(この頃) | 騒音・振動被害 |
| 1976.3 | 武蔵野南線騒音公害 |
| 1976.4.13 | むらさき丸爆発 |
| 1976.9.8 | 厚木基地騒音訴訟 |
| 1976.10.1 | 大気汚染公害 |

| | | | | |
|---|---|---|---|---|
| 1976.10.4 | 環境アセスメント | | 1995.5.15 | 異臭騒ぎで2人が病院へ |
| 1976(この頃～) | 米空軍基地騒音被害 | | 1995.5.19 | 丹沢に酸性雨測定所 |
| 1977.8 | ごみ焼却 | | 1995.5.25 | 異臭騒ぎ |
| 1977.10.1 | 公害病認定患者 | | 1995.5.30 | 硫化水素ガス漏れ事故 |
| 1978.3.27 | コレラ菌汚染 | | 1995.6.8 | 墜落自衛隊ヘリに放射性同位元素 |
| 1979.12.1 | 公害病認定患者 | | | |
| 1980.10.20 | 環境アセスメント | | 1995.12.26 | 厚木基地騒音訴訟 |
| 1981.1.12 | 塩化水素ガス発生 | | 1996.3.29 | 環境基本条例 |
| 1981.7.17 | 光化学スモッグ | | 1996.9.21 | 鶴見川流域における生物多様性保全 |
| 1982.3.18 | 川崎公害訴訟 | | | |
| 1982.5.13 | スクラップ置き場火災 | | 1996.12.25 | 川崎公害訴訟 |
| 1982.9 | 厚木基地騒音問題 | | 1997.5.11 | 産業廃棄物 |
| 1982.9 | 公害健康被害者認定患者 | | 1997.10 | アイドリングを禁じる生活環境保全条例 |
| 1982.10.20 | 厚木基地騒音訴訟 | | | |
| 1982.11.1 | 公害病認定患者 | | 1997.12.8 | 厚木基地騒音訴訟 |
| 1983.1.17 | 公害防止事業団 | | 1998.4.21 | ごみ処理 |
| 1983.3.14 | 富士箱根伊豆国立公園 | | 1998.4 | 焼却灰埋め立て地でダイオキシン検出 |
| 1983.4.28 | タンカー衝突 | | | |
| 1983.6.4 | 池子弾薬庫跡地問題 | | 1998.8.5 | 川崎公害訴訟 |
| 1983.11.30 | 公害病患者 | | 1998.12 | 排ガスによるぜんそくを公害病認定 |
| 1983(この年) | 地盤沈下 | | | |
| 1984.7.31 | 厚木基地騒音問題 | | 1999.1.28 | 古い除草剤CNPにダイオキシン |
| 1984.11.11 | 池子弾薬庫跡地 | | | |
| 1984.12.10 | 原子力空母横須賀入港に抗議 | | 1999.2.9 | 産業廃棄物 |
| 1984(この年) | 地盤沈下 | | 1999.5.20 | 川崎公害訴訟で和解成立 |
| 1985.9.5 | 日光国定公園など区域・計画変更 | | 1999.7.30 | 富士箱根伊豆国立公園 |
| | | | 2000.2.29 | 電気自動車 |
| 1985.11.8 | 重油流出 | | 2000.3.24 | 高濃度ダイオキシン検出 |
| 1986.4.24 | 公害対策 | | 2000.3.24 | ごみ焼却 |
| 1986.8.24 | 富士箱根伊豆国立公園 | | 2000.3.27 | 大気ごみ処理 |
| 1987.3.24 | 自動車公害防止計画 | | 2002.10.7 | アスベスト（石綿）じん肺訴訟 |
| 1989.5.27 | 境川シアン検出 | | 2002.10.16 | 厚木基地騒音訴訟 |
| 1990.2.27 | 富士箱根伊豆国立公園 | | 2003.10.1 | ディーゼル車規制 |
| 1990.6.2 | 廃油流出 | | 2005.6.11 | エコライフ・エコカー |
| 1990(この年) | ごみリサイクル | | 2006.7.13 | 厚木基地騒音訴訟 |
| 1991.8.26 | 丹沢の酸性霧でモミが枯死 | | 2006.7.27 | ダイオキシン風評被害 |
| 1991.12.9 | 低公害車 | | | |
| 1991.12.25 | 環境基本条例 | | | |
| 1992.10.26 | 収集ごみ爆発 | | | |
| 1993.2.25 | 基地騒音公害訴訟 | | | |
| 1994.1.25 | 川崎公害訴訟で国家賠償請求棄却 | | | |
| 1995.3.11 | 低公害バス | | | |

# 中部地方

| | |
|---|---|
| 1934.12.4 | 国立公園第2次指定 |
| 1952.3.29 | 特別天然記念物 |

| 1969.1.10 | 天竜奥三河国定公園など指定 |
|---|---|
| 1972.7.1 | 国立公園管理事務所 |
| 1975.5.25 | スーパー林道 |
| 1984.6.14 | 知床国立公園など区域・計画変更 |
| 1986.7.17 | 富士箱根伊豆国立公園 |
| 1990.7.7 | 上信越高原国立公園 |
| 1992.7.14 | 中部山岳国立公園 |
| 1992.8.26 | 富士箱根伊豆国立公園などで計画変更 |
| 1995.8.21 | 上信越高原国立公園 |
| 1995.12.22 | 上信越高原国立公園 |
| 1995.12.22 | 白山国立公園 |
| 1997.9.18 | 中部山岳国立公園 |

## 【新潟県】

| 1946.11 | 昭電の赤水 |
|---|---|
| 1949.9.7 | 上信越高原国立公園 |
| 1950.7.27 | 佐渡弥彦国定公園 |
| 1950.9.5 | 磐梯朝日国立公園 |
| 1952.3.29 | 特別天然記念物 |
| 1954.9 | 稲の放射能汚染 |
| 1955（この年〜） | 地盤沈下 |
| 1958.3.7 | 放射能雪 |
| 1960.7.5 | 公害防止条例 |
| 1961.10.16 | 放射能塵降下 |
| 1964.5〜 | 有機水銀中毒（新潟水俣病、第2水俣病） |
| 1965.1.10 | 昭和電工で一部稼働停止 |
| 1965.1.18 | 新潟水俣病 |
| 1965.5.31 | 新潟水俣病 |
| 1965.6.14 | 新潟水俣病 |
| 1965.7.1 | 新潟水俣病 |
| 1965.9.8 | 新潟水俣病 |
| 1965.12.23 | 新潟水俣病 |
| 1966.3.24 | 新潟水俣病 |
| 1966.5.11 | 放射性物質検出 |
| 1966.6.14 | 新潟水俣病 |
| 1966.9.9 | 新潟水俣病 |
| 1967.4.7 | 新潟水俣病 |
| 1967.6.12 | 新潟水俣病訴訟 |
| 1967.8.30 | 新潟水俣病 |
| 1968.9.26 | 水俣病と新潟水俣病を公害病認定 |
| 1968.9.28 | 新潟水俣病裁判で証言 |
| 1970.3.7 | 新潟水俣病 |
| 1971.9.29 | 新潟水俣病 |
| 1971.11.30 | ジュリアナ号座礁 |
| 1972.5.9 | 菓子包装紙インクからPCB |
| 1972（この年〜） | 日本軽金属工場フッ素排出 |
| 1972（この年〜） | 三菱化成工場フッ素排出 |
| 1973.4〜 | 天然ガス噴出 |
| 1973.5.8 | 男鹿国定公園など指定 |
| 1973.6.21 | 新潟水俣病 |
| 1974.2.25 | 新潟空港騒音訴訟 |
| 1974（この年） | 水銀汚染 |
| 1975.9 | 新潟水俣病認定患者 |
| 1975（この年） | 工場水銀排出 |
| 1976.9 | 新潟水俣病公害認定患者 |
| 1976（この年） | 冷害で青立ち・イモチ病 |
| 1977.9 | 新潟水俣病 |
| 1979.8.25 | 新潟水俣病 |
| 1979（この年） | 公害統計 |
| 1979（この年） | 異常気象と減反で米不作 |
| 1979（この年） | 水銀汚染 |
| 1980.8.28 | トキの捕獲と人工増殖 |
| 1980.12.4 | 反原発運動 |
| 1980.12.13 | トキ捕獲事業開始 |
| 1981.1.22 | トキ捕獲完了・人工増殖開始 |
| 1981.3.16 | 佐渡弥彦米山国定公園 |
| 1981.4.15 | イワシ大量死 |
| 1983.8 | 水質汚染 |
| 1984.10.23 | 鳥獣保護区 |
| 1985.9.11 | トキ保護センターを視察 |
| 1986.7.10 | 上信越高原国立公園 |
| 1992.3.31 | 新潟水俣病 |
| 1993.1.27 | 佐渡弥彦米山国定公園 |
| 1993.2.9 | 新潟水俣病 |
| 1995.1.5 | 柏崎刈羽原発が落雷で自動停止 |
| 1995.6.26 | 原発で住民投票条例案 |
| 1995.7.10 | 環境基本条例 |
| 1995.7.12 | 柏崎刈羽原発が油漏れで運転停止 |
| 1995.10.3 | 原発建設の住民投票は先送り |

| | | | |
|---|---|---|---|
| 1995.11.25 | 新潟水俣病直接交渉で合意 | 1962.10.11 | イタイイタイ病対策連絡協議会 |
| 1996.2.22 | 原子炉を手動で停止 | 1963.6.15 | イタイイタイ病研究 |
| 1996.2.29 | 新潟水俣病第二次訴訟取り下げ | 1963.12.18 | イタイイタイ病の原因 |
| 1996.3.4 | 原発をめぐる住民投票 | 1964.3.26 | 特別天然記念物 |
| 1996.3.11 | 柏崎刈羽原発の停止原因 | 1964.9.14 | 富山化学工業工場液体塩素流出 |
| 1996.3.21 | 原発住民投票の日程決定 | 1965.10.22 | イタイイタイ病の原因 |
| 1996.8.4 | 住民投票で原発反対 | 1967.4.5 | イタイイタイ病の原因 |
| 1996.12.17 | 柏崎刈羽原発7号機が試運転 | 1967.6.14 | イタイイタイ病で補償要求 |
| 1997.1.20 | プルサーマル計画 | 1967.6 | イタイイタイ病調査研究班 |
| 1997.1.21 | ナホトカ号重油回収で急死 | 1967.12.7 | イタイイタイ病は鉱毒 |
| 1997.10.13 | ナホトカ号重油流出事故の回収費 | 1968.2〜 | 小矢部川メチル水銀汚染 |
| 2001.1.22 | トキ2世誕生 | 1968.3.9 | イタイイタイ病損害賠償訴訟 |
| 2001.5.27 | プルサーマル計画 | 1968.3.27 | イタイイタイ病原因最終報告 |
| 2002.8.23 | 柏崎刈羽原発3号機で炉心隔壁に亀裂 | 1968.5.8 | イタイイタイ病を公害病認定 |
| 2002.8.29 | 東京電力原発トラブル隠し | 1968(この年) | 神通川水銀汚染 |
| 2002.12.30 | 東京電力柏崎刈羽原発5号機の原子炉建屋付属棟から煙 | 1969.8〜 | 福寿製薬工場メチル水銀汚染 |
| 2003.5.7 | 東京電力柏崎刈羽原発で運転再開 | 1970.5 | 日本鉱業カドミウム汚染 |
| 2003.6.6 | 原発トラブル隠しで謝罪 | 1971.1.6 | カドミウム汚染 |
| 2003.10.10 | トキの日本産が絶滅 | 1971.4.25 | 立山黒部アルペンルート |
| | | 1971.6.30 | イタイイタイ病で原告勝訴 |
| | | 1971.10.19 | イタイイタイ病の治療費負担 |

【富山県】

| | | | |
|---|---|---|---|
| 1932(この年) | 神岡鉱山鉱毒 | 1971(この年) | ライチョウ大腸菌汚染 |
| 1938.7.12 | 北陸線貨物列車塩素ガス漏出 | 1972.3.4 | イタイイタイ病補償要求 |
| 1938.8.29 | 神岡鉱山防毒既成同盟会 | 1972.7.6 | 環境保全条例 |
| 1944(この年) | イタイイタイ病 | 1973.2.24 | イタイイタイ病補償で合意 |
| 1945(この年) | 三井神岡鉱山で鉱廃滓流出 | 1973.7.19 | イタイイタイ病で治療協定 |
| 1946.3 | 神通川流域の奇病 | 1973(この頃) | 日本カーバイド工業工場水銀排出 |
| 1947.7 | 神通川流域のリューマチ様疾患 | 1973(この頃〜) | 大気汚染防止法 |
| 1948.6 | 神通川鉱害対策協議会 | 1974.7〜 | 大腿四頭筋短縮症集団発生 |
| 1952.3.29 | 特別天然記念物 | 1974.8.27 | イタイイタイ病で土壌汚染対策地域指定 |
| 1952.12 | 三井金属神岡鉱山で農作物補償 | 1975.8 | 日本電工六価クロム汚染・健康被害 |
| 1952(この年) | 特別天然記念物 | 1975.10.17 | イタイイタイ病復元対策地域指定 |
| 1955.5 | イタイイタイ病 | 1975(この頃) | 日本ゼオン工場塩化ビニル排出 |
| 1955(この年) | イタイイタイ病 | 1976.5.11 | 光化学スモッグ公害 |
| 1957.12.1 | イタイイタイ病の原因発表 | 1977.7.30 | 光化学スモッグ |
| 1960.7 | イタイイタイ病実地調査 | 1978.5.26 | 光化学スモッグ |
| 1961.6.24 | カドミウム中毒を学会発表 | | |

| | | | |
|---|---|---|---|
| 1986.9.12 | 白山国立公園・剣山国定公園 | 1996.5.31 | 市長選挙無効で原発推進派市長が失職 |
| 1988.4 | イタイイタイ病不認定患者 | | |
| 1989.4.8 | イタイイタイ病の総合研究 | 1996.7.7 | やり直し市長選挙で原発推進派・反対派が激突 |
| 1992.10 | イタイイタイ病・行政不服審査請求 | | |
| | | 1996.7.14 | やり直し市長選挙で原発推進派当選 |
| 1993.4.28 | イタイイタイ病患者認定を緩和 | | |
| | | 1997.1.21 | ナホトカ号重油回収で急死 |
| 1995.12.20 | 環境基本条例 | 1997.10.13 | ナホトカ号重油流出事故の回収費 |
| 1997.1.17 | ナホトカ号からの流出重油が接近 | | |
| | | 1998.2.26 | 合成樹脂食器 |
| 1997.10.13 | ナホトカ号重油流出事故の回収費 | 1998.9.9 | 志賀原発訴訟で名古屋高裁判決 |
| 1998.8 | イタイイタイ病健康被害続く | 2002.4.2 | 東北電力女川原子力発電所で配管に水漏れ |
| **【石川県】** | | | |
| 1955.7.1 | 白山国定公園 | 2002.7.11 | 放射線照射ミス |
| 1956.6.21 | 放射能雨 | 2003.12.5 | 珠洲原発建設凍結 |
| 1957.6.19 | 特別天然記念物 | 2006.3.24 | 志賀原発運転差し止め |
| 1962.6.5 | 特別天然記念物 | | |
| 1962.11.12 | 白山国立公園 | **【福井県】** | |
| 1968.5.1 | 越前加賀海岸国定公園・能登半島国定公園 | 1955.6.1 | 若狭湾国定公園・日南海岸国定公園 |
| 1970(この年) | 日本電工工場マンガン粉排出 | 1968.5.1 | 越前加賀海岸国定公園・能登半島国定公園 |
| 1970(この年) | 北陸鉱山カドミウム汚染 | | |
| 1971.7～ | 地盤沈下浸水 | 1970.3 | 商業用軽水炉 |
| 1973(この年) | 旧鉱山カドミウム汚染 | 1970.11.28 | 美浜原発営業運転 |
| 1975(この年) | 航空自衛隊基地騒音被害 | 1970(この年) | 中竜鉱山カドミウム汚染 |
| 1975(この年) | カドミウム汚染 | 1971(この頃) | 日本原子力発電所放射能汚染 |
| 1976.4 | カドミウム公害 | 1971(この頃～) | 水銀汚染 |
| 1980(この年) | 冷害で被害98億5000万円 | 1972.6.15 | 関西電力発電所放射能漏出 |
| 1981.10 | カドミウム汚染米 | 1972.9 | 日本原子力発電発電所放射能漏出 |
| 1982.1.12 | 能登半島国定公園 | | |
| 1982(この年) | カドミウム汚染米 | 1973.3 | 関西電力原子力発電所放射能漏出 |
| 1984.9 | 六価クロム汚染 | | |
| 1986.9.12 | 白山国立公園・剣山国定公園 | 1973.6 | ポリ塩化ビフェニール廃液排出 |
| 1988.7 | 農薬汚染 | 1973.7.11 | 関西電力原子力発電所燃料棒破損 |
| 1993.4.18 | 原発推進派の現職市長が3選 | | |
| 1993.6.29 | 越前加賀海岸国定公園 | 1973.8.28 | 関西電力原子力発電所故障 |
| 1993.11.1 | 鳥獣保護区 | 1974.2～ | 原発事故 |
| 1994.8.25 | 志賀原発差止めならず | 1974.3 | 日本原子力発電発電所作業員被曝 |
| 1994.8.26 | 志賀原発がポンプのトラブルで運転停止 | | |
| | | 1974.6.3 | 被曝事故 |
| 1995.10.6 | 環境基本条例 | 1974.7.11 | 関西電力発電所放射能漏出 |
| | | 1974.7.17 | 関西電力発電所放射能漏出 |

| | | | |
|---|---|---|---|
| 1974.8 | 大腿四頭筋短縮症患者多数発見 | 1996.1.8 | 「もんじゅ」ナトリウム漏れの原因 |
| 1974.9 | 関西電力発電所燃料棒歪曲 | 1996.1.13 | 「もんじゅ」事故隠しで動燃担当者自殺 |
| 1974.11.11 | 日本原子力発電発電所配管亀裂 | 1996.1.26 | 「もんじゅ」ナトリウム漏れの原因 |
| 1974.12.2 | 原子炉異常 | 1996.2.10 | 「もんじゅ」破断面の映像 |
| 1975.1.8 | 関西電力発電所放射能漏出 | 1996.3.15 | 高浜原発で原子炉自動停止 |
| 1975.3.5 | 日本原子力発電発電所破損 | 1996.3.28 | 「もんじゅ」ナトリウム漏れ事故 |
| 1975.3.9 | 東京電力発電所放射能漏出 | 1996.4.8 | 「もんじゅ」ナトリウム漏れの再現実験 |
| 1975.5.15 | 関西電力発電所燃料集合体歪曲 | 1996.4.25 | 「もんじゅ」事故と原子力政策円卓会議 |
| 1976.3〜 | 地盤沈下 | 1996.5.3 | 「もんじゅ」事故温度計は試験運転から亀裂 |
| 1978(この年) | 水質汚濁進行 | | |
| 1979.10.24 | ピンホール発生 | 1996.5.14 | 「もんじゅ」反対署名100万人 |
| 1979.11.3 | 高浜2号機冷却水もれ | 1996.5.23 | 「もんじゅ」事故報告書 |
| 1979.11.3 | 高浜原発で冷却水モレ | 1996.6.7 | 「もんじゅ」事故再現実験 |
| 1980(この年) | 冷害・いもち病発生 | 1996.12.24 | 敦賀原発で冷却水漏れ |
| 1981.4.18 | 放射能汚染 | 1997.1.20 | プルサーマル計画 |
| 1981.5.22 | 美浜原子力発電冷却水漏れ | 1997.1.21 | ナホトカ号重油回収で急死 |
| 1981.12.27 | 再開敦賀原発が再停止 | 1997.2.1 | ナホトカ号事故 |
| 1984.5.26 | ニホンカモシカ大量死 | 1997.4.14 | 「ふげん」重水漏れで放射性物質放出 |
| 1986.9.12 | 白山国立公園・剣山国定公園 | | |
| 1990.4.3 | 若狭湾国定公園 | 1997.10.13 | ナホトカ号重油流出事故の回収費 |
| 1990.10.23 | 若狭湾国定公園 | | |
| 1991.2.9 | 美浜原発で冷却水モレ事故 | 1997.11.18 | 敦賀原発で制御棒に亀裂 |
| 1991.5.18 | 「もんじゅ」完成 | 1998.5.6 | プルサーマル計画 |
| 1991.6.6 | 美浜原発の事故原因 | 1998.8.22 | 重油流出事故義援金を懇親会費に流用 |
| 1993.6.29 | 越前加賀海岸国定公園 | | |
| 1993.12.17 | 美浜原発で交換作業 | 1999.1.23〜 | 新型転換炉「ふげん」トラブル |
| 1994.4.5 | 「もんじゅ」臨界 | 1999.5.28 | 敦賀原発で2010年廃炉決定 |
| 1995.2.12 | 「もんじゅ」で意見交換会 | 1999.7.12 | 敦賀原発2号機放射能漏れ |
| 1995.2.25 | 大飯原発で冷却水もれ | 2002.12.12 | 日本原子力発電敦賀原発2号機のタービン建屋内で火災 |
| 1995.3.16 | 環境基本条例 | | |
| 1995.5.8 | 「もんじゅ」原子炉再起動 | 2003.7.4 | 新型転換炉「ふげん」で爆発音 |
| 1995.8.23 | 「もんじゅ」臨界に | 2006.5.26 | 美浜原発3号機運転再開 |
| 1995.8.29 | 「もんじゅ」発電開始 | | |
| 1995.12.8 | 高速増殖炉「もんじゅ」ナトリウム漏出事故 | **【山梨県】** | |
| | | 1936.2.1 | 国立公園第3次指定 |
| 1995.12.12 | 「もんじゅ」ナトリウム抜き取り作業 | 1964.6.1 | 知床国立公園・南アルプス国立公園など指定 |
| 1995.12.23 | 「もんじゅ」事故・不祥事で担当理事ら更迭 | | |

| | | | |
|---|---|---|---|
| 1967(この年) | スーパー林道着工 | 1967(この年) | スーパー林道着工 |
| 1968.7～ | 桃・ブドウ病冷害 | 1969.4.10 | 妙義荒船佐久高原国定公園など指定 |
| 1969(この頃) | 山梨飼肥料工場悪臭発生 | 1970.6 | 水源汚染 |
| 1971.1.6 | カドミウム汚染 | 1971.4.25 | 立山黒部アルペンルート |
| 1972(この年) | 製紙工場排出物投棄 | 1972(この年) | 千曲川カドミウム汚染 |
| 1973.6.28 | 酸性雨被害 | 1972(この年) | 光学機器工場カドミウム排出 |
| 1973.7.18 | 酸性雨被害 | 1974.7 | PCB汚染 |
| 1973.7.23 | 酸性雨被害 | 1978.7.14 | スーパー林道 |
| 1973.10.5～ | 幼児大腿四頭筋拘縮(短縮)症発生 | 1978.8.25 | スーパー林道 |
| 1974.10 | 大腿四頭筋短縮症 | 1978(この頃) | 観光地し尿・廃棄物汚染 |
| 1974(この年) | 低温と長雨による冷害 | 1979.11.12 | スーパー林道完工 |
| 1978.7.14 | スーパー林道 | 1979.12.12 | スーパー林道完工式 |
| 1978.8.25 | スーパー林道 | 1980.6.11 | 南アルプス林道が開通 |
| 1979.6.23 | 富士山環境破壊 | 1982.10 | 森林浴を提唱 |
| 1979.7.31 | 光化学スモッグ | 1984.10.23 | 鳥獣保護区 |
| 1979.11.12 | スーパー林道完工 | 1986.10.31 | 諏訪湖が指定湖沼追加 |
| 1979.12.12 | スーパー林道完工式 | 1992.3.16 | 水環境保全条例で開発規制 |
| 1979(この年) | 凍霜害などの冷害 | 1995.12.11 | 天竜奥三河国定公園 |
| 1980.6.11 | 南アルプス林道が開通 | 1996.3.25 | 環境基本条例 |
| 1980(この年) | 冷害で農作物全般に被害 | 1997.10.21 | 自然保護 |
| 1981.7.24 | 富士山クリーン作戦 | 1997.10.28 | 自然保護 |
| 1986.5.17 | 富士箱根伊豆国立公園 | 1997.12.1 | 長野五輪で国立公園通過コース |
| 1988.12.20 | 騒音対策 | 2001.2.20 | 「脱ダム」宣言 |
| 1991.7.2 | 富士箱根伊豆国立公園で車馬乗入れ規制 | 2002.7.5 | 「脱ダム」宣言で知事不信任 |
| 1994.1.7 | 天然記念物 | 2004.7.20 | 記録的猛暑 |
| 1996.7.16 | 富士箱根伊豆国立公園 | 2006.8.6 | 「脱ダム」見直し |
| 1997.6.4 | ごみ焼却灰を野積み | | |
| 1998.6.24 | 生物多様性センター | 【岐阜県】 | |
| 1999.4.23 | 古タイヤ全焼 | 1927(この年) | 神岡鉱山で再び煙害 |
| 2000.8.10 | 秩父多摩甲斐国立公園 | 1928.6.23 | 荒田川汚水 |
| 2001.8.11 | 富士山クリーン作戦 | 1929.12 | 荒田川汚水 |
| 2004.7.20 | 記録的猛暑 | 1935.1 | 染色業者による灌漑水汚染 |
| | | 1944(この年) | イタイイタイ病 |
| 【長野県】 | | 1945(この年) | 三井神岡鉱山で鉱廃滓流出 |
| 1933.6.5～ | 野鳥の声初中継 | 1952.12 | 三井金属神岡鉱山で農作物補償 |
| 1949.9.7 | 上信越高原国立公園 | 1955(この年) | イタイイタイ病 |
| 1952.12.27 | 特別天然記念物 | 1957.7.2 | 特別天然記念物 |
| 1956.7.10 | 上信越高原国立公園 | 1960.7 | イタイイタイ病実地調査 |
| 1964.6.1 | 知床国立公園・南アルプス国立公園など指定 | 1964.3.3 | 飛騨木曽川国定公園・剣山国定公園 |
| 1965(この年) | 公害防止条例 | | |

| 1965.10 | 集団白血病 | 1952.3.29 | 特別天然記念物 |
| 1968(この年) | 長良川河口堰 | 1952.7.5 | ヒドラジッド投与患者死亡 |
| 1970.6.2 | 長良川汚染 | 1952.12.28 | 輸入黄変米陸揚げ |
| 1970.11.22 | 日本野鳥の会 | 1954.5〜 | 緑茶・野菜類放射能汚染 |
| 1970.11.28 | カドミウム汚染 | 1955.3.15 | 富士箱根伊豆国立公園 |
| 1970.12.28 | 愛知高原国定公園など指定 | 1961.8 | 田子ノ浦にヘドロ |
| 1971.2 | フェノール汚染 | 1961.10.4 | 公害防止条例 |
| 1971.5.4〜 | クロム汚染 | 1964.3.27 | 石油コンビナート誘致反対派住民騒擾 |
| 1971(この年) | 公害防止条例 | | |
| 1971(この年) | カドミウム汚染 | 1965.5.20 | 田子ノ浦ヘドロ浚渫工事で中毒 |
| 1972.4〜 | 牛乳大腸菌群汚染 | | |
| 1973.2.26 | 航空自衛隊基地燃料流出 | 1968.6.8 | 重油流出 |
| 1973(この年) | 長良川河口堰 | 1969.3.29 | 東京電力発電所建設反対派住民・警官隊衝突 |
| 1973(この頃) | 日本合成化学工場水銀排出 | | |
| 1974(この年) | カドミウム汚染 | 1969.11.3〜 | アユの大量死 |
| 1974(この頃〜) | 新幹線騒音・振動被害 | 1970.5.28 | お茶からDDT検出 |
| 1977.3 | 神岡スモン患者発生 | 1970.6.7 | 狩野川青酸化合物汚染 |
| 1984.7.25 | 中部山岳国立公園 | 1970.7.17 | 田子ノ浦ヘドロ浚渫工事で中毒 |
| 1986.9.12 | 白山国立公園・剣山国定公園 | | |
| 1988.7.27 | 長良川河口堰 | 1970.8.9 | ヘドロ抗議集会 |
| 1988.11.11 | 飛騨木曽川国定公園・愛知高原国定公園 | 1970.11.6 | 田子ノ浦ヘドロ住民訴訟 |
| | | 1970(この年) | 浜名湖青酸汚染 |
| 1989.6.7 | 飛騨木曽川国定公園・揖斐関ケ原養老国定公園 | 1970(この頃) | 田子ノ浦港ヘドロ汚染 |
| | | 1971.2 | ヘドロ投棄了承 |
| 1990.4.23 | 長良川河口堰 | 1971.6.15 | 魚が大量死 |
| 1990.10.16 | 長良川河口堰 | 1971(この年) | 公害防止条例 |
| 1990.12.18 | 長良川河口堰 | 1971(この頃) | 地下水塩水化 |
| 1992.4.1 | 長良川河口堰 | 1971(この頃) | 青酸汚染 |
| 1994.5.9〜 | 長良川河口堰 | 1972.8 | 養殖ハマチからPCB検出 |
| 1995.3.23 | 環境基本条例 | 1973.6.6 | ヘドロ輸送管破裂 |
| 1995.5.22 | 長良川河口堰 | 1973.6.30 | 光化学スモッグ被害 |
| 1995.5.23 | 長良川河口堰 | 1973(この頃) | 旧銅山鉱滓流出 |
| 1996.8.12 | 第5福竜丸で被曝した乗組員が死去 | 1973(この頃〜) | 飼育鳥獣し尿投棄 |
| | | 1974.4〜 | 光化学スモッグ被害 |
| 1997.1.14 | 産業廃棄物 | 1974.6 | ヘドロ汲み上げ・移動 |
| 1997.6.22 | 産業廃棄物 | 1974.10.23 | 中部電力発電所放射能漏出 |
| 2000.9.29 | 地球温暖化シンポジウム | 1974(この年) | 製紙カス処理問題 |
| 【静岡県】 | | 1976.3.22 | 自然環境 |
| 1934(この年) | 海洋汚染 | 1977.9.5 | 田子ノ浦ヘドロ住民訴訟 |
| 1936.2.1 | 国立公園第3次指定 | 1978.1.13〜 | 地震で海洋汚染 |
| 1936.12.7 | 工場有毒液流出 | 1978.1.17 | 駿河湾にシアン流出 |
| 1942.10.7 | 日本軽金属工場有毒煙排出 | 1979.6.23 | 富士山環境破壊 |
| | | 1980.7 | シアン流出 |

| | | | |
|---|---|---|---|
| 1981.6.20 | 富士箱根伊豆国立公園 | 1970.9～ | 赤潮発生 |
| 1981.7.24 | 富士山クリーン作戦 | 1970.12.28 | 愛知高原国定公園など指定 |
| 1983.6.10 | 重油流出 | 1970(この年) | アイセロ化学工場硫酸化合物汚染 |
| 1983.9.10 | 富士箱根伊豆国立公園 | 1971.7.28～ | 光化学スモッグ被害 |
| 1984.11.17 | 田子ノ浦ヘドロ住民訴訟 | 1971(この年) | 公害防止条例 |
| 1986.10.18 | 富士箱根伊豆国立公園 | 1971(この頃～) | 衣浦湾汚染 |
| 1989.9 | 狩野川シアン検出 | 1972.6.3 | 光化学スモッグ発生 |
| 1990.2.27 | 富士箱根伊豆国立公園 | 1972.6.30 | 光化学スモッグ被害 |
| 1990.10.9 | 浜岡原発で放射能漏れ | 1972.7.3 | グランドフェア号・コラチア号衝突 |
| 1991.7.2 | 富士箱根伊豆国立公園で車馬乗入れ規制 | 1972(この年) | 六価クロム汚染 |
| 1991.7.12 | 有毒ガス発生 | 1972(この頃～) | 大気汚染公害病 |
| 1994.11.1 | 東名高速道路塩酸流出 | 1973(この頃) | 工場カドミウム排出 |
| 1995.12.11 | 天竜奥三河国定公園 | 1973(この頃) | 簡易水道フッ素・マンガン汚染 |
| 1996.3.26 | 環境基本条例 | 1974.3.30 | 名古屋新幹線公害訴訟 |
| 1996.4.18 | 富士箱根伊豆国立公園 | 1974.5 | 地盤沈下 |
| 1996.7.16 | 富士箱根伊豆国立公園 | 1974(この年) | 地盤沈下 |
| 1996.7.24 | 自然公園大会 | 1974(この頃～) | 新幹線騒音・振動被害 |
| 1996.8.18 | 富士山クリーン作戦 | 1975.8.19 | 六価クロム汚染 |
| 1997.1.10 | 第5福竜丸の元乗組員死去 | 1975.11.4 | 三井東圧化学で塩ビモノマー排出 |
| 1997.7.20 | 富士山クリーン作戦 | 1975(この頃) | 飼料・肥料製造工場悪臭被害 |
| 1997.8.5 | タンクローリー横転で有毒物質流出 | 1976.7.6 | 自然保護 |
| 1997.12.9 | 貨物船衝突転覆で重油流出 | 1977.8.1 | 三河湾国定公園 |
| 1999.9.2 | 硫化水素中毒 | 1978.5～ | 赤潮発生 |
| 2001.8.11 | 富士山クリーン作戦 | 1978(この年) | 水銀ヘドロ汚染 |
| 2001.11.7 | 浜岡原子力発電所で冷却水漏れ | 1978(この頃) | 名古屋空港騒音被害 |
| 2002.5.25 | 浜岡原子力発電所で冷却水漏れ | 1979(この年) | 耐火レンガから六価クロム |
| | | 1980.9.11 | 名古屋新幹線公害訴訟 |
| **【愛知県】** | | 1984.6.5 | 有毒ベリリウム排出 |
| 1927(この年) | ごみ焼却 | 1985.4.12 | 名古屋新幹線公害訴訟 |
| 1934.1.16 | 人造羊毛工場による水質汚濁 | 1985.4.26 | 地盤沈下 |
| 1954.3.13 | 放射能灰 | 1986.4.28 | 名古屋新幹線公害訴訟 |
| 1958.4.10 | 三河湾国定公園・金剛生駒国定公園 | 1988.11.11 | 飛騨木曾川国定公園・愛知高原国定公園 |
| 1964.4.1 | 公害防止条例 | 1990.4.3 | 硫酸水流出 |
| 1964.9.20 | 船舶事故で海洋汚染 | 1990.4.23 | ごみ収集車のごみ焼く |
| 1964.11.26 | 東海製鉄工場溶鉄漏出 | 1990.6.8 | 太陽地球環境研究所 |
| 1969.6.16 | 木曽川重金属汚染 | 1990.6.26 | 重油流出 |
| 1969.10.8 | 乳児集団種痘量誤認 | 1990.9.6 | 三河湾国定公園・日南海岸国定公園 |
| 1970.6 | メチル水銀汚染 | 1991.3.2 | 劇薬漏出 |

| | | | |
|---|---|---|---|
| 1991.5.23 | 酸欠で魚浮く | 1969.3 | 騒音規制地域 |
| 1991.11.28 | 重油流出 | 1969.5.27 | 公害防止協定書 |
| 1991.12.10 | アルミ溶液噴出 | 1969.8.15 | 海洋汚染 |
| 1992.1.20 | 廃材パチンコ台炎上 | 1969(この年) | 日本アエロジル工場塩酸排出 |
| 1993.4.1 | 有毒殺虫剤流出 | 1970.2.1 | 四日市ぜんそくで医療費給付開始 |
| 1995.3.22 | 環境基本条例 | | |
| 1995.12.11 | 天竜奥三河国定公園 | 1970.9.26 | 公害防止条例 |
| 1996.3.22 | 環境基本条例 | 1970.9〜 | 赤潮発生 |
| 1998.6.2 | 地下水から高濃度トリクロロエチレン | 1970.12.28 | 愛知高原国定公園など指定 |
| | | 1970(この年) | 伊勢湾カドミウム汚染 |
| 1998.10.28 | 三河湾国定公園 | 1971.9.14 | 光化学スモッグ被害 |
| 1999.1.25 | 藤前干潟埋立てを断念 | 1971(この年) | 公害防止条例 |
| 1999.1.25 | ごみ埋め立て | 1972.5〜 | 光化学スモッグ発生 |
| 1999.5.12 | 自然保護 | 1972.7.24 | 四日市ぜんそく |
| 1999.11.17 | 公害防止 | 1972.8.21 | 四日市ぜんそくで工場が排出削減を確約 |
| 2000.6.24 | 中部国際空港の埋立て認可 | | |
| 2000.9.30 | 低公害車フェア | 1973.7.6 | 自然保護条例 |
| 2000.11.27 | 名古屋南部大気汚染公害訴訟 | 1974.4.30 | 日本アエロジル工場塩素漏出 |
| 2000(この年) | 容器包装リサイクル法 | 1975.9 | 光化学スモッグ |
| 2001.8.8 | 名古屋南部公害訴訟 | 1975(この頃) | 東洋曹達工場塩化ビニル排出 |
| 2002.1.19 | 藤前干潟保全 | 1975(この頃) | 東邦化学工場六価クロム汚染 |
| 2002.3.11 | 硫化水素ガス中毒 | 1976(この年) | 四日市公害 |
| 2005.3.25 | 愛知万博 | 1977.2.8 | 伊勢志摩国立公園 |
| | | 1978.5〜 | 赤潮発生 |
| **【三重県】** | | 1978.11.8 | 原油流出 |
| 1946.11.20 | 伊勢志摩国立公園 | 1979.1.19 | 原油流出 |
| 1960.10.17 | 四日市市公害対策委員会 | 1979.3.7 | アエロジル公害事件 |
| 1961.4 | 伊勢湾で異臭魚 | 1980.3.17 | 石原産業硫酸垂れ流し事件 |
| 1961(この年) | 四日市ぜんそく | 1982(この年) | 長良川河口堰訴訟 |
| 1962.8.16 | 四日市公害検診 | 1984.7 | 赤潮発生 |
| 1963.5.27 | 四日市公害 | 1985.1.31 | 伊勢志摩国立公園・磐梯朝日国立公園 |
| 1964.5.1 | 四日市がばい煙規制地域に | | |
| 1964.8.11 | 原子力発電所建設反対派住民負傷 | 1988.7.23 | 伊勢志摩国立公園 |
| | | 1989.5.30 | タンカー油流出 |
| 1965.1 | 四日市で高煙突化 | 1990.4.23 | 長良川河口堰 |
| 1965.5.20 | 四日市ぜんそくは「公害病」 | 1990.10.20 | 注射針不法投棄 |
| 1966.10.3 | 有毒蒲鉾 | 1994.2.1 | 廃車50台全焼 |
| 1967.9.1 | ぜんそく | 1994.2.15 | 伊勢志摩国立公園 |
| 1967.11.28 | 四日市ぜんそく | 1995.3.15 | 環境基本条例 |
| 1967(この年) | 公害防止条例 | 1999.2.24 | 産業廃棄物 |
| 1968.6.20〜 | 石原産業工場硫酸排出(石原産業事件) | 1999.11.1 | 鳥獣保護区 |
| | | 2000.2.22 | 芦浜原発 |
| 1968.7.22 | 下北半島国定公園など指定 | 2000.3.31 | 伊勢志摩国立公園 |

| | | | | |
|---|---|---|---|---|
| 2001.11.18 | 住民投票で原発反対7割 | | 1985.4.30 | 淡水赤潮 |
| 2002.4.2 | アコヤガイ大量死 | | 1986.1.28 | 酸性雨と富栄養化 |
| 2003.1.16 | 温室効果ガス | | 1986 (この年) | 国際湖沼環境委員会設立 |
| 2003.8.19 | ごみ固形燃料貯蔵サイロ爆発 | | 1989.3.8 | 琵琶湖環境権訴訟 |
| | | | 1989 (この年) | ゴルフ場汚濁物質 |
| | | | 1992.5.21 | 琵琶湖国定公園 |

## 近畿地方

| | | | | |
|---|---|---|---|---|
| | | | 1996.3.29 | 環境基本条例 |
| | | | 1998.8.24 | 琵琶湖国定公園 |
| | | | 2000.3.19 | 低公害車フェア |
| 1973.7.1 | 国立公園管理事務所 | | 2000.4.7 | G8環境大臣会合 |
| 1976.3.26 | 琵琶湖環境権訴訟 | | 2000.8.28 | 猛暑で琵琶湖水位低下 |
| 1976.4 | 光化学スモッグ発生 | | 2001.11.22 | 薬害ヤコブ病裁判 |
| 1976.11.13 | 化粧品被害 | | 2002.3.25 | 薬害ヤコブ病和解 |
| 1986.7.17 | 富士箱根伊豆国立公園 | | 2002.11.1 | 観測史上2番目の渇水 |
| 1988.11.7 | 吉野熊野国立公園 | | | |
| 1993.11.26 | 窒素酸化物 | | **【京都府】** | |
| 1994.9.2 | 二酸化窒素 | | 1931 (この年) | 風致地区指定 |
| 1995.5 | ごみ災害 | | 1933.8 | ばい煙防止規則 |
| 1997.12.16 | 吉野熊野国立公園 | | 1945.9.20 | 京大原爆調査隊員被曝 |
| 2000.7.12 | 森永乳業食中毒事件 | | 1948.11.4〜 | ジフテリア予防接種禍 |
| | | | 1949.5.31 | 国民公園が厚生省所管に |
| **【滋賀県】** | | | 1953.7 | ユリア樹脂製食器 |
| 1950.7.24 | 琵琶湖国定公園 | | 1954.12.23 | 騒音防止条例 |
| 1952.3.29 | 特別天然記念物 | | 1964.12.10 | サリドマイド薬害訴訟 |
| 1962.6 | PCP琵琶湖流入 | | 1964 (この年〜) | 砂利採取場周辺水質汚濁 |
| 1962.11.9 | 琵琶湖国定公園 | | 1975 (この頃) | 鉱山・工場廃液排出 |
| 1962.11〜 | 異常渇水 | | 1979.6.19 | 清掃工場灰崩壊 |
| 1963.12 | 異常渇水 | | 1979 (この年) | カラオケ騒音 |
| 1971.4 | 湖沼上水悪臭 | | 1981.6.7 | 京都会議 |
| 1972.6.15 | 湖沼保全 | | 1981.10.16 | ごみ回収 |
| 1974.2.15 | 日豊海岸国定公園など指定 | | 1981.12.23 | スモン薬害訴訟 |
| 1977.5〜 | 大規模な赤潮 | | 1987.3.25 | 食品放射能 |
| 1978 (この年) | 北湖で赤潮発生 | | 1990.4.3 | 若狭湾国定公園 |
| 1979.10.17 | 富栄養化防止 | | 1991.12.9 | 低公害車 |
| 1979 (この年) | 琵琶湖赤潮 | | 1992 (この年) | ワシントン条約 |
| 1981.5.18 | プランクトン異常発生 | | 1993.11.26 | 水俣病訴訟で京都地裁判決 |
| 1981.7.11 | 琵琶湖サミット | | 1994.12.15 | 世界遺産 |
| 1982.6.16 | 水質汚染 | | 1995.12.25 | 環境を守り育てる条例 |
| 1983.9.21 | アオコ大量発生 | | 1997.1.21 | ナホトカ号重油回収で急死 |
| 1984.5.13 | 湖沼農薬 | | 1997.3.31 | 環境基本条例 |
| 1984.5.22 | 淡水赤潮 | | 1998.2.26 | 合成樹脂食器 |
| 1984.7.19 | 風景条例 | | 1998.9.24 | カドミウム汚染 |
| 1984.8.27 | 世界湖沼環境会議 | | 2000.2.29 | 電気自動車 |

| | | | |
|---|---|---|---|
| 2004.8.22 | 地球温暖化問題タウンミーティング | 1972(この頃〜) | 西淀川公害訴訟 |
| 2004.11.27 | 京都議定書シンポジウム | 1973.8〜 | 光化学スモッグ被害 |
| 2006.3.7 | 久美浜原発計画断念 | 1974.2.27 | 大阪国際空港公害訴訟 |
| 2006.8.1 | レジ袋有料化を発表 | 1974.4〜 | 光化学スモッグ被害 |
| 2006.11.25 | 景観保護の新政策 | 1974(この頃) | 日本工業検査高校生被曝 |
| | | 1975.11.27 | 大阪空港騒音訴訟で夜間飛行禁止判決 |

【大阪府】

| | | | |
|---|---|---|---|
| 1927(この年) | ばい煙防止調査委員会 | 1976.3.26 | 鉄線製造工場塩素ガス漏出 |
| 1928.9.20〜 | ばい煙防止 | 1976.10 | 公害病認定患者増加 |
| 1929.10 | 騒音測定 | 1976(この年) | 大気汚染 |
| 1932.6.3 | 初のばい煙防止規則 | 1977.10 | 公害病認定患者 |
| 1935(この年〜) | 地盤沈下 | 1977.12.26 | 地下水採取を規制 |
| 1944.8 | ごみ焼却 | 1977(この年) | 水質汚染 |
| 1948.3 | 地盤沈下 | 1978.4.20 | 西淀川公害訴訟 |
| 1950.8.25 | 事業所公害防止条例 | 1978.7.8 | カラオケ騒音 |
| 1954.4.14 | 事業所公害防止条例 | 1978(この年) | 公害病認定患者漸増 |
| 1956.10.1 | 屋外広告物条例制定 | 1978(この年) | 大阪湾で赤潮発生 |
| 1958.3.1〜 | 騒音追放 | 1978(この年) | 騒音・大気汚染 |
| 1958.3.25〜 | 放射能雨 | 1979.9.26 | カラオケ騒音規制条例 |
| 1959(この年) | 地盤沈下防止条例 | 1980.1.11 | 合成洗剤追放 |
| 1960(この年) | 漁業消滅 | 1981.12.16 | 大阪空港公害訴訟 |
| 1961.7 | 井戸水汚染 | 1984.1.30 | 大阪空港騒音訴訟 |
| 1964.7 | 異常渇水 | 1985.1.11 | 公害対策 |
| 1965.10.22 | 事業場公害防止条例 | 1986.2.8 | 金剛生駒国定公園 |
| 1967.12.11 | 明治の森高尾国定公園・明治の森箕面国定公園 | 1987.11.24 | フェニックス計画 |
| | | 1988.12.19 | 西名阪道路超低周波公害訴訟 |
| 1969.12.15 | 大阪空港騒音訴訟 | 1990.2.27 | フロンガス噴出 |
| 1969.12〜 | 異常乾燥発生 | 1990.4.11 | 貨物船・小型タンカー衝突 |
| 1970.6 | 酸性雨発生 | 1990.6.27 | 重油漏れ事故 |
| 1970.9.30〜 | 珪酸粉汚染 | 1991.3.29 | 西淀川公害訴訟 |
| 1970.10 | 酸性雨発生 | 1991.12.9 | 低公害車 |
| 1970.12.16〜 | 大気汚染注意報 | 1992.12.7 | 水俣病関西訴訟で和解勧告 |
| 1971.8.9 | 光化学スモッグ連続発生 | 1993.2.12 | 異臭騒ぎ |
| 1971.8.27 | 光化学スモッグ発生 | 1994.3.23 | 環境基本条例 |
| 1971.8〜 | 光化学スモッグ | 1995.3.16 | 環境基本条例 |
| 1971.12.4 | 柴原浄水場塩素ガス漏出 | 1995.7.5 | 西淀川公害訴訟原告勝訴 |
| 1971(この年) | 公害防止条例 | 1995.11.23 | 猛毒のセアカゴケグモ発見 |
| 1971(この頃) | カドミウム汚染 | 1996.10.2 | 北九州国定公園・金剛生駒紀泉国定公園 |
| 1971(この頃〜) | 水質汚染 | 1997.11 | 能勢町ごみ焼却場ダイオキシン騒動 |
| 1972.6.1 | 光化学スモッグ被害 | | |
| 1972(この年) | 青酸化合物汚染 | 1998.2.26 | 合成樹脂食器 |
| 1972(この年) | ヒ素汚染 | | |

| 1998.4.16 | 能勢町ごみ焼却場ダイオキシン騒動 | 1969.4.10 | 妙義荒船佐久高原国定公園など指定 |
|---|---|---|---|
| 1998.4 | 能勢町ごみ焼却場ダイオキシン騒動 | 1969.12.15 | 大阪空港騒音訴訟 |
| 1998.6.23 | 化学物質 | 1970(この年) | 住友金属鉱山工場カドミウム汚染 |
| 1998.7.29 | 西淀川公害訴訟 | 1970(この頃) | 大阪国際空港騒音被害 |
| 1998.9.10 | 能勢町ごみ焼却場ダイオキシン訴訟 | 1971(この頃) | カドミウム汚染 |
| 1998.10.14 | 有機溶剤中毒死 | 1971(この頃) | 三菱金属鉱業カドミウム排出 |
| 1999.2.2 | ごみ焼却 | 1972.7 | 光化学スモッグ被害 |
| 1999.3.27 | 能勢町ごみ焼却場ダイオキシン騒動 | 1972(この年) | バナナセンター青酸化合物汚染 |
| 2000.2.24 | 薬害エイズ | 1972(この年) | 六価クロム汚染 |
| 2000.2.29 | 電気自動車 | 1973.8〜 | 光化学スモッグ被害 |
| 2000.6.16 | 能勢町ごみ焼却場ダイオキシン訴訟 | 1973(この頃〜) | 大気汚染 |
| 2000.7.12 | 能勢町ごみ焼却場ダイオキシン騒動 | 1974.4〜 | 光化学スモッグ被害 |
| | | 1974.6 | 光化学スモッグ被害 |
| | | 1974(この年) | 公害病認定患者増加 |
| | | 1974(この年) | 騒音公害 |
| 2000.9.22 | 低公害車フェア | 1975.5.21 | ハマチ大量死 |
| 2000.9 | 能勢町ごみ焼却場ダイオキシン騒動 | 1976.4.1 | 自動車公害防止条例 |
| | | 1976.8.30 | 国道43号訴訟 |
| 2000.10.28 | 低公害車フェア | 1976(この頃〜) | 騒音・排気ガス被害 |
| 2001.4.27 | 水俣病関西訴訟大阪高裁判決 | 1977.4.27 | 出光興産製油所原油流出 |
| 2003.2.7 | 大気中の二酸化硫黄濃度 | 1978.12.25 | プルトニウム |
| 2003.7.8 | ヒートアイランド対策 | 1978(この年) | 大阪湾で赤潮発生 |
| 2005.4.2 | 地球温暖化タウンミーティング | 1980.3.3 | 合成洗剤追放 |
| 2006.4.20 | MMRワクチン接種禍 | 1981.12.16 | 大阪空港公害訴訟 |
| 2006.5.12 | 原爆症認定基準緩和 | 1983.2.9 | 氷ノ山後山那岐山国定公園 |
| 2006.5.23 | 汚泥・し尿処理施設談合 | 1986.7.17 | 国道43号線公害訴訟 |
| 2006.6.21 | 薬害C型肝炎訴訟 | 1988.12.26 | 尼崎公害訴訟 |
| | | 1991.12.9 | 低公害車 |
| **【兵庫県】** | | 1994.3.31 | 環境基本条例 |
| 1936.4 | ばい煙防止規則 | 1994.7.27 | 自然公園大会 |
| 1941.9 | ごみリサイクル | 1995.7.7 | 国道43号騒音排ガス訴訟で最高裁判決 |
| 1951.6 | ばい煙対策委員会条例 | | |
| 1952.12.12 | 輸入黄変米陸揚げ | 1995.7.18 | 環境の保全と創造に関する条例 |
| 1955.2.1 | 騒音防止条例 | | |
| 1956.7.19 | 特別天然記念物 | 1995.8.30 | 道路交通騒音 |
| 1965(この年) | 公害防止条例 | 1997.1.21 | ナホトカ号重油回収で急死 |
| 1967.4.24 | タンカー二重衝突 | 1997.4.28 | タンカー転覆で重油流出 |
| 1967.5.26 | 重油流出 | 1998.4 | ごみ焼却施設で高濃度ダイオキシン検出 |
| 1967.10.17 | 鉛中毒死 | | |
| | | 1999.2.2 | ごみ焼却 |

| 1999.2.17 | 尼崎大気汚染公害訴訟 |
|---|---|
| 2000.1.31 | 尼崎大気汚染訴訟 |
| 2000.10.8 | 低公害車フェア |
| 2001.12.30 | 人工砂浜陥没 |
| 2006.4.17 | アスベスト（石綿）で住民補償 |
| 2006.5.22 | 大気汚染測定値改ざん |
| 2006.7.7 | 砂浜陥没事故訴訟 |

【奈良県】

| 1936.2.1 | 国立公園第3次指定 |
|---|---|
| 1954.3.6 | 放射能灰 |
| 1955.2.15 | 特別天然記念物 |
| 1958.4.10 | 三河湾国定公園・金剛生駒国定公園 |
| 1966.3.29 | し尿処理場建設反対派住民騒擾 |
| 1968（この年） | 芳野川水銀汚染 |
| 1970.3 | 河川汚濁 |
| 1970.12.28 | 愛知高原国定公園など指定 |
| 1970（この年） | 鉛再生工場汚染 |
| 1972.7 | 光化学スモッグ発生 |
| 1973（この年） | 光化学スモッグ被害 |
| 1974.4〜 | 光化学スモッグ発生 |
| 1975.12.20 | 吉野熊野国立公園 |
| 1977（この頃） | 光化学スモッグ発生 |
| 1980.10.6 | 低周波公害 |
| 1980（この頃） | 西名阪道路低周波騒音被害 |
| 1981（この年） | 公害対策 |
| 1982（この年） | 公害苦情 |
| 1986.2.8 | 金剛生駒国定公園 |
| 1986.5.22 | 吉野熊野国立公園 |
| 1988.12.19 | 西名阪道路超低周波公害訴訟 |
| 1991.12.9 | 低公害車 |
| 1996.10.1 | 北九州国定公園・金剛生駒紀泉国定公園 |
| 1996.12.24 | 環境基本条例 |
| 2002.7.5 | 渇水で取水制限・プール閉鎖 |
| 2002.8.26 | 井戸水から発がん性物質検出 |
| 2003.5.23 | 春日山原始林火災 |
| 2006.4.21 | 騒音おばさん事件 |

【和歌山県】

| 1936.2.1 | 国立公園第3次指定 |
|---|---|
| 1949.2.15 | 吉野熊野国立公園 |
| 1957.3.21〜 | ばい煙で山林火災 |
| 1966（この年） | 公害防止条例 |
| 1967.3.23 | 高野竜神国定公園 |
| 1967（この頃〜） | 住友金属工業製鉄所微鉄粉排出 |
| 1970（この年） | 和歌川汚染 |
| 1972.11.27 | 原油流出 |
| 1973（この頃） | 海洋汚染 |
| 1975.7.28 | 住友海南鋼管工場重油流出 |
| 1975.12.20 | 吉野熊野国立公園 |
| 1981（この年） | 河川汚濁 |
| 1985.11.25 | 天神崎トラスト運動 |
| 1987.1.22 | 自然保護 |
| 1990.4.6 | 山陰海岸国立公園・高野竜神国定公園 |
| 1990.8.16 | 溶けたはがね流出 |
| 1997.10.9 | 環境基本条例 |
| 2000.5.31 | 高濃度ダイオキシン検出 |
| 2001.5.10 | ダイオキシン無害化 |
| 2003.12.13 | 寄生虫で養殖マダイ大量死 |

# 中国・四国地方

| 1969.1.10 | 天竜奥三河国定公園など指定 |
|---|---|
| 1973.7.1 | 国立公園管理事務所 |
| 1974.5 | 低温被害 |
| 1990.4.6 | 山陰海岸国立公園・高野竜神国定公園 |
| 1992.1.20 | 山陰海岸国立公園で車馬の乗入れ規制 |
| 1994.7.8 | 瀬戸内海環境保全特別措置法 |
| 1996.9.4 | 西中国山地国定公園 |
| 1996.12.25 | 山陰海岸国立公園 |
| 1998.8.24 | 比婆道後帝釈国定公園 |

【瀬戸内海】

| 1934.3.16 | 国立公園第1次指定 |
|---|---|
| 1950.5.18 | 瀬戸内海国立公園 |
| 1956.5.1 | 瀬戸内海国立公園 |
| 1971.7.15 | 自然保護 |

| | | | |
|---|---|---|---|
| 1971（この頃） | し尿投棄による海洋汚染 | 1969.4.10 | 妙義荒船佐久高原国定公園など指定 |
| 1973.10.2 | 環境保全臨時措置法 | 1971.3 | 硫酸銅汚染 |
| 1976.5.28 | 瀬戸内海環境保全臨時措置法 | 1972（この頃） | 旧銅山廃液汚染 |
| 1976.10.25 | 本四連絡橋 | 1973（この頃） | 旭鍍金工場六価クロム排出 |
| 1977.8.28〜 | 赤潮で30億円の被害 | 1973（この頃） | 倉敷メッキ工業所青酸排出 |
| 1978.4.21 | 環境保全基本計画 | 1973（この頃〜） | 飼育鳥獣し尿投棄 |
| 1979.3.22 | 重油流出 | 1974（この年） | DDT汚染 |
| 1979.7〜 | 養殖ハマチ大量死 | 1975.9 | 六価クロム汚染・健康被害 |
| 1979（この年） | 富栄養化で赤潮 | 1980（この年） | 土壌汚染 |
| 1980.1.9 | 重油流出 | 1982.6.16 | 水質汚染 |
| 1980.10.30 | イガイ農薬汚染 | 1982.8.31 | 大山隠岐国立公園 |
| 1982（この年） | 赤潮発生 | 1983.2.9 | 氷ノ山後山那岐山国定公園 |
| 1984.6.3 | 瀬戸内海国立公園 | 1986.8.13 | 大山隠岐国立公園 |
| 1984.6.14 | 知床国立公園など区域・計画変更 | 1988.5.31 | 宍道湖・中海の淡水化延期 |
| 1984.9.20 | 瀬戸内海国立公園 | 1989.1.31 | 中海と宍道湖を指定湖沼に |
| 1985.10.9 | 富栄養化防止 | 1990.3.8 | 大山隠岐国立公園 |
| 1986.8.28 | 有機スズ化合物汚染 | 1997.9.18 | 大山隠岐国立公園 |
| 1986.9.11 | 瀬戸内海国立公園 | 1997.11.1 | 鳥獣保護区 |
| 1987.7.1 | シャットネラ赤潮 | 2003.2.23 | NGO植林補助金不正受給 |
| 1987.11.24 | 瀬戸内海国立公園 | | |
| 1989.7.12 | 瀬戸内海国立公園 | 【島根県】 | |
| 1989（この年） | 酸性霧で松枯れ現象か | 1948.11.11〜 | ジフテリア予防接種禍 |
| 1990.7.3 | 本四連絡橋 | 1955.6.20 | 山陰海岸国定公園・天草国定公園 |
| 1991.2.27 | 瀬戸内海国立公園 | 1958.3.3〜 | 放射能雨 |
| 1991.7.26 | 瀬戸内海国立公園 | 1963.4.10 | 大山隠岐国立公園 |
| 1992.8.26 | 富士箱根伊豆国立公園などで計画変更 | 1963.7.15 | 山陰海岸国立公園 |
| 1993.7.19 | 瀬戸内海国立公園 | 1963.7.24 | ニセコ積丹小樽海岸国定公園など指定 |
| 1994.11.7 | 瀬戸内海国立公園 | 1970（この年） | ヒ素汚染 |
| 1999.2.2 | 瀬戸内海国立公園 | 1973.2 | 廃油汚染 |
| 2001.3.30 | 瀬戸内海国立公園 | 1973.6.20〜 | 記録的少雨による干ばつ |
| | | 1973.9 | 中国電力発電所制御棒欠陥 |
| 【鳥取県】 | | 1974.5.4 | 笹ヶ谷公害病 |
| 1936.2.1 | 国立公園第3次指定 | 1974.7.31 | ヒ素中毒 |
| 1936.7 | 鉱毒汚染 | 1975.9 | 原発温排水漁業被害 |
| 1952.3.29 | 特別天然記念物 | 1975（この年） | 宝満山鉱山カドミウム排出 |
| 1955.6.20 | 山陰海岸国定公園・天草国定公園 | 1976.1〜 | 沿岸海域廃油投棄 |
| 1963.4.10 | 大山隠岐国立公園 | 1976.7.16 | ヒ素汚染公害 |
| 1963.7.15 | 山陰海岸国立公園 | 1977.4.27 | ヒ素中毒 |
| 1963.7.24 | ニセコ積丹小樽海岸国定公園など指定 | 1982.6.16 | 水質汚染 |
| | | 1982.8.31 | 大山隠岐国立公園 |

| | | | | |
|---|---|---|---|---|
| 1988.5.31 | 宍道湖・中海の淡水化延期 | | 【広島県】 | |
| 1989.1.31 | 中海と宍道湖を指定湖沼に | | 1930.12.14 | 厳島国立公園 |
| 1990.3.8 | 大山隠岐国立公園 | | 1935.7 | 冷害で農作物被害 |
| 1997.2.1 | ナホトカ号事故 | | 1945.8.6 | 広島被爆 |
| 1997.9.18 | 大山隠岐国立公園 | | 1945.12.9 | 原爆症を指摘 |
| 2002.3.31 | 貨物船沈没・重油流出 | | 1950(この年～) | 被爆者肺癌死亡率激増 |
| 2002.12.2 | 淡水化事業中止 | | 1957.4.1 | 騒音防止条例 |
| 2003.11.22 | 貨物船積荷流出 | | 1963.7.24 | ニセコ積丹小樽海岸国定公園 |
| | | | | など指定 |
| 【岡山県】 | | | 1966.10.3 | 有毒蒲鉾 |
| 1961.5 | 水島でも異臭魚 | | 1969.8 | 毒ガス投棄 |
| 1963.9 | 油臭発生 | | 1969(この年) | 被爆者二世白血病連続死 |
| 1965.6.16 | 工場廃液排出 | | 1970(この年) | カドミウム汚染 |
| 1966.8～ | 淡水魚の大量死 | | 1971(この頃) | 三菱電機工場カドミウム汚染 |
| 1966(この年) | 公害防止条例 | | 1971(この頃) | 日本化薬工場水質汚濁 |
| 1969.4.10 | 妙義荒船佐久高原国定公園な | | 1972.5.20 | 大久野島毒ガス噴出 |
| | ど指定 | | 1973.2 | 養殖牡蠣カドミウム汚染 |
| 1970.5 | 工場重金属汚染 | | 1973(この頃) | 水質汚濁 |
| 1970(この頃) | 汚染被害 | | 1974.3 | 地盤凝固剤汚染 |
| 1971.7～ | 大気汚染 | | 1975.3.10～ | 新幹線騒音・振動被害 |
| 1973.3.27 | 自然保護条例 | | 1975(この頃) | 三井金属鉱業精錬所六価クロ |
| 1973(この年) | 光化学スモッグ被害 | | | ム汚染 |
| 1973(この頃) | 工場水銀排出 | | 1983.5.24 | 米兵被曝者 |
| 1973(この頃～) | 大気汚染 | | 1987.11.24 | 瀬戸内海国立公園 |
| 1974.5.13 | イリジウム被曝事故 | | 1991(この年) | 日本化薬工場跡地高濃度汚染 |
| 1974.5～ | 排煙公害(越県公害) | | 1993.5.17 | 実験中にガス噴出 |
| 1974.12.18 | 三菱石油製油所重油流出 | | 1995.3.15 | 環境基本条例 |
| 1975.3.10～ | 新幹線騒音・振動被害 | | 2006.8.4 | 原爆症認定訴訟 |
| 1983.2.9 | 氷ノ山後山那岐山国定公園 | | | |
| 1983.11.9 | 倉敷公害訴訟 | | 【山口県】 | |
| 1988.4.1 | 本州四国連絡橋 | | 1936.7 | 陥没多発 |
| 1988.8 | 放射能汚染土砂投棄 | | 1947.4.1 | ばい煙で住宅火災 |
| 1989.7.12 | 瀬戸内海国立公園 | | 1951.6 | ばい煙対策委員会条例 |
| 1991.5.16 | ガソリン塔炎噴出 | | 1955.2.15 | 特別天然記念物 |
| 1994.3.23 | 倉敷公害訴訟 | | 1955.11.1 | 北長門海岸国定公園など指定 |
| 1996.2.26 | 倉敷公害訴訟 | | 1964.8～ | 40日間の干ばつ |
| 1996.10.1 | 環境基本条例 | | 1969(この頃) | 大気汚染 |
| 1996.12.26 | 倉敷公害訴訟 | | 1970.5.21 | 河山鉱山廃水流出 |
| 1997.12.7 | 産業廃棄物 | | 1971.3.26 | 赤潮異常発生 |
| 1998(この年) | ダイオキシン検出 | | 1971.8 | 赤潮発生 |
| 1999.4.1 | 岡山県で地盤沈下 | | 1971(この頃) | 赤潮発生 |
| | | | 1971(この年) | カドミウム汚染 |
| | | | 1971(この頃) | 水質汚濁 |

| | | | |
|---|---|---|---|
| 1971（この頃） | 水質汚濁 | 1991.2.27 | 瀬戸内海国立公園 |
| 1971（この頃〜） | 魚介類が水銀汚染 | 1994.3.29 | 剣山国定公園 |
| 1972.5〜 | 光化学スモッグ発生 | 1999.2.2 | ごみ焼却 |
| 1972.6 | 赤潮発生 | 1999.3.25 | 環境基本条例 |
| 1972.9 | 鉱滓運搬船沈没 | 2000.1.23 | 住民投票で吉野川可動堰計画反対へ |
| 1973.6 | 水銀ヘドロ汚染 | | |
| 1973.7.7 | 出光石油化学工場爆発 | 2000.7.26 | 自然公園大会 |
| 1973（この頃） | 工場水銀排出 | 2003.7 | 赤潮で養殖ハマチ大量死 |
| 1974.6 | カドミウム汚染 | | |

【香川県】

| | |
|---|---|
| 1975.3.10〜 | 新幹線騒音・振動被害 |
| 1975（この頃） | 日本化学工業工場六価クロム汚染 |
| 1976.8 | カドミウム準汚染米公害 |
| 1983.5.22 | 塩化水素ガス流出 |
| 1990.5.24 | 接着剤の流出 |
| 1990.7.23 | メッキ工場塩酸流出 |
| 1990.8.20 | 希硫酸漏れ |
| 1993.7.28 | 自然公園大会 |
| 1994.9.20 | 北長門海岸国定公園 |
| 1995.12.25 | 環境基本条例 |
| 1997.9.18 | 北長門海岸国定公園 |
| 1999.7.22 | うろこ取り器にビスフェノールA |
| 2002.12.6 | 川に工場廃液流出 |
| 2006.2.27 | 石炭火力発電所計画断念 |

| | |
|---|---|
| 1955.8.22 | 特別天然記念物 |
| 1970.8.21 | 燧灘ヘドロ汚染 |
| 1971（この年） | ヘドロ汚染 |
| 1971（この頃） | 大気汚染・水質汚濁 |
| 1971（この頃） | 大気汚染・水質汚濁 |
| 1972.2 | ごみ処理 |
| 1972.7〜 | 赤潮発生 |
| 1973.1.10 | タンカー事故 |
| 1973.7.20 | 重油流出 |
| 1973.9 | 光化学スモッグ発生 |
| 1973.10.31 | タンカー事故 |
| 1973（この頃） | 東亜合成工場水銀排出 |
| 1974（この年） | 光化学スモッグ |
| 1974（この年） | トリ貝が大量死 |
| 1975.8〜 | 三豊海域酸欠現象 |
| 1975（この頃） | ヘドロ埋立汚染 |
| 1978.6〜 | 毒性赤潮プランクトンで被害 |
| 1981.3.21〜 | 仁尾太陽博覧会 |
| 1981.8.6 | 太陽熱発電 |
| 1985.7.30 | 瀬戸内海赤潮訴訟 |
| 1987.7〜 | 赤潮発生 |
| 1988.4.1 | 本州四国連絡橋 |
| 1990.11 | ごみ処理 |
| 1993.11 | ごみ処理 |
| 1995.3.22 | 環境基本条例 |
| 1995（この年） | ごみ処理 |
| 1996.12.26 | 豊島産廃不法投棄訴訟 |
| 1999.2.2 | 瀬戸内海国立公園 |
| 2000.5.19 | ごみ処理 |
| 2000.5.26 | ごみ処理 |
| 2003.12.9 | 豊島廃棄物等の処理実施計画 |

【徳島県】

| | |
|---|---|
| 1956.7.19 | 特別天然記念物 |
| 1964.3.3 | 飛騨木曽川国定公園・剣山国定公園 |
| 1964.6.1 | 知床国立公園・南アルプス国立公園など指定 |
| 1967（この年） | 公害防止条例 |
| 1967（この年） | 赤潮発生 |
| 1968（この年） | 擬似水俣病集団発生 |
| 1970.7.23 | 徳島県光化学スモッグ発生 |
| 1970（この頃） | 新町川・神田瀬川・今切川汚染 |
| 1972.7〜 | 赤潮発生 |
| 1973（この頃） | 悪臭被害 |
| 1975（この頃） | 日本電工工場六価クロム汚染 |
| 1980（この年） | 大気汚染・水質汚染 |
| 1985.12.11 | 魚介類汚染 |
| 1986.9.12 | 白山国立公園・剣山国定公園 |

## 【愛媛県】

| | |
|---|---|
| 1954.5 | 燈台関係者被曝 |
| 1955.11.1 | 北長門海岸国定公園など指定 |
| 1965(この年～) | 石槌スカイライン建設現場土砂排出 |
| 1970.5 | 住友化学工業工場フッ素ガス排出 |
| 1970.8.21 | 燧灘ヘドロ汚染 |
| 1970.8.27 | ヘドロで魚が大量死 |
| 1971.11.7 | 海洋汚染 |
| 1971(この年) | ヘドロ汚染 |
| 1972.9.12 | 魚大量死 |
| 1972.11.10 | 足摺宇和海国立公園 |
| 1972(この頃) | 光化学スモッグ発生 |
| 1972(この頃) | 赤潮発生 |
| 1973.6～ | 光化学スモッグ発生 |
| 1973.8.27 | 原発反対で提訴 |
| 1973.10.12 | 環境保全条例 |
| 1974.4.26 | タンカー衝突事故で原油流出 |
| 1974(この年) | トリ貝が大量死 |
| 1975.8～ | 三豊海域酸欠現象 |
| 1975(この頃) | ヘドロ埋立汚染 |
| 1977.4.6 | 原油流出 |
| 1978(この年) | 水質汚濁 |
| 1980.9.19 | ボーエン病多発 |
| 1983.11.18 | ごみ焼却灰からダイオキシン |
| 1984.11.18 | ごみ焼却 |
| 1986.7.14 | 衝突で海洋汚染 |
| 1989.5.2 | 重油流出 |
| 1993.9 | 織田が浜訴訟 |
| 1995.8.21 | 足摺宇和海国立公園 |
| 1996.1.14 | 伊方原発で蒸気逃がし弁にトラブル |
| 1996.3.19 | 環境基本条例 |
| 1997.11.1 | 鳥獣保護区 |
| 2003.8.14 | 倉庫から硝酸ピッチ漏出 |

## 【高知県】

| | |
|---|---|
| 1939.2 | 干ばつ被害 |
| 1952.3.29 | 特別天然記念物 |
| 1952.3.29 | 特別天然記念物 |
| 1952.3.29 | 特別天然記念物 |
| 1955.4.1 | 伊豆七島国定公園・足摺国定公園 |
| 1957.9 | 冷害で無収穫 |
| 1957(この年～) | イワシ不漁 |
| 1964.6.1 | 知床国立公園・南アルプス国立公園など指定 |
| 1969(この年) | 高知パルプ工場亜硫酸ガス排出 |
| 1970(この年) | 工場廃液汚染被害 |
| 1970(この年) | 井戸水汚染 |
| 1971.3.15 | 豊隆丸乗組員ガス中毒死 |
| 1971(この頃) | 高知パルプ工場廃液排出 |
| 1972.11.10 | 足摺宇和海国立公園 |
| 1973(この年) | 早明浦ダム建設現場付近水質汚濁 |
| 1973(この頃) | 使用済みビニール投棄 |
| 1976.8 | 沿岸一帯で大規模な赤潮 |
| 1976(この年) | 淡水赤潮 |
| 1976(この頃) | 地盤沈下 |
| 1977.9.19 | 白ろう病患者死亡 |
| 1977.10.20 | アルサビア号破損 |
| 1979(この年) | 公害統計 |
| 1982.7.19 | 町議会で原発設置可決 |
| 1984.5.31 | 健康人からPCP検出 |
| 1984.9.2 | 塩素ガス流出 |
| 1990(この年) | ごみリサイクル |
| 1994.6.8 | 室戸阿南海岸国定公園 |
| 1995.8.21 | 足摺宇和海国立公園 |
| 1996.3.26 | 環境基本条例 |
| 1998.3.16 | 室戸阿南国定公園 |
| 1998.9.29 | シアン化ナトリウム溶液流出 |
| 2000.10.26 | 高濃度ダイオキシン検出 |

# 九州地方

| | |
|---|---|
| 1933.10 | 赤潮発生 |
| 1934.3.16 | 国立公園第1次指定 |
| 1934.12.4 | 国立公園第2次指定 |
| 1941.10.8 | 赤潮発生 |
| 1956.6.1 | 玄海国定公園 |
| 1965.9 | 異常低温で冷害 |

| 1965(この年) | 養殖海苔赤腐れ病発生 |
|---|---|
| 1970(この年) | 三井金属鉱業工場カドミウム汚染 |
| 1973(この頃～) | 有明海水銀汚染(第3水俣病) |
| 1974.6.7 | 「第3水俣病」問題 |
| 1987.8.28 | 霧島屋久国立公園 |
| 1992.8.26 | 富士箱根伊豆国立公園などで計画変更 |
| 1994.8.2 | 地盤沈下 |
| 1995.9.5 | 地盤沈下 |

## 【福岡県】

| 1952.3.29 | 特別天然記念物 |
|---|---|
| 1955.4.1 | 公害防止条例・騒音防止条例 |
| 1955.8.22 | 特別天然記念物 |
| 1957.5 | 地下水4価エチル鉛汚染 |
| 1960.6 | 博多湾で赤潮 |
| 1961.11.5 | 放射能雨 |
| 1963.5.19 | スモッグ |
| 1968.5 | 大牟田川メチル水銀汚染 |
| 1968.11.29 | カネミ油症・刑事訴訟 |
| 1969.2.1 | カネミ油症訴訟 |
| 1969.5.7～ | 北九州市スモッグ発生 |
| 1969.5 | スモッグ |
| 1970.6.6 | 廃水鉱毒 |
| 1970.8.8 | 東海鋼業工場鉱滓流出 |
| 1970(この年) | 洞海湾青酸化合物・カドミウム汚染 |
| 1971.6.11 | 河川からカドミウム検出 |
| 1971(この頃～) | 水質汚染 |
| 1971(この頃～) | ヒ素汚染 |
| 1971(この頃～) | 博多湾汚染 |
| 1972.10.16 | 小笠原国立公園など指定 |
| 1972.10.18 | 環境保全に関する条例 |
| 1973.8.21 | 豊前火発環境権訴訟 |
| 1973(この頃～) | 大気汚染 |
| 1974.3 | 地盤凝固剤汚染 |
| 1974.12 | 北九州ぜんそく |
| 1974(この頃) | 新日本製鉄工場退職者肺癌多発 |
| 1975(この頃) | 旭硝子工場六価クロム汚染 |
| 1976.3.26 | カネミ油症裁判 |
| 1976(この年) | 北九州ぜんそく |
| 1976(この頃～) | 福岡空港騒音被害 |
| 1977.3.2 | 薬品製造工場塩素ガス噴出 |
| 1978.3.24 | カネミ油症・刑事訴訟 |
| 1980.10.1～ | 新幹線騒音 |
| 1984.3.28 | 鳥獣保護区 |
| 1985.4.26 | 地盤沈下 |
| 1985.8.16 | 水俣病第二次訴訟で福岡高裁判決 |
| 1985.11.29 | 水俣病認定業務訴訟 |
| 1988.12.16 | 福岡空港航空機騒音公害訴訟 |
| 1990.2.13 | 玄海国定公園 |
| 1990.6.18 | 塩素ガス漏れ |
| 1991.9.11 | 水俣病訴訟 |
| 1991.9.27 | 可燃ガス流出 |
| 1993.3.20 | 北九州国定公園で火災 |
| 1994.1.20 | 福岡空港騒音訴訟の最高裁判決 |
| 1995.7.20 | 筑豊じん肺訴訟で福岡地裁判決 |
| 1996.9.26 | 環境基本条例 |
| 1996.9.27 | 水俣病待ち料訴訟福岡高裁差戻審判決 |
| 1996.9 | 環境ホルモン |
| 1996.10.2 | 北九州国定公園・金剛生駒紀泉国定公園 |
| 1997.3.11 | 水俣病抗告訴訟福岡高裁判決 |
| 1999.3.27 | こどもエコ・クラブ |
| 2000.8.25 | 大牟田川から高濃度ダイオキシン検出 |
| 2001.2.5 | 自動車運搬船座礁 |
| 2001.7.19 | じん肺訴訟 |
| 2001.12.18 | じん肺訴訟 |
| 2004.4.22 | 筑豊じん肺訴訟 |
| 2005.5.16 | 諫早湾干拓事業 |
| 2006.4.19 | 西日本じん肺福岡訴訟 |
| 2006.4.25 | ごみ焼却炉談合 |
| 2006.8.30 | 薬害肝炎九州訴訟 |

## 【佐賀県】

| 1941.10.8 | 赤潮発生 |
|---|---|
| 1960.7～ | 干ばつ被害 |
| 1964.8 | 干ばつで自衛隊に給水要請 |

| 1973（この頃） | 地盤沈下 | 1990.5.7 | 壱岐対馬国定公園 |
|---|---|---|---|
| 1974.8.26 | 強度の酸性雨 | 1993.5.12 | 西海国立公園 |
| 1974（この年） | 地盤沈下 | 1994.2.22 | 長崎じん肺訴訟は高裁差戻し |
| 1975.6.10 | 九州電力発電所放射能漏出 | 1997.4.14 | 諫早湾干拓事業で潮受堤防を閉め切り |
| 1976.5.31 | 文化財保護 | | |
| 1985.4.26 | 地盤沈下 | 1997.10.13 | 環境基本条例 |
| 1987（この年） | 玄海原発細管腐食 | 1999.2.2 | 雲仙天草国立公園 |
| 1997.3.27 | 環境基本条例 | 2001.3.30 | 西海国立公園 |
| 1999.7.18 | 玄海原発1号機で海水漏れ | 2001.8.28 | 諫早湾干拓 |
| 1999.7.28 | 自然公園大会 | 2002.3.27 | 諫早湾干拓 |
| 2004.8.26 | 諫早湾干拓事業で工事差し止め仮処分 | 2002.4.15 | 諫早湾で開門調査 |
| 2006.2.7 | プルサーマル計画 | | |

【長崎県】

【熊本県】

| 1934.3.16 | 国立公園第1次指定 | 1935.9 | 水俣で日本窒素アセトアルデヒド工場稼働 |
|---|---|---|---|
| 1940.5.20 | 給水制限 | | |
| 1945.8.9 | 長崎被爆 | 1946.2 | 水俣湾へ工場廃水排出 |
| 1945.12.9 | 原爆症を指摘 | 1949.10 | 日本窒素肥料が塩化ビニル生産再開 |
| 1955.3.16 | 西海国立公園 | | |
| 1955.4.16 | 安部鉱業所佐世保炭鉱ボタ山崩壊 | 1952.3.29 | 特別天然記念物 |
| | | 1952（この年） | 水俣で貝類死滅 |
| 1956.7.20 | 雲仙天草国定公園 | 1953.5 | 水俣病患者続出 |
| 1958.7.10 | 騒音防止条例 | 1954（この年） | 猫の狂死 |
| 1960.7～ | 干ばつ被害 | 1955.6.20 | 山陰海岸国定公園・天草国定公園 |
| 1964.6.13 | 干拓地堤防沈下 | | |
| 1964.9～ | 異常渇水 | 1955.9 | 新日窒の廃水路変更 |
| 1965.4 | 異常渇水 | 1956.5.1 | 水俣病公式発見 |
| 1968.5.2～ | 原潜から放射能検出 | 1956.7.20 | 雲仙天草国定公園 |
| 1968.7.22 | 下北半島国定公園など指定 | 1956.8.24 | 水俣病医学研究 |
| 1970.9.20 | カドミウム汚染で抗議 | 1957.1 | 水俣病の原因研究 |
| 1970（この年） | 諫早湾カドミウム汚染 | 1957.4.1 | 郊外でも水俣病多発が確認 |
| 1977.4.30 | 原子力船「むつ」受入れ | 1957.4.4 | 猫にも水俣病発症 |
| 1977.8 | 水銀検出 | 1958.2.7 | 胎児性水俣病 |
| 1978.10.16 | 原子力船「むつ」入港 | 1958.8.15 | 水俣湾漁獲操業停止 |
| 1980.2.29 | 動物愛護 | 1958.10.18 | 騒音防止条例 |
| 1982.7.24 | 雲仙天草国立公園 | 1959.3.26 | 水俣病発病が相次ぐ |
| 1982.11.29 | 西海国立公園 | 1959.7.21 | 水俣病は水銀が原因 |
| 1983.3.21 | 原子力空母佐世保寄港 | 1959.10.6 | 厚生省も有機水銀説を断定 |
| 1983.5.24 | 米兵被曝者 | 1959.11.2 | 新日窒水俣工場で漁民と警官隊衝突 |
| 1984.2.19 | カドミウム汚染 | | |
| 1984.5.20 | 雲仙天草国立公園 | 1959.12.30 | 水俣病見舞金契約 |
| 1986.8.17 | 諫早湾干拓事業 | 1960.3.25 | 水俣病原因研究 |
| | | 1960.7 | 水俣沿岸で操業自粛 |
| | | 1960.9.29 | 水俣の貝から有機水銀結晶体 |

| | | | |
|---|---|---|---|
| 1961.3.21 | 胎児性水俣病 | 1979.3.28 | 水俣病第二次訴訟の熊本地裁判決 |
| 1961.8.7 | 水俣工場の工程に水銀化合物 | | |
| 1961.8.9 | 新日本窒素工場爆発 | 1980.5.21 | 水俣病第三次訴訟提訴 |
| 1962.3 | 廃水にメチル水銀を確認 | 1981(この年) | メチル水銀汚染魚販売 |
| 1963.2.20 | 水俣病原因物質を正式発表 | 1982.5.15 | 九州中央山地国定公園 |
| 1964.4.5 | ダム建設 | 1982.12.1 | 水俣湾仕切網外で水銀検出 |
| 1964.5 | 水俣湾漁獲禁止を一時解除 | 1983.7.20 | 水俣病認定業務不作為訴訟 |
| 1964.6.23 | ダム建設 | 1984.7.21 | 阿蘇国立公園 |
| 1964.6.25 | 先天性水俣病 | 1984.10.7 | 阿蘇国立公園 |
| 1966(この年) | 公害防止条例 | 1986.3.27 | 水俣病認定申請棄却処分取消請求訴訟で一審判決 |
| 1968.9.20 | 1960年以降も廃液排出 | | |
| 1968.9.26 | 水俣病と新潟水俣病を公害病認定 | 1986.9.10 | 阿蘇くじゅう国立公園 |
| | | 1986.9.24 | 雲仙天草国立公園 |
| 1969.6.14 | 水俣病で損害賠償請求訴訟 | 1987.3.30 | 水俣病第三次訴訟で熊本地裁判決 |
| 1970.5.27 | 水俣病で一部患者が補償交渉妥結 | | |
| | | 1987(この年) | 地下水汚染 |
| 1971.4.22 | 再審査で水俣病認定 | 1988.2.29 | 水俣病刑事裁判最高裁判決 |
| 1971.7.7 | 水俣病認定で県の棄却処分取消 | 1989.12.16 | 雲仙天草国立公園 |
| | | 1990.7 | 赤潮発生 |
| 1971.9.10 | 水俣病報道写真 | 1990.10.2 | 環境基本条例 |
| 1971.10.6 | 水俣病患者認定 | 1991.4.26 | 水俣病認定業務賠償訴訟は差戻し |
| 1972.1.27 | 長官が水俣視察 | | |
| 1973.3.20 | 水俣病第一次訴訟の熊本地裁判決 | 1991(この年) | 地下水質保全条例 |
| | | 1992.11.9 | 水俣湾の魚の水銀汚染 |
| 1973.7.9 | 水俣病補償交渉で合意調印 | 1993.1.13 | 水俣病資料館が開館 |
| 1973.7.18 | 港を封鎖・チッソ操業不能 | 1993.3.25 | 水俣病第三次訴訟で熊本地裁判決 |
| 1974.1 | 水俣湾入口に仕切網 | | |
| 1974.10 | 水俣病認定患者 | 1993.8.31 | 水俣病関係閣僚会議でチッソ金融支援を申し合わせ |
| 1976.2.14 | 水俣湾のヘドロ処理 | | |
| 1976.5.4 | 水俣病でチッソ幹部起訴 | 1993.9.3 | 国の熊本県財政支援を閣議決定 |
| 1976.6 | 水俣病公害 | | |
| 1976.12.15 | 水俣病認定不作為訴訟 | 1993(この年) | 水俣病訴訟 |
| 1977.2.10 | 水俣病で新救済制度を要望 | 1994.2.23 | 水俣湾の水銀汚染・指定魚は削減 |
| 1977.10.11 | 水俣湾のヘドロ処理・仕切網設置 | | |
| | | 1994.7.11 | 熊本水俣病訴訟関係 |
| 1977.12.5 | ユージン・スミスの被写体患者死去 | 1995.10.15 | 水俣病全国連会場に新聞社のレコーダー |
| | | | |
| 1977(この年) | 光化学スモッグ発生 | 1995.10.28 | 水俣病全国連が政府与党の解決策受入れ |
| 1978.6.2 | 水俣病補償に県債発行 | | |
| 1978.12.20 | チッソに貸付資金 | 1995.10.30 | 水俣病問題は政治決着へ |
| 1979.3.22 | 水俣病刑事裁判の熊本地裁判決 | 1995.12.12 | 阿蘇くじゅう国立公園 |
| | | 1996.2.29 | 健康被害救済 |
| | | 1996.4.28 | 水俣病訴訟取り下げへ |

| | | | | |
|---|---|---|---|---|
| 1996.5.1 | 水俣病慰霊式に環境庁長官・チッソ社長も出席 | | 1972(この頃) | 小野田セメント工場粉じん排出 |
| 1996.5.19 | 水俣病全国連とチッソで協定締結 | | 1973.5.10 | 住友化学工業工場ガス流出 |
| | | | 1973.8.12 | 住友化学工業工場火災 |
| 1996.5.22 | 水俣病3次訴訟取り下げ | | 1973.8.21 | 豊前火発環境権訴訟 |
| 1996.6.24 | 水俣湾仕切網内で漁獲開始 | | 1974.2.15 | 日豊海岸国定公園など指定 |
| 1997.3.25 | 改正環境基本条例 | | 1974.6 | 九州石油増設現場従業員被曝 |
| 1997.7.17 | 水俣湾魚介類の水銀値 | | 1975.10.4 | 大腿四頭筋短縮症患者 |
| 1997.7 | 水俣湾安全宣言 | | 1975(この頃) | 赤潮発生 |
| 1997.8.18 | 水俣湾仕切網撤去同意 | | 1979.8.30 | 光化学スモッグ予報 |
| 1999.2.18 | 水俣病患者連盟委員長死去 | | 1980(この年) | 冷害で戦後最悪の159億円の被害 |
| 1999.3.24 | 水俣病と男児出生率 | | | |
| 1999.5.1 | 水俣病慰霊式 | | 1982(この年) | 赤潮発生 |
| 1999.5.12 | 水俣病認定申請 | | 1984.7.21 | 阿蘇国立公園 |
| 2000.7.7 | 八代海の赤潮で過去最悪の被害 | | 1984.9.20 | 瀬戸内海国立公園 |
| | | | 1986.9.10 | 阿蘇くじゅう国立公園 |
| 2000.9.8 | 川辺川総合土地改良事業 | | 1991.3.20 | 臭素液漏れ |
| 2002.12.10 | ダム撤去 | | 1995.12.12 | 阿蘇くじゅう国立公園 |
| 2003.5.16 | 川辺川ダム訴訟 | | 1997.7.23 | 自然公園大会 |
| 2004.5.1 | 水俣病慰霊式 | | | |
| 2005.5.1 | 水俣病慰霊式 | | **【宮崎県】** | |
| 2006.1.22 | 水俣病終息との認識 | | 1932(この年～) | 工場汚水排出 |
| 2006.3.29 | 水俣病公式確認50年実行委員会総会 | | 1933(この年) | 土呂久鉱山で鉱毒死 |
| | | | 1935(この年) | 土呂久鉱山大規模化 |
| 2006.5.1 | 水俣病50年慰霊式 | | 1941.10.1 | 鉱滓沈澱池決壊 |
| 2006.7.7 | トンネルじん肺訴訟 | | 1951(この年) | 土呂久鉱山で商号変更 |
| | | | 1952.3.29 | 特別天然記念物 |
| **【大分県】** | | | 1952.3.29 | 特別天然記念物 |
| 1950.7.29 | 耶馬日田英彦山国定公園 | | 1952.3.29 | 特別天然記念物 |
| 1953.9.1 | 阿蘇国立公園 | | 1954(この年) | 土呂久鉱山で亜ヒ酸製造再開 |
| 1956.5.1 | 瀬戸内海国立公園 | | 1955.6.1 | 若狭湾国定公園・日南海岸国定公園 |
| 1960.7～ | 干ばつ被害 | | | |
| 1965.3.25 | 祖母傾国定公園・丹沢大山国定公園 | | 1959.2.17 | 噴火で自然破壊 |
| | | | 1960.2 | 土呂久煙害報道 |
| 1968.9 | メチル水銀汚染 | | 1961(この頃) | 航空自衛隊基地騒音 |
| 1969(この頃) | パルプ工場廃液汚染 | | 1964.4～ | 長雨で農作物に被害 |
| 1969(この頃) | 蔵内金属工場カドミウム汚染 | | 1964.12.1 | 澱粉製造工場汚水排出 |
| 1970.6.17 | 公害追放都市宣言 | | 1965.3.25 | 祖母傾国定公園・丹沢大山国定公園 |
| 1970(この年) | パルプ・骨粉製造工場悪臭被害 | | | |
| 1970(この年) | プランクトン異常発生 | | 1967.12.4 | 土呂久鉱山閉山 |
| 1972.6.26 | イリジウム被曝 | | 1969.7～ | 廃鉱ヒ素流出 |
| 1972(この頃) | 大気汚染・水質汚濁 | | 1969.9 | 浜川メチル水銀汚染 |
| | | | 1970.2.10 | 土呂久川でヒ素検出 |

| | | | | |
|---|---|---|---|---|
| 1970.12.8 | 土呂久被害者が人権相談 | | 1963.7.4 | 特別天然記念物 |
| 1971.5 | 土呂久鉱害の再検証 | | 1964.3.16 | 霧島屋久国立公園 |
| 1971.8.29〜 | 一ッ瀬川水質汚濁 | | 1964.4〜 | 長雨で農作物に被害 |
| 1972.1.16〜 | 旧土呂久鉱山ヒ素汚染 | | 1969.7〜 | 川内川汚染 |
| 1972(この頃〜) | 旧松尾鉱山ヒ素汚染 | | 1969.10.5 | 日本石油基地原油流出 |
| 1973(この頃) | 斃獣処理施設悪臭被害 | | 1971.3〜 | 南西諸島で干ばつ |
| 1973(この頃) | 製紙工場ポリ塩化ビフェニール排出 | | 1972(この頃〜) | 鉱滓投棄・排出 |
| | | | 1973(この頃) | 製紙工場悪臭被害 |
| 1973(この頃〜) | 飼育鳥獣し尿投棄 | | 1974.2.15 | 日豊海岸国定公園など指定 |
| 1974.2.15 | 日豊海岸国定公園など指定 | | 1974(この年) | 水銀汚染 |
| 1975.10 | 六価クロム | | 1975.5.17 | 環境保全地域指定 |
| 1975.12.27 | 土呂久鉱害訴訟 | | 1983.1.14 | 霧島屋久国立公園 |
| 1979(この年) | 土呂久鉱害病患者増加 | | 1983.7.28 | 屋久島を視察 |
| 1980(この年) | 慢性ヒ素中毒 | | 1983.8.27 | 川内原発で初臨界 |
| 1982.5.15 | 九州中央山地国定公園 | | 1983.10.31 | 鳥獣保護区 |
| 1983.8〜 | クロルデン汚染和牛 | | 1985.9.5 | 日光国定公園など区域・計画変更 |
| 1984.3.28 | 土呂久鉱害 | | | |
| 1984.7.27 | 霧島屋久国立公園 | | 1985.10.26 | 鳥獣保護区 |
| 1988.9.30 | 土呂久鉱害 | | 1988.6.1 | ウミガメ保護条例 |
| 1990.3.26 | 土呂久鉱害 | | 1989.3.20 | 川内原発冷却装置故障 |
| 1990.9.6 | 三河湾国定公園・日南海岸国定公園 | | 1992.10.1 | 白神山地と屋久島を世界遺産へ推薦 |
| 1990.10.3 | 土呂久鉱害訴訟 | | 1993.12.9 | 世界遺産に登録 |
| 1990.10.31 | 土呂久鉱害で和解 | | 1995.11.21 | 世界遺産地域管理計画 |
| 1991.12.2 | 土呂久鉱害 | | 1996.4.29 | 屋久島世界遺産センター |
| 1992.2.3 | 土呂久鉱害 | | 1997.11.1 | 鳥獣保護区 |
| 1993.1.27 | 日豊海岸国定公園 | | 1997.12.16 | 霧島屋久国立公園 |
| 1996.3.29 | 環境基本条例 | | 1999.3.26 | 環境基本条例 |
| 1998.8.24 | 日南海岸国定公園 | | 1999.8.25 | 川内原発1号機発電機タービン停止 |
| **【鹿児島県】** | | | | |
| 1937.7 | 干ばつ被害 | | 2000.9.14 | 川内原発1号機で蒸気発生器にひび割れ |
| 1952.3.29 | 特別天然記念物 | | | |
| 1952.3.29 | 特別天然記念物 | | **【沖縄県】** | |
| 1952.3.29 | 特別天然記念物 | | 1959.7.1 | 原水爆基地化反対 |
| 1952.3.29 | 特別天然記念物 | | 1963.4〜 | 南西諸島で干ばつ |
| 1952.3.29 | 特別天然記念物 | | 1965.3.14 | 天然記念物 |
| 1954.5 | 燈台関係者被曝 | | 1968.7〜 | 放射性物質汚染 |
| 1955.9.1 | 錦江湾国定公園 | | 1971.3〜 | 南西諸島で干ばつ |
| 1956.7.19 | 特別天然記念物 | | 1971(この頃) | 水質汚濁・騒音被害 |
| 1959.2.17 | 噴火で自然破壊 | | 1972.5.15 | 西表国定公園など指定 |
| 1959.8.12 | 鹿児島県側でも水俣病発生 | | 1972.7.1 | 国立公園管理事務所 |
| 1963.4〜 | 南西諸島で干ばつ | | 1973.1.11 | 米軍弾薬処理場催涙ガス漏出 |

| | | | |
|---|---|---|---|
| 1973(この頃) | 米海軍補給基地カドミウム・鉛排出 | 2003.6.6 | やんばるの森工事訴訟 |
| 1974(この頃) | 海洋汚染 | 2004.6.28 | サンゴ礁シンポジウム |
| 1975.2.28 | 廃油ボール漂着 | | |
| 1977.3.15 | 特別天然記念物 | | |

## アジア

| | | | |
|---|---|---|---|
| 1978.12.9 | 沖縄海岸国定公園 | | |
| 1978(この頃〜) | 土砂流失・水質汚濁 | | |
| 1979.4.24 | 騒音公害 | 1988.11.21 | ワシントン条約 |
| 1979.10.26 | イリオモテヤマネコ | 1989.4.13 | 日本の経済援助が自然破壊 |
| 1979(この年) | 海水汚濁 | 1990.10.15 | 持続可能な開発 |
| 1981.11.13 | ヤンバルクイナ発見 | 1991.1.23 | 地球温暖化 |
| 1982.3.6 | ヤンバルクイナ | 1991.3.18 | 地球温暖化ワークショップ |
| 1984.5.26 | 富士箱根伊豆国定公園・沖縄戦跡国定公園 | 1992.5.1 | 地球環境 |
| | | 1992.9.21 | 酸性雨モニタリングネットワーク |
| 1984(この年) | 赤土流出 | | |
| 1985.11.28 | サンゴ礁学術調査 | 1993.2.2 | 生物多様性条約 |
| 1987.1.17 | 自然保護 | 1993.10.26 | 酸性雨モニタリングネットワーク |
| 1987.4.4 | 自然保護 | | |
| 1989.5.14 | 新石垣空港 | 1994.3.28 | 地球温暖化セミナー |
| 1991.5.2 | 沖縄海岸国定公園 | 1994.4.7 | 酸性雨モニタリングネットワーク |
| 1992.3.1 | 鳥獣保護区 | | |
| 1992.8.3 | 沖縄戦跡国定公園 | 1995.3.15 | 地球温暖化セミナー |
| 1992.11.20 | 新石垣空港の建設地問題と海洋環境 | 1995.3.22 | 酸性雨モニタリングネットワーク |
| | | 1995.10.17 | ワシントン条約 |
| 1992(この年) | 西表島北西部で地盤沈下 | 1995.11.16 | 酸性雨モニタリングネットワーク |
| 1994.2.24 | 嘉手納基地騒音訴訟 | | |
| 1996.7 | 2年間にわたる生態系調査 | 1996.1.23 | 地球温暖化セミナー |
| 1997.2.10 | 劣化ウラン弾 | 1996.3.18 | サンゴ礁 |
| 1997.11.1 | 鳥獣保護区 | 1996.11.4 | 地球温暖化セミナー |
| 1998.6.30 | 琉球大病院で被曝事故 | 1996.12.9 | ワシントン条約 |
| 1998.12 | サンゴ礁の二酸化炭素吸収力 | 1997.2.4 | 酸性雨モニタリングネットワーク |
| 1999.1.27 | ラムサール条約 | | |
| 1999.4.24 | 自然保護 | 1997.2.16 | サンゴ礁 |
| 1999.4.27 | 野生生物保護センター | 1997.7.7 | 地球温暖化セミナー |
| 1999.5.16 | ヤンバル地区の国有林野保全報告書 | 1997.11.5 | 酸性雨モニタリングネットワーク |
| 2000.1 | 代替基地予定地に希少生物ジュゴン生息 | 1998.3.17 | 酸性雨モニタリングネットワーク |
| 2000.3.11 | 自然保護 | 1998.3.19 | 酸性雨モニタリングネットワーク |
| 2000.5.12 | サンゴ礁 | | |
| 2000.7.21 | 九州・沖縄サミット | 1998.4.1 | 酸性雨モニタリングネットワーク |
| 2002.7.29 | 環礁埋め立て | | |
| 2002.9.9 | オニヒトデ駆除 | | |

| | | | | |
|---|---|---|---|---|
| 1998.6.22 | 地球温暖化セミナー | | 【韓国】 | |
| 1998.10.12 | 酸性雨モニタリングネットワーク | | 1988.3.16 | 環境保全技術の国際協力 |
| 1998.10.15 | 酸性雨モニタリングネットワーク | | 2000.7.24 | 国連環境計画（UNEP）ワークショップ |
| 1998.11.16 | 酸性雨モニタリングネットワーク | | 【北朝鮮】 | |
| 1999.2.11 | 地球温暖化防止会議 | | 1993.2.25 | 特別査察要求決議 |
| 1999.2.22 | ラムサール条約 | | 1994.2.15 | 核査察で合意 |
| 1999.6.5 | こどもエコ・クラブ | | 1995.6.13 | 軽水炉転換事業で共同声明 |
| 1999.7.12 | 地球温暖化セミナー | | 1996.5.22 | エネルギー開発 |
| 2000.1.25 | 酸性雨モニタリングネットワーク | | 2002.12.5 | 船舶事故で重油流出 |
| 2000.2.21 | 自然保護 | | 【中国】 | |
| 2000.2.21 | ワシントン条約 | | 1938.5.14 | 日本軍の毒ガス |
| 2000.2 | 自然保護 | | 1963.7.25 | 部分的核実験禁止条約 |
| 2000.3.13 | 酸性雨モニタリングネットワーク | | 1981.3.3 | 渡り鳥保護 |
| 2000.3 | 酸性雨モニタリングネットワーク | | 1981.6.8 | 日中渡り鳥等保護協定 |
| 2000.7.9 | 地球温暖化セミナー | | 1981.9.21 | トキ保護専門家会議 |
| 2000.7.31 | 酸性雨モニタリングネットワーク | | 1983.2.22 | 日中渡り鳥保護協定 |
| 2000.10.23 | 酸性雨モニタリングネットワーク | | 1983.10.11 | IAEAに加盟 |
| 2000.10.25 | 酸性雨モニタリングネットワーク | | 1983.11.24 | 公害対策 |
| 2001.1.1 | 酸性雨モニタリングネットワーク | | 1985.6.5 | トキ借入れが決定 |
| 2001.6.14 | 酸性雨モニタリングネットワーク | | 1985.7.23 | 米中原子力協定 |
| 2001.8.28 | 地球温暖化セミナー | | 1985.10.22 | トキ「ホアホア」の受入れ決定 |
| 2001.10.1 | ラムサール条約 | | 1986.1.11 | 大気汚染 |
| 2002.7.8 | 酸性雨モニタリングネットワーク | | 1986.3.31 | トキ増殖研究協力事業 |
| 2002.7.30 | 地球温暖化セミナー | | 1988.7.8 | トキ「ホアホア」借り受けを延長 |
| 2002.8.14 | ワシントン条約 | | 1989.11.7 | トキ「ホアホア」を返還 |
| 2003.9.2 | 地球温暖化セミナー | | 1990.11.6 | 野生トキの生息状況 |
| 2003.11.13 | 温室効果ガス | | 1991.11.26 | 日中渡り鳥保護協定 |
| 2004.12.4 | 黄砂について大臣会合 | | 1992.8.13 | 国際保護鳥 |
| 2005.11.21 | 酸性雨モニタリングネットワーク | | 1994.3.21 | 環境保護協力協定 |
| | | | 1994.8.23 | 環境保護協定 |
| | | | 1994（この年） | 環境白書 |
| | | | 1995.1 | 酸性雨が急速に拡大 |
| | | | 1995.5.15 | 7ヵ月ぶりの地下核実験 |
| | | | 1995.6.13 | 核実験の再開声明で抗議行動 |
| | | | 1995.8.17 | 地下核実験に抗議運動 |
| | | | 1995.11.10 | 文化財の酸性雨被害 |
| | | | 1995.12.12 | 核実験即時停止決議案 |
| | | | 1996.4.25 | 包括的核実験禁止条約（CTBT）交渉 |

| | | | | |
|---|---|---|---|---|
| 1996.6.8 | 地下核実験を強行 | | 1998.5.12 | 核実験に抗議を検討 |
| 1996.7.29 | ロプノール核実験場で核実験実施 | | 1998.5.13 | 核実験に対し経済制裁発動 |
| | | | 1998.5.14 | 核実験へ追加制裁措置 |
| 1997.3.25 | 環境保護 | | 1998.5.23 | 核実験で記者会見 |
| 1998.5.14 | 核実験へ追加制裁措置 | | 1998.6.26 | 核実験への制裁に反発し緊急援助を拒絶 |
| 1999.9.6 | 国際トキ保護会議 | | | |
| 2000.12.3 | 環境保全センター総括セミナーとトキ保護の打合せ | | 2006.8.10 | 省エネODA |

【パキスタン】

| | |
|---|---|
| 2003.10.19 | 毒ガス流出事故で3億円 |
| 2006.8.10 | 省エネODA |
| 2006.9 | 化粧品に禁止物質 |
| 2006.12.21 | 遺棄毒ガス処理 |

| | |
|---|---|
| 1997.1.8 | アンモニアガス |
| 1998.5.23 | 核実験で記者会見 |
| 1998.5.28 | 核実験を強行 |
| 1998.5.29 | 核実験に制裁措置 |
| 1998.5.30 | 2度目の核実験 |
| 1998.5.30 | 経済制裁発動 |

【ベトナム】

| | |
|---|---|
| 1970.12.26 | 枯葉剤の使用期限 |
| 1984.5.7 | 復員兵の枯葉剤集団訴訟で和解 |

【イラン】

| | |
|---|---|
| 1983.3.2 | 海洋汚染（原油流出） |
| 1984.3.26 | 毒ガス使用の報告書 |

【タイ】

| | |
|---|---|
| 1997.9.29 | 森林火災 |
| 1999.3.4 | 水俣病普及啓発セミナー |

【イラク】

| | |
|---|---|
| 1981.6.7 | 原子炉爆撃 |
| 1983.3.2 | 海洋汚染（原油流出） |
| 1984.3.26 | 毒ガス使用の報告書 |

【マレーシア】

| | |
|---|---|
| 1996.6.19 | 環境基準 |
| 1997.9.19 | 大気汚染で非常事態宣言 |

【イスラエル】

| | |
|---|---|
| 1960.12.18 | 原爆開発情報 |
| 1981.6.7 | 原子炉爆撃 |

【シンガポール】

| | |
|---|---|
| 1997.10.15 | 重油流出 |
| 1997.11.6 | 重油流出回収 |

# ヨーロッパ

【インドネシア】

| | |
|---|---|
| 1997.8.2 | 原発建設計画を断念 |
| 1997.9.19 | 大気汚染で非常事態宣言 |
| 1997.9.29 | 森林火災 |
| 1998.4.4 | スモッグ被害防止基金 |

| | |
|---|---|
| 1929（この年） | PCB製造開始 |
| 1957.2.20 | 欧州原子力共同体 |
| 1958.1.1 | 欧州原子力共同体設立 |
| 1962（この年） | サリドマイド薬害 |
| 1997.2 | 温室効果ガス |
| 1999.5 | 遺伝子組み換え |
| 1999.7 | アスベスト（石綿）使用禁止 |
| 2000.3.8 | 温室効果ガス排出権市場の創設 |

【インド】

| | |
|---|---|
| 1956.8.4 | アジア初の原子炉 |
| 1958.3.14 | 原子力委員会設置 |
| 1970.1.19 | インド初の原発 |
| 1974.5.18 | 地下核実験 |
| 1984.12.2 | 有毒ガスで町が全滅 |
| 1996.6.20 | 包括的核実験禁止条約を拒否 |
| 1998.5.11 | ポカラン砂漠で地下核実験 |

## 【イギリス】

| | |
|---|---|
| 1951.11.19 | 民間初の原子炉 |
| 1952.12.5〜 | ロンドン・スモッグ事件 |
| 1956.5.23 | 原発運転開始 |
| 1956.10.17 | 商用原子力発電 |
| 1957.5.16 | 核実験抗議デモ |
| 1958.4.4 | 核武装反対運動の大行進 |
| 1958.10.31 | 核実験停止3国会議 |
| 1960.3.27 | 核実験共同声明 |
| 1962.1.29 | 核実験停止会議が一時決裂 |
| 1963.7.15 | 核実験停止会議 |
| 1963.7.25 | 部分的核実験禁止条約 |
| 1967.3.18 | 海洋汚染（流出） |
| 1993.1.5 | 海洋汚染（流出） |
| 1996.2.15 | 海洋汚染（流出） |
| 1998.4.6 | 包括的核実験禁止条約（CTBT）批准 |
| 1998.7.10 | 印パへ核関連物質輸出規制 |
| 2006.2.16 | 京都議定書・温暖化 |

## 【アイルランド】

| | |
|---|---|
| 2004.3.29 | 喫煙全面禁止 |

## 【ドイツ】

| | |
|---|---|
| 1997.8.26 | 環境保護協力協定締結 |
| 2000.6.15 | 原発全廃で合意 |
| 2001.6.11 | 原発は将来的に全廃 |

## 【西ドイツ】

| | |
|---|---|
| 1961.11.26 | 西ドイツでサリドマイド禁止 |
| 1980.1.13 | 緑の党発足 |
| 1983.2.23 | 酸性雨対策で排出ガス規制 |
| 1983.3.6 | 緑の党が議席 |

## 【スイス】

| | |
|---|---|
| 1955.7.2 | 原子炉輸出 |
| 1984.9.23 | 国民投票で原発規制案否決 |
| 1986.11.1 | 化学物質 |
| 1990.9.23 | 国民投票で原発建設凍結 |

## 【オーストリア】

| | |
|---|---|
| 1978.11.5 | 国民投票で原発拒否 |
| 1978.12.15 | 国民議会で原発禁止 |

## 【フランス】

| | |
|---|---|
| 1960.2.13 | サハラ砂漠で核実験 |
| 1963.7.25 | 部分的核実験禁止条約 |
| 1966.7.2 | 地上核実験を開始 |
| 1967.3.18 | 海洋汚染（流出） |
| 1970.5.15 | 南太平洋で核実験 |
| 1971.1.13 | 環境省設置 |
| 1973.7.21 | 核実験実施 |
| 1979.1.23 | 公害対策 |
| 1982.4.17 | 公害対策 |
| 1983.5.25 | 地下核実験 |
| 1985.7.10 | 環境保護団体の抗議船を爆破 |
| 1985.9.11 | アメニティ |
| 1987.10.26 | アメニティ |
| 1988.10.3 | アメニティ |
| 1991.10.28 | アメニティ |
| 1993.1.26 | アメニティ |
| 1995.6.13 | 核実験の再開声明で抗議行動 |
| 1995.9.5 | ムルロア環礁で核実験 |
| 1995.10.2 | ファンガタウファ環礁で核実験 |
| 1995.10.23 | 高速増殖炉 |
| 1995.10.27 | ムルロア環礁で3回目の核実験 |
| 1995.11.21 | ムルロア環礁で4回目の核実験 |
| 1995.12.12 | 核実験即時停止決議案 |
| 1995.12.20 | 高速増殖炉 |
| 1995.12.27 | ムルロア環礁で5回目の核実験 |
| 1996.1.4 | 核実験についてシラク大統領談話 |
| 1996.1.23 | ムルロア環礁近くで放射性物質検出 |
| 1996.1.27 | ファンガタウファ環礁で6回目の核実験 |
| 1996.1.29 | シラク大統領核実験完了発表 |
| 1997.6.19 | 「スーパーフェニックス」廃止方針 |
| 1998.2.2 | 高速増殖炉 |
| 1998.4.6 | 包括的核実験禁止条約（CTBT）批准 |
| 1999.2.24 | 放射性廃棄物 |
| 1999.5.28 | 飼料食品 |
| 2006.2.9 | 核実験で放射能被害の報告 |

## 【ベルギー】
| | |
|---|---|
| 1999.5.28 | 飼料食品 |
| 1999.6.3 | 飼料食品 |
| 1999.8.4 | ダイオキシン |

## 【スペイン】
| | |
|---|---|
| 1983.8.6 | 重油流出 |

## 【イタリア】
| | |
|---|---|
| 1987.11.8 | 国民投票で原発政策反対 |
| 1987.11.20 | 原発建設凍結を発表 |
| 1988.6 | ココ事件・カリンB号事件 |
| 2002.2.13 | BSE消毒基準不達成 |

## 【ロシア】
| | |
|---|---|
| 1992.12.30 | 放射性廃棄物海洋投棄 |
| 1993.10.16 | 放射性廃棄物海洋投棄 |
| 1993.10.21 | 放射性廃棄物海洋投棄 |
| 1995.2.8 | 放射性廃棄物が飛散 |
| 1996.4.19 | 放射性廃棄物の海洋投棄 |
| 1996.4.25 | 包括的核実験禁止条約(CTBT)交渉 |
| 1997.5.30 | 原潜沈没事故 |
| 1997.10.31 | 毒ガスなどの化学兵器禁止条約を批准 |
| 1998.12.8 | 臨界前核実験実施 |
| 2004.3.16 | 温室効果ガス |
| 2004.9.30 | 京都議定書批准法案を承認 |

## 【ソ連】
| | |
|---|---|
| 1949(この年) | ソ連も核実験 |
| 1954.6.2 | 原発による送電 |
| 1957.12.5 | 原子力砕氷船進水 |
| 1958.3.31 | 一方的核実験中止宣言 |
| 1958.9.30 | 核実験再開 |
| 1958.10.31 | 核実験停止3国会議 |
| 1961.9.1 | 核実験再開 |
| 1962.1.29 | 核実験停止会議が一時決裂 |
| 1963.7.15 | 核実験停止会議 |
| 1963.7.25 | 部分的核実験禁止条約 |
| 1973.10.10 | 渡り鳥等保護条約 |
| 1978.1.24 | 原子炉衛星が墜落 |
| 1986.4.26 | チェルノブイリ原発事故 |
| 1986.5.5 | チェルノブイリ原発事故 |
| 1986.8.14 | チェルノブイリ原発事故 |
| 1986.9.27 | 地下核実験場を公開 |
| 1987.7.29 | チェルノブイリ原発事故 |
| 1988.12.20 | 渡り鳥保護 |
| 1989.4.7 | 原潜火災・沈没事故 |

## 【ウクライナ】
| | |
|---|---|
| 1996.1.3 | 原発放射能漏れ事故 |
| 1996.4.10 | チェルノブイリ原発事故 |
| 1996.7.1 | チェルノブイリ原発事故 |
| 1996.11.30 | チェルノブイリ原発1号炉が停止 |
| 1996.12.11 | チェルノブイリ原発事故 |
| 2000.12.15 | チェルノブイリ原発閉鎖 |
| 2006.4.26 | チェルノブイリ20年追悼 |

## 【スウェーデン】
| | |
|---|---|
| 1980.3.23 | 国民投票で原発容認 |
| 1988.6.7 | 議会で原発全廃を可決 |

## 【ノルウェー】
| | |
|---|---|
| 1977.4.22 | 油田事故で原油流出 |
| 1989.4.7 | 原潜火災・沈没事故 |
| 1992.6.29 | 国際捕鯨委員会 |
| 1996.6.28 | IWC総会が捕鯨中止決議案を可決して閉幕 |

## 【アイスランド】
| | |
|---|---|
| 1992.6.29 | 国際捕鯨委員会 |
| 2006.10.17 | 商業捕鯨再開 |

# アフリカ

| | |
|---|---|
| 1999.2.11 | 10年ぶりに象牙輸出 |

## 【リビア】
| | |
|---|---|
| 1983.2.16 | 原子力空母リビア沖に派遣 |

## 【チュニジア】
| | |
|---|---|
| 1984.10.19 | 公害対策 |

【ナイジェリア】
1988.6　　　　ココ事件・カリンB号事件

【タンザニア】
1997.10.18　　ブラックマーケットで水銀入り石鹸

【南アフリカ】
1983.8.6　　　重油流出

# 南北アメリカ

【カナダ】
1959.5.22　　　原子力協定
1978.1.24　　　原子炉衛星が墜落

【アメリカ】
1928(この年)　フロン合成
1929(この年)　PCB製造開始
1943(この頃)　光化学スモッグ
1945.7.16　　　初の核実験
1946.1.24　　　ビキニ環礁が核実験場に
1949(この年)　ダイオキシン
1950(この頃)　光化学スモッグ
1951.1.27　　　核実験実施
1951.12.29　　　原子力発電
1955.11.14　　　原子力協定
1956.5.4　　　民間の原子力工場
1958.8.22　　　1年間の核実験停止
1958.10.31　　　核実験停止3国会議
1959.5.22　　　原子力協定
1959.7.21　　　初の原子力商船進水
1960.3.27　　　核実験共同声明
1960.9.24　　　世界初の原子力空母
1960.12.18　　　原爆開発情報
1961.9.15　　　核実験再開
1962.1.29　　　核実験停止会議が一時決裂
1962.4.25　　　核実験再開
1962.6　　　　レイチェル・カーソン『沈黙の春』
1963.1.9　　　原潜寄港の申し入れ

1963.5　　　　殺虫剤の有害性
1963.7.15　　　核実験停止会議
1963.7.25　　　部分的核実験禁止条約
1964.4.14　　　レイチェル・カーソン死去
1965.11.26　　　原子力空母日本寄港
1966.2.14　　　原子力空母寄港承認
1966.5.30　　　原子力潜水艦初寄港
1966.10.15　　　大気汚染規制法
1967.9.7　　　原子力空母寄港申し入れ
1968.2.26　　　日米原子力協力協定・ウラン供給
1968.5.21　　　原子力潜水艦沈没事故
1969.1.14　　　原子力空母爆発事故
1970.1　　　　環境教書
1970.3.26　　　地下核実験
1970.8.3　　　多核弾頭ミサイル
1970.8.10　　　環境白書
1970.9.22　　　マスキー法
1970.12.26　　　枯葉剤の使用期限
1970(この年)　マグロ缶詰・冷凍メカジキ水銀汚染
1971.1.12　　　公害追放運動
1971.9.27　　　国立公園等の日米会議
1972.3.4　　　日米渡り鳥等保護条約
1974.5.17　　　公害対策
1974.9.19　　　渡り鳥保護
1974(この年)　オゾン層破壊説
1974(この年)　ワールド・ウォッチ研究所
1978.4.12　　　住民に退去命令
1978.12.25　　　プルトニウム
1979.3.28　　　スリーマイル島放射能漏れ事故
1980.3.18　　　国立公園等の日米会議
1980.8.23　　　環境保全
1980.11.8　　　放射能海洋
1982.10.29　　　遺伝子組み換え
1983.2.16　　　原子力空母リビア沖に派遣
1983.3.21　　　原子力空母佐世保寄港
1983.5.24　　　米兵被曝者
1984.5.7　　　復員兵の枯葉剤集団訴訟で和解
1984.12.10　　　原子力空母横須賀入港に抗議
1985.7.23　　　米中原子力協定

| | | | | |
|---|---|---|---|---|
| 1987.2.3 | 核実験実施 | | 【メキシコ】 | |
| 1989.3.24 | 海洋汚染（流出） | | 1997.9.27 | 大気汚染で非常事態宣言 |
| 1990.5.2 | 温暖化オゾン | | 【ブラジル】 | |
| 1991.1.25 | 原油流出 | | 1998.2.12 | 環境保護 |
| 1992.2.11 | フロンガス製造中止を前倒し | | 【アルゼンチン】 | |
| 1992.9.24 | エネルギー水資源法案可決 | | 1997.10.18 | 温室効果ガス |
| 1994.2.7 | プルトニウム | | 1998.5.2 | エル・ニーニョ |
| 1995.1.30 | 核実験停止期間を延長 | | 【チリ】 | |
| 1995.2.13 | サンゴ礁 | | 1995.3.16 | 放射性廃棄物の通過禁止 |
| 1995.6.13 | 軽水炉転換事業で共同声明 | | | |

## オセアニア・太平洋地域

| | |
|---|---|
| 1995.11.14 | グランド・キャニオン閉鎖 |
| 1996.6.25 | IWC総会で先住民族のためにクジラ捕獲枠要求 |
| 1997.3.25 | 環境保護 |
| 1997.6.20 | たばこメーカーが巨額和解金 |
| 1997.7.2 | ネバダ核実験場で臨界前核実験 |
| 1997.10.18 | 温室効果ガス |
| 1997.12.1 | 地球温暖化防止京都会議 |
| 1998.3.25 | ネバダで未臨界核実験 |
| 1998.5.13 | 核実験に対し経済制裁発動 |
| 1998.5.30 | 経済制裁発動 |
| 1998.8.1 | 燃料電池 |
| 1998.9.26 | ネバダ州で4回目の臨界前核実験 |
| 1999.2.9 | ネバダで6回目の臨界前核実験 |
| 1999.6 | 環境ホルモン |
| 2000.3.7 | 有機農産物の表示基準 |
| 2000.5.25 | 飼料遺伝子 |
| 2000.7.14 | たばこの健康被害 |
| 2001.3.28 | 京都議定書離脱 |
| 2001.4.4 | 京都議定書 |
| 2001.6.11 | 地球温暖化対策 |
| 2001.9.4 | 京都議定書 |
| 2006.1.20 | 米国産牛肉輸入禁止問題 |
| 2006.5.19 | 米国産牛肉輸入再開 |
| 2006.7.28 | 記録的な熱波で死者141人 |
| 2006.9.20 | 排ガス温暖化提訴 |
| 2006.9.25 | たばこ健康被害訴訟 |
| 2006.9.27 | 初の温室ガス規制法 |
| 2006.11.13 | 原子力事業再編 |

| | |
|---|---|
| 1958.7.21 | 観測測量船拓洋・さつま被曝 |
| 1962.4.25 | 核実験再開 |
| 1970.5.15 | 南太平洋で核実験 |
| 1974.9.1 | 原子力船「むつ」放射線漏出 |
| 1980.8.15 | 核廃棄物海洋投棄の中止要求 |
| 1986.3.31 | エル・ニーニョ発生 |
| 1995.6.13 | 核実験の再開声明で抗議行動 |
| 1995.8.17 | すべての核実験の中止を |
| 1996.3.20 | アルミ缶リサイクルボート |
| 1996.5.8 | 環境問題 |
| 2006.5.26 | 太平洋・島サミット |

【オーストラリア】

| | |
|---|---|
| 1974.2.6 | 渡り鳥等保護協定 |
| 1981.4.30 | 渡り鳥等保護協定 |
| 1993.11.11 | ソーラーカー・レースで優勝 |
| 1999.7 | グリーンピース |

【ニュージーランド】

| | |
|---|---|
| 1985.7.10 | 環境保護団体の抗議船を爆破 |

【マーシャル諸島】

| | |
|---|---|
| 1946.1.24 | ビキニ環礁が核実験場に |
| 1954.3.1 | 第5福竜丸被曝 |
| 1961.12.11 | ビキニ被曝死 |
| 1971.12.7 | ビキニ水爆実験の被曝調査 |
| 1978.4.12 | 住民に退去命令 |

| 1983.7.19 | 海洋放射能 |

【キリバス】
| 2006.3.28 | 海洋保護区指定 |

【仏領ポリネシア】
| 1966.7.2 | 地上核実験を開始 |
| 1973.7.21 | 核実験実施 |
| 1983.5.25 | 地下核実験 |
| 1995.9.5 | ムルロア環礁で核実験 |
| 1995.10.2 | ファンガタウファ環礁で核実験 |
| 1995.10.27 | ムルロア環礁で3回目の核実験 |
| 1995.11.21 | ムルロア環礁で4回目の核実験 |
| 1995.12.27 | ムルロア環礁で5回目の核実験 |
| 1996.1.23 | ムルロア環礁近くで放射性物質検出 |
| 1996.1.27 | ファンガタウア環礁で6回目の核実験 |
| 1996.5.12 | 選挙で核実験支持派が過半数 |
| 2006.2.9 | 核実験で放射能被害の報告 |

# 極地

【グリーンランド】
| 2000.7 | 地球温暖化で氷が薄く |

【南極】
| 1946.8.6 | 南氷洋で捕鯨再開 |
| 1982.4.3 | 南極の動植物保護 |
| 1982(この年) | オゾンホール |
| 1987.3.14 | 最後の南極商業捕鯨 |
| 1987.9 | オゾン層濃度低下 |
| 1987.12.23 | 調査捕鯨 |
| 1991.9.20 | 昭和基地でオゾンホール観測 |
| 1991.10 | 南極条約協議国会議 |
| 1992.3.26 | 最大級のオゾンホール |
| 1993.10.21 | 5年連続で最大規模のオゾンホール |
| 1994.4.11 | 南極条約協議国会議 |
| 1994.4 | 南極条約 |
| 1994.5.20 | オゾンホールが年を越す特異現象 |
| 1994.10 | オゾンホール |
| 1995.5.8 | 南極条約協議国会議 |
| 1995.6.2 | 南極海の調査捕鯨中止決議 |
| 1996.4.29 | 南極条約協議国会議 |
| 1997.5.28 | 南極の動植物保護 |
| 1997.10.23 | オゾン層減少 |
| 1997.10 | 6年連続で最大級のオゾンホール |
| 1998.1.14 | 南極条約環境保護議定書が発効 |
| 1998.5.25 | 南極条約協議国会議 |
| 1998(この年) | 南極大陸の倍の巨大オゾンホール |
| 1999.5.24 | 南極条約協議国会議 |
| 1999.5 | 南極条約協議国会議 |
| 2000.9.11 | 南極条約協議国会議 |
| 2001.7.9 | 南極条約協議国会議 |
| 2002.9.9 | 環境保護 |
| 2005.6.6 | 南極条約協議国会議 |

## 環境史事典 トピックス 1927-2006

2007年6月25日 第1刷発行
2009年3月5日 第2刷発行

編　集／日外アソシエーツ編集部
発行者／大高利夫
発　行／日外アソシエーツ株式会社
　　　　〒143-8550 東京都大田区大森北1-23-8 第3下川ビル
　　　　電話(03)3763-5241(代表) FAX(03)3764-0845
　　　　URL http://www.nichigai.co.jp/
発売元／株式会社紀伊國屋書店
　　　　〒163-8636 東京都新宿区新宿3-17-7
　　　　電話(03)3354-0131(代表)
　　　　ホールセール部(営業) 電話(03)6910-0519

　　　　電算漢字処理／日外アソシエーツ株式会社
　　　　印刷・製本／株式会社平河工業社

不許複製・禁無断転載　　　　　　　　　《中性紙三菱クリームエレガ使用》
〈落丁・乱丁本はお取り替えいたします〉
**ISBN978-4-8169-2033-2**　　　　　　　*Printed in Japan, 2009*

本書はディジタルデータでご利用いただくことが
できます。詳細はお問い合わせください。

## 植物文化人物事典 ―江戸から近現代・植物に魅せられた人々

大場秀章 編　A5・640頁　定価7,980円（本体7,600円）　2007.4刊

本草学の時代から現代まで、植物に関して功績を残した1,157人を収録した人物事典。詳細なプロフィールと、著作や伝記・評伝、参考資料などの文献情報も掲載、詳しい人物像がわかる。

## 日本の写真家 ―近代写真史を彩った人と伝記・作品集目録

東京都写真美術館 監修　B5・490頁　定価9,975円（本体9,500円）　2005.11刊

江戸時代の写真伝来以降、写真史に名を残す写真家、写真評論家、写真編集者、写真産業関係者など839人を収録。詳しいプロフィールと写真集、写真関係の著作、展覧会図録、伝記等の文献目録を掲載。

## 新訂 政治家人名事典　明治～昭和

A5・750頁　定価10,290円（本体9,800円）　2003.10刊

明治維新による近代政治体制の導入以来、1988（昭和63）年までに活動・活躍した4,315人の事典。国会議員・官僚、知事・市長、自由民権家など幅広くカバーし、経歴と事績を収録。

## 河川・湖沼名よみかた辞典 新訂版

A5・580頁　定価10,290円（本体9,800円）　2004.2刊

全国26,557の河川・湖沼名のよみと所在地（都道府県・水系、市町村）を収録。読み方は各都道府県河川担当課作成の資料に基づく。一文字目の漢字の総画数または音訓読みから簡単に調べられる。

## 環境問題文献目録2003-2005

B5・820頁　定価24,675円（本体23,500円）　2006.5刊

環境問題に関する図書4,463点と一般誌、人文・社会科学専門誌等に掲載された記事・論文15,854点を収録した目録。京都議定書、地球温暖化、アスベスト、世界遺産条約等963件のテーマごとに一覧できる。

---

お問い合わせは…　データベースカンパニー　日外アソシエーツ

〒143-8550　東京都大田区大森北1-23-8
TEL.(03)3763-5241　FAX.(03)3764-0845
http://www.nichigai.co.jp/